Die am 6. Juli 1906 gegründete **Wissenschaftliche Gesellschaft in Straßburg**, die Vertreter aller Zweige der Wissenschaft umfaßt, veröffentlicht wissenschaftliche Arbeiten verschiedenen Inhalts und Umfangs, die in zwangloser Folge erscheinen und einzeln käuflich sind; sie werden mit laufenden Nummern bezeichnet. Eine Zusammenfassung in Bänden ist nicht beabsichtigt.

Schriften
der Wissenschaftlichen Gesellschaft in Straßburg
27. Heft

Katalog
der geschichtlichen Vulkanausbrüche

Von

Karl Sapper

Straßburg
Karl J. Trübner
1917

Katalog der geschichtlichen Vulkanausbrüche

Von

Karl Sapper

Straßburg
Karl J. Trübner
1917

Druck von M. DuMont Schauberg, Straßburg.

Vorwort.

Bei der außerordentlichen Zersplitterung der vulkanologischen Literatur kann es keinem Zweifel unterliegen, daß ein Katalog der in geschichtlicher Zeit bekannt gewordenen Vulkanausbrüche in mehrfacher Hinsicht erwünscht und nützlich wäre. Aber seinen vollen Nutzen erreichte ein Ausbruchskatalog nur, wenn er lückenlos und in allen Teilen zuverlässig wäre. Beide Forderungen können aber nicht erfüllt werden, da einmal ein großer Teil der stattgehabten Ausbrüche (vor allem solcher, die unter Meeres- oder Gletscherbedeckung sich abspielen) uns auch jetzt noch unbekannt bleibt, und da andererseits die Nachrichten aus früherer Zeit vielfach unsicher sind und zudem, je weiter man zurückgeht, auf desto engere Räume sich beziehen: aus vorchristlicher Zeit liegen uns nur Nachrichten vom Mittelmeer und einigen japanischen Vulkanen vor und ebenso blieb es noch lange nachher, bis im 9. nachchristlichen Jahrhundert durch die Besiedelung Islands ein eminent vulkanisches Land in unseren Gesichtskreis gebracht wurde. Aber erst mit dem Beginn des Entdeckungszeitalters dehnte sich der Gesichtskreis rasch über die Hauptgebiete der mittleren und niederen Breiten der Erde aus, wozu später, besonders im 18. Jahrhundert, auch hohe nördliche Breiten kamen; allein von den bekannt werdenden Gebieten verschwinden nicht wenige wieder längere Zeit im Nebel der Unkenntnis, und manche lebhaft tätige Vulkane und Vulkangebiete treten überhaupt erst im Laufe des 19. Jahrhunderts vor unser geistiges Auge (Erebus, neuseeländische, mittelafrikanische Vulkane u. a.). Erst für die letztvergangenen zwei Jahrzehnte dürfen wir annehmen, daß kein wirklich großer Lockerausbruch des festen Landes uns entgangen sein dürfte, während wir dasselbe von großen Lavaeruptionen auch heutigen Tages noch nicht sicher wissen. Die kleineren Ausbruchserscheinungen werden uns aber zumeist nur von den wenigen, unter ständiger Kontrolle stehenden Vulkangebieten (Italiens, Japans, Holländisch Indiens, Hawaiis und weniger anderer Landstriche) bekannt; viele kleinere Ausbrüche minder kultivierter Länder erfahren wir aber nur, wenn ein aufmerksamer Europäer in der Gegend wohnt oder ein Reisender sie gerade besucht; wenn aber derartige günstige Zufälle nicht eintreten, so bleiben sie auch jetzt noch unregistriert.

Zu den genannten objektiven Mängeln treten aber noch subjektive hinzu. Ich habe zwar, soweit mir die Werke zugänglich waren, die Originalquellen nachgesehen; aber in vielen Fällen konnte ich sie nicht erlangen, und in manchen Fällen, wo es mir gelang, Einblick in sie zu nehmen, fehlte es mir an der nötigen Kritik; denn häufig kann eben nur der Kenner des betreffenden Vulkans, und manchmal auch dieser nur nach sorgfältiger Untersuchung an Ort und Stelle über die Möglichkeit oder Wahrscheinlichkeit einer überlieferten Angabe ein annähernd sicheres Urteil gewinnen. Wo daher ein gewissenhafter Forscher die Ausbruchsgeschichte eines ihm wohlvertrauten Vulkans oder Vulkangebiets behandelt hat, wie z. B. Sartorius von Waltershausen die Geschichte des Ätna, oder Junghuhn die geschichtlich bekannten Lebensäußerungen der holländisch-ostindischen Vulkane oder Theodor Wolf die der ecuatorianischen Feuerberge, da ist es tatsächlich am besten, sich an diese Quellen zweiter Hand zu halten; ist es doch z. B. Th. Wolf gelungen, 24 der von E. Kluge als gesichert angenommenen Eruptionen der Vulkane Ecuadors zu streichen, und andere kritische Untersuchungen gewiegter Fachmänner (wie A. Wichmanns, K. v. Seebachs oder A. Lacroix') haben ebenfalls gar manche vorher als zuverlässig angenommene Literaturangabe als unrichtig nachweisen können. Zu den Quellen, die eine kritische Überprüfung der Angaben unbedingt erfordern, gehören die modernen (und älteren) Berichte von Tageszeitungen. Diese Quellen, die für die ältere Zeit erst ganz ungenügend ausgenützt sind[1]), bieten oft eine Fülle wertvollen Materials, namentlich soweit es sich um Lokalberichte von Zeitungen handelt, die in unmittelbarer Nachbarschaft der Ausbruchsorte erscheinen; wenngleich solche Berichte bei kritischer Nachprüfung sich oft Berichtigungen und Ergänzungen gefallen lassen müssen, so enthalten sie doch meist auch viel zuverlässiges Material, während die Berichte von Tageszeitungen, die in großer Ferne vom Tatort erscheinen und daher des Korrektivs der Berichtigung von seiten unmittelbarer Augenzeugen entbehren, nur mit größter Vorsicht zu betrachten sind, ganz besonders, wenn es sich um nordamerikanische Zeitungen handelt; diese verbreiten manchmal mit größter Skrupellosigkeit völlig unwahre Ausbruchsnachrichten, die dann unter Umständen selbst in wissenschaftliche Zeitschriften übernommen werden (vgl. z. B. den apokryphen Ausbruch des Vulkans San Martin in Mexiko vom Jahre 1893!).

Sichere, aber chronologisch gewöhnlich nicht scharf zahlenmäßig faßbare Quellen der Ausbruchsgeschichte bietet zuweilen die geologische Untersuchung an Ort und Stelle, wie denn auf diese Weise z. B. zwei

---

[1]) Nur für Mittelamerika durfte ich eine MS.-Zusammenstellung solcher Notizen vom Grafen F. de Montessus de Ballore benützen.

Ausbrüche des Cinder Cone in den Vereinigten Staaten noch mit einer erträglichen Genauigkeit in die historische Chronologie eingereiht werden konnten. Gute Quellen sind in manchen Fällen auch die mündlichen Traditionen der Eingeborenen, wie sich z. B. in der Südsee mehrfach erwiesen hat, oder aber archäologische Untersuchungen, die freilich selten zu genauerer Datierung führen (z. B. Albaner Berge, Santorin, Kos, Ajusco).

Dagegen ist wieder äußerste Vorsicht anzuwenden, wenn man etwa bildliche Darstellungen als Quellen für die Ausbruchsgeschichte mancher Vulkane anwenden will; denn in zahllosen Fällen bringen Künstler Rauchfahnen oder andere Zeichen der Betätigung an Bergen an, die Vulkane vorstellen sollen, auch wenn sie im Augenblick der Beobachtung keine Spur davon erkennen ließen, und gar mancher reproduzierende Künstler glaubt durch solche Attribute der Tätigkeit seine ursprüngliche Vorlage verbessern zu müssen; so kann es vorkommen, daß selbst in wissenschaftlichen Werken längst erloschene Vulkane mit Feuer oder Rauchmassen geziert erscheinen, wie es in einem vor wenigen Jahren veröffentlichten, sonst ausgezeichneten Werke mit dem Vulkan 'Mutter' auf der Gazelle-Halbinsel der Fall war.

In nicht seltenen Fällen bin ich ganz auf Quellen dritter und vierter Hand, vor allem die zusammenfassenden Werke der Vulkankunde oder Sammlungen von Notizen über bemerkenswerte Naturerscheinungen und ähnliche Schriften[1]) angewiesen geblieben, ohne daß mir die Möglichkeit

[1]) Die wichtigsten derselben sind: Liste chronologique des éruptions de volcans, de tremblements de terre, de quelques faits météorologiques etc. Collection académique VI. Partie étrangère. Dijon et Paris 1761. — Leopold v. Buch, Physikalische Beschreibung der canarischen Inseln. Berlin 1825 (Gesammelte Schriften, hrsg. von J. Ewald, J. Roth und W. Dames, III. Bd. Berlin 1877. S. 229 ff.) — K. E. A. v. Hoff, Geschichte der natürlichen Veränderungen der Erdoberfläche. 5 Bde. Gotha 1840. — Ch. Daubeny, A description of active and extinct volcanos. 2. ed. London 1848. — A. v. Humboldt, Kosmos. 4 Bde. Stuttgart und Tübingen 1845—1858. — G. Landgrebe, Naturgeschichte der Vulkane. Gotha 1855. I. — E. Kluge, Über Synchronismus und Antagonismus von vulkanischen Eruptionen. Leipzig 1863. — C. W. C. Fuchs, Die vulkanischen Erscheinungen der Erde. Leipzig und Heidelberg 1865. — G. Poulett-Scrope, Über Vulkane. Nach der zweiten verbesserten Auflage des Originals übersetzt von G. A. von Klöden. Berlin 1872. — K. Fuchs, Les Volcans et les tremblements de terre. Paris 1876. — L. Symons, Report of the Krakatoa Commission of the Royal Society. London 1888. — E. Reclus, Les volcans de la terre (Soc. Belge d'Astronomie, de Météorologie et de Physique du Globe) (o. J.). — G. Mercalli, I vulcani attivi della terra. Milano 1907. — K. Schneider, Die vulkanischen Erscheinungen der Erde. Berlin 1911. — F. v. Wolff, Der Vulkanismus. Stuttgart 1913. I. — Fr. W. Noak († 1891), Vulkankatalog (MS., aufbewahrt in Justus Perthes' geographischer Anstalt; leider ohne jede Literaturangabe) und die zahlreichen Veröffentlichungen von A. Perrey in den Comptes rendus de l'Académie de Sciences zu Paris, in den Mémoires couronnés de l'Académie de Belgique zu Bruxelles, den Mémoires de l'Académie de Dijon, den Annales de la Société d'Émulation des Vosges zu Épinal, den Mémoires de l'Académie Impérial de Lyon, Annales de Sciences physiques et naturelles, d'Agriculture et d'Industrie, 3me Série, zu Lyon und Nouvelles Annales de Voyages, 1861, III.

eines Zurückgreifens auf die Originalquellen gegeben gewesen wäre, denn dieselben sind vielfach in diesen Schriften nicht angeführt oder in einer Weise genannt, daß nur ein guter Kenner der einschlägigen Sonderliteratur vielleicht noch in der Lage ist, die Zuverlässigkeit der Angaben nachprüfen zu können. Wenn z. B. Mercalli sehr häufig als Quelle einfach Perrey angibt, so ist damit noch keineswegs gesagt, daß es gelingen werde, die Originalstelle aufzufinden, denn es wird nicht leicht einen Autor geben, dessen Angaben so sehr in die verschiedensten Zeitschriften und Jahrgänge derselben zerstreut wären, wie es bei diesem so verdienstvollen Kompilator der Fall ist.

Es versteht sich, daß alle Angaben, für die ich nur eine Quelle dritter oder vierter Hand anzugeben vermochte, mit einem gewissen Mißtrauen zu betrachten sind; es gilt das nicht bloß im allgemeinen, sondern ganz besonders in bezug auf die Jahreszahlen, die nicht selten durch Schreib- oder Druckfehler unrichtig in derartige Zuzammenstellungen gelangt sind.

Es wirken so verschiedene Umstände zusammen, um die Angaben dieses Katalogs recht ungleichwertig erscheinen zu lassen, und ich möchte daher die Kenner einzelner Vulkangebiete und -Literaturen ersuchen, mir gelegentlich ihre Berichtigungen zukommen zu lassen. Der ungefähre Grad der Zuverlässigkeit meiner Angaben wird übrigens jeweils schon durch die angegebene Quelle klar.

Beim Zitieren bin ich aus Menschenfreundlichkeit häufig von dem systematischen Gebrauch des Vermerks 'a. a. O.' abgegangen und habe von Zeit zu Zeit die Titel wiederholt, da nicht selten bestimmte Quellen Dutzende Male angezogen sind und es den Leser zur Verzweiflung bringen kann, wenn er Seite um Seite zurückblättern muß, bis er endlich das erste Zitat dieser Art trifft. Die beim Zitieren angewandten Abkürzungen (z. B. Pet. Mitt. = Petermanns Mitteilungen, Neues Jahrb. oder — bei großer Häufung dieses Zitats — einfach NJ. = Neues Jahrbuch für Mineralogie, Geologie und Paläontologie u. a.) werden dem Benützer des Buches keine Schwierigkeiten machen, weshalb von einer Liste der Abkürzungen Abstand genommen wurde.

Es konnte — schon aus räumlichen Gründen — nicht meine Absicht sein, für die einzelnen Ausbrüche die gesamte Literatur zu zitieren, die sich damit beschäftigt, vielmehr beschränkte ich mich in den meisten Fällen darauf, eine oder einige wenige Belegstellen anzugeben, um so dem Interessenten weitere Information über das betreffende Ereignis, unter Umständen auch über den Grad der Zuverlässigkeit der Nachricht zu ermöglichen. Auf Identifikationsversuche älterer, schwierig zu lokalisierender Ausbrüche bin ich nicht eingegangen, da derartige Fragen meist nur von ortskundigen Forschern zufriedenstellend zu lösen sind. Ich konnte nicht den Ehrgeiz haben, die vielen schwebenden Fragen in diesem Katalog lösen zu wollen, vielmehr bin ich zufrieden, wenn es mir gelungen sein sollte, eine bequeme Übersicht über die als zuverlässig anzusehenden Ausbruchsangaben zu geben und daneben auf eine Reihe von noch ungelösten Fragen hinzuweisen, also ein ungefähr richtiges Bild vom Stande unserer Kenntnisse zu geben.

Da die bloße Feststellung der Jahre, in denen vulkanische Tätigkeit stattfand, an sich nur ein mäßiges Interesse haben würde, so habe ich überall da, wo ich etwas Näheres über Art und Bedeutung der Ausbrüche finden konnte, kurze Mitteilungen angefügt; nur in Fällen, wo die Quelle schwer zugänglich ist oder die stattgehabten Ereignisse ungewöhnlich waren, bin ich ein wenig näher darauf eingegangen. Ich habe ferner versucht, für die bedeutendsten Vulkane und Vulkangebiete, soweit das möglich war, einen Begriff von der Förderleistung bzw. Massenbewegung zu geben, wobei ich als Förderung erster Größe eine solche von 1 cbkm oder darüber annahm, während eine Förderung von $^1/_{10}$ bis 1 cbkm, bzw. $^1/_{100}$ bis $^1/_{10}$ cbkm der zweiten bzw. dritten Größe zugerechnet wurde. Die wichtigsten Ergebnisse, die sich aus den statistischen Zusammenstellungen des Katalogs unmittelbar gewinnen ließen, habe ich in 'Schlußbemerkungen' zusammengestellt. Haben dieselben auch keine grundlegenden neuen Wahrheiten zu bringen vermocht, so haben sie doch manche interessante Tatsachen ans Licht gezogen und damit m. E. den Beweis gebracht, daß die statistische Methode auch in der Vulkankunde wertvolle Ergebnisse erzielen kann. Dieselben würden freilich weit besser begründet sein, wenn sie auf einem einheitlicheren und minder lückenreichen Material fußen könnten. So möge denn der Katalog zugleich eine Mahnung zu systematischer Organisation der Berichterstattung über Vulkanausbrüche nach einheitlichen Grundsätzen dienen! —

Es sei mir schließlich noch gestattet, allen denen, die mich bei meiner Arbeit durch Rat und Tat gefördert haben, den wärmsten Dank auch an dieser Stelle auszusprechen, vor allem Herrn Privatdozenten Dr. E. Hohl, meinem treuen Wegweiser in der klassischen Literatur, und den Herren Hauptmann a. D. Dr. G. Friederici-Dorlisheim, Immanuel Friedländer-Neapel, Professor Dr. R. Hauthal-Hildesheim, Professor Dr. G. Merzbacher-München, Dr. F. Speiser-Basel, Professor Dr. Th. Thoroddsen-Kopenhagen, M. Vogel-Talca, Professor Dr. A. Wichmann-Utrecht und Dr. Th. Wolf-Dresden, die mich durch handschriftliche Mitteilungen unterstützt haben.

Straßburg i. E., den 6. Nov. 1916. Karl Sapper.

Inhaltsverzeichnis.

I. Atlantisch-indische Erdhälfte.

1. Mittelmeergebiet.

Während die jungen Vulkane Frankreichs und Mitteleuropas in historischer Zeit keine Ausbrüche mehr gehabt haben, ist dagegen im Mittelmeergebiet bedeutende vulkanische Tätigkeit bis in die Gegenwart zu verzeichnen. Ausgenommen ist davon freilich der westliche Teil, denn auf der Iberischen Halbinsel ist es im Lichte der Geschichte trotz des jugendlichen Charakters vieler vulkanischen Bildungen zu einem vulkanischen Ausbruch nicht mehr gekommen. S. Calderon hat zwar gezeigt, daß vulkanische Manifestationen in der Provinz Gerona sich noch im mittleren Quartär abgespielt haben[1]), und auch die Meinung geäußert, daß man dies Gebiet noch nicht als endgiltig erloschen ansehen dürfe; aber die Geschichte weiß doch nur von einem merkwürdigen semivulkanischen (oder nur seismischen?) Ereignis zu berichten: Bildung einer großen 8 km langen Spalte, Entfaltung donnerartigen Getöses, starken Rauchs mit Flammenzungen, mächtiger Emanationen von Schwefelwasserstoff, denen mehrere Personen zum Opfer fielen, und Bildung eines plötzlichen jähen Windes am 23. und 24. April 1427 in der Nähe von Amer (Katalonien)[2]).

Dagegen sind im mittleren und östlichen Mittelmeer vulkanische Betätigungen häufig berichtet worden, d. i. in Italien und dessen Nachbarschaft und im Ägäischen Meer.

1. Italien und Umgebung.

Die Berichterstattung über die vulkanischen Ereignisse im Altertum ist verhältnismäßig gut, wenngleich natürlich gar manche Schriftsteller nur allgemeine Angaben über die Tätigkeit einzelner Vulkane machen, ohne genauere Beschreibung der Tätigkeitsäußerungen oder bestimmte Zeitangaben zu geben. Die örtliche Fixierung mancher mitgeteilten Ausbrüche begegnet in einzelnen Fällen nicht unerheblichen Schwierigkeiten

[1]) Memorias de la Real Sociedad española de Historia natural. Tom. IV. Mem. 5. Madrid 1907. S. 254 ff.

[2]) Ebenda S. 295—299.

und häufig genügen auch die gemachten Angaben bei weitem nicht, um die Bedeutung der berichteten Ausbrüche klar erkennen zu lassen.

Eine wertvolle Zusammenstellung der vulkanischen Betätigung in Italien und Umgebung während des Altertums verdanken wir Heinrich Nissen[1]). Wichtig sind daneben die weiter unten zu erwähnenden monographischen Werke über einzelne Vulkane oder Vulkangebiete, und die Darstellung von E. Reclus[2]).

Im Mittelalter ist die Berichterstattung zwar im allgemeinen wohl dürftiger und unvollständiger als im Altertum, dürfte aber doch die wichtigsten Ereignisse verzeichnet haben. Gut wird die Berichterstattung erst in der neuen Zeit, insbesondere in den letzten Jahrzehnten, in denen die tätigsten Vulkane unter einen recht wirksamen ständigen Beobachtungsdienst gestellt worden sind.

a) Mittelitalien.

In den Vulkangebieten Mittelitaliens sind im Lichte der Geschichte keine Ausbrüche erfolgt; wohl aber hat im Albaner-Gebirge noch im ersten Jahrtausend vor Christus ein — nicht genauer datierbarer — Ausbruch stattgefunden, wie durch den von 1817 an erfolgten Fund altertümlicher, unter verhärteten Schlammflüssen begrabener Gräber am westlichen Fuß von Albano bis Civita Lavigna festgestellt ist[3]). Die Nachrichten von Steinregen im Jahre 216 v. Chr.[4]) und Flammenerscheinungen im Jahre 113 v. Chr.[5]) dürfen nicht als Beweise für vulkanische Ausbrüche angesehen werden, so wenig etwa als das Aufsteigen von Flammen im Volsinischen Gebiet (also nahe dem See von Bolsena) im Jahre 104 v. Chr.[6]); Flammenerscheinungen werden ja auch aus nicht vulkanischen Gebieten beschrieben, so 59 n. Chr. bei Köln (v. Hoff IV. 172), 217 n. Chr. in Friesien (v. Hoff IV. 178) und 363 n. Chr. in Jerusalem (v. Hoff IV. 182), u. a. auch im 19. Jahrhundert beim Lago d'Opuzzo.

---

[1]) Italische Landeskunde I. Berlin 1883. S. 250—283. — Auf S. 283 befindet sich eine zusammenfassende Liste der datierten Ausbrüche; Nissen bemerkt freilich dazu, daß dieselbe nur einen geringen Bruchteil der tatsächlich vorgekommenen umfassen dürfte. Damit hat er zweifellos recht; denn das Interesse an vulkanischen Vorgängen an sich war zweifellos gering.

[2]) Les volcans de la terre (Soc. Belge d'Astronomie, de Météorologie et de Physique du Globe) S. 203—515, wo die Vorgänge des Altertums kurz registriert sind, wenn auch das Hauptgewicht auf die modernen Untersuchungen gelegt ist.

[3]) Nissen a. a. O. I, S. 252 f. Ed. Meyer, Die Israeliten und ihre Nachbarstämme, Halle a. S. 1906, S. 69.

[4]) Julii Obsequentis prodigiorum libellus 32. v. Hoff IV, 151.

[5]) Obsequens 98. v. Hoff IV, 159: 117—116. E. Reclus erwähnt nach Sabatini ein ähnliches Ereignis auch vom Jahre 540 (a. a. O. S. 269).

[6]) Nissen I, S. 278.

Eher darf das plötzliche Steigen des Albaner Sees ohne vorangegangenen Regen im Jahre 395 v. Chr.[1]) als vulkanisches Ereignis — Hebung des Bodens etwa in der Art des Ilopango-Sees 1880 — wenn auch natürlich nicht als Ausbruch aufgefaßt werden.

b) Unteritalien.

Der nördlichste Vulkan des unteritalischen Festlands, der in historischer Zeit noch einen Ausbruch gehabt haben soll, ist die Rocca monfina. Wenn man aber die betreffende Stelle bei Orosius IV. 4. 4[2]) nachprüft, so erkennt man deutlich, daß man es nicht mit einer Eruption (wenn auch 'kleinsten Stils')[3]), zu tun hatte, sondern daß ungefähr 269 v. Chr. lediglich 3 Tage lang aus einer neugebildeten Erdspalte Flammen emporschlugen, also ein semivulkanisches Ereignis, ähnlich dem oben erwähnten katalonischen, stattfand.

In den Phlegräischen Feldern[4]) haben von den zahlreichen vulkanischen Kratern nur zwei, soweit bekannt, in geschichtlicher Zeit echte vulkanische Ausbrüche gehabt; der eine davon ist die Solfatare von Pozzuoli, deren in ihren Äußerungen und in ihrer Intensität vielfach seit den Tagen des Altertums wechselnde Emanationen einem Typus mäßigstarker, nicht bis zu Eruptionen sich steigernder Betätigung den Namen gegeben haben, und der ihr benachbarte Monte Nuovo. Die Solfatara hat höchst wahrscheinlich (aber nicht ganz sicher) 1198 (oder 1167?) einen richtigen Ausbruch gehabt, den Mercalli kurzweg als starken Explosivausbruch charakterisiert, während andere — nach de Stefani mit Unrecht — auf ihn auch den Trachyterguß des Monte Olibano zurückführen möchten[5]). Nach Petrarca[6]) hätte auch glühende Lava im 16. Jahrhundert in seinem Krater gebrodelt, aber de Stefani bestreitet, wohl mit Recht, diese Annahme (a. a. O. S. 28).

Der Monte Nuovo ist eine vulkanische Neubildung, die an der Stelle früherer heißer Quellen nach lokalen Bebenserien und Niveau-

[1]) v. Hoff IV, 143 nach Livius V, Kap. 15 und 16.

[2]) 'Apud agrum Calenum repente flamma scisso hiatu terrae eructata tribus diebus tribusque noctibus terribiliter exaestuans, quinque agri iugera exhausto penitus suco ubertatis in cinerem extorruit, ita ut non fruges solum, sed et arbores cum imis stirpibus absumpsisse referatur.'

[3]) Nissen a. a. O. I, S. 252.

[4]) C. de Stefani, Die phlegräischen Felder. Erg. H. 156 zu Petermanns Mitteilungen, Gotha 1907, mit reichlichen Literaturangaben.

[5]) H. Haas, Über die Solfatare von Pozzuoli, Neues Jahrb. für Min., Geol. u. Pal. 1907, II, S. 72. G. Mercalli, I vulcani attivi della terra. Milano 1907. S. 289.

[6]) 5. Buch, 4. Brief, zitiert von de Lorenzo e Riva, in Atti R. Acc. delle scienze fisiche e mat. Napoli 1902. 11. Bd., ser. 2, S. 3, und Haas im N. Jahrb. 1907, II, S. 73.

veränderungen, die mit Rißbildungen verknüpft waren, erfolgte und in der Hauptsache in der Zeit vom Abend des 29. bis zum Abend des 30. Sept. 1538 sich vollzog. Jedoch dauerte der Ausbruch mit Energie bis zum 6. Okt. 1538 und leicht bis Ende Januar 1539 fort[1]). Die ausgeworfenen Lockermassen hat de Lorenzo auf 39 1/6 Millionen Kubikmeter berechnet[2]).

Der Vesuv ist unter allen Vulkanen der Erde der meist beschriebene und meist beobachtete; er dürfte in dieser Hinsicht selbst seinen größeren und ebenso tätigen Rivalen Ätna übertreffen. Aus der reichen Literatur, die sich an ihn und an seine Ausbrüche knüpft, seien namentlich die zusammenfassenden Werke von G. M. della Torre[3]), G. M. Mecatti[4]), J. Roth[5]), J. Phillips[6]) und die knappen Darstellungen von L. Palmieri[7]) und H. J. Johnston-Lavis[8]) erwähnt.

Über die Gestaltung des Vesuvs vor seinem ersten großen historischen Ausbruch im Jahre 79 n. Chr. sind wir leider ungenügend unterrichtet. Man hat vielfach angenommen, daß der Vesuvkegel vor dieser Zeit noch gar nicht existiert habe, sondern lediglich der Sommaringwall, und auch hinsichtlich dieses differieren die Ansichten, insofern die einen (z. B. Phillips — Pl. IX —) für die Somma noch einen geschlossenen großen Krater annehmen, während andere (z. B. Palmieri — S. 6 —) an eine große Abflachung in der Höhe des Atrio del cavallo denken, indes der Sommawall nur in seiner jetzigen Ausdehnung erhalten gewesen wäre. Die Zeugnisse der alten Schriftsteller, vor allem Strabo V, 247, Plutarch,

---

[1]) De Stefani a. a. O. S. 7—16.

[2]) E. Reclus, Les volcans de la terre, S. 306. Außer den leichten Niveauveränderungen, die zu einem Zurücktreten des Meeres führten, wird auch das Aufschwellen der Erde zu einem Hügel berichtet; so sagt z. B. S. Portius in seiner Schrift 'De conflagratione agri Puteolani', Florentiae 1551, S. 3 f., ausdrücklich: 'magnus terrae tractus . . . sese erigere videbatur, et montis subito nascentis figuram imitari. Eo ipso die hora noctis II. istae terrae cumulus, aperto veluti ore, magno cum fremitu, magnos ignes evomuit: pumicesque et lapides, cinerisque foedi tantam copiam, ut quae adhuc extabant Puteolorum aedificia operuerit, herbas omnes texerit, arbores fregerit, pendentemque vindemiam ad sextum usque lapidem in cineres verterit, aues quoque, et nonnullas quadrupedes bestias interemerit' etc. Ich glaube nicht, daß man so bestimmte Zeugnisse einer lokalen Anschwellung des Bodens einfach übergehen darf, und man wird wohl daran denken müssen, ob nicht durch örtliche Einpressung von Lava Aufschwellung des Bodens vor dessen Zerreißung doch möglich sein dürfte!

[3]) Storia e fenomeni del Vesuvio. Napoli 1768. Deutsche Übersetzung von L. Altenburg 1783.

[4]) Discorsi storici-filosofici sopra il Vesuvio. Napoli 1754.

[5]) Der Vesuv und die Umgebung von Neapel. Berlin 1857.

[6]) Vesuvius. Oxford 1869.

[7]) Il Vesuvio e la sua storia. Milano 1880.

[8]) The Geology of Monte Somma and Vesuvius in Quart. Journ. Geol. Soc. London Bd. 40. 1884. S. 35—119.

Crassus 9 und Florus II, 8, 4, sind aber zu unbestimmt, als daß sie eine sichere Deutung ermöglichten. Insbesondere macht es große Schwierigkeiten, die Beschreibungen der Örtlichkeit, wo Spartacus im Jahre 73 v. Chr. von Claudius Glaber belagert wurde, richtig zu deuten. Sofern man nicht mit Drumann[1]) annehmen will, daß es sich um eine bestimmte Stelle des Sommaringwalls gehandelt haben dürfte, so tut man am besten, anzunehmen, daß der Vesuvkegel damals schon existierte und eine entsprechende Gestaltung der Gipfelregion besaß, vielleicht ähnlich der des Merapi auf Java, wie sie sich Ariëns im Jahre 1864 darstellte[2]).

Es scheint mir trotz der Tatsache, daß die alten Schriftsteller nirgends von zwei Bergen sprechen, am wahrscheinlichsten, daß der Vesuv an seiner jetzigen Stelle, wenn auch in anderer Ausbildung, schon vor 79 n. Chr. bestanden habe; denn die Gründe, die de Lorenzo[3]) dafür geltend gemacht hat, namentlich seine Deutung des von Helbig veröffentlichten Wandgemäldes, scheinen mir überzeugend; die Tätigkeit von 79 ist zudem nicht so gewaltig gewesen, als daß gerade auf sie eine so durchgreifende Veränderung des Vulkangebildes zurückgeführt werden müßte.

Wenn einerseits die Frage nach der Oberflächengestaltung des Vesuvs vor seinem großen Ausbruch von 79 n. Chr. aus den zurzeit vorliegenden Geschichtsquellen nicht restlos geklärt werden kann, so ist aber auch andererseits nicht mit voller Sicherheit festzustellen, ob diesem Ausbruch eine sehr lange Ruheperiode oder aber nur eine Rast von mäßiger Dauer vorausgegangen ist. Ich glaube aber doch in den Mitteilungen von Diodor IV, 21 und namentlich Vitruv[4]) einen starken Hinweis auf die zweite Annahme sehen zu können, und finde eine weitere Stütze dafür in Strabos Mitteilung, daß die Gipfelregion des Vesuvs 'zwar großenteils eben, aber gänzlich unfruchtbar, in Ansicht einem Aschenhaufen ähnlich'[5]) sei, denn angesichts der ein rasches Wiederaufkommen der Vegetation begünstigenden klimatischen Bedingungen scheint mir das trotz der starken Durchlässigkeit der vulkanischen Materialien mit einer sehr langen Ruhe durchaus unvereinbar zu sein, es sei denn, daß starke solfatarische Tätigkeit auf einem großen Teil des Kegels lange Zeit hindurch sich geltend gemacht hätte.

Wir dürfen aber wohl annehmen, daß es sich nur um Ausbrüche geringerer Bedeutung gehandelt hat, denn die von Johnston-Lavis auf geologischem Wege nachgewiesenen und charakterisierten letzten vor-

---

[1]) Geschichte Roms, 2. Aufl. v. P. Groebe IV. Leipzig 1908. S. 89.

[2]) Natuurkundig Tijdschrift voor Nederl. Indië 29, S. 93ff.

[3]) Zeitschrift der deutschen geolog. Gesellschaft 1897, S. 565—567.

[4]) De Architectura II, 6: 'Non minus etiam memorantur antiquitus crevisse ardores et abundavisse sub Vesuvio monte et inde evomuisse circa agros flammam'.

[5]) Übersetzung von Ch. G. Groskurd, Berlin 1831, I, S. 430.

geschichtlichen Ausbrüche waren so bedeutend und — an Ausmaß der Produktförderung — der plinianischen Eruption so überlegen, daß sie jedenfalls irgendwie historisch fixiert worden wären, wenn sie im Licht der Geschichte sich abgespielt hätten, während Ausbrüche kleineren Maßstabs selbst in der Gegenwart noch, manchmal sogar in dichtbewohnten Ländern, der Registrierung entgehen.

Mecatti (a. a. O. S. LI) und J. Roth (S. 2) erwähnen zwar unter Anführung von Berosus einen sehr frühzeitigen Ausbruch (im Jahr 2970 oder 1283 bezw. im Jahr 1787 v. Chr.!); doch kann dieser Angabe keinerlei Glauben beigemessen werden.

Der erste historisch sicher beglaubigte und eingehend beschriebene Ausbruch ist vielmehr der von 79 n. Chr., über den wir hauptsächlich durch Plinius den Jüngern[1]) und Cassius Dio (66, 21) gut unterrichtet sind[2]); archäologische[3]) und geologische[4]) Untersuchungen haben das durch unmittelbare Überlieferung gewonnene Bild wesentlich weiter ausgestaltet; wir bekommen damit die Klarheit, daß der Vesuvausbruch von 79 in seinen beiden Hauptphasen (1. Auswurf frischer weißer Bimssteine und 2. Auswurf zerriebenen und zertrümmerten alten Gesteinmaterials) durchaus dem vom 7. und 8. April 1906 entsprach; wir dürfen daher auch Lacroix zustimmen, wenn er ganz im Gegensatz zu Palmieri (s. a. a. O. Bild auf S. 9) glaubt, daß nach den Schlußeruptionen eine große Caldera übrig blieb, ähnlich der von 1906 (und entsprechend der späteren Schilderung von Cassius Dio: Amphitheater-artig), aber ich muß ihm entschieden widersprechen, wenn er in seinen Darlegungen (S. 122) den mineralogischen Beweis dafür erbracht zu haben meint, daß der Ausbruch von 79 erst die Regelmäßigkeit des Sommakegels zerstört hätte, denn dieselben Materialien würden, wie ja Lacroix' eigener Hinweis auf die Produkte von 1906 zeigt, auch durch eine teilweise Zertrümmerung und Ausblasung eines eigentlichen Vesuvkegels gefördert worden sein. Der Ausbruch hat, wie bekannt, keine Lavaströme, sondern nur Lockermassen geliefert; Glutwolken, wie sie namentlich A. Heilprin[5]) für den Untergang von Pompeji verantwortlich machen wollte, sind, wie der Erhaltungszustand der Häuser u. a. beweist[6]), damals offenbar nicht aufgetreten. Die geförderten Lockermassen waren

---

[1]) Epist. VI, 16 und 20.

[2]) S. Herrlich, Die antike Überlieferung über den Vesuvausbruch im Jahre 79. Beitr. z. alten Geschichte IV, S. 209—226.

[3]) z. B. Mau, Pompeji in Leben u. Kunst. 2. Aufl. Leipzig 1908. Kap. III.

[4]) z. B. Johnston-Lavis a. a. O. S. 83 ff. und A. Lacroix, La Montagne Pelée après ses éruptions. Paris 1908. S. 105—133.

[5]) Mont Pelée and the tragedy of Martinique. Philadelphia and London 1903. S. 121—139.

[6]) Sapper in der 'Umschau' 1905, S. 21 ff. und Lacroix a. a. O.

sehr bedeutend, das zeigt ebensowohl ihre ansehnliche Mächtigkeit in der Nähe des Vesuvs, als ihre von Cassius Dio berichtete große Verbreitung (Rom, Afrika, Ägypten, Syrien); die bekannt gewordenen Daten genügen aber nicht zu einer Maßberechnung; immerhin wird man sicher einen Ausbruch erster oder zweiter Größe annehmen dürfen. Die Zahl der Umgekommenen ist nicht festzustellen; man hat nach den unmittelbaren Funden zu Pompeji auf etwa 12—1500 Opfer geschlossen (Nissen I, 282).

Nach Cassius Dio darf man annehmen, daß der Vesuv späterhin lange Zeit fast ständig leicht (aber mit schwankender Intensität) tätig gewesen sei[1]). Einen starken Ausbruch erwähnt er dagegen im 76. Buch für das Jahr 203 ohne genauere Mitteilungen (als die Erwähnung des Getöses) zu machen.

Palmieri (S. 9) und Johnston-Lavis (S. 93) führen noch Ausbrüche aus den Jahren 243, 305 und 321[2]) an, die Bimssteinbreccien geliefert haben dürften [Mecatti außerdem einen Ausbruch 454 nach Macrinus].

Am 6. Nov. 471 oder 472 begann unter schwerem Getöse ein starker Explosivausbruch[3]), dessen Aschen bis Konstantinopel flogen. Der Vulkan scheint noch zwei Jahre lang tätig gewesen. Der Krater war sehr tief. Die Auswürflinge waren zuerst schlackige Bimssteine, später pulverisierte Aschen in nicht unbedeutender Mächtigkeit[4]).

Im Jahre 512 stellte sich wieder ein bedeutender Ausbruch ein, dessen Aschen bis nach Tripolis flogen. Es ist der erste historische Vesuvausbruch, bei dem Erscheinungen berichtet werden, die man auf einen Lavastrom gedeutet hat. Deutlich und anschaulich werden die betreffenden Erscheinungen namentlich von Prokop (Bell. got. IV, 35) unter Beziehung auf gleichartige Vorkommnisse am Ätna beschrieben; aber die Schilderung Cassiodors (Var. IV, 50[5]), die freilich J. Roth noch unbedenklich auf einen Lavastrom bezogen hat (a. a. O. S. 5), läßt nach den Beobachtungen der Vesuvausbrüche von 1822 und 1906 noch besser an Lawinen heißen Sandes denken, und da Cassiodor ein unmittelbarer Zeitgenosse des Ausbruchs war, so ist im Zweifelsfall seiner Schilderung ein größeres Gewicht beizumessen, als der des späteren Prokop, der vielleicht durch die Analogie der Ätnalavaströme stark beeinflußt worden ist. Es ist, abgesehen von den

---

[1]) . . 'Quum igitur Vesuvius eiusmodi sit, haec in eo quot annis fieri solent'.

[2]) Schneider (Vulk. Erscheinungen S. 256), dafür: 326 (wohl Druckfehler).

[3]) Della Torre, Storia e fenomeni del Vesuvio. Napoli 1768. S. 59. Procopius, de bello goth. II, 4 (vgl. aber v. Hoff, Veränderungen der Erdoberfläche II, S. 200).

[4]) Quart. Journ. 1884, S. 95 f.

[5]) ed. Mommsen 1894, S. 137: 'Videas illic quasi quosdam fluvios ire pulvereos et harenarum sterile impetu fervente velut liquida fluenta decurrere: stupeas subito usque ad arborum cacumina dorsa intumuisse camporum et luctuoso subito calore vastata, quae laetissima fuerant viriditate depicta'. Von Cassiodor übernahm wohl Sigonius (Lib. 16) seine Nachricht von 'pulverei amnes' bei diesem Ausbruch.

Ausdrücken 'pulvereos' und 'harenarum' [die sich nach Roth auf die oberflächlichen Schlacken der Lavaströme beziehen sollen], namentlich schwer, die Stelle Cassiodors 'usque ad arborum cacumina dorsa intumuisse camporum' restlos auf fließende Lava zu beziehen, da Lavaströme, wie eben der Vesuvausbruch 1906 wieder gezeigt hat, Bäume meist mit sich reißen und abbrechen, weit seltener stehen lassen. Immerhin ist aber völlige Sicherheit nicht erreichbar. Wo der Lavastrom geflossen wäre, beschreibt Prokop nicht, und die geologische Untersuchung hat auch keinerlei Anhaltspunkte für die Lösung dieser Frage angegeben. Dagegen glaubte Johnston-Lavis (a. a. O. S. 96ff.) aus den beim Canale di Arena etwa 2 m mächtigen, aller Wahrscheinlichkeit nach von diesem Ausbruch stammenden Lockerabsätzen mit ihrem mehrfachen Wechsel des petrographischen Charakters in den Einzellagen (leichte schwammige Schlacken kleiner Größenverhältnisse, Sande in zwei Bändern und feine Aschen) auf das Fehlen einer paroxysmalen Eruption schließen zu dürfen — ein Umstand, der vielleicht gegen die obige Annahme von Avalanches sèches geltend gemacht werden könnte. Festgestellt ist durch Cassiodors klares Zeugnis, daß der wirtschaftliche Schaden bedeutend war.

Wenn Johnston-Lavis annimmt, daß kein oder nur ein kleiner Ausbruchskegel vorhanden war, und daß der tiefe Krater, in dessen Grund man das Feuer sehen konnte, 'wahrscheinlich' terrassiert gewesen sei, so sehe ich keine sichere Stützen für seine Annahme.

Die Ausbrüche des nächsten Jahrtausends nach 512 scheinen nur mäßige Bedeutung gehabt zu haben; Johnston-Lavis klassifiziert sie nach den beobachteten Absätzen als halb- oder nichtparoxysmal. Nähere Nachrichten fehlen zumeist. Während um 556 der Vesuv stark brüllte, so daß man einen Ausbruch befürchtete[1]), wird ein allerdings kurz dauernder, aber verwüstender Ausbruch aus dem Jahr 685 berichtet[2]). Nach der Mitteilung, daß die Umgebung verbrannt worden sei, nimmt Roth an, daß Lava geflossen sei, und schließt sich so der Deutung Mecattis (a. a. O. S. LIII) — wohl mit Recht — an. Mecatti erwähnt ferner Ausbrüche für die Jahre 893, 897, 980 und 983[3]), von denen nur letzterer auch von neueren Autoren genannt wird: v. Hoff[4]) erwähnt von ihm nach Nachrichten von Baronius und Castelli, daß die Lava bis ins Meer geflossen sei. 993 erfolgte nach Mecatti, della Torre und Neueren ein Ausbruch (den v. Hoff

[1]) Mecatti, Discorsi storici-filosofici sopra il Vesuvio. Napoli 1754. S. LIII.

[2]) Sigonius, Hist. de Regno Italiae lib. XV. Frankfurt 1575. S. 49f.: 'Martio vero Vesuuius mons in Campania per dies aliquot ignes euomuit, atque omnia virentia circumquaque adussit'.

[3]) J. Roth (a. a. O. S. 6) nach Recupito 982.

[4]) II, 201. IV, 204.

ins Jahr 983 verlegt!). 1036[1]), 27. Jan., brach der Vulkan aus Gipfel und Flanken aus; die Lava erreichte das Meer. Auch 1049 (oder 50) erfolgte ein Ausbruch mit Lavaerguß bis zum Meer[2]).

1138 und 1139 weitere Ausbrüche des Vesuvs[3]); schwarze Asche fiel bei letzterem bis Salerno, Benevent, Capua und Neapel.

Die Ausbruchsangabe 1306 muß nach J. Roths Ausführungen (a. a. O. S. 8) gestrichen werden: Irrtum für 1036! [Mecatti LIV erwähnt auch einen Lavaausbruch 1430]. 1500 (Hamilton: 1506) hat nach Ambrogio di Leone ein kurzdauernder Aschenausbruch ohne Lavaerguß stattgehabt[4]). Der Ausbruch wird von vielen Seiten, so schon von Mecatti, bestritten, doch ist die Beschreibung so klar, daß man an ihre Wahrhaftigkeit sehr wohl glauben darf, obgleich man darauf hingewiesen hat, daß der Zustand des Vesuvs vor 1631 (mit alter Hochwaldbedeckung im Krater und drei Wasserbecken auf dem Grund) mit der Nachricht nicht vereinbar wäre. Ich kann das nicht anerkennen, da ein kurzdauernder mäßiger Aschenausbruch keineswegs zu völliger Vernichtung eines Waldbestandes zu führen braucht und die Beschädigungen in der Zwischenzeit völlig ausgeheilt sein können; es braucht demnach auch nicht Sorrentinos (auch von J. Roth übernommen) Annahme eines exzentrischen Ausbruchs (am Monte Viulo) übernommen zu werden.

Nach Palmieri[5]) bezw. Daniele Barbaro lieferte der Vesuv 1568 einen 18000 Schritt langen Lavastrom; auch schließt G. de Lorenzo[6]) aus G. Brunos und anderer Schriften, daß der Vesuv in der 2. Hälfte des 16. Jahrhunderts Tätigkeit gezeigt habe.

Wenngleich die Nachrichten über die Vesuvausbrüche im Altertum und Mittelalter bis in den Anfang der Neuzeit herein offenbar kein vollständiges Bild der Tätigkeit des Vulkans bieten, zum Teil auch Unsicherheiten bestehen, die sich wohl erst beheben lassen werden, wenn einmal neue Quellen zu den bisher erschlossenen hin bekannt werden dürften, so dürfen wir doch annehmen, daß die wirklich bedeutenden Ausbrüche (79, 472, 512 n. Chr.) uns vollzählig überliefert sind, und daß außerdem die Tätigkeit in langen Zwischenräumen und meist nur mäßiger Intensität sich einstellte.

---

[1]) Della Torre 60, Palmieri 10, Roth 6f., Mecatti führt auch 1037 als Ausbruchsjahr an, von v. Hoff (IV. 207) bestritten.

[2]) Della Torre (nach Marsicano) 60, J. Roth Lava = 'sulphureae resinae congeries'.

[3]) Della Torre 60f. Mecatti, LIIIf., Palmieri 10, v. Hoff nennt nur 1138 und glaubt II, 203, daß die Angabe 1139 IV, 15 sich auf denselben Ausbruch beziehe; J. Roth nimmt nur 1139 an.

[4]) v. Hoff IV, 241f., Roth S. 8f.

[5]) S. 11. Johnston-Lavis a. a. O. S. 101.

[6]) Ztschr. d. D. geol. Ges. 1897, S. 561—567.

Mit dem großen Ausbruch von 1631 beginnt offenbar eine neue Epoche im Leben des Vulkans, eine Zeit stark gesteigerter Tätigkeit. Johnston-Lavis (a. a. O. S. 101) schreibt derselben einen gleichen Charakter zu, wie er während der ständigen Tätigkeit geherrscht hatte, die zur Förderung der ältesten bekannten Laven des Vulkans geführt hatte. Dem großen Ausbruch gingen etliche, allerdings wenig beachtete, vorbereitende Ereignisse voraus. Schon 7 Jahre vorher hatte man einmal auf dem Gipfel etwas frische Asche gefunden; kurz vor dem Ausbruch stellten sich Erdbeben und Rauschen im Berge ein; der Kraterboden hob sich so sehr, daß am 10. Dez. 1631 an Stelle des Kraterkessels eine Ebene war. Der eigentliche Ausbruch begann am 16. Dez. vor Sonnenaufgang, 'indem sich mit fürchterlichem Getöse die Südseite des Berges etwas über dem Atrio del Cavallo öffnete' (Roth) und erreichte bald gewaltige Intensität; der Aschenfall gelangte schon nach wenigen Stunden nach Tarent und südlicheren Gebieten, später nach Dalmatien, Thessalien und dem Ägäischen Meer, nach G. Giuliani[1]) selbst nach Konstantinopel; in der Nähe des Vesuvs erreichten die Aschen bis 6 m Mächtigkeit und zerstörten viele Gebäude; auch große glühende Steine verursachten weithin starken Schaden. Schwere Beben begleiteten den Ausbruch; von 2 Uhr nachts am 17. Dez. an warf auch der Gipfelkrater Lockermassen aus; zu gleicher Zeit ergoß sich aber nach einem sehr heftigen Erdstoß eine ungeheuere Lavaflut von den Höhen des Berges in mehreren Armen mit furchtbarer Geschwindigkeit über die Abhänge zwischen Torre dell' Anunziata und Portici nach dem Meere zu und vernichteten viele Häuser und Bäume und etwa 3000 Menschen (Palmieri spricht von 4000, Philipps von 18 000 Opfern im ganzen). Gleichzeitig trat das Meer zurück und kehrte in dreimaliger Flutwelle wieder gewaltsam zurück.

Außer Lavaströmen scheinen Ströme heißer Asche (also Avalanches sèches im Sinne von A. Lacroix) vom Vesuvkegel verheerend in die Felder geflossen zu sein; gewaltige Wasserfluten, die stellenweise bis 4 m Tiefe das Land überschwemmten, suchten noch entfernter liegende Gebiete heim. Diese Wasserfluten, von denen die am 17., 18., 24. und 31. Dez. die stärksten waren, waren offenbar zum Teil sekundäre Schlammfluten, zum Teil aber wohl auch primäre, wie der heiße Strom vom 31. Dezember, der vielleicht eine durch Regen gebildete Wasseransammlung des Kraters niederführte, wie solches schon Macrino 1693 vermutete[2]). Braccini aber berichtet von dem Wasser des Stroms vom 17. Dez., daß es wie Seewasser schmeckte und erwähnt, daß er bei seiner Besteigung des Berges am 13. Febr. 1632 viele marine Muscheln und Schnecken auf den Aschen

[1]) Trattado del Monte Vesuvio. Napoli 1632. S. 95 f.

[2]) Nach J. Roth a. a. O. S. 45.

gefunden hätte. Da Ähnliches auch von anderen Augenzeugen berichtet ist, und da in späterer Zeit (Lanzarote 1824) tatsächlich, freilich unter recht verschiedenen, viel günstigeren Bedingungen Auswurf von Meerwasser seitens eines Vulkans festgestellt ist, so scheint mir nicht angängig, die Erscheinung ohne weitere Untersuchung zu bestreiten, obgleich zuzugeben ist, daß Phantasie und Leichtgläubigkeit sehr wohl diese Autoren zu einer falschen Angabe verführt haben können.

Der große Ausbruch, der schon nach wenigen Tagen seine Hauptenergie verloren hatte, aber noch bis März 1632 fortdauerte, hat gewiß gewaltige Mengen von Laven und Lockermassen gefördert; Messungen oder Schätzungen derselben habe ich aber in der Literatur nicht finden können. Der Vesuv war nach dem Ausbruch wesentlich niedriger geworden. Der Krater zeigte hernach die Gestalt eines sehr tiefen, nach unten etwas verengten Schlundes von 5 km Umfang am Rande. Der verursachte Materialschaden wird von Giuliani (a. a. O. S. 88) auf etwa 25 Millionen Scudi angegeben.

Später hat der Vesuv nach einer Ruhepause offenbar eine mäßige Tätigkeit für längere Zeit entwickelt. Bezeugt ist solche für 1637 (Troili)[1], 1638 (A. Kircher)[2] und 1649 (Tutini) [1] [3].

Im Jahr 1660 waren im Krater 3 kleine Ausbruchskegelchen vorhanden; deren nördlichster hatte am 3. Juli einen starken Lockerausbruch, dessen (weiße) Aschen am 5. Juli Apulien erreichten, zum Teil selbst in die Berberei geflogen sein sollen. Bis zum 10. Juli war die Intensität des Ausbruchs stark; in den nächsten 14 Tagen nahm sie ab. Sie scheint aber abgeschwächt bis 1682 fortgedauert zu haben, wobei sich der Krater, weniger durch Auswürflinge als durch Lavaerguß, allmählich immer mehr auffüllte[4]. Schon 27.—30. März 1680 hatte der Vulkan einen heftigen dreitägigen Explosivausbruch gehabt[5]; ein stärkerer längerer Explosivausbruch erfolgte vom 13. Aug. bis 2. Sept. 1682, wobei außer Aschen auch ungewöhnlich große glühende Lavamassen[6] ausgeschleudert wurden[7]. Der Zentralkegel war bedeutend gewachsen.

Vom 24. Sept. bis 11. Okt. 1685 und 9. bis 31. Dez. 1689 spielten sich ähnliche kräftige Ausbrüche unter Erhöhung des Zentralkegels ab.

---

[1]) Palmieri a. a. O. S. 17.

[2]) Roth S. 17, A. Kircher, Mundus subterramus. Cap. 3, praef.

[3]) G. Mercalli in Atti V. Congr. geogr. ital. Napoli 1905.

[4]) Palmieri S. 19 nach Sorrentino.

[5]) Roth S. 18 nach Balzano.

[6]) Unrichtig ist, wie diese und eine Reihe folgender Feststellungen zeigen, die Angabe Mercallis (Atti V. Congr. geogr. ital. S. 277), daß der Vesuv nach 1631 etwa 72 Jahre lang keine Lava ergossen habe.

[7]) Roth S. 19, Palmieri S. 19.

Lavaergüsse nach außen fehlten. Als aber der Vesuv im April 1694 wieder tätig wurde, ergoß sich aus der Basis des Zentralkegels eine Menge Lava in den Krater; dieselbe überstieg am 13. April den Kraterrand an zwei Stellen, so daß Lavaströme außen abströmten; der westliche Teil des Gipfelplateaus bildete einen Lavasee mit leise schwankender überkrusteter Oberfläche[1]). Der Ausbruch endete noch im April des Jahres. Der Versuch, die Lava durch einen Erd- und Schlackendamm abzulenken, war mißlungen.

Im Juli-August 1696, am 16/17. Febr., im Sept. und Nov.-Dez. 1697 (bis Jan. 1698) und im Mai-Juni 1698 erfolgten ansehnliche Ausbrüche, je mit Lavaergüssen, desgleichen in der ersten Hälfte des Juli 1701, während im Mai 1704 und Juli 1706 (aus der nördlichen Bocca des Kraters) nur Lockereruptionen stattfanden; ein schwerer Ausbruch vom 28. Juli bis 18. August 1707 war dagegen wieder von einem Lavaerguß (am Fuß des Innenkegels) begleitet. Am 14. Aug. 1708 fand noch ein ganz kurzdauernder Ausbruch statt, dann trat völlige Ruhe ein, bis im Februar 1712 die Tätigkeit des Vulkans wieder begann und 25 Jahre lang mit nur kurzen Zwischenpausen anhielt.

G. Mercalli hat 1904 in einem Vortrag[2]) die Tätigkeit des Vesuvs seit 1712 (bezw. 1631) kritisch betrachtet und dabei außer gewissen Gesetzmäßigkeiten auch eine Reihe von Tätigkeitsperioden unterschieden, die zwischen mehr oder weniger langen Ruheperioden eingeschaltet sind, an sich untereinander recht verschieden sind nach Dauer, Intensität und Art der Erscheinungen, aber jeweils mit starkem, heftigen, raschen Lavaerguß an den Flanken (Typus 1872) oder mit ebenfalls starkem, aber minder raschen, von stärkeren Beben angekündigten Lavaerguß am Fuß des Vulkans und einem großen Paroxysmus des Hauptkraters abschließen. (Typus 1895). [E. Reclus, Volcans S. 333 unterscheidet noch einen explosiven Typus 1900 von kurzer Dauer und wechselndem Charakter, vom vorhergehenden Typus oft schwer unterscheidbar.]

Mercalli stellte für die Zeit seit 1712 folgende Eruptivperioden oder Zyklen auf:

1. 1712—1737 mit folgenden stärkeren Einzelausbrüchen[3]): *März-April, *Mai, *Okt.-Nov. 1712, *April-Mai 1713, Jan. und *Juni 1714, *Juni (und *Dezember) 1717, *Juni-Juli 1723, (*Jan. und *Sept. 1725), *März 1730,

---

[1]) Roth S. 20f.

[2]) 'Intorno alla successione dei fenomeni eruttivi del Vesuvio' in 'Atti del V. Congr. geogr. ital.' Napoli 1905. S. 271ff. Vgl. Palmieri in Ann. R. Oss. met. Ves. I. Napoli 1873.

[3]) Nach J. Roth S. 24—31, Sorrentino II, 165—220 und della Torre, der S. 68—70 nur die Ausbrüche von 1712, 1717, 1730 und 1737 in seiner Zählung als voll rechnet (19.—22. Ausbruch seiner Gesamtreihe). Die durch Lavaerguß ausgezeichneten Ausbrüche sind durch einen Stern (*) vor den nur explosiven gekennzeichnet.

mehrere im Jahre *1733 (im Juni füllte sich der Krater bis zum Rand mit Lava[1]) und 19.—31. *Mai 1737. Nach letzterem Ausbruch, bei dem am 19. Mai sich am Kegel eine seitliche Eruptionsöffnung gebildet hatte, erfolgten starke Kohlensäureexhalationen. Die aus der unteren der beiden Ergußstellen ausgeflossene Lava wurde auf 11 Mill. cbm (595 948 000 Kubikpalmen)[2]) berechnet; der Vesuv war durch den letzten Ausbruch auch wesentlich niedriger geworden, der Krater war nun 177 m tief.

2. Nach einer längeren Ruhepause begann im Nov. 1744 (nach della Torre, Mecatti, Roth, Palmieri erst im Okt. 1751) eine neue (16jährige) Tätigkeitsperiode, deren Hauptausbrüche folgende waren: *Okt. 1751 bis Februar oder März 1752, *Dez. 1754 bis Jan. 1755 (während und nach welchem starke Niveauschwankungen des Kraterbodens ohne Änderung der äußeren Form stattfanden)[3]), und 23. *Dez. 1760 bis Anfang 1761 (letzterer Ausbruch exzentrisch mit Aufwerfen von 15 Kegelchen, starkem Lavaerguß und einem Schaden von 300 000 Dukaten)[4]).

3. Nach einer völligen Ruhe von 3 Jahren stellte sich die 3. (4jährige) Tätigkeitsperiode (seit 1700) ein: 1764—1767 mit den Hauptausbrüchen *März-April 1766[5]), *Sept. 1767 (Lavaüberlauf aus dem Krater) und *Oktober 1767[6]) (Roth 58—60, Palmieri 26, W. Hamilton, Beobachtungen über den Vesuv etc. Berlin 1773. S. 1—49).

4. Nach einer etwa 2jährigen Ruhe begann im Februar 1770[7]) eine neue (9jährige) Tätigkeitsperiode, die bis 1779 dauerte mit Hauptausbrüchen im *Mai 1771 (seitlicher Lavaerguß und Überlauf über den Kraterrand), und Juli-August 1779; die Asche letzteren Ausbruchs flog bis Albanien. (1773 und 1774 Aufbau kleinen Zentralkegels, kleinere Lavaergüsse; auch später leichte Lavaausflüsse) (Roth 60—66, Palmieri 28).

5. Einer etwa 3jährigen Ruhe folgte eine fünfte (11jährige) Tätigkeitsperiode[8]): August 1783 bis Juli 1794. Hauptausbrüche *1784—85, *1786 bis 1787, *Sept.-Okt. 1790 und nach einer halbjährigen Ruhe *Juni-Juli 1794. Bei letzterem erreichte die Lava in Torre del Greco das Meer. Der Kegel wurde stark erniedrigt, ein elliptischer, 160 m tiefer Krater war zurück-

---

[1]) Sorrentino II, S. 213.

[2]) Serao, Dell' Incendio del Vesuvio 1737. Napoli 1738. S. 46.

[3]) Della Torre, S. 80 und S. 22 f.

[4]) Palmieri a. a. O. S. 25 f. Roth S. 54—58.

[5]) Und bis 10. Dez. 1766: A. Pigonati, Descrizione delle ultime eruzione del Monte Vesuvio. Napoli 1767. mit guter Karte und Abbildungen.

[6]) De Bottis, Istoria de varj incendj del Monte Vesuvio. Napoli 1786. (S. 132 f.) berechnet die Lavamasse des letztgenannten Ausbruchs auf 599 098 Kubikkannen (ca. 5 3/4 Mill. cbm), die im Mittel 1 Zoll mächtige Aschenlage desselben auf 76 939 Kubikkannen (ca. 3/4 Mill. cbm.) [1 Kanne = 8 Palmen = 2,12 m].

[7]) Mercalli a. a. O. S. 279; nach Roth S. 61 und Palmieri S. 28, 1. Mai 1771.

[8]) Roth S. 66—71, Palmieri S. 28—32.

geblieben. Der Ausbruch war der stärkste seit 1631; die ergossene Lavamasse schätzte Breislak auf 685 Mill. Kubikfuß. 26 Personen wurden getötet (Palmieri S. 32).

6. Etwa 4 Jahre ruhte dann der Vesuv, ehe er die sechste (23jährige) Tätigkeitsperiode 1799 begann[1]). Hauptausbrüche: (Jan. 1799, darnach neue Ruhe), *August-Sept. 1804, *August 1805 (mit Tod von 4 Personen), *Juni 1806 (Aschenfall bis Apulien), *August 1809, *Aug.-Sept. 1810, *Januar 1812, *Oktober und *Dezember 1813 (bei letzterem Aschenregen bis Bajä), *August-September und *Dezember 1817, *Februar, 17. April, *Juli-August, 22. November, *Dezember 1819, *März-April 1820 (Aschen bis Sorrent), Dez. 1820 bis Jan. 1821 (Bildung einer Reihe von Kegeln im Nordwesten, deren einer dünnflüssige Lava zeigte[2]), Okt. 1821 (Bildung eines senkrechten und eines schrägen Schlundes am Gipfel, um die aus aneinander geschweißten Schlacken 2 Kegel entstanden), *Februar (schöne Lavakaskade) und — nach manchen Wandlungen im Krater — 22. *Okt. bis Nov. 1822. Nach dem letzten Ausbruch war der große Kegel niedriger; der Krater sah von Nord nach Süd abgeschnitten aus, war aber unverändert: ein großer, unregelmäßig elliptischer unzugänglicher Schlund, der durch fortwährende Einstürze immer weiter und minder tief wurde. Sandströme[3]) kamen den Kegel herab. Die Aschen waren bis in die Basilicata getrieben worden. Kohlensäureexhalationen im Dezember.

7. Es folgten 4 Jahre relativer Ruhe mit bedeutenden Abstürzen der Kraterränder, worauf die 7. (12jährige) Tätigkeitsperiode[4]) einsetzte: 1827 bis 1839, nachdem schon im Sommer 1824 eine Spalte im Krater heftig ausgeworfen hatte und fernerhin eine schwache Tätigkeit bis 1827 eingesetzt hatte. Im Mai 1827 war die Tätigkeit etwas kräftiger geworden (2 Bocchen). Stärkere Betätigung zeigte der Vulkan im *März, Juli und im Nov. 1828, *Anfang sowie Ende 1829, ferner mehrfach *1830, *August-Sept., Okt. sowie *Dezember 1831, *Febr.-März 1832 (zum Teil Überlaufen der Lava über den Kraterrand), *Juli-August 1832, *Dez. 1832 (*Mai und) *August 1833, *März 1834, (*Mai-Juni 1834) *Juli 1834 und *August-September 1834 (stark; Einsturz des inneren Kegels), 1. April 1835 (heftige Explosion) *1837 und *1.—5. Jan. 1839[5]) (mit starkem Aschenfall bis über Pompeji hinaus; 1838 Tätigkeit mit der des Ätna alternierend). Der Krater stellte nun eine tiefe trichterförmige Höhlung dar.

---

[1]) Roth S. 71—90, Palmieri S. 32.

[2]) In diesen stürzte sich am 16. Jan. 1821 der Franzose Louis Coutrel (Roth S. 82).

[3]) T. Monticelli e N. Covelli, Storia de' fenomeni del Vesuvio. Napoli 1823. S. 155ff.

[4]) Roth S. 91ff. Palmieri S. 36—40. Palmieri rechnet als besondere Periode die Zeit 1828—1834.

[5]) Roth nach L. Pilla S. 221—229.

8. Eine Ruheperiode von ca. 2 1/2 Jahren leitete zu der zehnjährigen 8. Tätigkeitsperiode[1]) über: 1841—1850. Die Tätigkeit begann im Sept. 1841 mit Steinauswürfen, in den Jahren *1843 und 1844 traten mehrfach Lavaergüsse hinzu, stärkere Ausbrüche im *Februar und im März 1845; auch in der 2. Hälfte des Jahres 1845 und den folgenden Jahren häufige explosive und effusive Betätigung; die Asche richtete mehrfach Schaden in den Feldern an; 5.—16. Februar 1850 starker effusiver und explosiver Ausbruch im Krater und am Kegelmantel. In der Kraterebene hatten sich zwei weite und tiefe Krater gebildet.

9. Eine Ruheperiode von 4 Jahren trennte die letzte Tätigkeitsperiode von der nur halbjährigen neunten[2]): Dez. 1854 bis April 1855. Sie begann mit der Bildung eines neuen Schlundes im Krater am 14. Dez. 1854. Der *Hauptausbruch dauerte vom 1.—27. Mai 1855; er spielte sich teils im Krater teils an den Kegelhängen ab. Die Masse der ergossenen Lava wurde[3]) auf etwa 17 Mill. cbm (nach andern auf ca. 918 Mill. p. Kubikfuß) (ca. 31 1/2 Mill. cbm) geschätzt, der Schaden auf ca. 35 000 Dukaten.

10. Nach einer 6 monatlichen Ruhepause begann die sechsjährige Tätigkeitsperiode von 1855—1861[4]): Bildung einer neuen Bocca im nördlichen Krater; bald leichte Auswurfstätigkeit; *1857 überläuft der lavagefüllte Krater, nachdem die Scheidewand der beiden Einzelkrater verschwunden war; im *Mai 1858 öffneten sich am Kegel 2 Spalten; Lavaerguß daselbst und Eruptivtätigkeit im Krater. Der Lavaerguß dauerte bis März 1860. 8. Dez. 1861 Öffnung neuer Spalte in den alten Sommaformationen oberhalb Torre del Greco, Lavaerguß, Hebung des Bodens mit Maximum in Torre del Greco, wo die meisten auf der Lava von 1794 stehenden Häuser — ohne Beben! — einstürzten, starke Gasemissionen (CO_2, H_2S, Wasserstoff und Kohlenwasserstoffe), und ganz langsames Zurückkehren gegen das alte Niveau hin.

11. Eine Ruhepause von mehr als 2 Jahren trat vor der 11. fünfjährigen Tätigkeitsperiode[5]) (Febr. 1864 bis Ende 1868) ein. Lavaergüsse *1867; im Nov. 1868 Öffnung neuer Spalte an der Nordseite des Kegels; starker Lavaausfluß.

12. Nach zweijähriger Ruhe begann im Dez. 1870 die 12. anderthalbjährige Tätigkeitsperiode[6]) mit Öffnung einer tätigen Bocca im Krater; im Jan. 1871 gesellte sich ein langdauernder seitlicher Ausbruch mit Erguß sehr dünnflüssiger Lava (und Erzeugung von Pele's Haaren) hinzu, explosive Tätig-

[1]) Roth nach A. Scacchi S. 232—264. Palmieri S. 40—42, Bild S. 43.

[2]) Roth, nach Scacchi, Palmieri und Guarini, S. 270—293.

[3]) Roth S. 293.

[4]) Palmieri S. 46—48 (neben Roth S. 325 f.).

[5]) Palmieri S. 49.

[6]) Palmieri S. 49—55.

keit im Gipfelkrater April bis 4. Nov., besonders schön in der Nacht vom 31. Okt./1. Nov.[1]); Ende Dez. 1871 wurde die Tätigkeit im Gipfelkrater wieder stärker; Lavaergüsse traten hinzu und bei jähem Auffrischen der seitlichen Tätigkeit am 26. April 1872 4 Uhr vorm. wurde eine Anzahl neugieriger Zuschauer von Laven und Auswürflingen überrascht und getötet. Höhepunkt der Explosiv- und Effusivtätigkeit in der Nacht vom 26./27. April. Als am 1. Mai der Ausbruch beendet war, war der Krater 250 m tief, mit gleich großem Durchmesser, seine Wände senkrecht, sein Volumen etwa 17 Mill. cbm, während Palmieri die geflossene Lava auf 20 Mill. cbm schätzte.

13. Nach 3 1/2 jähriger Ruhe bildete sich am 18. Dez. 1875 durch Einsturz eine neue Bocca und es begann die 13. über 31 jährige Tätigkeitsperiode, die mit dem großen Ausbruch von Anfang April 1906 abschloß. Diese Tätigkeitsperiode ist nicht nur durch ihre ungewöhnliche Länge, sondern auch durch ihr abweichendes Verhalten gegenüber den übrigen bekannten Tätigkeitsperioden ausgezeichnet. Wohl finden wir auch in ihr die wichtigsten der Eigentümlichkeiten der übrigen wieder: denselben häufigen Wechsel in der Intensität der Explosiverscheinungen und in der Gestalt des Kraters, das Auffüllen des Kraters durch Lava und gelegentliches Überlaufen derselben, die Häufigkeit seitlicher Lavaergüsse, aber ein neues Element gesellt sich dazu, das früheren Ausbrüchen völlig fehlte: die langsame Entstehung von mächtigen Lavakuppeln 1891—94 (nach den Ausmessungen von Greim 37 Mill. cbm), 1895—99 (nach Mercalli über 50 Mill. cbm, nach Mateucci einschließlich der übrigen Ausflüsse des Zeitraums 125 Mill. cbm, nach Greim [Messung!] nur 77 Mill. cbm), und 1903/04, deren Menge noch nicht genauer bestimmt ist. Dadurch gewinnen die Lavaergüsse eine weit höhere Bedeutung als zuvor, wo sie sich meist in recht bescheidenen Grenzen (4. Größe) gehalten haben. Ein am 27. Mai 1905 einsetzender Lavaerguß aus Öffnungen des NW-Mantels des Kegels leitete den Schlußakt des Dramas ein; mehrere neue Lavaergüsse erfolgten am 4., 5. und 6. April 1906, worauf am 7. und 8. April desselben Jahres gewaltige Explosionen den Gipfelkrater völlig umgestalteten und stark vertieften und erweiterten. Sabatini schätzte die Lavaergüsse des April 1906 auf 5 3/4 Mill. cbm, Greim berechnete nach planimetrischen Ausmessungen 10 3/4 Mill. Die Lockermassen schätzte Sabatini auf 211 Mill. cbm (darunter höchstens 25 % von frischem Material), während Greim die ausgeschleuderten alten Massen nach dem jetzigen Volumen des Kraters auf Grund genauer Berechnungen auf 51 Mill. cbm angibt[2]).

---

[1]) Fuchs im Neuen Jahrb. 1872, S. 701—705.

[2]) Gerlands Beiträge zur Geophysik XIV, S. 90 f.

Erst im Mai 1910 erfolgten wieder kleine Explosionen und Einsturzbildungen, am 5. Juli 1913 und den nächsten Tagen Auswurf von Rauch und kleinen Mengen frischer Lava[1]), vom 28. Sept. 1914 an wurde die Tätigkeit im Krater, wo sich ein kleiner Eruptionskegel bildete, wieder lebhaft. —

Der Vesuv gehört zu den wenigen Vulkanen der Erde, über die seit langer Zeit eine fortlaufende, wenn auch in früheren Jahrhunderten sicher nicht lückenlose Berichterstattung vorliegt. Nehmen wir nur die historischen Berichte zum Ausgangspunkt der Betrachtung, so fällt auf, daß der Vulkan im Lichte der Geschichte mehrmals sein Verhalten geändert hat, und wir finden drei Epochen besonderen Verhaltens deutlich ausgeprägt:

1. Vor 79 n. Chr. eine Zeit der Ruhe oder wahrscheinlicher geringfügiger Tätigkeit.

2. Von 79—1631, eine Epoche vorwiegend explosiver Betätigung, wobei die größeren Ausbrüche durch lange Zwischenräume getrennt sind; Lavaergüsse sind mit Sicherheit nur für die Ausbrüche in der Mitte der Epoche berichtet.

3. Nach 1631 hat der Vulkan sehr häufig explosive und effusive Tätigkeit entfaltet, und zwar meist in längeren Perioden, die durch kürzere Ruhepausen voneinander getrennt sind. Die erste dieser Perioden begann mit einem gewaltigen Explosivausbruch und setzte sich mit geringerer Tätigkeit fort. Eine zweite Periode dauerte von etwa 1660—1682 und endete mit starkem Lavaerguß. 1685 und 1689 waren nur starke explosive Ausbrüche: Einleitung einer neuen Periode, die von 1694 an mit häufigen und starken Lavaergüssen sich bis zu dem schweren Ausbruch vom August 1707 steigerte, mit dem kurzen Ausbruch vom 14. Aug. 1708 aber abschloß. Von 1712 ab aber fängt die Serie der von Mercalli beschriebenen, von kurzen Ruhepausen unterbrochenen Perioden an, die sämtlich mit einem starken Ausbruch abschlossen, während im Laufe der Periode die Intensität der Tätigkeit starke und unregelmäßige Schwankungen aufwies.

Über die Förderungsmenge kann eine genauere Angabe zurzeit noch nicht gegeben werden; aber es ist offenbar, daß in der geschichtlichen Zeit vor 79 nur ganz geringe Förderung gewesen sein kann; daß in der 2. Tätigkeitsepoche die Förderung von Lockermaterial in der Gesamtsumme ansehnlich, die Lavaförderung ziemlich geringfügig war; während in der 3. Epoche die effusive wie explosive Betätigung beträchtlich war, aber im Jahrhundert je nur 2. Größe geblieben sein dürfte, also einen Kubikkilometer im Jahrhundert nicht erreicht haben wird. Auffällig war

[1]) M. Storz in Geol. Rundschau V, 1914, S. 88 ff.

die ungewöhnlich große Lavaförderung in einzelnen Phasen der jüngst vergangenen Tätigkeitsperiode.

Die Reichweite der Wirkungen war bei nur wenigen Lockerausbrüchen beträchtlich (500—1000 km und darüber), verhältnismäßig am häufigsten in der 2. Tätigkeitsepoche. Die meisten Lockerauswürfe blieben auf einen engen Bezirk beschränkt, wie auch die Lavaergüsse sehr häufig den Fuß des Berges nicht mehr erreichten.

Eine genauere Beaufsichtigung des Berges in bezug auf die Fördermassen wäre für die Zukunft erstrebenswert, wobei die Lavaergüsse nach vorausgegangener photogrammetrischer Aufnahme des Berges von den verschiedenen Seiten her sogar bis zu einem weitgehenden Maß von Genauigkeit bestimmbar wären. —

Von der Insel Ischia Πιθεκοῦσαι der Griechen, Aenaria der Römer, wo nach der Sage der Typhoeus unter dem Epomeo begraben liegen sollte (vgl. übrigens unten bei Argäus, Kleinasien!), werden Erdbeben und Ergüsse des Feuers, des Meeres und warmer Gewässer berichtet[1]), die ums Jahr 500 v. Chr.[2]) die ältesten Bewohner derselben (Euböer) vertrieben. Indem C. W. C. Fuchs[3]) annimmt, daß diese Eruption mit der von Plinius II, 88 ohne Zeitangabe erwähnten übereinstimme, und daß dabei der von ihm angegebene Teich entstanden sei, glaubt er, daß damals der Montagnone der eigentliche Ausbruchspunkt war und der Lago del Bagno (nahe der Stadt Ischia) als sekundärer Krater oder durch Einsenkung dabei entstand.

Ein zweiter bedeutender Ausbruch[4]) fiel auf die Zeit um 470 v. Chr. und vertrieb die damaligen syrakusanischen Siedler von der Insel, worauf Neapolitaner sie besetzten. Nach Fuchs wäre der Ort des Ausbruchs an der Westseite der Insel in der Nähe von Forio zu suchen; der noch durch Dampfexhalationen ausgezeichnete Trachytstrom von Zale und Marecocco dürfte dabei entstanden sein. Nach Timäus wäre dann um 350 v. Chr. ein furchtbarer Ausbruch des Epopeus (Epomeo) mit Feuerauswurf, schwerem Aschenregen, Rückzug des Meeres und nachfolgender Flutwelle erfolgt; die Bewohner der benachbarten kampanischen Küste sollen wegen des Lärms in das Innere des Landes geflüchtet sein[5]). Nach Fuchs dürfte der Ausbruch am Rotaro erfolgt sein, der dabei entstanden sein mag; der von ihm ergossene Lavastrom, der Tabor, entwickelt noch immer Dämpfe.

[1]) Strabo V, 247, vgl. Livius VIII, 22, 5.

[2]) Pauly-Wissowas Realenzyklopädie der klassischen Altertumswissenschaft I (Stuttgart 1894), S. 594.

[3]) Die Insel Ischia, in Tschermaks mineralogischen Mitteilungen 1872, S. 215 ff.

[4]) Strabo V, 248.

[5]) Ebenda.

Einen weiteren Ausbruch vom Jahre 91 v. Chr. berichtet Julius Obsequens[1]). Chevalier de Rivaz[2]) erwähnt ohne Quellenangabe noch Eruptionen aus den Regierungszeiten des Titus (79—81 n. Chr.), Antoninus Pius (138—161) und Diokletian (284—305). Die letzte Eruption fand im Jahre 1301 oder 1302 statt und dauerte 2 Monate; starker Stein- und Aschenregen verwüstete den Ostteil der Insel und aus einer unregelmäßigen Vertiefung (le Cremate) kam ein ca. 3 km langer Trachytlavastrom (el Arso) hervor, während zugleich ein riesiger elliptischer Schlackenwall aufgehäuft wurde[3]).

Der Epomeo ist als ein Vulkan mit langer, aber unregelmäßiger Intermittenz zu betrachten.

In der äolischen Inselgruppe sind nur zwei supramarine Vulkane in historischer Zeit tätig gewesen: Stromboli und Vulcano.

Vom Stromboli steht fest, daß er schon im Altertum energisch tätig war und in der Neuzeit durch lange Zeiträume hindurch sich tätig erwies. Es hat sich daher vielfach die Ansicht festgesetzt, daß der Vulkan seit dem Altertum ununterbrochen tätig gewesen wäre. Eine solche Ansicht läßt sich nicht aufrecht erhalten, denn wenn auch die Literatur aus den verschiedensten Zeiträumen Tätigkeit berichtet, so ist sie doch viel zu lückenhaft, als daß sie zu einem so weitgehenden Schlusse berechtigte. A. Bergeat hebt namentlich hervor[4]), daß während langer Jahrhunderte (besonders im Mittelalter) nichts von der Tätigkeit des Stromboli verlaute, und daß es also nicht unmöglich wäre, daß der Vulkan sich selbst während größerer Zeiträume ruhig verhalten hätte. Seitdem die Beobachtung der Phänomene systematischer durchgeführt ist, hat sich auch herausgestellt, daß die Tätigkeit nicht etwa nur durch eine regelmäßige Aufeinanderfolge von schwachen Explosionen charakterisiert ist, sondern daß vielfach Phasen von mehr oder minder starker 'Intensität mit paroxysmusartigen Eruptionen' abwechseln, welche 'die ununterbrochene Reihe der Explosionen des Stromboli in ebensoviele Perioden' zerlegen[5]). Wenn aber Rudolph weiter schreibt, daß beim Stromboli Zeiten vollständiger Ruhe fehlen, so hat die neuere Beobachtung auch diese Annahme als nichtig erwiesen (z. B. Ruhezeit 1908—09). Immerhin darf man aber beim Stromboli Ruhezeiten in der Neuzeit als Ausnahmezustand ansehen und annehmen, daß, wo solche auf-

[1]) Prodigiorum liber 54. 'Aenariae terrae hiatu flamma exorta in caelum emicuit.' Volle Sicherheit eines echten vulkanischen Ausbruchs besteht nach dieser Angabe nicht, da es sich auch um ein semivulkanisches Ereignis, wie an der Rocca monfina 269 v. Chr., handeln könnte (s. oben).

[2]) Description des eaux minéro-thermales des étuves de l'Ile d'Ischia. Naples 1837. S. 29, zit. bei Fuchs.

[3]) Fuchs a. a. O. S. 218 f., wo auch die wichtige Stelle aus J. Pontanus (Opera omnia. Basileae 1538. II, S. 582) über den Ausbruch wörtlich mitgeteilt ist.

[4]) Die äolischen Inseln (Abh. Kgl. bayer. Ak. d. Wiss. II. Kl. 20), 1900, S. 29.

[5]) E. Rudolph in Tschermaks min. u. petr. Mitt. XVI, S. 400.

traten, sie nur kurz waren. Für das Mittelalter wird sich bei seiner äußerst lückenhaften Berichterstattung ein bestimmtes Verhalten nicht nachweisen lassen, während fürs Altertum häufige langdauernde Tätigkeit sichergestellt ist, aber auch gelegentlicher Nachlaß derselben (im 1. Jahrh. n. Chr.)[1]).

Die Einzeleruptionen des Stromboli sind gegenwärtig meist schwach, folgen sich aber gewöhnlich in kurzen, freilich sehr wechselnden Pausen von wenigen Minuten, seltener in längeren Zeiträumen. Meist ist die Ausbruchstätigkeit explosiv, seltener treten Lavaergüsse hinzu, so z. B. zuletzt 1889, 1891, 1907[2]). Irgend ein großer weittragender Ausbruch ist in geschichtlicher Zeit nicht berichtet; alle bekannten Ausbrüche wirkten nur auf die nächste Umgebung; immerhin erreichen einzelne Eruptionen sehr beträchtliche Intensität (so zuletzt 1907[3]) und 1912).

Die Tätigkeit des Stromboli scheint in keinerlei Beziehung zu der des Vesuvs zu stehen; nur 1822 und 1834 hatten beide gleichzeitig Eruptionen. Andererseits aber gingen den Ätnaeruptionen von 1865, 1874, 1879 und 1886 unmittelbar Ausbrüche des Stromboli voraus[4]).

Wieviel der Stromboli seit Beginn der Berichterstattung gefördert haben dürfte, läßt sich infolge der starken Lückenhaftigkeit der Nachrichten nicht schätzen. Nimmt man aber an, daß meine Schätzung einer jährlichen Förderung von etwa $2^1/_2$ Mill. cbm[5]) bei normaler Tätigkeit den Tatsachen nahe kommen dürfte, so dürfte dessen Förderung in einem Jahrhundert vielleicht auf $^1/_5$ bis $^1/_4$ cbkm veranschlagt werden, sodaß also im Jahrtausend bei Annahme gleichmäßiger Betätigung immerhin eine Förderung erster Größe — und zwar vorwiegend von Lockermassen — erwartet werden müßte. Die tiefe Lage der Ausbruchspunkte und die geringe sichtbare Aufschüttung steht aber mit einer solchen Annahme in einem gewissen Widerspruch und scheint darauf hinzuweisen, daß entweder die Förderung geringer war oder die Tätigkeit nicht so andauernd, als man gewöhnlich annimmt. —

Auf der Insel Vulcano (im Altertum Thermessa, Therasia, Hiera, Vulcania u. a. genannt) muß in der vorchristlichen Zeit sich die vulkanische Tätigkeit häufiger und an mehreren Stellen geäußert haben. Eine Reihe von alten Schriftstellern gibt zwar nur allgemeine Nachrichten über die Tätigkeit[6]), andere aber haben uns greifbare Angaben hinterlassen.

---

[1]) 'Aetna' 438 in Poetae latini minores, ed. Vollmer I. Leipzig 1910. S. 184.

[2]) W. Hamilton sah auch 1769 einige kleine Lavabäche niedergehen (Beobachtungen über den Vesuv, den Ätna und andere Vulkane. Berlin 1773. S. 101).

[3]) F. A. Perret in Am. Journ. of Science XXXVII, Jan. 1914, S. 50 und 52.

[4]) Rudolph a. a. O. S. 406 nach Mercalli und Ricco.

[5]) Gerlands Beiträge für Geophysik XIV, S. 140.

[6]) Vgl. Bergeat, Äol. Inseln, S. 172.

So spricht Strabo[1]) von 3 tätigen Kratern und zitiert den Polybios[2]), der dem großen Krater fast dieselben Dimensionen gibt, wie er vor dem großen Ausbruch von 1888 gehabt hatte, woraus man den Schluß ziehen darf, daß damals derselbe Krater in Tätigkeit war, der auch neuerdings wieder aktiv gewesen ist, und daß derselbe seit mehr als 2000 Jahren keine wesentliche Veränderung seiner Größenverhältnisse mehr erfahren habe. Von den beiden andern Kratern, die jenem an Gewalt der Ausbrüche nachstanden, war einer wohl erhalten, der zweite aber eingesunken. Bergeat meint, es könnte damals (im 2. Jahrh. v. Chr.) der jetzt noch erhaltene Seitenkrater Forgia vecchia und etwa noch der Vulcanello tätig gewesen sein, welch letzterer gegen Osten hin, wohl durch die Erosion des Meeres, eingestürzt ist. Wenn aber Bergeat (S. 173) damit annimmt, daß die Gestalt des Vulcanello sich seit jener Zeit nicht wesentlich verändert hätte, so scheint mir diese Annahme nicht übereinzustimmen mit der Angabe des Lehrgedichtes Ätna[3]), wonach der größere Teil 'des Herdes erloschen ist und nun die Geschwader in sicherem Port aufnimmt', indes der kleinere Teil des Landes ziemlich reich an vulkanischem Bodenmaterial sei. Diese Beschreibung aus dem 1. Jahrh. n. Chr. läßt sich nicht ungezwungen mit den gegenwärtig herrschenden topographischen Verhältnissen in Einklang bringen; vielmehr muß man wohl noch ansehnliche Veränderungen infolge von vulkanischen Ausbrüchen annehmen. Immerhin ist aber der Stelle mit großer Wahrscheinlichkeit zu entnehmen, daß damals nur ein Krater tätig war.

Callias[4]) erwähnt zwei Krater, deren einer unter Getöse tätig war, bei Tag nur Rauch von sich gab, bei Nacht aber Feuer erkennen lasse, wenn er rotglühende Steine ausschleudere. Man kann versucht sein, aus dieser Angabe den Schluß zu ziehen, daß damals (um 300 v. Chr.) der Vulcanello noch nicht existierte, und daß er in der Zwischenzeit von diesem Zeitpunkt an bis zur Zeit des Polybios entstanden wäre; man könnte dann mit Orosius IV, 20, 30[5]) die Entstehung ins Jahr 183 v. Chr. verlegen. Bergeat[6]) ist aber geneigt, die Entstehung der kleineren Vulkangruppe auf die von Aristoteles[7]) erwähnte Eruption zurückzuführen, die Nissen[8]) ins Jahr 330 ansetzt. Bergeat teilt aber an gleicher Stelle eine

[1]) VI 2. 275 ff. Vgl. Bergeat a. a. O. S. 172 f.

[2]) XXVIV 11, 12 ff.

[3]) Vgl. 441 f. Übersetzung von Siegfr. Sudhaus, Ätna. Leipzig 1898. S. 31.

[4]) Fragment des X. Buches im Schol. des Apoll. Rhod. III, 41, ed. Müller, S. 383.

[5]) 'In Sicilia tunc Vulcani insula, quae ante non fuerat, repente mari edita cum miraculo omnium usque ad nunc manet.' Vulcanello war bis ins 16. Jahrhundert eine Insel und gliederte sich erst 1550 durch vulkanische Aufschüttung der Hauptinsel an (Dolomieu, Voyage aux îles de Lipari. Paris 1783. S. 27. Vgl. auch Bergeat a. a. O. S. 174).

[6]) a. a. O. 200.

[7]) Met. II, 8, 19. Die Asche flog bis zur Stadt Lipari und selbst nach Italien hinüber.

[8]) I, 283. Bergeat selbst möchte das Ereignis noch vor 350 ansetzen.

Beobachtung mit, die es wahrscheinlich macht, daß die Entstehung noch weit früher erfolgt sein dürfte: 'Die Laven und Tuffe des Vulkans sind nämlich mit derselben rostroten Rinde bedeckt, welche fast alle Gesteine des Inselgebiets überzieht und z. B. auch den Hornblende-Glimmer-Andesit der Montagnuola auf Filicudi eigen ist. Ebendort hat sich gezeigt, daß eine altgriechische Inschrift auf einem Felsblock noch nicht wieder von jener Verwitterungskruste überzogen ist, daß also die Bildung derselben viel längere Zeit in Anspruch genommen hat, als sie die dritthalb Jahrtausende seit dem historischen griechischen Altertnm umfassen'.

Nach den vorliegenden Äußerungen alter Schriftsteller, so besonders des Diodorus Siculus[1]), darf man trotz ihrer Unbestimmtheit wohl annehmen, daß die Tätigkeit des Vulcano ehedem lange Zeiträume hindurch der des Stromboli ähnlich, also vielleicht fast kontinuierlich, gewesen wäre; aber man hat auch einige bestimmte größere Ausbrüche chronologisch fixiert. Diese sind nach Nissen[2]) auf die Jahre 330, 183 und 90 v. Chr. anzusetzen (letztere Angabe nach Plinius)[3]).

Dolomieu[4]) erwähnt, ohne seine Quelle zu nennen, einen starken Ausbruch vom Jahre 144 n. Chr. Energische explosive Tätigkeit herrschte im Jahre 729 n. Chr.[5]). Ein starker Explosivausbruch wird wieder für den 5. Februar 1444[6]) gemeldet, wobei Steine 6 Miglien weit ins Meer hinausgeschleudert wurden. Weitere Eruptionen werden aus den Jahren 1550, 1626, 1651 (?) und 1688 berichtet, während der Vulkan 1638 (nach A. Kircher) und 1646 (nach Bartoli) nur solfatarisch tätig war[7]).

1727 waren nach J. Phil. d'Orville[8]) zwei Krater unter sehr starkem Getöse tätig (wohl Forgia vecchia und der Hauptkrater). Der größere südliche Krater wies einen kleinen Zentralkegel auf.

Weitere heftige explosive Ausbrüche, denen starke Beben vorangingen, erfolgten (nach Bergeat S. 175 f.) 1731 und 1739. Die Aschen des letzteren verbreiteten sich über die ganze Inselgruppe. Dagegen war der Vulkan 1757, 1769 und 1770 nur solfatarisch tätig. Ein neuer heftiger, anfänglich von Beben begleiteter Aschen- und Steinausbruch trat 1771, 17. Febr. bis Mai, ein (der von Dolomieu a. a. O. S. 27 für 1775 berichtete Ausbruch ist nach den gemeldeten Erscheinungen wohl damit identisch und nur die

---

[1]) V 7, 3. [2]) a. a. O. I, S. 283. [3]) Hist. nat. II, 238. [4]) Voyage S. 26.

[5]) A. Bergeat, S. 73 f. nach Mon. Germ. hist. Scriptores XV, S. 101.

[6]) Bergeat S. 174. Th. Fazelli de rebus Siculis Decas I. Cataniae 1749. I lib. 1, S. 10. Im 16. Jahrhundert dürfte der Vulkan lange leicht tätig gewesen sein, denn Fazellus sagt a. a. O. S. 10: 'Vulcania ... perpetuo ardet. Enimvero ex voragine quae in medio patet, iugiter ingentem fumi nebulam hodie eructat et pro modo efflantium ventorum, Euri, vel Africi, fumum interdum, quandoque favillas, nonnunquam etiam ignem ac pumices evomit'.

[7]) Bergeat S. 174.

[8]) Sicula. Amsterdam 1764. S. 20 f.

Jahrzahl verwechselt[1]); unrichtig ist aber seine Meldung eines Lavaergusses: 'Pietre Cotte'[2]). 1780 stieß der Vulkan nach Ferrara unter Gebrüll dicke Rauchwolken aus[3]). Spallanzanis Bericht über einen Ausbruch im Jahre 1786[4]) nennt dagegen Ferrara einen schwer erklärlichen Irrtum[5]). 1783 war der Krater ein gewaltiger Trichter mit zwei kleinen Seen am Grund. Die solfatarische Tätigkeit des Vulkans, dessen Borsäure-Exhalationen Anlaß zu einem langdauernden Bergbau gaben[6]), dauerte über 100 Jahre an, und nur in seltenen Intervallen traten schwache Aschenauswürfe ein[7]), bis von 1872 an sich wieder stärkere explosive Äußerungen einstellten; 1883 bemerkte man eine kleine Bodensenkung und Spaltenbildung am Kraterboden; anfangs Januar 1886 erfolgte eine heftige Eruption mit Stein- und Aschenauswürfen, und am 3. August 1888, 12,40 Uhr vorm., begann eine schwere Explosivausbruchsperiode, die mit ihren zahlreichen Einzeleruptionen bis März 1890 andauerte und vielen Schaden auf der Insel verursachte. Der Krater war zunächst stark ausgetieft worden, erfuhr aber dann durch den Paroxysmus vom März 1890, bei dem 75 000 cbm Steinmaterial in denselben zurückfielen, eine teilweise Ausfüllung. Der Krater zeigte hernach eine dreifache Terrassierung[8]).

Schätzungen über das Volumen der Gesamtförderung scheinen nicht vorzuliegen. Obgleich die Aschen zuweilen bis Sizilien und Kalabrien flogen (August 1888), glaube ich doch annehmen zu dürfen, daß die in jedem Einzeljahr geförderten Lockermassen nicht allzuviel über die untere Grenze der 4. Größe reichten, 1890 sie wohl kaum mehr erreichten.

Trotzdem die Nachrichten über den Vulcano tief ins Altertum zurückreichen, sind wir doch weit entfernt, eine zufriedenstellende Kenntnis seines Verhaltens zu besitzen. Immerhin scheinen zweierlei Tätigkeitsepochen in historischer Zeit unterscheidbar zu sein: 1. eine Epoche häufiger, wohl längere Zeit hindurch selbst kontinuierlicher Tätigkeit im Altertum und daran anschließend 2. eine Epoche seltener, durch lange Zwischenräume getrennter, vorzugsweise explosiver Ausbrüche von mäßiger Förderung. Die älteren Nachrichten sind zu unbestimmt, als daß man die Gesamtförderung seit dem Beginn der Berichterstattung schätzen könnte; es ist

[1]) v. Hoff V, 25 glaubt freilich an ein umgekehrtes Verhältnis und bezieht sich auf Hoffmanns Mitt. in Poggendorfs Annalen XXVI, S. 62.

[2]) Bergeat a. a. O. S. 176.

[3]) v. Hoff V, 40f.

[4]) L. Spallanzani, Reisen in beide Sizilien, Leipzig 1795, II S. 185.

[5]) Bergeat a. a. O. S. 177.

[6]) Vgl. Bergeat S. 178f.

[7]) E. Rudolph in Tschermaks min. u. petr. Mitt. N. F. XVI, S. 386. Schneider verzeichnet (a. a. O. S. 256) Ausbrüche für die Jahre 1786, 1812, 1831; 1873, 1876, 1877, 1878, 1879. Vgl. C. W. C. Fuchs in Tschermaks min. Mitt. 1875, S. 60 und 1876, S. 86.

[8]) Rudolph ebenda S. 387—399. Bergeat S. 180—182.

aber wohl möglich, daß sie in den 2 1/2 Tausend Jahren nicht mehr als 1/10, höchstens einige Zehntel Kubikkilometer erreicht haben dürfte — eine Annahme, mit der die anscheinend ziemlich geringe Formveränderung des Vulkans in Übereinstimmung sein dürfte, gegen die nur die Angabe des Lehrgedichts Ätna (s. oben) einigermaßen spricht. —

Folgende submarine Ausbrüche nicht genauer bestimmbaren Orts werden aus dem Tyrrhenischen Meer berichtet (Nissen I 283): 215 v. Chr. Ausbruch im Meer[1]) (ohne Ortsangabe) [183 v. Chr. Ausbruch beim Vulcano[2]), vielfach auf die Entstehung des Vulcanello bezogen, s. oben].

126 v. Chr. entstand eine neue Insel[3]), die Cluverius mit Vulcanello identifizieren wollte; es wird aber wohl eine andere inzwischen wieder verschwundene Insel gewesen sein, da man sicher annehmen darf, daß Vulcanello zur Zeit des Polybios bereits bestand. Bergeat, der S. 199 und 173 seiner wichtigen Arbeit der Frage nachgeht, hebt hervor, daß Vulcanello 'zweifellos eines der allerjüngsten Gebilde auf den äolischen Inseln' sei und 'sicherlich niemals ganz vom Meere bedeckt' war, so daß es 'nicht unmöglich' ist, 'daß sich derselbe erst in historischer Zeit gebildet habe'. Aus der oben angeführten Stelle des Orosius IV 20, 30 kann trotz des Namens 'Vulcani Insula' die Entstehung des Vulcanello nicht mit Gewißheit erschlossen werden, da ein derartiger Name sehr leicht einer beliebigen vulkanisch entstandenen Insel beigelegt worden sein könnte (vgl. darüber die Ausführungen beim Vulcano).

Strabo[4]) berichtet übrigens, daß oft Flammen an der Oberfläche des die äolischen Inseln bespülenden Meeres beobachtet worden seien, was auf eine häufigere und intensivere submarine vulkanische Tätigkeit als gegenwärtig schließen läßt. Immerhin sei daran erinnert, daß die mit Kabelbrüchen 1888—92[5]) zwischen Lipari und Milazzo verbundenen Erscheinungen ebenfalls auf submarine vulkanische Betätigung noch in der Gegenwart zurückgeführt worden sind.

In den Meeresteilen südöstlich, südlich und südwestlich von Sizilien sind in historischer Zeit mehrfach submarine Ausbrüche erfolgt; doch ist eine größere Zahl derselben unsicher.

1632[6]) soll in der Nähe der späteren Giulia ein Ausbruch stattgehabt haben.

---

1) Livius XXIII ('Mare arsit eo anno').

2) Orosius IV, 20, 30.

3) Strabo VI, 277. Plinius II, 203 nach Poseidonios. Orosius V 10, 11. Obsequens 29.

4) VI, 276: 'πολλάκις δὲ καὶ φλόγες εἰς τὴν ἐπιφάνειαν τοῦ πελάγους τοῦ περὶ τὰς νήσους ὤφθησαν ἐπιδραμοῦσαι'.

5) Bergeat (nach Platania) a. a. O. S. 201 f.

6) E. Reclus, Volcans de la terre, S. 484.

[Für 1701 gibt Scrope-Klöden[1]) einen Ausbruch an, den ich sonst nicht belegt gefunden habe.]

[Als unsicher erwähnt E. Reclus[2]) auch einen Ausbruch für 1801; Noack in seinem Manuskriptkatalog[3]) für 1816, Washington für 1832.]

[Eine Flutwelle zu Marsala im Januar 1822 und einen mehrmaligen Kabelbruch bei der Insel Marittimo 1858 möchte E. Reclus[4]) ebenfalls auf unterseeische Ausbrüche zurückführen.]

Im Jahre 1831[5]) ist vor zahlreichen Augenzeugen ein denkwürdiger submariner Ausbruch erfolgt, der zur Bildung der ephemeren Insel Giulia oder Ferdinandea oder Graham führte (nahe der Nerobank zwischen Pantelleria und Sizilien, bei einer Stelle, wo vorher 150—200 m Tiefe gewesen war. Nach Beben, H_2S-Exhalation und Wasseraufkochen erfolgte Auswurf schlammigen Wassers und schwarzer Rauchwolken (alle 15—30 Min.). Am 16. Juli wurde zuerst Landbildung festgestellt; zwischen dem 18. und 22. erreichte der Ausbruch sein Maximum, und im August war der aus lockeren basaltischen Auswürflingen aufgebaute Kegel 65 m hoch geworden; der Kratersee besaß noch eine schmale unmittelbare Verbindung mit dem Meere; die Insel zeigte 3700 m Umfang. Die Tätigkeit nahm allmählich ab, das Meer begann sein Zerstörungswerk und 1835 war nur noch eine Untiefe von 3 oder 4 m von der Insel übrig[6]). Die Lage wird von H. S. Washington (The submarine eruptions of 1831 and 1891 near Pantelleria)[7]) mit 37° 1′ 30″ NBr. und 12° 42′ 15″ ÖL. angegeben.

Am 18. Juni 1845[8]) wurde in 36° 41′ NBr. und 13° 45′ ÖL. ein Ausbruch beobachtet; erst wurde 9½ Uhr vorm. das Schiff ('Victory') plötzlich auf die Seite geworfen und ein Stoß verspürt; um 11½ Uhr fing es hart aus SSO—SO zu blasen an; dann wurde es totenstille; die Mannschaft konnte vor schwefeligen Ausdünstungen, Schwefelstaub und Hitze kaum atmen, und in etwa ½ Seemeile Entfernung stiegen 3 immense Feuersäulen von der See auf; sie blieben etwa 10 Minuten sichtbar.

Ein weiterer Ausbruch fand in der Nacht vom 4./5. Oktober 1846[9]) näher bei Girgenti und Sciacca statt, etwa 8 Seemeilen von der Küste; eine ungeheuere Rauch- und Flammensäule stieg (von einer Stelle von

[1]) G. Poullet-Scrope, Über Vulkane übers. von G. A. v. Klöden, Berlin 1872, S. 448.
[2]) E. Reclus, Volcans de la terre, S. 484.
[3]) Aufbewahrt in J. Perthes' geograph. Anstalt, Gotha.
[4]) a. a. O. S. 482.
[5]) G. Mercalli, I vulcani attivi, S. 264 f. C. Gemellaro, Relazione dei fenomeni del nuovo vulcano, Catania 1831.
[6]) Mercalli 265.
[7]) Am. Journ. of Science 4. Ser. XXVII, 1909, S. 133.
[8]) E. Rudolph in Gerlands Beitr. I, S. 222 f. und 240.
[9]) Ebenda S. 240 und Comptes rendus de l'Ac. des Sciences. Paris 1846. II 990, Perrey in Mém. Ac. Dijon 1845/46. S. 461.

mehr als einer Seemeile Umfang) auf; in ihrer Mitte erhoben sich glühende Kugeln, die mit furchtbarem Getöse in großer Entfernung niederfielen.

[Perrey[1]) berichtet außerdem über einen submarinen Ausbruch vom 12. August 1863, zweifelt aber selbst an der Richtigkeit der Meldung. Den Stempel der Unmöglichkeit trägt aber die Meldung des 'Progrès par la science'[2]) vom 13. März 1864, wonach nahe Palermo (!) die Insel Ferdinandea im Begriffe sein sollte, wieder zu erscheinen.]

[Auf benachbarte submarine Vulkantätigkeit ging vielleicht auch die am 30. März 1867[3]) in Malta zwischen 9,30 Uhr vorm. und 2,15 Uhr nachm. beobachtete Erscheinung häufiger beträchtlicher Wasserstandsschwankungen — bis zum Ausmaß von 3 Fuß — zurück.]

Nach Fumarolenverstärkung, Beben und mäßiger Hebung (bis 1 m) der NO-Küste von Pantelleria 1890 und Bebenserie am 14./15. Okt. 1891, erhob sich 17. Okt. 1891 das Wasser unfern der Küste; Rauchsäulen stiegen unter Getöse auf; die Eruption erfolgte auf einem NO—SW verlaufenden, ca. 850 m langen Streifen etwa 4 Seemeilen W 1/4 NW von Pantelleria; sehr viele Blöcke einer schwarzen schwammigen vulkanischen Masse schwammen umher und schleuderten beim Platzen unter Exhalation von Wasserdampf, vermengt mit H_2S und SO_2, Stücke bis 15 und 20 m Höhe empor. Der Ausbruch hatte sich bis zum 23. Okt. nach starker Abnahme der Intensität auf einen 200 m langen, 50 m breiten Streifen in 36° 50′ 45″ NBr. und 11° 55′ 30″ ÖL. v. Gr. konzentriert. Noch immer wurde viel Wasserdampf mit Ungestüm frei; von umherschwimmenden Blöcken, von denen viele auch unter Detonationen platzten, wurden Dampf und Gesteinsstücke mehrere Meter hoch in die Luft geschleudert. Im Innern waren die Blöcke noch etwas glühend und zeigten eine Temperatur über 415, aber unter 800°. Am 24. Okt. war das Meer nur mehr schwach erregt; sein Grund scheint sich an der Stelle vertieft zu haben; die Tiefe schwankte an derselben nachher von 199—399 m. Pantelleria selbst liegt in der Verlängerung der Linie, die Sciacca auf Sizilien mit Ferdinandea verbindet; es dürfte sich also bei dem Ausbruch von 1891 'um die Wiedereröffnung einer schon früher tätigen vulkanischen Bruchlinie' handeln. Im Dez. 1891 bildete sich im Süden von Pantelleria eine zweite 500 m lange Insel, vielleicht im Juli 1881 in der Nähe ein weiteres, bald verschwundenes Eiland[4]). [Die Nachricht Bogolepows[5]) von einem Ausbruch bei Pantelleria 1901 geht zweifellos auf einen Druckfehler in Mercallis Vulc. att. S. 290 zurück.]

[1]) Mém. Ac. Bruxelles 1865, S. 176 ff.

[2]) Perrey, ebenda S. 213.

[3]) Rudolph in Gerlands Beitr. I, 241 f. Vgl. auch v. Hoff V, 31: 25. Juni 1778.

[4]) E. Rudolph in Tschermaks mineral. u. petrogr. Mitteilungen 16, 407 ff., H. Förstner, ebenda 12, 510 ff. und H. S. Washington a. a. O. 140—143.

[5]) Bull. Soc. Imp. Naturalistes Moscou 1909, S. 38.

Ein leichter, etwas zweifelhafter submariner Ausbruch fand nach A. Ricco[1]) während der Beben vom 30. Sept. 1911 westlich von Gozo statt und kündigte sich durch eine aufsteigende Rauchsäule an. —

Über Ausbrüche des Ätna sind wir verhältnismäßig recht gut bis ins Altertum zurück unterrichtet. Immerhin ist die Berichterstattung der älteren Zeit bei weitem nicht ausreichend, um ein wahres Bild der Lebensgeschichte des Vulkans geben zu können, vielmehr müssen wir annehmen, daß aus alter Zeit nur einige der größeren Ausbrüche tatsächlich überliefert worden sind, andere aber uns unbekannt geblieben sind, und manche Bemerkungen älterer Schriftsteller[2]) lassen vermuten, daß die Tätigkeit mindestens zuweilen für längere Zeit andauerte, wenn schon offenbar mit geringer Intensität; andererseits bekommt man den Eindruck, daß zeitenweise, so zu Senecas und des Orosius' Zeit, die Tätigkeit recht geringfügig gewesen wäre[3]).

Die 'Liste chronologique des éruptions de volcans, des tremblements de terres, de quelques faits météorologiques etc.'[4]) gibt an, daß in den Jahren 1500 und 1280 v. Chr. Ausbrüche des Feuerbergs stattgefunden hätten, und fügt bei ersterem ohne nähere Angaben hinzu, daß Ausbruchsmassen über Resten einer alten Stadt lägen. Es ist mir nicht gelungen, diese Angaben durch bestimmte Quellennachrichten zu belegen; v. Hoff denkt daran[5]), daß die erste Angabe sich auf Diodor V, 6 beziehe; bewußte Stelle spricht aber nur allgemein von mehrjährigen Ausbrüchen des Ätna in alter Zeit und führt an, daß die Sicaner aus Furcht vor den Ausbrüchen ihre Wohnsitze nach dem Westen der Insel verlegt hätten. Wenngleich letztere Angabe höchst unwahrscheinlich klingt, so ist doch der Hinweis auf eine starke Tätigkeit in alter, freilich wohl niemals genau datierbarer Zeit von einem gewissen Wert. Hinsichtlich der zweiten Zeitangabe aus alter Zeit 1280 (v. Hoff schreibt 1284) vermutet v. Hoff, daß diese Zahl vielleicht nach verschiedener Berechnungsweise ebenfalls auf die erwähnte Stelle von Diodor begründet sei. Jedenfalls ist beiden Zahlen keinerlei Wert beizumessen. Nach des Thucydides bestimmter Angabe[6]), daß seit der Besiedelung Siziliens durch die Griechen (729 v. Chr.) bis 425 v. Chr.

---

[1]) A. Siebergs monatliche Übersichten. Straßburg 1911. Nr. 9, S. 5.

[2]) Julius Obsequens 26, Petron. 122, 135 (ed. Bücheler. Berlin 1912. S. 92). Orosius V 133. Servius, Comm. zu Georg. I 472.

[3]) Vgl. F. Ramsauer, Die Antike Vulkankunde. Burghausen (1906). S. 18.

[4]) In 'Collection académique' VI. Partie étrangère. Dijon und Paris 1761. S. 489. G. Alessi erwähnt in seiner wenig kritischen 'Storia critica delle eruzioni dell' Etna' (Atti dell' Accademia Gioenia di scienzi naturali di Catania Tom III ff.) nach dem Hinweis auf die durch Mythen und Fabeln bekundete frühere Tätigkeit als Jahr des ältesten historischen Ausbruchs unter Beziehung auf Diodor 1470.

[5]) Geschichte der natürlichen Veränderungen der Erdoberfläche. Gotha 1840. IV 135.

[6]) III, 116.

(einschließlich) nur 3 Ausbrüche stattgehabt hätten, müssen wir schließen, daß um jene Zeit die Zwischenräume zwischen den großen Ausbrüchen, die wohl allein in die Rechnung eingezogen sind, länger waren als gegenwärtig. Das Jahr des ältesten, den Griechen und damit auch Thucydides bekannt gewordenen Ausbruchs wissen wir ebensowenig, als Einzelheiten desselben. Th. Bergk freilich hatte auf Grund einer Pariser Handschrift nachweisen zu können geglaubt[1]), daß für den von Älian bei Stobäos Flor. 79, 38 beschriebenen Ausbruch statt der 81. die 21. Olympiade zu lesen wäre, derselbe also ins Jahr 693 v. Chr. fiele und der älteste der 3 von Thucydides erwähnten Ausbrüche wäre; aber die neuesten Ausgaben des Schriftstellers haben sich für die Lesart der 81. Olympiade entschieden, womit die Vermutung Bergks, die auch Sartorius von Waltershausen angenommen hatte, hinfällig wird.

Die beste Zusammenstellung der in historischer Zeit bekannt gewordenen Ätnaausbrüche ist diejenige von Sartorius von Waltershausen[2]), welche auch reichliche Originalliteratur zitiert. Sie reicht von den ältesten Zeiten bis zum Jahr 1879 und ist, wo nichts Gegenteiliges bemerkt wird, der nachfolgenden knappen Übersicht neben G. Recuperos Übersicht[3]) zu Grund gelegt. Die durch Lavaergüsse ausgezeichneten Ausbrüche sind durch * bezeichnet.

Nissen gibt in seiner italischen Landeskunde[4]) als Zeit der ältesten Ausbrüche die Jahre 479 und 475 v. Chr. an; aber Th. Bergk macht es (a. a. O.) in höchstem Grade wahrscheinlich, daß es sich hier nur um einen Ausbruch gehandelt haben dürfte, und daß Thucydides' Zeitangabe 475 v. Chr. als die richtige anzunehmen wäre, während der Angabe des Marmor Parium (479) kein ausschlaggebendes Gewicht beigelegt werden könne. Der Ausbruch war offenbar durch einen Lavaerguß ausgezeichnet.

Im Jahre 456 v. Chr. wäre nach Nissen (S. 283) der *Ausbruch erfolgt, den Bergk aufs Jahr 693 legen wollte — ein Ausbruch, an den sich die Erzählung knüpft, daß zwei Brüder ihre Eltern aus der Gefahr des Ausbruchs forttrugen, wobei der Lavastrom vor ihnen sich teilte[5]). Wenn dieser Ausbruch wirklich ins Jahr 456 fällt, wie es wahrscheinlich ist, so wird damit die nach Thucydides anzunehmende Ruhepause wesentlich verkürzt.

Im Jahr 425 v. Chr. (oder — Nissen — 426) fand ein verwüstender Ausbruch statt mit einem großen Lavastrom (nach Waltershausen 'Sciara del Rotolo').

---

[1]) Philologus XXXII, 1873, S. 138.

[2]) Der Ätna, herausg. von A. v. Lasaulx I. Leipzig 1880. S. 195—326.

[3]) Gius. Recupero, Storia naturale e generale dell' Etna. Catania 1815. S. 20—180.

[4]) Berlin 1883, I, S. 283.

[5]) Stob. Flor. 79, 38.

396 (Nissen, Waltershausen 394, v. Hoff 4, 143, 144: 392) floß bei einem durch heiße Aschenregen[1]) ausgezeichneten Ausbruch die Lava bis ins Meer[2]) (nach Waltershausen der Strom des Monte Urna).

In der Mitte des 4. Jahrhunderts v. Chr. dürften nach manchen, etwas allgemein gehaltenen Bemerkungen des Aristoteles Ausbrüche erfolgt sein[3]). 141[4]), *135[5]), *126[6]) und *122 v. Chr.[7]) sind wiederum durch Ausbrüche ausgezeichnet. Bei letzterem wurde Catania durch einen Lavastrom (nach Waltershausen: Lava della Carvana) zerstört, die Dächer der Häuser wurden nach Orosius von der heißen Asche verbrannt und stürzten unter dem Gewicht derselben ein. Der Schaden muß sehr groß gewesen sein, da die Abgaben vom Senat auf 10 Jahre erlassen wurden.

Ums Jahr 50 v. Chr. stellte sich wieder ein stärkerer Ausbruch ein[8]), im Jahr 44[9]) ein bedeutender, dessen Aschen bis Reggio flogen. Auch im Jahr 36 fand wieder ein Ausbruch unter Getöse und elektrischen Entladungen statt[10]).

Im ersten Jahrhundert der christlichen Zeitrechnung frischte ums Jahr 40 einmal unter Getöse die Tätigkeit auf, was den Caligula zur plötzlichen Flucht aus Messina bewog[11]); auch um 50 n. Chr. war der Vulkan tätig[12]), desgleichen 72 n. Chr.[13]). In der Folgezeit fehlt es an genaueren Angaben über bestimmte vulkanische Ereignisse.

Im Febr. 252 n. Chr. wälzte sich ein Lavastrom gegen Catania hin, 'heftiger als gewöhnlich gährend' und kam zum Stehen, als ihm der Schleier der hl. Agathe entgegengehalten wurde. Es ist der jetzt als Lava di Cifali bezeichnete Strom. (Waltershausen 204ff.)

Um 420 n. Chr. war der Berg wieder sicher tätig[14]), desgleichen um die Mitte des 6. Jahrhunderts[15]). Dagegen lassen sich keine zuverlässigen Gründe für die Annahme eines Ausbruchs im Jahre 812[16]) aufführen. Es

[1]) Waltershausen möchte diese Mitteilung des Orosius (II, 18, 6) auf den Ausbruch von 425 beziehen.

[2]) Diodor XIV, 59.

[3]) Waltershausen, Ätna S. 199f.

[4]) Obseq. 23 (ed. Roßbach. Leipzig 1910. S. 158 schreibt 140 v. Chr.).

[5]) Obseq. 26, Orosius V, 6. 2.

[6]) Obseq. 29, Orosius V, 6. 2.

[7]) Orosius V, 13, 3.

[8]) Petron. 122, 135. Vgl. v. Hoff IV, S. 165f. Anmerkung über diesen und den folgenden Ausbruch.

[9]) Vergil. Georgica I, 471f., dazu Servius, Comm. (ed. Thilo und Hagen III, 1, S. 213).

[10]) Appian, bell. civ. V, 114 und 117.

[11]) Sueton, Cal. 51 (ed. Ihne. Leipzig 1907. S. 193).

[12]) Pomp. Mela, de situ orbis II, 7.

[13]) Waltershausen 203 nach Idacii Chronica.

[14]) J. Julii Solini Coll. Rer. Mem. ed. Mommsen S. 54.

[15]) Prokop, bell. goth. IV, 35.

[16]) Berichtet in Coll. Acad. S. 511, Phil. Trans. R. Soc. 1669, S. 968, u. a.

scheint aber 836 wieder ein Ausbruch stattgehabt zu haben, ebenso in der Mitte des 11. Jahrhunderts, und wieder 1064, sowie mehrere um die Mitte des 12. Jahrhunderts, u. a. 1157 oder 58 und 1160. Bestimmte Nachricht haben wir von einem Ausbruch des Jahres 1164. Ein schwerer *Ausbruch verbunden mit einem Katastrophen-Beben erfolgte am 4. Februar 1169[1]). Weitere Ausbrüche werden berichtet von 1175 (wohl Verwechslung mit 1169), von 1194, 1197, 1222, um 1250 und Januar *1285 (mit Lavastrom an der Ostseite — im untern Valle del Bove —, nachdem schon 1284 Feuerauswurf stattgehabt hatte).

1321 (Ausbruch oder wahrscheinlicher nur Beben), 1323 (30. und 31. Juni) starker Explosivausbruch, Aschenfall bis Malta, 1328 Explosivausbruch, dazu nach vorbereitenden Beben erst explosiver, dann effusiver bedeutender *Flankenausbruch im Juli 1329 (zur Zeit der Sonnenfinsternis vom 27. Juli): Lavastrom von den Monti rossi di Fleri bis zum Meer, Aschenfall bis Malta; Aufbau parasitischer Kegel. Beträchtlicher Schaden für die Viehweiden[2]).

1333 Explosivausbruch[3]), wahrscheinlich desgleichen 1350[4]).

Ein schwerer Lavaausbruch füllte einen Hafen *1381 (oder 1371?) vollständig aus[5]) (nach Waltershausen Lava del Rotolo und del Crocifisso).

Im 15. Jahrhundert fanden nach Waltershausen (S. 219—223) statt: 9—20. Nov. 1408 (erst Gipfel-, dann Flankeneruption mit Lavastrom vom Monte Arso bis Bonacarsi in 2 Armen; Aschenfall bis Messina und Kalabrien)[6]), 1444 (Lavastrom vom Monte Arso her, Abstürze in den Krater bei Erdbeben)[7]), 25. Sept. 1446 Ausbruch oberhalb der Rocca Musarra, 21. Sept. *1447 (Lavaerguß, ohne Schaden anzurichten, [1470??]) und etwa 1494 (leichte Gipfeleruption).

1533 war der Krater tätig, ohne eine eigentliche Eruption zu zeigen, dagegen fand 1535 ein seitlicher Ausbruch (Entstehung des Monte Nero dei Zappini) statt. Ein schwerer Explosiv- und dreifacher Effusivausbruch (mit großen Lavaströmen nach NO = Randazzo — nach W = Bronte und Adernò — und Süden = Paternò und S. Nicolo)[8]) erfolgte 1536, bei dem ganz Sizilien und ein Teil von Italien (vielleicht selbst Kreta) mit Aschen

---

[1]) Waltershausen, S. 211 f.

[2]) Waltershausen S. 215 f. Übersetzung der schönen Schilderung des Augenzeugen Nic. Specialis.

[3]) Waltershausen S. 217 nach Fazellus.

[4]) Alessi in Atti Acc. Gioenia VI, S. 99 nach Nicefori Gregorae Hist. Bisant. l 21. fol. 632 ed. Parisiensis.

[5]) v. Waltershausen S. 218 nach Amico, Fazellus u. a.

[6]) Waltershausen S. 219 f. Übersetzung von Sibraggio.

[7]) Waltershausen S. 220 f. nach Fazellus u. a.

[8]) Waltershausen S. 223—228, Fazellus I Dec. lib. II Kap. 4, S. 65—66. Recupero II, 40—44.

bedeckt wurden und viel Schaden (besonders durch Viehsterben) entstand; Beben und eine große, durch Schneeschmelze verursachte Wasserflut schufen neben den Lavaströmen weitere Schädigungen. Einige Neugierige wurden durch Auswürflinge erschlagen. Die Lava floß bis Anfang April, die Auswürfe dauerten noch fast das ganze Jahr an.

Am 11. Mai 1537 begann ein neuer schwerer *Ausbruch[1]), dessen großer Lavastrom bis Nicolosi floß; die Asche flog bis Kalabrien und 300 italienische Meilen weit ins Meer hinaus. Die höchste Spitze stürzte in den Krater.

1540 zeigte der Gipfel des Ätna 2 Krater, derer größerer leicht tätig war. August 1541 schwache Gipfeleruption.

Die Nachricht eines Ausbruchs 1544 ist unbegründet, 1554 nicht ganz sicher.

Ende *1566 starker Seitenausbruch auf der Nordseite mit Lavaströmen, deren größter nach Linguagrossa floß[2]). Zweifelhaft ist der kleine *Ausbruch 1578; ein seitlicher Ausbruch im Sept. 1579 richtete vielen Schaden an; die Nachricht eines starken seitlichen Explosiv- und Effusivausbruchs 1580 oberhalb Aci hält v. Waltershausen (S. 234) für falsch oder für eine Verwechslung mit der Eruption von 1579.

Das 17. Jahrhundert ist durch besonders intensive und häufige Tätigkeit des Vulkans ausgezeichnet gewesen[3]). Schon im Juli 1603 ging von dem Gipfelkrater Lava und eine ungeheuere dunkle Rauchsäule aus; auch in den nächsten Jahren war der Berg tätig, 1607—10 aber hatte er eine ganze Anzahl Lavaergüsse neben explosiver Betätigung. Eine Gipfeleruption gab einen Lavastrom nach dem Piano del Lago von sich; ein anderer durchbrach den inzwischen aufgeworfenen Schlackenwall und floß WSW-wärts nach Adernò. Am 22. April und 28. Juni 1607 erfolgten Lavaergüsse an der Nordabdachung oberhalb Randazzo. Kleinere Lavaausbrüche fanden zwischen 1607 und 1610 am Krater oder in dessen Nähe statt. 1610 floß Lava am 6. Februar im Bosco di Adernò, am 3. Mai vom Fuß des Monte Frumento supino; der Schaden war bedeutend.

Am 1. Juni 1614 stürzte der 'Berg' vom 22. April 1607 (ein nach W offener Kraterhügel) ein, und am 2. Juli 1614 begann oberhalb Randazzo nach Beben aus vielen Öffnungen ein Effusivausbruch, dessen Laven bis 1624 flossen[4]).

Nach schwerem Beben 1633 erfolgten 19. Dez. 1634, unter wiederholten Beben Flankenausbrüche aus verschiedenen Öffnungen über der

[1]) v. Waltershausen S. 228—230 nach Fazellus u. a.

[2]) Waltershausen I S. 231—233. Recupero II S. 46.

[3]) Waltershausen I S. 235 ff.

[4]) Waltershausen I S. 237 f. Recupero S. 50.

Serra Pizzuta und im Trifoglietto, während der Gipfelkrater erst nur intermittierend, später aber, nach Erlöschen des Trifogliettofeuers, unaufhörlich rauchte. Ein Lavastrom ist damals im Trifoglietto nicht geflossen; aber ein mächtiger Strom floß vom Monte Picoraro über die Straße von Fleri nach Zaffarana bis Tre Monti. Der Ausbruch endete erst am 27. April 1638[1].

Am 20. Febr. 1643 begann sich eine schmale, mit vielen kleinen Ausbruchsstellen durchzogene Lava an der Ostseite des Piano delle Palombe zu ergießen[2].

20. Nov. 1646 bis Jan. 1647 mächtiger Lavaerguß im Gebiet von Castiglione (Nordhang des Ätna)[3], Bildung des Monte Nero.

Jan. 1651 bis 1653 flossen mächtige Lavamassen im Osten (aus den Monti Arsi gegen Giarre) und im Westen (aus einem Spalt unterhalb des Monte Frumento septentrionalis nach Bronte zu)[4].

Ein weiterer Lavaerguß der Westabdachung fand 1654 statt; zweifelhaft erscheint dagegen die Nachricht von einem Ausbruch von 1656[5].

Der größte in historischer Zeit erfolgte Ausbruch begann am 8. März 1669[6] unter schweren Beben; am 11. März $4^1/_2$ Uhr nachm. öffnete sich oberhalb Nicolosi im Piano della Fusara ein ca. 10 Miglien langer NS gerichteter, 5—6 Fuß breiter, sehr tiefer Spalt, und aus mehr als 20 kleinen Bocchen wurden glühende Steine ausgeworfen; um $6^1/_4$ Uhr nachm. entstand der Monte Rosso, 2 Stunden später 3 weitere Bocchen. Die Lava begann gleich nach dem Aufbrechen des unteren Teils der Spalte zu fließen, vernichtete am 12. März das Städtchen Malpasso, durchdrang und umströmte dann den Monte Piliere, vernichtete am 12. und 13. März das Dorf Mompiliere und teilte sich dann vor einem alten Lavarücken; der östliche Arm zerstörte noch das Dorf S. Giovanni di Galuma (15. und 16. März); am 14. und 15. aber erfolgten furchtbare Ausbrüche heißer Asche. Immer neue Ergüsse von Lava zerstörten die Dörfer S. Pietro, Campo Rotundo und Misterbianco. Am 26. März 11 Uhr vorm. stürzte der Gipfel des Ätna zusammen. Die Lava aber näherte sich Catania, unterminierte einen Hügel und trug die darauf stehenden Weinstöcke eine Strecke weit fort, bis die Scholle einstürzte und die Pflanzen verbrannten. Bald darauf füllte ein neuer Lavaarm einen Sumpf aus, langte am 15. April bei den nordwestlichen Bastionen der Stadt an und erreichte am 23. April 9 Uhr nachm. das Meer, in das sie bis zum 29. einfloß. Am 30. April und

[1] Waltershausen I S. 238—241. Recupero II S. 51—57.
[2] „ I S. 242.
[3] „ I S. 242. „ S. 58.
[4] „ I S. 242—244. „ S. 58.
[5] „ I S. 244.
[6] „ I S. 244—257. „ S. 60—80.

16. Mai aber brach die Lava Breschen in die Stadtmauer und drang in die Stadt ein, vielen Schaden verursachend; der Versuch, den Strom westlich abzulenken[1]), mißlang in der Hauptsache. Im Juli erlosch der Ausbruch; eine weitverzweigte Fumarolentätigkeit erzeugte große Massen von Salmiak, die gesammelt und verschickt wurden.

Volumenmessungen scheinen leider nur für den Lavaerguß versucht worden zu sein (760 Mill. cbm)[2]).

Im Sept. 1682 fand ein neuer Ausbruch mit Lavaerguß in großer Höhe (bei der Rocca Musarra) statt[3]), im Jahr 1688 eine Gipfeleruption mit Lavaerguß nach dem Valle di Bove[4]), Mitte März 1689 ein Lavaerguß im Valle di Bove, dem mehrere Neugierige zum Opfer fielen[4]); im Jahre 1693 suchte ein furchtbares Beben und ein unbedeutender Gipfelausbruch die Gegend heim[5]), und 1694 warf der Gipfelkrater große Mengen Asche aus, die über die ganze Insel hin und bis Melita (d. i. wohl Melito di Porto Salvo in Kalabrien) sich verbreitete[6]).

8. März bis 8. Mai 1702 floß Lava aus 3 Bocchen beim Trifoglietto über unbebautes Land[7]). Ein neuer Ausbruch, bei dem der Gipfelkrater sich veränderte, fand 22. Nov. 1723 bis 7. April (10. Mai Recupero!) 1724 statt; aus einer Bocca an der Westseite des großen Kegels ergossen sich 2 Lavaströme[8]). Eine Gipfeleruption mit Lavaerguß auf der Westabdachung bis zum Wald von Adernò fand im Dez. 1732 statt[9]). Explosive Gipfeleruptionen vollzogen sich im Okt. 1735, Juli-Sept. 1736[10]), April 1744[11]), sowie in den Jahren *1747—1748[12]) und 1752—1754[13]); von diesen war nur der Ausbruch vom Sept. 1747 durch Erguß von Lava ausgezeichnet, deren Einzelbäche sich zu einem Strom vereinigten und ins Valle del Bove hinabstiegen. Als 1752 der Gipfel besucht wurde, bestand hier ein abgestutzter kegelförmiger Berg mit einer Ebene von etwa 60 m Durchmesser oben, mit einer Öffnung in der Mitte. Heftige Aschenausbrüche aus dem Hauptkrater stellten sich unter heftigen Detonationen im Februar 1755[14])

[1]) Waltershausen I S. 256.
[2]) E. Reclus, Volcans de la terre, S. 461.
[3]) Waltershausen S. 258 f. Recupero II S. 80.
[4]) „ S. 260. „ II S. 81.
[5]) „ S. 261. „ II S. 81 f.
[6]) „ S. 261.
[7]) Recupero II S. 83 im Gegensatz zu Waltershausen S. 262.
[8]) Waltershausen S. 262 f. (Recupero II S. 83 schreibt fälschlich 1727.)
[9]) „ S. 263. Recupero II S. 83.
[10]) „ S. 263 f. „ II S. 84.
[11]) „ S. 264. „ II S. 84.
[12]) „ S. 264 f. „ II S. 84 f.
[13]) „ S. 265. „ II S. 85.
[14]) „ S. 265—270. „ II S. 85—101.

ein, denen sich Anfang März Lavaergüsse vom Gipfel nach Süden und Osten, sowie hernach an einer seitlichen Stelle nahe der Rocca Masurra beigesellten. Große Wasserströme, die verwüstend die Berghänge herabkamen, erklärt v. Waltershausen, sicherlich mit Recht, als Folgen jäher Schneeschmelze, während Recupero, der ihre Spuren einen Monat später an Ort und Stelle untersuchte, zu der Überzeugung gekommen war, daß die Wassermassen vom Vulkan ausgespien worden wären. Diese Überzeugung war offenbar nicht nur durch Literaturstudien (S. 95ff. besonders Hinweis auf Mascolos Bericht vom Vesuvausbruch 1631), sondern auch durch die Berichte von Landleuten bestärkt worden, welche erzählten, daß 'der Ätna eine riesige Menge von kochendem Wasser, Sand und marinen Conchylien ausgespien habe und zudem, daß jene Wasser die Ländereien mit Seesalz beschmutzt hätten' (a. a. O. S. 87).

Die Tätigkeit des Vulkans setzte sich durch Aschenauswürfe bis ins Jahr 1759 (31. Juli) fort; seit Nov. 1758 kamen auch Lavaergüsse (im ganzen 11 Ströme) dazu[1]).

Mit schweren Beben spielte sich im Februar-März 1763 ein Seitenausbruch mit Bildung zweier Ausbruchskegel (Bocca di S. Agata und Monte Nuovo) und Erguß einiger Lavaströme im Gebiet von Bronte ab[2]). Im Juni 1763 Dampferuptionen aus dem Gipfelkrater und Aschen- sowie Lavaausbruch aus einem nord-südlich gerichteten Spalt im Süden der Gipfelregion, Entstehung der Montagnuola; die Lava muß bis in die Nähe von Nicolosi gekommen sein. Im Oktober war nur noch geringe Tätigkeit im neuen Krater zu beobachten; die Eruption war sehr reich an Salmiak und (wie es scheint) kohlensaurem Natron gewesen[3]). Ein Lavaerguß ist 1764 auf der nördlichen Flanke oberhalb Randazzo (aus einer Reihe kleiner Bocchen neben der Sciarra aspera negra) hervorgedrungen[4]).

Ein großartiger Ausbruch begann nach einer Reihe Beben am 27. April 1766[5]) am Fuß des Zentralkegels, etwa 1 1/2 km abwärts von der Montagnuola in den Boccarelle di Fuoco; ein gewaltiger Lavastrom floß in einem halben Tag bis in die Nähe von Nicolosi; spätere Nachschübe blieben in den höheren Regionen; 14 Bocchen, die sich auf einer auf dem Piano del Chiatto am 29. April geöffneten Spalte bildeten, förderten nur Rauch, Sand und Steine. Am 22. Mai entstand in der Nähe der ersten eine zweite ebenfalls Lava liefernde Spalte mit 3 bezw. 4 Bocchen. Am 10. Juli war der Krater mit flüssiger Lava bis zum Überlaufen gefüllt, am 2. August

1)	Waltershausen I S. 267f.	Recupero II S. 106—112.
2)	„ S. 268—270.	„ II S. 112—121.
3)	„ S. 270—272.	„ II S. 121—133.
4)	„ S. 272.	
5)	„ S. 272—277.	„ II S. 133—145.

und 1. Sept. entstand je eine neue Ausbruchsöffnung. Erst nach 6 Monaten und 10 Tagen, am 6. Nov. 1766, fand der Ausbruch sein Ende.

Nach einer Anzahl Beben öffnete sich am 18. Mai 1780[1]), 6 1/2 Uhr nachm., der Berg etwa 900 m westlich der Montagnuola und ließ aus zwei Öffnungen Lava ausströmen; der Hauptstrom floß in SW-Richtung und teilte sich in drei Arme. Am 25. Mai erfolgte eine neue heftige Eruption. Im April und Mai 1781[2]) warf der Gipfelkrater große Aschenmengen aus, die der Wind weithin verfrachtete, und füllte sich mit Lava, die schließlich gegen das Valle del Bove hin über den Rand strömte.

Von Ende Juni 1787[3]) bis in den Juli hinein fanden starke Aschenausbrüche des Gipfelkraters statt; die Pinie erreichte die 3fache Höhe des Berges und ebenso hoch stiegen in der Nacht vom 17./18. Juli ungeheure Flammensäulen, die die Umgebung taghell beleuchteten. Große Lavamassen flossen am 16., 17. und 18. Juli an der Westseite des Berges herab.

Kleinere Erdstöße, Detonationen und Dampfausbrüche leiteten die Eruption von 1792/93[4]) ein. Anfang März 1792 stiegen Flammen und neue Dampfwolken vom Krater auf, anfangs Mai eine ungeheure vertikale Dampfsäule für mehrere Tage, und am 11. und 12. Mai begann die Lava in 2 Armen (gegen Adernò und den Monte Zoccolaro) zu fließen. Am 25. Mai war starke Tätigkeit und der Ausbruch eines kleinen Lavastroms; am 1. Juni öffneten sich auf einer Spalte weitere Bocchen, deren Lava bis in die Weinberge von Zaffarana strömte. Vom 17.—19. Juli fanden wieder starke Aschenauswürfe statt, der Lavaerguß aber dauerte noch lange (bis in den Mai 1793) fort. Nach diesem gewaltigen Ausbruch war der Vulkan, abgesehen von gesteigerter Tätigkeit im Juli 1798[5]) (viel Asche ausgeworfen, wenig Lava) und Juni 1799[5]) (Rauch und Flammen) ruhig. Vom 25. Febr. bis 4. März 1800[6]) warf der Gipfelkrater dichten roten Rauch, Sand, glühende Lavafetzen und kleine Steinchen aus, die besonders über Zaffarana fielen. 15. Nov. 1802, 1 Uhr nachm., war der Gipfel in dichten Rauch gehüllt. 1 Stunde später brach am Ostfuß des großen Eruptionskegels Lava hervor und durchlief 15 Miglien in 18 Stunden bis zur Sciarra della Femina morta, wohin sich auch die Auswürflinge und Aschen wandten[7]).

1803—1809 hatte der Gipfelkrater zahlreiche, zum Teil großartige Aschen- und Dampfausbrüche, oft mit Beben, Detonationen und Feuer-

[1]) Waltershausen I S. 277 f. Recupero II S. 146—148.
[2]) „ I S. 278. „ II S. 148.
[3]) „ I S. 279—282. „ II S. 149—153.
[4]) „ I S. 282—286. „ II S. 153—157.
[5]) „ I S. 286.
[6]) „ I S. 287. „ II S. 157.
[7]) „ I S. 287 f.

erscheinungen verknüpft. 1805 hatte sich im Krater ein Eruptionskegel gebildet [1]).

Am 27. März 1809 [2]) begann ein starker Ausbruch, dessen Aschen bis Messina getrieben wurden; eine neue Bocca bildete sich am Eruptionskegel nicht weit unter dem Gipfel nach NW zu; glühende Auswürflinge wurden bis 500 m hoch emporgeschleudert, ein Lavastrom floß den nördlichen Berghang hinab. Am 28. März öffnete sich eine ganze Reihe weiterer Bocchen, jeweils die jüngern weiter bergabwärts, während Lava niederströmte. Am 29. März hatte sich unterdessen unterhalb des Monte rosso an 18 Stellen eine Spalte gebildet, der Rauch entströmte; in deren Nähe folgten neue Bocchen, die Lava lieferten. Der Lavastrom erreichte fast die Landstraße von Linguagrossa nach Randazzo. Nach v. Waltershausen bieten die Bocchen von 1809 eines der besten Beispiele der auf lange Spalten zurückgehenden geradlinigen Anordnung der Lateralkegel. Im Krater zeigte sich am 1. April, daß ein neuer Kegel aufgeworfen worden war; flüssige Lava aber hatte den Kegel von 1805 zur Hälfte begraben. Am 9. April hörte die Tätigkeit auf; doch rauchte der Krater noch häufig und im Dez. 1910 hatte der Kegel von 1805 einen Flammenausbruch, worauf er in sich zusammenstürzte.

Am 27. Okt. 1811 [3]) begann, nachdem tags zuvor 2 Beben vorausgegangen waren, gegen Abend ein starker Aschen- und Feuerausbruch des Gipfelkraters, dem bald Eruptionen an tiefer abwärts gelegenen Stellen folgten, die Lava lieferten. Ein Lavastrom, der aus der 5., am Rand des Valle del Bove gebildeten Bocca hervorkam, stürzte mit ungeheurer Geschwindigkeit in dies Tal hinab. Von der großen Zahl von Öffnungen blieb zuletzt nur noch eine tätig, die sich später zum Monte San Simone ausbaute und im Dezember nochmals einen mächtigen Lavaerguß von sich gab. Erst am 24. April 1812 hörte der Ausbruch von Aschen, der innere Donner und das Nachströmen der Lava auf.

Aber der Vulkan rauchte auch späterhin bis 1818 vielfach und hatte häufige Beben. 2 Zentralkegelchen waren 1810—1816 im Gipfelkrater tätig. Am 13. August 1818 stürzte ein Teil des inneren Kraters mit furchtbarem Getöse zusammen.

Am 27. Mai 1819 [4]), gegen 11 Uhr vormittags, begann ein starker Aschenausbruch des Gipfelkraters und bald darauf öffneten sich im Südosten desselben 5 Öffnungen, von denen 2 Lavaströme ausgingen. Erst Anfang August hörte der Ausbruch auf.

Längere Zeit (bis 1830) war der Vulkan dann, abgesehen von Rauchemission und (1823, 1829), gelegentlichen Aschenauswürfen oder Feuer-

[1]) Waltershausen I S. 288. [2]) Ebenda S. 289 f. [3]) Ebenda S. 290 ff.
[4]) Ebenda S. 292 ff.

erscheinungen sowie Beben, ruhig. 1831 wurde die Tätigkeit etwas intensiver; am 2. April floß ein kleiner Gipfelstrom über den Nordabhang; von Mai bis September ereigneten sich etliche kleine Ausbrüche mit Aschenförderung.

Im Febr. 1832[1]) fand eine kleine Eruption statt: eine Spalte bildete sich vom Zentralkrater aus südostwärts mit mehreren Bocchen, deren unterster Lava entquoll. Ein neuer Ausbruch begann am Morgen des 1. November 1 1/2 Uhr unter Erderschütterungen: es öffnete sich am obern Ende des Zentralkegels eine weite Spalte nach W hin; einer Bocca entströmte ein kleiner Lavastrom, andere, die sich bildeten, warfen Aschen, Schlacken und glühende Lapilli aus.

Am 2. Nov. abends bildete sich unter starken Erschütterungen — offenbar in der Fortsetzung der früheren — bei Bronte, nahe dem Monte Nero (Monte di Selva bruggiata) in der Waldregion ein 1500 m langer Spalt mit 15 Bocchen; der eine der beiden Lavaströme dieser Spalte drang bis in nächste Nähe von Bronte vor und erzeugte beim Zusammentreffen mit einem Schneebehälter eine heftige Dampfexplosion. Die Ausbrüche der Bocchen und das Nachströmen der Lava dauerten bis 15. Nov., Aschen flogen bis Randazzo und Francavilla. Die weißen Rauch- und Dampfkugeln stiegen bis 1500 m Höhe auf. Einige heftige Beben folgten gegen Ende des Jahres und im Dezember öffnete sich ein tiefer Schlund (Pozzo di Fuoco) am obern Ätnakrater.

Am 4. und 5. Okt. 1836 spielte sich ein kurzdauernder Aschen- und Steinauswurf des Gipfelkraters ab; im Winter 1837 bemerkte man aschenschwere Dampfwolken nebst Feuererscheinungen an demselben, und am 10. Juli 1838[2]) erfolgte eine kleine Schlackeneruption; in der Folge stieg die Lava im Krater höher und höher, bis sie am 2. August an der Nordwestseite aus einer Spalte austrat; ein anderer Austritt erfolgte aus einer Spalte der Südostseite. Im Oktober warf der Vulkan allabendlich Feuer aus; rotglühende Lava erfüllte einen großen Teil des Kraterbodens; nachher stieg die Lava höher und überwältigte den Nordrand. Die Lava floß wie zähes Gußeisen dahin und löste sich auf stark geneigtem Gelände, 'in tausend Trümmer auf, welche mit klingendem Geräusch, als ob es Glas- oder Porzellanscherben wären, zerbrachen und in die Tiefe gerollt wurden'. Die Eruption nahm dann an Stärke ab; von Zeit zu Zeit wurden aus dem Krater Wasserdämpfe mit Steinen ausgeschossen — einmal bildete sich dabei ein schöner Dampfring. Am 9. und 11. Dez. war der Vulkan durch starke Explosivausbrüche ausgezeichnet; es folgten dann noch 2 Dampfausbrüche, worauf eine lange Ruhepause begann.

---

[1]) Waltershausen I S. 294 ff.

[2]) Ebenda S. 296 und Neues Jahrb. f. Min. 1838, S. 531.

Erst am 27. Nov. 1842[1]) setzte wieder ein starker Ausbruch ein, dessen Feuergarben mit glühenden Steinen und Blöcken sich in Zwischenräumen von nur wenigen Sekunden folgten. Am 28. Nov., 2 Uhr vorm., brach die Lava an 2 Stellen am Kraterrand hervor und floß bergabwärts. Am 29. Nov., 10 Uhr vorm., kam ein neuer Lavastrom am Ostfuß des Kegels hervor und erzeugte beim Bedecken einiger Schneefelder eine ungeheure weiße, kumulusartig geballte Dampfwolke. Ein weiterer Lavastrom brach in der Nacht zum 1. Dez. hervor; an diesem Tag hatte sich über dem Pozzo di Fuoco ein neuer Kegelberg gebildet. Am 5. Dez. stieg eine 3—4000 m hohe senkrechte Rauchsäule über dem Krater auf; am 10. und 11. Dez. fanden nur noch Dampfausbrüche statt; sich loslösende Lavablöcke stürzten sausend über geneigte Schneefelder in das Valle del Bove hinab, und erst am 25. Dez. hörte auch die Lava zu fließen auf.

Am 17. Nov. 1843[2]), 2 Uhr nachm., öffneten sich am westlichen Berghang hoch oberhalb Bronte nach und nach wieder 15 Bocchen auf einer Spalte, der ein Lavastrom mit ungeheurer Geschwindigkeit entströmte, während die Bocchen glühende Schlacken und Aschen auswarfen und der große Krater mächtige Rauchwolken ausstieß. Am 24. Nov. stand die Lava jenseits der Straße Adernò-Bronte still, nachdem durch eine Kontaktexplosion an einer Wasseransammlung viele Menschen getötet worden waren. Am gleichen Tag entquoll noch ein kleiner Lavastrom einem andern Schlund am Nordhang des Zentralkegels.

Ohne Vorzeichen bildeten sich am 20. Aug. 1852[3]), 11 1/2 Uhr nachm., an den Abhängen des Trifoglietto 17 Spalten, von denen 2 Lava lieferten, indes der Zentralkegel eine Aschensäule emporschleuderte. Am 22. Aug., 12 Uhr mittags, öffnete sich unter Erschütterungen eine neue größere Spalte, die mit Rauch und Aschen ungeheure Lavamassen förderte, während über ihr 2 benachbarte Eruptionskegel entstanden, die unausgesetzt heftige Dampf- und Aschenausbrüche hatten. Einzelne Arme der Lava drangen bis Milo und Valle di S. Giacomo vor. Am 22. Sept. entstand eine neue Öffnung, die einen Lavastrom nach Monte Calanna entsandte; v. Waltershausen (I S. 315) schätzte das Gesamtvolumen der Lava auf über 3/4 cbkm.

Mit wechselnder Stärke setzte sich der Ausbruch ins Jahr 1853 fort, bis er am 27. Mai völlig erlosch. Die Menge der Laven wie der Aschen war sehr groß; leider fehlen aber quantitative Bestimmungen der letzteren.

Der Vulkan war nun 10 Jahre völlig ruhig; auf seinem Gipfel waren 1855[4]) 3 Krater vorhanden, deren größter, westlichster 2 bedeutende Fumarolen aufwies. Endlich 1.—11. Mai 1863[5]) stiegen aus dem Krater wieder

[1]) Waltershausen I S. 298 und 115.

[2]) Ebenda S. 300 und N. Jahrb. f. Min. 1844, S. 180.

[3]) Waltershausen I S. 301. [4]) Ebenda S. 303 f. [5]) Ebenda S. 304 f.

Rauchwolken mit feiner Asche auf; ihr leuchtender Reflex deutete die Anwesenheit von Lava im Krater an. Vom 6. Juni ab traten stärkere Aschenausbrüche ein mit dem Maximum am 7. Juli (Aschen nach O und S ins Meer getrieben). Am 8. Juli befand sich im Krater ein kleiner Auswürflingskegel, an dessen Fuß Lava hervorströmte und teils den Krater füllte, teils südwärts gegen die Casa inglese abfloß. Glühende Schlackenstücke flogen bis zum Piano di Lago. Am 30. Juli befand sich im Krater ein einziger Schlund, der am 8. August alle 5—6 Minuten glühende Schlacken auswarf.

Am 3. Jan. 1865[1]) brach nach etlichen Beben am Fuße des Monte Frumento unter Auswerfen von Sand, Schlacken und Blöcken und unter furchtbaren Detonationen ein Lavastrom hervor, der sich in zahlreiche Nebenarme teilte und mit seiner Hauptmasse am 8. Febr. in 800 m ü. M. an der Sciara di Scorciavacca stillstand. Der Stoß der Lava hatte den Monte Frumento und den höchsten Seitenkrater der Nordostflanke des Ätna gespalten und etliche Längs- und Querrisse aufgerissen. Der Lavaaustritt verlegte sich allmählich weiter abwärts; 5 Kegelberge wurden auf einer Strecke von 800 m allmählich aufgeworfen, 2 weitere seitlich; am 8. bis 10. Juni endigte deren Tätigkeit; am 28. Juni hörte auch der Lavaerguß auf. Silvestri berechnete das Volumen sämtlicher geförderter Laven auf 92½ Mill. cbm. Der Zentralkrater hatte vor dem Ausbruch feine Asche ausgeworfen und entsandte nach ihm starke Dampfmassen, die reich an Salzsäure waren.

Im Nov. und Dez. 1868 stellten sich unbedeutende Gipfeleruptionen ein. Am 26. Sept. 1869[2]) stiegen unter heftigen unterirdischen Schlägen mächtige Dampf- und Rauchwolken auf, und aus einer neugebildeten Bocca floß ein Lavastrom nach dem Valle del Bove; der Inhalt betrug etwa 7,6 Mill. cbm.

Im August 1874[3]) war auf einem den Ätnakrater durchziehenden Schuttrücken ein sekundärer Eruptionskegel vorhanden, der von Zeit zu Zeit Rauch, Dampf und glühende Auswürflinge ausschleuderte. Am 19. Aug. 4 Uhr vorm. erhob sich gleichzeitig mit einem Beben eine kolossale schwarze Rauchwolke über dem Nordabhang des Zentralkegels, bald folgten vertikale Dampfsäulen weiter abwärts (innerhalb 3 Stunden 7) und zeigten die Lage einer 3 km langen Spalte mit zahlreichen Bocchen an (35 neben dem größeren neuen Eruptionskegel); nur von der 4. und 5. Gruppe von Bocchen waren Lavaströme ausgegangen. Silvestri schätzte die geförderten vulkanischen Massen auf 1351000 cbm. Schon nach 2 Tagen war die Eruption vorbei; ihr folgte aber noch 2 Wochen lang eine Periode von Erderschütterungen;

---

[1]) Waltershausen I S. 305—314. [2]) Ebenda S. 314f. [3]) Ebenda S. 315—318.

dann wurde alles ruhig; nur entstieg im Jan. 1876 einem der Krater von 1874 dichter rötlicher Rauch.

Der Ätnakrater war im Jahr 1878 ein einziger Schlund, in dessen SW-Teil ein ca. 300 m tiefer solfatarisch tätiger Schlot lag.

Vom 4. Okt. 1879[1]) an herrschte wieder eine Periode von Erdbeben bis zum Ende des Jahres, aber mit dem Zentrum in dem Valle di Noto, indes — ebenfalls nach Beben — am Abend des 26. Mai 1879, zwischen 7 und 8 Uhr, an der WSW- wie an der NNO-Flanke schwarzer Rauch von inzwischen aufgerissenen Spalten ausbrach und der Zentralkrater mächtige Dampfwolken ausstieß. Erstere Spalte entsprach der verlängerten von 1874, während letztere die Verlängerung auf der Gegenseite des Berges nach einer Knickung darstellte. Die Lava brach zuerst an der WSW-Spalte und deren Nebenspalten auf, hörte aber bald zu fließen auf, während sie auf der NNO-Spalte mehrere Tage hervorquoll. Der WSW-Spalte gehörte ein ganzer Komplex weiterer Spalten zu. Am 28. Mai hatten die beiden Lavaarme der SW-Seite schon in 2000 m Höhe sich zu bewegen aufgehört; eine Reihe von Bocchen waren gebildet worden; Schnee, über den die Lava floß, verwandelte sich zum Teil plötzlich in Dampf, zum Teil in Wassermassen. Viel großartiger waren die Eruptionserscheinungen aus dem Spaltengewirr der NNO-Seite: es entstanden bedeutende Krater und Kegelbildungen: in ca. 2250 m ein Doppelkraterberg (Monte Umberto-Margherita) mit ca. 25 1/3 Mill. cbm Volumen, höher oben in 2360 m 4 kleinere Kegel, weiter abwärts weitere Kegel in 1950 m, (wo während der ersten Tage der Eruption die Konvulsionen des Bodens so stark waren, daß Silvestri sich seekrank fühlte) und in 1930 m; der letzte Kegel lag in 1690 m; der gesamte Apparat baute sich in der Hauptsache über einer 10 km langen Spalte auf und lieferte große Lavamassen. Silvestri schätzte die ganze Lavaproduktion des Ausbruchs vom 26. Mai bis 7. Juni auf 56 658 433 cbm. Der Zentralkrater hatte keine Veränderung erlitten. Eine Bebenperiode schloß sich aber an den Schluß der Eruption an.

Nach längerem Erzittern des Bodens und zahlreichen Beben, die eine große Eruption erwarten ließen, brach der Vulkan am 22. März 1883[2]), 12,45 Uhr nachts, zwischen 1200 und 950 m Höhe in der Richtung NNO-SSW in einer 3 km langen Spalte auf, und es bildeten sich oben 3 verschiedene Eruptivzentren mit 13 Bocchen, und in der Mitte, sehr energisch arbeitend, zunächst 4 Eruptivzentren, später noch weitere. Nach 3 Tagen hörte aber die Eruption auf, nachdem außer Lockermassen nur 3 kleine Lavaströme gefördert waren.

[1]) Waltershausen I S. 318—326.

[2]) A. Ricco und S. Arcidiacono, L'Eruzione dell' Etna nel 1892. Catania 1902 (Atti Acc. Gioen. Ser. IV, Vol. XV, Mem. 5) S. 1—5 und O. Silvestri in Atti Acc. Gioenia Ser. 3a, XVII, S. 237 ff.

1884[1]) und 1885[1]) fanden außer Beben leichte Dampf- und Aschenausbrüche des Zentralkraters statt. Ende 1885 begann sich die eruptive Tätigkeit zu steigern. Ziemlich unerwartet setzte am 18. Mai 1886[2]), 11 Uhr vorm., ein heftiger Ausbruch des Gipfelkraters ein, und am 19. Mai, 12,35 Uhr nachts, brach die Südabdachung in 1400 m Höhe auf, womit auch Beben einsetzten. Der Ausbruch dauerte bis zum 7. Juni und schuf einen Adventivkegel von etwa 100 m Eigenhöhe (Monte Gemellaro), sowie einen Lavastrom von 5,5 qkm Fläche und etwa 66 Mill. cbm Volumen. Nur 1/3 km vor Nicolosi war er zum Stehen gekommen. Bald ließ auch die Tätigkeit des Zentralkraters nach, wenn auch mehr oder weniger leichte Aschenauswürfe noch statthatten und die seismische Beunruhigung noch schwach fortdauerte[3]).

Erst am 8. Juli 1892[4]) setzte, nachdem schon am 20. Juni Explosionen aufgetreten waren, wieder ein intensiver und langer Ausbruch ein, und zwar oberhalb des Ausbruchsschauplatzes von 1886 in einer Höhe zwischen 1750 und 2050 m ü. M. Er begann nach einigen heftigen Erdstößen mit einer plinianischen Eruption des Gipfelkraters, worauf am 9. Juli, um 1 1/4 Uhr nachm., eine etwa 6 Monate dauernde Flankeneruption in ungefähr 1850 m Höhe am Fuße der Montagnuola einsetzte. Eine Reihe von Kegeln bildete sich in nordsüdlicher Anordnung (Monti Silvestri) und förderten einen großen Lavastrom von 12 285 000 qm Fläche (da Regny).

Nun folgte eine lange Ruheperiode[5]) des Vulkans bis 1908, nur gestört von einigen Beben und von etlichen starken explosiven Betätigungen des Gipfelkraters mit Aschenauswürfen im Juli 1899 und wieder vom Januar 1906 an.

Am 29. April 1908[6]) stellte sich in 2350 m (im Valle del Bove) ein neuer, aber unbedeutender (nur eintägiger) Seitenausbruch der Südseite mit Lavaförderung aus 2 Öffnungsgruppen ein (Spalte mit NW-Richtung über 1 km lang), Lavavolumen etwa 500 000 cbm.

Vom 23. März bis 18. April 1910[7]) spielte sich ein bedeutender Seiten-

---

[1]) Ricco und Arcidiacono a. a. O. S. 5 f. [2]) Dieselben S. 7 ff.

[3]) Dieselben S. 10—62.

[4]) S. Arcidiacono, Diario dell' Eruzione. Mem. VIII, Acc. Gioen. Ser. IV, Vol. XV. O. de Fiore, Il Periodo di Riposo dell' Etna. Mem. Cl. Scienze Acc. degli Zelanti 3a Ser. VI, 1908/09, S. 58.

[5]) O. de Fiore a. a. O. — P. Vinassa da Regny, A. Ricco, S. Arcidiacono, F. Stella Starrabba, L. Taffara, O. de Fiore, L'Eruzione Etnea del 1910. Catania 1912. I. S. Arcidiacono, L'Etna dal 1o Genn. 1893 al 31 Maggio 1906 und II. L. Taffara, Fennomeni eruttivi e geodinamici (dal Giugno 1906 al 23 Marzo 1910).

[6]) A. Riccó in Boll. Acc. Gioenia 1908. (Mai und Dez.). A. Lacroix, Comptes rendus Ac. Sciences CXLVI S. 1071 ff.

[7]) L'Eruzione Etnea del 1910, P. Vinassa da Regny, Osservazioni geologiche e morphologiche. A. Sieberg in Naturwiss. Wochenschrift 1913. A. Ricco, L'Eruzione dell' Etna in 'Natura ed Arte' 1909/10 XIX, Nr. 11, Milano.

ausbruch der Südseite, erst in 2550 m, dann in 2050 m Höhe, ab. Ein großer Lavastrom von über 5 qkm Fläche ward neben 2 kleinen Strömchen gefördert; zahlreiche Auswurfskegelchen in Reihen wurden gebildet. Das Volumen der geförderten Lava berechnete da Regny auf 65 Mill. cbm, Oddone auf 60 Mill., Sabatini nur auf 20—25 Mill. cbm.

Vom 9. bis 26. Sept. 1911[1]) fand — diesmal auf der Nordseite — ein neuer Flankenausbruch auf einer Spalte unter Aufwerfen von Auswurfskegelchen und Förderung von Lava statt, [und zu neuer Tätigkeit erwachte der Berg nach Zeitungsberichten wieder im Jahre 1915]. —

Nächst dem Vesuv dürfte der Ätna hinsichtlich seiner Ausbruchstätigkeit am besten bekannt sein. Seine Geschichte geht sogar noch weiter zurück als die des Vesuvs, und es ist leicht zu erkennen, daß der Charakter der Tätigkeit des Vulkans seit den ältesten Zeiten derselbe geblieben ist: Häufigkeit von Lateralausbrüchen neben zentralen (im Gegensatz zum Vesuv), und offenbar ein Überwiegen der effusiven Förderung über die Lockerförderung. Wenn man epochenhafte Unterschiede feststellen will, so kann man es am ehesten hinsichtlich der Frequenz der Ausbrüche tun. Nach den vorhandenen Berichten müßte man annehmen, daß die mittlere Frist von einem Ausbruch zum andern im Mittelalter am größten, und in der Neuzeit, namentlich vom 19. Jahrhundert an, am kleinsten gewesen wäre, während das Altertum eine Zwischenstellung einnähme. Aber man ist versucht, dies Verhalten einfach aus dem verschiedenen Grad der Güte der Berichterstattung zu erklären. Es scheint das aber doch nicht ganz zu stimmen, da ein Überblick über die bekannten jüngeren Lavaergüsse im Vergleich zu den bekannten älteren auf ein Überwiegen der ersteren hinsichtlich des Volumens schließen läßt.

Daß in vorgeschichtlicher Zeit weit zurück ein ähnliches Verhalten angenommen werden muß, zeigt nicht nur die geologische Untersuchung, sondern auch schon die Gestalt an sich: die zahlreichen vorgeschichtlichen Parasiten sprechen für die Häufigkeit von Seitenausbrüchen in älterer Zeit, die Flachheit der mittleren Böschung für ein Überwiegen effusiver Förderung seit langer Zeit, der Besitz eines steileren Gipfelkegels jedoch für verhältnismäßig häufige Gipfeleruptionen in geschichtlicher Zeit.

Eigenartig sind gewisse Ausbruchssequenzen, die dadurch entstehen, daß sehr häufig die oft über die terminale Region hinweggreifenden radialen oder subradialen Spalten, bzw. Spaltensysteme, häufig nicht in einem einzigen Ausbruch fertig gebildet werden, sondern erst durch eine Reihe hintereinander, mit mäßigen Zeitintervallen auftretender Eruptionen zustande kommen.

---

[1]) A. Ricco, Eruzione Etnea del 1911 in Boll. Soc. sism. it. XV. G. Platania, Le recenti faci eruttive dell' Etna, Acireale 1911. A. Sieberg, Gerlands Beitr. 11, Kl. Mitt., S. 162 ff.

Die Lavaförderung des Ätna hat Sc. Patti für den Zeitraum 1669 bis 1865 auf etwa 3½ cbkm geschätzt[1]; das ergibt pro Jahrhundert in dieser Zeit weit über 1 cbkm, oder ein Mehrfaches der wahrscheinlichen Förderung des Vesuvs. Die geförderten Lockermassen, für die es ebenso an einer Gesamtschätzung, wie in den meisten Fällen auch an Einzelschätzungen mangelt, dürften entschieden geringer sein.

Der verhältnismäßig geringe Grad der Explosivibilität des Vulkans zeigt sich schon in der geringen mittleren Reichweite der Lockermassen; in den meisten Fällen beschränken sich dieselben auf das allerdings sehr ausgedehnte Massiv des Ätnas selbst; nur von ganz wenigen (7) Ausbrüchen wird berichtet, daß die Aschen über die Grenzen Siziliens hinausgingen, ein einziges Mal ist vielleicht Asche bis Kreta geflogen (1536: ca. 900 km).

Übereinstimmung mit der Tätigkeit des Vesuvs kam in geschichtlicher Zeit nur ganz sporadisch vor. —

Auf dem griechischen Festland hat in historischer Zeit ein einziger vulkanischer Ausbruch — zu Methana im Nordosten des Peloponnes — stattgefunden, dessen Zeitpunkt freilich nicht genauer bekannt ist. Ramsauer[2] meint, daß er wahrscheinlich im 3. Jahrhundert stattgefunden habe. W. Reiß und A. Stübel[3] haben das Gebilde eingehend beschrieben als 'eine kompakte Trachytmasse, deren äußere Abhänge durch spätere Auswurfsprodukte überkleidet wurden'. Ovid[4] ließ den Berg durch Auftreibung des Bodens, Strabo[5] durch Auswurfsmassen entstanden sein; Fouqué aber suchte — wohl mit Recht — auf Grund seiner Beobachtungen in Santorin beide Angaben durch die Annahme in Übereinstimmung zu bringen, daß erst ruhiges Überquellen der glühendflüssigen Massen und erst nachher Explosionen erfolgt wären, die Auswurfsprodukte lieferten.

Im Gebiet des Ägäischen Meeres haben sich in historischer Zeit nur 2 Erdgebiete durch vulkanische Ausbrüche ausgezeichnet, eines im Süden (Santorin) und ein zweites im Südosten (bei Kos und auf Nisyros).

Auf der Insel Kos fand F. Plieninger[6] südlich des Rhyolitberges Thymianós, im Tale des Flusses Rhichthis (Kephalos-Halbinsel), die Mauern vorgeschichtlicher, unter Bimssteintuff begrabener Ansiedelungen, die er ihrem ganzen Aussehen nach etwa in das Alter der prähistorischen Siedelungen von Santorin (s. u.) setzen zu dürfen glaubt. Die Bimssteintuffe an sich

---

[1] Mercalli, I vulc. attivi, S. 291.

[2] Die antike Vulkankunde, Burghausen [1906] S. 5.

[3] Ausflug nach den vulkanischen Gebirgen von Ägina und Methana, Heidelberg 1867, S. 23—30. Vgl. K. v. Seebach in Ztschr. d. deutschen geol. Ges. 1869, S. 275 ff.

[4] Metamorphosen XV, 293—306.

[5] I 3, 18 (ed. Meinicke 1866, I S. 77).

[6] Monatsberichte der Deutschen geologischen Gesellschaft 1905, S. 353 ff.

könnten wohl von der benachbarten Vulkaninsel Nisyros herstammen; aber Plieninger hebt hervor, daß die im Plateauland von Kos oft in beträchtlicher Größe im Tuff vorhandenen Andesitblöcke nicht von dorther stammen könnten und nimmt daher an, daß dieselben von einem ehemaligen Ausbruchsort an der Stelle der Bucht von Kamara und eventuell des Isthmus im westlichen Kos herstammen. Der unmittelbare Nachweis des betreffenden Ausbruchspunktes ist leider nicht geglückt. (Es erscheint auch nicht völlig ausgeschlossen, daß es sich nur um einen Ausbruch des Nisyros-Vulkans gehandelt habe.)

Von Nisyros sind aus dem Altertum keine Ausbrüche bekannt[1]); wohl aber wird berichtet, daß der Vulkan am Ende des Mittelalters (1422) ähnlich wie der Stromboli tätig war[2]). A. v. Humboldt[3]) erwähnt nur die 'stark detonierende Solfatare' (nach Roß).

1871[4]) aber erfolgten Ende November Beben, Detonationen und Emanation roter und gelber Flammen; der Krater war mit weißem Staub bedeckt.

1873[5]), 3. Juni, Bildung eines Kraters nach Beben; Auswurf von großen Flammen, von Aschen und Steinen; Ausfluß salzigen warmen Wassers; 3 Tage lang Schlammausbrüche; Wiederauffrischen der Tätigkeit am 11. und 26. Sept. Der zunächst gemeldete Lavastrom hat sich als Irrtum erwiesen. 1874[6]) nahm die Tätigkeit der 3 Hauptöffnungen dauernd ab.

1888[7]), Ende September, fand eine kräftige Explosion statt, wodurch eine zylindrische Röhre von (mindestens!) 25 m Durchmesser ausgeblasen wurde; die unter mächtiger Dampfentwicklung ausgeworfenen Schlamm- und Steinmassen bestanden aus zersetzten Tuffen.

Während die Ausbrüche des 19. Jahrhunderts sicherlich nur oberflächliche Eruptionen waren, hat offenbar die Tätigkeit im 15. Jahrhundert magmatisches Material geliefert. Bei der Mangelhaftigkeit der Berichterstattung gewinnen wir aber kein sicheres Bild vom Verhalten des Vulkans in der geschichtlichen Zeit. Weit besser sind wir über die Tätigkeit des Santorin-Vulkans unterrichtet. —

In und bei dem großen durchbrochenen Kraterring von Santorin (Thera) hat sich in (vorhistorischer und) historischer Zeit eine größere Zahl bedeutsamer Ausbrüche abgespielt. Der älteste seit der Besiedlung des

[1]) Vgl. aber Strabo X 373.

[2]) 'Sulphureus ignis die ac nocte eructat in altum' (Bondelmonte, Christophorus, Leipzig 1824, zitiert von A. Bergeat, Äol. Inseln, S. 29).

[3]) Kosmos IV S. 372.

[4]) Gorceix in Comptes Rendus de l'Ac. Paris 1873. Bd. 77, S. 600.

[5]) Ebenda, Bd. 77, S. 1474 ff. (Vgl. auch S. 601 und 1039).

[6]) Ebenda, 1874, Bd. 78, S. 444.

[7]) Plieninger in Monatsber. der Deutschen geol. Ges. 1905, S. 355.

Gebiets erfolgte und durch archäologische Funde festgestellte Ausbruch war eine nicht genauer datierbare, nach Frickenhaus in die Zeit zwischen 1500 und 900 v. Chr. fallende explosive Eruption, die Wohnstätten einer in primitiven Kulturverhältnissen lebenden Bevölkerung mit starken (bis 30 m mächtigen) Bimssteinmassen bedeckt hat[1]) und der Besiedlung der Insel ein Ende machte. Die Wiederbesiedlung erfolgte erst im 9. Jahrhundert v. Chr. A. Philippson[2]) hat die Bildung des großen Zentralkessels von Santorin mit der Krakataokatastrophe von 1883 verglichen und auf die damalige Zeit bezogen.

Über die in historischer Zeit stattgehabten Ausbrüche und deren Datierung haben neben F. Fouqué[3]) vor allem W. Reiß und A. Stübel[4]) sorgfältige und kritisch begründete Berichte geliefert. Darnach muß der erste geschichtlich bekannte Ausbruch im Jahr 197 v. Chr.[5]) erfolgt sein. Es wurde, wie namentlich durch Strabos Schilderung[6]) klar wird, am Meeresgrund ein Staukegel gebildet, der allmählich über die Wasseroberfläche sich als Insel emporwölbte, vielfach mit Palaeakaimeni identifiziert, aber nach Philippson (a. a. O. S. 64) sicher mit Unrecht, da diese durch eine Anzahl von Effusiveruptionen entstandene Insel lange der Brandung ausgesetzt gewesen ist. Nach Plinius[7]), der freilich mit seinen chronologischen Angaben offenbar leicht ungenau ist, bildete sich im Jahre 19 n. Chr., 2 Stadien (ca. 1/3 km) von Hiera entfernt, eine neue Insel namens Thia, von der aber keine Spur mehr nachweisbar ist; wann sie verschwand, ist ebenfalls unbekannt[8]). Eine weitere nicht mehr erhaltene Insel, mit einem Umfang von ca. 30 Stadien, entstand nach Seneca[9]) u. a. im Jahre 46 n. Chr. Diese Insel mag nach Philippson an der Stelle der beiden neuen Kaimenen gelegen haben. Ob die Beschaffenheit der Inseln (Lockermassen?) die Zerstörung durch das Meer begünstigten, oder ob etwa Senkungen des Bodens

---

[1]) Hiller v. Gärtringen, Thera III S. 42 ff. und I S. 69. Malten, Kyrene 166 f. Fouqué, Santorin et ses éruptions. Paris 1879. S. 94 ff.

[2]) Hiller v. Gärtringen, Thera I S. 60.

[3]) A. a. O., S. 3 ff.

[4]) Geschichte und Beschreibung der vulk. Ausbrüche bei Santorin, Heidelberg 1868. Vergleiche auch die Darstellungen in C. Neumann und J. Partsch, Physik. Geographie von Griechenland, Breslau 1885, S. 285 ff. und A. Philippson in v. Gärtringens Thera I S. 63 ff.

[5]) Vgl. auch v. Hoff, Geschichte der natürl. Veränderungen der Erdoberfläche IV S. 151 f. im Gegensatz zu seiner früheren Angabe 184 v. Chr. II S. 157. Reiß und Stübel schreiben S. 10 versehentlich 198.

[6]) I 57 (ed. Kramer, Berlin 1844, I S. 87). Reiß und Stübel a. a. O. S. 16.

[7]) II 87 (89) ed. Mayhoff, Leipzig 1906, S. 206.

[8]) Fouqué a. a. O. S. 6 glaubt an die Realität eines Ausbruchs im Jahre 19 nicht und vermutet, daß Thia die Insel des Jahres 46 n. Chr. war. Vgl. übrigens v. Hoff IV S. 162 ff. und Reiß und Stübel S. 20 f. bzw. 11 ff. Hiller v. Gärtringen, Thera I S. 63 und G. Wissowa im 'Hermes', Bd. 51 (1916) S. 90 ff.

[9]) Quaest. nat. II c. 26 ed. Gercke 1907, S. 63.

sie unter den Meeresspiegel hinabzogen, oder ob beide Wirkungen sich verbanden, läßt sich nicht feststellen. In der unmittelbaren Umgebung von Palaeakaimeni findet sich keine Untiefe, die auf Thia gedeutet werden könnte, weshalb Fouqué (S. 7) ihren Ort an der Stelle der späteren Insel Neakaimeni sucht und annimmt, daß sie den Untergrund dieser späteren Neubildung ausmache; freilich hat diese niemals den Umfang erreicht, den die alten Schriftsteller der neuen Insel von 46 gaben, und Roß vermutet, daß der 'Banco' ihren einstigen Ort ankündige. Sicherheit über die Frage scheint nicht mehr erreichbar zu sein. Philippson hält es (S. 64) für möglich, daß die beiden Bänke zwischen Neakaimeni und Phira die Stellen von Hiera und Thia andeuten könnten.

Eine neue Eruption im Jahre 726 n. Chr. streute große Bimssteinmassen über Kleinasien, Lesbos, Abydos und die Küsten Mazedoniens, sowie die umgebenden Meere aus und fügten der Insel Palaeakaimeni an der Nordostseite durch Lavaförderung eine 300 m lange, bis über 200 m breite Landzunge an. 1457 fand auf Palaeakaimeni eine Art Bergsturz, jedoch kein Ausbruch statt. Dagegen wurde 1570 bis wohl 1573[1]) durch effusive und explosive Tätigkeit die noch bestehende Insel Mikrakaimeni gebildet. Außerhalb des Kraterrings von Santorin spielte sich dagegen 1650, etwa 8 englische Meilen im Nordosten von Thera, nach heftigen Beben unter starker Gasemission, furchtbarem Getöse und großartigen Feuererscheinungen (begleitet von flutwellenartigen Überflutungen benachbarter Inseln) ein schwerer Explosivausbruch ab, der 3 Monate lang dauerte (vom 27. Sept. an); die anfänglich gebildete kleine Insel scheint schon am Ende des Jahres 1650 nicht mehr vorhanden gewesen zu sein; an ihrer Stelle befindet sich jetzt eine Untiefe (Bank von Kolumbos, deren Gipfel nur 20 m unterm Meeresspiegel bleibt); die Eruption muß als eine Flankeneruption aufgefaßt werden, die einen kegelförmigen Berg von etwa 900 m Höhe auf dem Meeresboden aufbaute.

Im Jahre 1707[2]) entstand Mitte Mai nach leichten Beben durch eine vorzugsweise effusive Eruption (Staukuppenbildung unter Hebung des bimssteinbedeckten Meeresbodens samt seiner Meerestiere) eine neue (weiße) Insel, die sich allmählich mehr und mehr vergrößerte und im Juli mit einer ebenfalls neu entstandenen kleinen schwarzen Nachbarinsel zur Insel Neakaimeni verwuchs. Durch weiteren Lavanachschub wuchs auch sie immer weiter; stinkende Gase, Rauch- und Dampfmassen entströmten dem Gebilde. Unter mannigfaltigen Erscheinungen (darunter gewaltige Explo-

[1]) Vgl. A. Kircher, Mundus subterr. I. IV, cap. 6 und Reiß und Stübel S. 32. Letztere machen S. 33 f. auf die zahlreichen irrtümlichen Zahlenangaben für diesen Ausbruch aufmerksam.

[2]) Reiß und Stübel a. a. O., S. 43 ff.

sionen und Auswurf riesiger Mengen von glühenden Steinen, die bis November 1707 anhielten und auch später wieder sich einstellten), dauerte der Ausbruch bei langsamer Vergrößerung und Erhöhung der Insel durch Lavanachschub bis zum 14. Sept. 1711 fort, worauf Ruhe eintrat und nur noch Gasexhalationen lange Zeit hindurch andauerten.

Ende Jan. 1866 aber begannen eine merkwürdige Senkung der Neakaimeni, und Anfang Februar Flammenausbrüche einen neuen großen Effusivausbruch einzuleiten, der später sich mit gewaltigen Explosionen vergesellschaftete und unter sehr wandelbaren, höchst interessanten Erscheinungen der Insel 2 neue Landvorsprünge, einen ansehnlichen Kegelberg (Georgios I) und bedeutende Lavafelder hinzufügte. Wenn auch im ersten Halbjahr des Ausbruchs die wichtigsten Neubildungen der Insel schon vollendet waren, so dauerte die Eruption mit Lavaerguß und zahlreichen Explosionen und Aschenregen doch bis 15. Oktober 1870 fort[1]).

Der Vulkan von Santorin ist demnach nur nach langen Zwischenräumen tätig, aber dann bedeutsam, und zwar entweder rein explosiv und dann zum Teil mit weitreichender Wirkung, so namentlich am Schluß der prähistorischen uns bekannten Tätigkeitsepoche, oder aber vorwiegend effusiv und damit hauptsächlich in die Nähe wirkend, wie in der Tätigkeitsepoche der historischen Zeit. Abgesehen von den Ausbrüchen von 19 und 46 n. Chr. ist jeder Ausbruch durch eine jahrhundertlange Pause von dem nächsten getrennt. Kein Ausbruch benutzt, wie A. Philippson[2]) hervorhob, denselben Schlot wie ein früherer. —

Submarine Ausbrüche im östlichen Mittelmeerbecken, abseits von den eigentlichen Vulkanzonen, werden verschiedentlich berichtet:

In 36° 17′ NBr. und 21° 27′ ÖL. wurde um Mitternacht, kurz nach dem schweren Beben von Zante am 27. August 1886[3]) (11 Uhr 25 nachts; Kabelbruch 30 Meilen südöstlich von Zante), eine dicke schwarze Rauchmasse bemerkt, die gleich einem Kegel senkrecht vom Horizont in die Höhe stieg und in Zwischenräumen eine rötliche Farbe annahm.

Kurz zuvor, 17. Aug. 1886[4]), war in ca. 35° 54′ NBr. und 18° 40′ ÖL. eine Flamme in einer Breite von ca. 10 m 30 m hoch aufgestiegen und plötzlich wieder verschwunden.

[Dagegen kann das Aufbrodeln des Wassers im Marmarameer unterm Schiff bei ruhiger Oberfläche während des Bebens vom 16. April 1878[5]), nicht als eine vulkanische Erscheinung aufgefaßt werden. Rudolph machte

[1]) Fouqué a. a. O. S. 93.
[2]) Thera S. 69.
[3]) Rudolph in Gerlands Beitr. I S. 222, 241. Nature XXXIV S. 497.
[4]) Rudolph Ebenda, Nature XXXIV S. 397.
[5]) Rudolph Ebenda S. 161.

aber noch auf häufige Flutwellen an den griechischen und syrischen Küsten aufmerksam[1]) und war geneigt, dieselben durch vulkanische Ereignisse zu erklären.] —

Wenn man die in historischer Zeit tätig gewesenen Essen des Mittelmeergebiets überblickt, so fällt auf, daß neben einer Anzahl nur ganz sporadisch einmal in historischer Zeit tätig gewordener subaërischer und submariner Essen (Monte Nuovo, Methana u. a.) auch einige langlebige Vulkane vorhanden sind. Sehr kurzfristige Tätigkeitsunterbrechungen zeigt meist der Stromboli (für kürzere Zeit auch andere Vulkane), kurzfristige Ätna und Vesuv, lange Unterbrechungen zeigten Santorin, Vulcano (mit Umgebung), und — im Altertum — der Epomeo, der aber im Mittelalter nur noch einmal tätig war.

Nach der Fördermenge steht — aus der geschätzten Gesamtmenge auf die Einheit eines Jahrhunderts berechnet — der Ätna an erster Stelle, der in seiner jüngsten Epoche weit über 1 cbkm Lava neben bedeutenden, aber doch offenbar geringeren Lockermassen lieferte; nach ihm folgt der Vesuv, dessen Locker- und Lavaförderung zusammen im Jahrhundert während seiner jüngsten Epoche einem Kubikkilometer nahe kommen dürfte; der Stromboli fördert dagegen höchstens noch $^1/_4$ bis $^1/_5$ cbkm im Jahrhundert, Vulcano, Epomeo und die übrigen Einzelessen aber so geringe, wenn auch nicht genauer bestimmbare Mengen, daß sie im Vergleich zu den genannten Hauptförderstellen stark zurücktreten. Die Gesamtförderung aller Vulkane des Mittelmeergebiets darf auf mehr als 2 cbkm Lava und vielleicht 1—1$^1/_2$ cbkm (?) Lockermassen im Jahrhundert geschätzt werden. Sie dürfte seit etwa 2$^1/_2$ Jahrhunderten stärker sein als vordem in geschichtlicher Zeit.

Während die große Mehrzahl aller Ausbrüche nur auf enge Räume zu wirken vermochte, so sind doch für den Ätna, den Vesuv und den Vulkan von Santorin einige wenige Explosivausbrüche von weitreichender Wirkung bekannt geworden. Aber keiner dieser Ausbrüche dürfte weltumspannende Wirkungen von der Art eines Krakatoaausbruchs gehabt haben, vermutlich auch der sonst bedeutendste dieser Ausbrüche [der vom Vesuv 79 n. Chr.] nicht.

[1]) Gerlands Beitr. I S. 241 und 242.

2. Atlantischer Ozean.

Im Atlantischen Ozean sind südlich vom Äquator in historischer Zeit keine supramarinen Ausbrüche bekannt geworden.

Nördlich vom Äquator ist im Gebiet der seit dem 15. Jahrhundert bekannten Kapverdischen Inseln nur der Vulkan Fogo durch historische Ausbrüche ausgezeichnet gewesen. 1785, 1817, 1847, 1852, 1857 entstanden am Nordfuß des Zentralkegels parasitische Kegel; diese Parasitenbildung und die häufige Entsendung von Lavaströmen erinnern stark an den Ätna.

Leider fehlt zurzeit noch eine kritische und ausführliche Ausbruchsgeschichte des interessanten Vulkans. Aber wichtige Zusammenstellungen liegen bereits vor:

Die älteren Ausbrüche des Fogo hat Ch. Sainte-Claire Deville[1]) beschrieben, soweit sie ihm aus der Literatur bekannt wurden; J. Friedländer[2]) hat nach amtlichen Veröffentlichungen die Liste vervollständigt und fortgeführt.

In der Entdeckungszeit dürfte der Vulkan ruhig gewesen sein[3]).

1564, starker Ausbruch des noch um 1567 'ständig brennenden' Vulkans[4]).

1596, September, starker Aschenausbruch des 'ständig brennenden' Bergs[5]).

1604, Mitte März, zahlreiche Flammen gingen von dem 'ständig brennenden' Berg aus; starker Schwefelgeruch[6]).

1675[7]).

---

[1]) Voyage géologique aux Antilles et aux îles de Ténériffe et de Fogo. Paris 1848. S. 137—146.

[2]) Beiträge zur Kenntnis der Kapverdischen Inseln. Berlin 1913. S. 49 f.

[3]) St. Claire Deville, a. a. O., S. 136. 141.

[4]) Deville S. 137 nach G. Fenner (W. Wren), Hakluyt Soc. II S. 57—64.

[5]) Ebenda nach A. Sherley, Hakluyt Soc. III S. 600.

[6]) Ebenda S. 138 nach J. Mocquet, Voyages en Afrique 1645, Vorwort S. 23.

[7]) Friedländer S. 49.

1680[1]) starker Lavaausbruch, der manche Bewohner zur Übersiedelung nach Brava veranlaßte. Der Vulkan dürfte von 1680—1713[1]) ständig tätig geblieben sein; Belege bieten Dampiers Beobachtungen im August 1683 und 2.—5. März 1697; Ovington 1689 bestätigte ständige Tätigkeit und Bimssteinförderung, Th. Phillips sah am 17. Dez. 1693 Funken aussprühen, Froger sah in der Nacht vom 5./6. Oktober 1695 das Feuer des 'ständig tätigen' Vulkans; auch Febr. 1699 kam Feuer und Rauch aus dem Krater, desgleichen Febr. 1712 und Nov. 1713. Auch Roberts, der 1721—1725 auf der Insel war, spricht von dem Getöse, den Stein- und Aschenauswürfen des Vulkans[2]); die Tätigkeit dürfte also — vielleicht schon von 1680 an? — bis 1725 und wohl darüber gedauert haben. Dann aber dürfte eine Ruhepause begonnen haben.

1757[3]) [5]) Ausbruch. Dorf dos Mosteiros verschüttet. Zwei Hirten und ihre Herden getötet. Lavastrom.

1761[3]) Ausbruch.

1769[3]) [6]) Ausbruch (wohl bedeutend)[4]), nach April Öffnung neuer Krater auf der SW-Seite.

1785, 24. Jan. bis 25. Febr.[7]). Nach Beben und Getöse spaltete sich der Berg senkrecht und schloß sich nach Auswurf von Aschen-, Schlacken- und Steinmassen wieder. Auf der ONO-Flanke aber entstanden etliche Spalten, die Rauch und Aschen, sowie große Massen Lava lieferten und eine Hügelreihe aufbauten (Monte Domingo Fernandez bis Monte João Martius). Die Hauptmasse der Laven lieferten Öffnungen am Ostfuß, nahe dem Monte de Losna; dieselben erzeugten auch 4 Hügel nebeneinander, die sich senkrecht spalteten. Die Lavaströme drangen zum Teil selbst ins Meer vor; sie vernichteten viele Felder.

1799[8]), August, schwerer Aschenregen aus einer Öffnung am Fuße des Berges; Aschendecke etwa 10 cm; die Asche flog bis Maio; darnach Lavaerguß 27 Tage lang; das Tal der Palha Carga wurde aufgefüllt und ein Vorsprung ins Meer gebildet. Starker Schaden.

1817[9]).

1847[10]), 9. April, vormittags, Getöse, Öffnung neuer Krater, Stein- und Aschenregen, Lavaerguß aus 7 Öffnungen; die Lava erreichte das

[1]) Deville S. 138 ff. Vgl. Egli, Nom. geogr. 2. Aufl. 1893, S. 319, zit. von Simmer S. 185: ständiger Auswurf von Aschen, Bomben und anderen Lockermassen. Friedländer erwähnt einen besonderen Ausbruch 1690.

[2]) Deville S. 141 f. und Prevost, Hist. gén. de Voy. II S. 393.

[3]) Friedländer S. 49. Infolge eines Druckfehlers offenbar heißt es S. 44 1775 statt 1757.

[4]) Deville S. 142. Comptes rendus Ac. Science. Paris 1846. XXII S. 1134.

[5]) Perrey, Mém. Ac. Dijon 1848. S. 35 nach J. H. 1757 Dez. S. 467 u. a.

[6]) Ebenda S. 39. Comptes rendus Ac. Science XXII, 1846, S. 1134.

[7]) Deville S. 142. [8]) Deville S. 143 f. [9]) Friedländer S. 49.

[10]) Deville S. 144 f.

3 Meilen entfernte Meer in 4 Stunden und vernichtete viel Eigentum und ein Kind.

1852[1]).

1857[1]) und vielleicht

1909[2]), 6. Juni. (Es fiel gelber Staub bei Temperaturerhöhung; Vulkanausbruch oder Wüstenwind?) —

Nach einer längeren Ruhepause begann, soweit die Berichte ein Bild gestatten, im Jahre 1564 eine längere Tätigkeitsepoche, in der die einzelnen Ausbrüche durch mäßig lange Zwischenräume voneinander getrennt sind mit einziger Ausnahme der Zeit 1680—1725, in der die Tätigkeit fast kontinuierlich gewesen zu sein scheint. Wenn man diese besondere Periode als 1 Ausbruch in Rechnung setzt, so erhält man von 1564 bis 1857 einen mittleren Ruheintervall von etwa 21 Jahren zwischen je 2 Ausbrüchen. Läßt man den sehr zweifelhaften Ausbruch von 1909 außer Betracht, so muß man annehmen, daß die Tätigkeitsepoche rund 3 Jahrhunderte anhielt, um dann wieder einer Ruhezeit Platz zu machen. Die Lavaförderung scheint bedeutend gewesen zu sein, doch fehlen quantitative Bestimmungen leider gänzlich; auch die Lockerförderung war ansehnlich, wenngleich man den Eindruck gewinnt, daß sie der Lavaförderung nachstand. Trotz der Ähnlichkeit des Verhaltens mit dem Ätna steht die Gesamtförderung doch offenbar der dieses Feuerberges stark nach und erreicht im Jahrhundert durchschnittlich jedenfalls nicht 1 cbkm Lavaförderung, dürfte aber $^1/_{10}$ cbkm sehr bedeutend übertreffen. Die Reichweite, auch der explosiven Ausbrüche, war offenbar meist sehr mäßig. —

In dem Archipel der Kanarischen Inseln sind supramarine Ausbrüche in historischer Zeit auf 3 Inseln erfolgt: Lanzarote, Tenerife und Palma. Die im Altertum schon bekannt gewesenen Inseln sind seit dem 14. Jahrhundert wieder in den Gesichtskreis der Europäer gekommen und wurden von diesen seit dem Beginn des 15. Jahrhunderts besiedelt, so daß man auf ziemlich gute Berichterstattung seit jener Zeit rechnen kann.

Auf der Insel Lanzarote fand 1730—36 im Südteil eine der gewaltigsten Lavaeruptionen der geschichtlichen Zeit statt, während gleichzeitig auch bedeutende Lockermassen in die Luft geschleudert wurden. L. v. Buch[3]) hat nach dem Bericht des damaligen Pfarrers von Yaisa, Don Lorenzo Curbeto, die höchst bedeutsamen Ereignisse ziemlich deutlich beschrieben. Die jedenfalls nach Kubikkilometern zählende Lavaförderung dürfte die Lockerförderung erheblich übertroffen haben. Es fehlen aber leider die Unterlagen zu genauerer Berechnung, namentlich der letzteren.

[1]) Friedländer S. 49. [2]) Ebenda S. 50.

[3]) Physik. Beschreibung der Kanarischen Inseln, in seinen Gesammelten Schriften III. Berlin 1877. S. 497 ff.

Die Förderung erfolgte an zahlreichen Stellen innerhalb eines ausgedehnten Gebiets jeweils zu verschiedenen Zeiten. Ende Juni 1730 fand zugleich eine submarine Eruption bei Lanzarote statt, gewissermaßen eine Zweigstelle des Hauptausbruchs.

[Die Nachricht von einem Ausbruch auf Graciosa (nördlich von Lanzarote) am 30. Nov., 1. Dez. und 2.—8. Dez. 1730 an 5 verschiedenen Punkten fand ich sonst nirgends bestätigt [1])].

Schwache Nachklänge dieses ungeheuren Ausbruchs erfolgten im Jahre 1824 [2]) zu 3 verschiedenen Zeiten an 3 verschiedenen Stellen (bei Tao am 31. Juli, bei den Montañas de Fuego am 29. Sept. und bei Tinguaton am 16. Okt.). Außer Förderung mäßiger Locker- und Lavamassen wurde auch Meerwasser in beträchtlichen Mengen ausgeworfen.

Für die Insel Tenerife, die im Gegensatz zu Lanzarote und Palma durch einen großen Zentralvulkan (Pico de Teyde) ausgezeichnet ist, beginnt die Berichterstattung schon am Ende des 14. Jahrhunderts; genauere Nachrichten liegen aber erst vom Beginn des 18. Jahrhunderts an vor. Die ältesten bekannten Ausbrüche erfolgten nach Lucas Fernandez Navarro [3]) 1393 oder 1399?; 1430 (Bildung der Hügel von Taoro); 1444; 1492 (offenbar explosiv, nach Kolumbus' Tagebuch); 1505 (wohl sehr geringfügig) [1604 und 1605 wohl nur durch Verwechslung mit den folgenden in die Literatur gekommen!]. Am 31. Dez. 1704 öffnete sich im Llano de los Infantes bei Güimar die Erde, wobei 2 Berge aufgeworfen wurden; am 5. Jan. 1705 entstanden ca. 4 km davon entfernt bei der Cañada de Almerchiga auf einer Strecke von fast 1 km über 30 Bocchen, die einen Lavastrom von 6 km Länge schufen; am 2. Febr. 1705 erfolgte 8 km entfernt ein starker Lavaerguß gegen den Baranco von Arafo und Güimar zu. Auf der Gegenseite der Insel ergoß sich 1706 (Mai) von der Montagna Negra ein Lavastrom nach Tanque, ein zweiter nach Garachico; ein weiterer von 7 km Länge vollendete die Zerstörung letzterer Stadt; der Schlackenauswurf war gering.

Am 9. Juni 1798 [4]) bildeten sich an der Chahorra 4 Ausbruchskegel in NS streichender Reihe; 3 Monate lang floß Lava, besonders aus den unteren Kegeln, und erreichte die Cañadas.

---

[1]) A. Perrey in Mém. Ac. Dijon 1848, S. 28, nach einer Zeitungsnachricht (J. H. Mai 1731, S. 350).

[2]) Ed. H. Pacheco, Estudio geologico de Lanzarote y de las Isletas Canarias in Mem. R. Soc. esp. de Historia Natural VI 4. Madrid 1910. S. 276—288.

[3]) Bol. R. Soc. españ. de Historia Natural, Madrid, Febr. 1910, S. 105—123 und Anales de la Junta para ampliacion de estudios é investigaciones cientificas, Tom. V, Mem. 1ª.

[4]) Ein Ausbruch 1786 (Perrey a. a. O. S. 39) mit Lavaerguß wird offenbar mit Unrecht berichtet.

Ein neuer Ausbruch begann am 28. Nov. 1909 an der Westabdachung des Teyde in ca. 1500 m Höhe ü. M. (Chinyero); eine Reihe bis 80 m hoher Lockerkegel entstand; sie erhielten infolge des herrschenden Windes sichelförmigen Grundriß; die Lavaförderung betrug etwa 15 Mill. cbm, die Lockerförderung nur etwa 2 Mill. cbm.

Auf der Insel Palma spielten sich im Lichte der Geschichte an 3 verschiedenen Stellen vulkanische Ausbrüche ab: 1) 18. April 1585[1]) im Distrikt de los Llanos (Bildung eines Schlackenkegels von 120 m Höhe und eines Lavastroms, der das Meer nicht ganz erreichte, während nach dem Bericht 3 Ströme das Meer — Westküste — erreicht hätten); 2) 2. Okt. bis 18. Dez. 1646[2]) oberhalb Tigalate (Förderung von großen Lockermassen, die zum Teil noch heiß fielen, und 4 Lavaströmen, die das Meer — Südostküste — erreichten) und 3) 17. Nov. 1677 bis 21. Jan. 1678[3]) starker Locker- und Lavenausbruch am Südende der Insel (Fuencaliente), wobei durch Aushauchung giftiger Gase viele Tiere und 1 Mensch getötet wurden. —

Im Gegensatz zu den Kapverden ist die vulkanische Tätigkeit auf den Kanaren nicht auf eine Insel beschränkt, sondern hat sich in historischer Zeit auf 3 verschiedenen betätigt, am häufigsten auf Tenerife, das auch den einzigen hohen Stratovulkan des Archipels enthält: den Pik von Tenerife mit seinem Schwestervulkan, der Chahorra. Die in geschichtlicher Zeit erfolgten Ausbrüche der Insel fanden nur vereinzelt (vermutlich 1492) auf dem Gipfel statt, meistens aber mehr oder weniger exzentrisch und ließen bis 1505 nur mäßige Zwischenräume der Ruhe zwischen den Einzelausbrüchen aufkommen — etwa von der mittleren Dauer des Fogo —; dann aber stellte sich eine fast 200jährige Ruhepause ein, worauf die Ausbrüche mit Intervallen von fast einem Jahrhundert wieder begannen. Der lange, fast 200jährige Zwischenraum der Betätigung wird aber durch die 3 Ausbrüche von Palma im 16. und 17. Jahrhundert, die folgenden, fast 100jährigen Zwischenräume, durch die Tätigkeit auf Lanzarote in einer Weise ausgefüllt, daß man sich versucht fühlt, das gesamte Kanarengebiet als ein einheitliches Ausbruchsfeld zu betrachten, in dem seit Beginn des geschichtlichen Lichts die Einzelausbrüche durch mäßige, aber allmählich wachsende Zwischenräume voneinder getrennt sind.

Am häufigsten waren Ausbrüche auf Tenerife; aber bei weitem die stärkste Ausbruchsintensität entwickelte sich auf Lanzarote, wo 1730—36

---

[1]) L. v. Buch, Ges. Schriften III S. 480. Pet. Mitt. 1906, Heft 7, S. 4 (SA.) und Taf. 12.

[2]) Humboldt, Voyage I S. 390. v. Hoff IV S. 257.

[3]) L. v. Buch, Ges. Schriften III S. 487—490. Die Liste chronologique und Keferstein S. 301 verlegten fälschlich den Ausbruch von 1677 (S. 575) auf die Isle de Fer (Ferro), ebenso erstere einen apokryphen sechswöchigen Ausbruch von 1692.

ein vorwiegend effusiver Ausbruch erfolgte, dessen Lavaförderung offenbar nach etlichen Kubikkilometern zu berechnen wäre und in geschichtlicher Zeit nur von dem Lakiausbruch noch übertroffen wurde, wenn ich mir nach den überkommenen Nachrichten und nach meinen eigenen Eindrücken an Ort und Stelle ein Urteil gestatten darf. Auch die Lockerförderung war offenbar beträchtlich, ist aber, wie fast immer im Archipel, stark hinter der Lavaförderung zurückgeblieben. Der Ausbruch 1730—36 war aber so bedeutend, daß er allein sicherlich die sämtlichen übrigen Ausbrüche des Archipels, die während der geschichtlichen Zeit sich ereigneten, um ein Mehrfaches, ja Vielfaches übertraf, denn wenn auch mit Ausnahme des Chinyeroausbruchs von 1909 keine genaueren Berechnungen vorliegen, so ist doch leicht verständlich, daß die Gesamtförderung an geflossener Lava sonst im Jahrhundert für die ganze Inselgruppe weit unter $^1/_{10}$ cbkm bleibt, die Lockerförderung aber noch viel geringer war.

Die Reichweite der Ausbrüche war immer nur mäßig; selbst der gewaltige Ausbruch von Lanzarote 1730—36 hat, wie es scheint, sich nicht weithin fühlbar gemacht.

Eine Eigentümlichkeit der kanarischen Ausbrüche beruht darin, daß sie — im Gegensatz zum Fogo — sich über ein ziemlich weites Areal ungleichmäßig verteilen, und daß die späteren Ausbrüche gewöhnlich je neue Wege suchen. Am auffälligsten ist das für Lanzarote, wo selbst die geringe Tätigkeit von 1824 sich auf 3 verschiedene Stellen verteilte, der große Ausbruch aber auf sehr vielen verschiedenen Ausbruchsorten sich betätigte, wobei nur in vereinzelten Fällen eine lineare Anordnung derselben sich erkennen läßt — zum Beispiel sehr schön bei der Montaña de Fuego (Timanfaya). —

Da der Azoren[1])-Archipel schon im 15. Jahrhundert entdeckt worden ist, reicht auch die Ausbruchsgeschichte verhältnismäßig weit zurück. Indem die vulkanische Tätigkeit aber auf den äußeren Inseln längst aufgehört hat, beziehen sich die Ausbruchsberichte ausschließlich auf die inneren Inseln und deren Umgebungen.

[Der älteste in der Geschichte erwähnte Ausbruch ist eine verwüstende Eruption zwischen den Jahren 1432—1434, wahrscheinlich auf São Miguel[2]) — wohl Verwechslung mit dem folgenden Ausbruch.]

In der Zeit von 1444 und 1445[3]) fanden schwere Ausbrüche in der Caldeira das Sete Cidades (im Nordwesten von S. Miguel) statt, wodurch

[1]) G. Hartung, Die Azoren in ihrer äußeren Erscheinung und nach ihrer geognostischen Natur. Leipzig 1860. C. Gagel, Die mittelatlantischen Vulkaninseln (Handb. reg. Geol. VII 10) Heidelberg 1910.

[2]) L. v. Buch in Pogg. Ann. 1836, S. 186. v. Hoff IV S. 238.

[3]) Hartung S. 98 f.

Insel nnd Meer mit Bimssteinen überschüttet wurden. [1522 Beben und Erdschlipfe.]

Am 1. Juli 1563[1]) wich nach starkem Beben der ehemalige Monte Volcão in der Lagoa do Fogo; Ausbruch aus dem entstandenen Krater; vom 2.—4. Juli floß Lava dem Meere zu. Gewaltige Massen von Bimssteinen und Aschen wurden mit ungeheurer Gewalt ausgeschleudert und erschwerten die Schiffahrt; benachbarte Äcker waren auf viele Jahre wüste gelegt; Asche soll selbst bis Portugal (Braga) geflogen sein.

Im Talkessel von Furnas erfolgte 2.—7. Sept. 1630[2]) außer Beben ein starker Explosivausbruch, der die Insel, sowie Maria und Terceira mit starken Aschenmassen (10—12, stellenweise selbst 20—30 Spannen hoch) überschüttete. 191 Personen kamen durch Waldbrand um. [Nach der Beschreibung der Liste chronologique (S. 562) hat es sich zugleich am 2. Sept. auch um einen Lavastrom gehandelt: 'éruption de matières enflammées qui roulèrent comme un torrent jusqu'à la mer, dévorant tout sur leur passage et entraînant avec elles une montagne appelée O Pico da Oruzi. Le 3 Sept. toute l'Isle commença à se couvrir de cendres et de pierres-ponce, le Ciel s'obscurcit jusqu'au 6 et 7 Sept. que l'éruption commença à s'appaiser'. Vgl. auch die Beschreibung des 'Mercure français' 1630, S. 506 f., die Perrey a. a. O. S. 12—15 wiedergibt. Viele Menschenverluste.]

Am 3. Juli 1638[3]) brach etwa 1 [nach andern Quellen 30 oder 60!] Kilometer von der Westspitze der Insel Feuer aus dem Meeresgrunde hervor; die Ausbrüche bauten innerhalb 3 Wochen aus Aschen eine bald nachher wieder verschwindende Insel auf, an deren Stelle eine Untiefe trat.

Am 19. Okt. 1652[4]) begann westlich der Lagoa do Fogo ein Explosiv- und Effusivausbruch, der den Pico do Fogo aufbaute.

Nachdem vielleicht schon 1719[5]) (an derselben Stelle wie 1638) ein submariner Ausbruch zwischen São Miguel und Terceira in ungefähr 38^0 24′ [oder 38^0 28′ NBr.] NBr. stattgehabt hatte, baute Ende 1720[5]) ein neuer unterseeischer Ausbruch eine bis 1723 ausdauernde kleine runde Insel mit Kratersee auf.

[1810, Juli und August, Beben auf S. Miguel; 11. August, kleine Eruption des Pic von Genetas, im SW. (?)[6])].

In der Zeit vom 1.—8. Febr. 1811[7]) schuf ein unterseeischer Ausbruch, etwa 2,8 bis 3,7 km von der Westküste entfernt, dem Dorf Ginetes

[1]) Hartung S. 101 ff. [2]) Ebenda S. 104.

[3]) Ebenda S. 104 f. und 107. Landgrebe schreibt S. 123: 1638 oder 1628. Perrey (Mem. Ac. Dijon 1847/48, S. 11) spricht von 1628 und 1624, sowie S. 15 vom 25. Jan. 1636; es war aber vermutlich nur eine Inselbildung: 1638.

[4]) Hartung S. 105.

[5]) Ebenda S. 107 ff. Perrey, Mém. Ac. Dijon 1848, S. 24—26.

[6]) Perrey a. a. O. S. 43. [7]) Hartung S. 111 f.

gegenüber, eine Bank, während in der Zeit vom 14.—22. Juni desselben Jahres[1]) unfern dieser Stelle, 1 Seemeile NNW von der Westspitze der Insel, durch einen starken submarinen Ausbruch eine neue Ascheninsel (Sabrina) von ca. 70 m Höhe und 1 Seemeile Umfang entstand, die aber bald wieder verschwand. Ende Januar 1812 stieg Rauch von der Stelle der Insel auf[2]). —

Auf der Insel Terceira fand in historischer Zeit nur ein Ausbruch statt: 1761[3]) Erguß eines Lavastroms aus dem Pico de Bagacína (d. i. 'Schlackenberg') nach Süden. Nach anderen Quellen Bildung dreier Vulkane und Lavaströme.

Nachdem schon im Dez. 1866 Beben eingesetzt hatten und am 1. Juni 1867, 8 Uhr vorm., ein starker Stoß erfolgt war, begann 10 Uhr nachts ein submariner Ausbruch zwischen Terceira und Graciosa mit starkem Donnern; von 6 Uhr morgens an wurde das Aufwallen des Meeres immer heftiger bis zum 5. Juni. Am 4. Juni, 11 Uhr vorm., wurden große Blöcke aufgeworfen; Geruch nach H_2S. Der Ausbruchsraum hatte etwa 1 Stunde Umfang, 1 Haupt- und 7 Nebenausbruchsstellen. Ende 5. Juni, 7 Uhr vorm. Ort: 38° 52′ NBr., 27° 53′ WL.[4]). —

Auf São Jorge erfolgten Ende April und Anfang Mai 1580[5]) am Südabhang, unfern des Hauptortes Villa Villas, und im Mai bis Juni 1808[6]) in der Mitte der Insel, ebenfalls auf der Südabdachung, Lava- und Lockerausbrüche, die, wie Lacroix[7]) nachgewiesen hat, von Glutwolken begleitet waren. Bei ersterem Ausbruch sind mehrere Lavaströme von verschiedenen Stellen aus dem Meere zugeflossen. Bei letzterem lag die Asche stellenweise 1,2 m hoch. Bei ersterem Ausbruch wurden mehrere Personen verbrannt und getötet, bei letzterem über 30.

Nach Boyd[8]) hat auch 1691 ein submariner Ausbruch stattgefunden, und nach demselben auch 1757[9]) desgleichen, diesmal unter Bildung von 18 Inselchen. Anfang Juli 1880 entstand 9 km von S. Jorge unter starken Beben durch submarinen Ausbruch eine kleine Insel von 24000 qm. 1881, Mitte Februar, Beben auf S. Miguel. Bildung einer neuen Insel, die bald wieder verschwand[10]). —

---

[1]) Hartung S. 112 f. [2]) Perrey S. 45.

[3]) Hartung S. 111. Perrey, Mém. Ac. Dijon 1848, S. 38. Noak erwähnt noch einen starken Ausbruch 1764 (ohne Quellen zu nennen), sowie 1630 unter Verwechslung mit S. Miguel.

[4]) C. W. C. Fuchs im Neuen Jahrbuch 1868, S. 439—41. Gerlands Beitr. I 231. Perrey in Mém. Ac. Bruxelles 21. S. 173 ff.

[5]) Hartung S. 103. Fouqué in Revue scientifique 1872/73, S. 1198.

[6]) Hartung S. 111. Fouqué in Revue scientifique 1872/73, S. 1199 ff. Perrey S. 42.

[7]) La Montagne Pelée et ses éruptions. Paris 1904. S. 364—366.

[8]) Hartung S. 107.

[9]) Liste chronol. S. 646. Hoff IV 464. Hartung S. 111. Mercalli schreibt 1787, S. 372.

[10]) C. W. C. Fuchs in Tschermaks min. u. pet. Mitt. V S. 97 f.

Auf der Insel Pico findet sich im Nordwestdrittel der einzige hohe Kegelberg der Inselgruppe (Pico 2474 m); die unteren Hänge sind von zahlreichen parasitischen Kegelchen bedeckt; in historischer Zeit hat er keine Ausbrüche gehabt; wohl aber haben sich solche im mittleren Teil der Insel abgespielt:

21. Sept. 1572[1]) Erguß großen Lavastroms von 1200—1500 m mittlerer Breite über die Nordabdachung ins Meer. [L. v. Buch erwähnt — a. a. O. S. 540 — noch Boyd außerdem, im gleichen Jahrhundert hätten noch zwei weitere Ausbrüche, begleitet von Lavaströmen, stattgefunden, der eine im Norden bei Bardeira, der andere im Süden unfern S. Mateo.]

1718[2]) und 1720[2]) entstanden an der Südseite der Insel, in geringer Entfernung voneinder, je ein Aufschüttungskegel und ein Lavastrom.

[Im Mai 1800[3]) soll an verschiedenen Stellen starke Locker- und Lavaförderung eingetreten sein.] —

Auf der Insel Fayal brach nach schweren Beben am 24. April 1672[4]) auf der Wasserscheide zwischen Capello und Praia do Norte feuerflüssige Lava aus und floß ca. 300 m breit nach abwärts, während gleichzeitig Asche, Sand und Schwefelgeruch sich über die Insel verbreiteten. Nach neuen Beben nahm der Ausbruch an Stärke zu; am 28. April waren 9 Feuerschlünde tätig, deren Laven hauptsächlich die Nordhänge (bis zum Meer) hinabflossen; die Lavaergüsse dauerten bis 1. Mai, der Aschenauswurf noch etwas länger. —

Auffällig ist, daß die historischen, wie auch — abgesehen vom Pico — die prähistorischen Ausbrüche fast immer die alten Ausbruchskanäle verschmähten — ähnlich dem Verhalten der Kanarischen Inseln, ferner aber, daß in der Gegenwart — im Gegensatz zu den Kanaren — verhältnismäßig viele, zum Teil sogar bedeutende, vereinzelt weitreichende explosive Ausbrüche stattfanden, während ehedem effusive Tätigkeit überwogen hatte.

Leider bestehen für die Azoren keinerlei Grundlagen für eine genauere Schätzung der Förderungen, und wenn ich meinem, aus den Berichten gewonnenen Eindruck folge und der Ansicht Ausdruck gebe, daß die Lockerförderung hier der Lavaförderung nahe kommen, oder sie vielleicht selbst in historischer Zeit übertroffen haben dürfte, so darf darauf kein größeres Gewicht gelegt werden. Soviel darf man aber wohl mit Bestimmt-

[1]) Hartung S. 102 f.

[2]) Hartung S. 103 und 259, während er S. 107 und 111 Nordküste sagte. v. Buch sagt (a. a. O.), der Ausbruch von 1718 hätte sich an der Westküste abgespielt.

[3]) Landgrebe S. 132 f. mit Angabe von Einzelheiten. v. Hoff, Perrey und Hartung erwähnen nichts davon, ebensowenig L. v. Buch.

[4]) Hartung S. 106 f. Die Liste chronologique gibt S. 671 einen Ausbruch für den 1. Febr. 1718 an — wohl Verwechslung mit Pico!

heit annehmen, daß keiner der supramarinen historischen Ausbrüche auch nur entfernt einer Förderung erster Größe nahe gekommen wäre, während freilich für die submarinen jede Schätzungsmöglichkeit fehlt. Es ist aber kaum anzunehmen, daß die Gesamtförderung des Archipels im Jahrhundert 1 cbkm erreicht haben dürfte; die supramarinen blieben in den letzten Jahrhunderten jeweils jedenfalls stark darunter.

Die Häufigkeit der Ausbrüche ist in den einzelnen Inselgebieten recht verschieden; am häufigsten waren in geschichtlicher Zeit Ausbrüche auf und bei S. Miguel: 7 (vielleicht 9), am seltensten auf Fayal: 1. Die Zwischenräume zwischen den Ausbrüchen sind recht ungleichmäßig; manchmal drängen sich auf Einzelinseln oder im Gesamtarchipel die Ausbrüche zeitlich stark zusammen (am meisten am Anfang des 18. und 19. Jahrhunderts), zu andern Zeiten rücken sie weit auseinander, so besonders — freilich wahrscheinlich nur scheinbar — am Anfang der geschichtlichen Zeit. Daß der einzige große Stratovulkan in der geschichtlichen Zeit keinen Ausbruch mehr gehabt hat, scheint für eine weit vorgeschrittene Dezentralisation der vulkanischen Tätigkeit zu sprechen. —

Für Island und seine unmittelbare Umgebung können wir bereits auf eine mehr als 1000jährige Ausbruchsberichterstattung zurücksehen. Ist dieselbe auch vielfach inhaltlich dürftig und die Deutung und örtliche Festlegung häufig unsicher, so gibt sie doch ein ungefähres Bild des vulkanischen Lebens der unruhigen Insel, obgleich natürlich noch sehr viel zu einer lückenlosen Frequenzstatistik fehlt, umsomehr, als auch heutzutage noch manche Ausbrüche des unbewohnten Innern unserer Aufmerksamkeit entgehen mögen. Im Verhältnis zur vorgeschichtlichen Zeit ist die vulkanische Tätigkeit der Insel nach Intensität und Vielgestaltigkeit der Erscheinungen, trotz aller noch zu beobachtenden Mannigfaltigkeit, sehr entschieden verarmt, fehlt es ja doch in der geschichtlichen Zeit bereits völlig an liparitischen Ausbrüchen oder an Betätigung von Schildvulkanen; wohl aber haben Einzelvulkane und ganze Vulkanreihen oder -Spalten in geschichtlicher Zeit eine vielfache Tätigkeit entfaltet[1]).

Thoroddsen hat auf der Insel 11 verschiedene Einzelgebiete unterschieden. Im ersten derselben, dem Gebiet um den Snaefellsnes, ist in historischer Zeit nur eine Esse tätig gewesen, der Vulkan Eldborg, der um 950 n. Chr. einen bis ins Meer reichenden Lavastrom von 11,3 km Länge und $3^3/_4$ km Breite lieferte[2]). —

[1]) Vgl. bes. Th. Thoroddsen, Island. Erg. H. 152 und 153 zu Peterm. Mitt. Gotha 1906. und desselben Oversigt over de islanske Vulkaners Historie, Kjøbenhavn 1882. Eine von Thoroddsen in Aussicht gestellte neue Geschichte der isländischen Ausbrüche ist leider noch nicht erschienen. Dagegen hat er neuestens in der 'Geografisk Tidskrift', Bd. 23, 1915, S. 118 ff. für das Gebiet des Vatnajökull Ergänzungen und Berichtigungen seiner früheren Darstellungen gegeben.

[2]) Oversigt S. 40 f. und 128.

Aus dem Vulkangebiet bei Lang- und Hofsjökull sind geschichtliche Ausbrüche nicht bekannt geworden, dagegen findet sich am äußersten Südrand des Gebiets, am Fuß des Liparitkegels Laugafjall, das bekannte Thermenfeld, in dem außer anderen Springquellen der schon 1687 zuerst erwähnte Geyser seine — freilich in letzter Zeit recht selten gewordenen — Heißwasserausbrüche hat. —

Auf und nahe der Halbinsel Reykjanes sind mehrere Ausbruchsstellen tätig gewesen: Ziemlich viele Ausbrüche haben im Meer südwestlich der Halbinsel, im Gebiet der Eldeyar oder Fuglasker-Inselreihe, stattgefunden, ohne daß festgestellt werden kann, ob sich die Ausbrüche immer an derselben Stelle abgespielt haben, oder ob sie ihren Ort wechselten. Submarine Ausbrüche werden berichtet aus den Jahren 1211 (Bildung neuer Inseln und Verschwinden einiger anderer), 1226, 1231, 1238, 1240, 1422 (Bildung einer neuen Insel, die später verschwand), 1583, 1783, 1830 (13. März—Mai), 1879 (30./31. Mai) und 1884 (?)[1]. Alle sichtbaren Erscheinungen dieser Ausbrüche scheinen auf explosive Tätigkeit zurückgeführt werden zu müssen. Der bedeutsamste dieser Ausbrüche war der von 1783, durch den die See im Umkreis von 150 bis 200 km dicht mit Bimssteinschlacken bedeckt wurde und eine bald wieder verschwundene Schlackeninsel (Nyö) mit einem Umfang von 7—8 km entstanden war.

Am äußersten Westende der Halbinsel ist ein ausgedehntes Solfatarenfeld vorhanden, in dem 1906 ein Geyser entstand, der zur Ebbezeit ruhte, zur Flutzeit aber intermittierend Salzwasser auswarf. Weiter östlich liegt am Südrand der Halbinsel das 1340 entstandene große Lavafeld Ögmundarhraun[2]) mit seinen Schlackenkegelchen. Noch etwas weiter östlich liegen die Solfataren und Schlammsprudel von Krisuwik, nahezu auf der Höhe des Plateaus die Kraterreihen von Brennisteinsfjöll[3]), von denen Ausbrüche von 1340 und 1389 berichtet worden sind.

Solfataren sind noch nahe dem Paß Kerlingarskard tätig.

Noch weiter östlich liegt die Kraterreihe Meitill[4]), die aus 2 Kratern um 1000 n. Chr. einen 15 km langen Lavastrom (Thurrarhraun) geliefert hat. (Südsüdwestlich davon entstand in der Landschaft Ölfus bei dem Beben vom 5. Sept. 1896 ein neuer Geyser, der Dämpfe und Steine anfänglich 200 m, am folgenden Tag noch 3—4 m hoch warf und Mitte des Monats erlosch.)

---

[1]) Thoroddsen, Island S. 137, 151, 154. Oversigt S. 22 f., 42 ff., 128, 154, 158, 160, 165, 167, 169. v. Hoff erwähnt IV, 222 ff. submarine Ausbrüche von 1219, 22, 23, 25, 26, 36, 40, 1340, 1422, 1563 (19. Nov., unfern Hekla, mit zweifelhafter Inselbildung) 1583, 1783, 1830.

[2]) Thoroddsen, Island S. 154, 111 f. Oversigt S. 46.

[3]) „ „ S. 119, 154. Oversigt S. 46 und 49 bzw. 159 f.

[4]) „ „ S. 154. Oversigt S. 41, 157.

(Einige Krater der Eldvörpreihe bei Grindavik entsenden noch heiße Dämpfe.) —

Das Vulkangebiet, das sich um die Hekla gruppiert, liegt östlich von Reykjanes. Zahlreiche Ausbrüche haben an dem Stratovulkan Hekla (1557 m) in historischer Zeit stattgehabt:

1114[1]) Sandregen im Winter.

1157[2]) (19. Jan.) Beben.

1206[3]) 4. Dez. (starker Aschen- und Bimssteinauswurf).

1222[4]) Die Sonne war rot, was auf Aschenregen deutet. (1225[4]) war ein 'Sandwinter' auf Island; unsicher, auf welchen Vulkan der Ausbruch zurückzuführen ist.)

1294[5]) (sehr starker Bimssteinfall; Beben, die Häuser zum Einsturz brachten und Menschenverluste verursachten).

1300[6]) (starker Aschenfall auf weitere Strecken).

1341[7]) (Beginn 19. Mai, weit ausgebreiteter Aschenfall; starke Beben).

1389 bis Mitte 1390[8]) gleichzeitig mit einigen anderen Ausbrüchen der Insel; starker Aschenfall.

1436[9]).

1510[10]) (25. Juli) Beben; Auswurf glühender Steine; ein Mann erschlagen. Epidemien folgten.

1578[11]) (1. Nov.) Schwacher Ausbruch.

1597[12]) 3. Jan. bis März, sehr heftig; starker, weit ausgedehnter Aschenfall; Aschendecke in Mýrdalr 1/2 Fuß dick, Beben.

1619[13]) Starker Aschenfall.

1636[14]) 8. Mai beginnend, bis zum Winter dauernd; starker Aschenfall.

1693[15]) (mehrere Ausbrüche von Aschen, Sand und Steinen, sehr bedeutend, das ganze Land mit Asche bedeckend. Die Asche flog bis Norwegen und zum Meer zwischen den Shetland Inseln und Färöer.) Beginn 13. Februar.

1766[16]), dauerte vom 5. April bis zum Herbst mit wechselnder Stärke, sehr bedeutende Aschen- und Bimssteinmassen bis in große Entfernungen liefernd (Dicke der Decke bis zu 1 Elle, Höhe der Aschensäule zuweilen über 5 km), dazu einen Lavastrom von 7 1/2 km Länge — nach SSW. Bedeutender Schaden zu Land und zur See: Verhinderung der Fischerfahrten; Dorsch mager. Krankheiten von Menschen und Tieren folgten.

---

[1]) Thoroddsen, Island S. 154, 152, 134, 109. Oversigt S. 128 bzw. 41, wo infolge Druckfehlers 1104 steht. Die Liste chronologique schreibt 1104, v. Hoff erwähnt Bd. IV S. 205 ff. Ausbrüche von 1004, 1029, 1104 und 1113.

[2]) Oversigt S. 41. [3]) Oversigt S. 42. [4]) Oversigt S. 42. [5]) Oversigt S. 43.
[6]) „ S. 43 f. [7]) „ S. 46. [8]) „ S. 49. [9]) „ S. 50.
[10]) „ S. 50 f. [11]) „ S. 51. [12]) „ S. 52 f. [13]) „ S. 54.
[14]) „ S. 55. [15]) „ S. 58 f. [16]) „ S. 74 ff.

1845[1]) (2. Sept. beginnend, 7 Monate — bis April 1846 — dauernd) große Aschenmassen und ein 11,3 km langer, bis 2,8 km breiter Lavastrom von ca. 446 Mill. cbm Volumen. Die Asche flog bis Deutschland. Die Höhe der Aschensäule erreichte bis 4 1/3 km.

Neben diesen Ausbrüchen der Hekla selbst fanden weitere in deren Nähe statt:

1554[2]) (6 Wochen dauernd, 3 Feuersäulen, unbedeutender Aschenfall, aber schwere Beben, nordöstlich der Hekla). Eine heftige Epidemie folgte nach.

1728[3]) in den Lavafeldern der Hekla.

1754[4]) im Westen der Hekla Feuer bemerkt.

1878[5]) 27. Febr. bis Mai in der Krakatindur-Kraterreihe, 10 km ostnordöstlich der Hekla, Lavastrom ca. 10 km lang, 1—2 km breit, nach Küchler 10—30 m hoch (die Teile, die ich selbst sah, waren freilich wesentlich weniger mächtig). Aschen- und Bimssteinfall.

1913[6]) (25. April bis Mai), östlich der Krakatindurspalte an der Helliskvisl, mit starkem Lavaerguß aus 3 km langer Spalte mit einer Reihe von 10 Kratern; Auswurf glühender Gesteinsmassen.

In größerer Ferne liegt Rauðukambar, der um 1343[7]) einen Ausbruch gehabt hat. Beträchtlicher Schaden.

Fern im Süden soll bei den Vestmanneyar 1896[8]) ein submariner Ausbruch stattgefunden haben. —

Das Vulkangebiet von Veidivötn oder Fiskivötn ist zur Zeit noch ganz ungenügend bekannt. Man kennt auch keinen Ausbruch, der in dieser Gegend in historischer Zeit erfolgt wäre.

Dagegen besitzt das stark vergletscherte Vulkangebiet des Myrdalsjökull 2 tätige Ausbruchspunkte: den hohen Stratovulkan Eyafjallajökull 1705 m und die eisbegrabene Katla, deren Ausbrüche schwere Gletscherläufe mit gewaltigen Überschwemmungen verursacht haben.

Die Eyafjalla hatte in geschichtlicher Zeit 2 Ausbrüche: 1) 12. Okt.

---

1) Oversigt S. 96—108. A. Perrey erwähnt (Mém. Ac. Dijon 1848, S. 78) einen plötzlichen heftigen, von Beben begleiteten Ausbruch am 22. Juli 1846; 40 Minuten dauernd; starker Aschenregen, hohe Flammen. Irgendwelche Bestätigung der Nachricht liegt nicht vor, sodaß sie wohl als apokryph anzusehen ist.

2) Oversigt S. 51. 3) Ebenda S. 67. 4) Ebenda S. 70.

5) Ebenda S. 122 f. C. W. C. Fuchs in Tschermaks min. u. petr. Mitt. II, S. 100. Fuchs spricht auch von bläulicher Flamme auf den Bergen bei der Hekla und Schwefelstaubregen in Reykjavik am 29. Aug. 1867, 5 Uhr nachm. (Neues Jahrbuch 1868, S. 441).

6) Küchler, in der Geogr. Ztschr. 1914, S. 93 ff.

7) Oversigt S. 46 f.

8) Island S. 138. [C. W. C. Fuchs spricht auch von submarinem Ausbruch und Aschenregen ebendort am 1. Dez. 1878 (Tschermaks min. u. petr. Mitt. II, S. 103) und 1879 im Südwesten (bei Krisuwik??), ebenda III, S. 39 f.]

1612[1]), wobei das Feuer im ganzen Nordland zu sehen war, Gletscherlauf, und 2) 19. Dez. 1821 bis Neujahr 1823[2]), wobei anfänglich starker Aschenfall und Gletscherlauf erfolgte. Als Magnus Sigurðsson im Frühjahr 1823 den Vulkan bestieg, stellte er fest, daß der Ausbruch aus einer etwa 2 km langen und 50 m breiten Kluft erfolgt war; an 3 andern Stellen des Gletschers im Südwesten sah er Dampf aufsteigen. —

Viel zahlreichere Ausbrüche hat die Katla gehabt, deren Krater, in Ruhezeiten unter Eis begraben, 1823 eine lange hufeisenförmige, nach Süden mündende Kluft war. Die durch Ausbrüche hervorgerufenen Gletscherläufe wandten sich meist nach Südosten, seltener nach Südwesten.

Der erste historische Ausbruch, ums Jahr 900 n. Chr. (nach anderen Quellen 894 und 934)[3]) erfolgt, verwüstete durch Gletscherlauf weite Strecken im Südosten des Vulkans. Weitere Ausbrüche fanden statt:

1245[4]) Starke Aschendecke.

1262[5]).

1311[6]) 10. und 11. Jan. Beben, Aschenfall. 25. Jan. Ausbruch, starker Aschenfall besonders im Ostlande.

1416[7]) Starker Aschenfall.

1580[8]) (11. Aug.) Gletscherlauf.

1625[9]) (2.—14. Sept.) starker Aschenfall, Asche bis Bergen getragen; starker Gletscherlauf; Beben.

1660[10]) (3.—12. Nov.) Beben, sehr schwere Gletscherläufe, Aschenfall. Vorschieben des Landes gegen das Meer; schwere Schäden.

1721[11]) 11. Mai bis Herbst mit großartigen Gletscherläufen und starkem Aschenfall im Westen. Beben, Überschwemmungen. Am 12. Mai weitreichende Finsternis.

1755[12]) 17. Okt. bis Aug. 1756, mit schweren Gletscherläufen und gewaltigem Aschenfall. Starke Veränderungen des Geländes. Tod einiger Menschen. Krankheiten folgten.

1823[13]) 26. Juni bis 24. Juli, Aschenfälle, Gletscherläufe.

1860[14]) 8.—27. Mai, Beben, Gletscherläufe, Aschen- und Bimssteinregen.

---

[1]) Thoroddsen, Oversigt S. 54. Island S. 154, 135. v. Hoff erwähnt (IV, S. 371) noch einen Ausbruch von 1717, mit dem gleichzeitig Hofsjökull und Baldjökul tätig gewesen wären. [Thoroddsen erwähnt nichts davon; es liegt also wohl eine Verwechslung mit dem Kverkfjöll vor.] [2]) Thoroddsen, Oversigt S. 90 f. Island S. 154, 135.

[3]) Oversigt S. 39 f. [4]) Ebenda S. 43. [5]) Ebenda S. 43.

[6]) Ebenda S. 44 f. Ein Ausbruch von 1332, 2. Dez., der in der Nähe des Distrikts Siða stattfand, wird neuerdings von Thoroddsen ebenfalls der Katla zugeschrieben.

[7]) Ebenda S. 50. [8]) Ebenda S. 51 f. [9]) Ebenda S. 54 f. [10]) Ebenda S. 56 f.

[11]) Ebenda 60 ff. v. Hoff erwähnt einen Ausbruch des Myrdalsjökull vom 4. Aug. 1727 (IV, S. 382), wohl infolge Verwechslung mit 1721.

[12]) Ebenda S. 70 ff. [13]) Ebenda S. 92 ff. [14]) Ebenda S. 109 f.

Das Vulkangebiet von Vestur-Skaptafellssýla enthält 2, in historischer Zeit tätig gewesene Vulkanspalten oder Reihen, die Eldgjá und die Lakispalte.

Die etwa 30 km lange Eldgjá hat im Anfang der isländischen Besiedelung, um 930 bis 950[1]), Ausbrüche gehabt, die gewaltige Lavamengen lieferten (Areal 693 qkm, Volumen 9325 Mill. cbm nach Thoroddsen).

Von der etwa 25 km langen Lakispalte, die bereits am Anfang des 10. Jahrhunderts — um 900?[2]) — existiert haben soll, ist der größte Spaltenausbruch der historischen Zeit im Jahre 1783 ausgegangen. Derselbe ist in der Literatur auch als Ausbruch vom Varmárdalr, oder vom Scaptarjökull bekannt. Die bedeutsamen Erscheinungen und furchtbaren Wirkungen dieses gewaltigsten aller bekannten Lavaausbrüche, bei dem im Verlauf mehrerer Monate erst im Westen, dann im Osten des Lakihügels riesige Spalteneruptionen stattfanden, sind nach den Aufzeichnungen älterer Schriftsteller[2]) neuerdings hauptsächlich von Helland[3]) und Thoroddsen[4]) übersichtlich zusammengestellt worden. Nach Thoroddsens Berechnung nimmt die damals geförderte Lava eine Fläche von 565 qkm und ein Volumen von 12 320 Mill. cbm ein, während die geförderten Lockermassen — die die ganze Insel und ihre Umgebung heimsuchten — von ihm außerdem auf 3 cbkm geschätzt wurden. Die Zahl der durch den Ausbruch und seine Folgen umgekommenen Menschen machte $^1/_5$ der Gesamtbevölkerung der Insel aus (Sterbeziffer 1784—86 13030 gegen 2584 Geburten); über die Hälfte des Viehbestandes (1783: 21 457 Stück), über $^4/_5$ des Schafbestandes (1783: 232 731 Stück) und mehr als $^3/_4$ des Pferdebestandes (1783: 36 408) gingen an den Folgen des Ausbruchs von 1783 und 1784 zugrunde — ein nationales Unglück für Island! —

Anfang Februar 1823[5]) sah man von Siða aus Rauch im Nordosten von Kaldbakr aufsteigen; auch fiel Asche; doch ist der genaue Ausbruchsort nicht bekannt geworden. Thoroddsen hat früher an Laki gedacht, aber später — Geografisk Tidskrift 1915, S. 125 — den Ausbruchsort (nach Pálsson) im Vatnajökull nördlich von Lömagnúpur gesucht.

Das Vulkangebiet des Vatnajökull birgt zweifellos eine größere Anzahl von Ausbruchsstellen, deren Zahl und genauer Ort aber nicht bekannt ist, da es sich um Eiswüsten, fern von allen menschlichen Wohnungen, handelt. Am häufigsten sind in geschichtlicher Zeit Ausbrüche aus der Gegend des Grimsvötn erwähnt, der, wohl identisch mit dem Gletschersee

[1]) Thoroddsen, Island S. 109 ff., 118, 154.
[2]) Ebenda S. 118 f., 154. Oversigt S. 77—88.
[3]) Lakis kratere og lavastrømme. Kristiania 1886.
[4]) Thoroddsen, Oversigt S. 77—88. Island S. 154, 115—118 f. 148 f.
[5]) Oversigt S. 91 f.

Grönavatn, am Fuß des Tuffgebirges Grönafjall zwischen den Gletschern Scaptarjökull und Skeiðarárjökull, in der Nähe von Haegöngur liegt. Die meist von gewaltigen Gletscherläufen begleiteten Ausbrüche der historischen Zeit erfolgten: 1332[1]), großer Ausbruch mit Sandfall über Siða.

1389—90[2]) großer Ausbruch im Siðujökull (unklare Berichte) mit nachfolgenden Epidemien und kaltem Frühjahr.

1598[3]) November, Aschen- und Bimssteinfall, starker Ausbruch des Grimsvötn, viel Verwüstung.

1638[4]) 27. Februar, starker Aschen- und Bimssteinausbruch an unbekannter Stelle, starkes Anwachsen der Flüsse im Ostland.

1681[5]) (Skeiðarárjökull).

1685[5]) (Grimsvötn).

1706[6]), nach einigen Annalen Ausbruch beim Grimsvötn.

1716[7]) (Grimsvötn).

1725[8]) 2. April, Ausbruch im nördlichen Skeiðarárjökull, vielleicht bis 1726[9]) dauernd, in welchem Jahr auch ein Gletscherlauf in Jökullsá-Axarfirdi stattfand.

1727[9]) nördlicher Skeiðarárjökull sehr unruhig; häufiges Niedergehen von Wassermassen machte den Skeiðarársandur im ganzen Sommer unpassierbar.

1753[10]) Ausbruch im Siðujökull oder nördlichen Skeiðarárjökull. Gletscherlauf der Djúpá und anderer Flüsse. Der Nordostwind brachte eine Masse Aschen und Bimssteine nach Skaptártunga.

1766[11]) Ausbruch im Vatnajökull beim Grimsvötn; Aschenfall; Gletscherlauf der Thjórsá.

1774[12]) Vulkanausbruch im Vatnajökull; Gletscherlauf.

1783—1785[13]) Mehrere Ausbrüche im Vatnajökull (so in der Fortsetzung der Lakispalte); Gletscherläufe.

1787[14]) Tätigkeit des Grimsvötn; starker Gletscherlauf vom Skeiðarárjökull.

---

[1]) Geografisk Tidskrift 1915, S. 122.
[2]) Oversigt S. 49. Geografisk Tidskrift 1915, S. 122.
[3]) „ S. 53. „ „ S. 122.
[4]) „ S. 56. „ „ S. 122 f.
[5]) „ S. 58. „ „ S. 123.
[6]) Geografisk Tidskrift 1915, S. 123.
[7]) Oversigt S. 60. Geografisk Tidskrift 1915, S. 123.
[8]) „ S. 64 f. „ „ S. 123.
[9]) Geografisk Tidskrift 1915, S. 123.
[10]) Oversigt S. 69 f. Geografisk Tidskrift 1915, S. 123.
[11]) Geografisk Tidskrift 1915, S. 123.
[12]) Oversigt S. 76. Geografisk Tidskrift 1915, S. 124.
[13]) Geografisk Tidskrift 1915, S. 124. Oversigt S. 129, 166: 1784.
[14]) Geografisk Tidskrift 1915, S. 124.

1796 [1]) waren Gletscherläufe mit Schwefelgestank im Südland erfolgt; 1797 sah man von der Myvatngegend her im Winter Feuer im Süden; auch fiel etwas Asche; im Sommer hatte ein (explosiver) Ausbruch im nordwestlichen Vatnajökull stattgehabt.

1812 [2]) Gletscherlauf vom Skeiðarárjökull.

1816 [3]) 15.—22. Juni, Gletscherlauf der Skeiðará.

1819 [3]) war der Skeiðarárjökull sehr unruhig; zahlreiche kleine Gletscherläufe.

[1823 [3]) Aschenausbrüche im Vatnajökull. S. oben Aschenfall in Siða.]

1838 [3]) im Juni starkes Beben im Nordland; zugleich leichter Aschenfall im Rangarvellir; im Juli Rauchsäule im Vatnajökull hinter dem Kistufell.

1852 [4]) kurze Notizen über Tätigkeit im Vatnajökull.

1861 [4]) 24. Mai, starker Schwefelgestank im Südland; Gletscherlauf vom Skeiðarárjökull; viel Bimsstein mitgebracht. 1 Mann getötet.

1862 [4]) 2. und 3. Juli, Ausbruch im Vatnajökull; Aschenfall in Siða und benachbarten Gegenden. Fortsetzung dieses Ausbruchs im Jahre 1863 [5]) im Sommer, Aschenfall, und 1864 [5]) im Herbst.

1867 [5]) 27. Aug. bis 9. Sept., ziemlich heftiger Ausbruch im westlichen Teil des Vatnajökull mit Gletscherlauf vom Skeiðarárjökull, mit Rauch- und Feuersäulen, Aschenfall und Emanation stinkender Gase. Auch im folgenden Jahr glaubte man schwache Tätigkeit an derselben Stelle zu bemerken.

1873 [6]) 7. Januar, Gletscherläufe der Skeiðará und anderer Flüsse; 9.—13. Januar, starke Ausbrüche, ausgebreiteter Aschenfall. Der Ausbruchsort war derselbe wie 1867.

1875 [7]) April, Rauchsäulen im südlichen Vatnajökull.

1877 [7]) Dezember und nach Neujahr 1878, Rauchsäulen in Teilen des Vatnajökull.

1883 [7]) Jan.—April, Ausbrüche im Vatnajökull; 22. März, Schmelzwasserüberschwemmung der Skeiðará (8. Okt. und sonst Beobachtungen über vulkanische Erscheinungen, die wohl nahe dem Nordrand des Vatnajökull stattfanden).

1887 [7]) August, schwacher Ausbruch im Vatnajökull (W).

1890 [7]) Ausbruch im nordöstlichen Teil des Vatnajökull, Anwachsen der Flüsse im Ostlande im Winter; 27. Juli führte die Jökullsá á Brú Eismassen nieder.

---

[1]) Geogr. Tidskr. 1915, S. 124 f. [2]) Ebenda S. 124. [3]) Ebenda S. 125.
[4]) Ebenda S. 125. [5]) Ebenda S. 126. [6]) Ebenda S. 127.
[7]) Ebenda S. 128. Thoroddsen, Island S. 154. C. W. C. Fuchs in Tschermaks min. und petr. Mitt. VI, S. 189: Aschenregen in Norwegen.

1891[1]) Herbst, Ausbrüche im Vatnajökull, nicht näher bekannt.

1892[1]) Heftiger Gletscherlauf vom Skeiðarárjökull am 12. März; Ausbruch selbst nicht beobachtet.

1897[1]) im Januar starker Gletscherlauf der Skeiðará und benachbarter Wasserläufe; im November unbedeutender Aschenausbruch.

1898[1]), Ende, Gletscherlauf vom Skeiðarárjökull.

1903[2]) begann am 25. Mai Anwachsen der vom Skeiðarárjökull ausgehenden Wasserläufe; in der Nacht vom 27. zum 28. Mai gewaltiger Gletscherlauf, der etwa 600 qkm mit dichtgepackten Eisstücken bedeckte. Am Abend des 28. Mai sah man den Vulkanausbruch in Wirksamkeit; er dauerte den ganzen Sommer über und wurde noch am 12. Jan. 1904 festgestellt. Aschenfall und Aushauchung giftiger Gase. Auch hatte man im Winter 1902/03[3]) (so Dez. 1902)[3]) in der Gegend des Vatnajökull (oder in der Askjagegend?) Anzeichen von vulkanischer Tätigkeit bemerkt; desgleichen am 15. Nov. 1905[4]). Der Ursprungsort von Aschenfällen im April (Skandinavien), 17. Juli und 2. Okt. 1904 (im Ostland) ist nicht festgestellt worden.

1910[4]) 12. Aug., sah man einen Ausbruch im (südwestlichen) Vatnajökull; 15. Aug. leichter Aschenfall in Siða; der Ausbruchsort schien westlicher zu liegen als 1903.

Der gletscherbedeckte Stratovulkan Öraefajökull, 2119 m, am Südrand des Vatnajökull, hat in historischer Zeit 4, sehr heftige Ausbrüche gehabt: 1341[5]), 1349[6]) (bzw. 1350 oder 1362), 1598[7]) und 1727[8]), je, soweit nähere Nachrichten vorliegen, mit starken Aschenfällen und Gletscherläufen. Thoroddsen[8]) berichtet, daß der Vulkan (wahrscheinlich 1350 oder 1362) einen liparitischen Ausbruch gehabt habe, da man rings um den Vulkan unter dem Erdreich liparitischen Bimsstein in größerer Menge gefunden hat und die See damals nach geschichtlichen Nachrichten mit schwimmenden Bimssteinen bedeckt war.

In den nördlichen Randgebirgen des Vatnajökull hat die Vulkanreihe Kverkfjöll am 17. Sept. 1717[9]) einen starken Aschen- und Bimssteinausbruch gehabt. —

---

[1]) Geogr. Tidskr. 1915, S. 129.

[2]) Ebenda S. 129 ff. und Meddeldser fra Dansk geologisk Forening N° 16. København 1910. S. 382 ff.

[3]) Ebenda S. 130. [4]) Ebenda S. 131.

[5]) Thoroddsen, Oversigt S. 46 (zugleich mit Hekla und Herdubreid). v. Hoff erwähnt IV, S. 230 Eruptionen von 1332 und 1340.

[6]) Thoroddsen, Oversigt S. 47 f. Island S. 154.

[7]) Ebenda S. 53 (zugleich mit Grimsvötn). Island S. 154.

[8]) Ebenda S. 65 (vgl. Leirhnúkur), Island S. 154. v. Hoff erwähnt IV, S. 377 bzw. 382 Ausbrüche von 1720 und 7. Aug. 1727.

[9]) Ebenda S. 60 ff., 128. Island S. 154. Nach S. 203 fanden Überschwemmungen (viel-

In dem durch seine gewaltigen Lavafelder ausgezeichneten Vulkangebiet Odádahraun haben im Jahre 1875[1]), nach mehrfachen schweren Erdbeben am 2. und 3. (bis 12.) Januar und am 28. und 29. März, heftige explosive Ausbrüche der Askja (Dyngjufjöll) stattgefunden. Die liparitischen Bimssteinmassen bedeckten im östlichen Island große Flächen; ihr Staub wurde bis Schweden verweht. Ihr Volumen schätzte Thoroddsen auf 3—4 cbkm; Johnstrup, der in der Geografisk Tidskrift I eine Karte der Aschenverbreitung veröffentlichte, nur auf 9300 Mill. Kubikfuß.

Sehr eigenartig waren die Wechselbeziehungen zwischen den Ausbrüchen der Askja und denen der 60 km weiter nördlich gelegenen Sveinagjá, einer ca. 25 km langen Spalte, der sich 1875[2]) zahlreiche neue Krater aufsetzten; die räumlich jeweils wandernden Ausbrüche vom 18. Febr., 10. März, 4. April und 15. August förderten Lockermassen und Lava; letztere (Basalt) bildete einen Strom von 23 km Länge und 1,9 km Breite; Thoroddsen schätzt deren Volumen auf ca. 300 Mill. cbm. —

In dem von großen und kleinen Vulkanen und Vulkanreihen übersäten Gebiet von Mývatnsveit (Umgebung des Mückensees) war in der ersten Hälfte des 18. Jahrhunderts rege vulkanische Tätigkeit. Nach heftigen Beben der Vornacht entstand am 17. Mai 1724[3]), 9 Uhr vorm., an den westlichen Abhängen des Tuffrückens Krafla (828 m) in 528 m ü. M. der Explosionskrater Viti (315 m Durchmesser, zurzeit 15—20 m bis zum Kraterseespiegel tief). Der neugebildete Krater warf damals am 1. Tage solche Massen von Aschen, Schlacken und Bomben aus, daß der Boden östlich vom Myvatn auf einer Strecke von 10—15 km mit einer meterdicken Schicht bedeckt wurde. (Der im Grunde des Kraters sich bildende Schlammpfuhl entsandte bis etwa 1840 erstickende Dämpfe und hohe Schlammsäulen.)

Am 11. Jan. 1725[4]) begann ein das ganze Jahr über dauernder Ausbruch der Leirhnúkurreihe, dem am 21. Aug. 1727[4]), am 18. April und 18. Dez. 1728[4]) und vom 30. Jan. 1729[4]) bis zum Ende des Jahres weitere folgten. Das Volumen der bei diesen Ausbrüchen vom nördlichen Teil der Spalte und mehreren kleineren Parallelspalten geförderten Lavaströme, die bis zum Myvatn gelangten, berechnete Thoroddsen auf etwa 1 cbkm (Leirhnúkur 975, Dalfjall 11,2, Bjarnarflag 25, Hrossadalur 6,65 Mill. cbm)[5]).

---

leicht von Ausbrüchen hervorgerufen) auch 1655, 1726 und 1729 statt. Mercalli erwähnt (S. 370), wohl in Verwechslung mit Grimsvötn, auch Ausbrüche von 1867 und 1873 entsprechend den Angaben Thoroddsen in seiner Oversigt S. 111 ff.

[1]) Thoroddsen, Oversigt S. 115 f., 128. Island S. 124 f., 133 f., 148, 154. H. Spethmann, Islands größter Vulkan. Leipzig 1913. S. 89—94.

[2]) Thoroddsen, Oversigt S. 116 ff. 128. Island S. 118, 119, 154.

[3]) Oversigt S. 64, 128. Island S. 124.

[4]) Oversigt S. 64 ff., 128. Island S. 47 ff.

[5]) Island S. 139.

Kurz nach dem ersten Ausbruch des Leirhnúkur öffneten sich am 19. April 1725[1]) nach fürchterlichem Erdbeben ungeheure Spalten, die sich fast 30 km lang vom Leirhnúkur über Bjarnarflag bis zum Bláfjall erstrecken, worauf bald nachher der Grimsvötn aktiv wurde. Bald nach dem Öraefaausbruch vom 3. Aug. 1727 trat der zweite Leirhnúkurausbruch (21. Aug. 1727) ein, und nachdem der dritte Ausbruch dieses Vulkans am 18. April 1728, 2 Uhr vorm., erfolgt war, öffnete sich 4 Stunden später ein neuer Krater südlich davon im Hrossadalur[2]) und lieferte einen Lavastrom, während ungefähr gleichzeitig ein neuer gewaltsamer Ausbruch des südlicher gelegenen Bjarnarflag[3]) stattfand und am 20. April 1728, abends, ein Krater der Ostabdachung des Dalfjall[3]) aktiv wurde, wobei ein großer Lavastrom gefördert wurde. Leirhnúkur aber folgte mit Ausbrüchen am 18. Dez. 1728 und 30. Jan. 1729, zu denen nach längerer Pause nochmals eine Eruption am 10. Juli 1746[4]) ein Nachspiel bot. —

In dem Vulkangebiet von Reykjaheidi im nordöstlichen Island sind in historischer Zeit keine Ausbrüche auf dem festen Lande erfolgt. Wohl aber hat im Norden Islands eine Reihe submariner Ausbrüche[5]) stattgefunden, deren Orte freilich nicht genauer fixiert sind:

1332.

1372 (nördlich von Grimsey, mit vorübergehender Inselbildung).

1456 (Inselbildung zwischen Island und Grönland).

1783 (mit starker Rauch- und Aschenförderung an völlig unbekannter Stelle).

1838 (in der Nähe des Siglufjördur).

Anfang 1868 (mehrmalige Ausbrüche nördlich der Halbinsel Tjörnes bei den Inseln Mánáreyjar).

Die von Hibbert berichteten Spuren submariner Ausbrüche in den Jahren 1768 und 1774 bei der Shetlands Insel Fetlar sind nicht überzeugend[6]).

Außer den bisher erwähnten, teils sicher, teils wenigstens annähernd lokalisierbaren Ausbrüchen gibt Thoroddsen[7]) noch Kunde von unbestimmbaren, zum Teil auch unsicheren vulkanischen Ausbrüchen, von denen manche im Vatnajökull oder benachbarten Wüsten stattgehabt haben mögen:

---

[1]) Thoroddsen, Oversigt S. 64. Island S. 117, 155.

[2]) „ „ S. 67. „ S. 117, 153. (Mercalli schreibt S. 371 infolge Druckfehlers 1828.)

[3]) Thoroddsen, Oversigt S. 67. Island S. 155.

[4]) „ Island S. 117, 155.

[5]) „ Oversigt S. 168. Island S. 137f., 155. Vgl. auch Oversigt S. 45 (1332), wo von ähnlichen Erscheinungen im Süden die Rede ist.

[6]) v. Hoff V, S. 20 und 25.

[7]) Geografisk Tidskrift, 1915, S. 131f.

1341 und 1510 (Herdubreid?), 1477 (Myvatngegend, Odádahraun oder Vatnajökull?) starker Aschenfall. Außerdem fiel Sand in den Wintern 1105, 1225, 1227, 1275. Dunkelheit hat im Südland 1184 und am 22. April 1193 geherrscht, im Ostland im März 1312 (worauf große Sterblichkeit folgte); auch 1330 wurde im Sommer starke Dunkelheit wahrgenommen. —

Die Insel Island mit ihrer näheren Umgebung gehört zu den vulkanisch unruhigsten Gebieten der Erde. Trotz der — namentlich in den ersten Jahrhunderten der Besiedlung — sicherlich sehr lückenhaften Berichterstattung, kommt im Durchschnitt auf das Jahrhundert immerhin mehr als ein Dutzend Ausbrüche. In den letzten zwei Jahrhunderten stieg die Zahl der beobachteten Ausbrüche sogar auf je 30 und darüber, und wenn man auch wohl annehmen darf, daß die beiden Jahrhunderte gerade eine Zeit besonderer Ausbruchshäufigkeit gewesen sein dürften, so ist doch im höchsten Grade wahrscheinlich, daß auch in früheren Jahrhunderten die Zahl der stattgehabten Ausbrüche höher war, als sie sich aus der Überlieferung ergibt.

Aus der Tatsache, daß Island verhältnismäßig arm an großen Vulkanbergen ist, erkennt man, daß hier, ähnlich wie in den beiden zuletzt besprochenen nordatlantischen Vulkangebieten, das ausbrechende Magma sehr häufig sich neue Wege zur Oberfläche sucht und die Gewohnheitswege der Schichtvulkane seltener als anderwärts benutzt. Immerhin sind auch hier einige wenige Vulkanberge durch zahlreiche Ausbrüche in historischer Zeit ausgezeichnet. Dazu gehört vor allem die Hekla, die freilich im Beginn der isländischen Geschichte sich ruhig verhielt, aber 1104 in eine Tätigkeitsepoche eintrat, deren Einzelausbrüche durch mäßig lange, aber recht ungleichmäßige Ruhezeiten voneinander getrennt sind; von 1104 bis 1845 hatte der Vulkan selbst 17 Ausbrüche; der kürzeste zeitliche Zwischenraum zwischen zwei Ausbrüchen betrug 6 Jahre, der längste 79; soweit die Geschichte uns berichtet, ist diese lange Ruhepause auch nicht durch Ausbrüche in der näheren Umgebung des Vulkans ausgefüllt, während sonst die langen Ruhezeiten des 18. und 19. Jahrhunderts durch benachbarte Ausbrüche unterbrochen wurde. Zählt man diese Nachbargebiete der Hekla selbst zu, so erhöht sich die Zahl der geschichtlichen Ausbrüche dieses Systems auf 23.

Ein zweiter Vulkan häufiger Betätigung ist die Katla im Südlande mit 12 berichteten Ausbrüchen; die lange Ruhepause von 900 bis 1245 ist wohl nur scheinbar und erklärt sich aus mangelhafter Berichterstattung. Eine Stelle häufiger Tätigkeit liegt ferner im Meere, südwestlich der Halbinsel Reykjanes: 11 Ausbrüche. Die Hauptzahl der bekannten Ausbrüche (über $^1/_3$) fällt aber auf das eisbedeckte Gebiet des Vatnajökull mit seinen verschiedenen, vielfach nicht genauer lokalisierbaren Ausbruchspunkten, als deren tätigster der Grimsvötn genannt wird. In diesem Gebiet des Südostens war die Tätigkeit nach Thoroddsens neuesten Darstellungen namentlich in den letzten zwei Jahrhunderten ganz außerordentlich rege.

Alle anderen Gebiete Islands treten in der Häufigkeitsstatistik stark zurück; der nordöstliche Quadrant der Insel ist nur im ersten Drittel des 18. Jahrhunderts durch häufige Tätigkeit mit merkwürdig untereinander verknüpften Ausbrüchen sehr auffällig und bedeutsam hervorgetreten; aus dem Zentralgebiet der Insel ist aber nur ein einziger, freilich bedeutender Ausbruch sicher bekannt: der der Askja 1875.

Unter den selten tätigen Ausbruchsstellen sind aber einige, die sich durch ganz besondere Intensität des Ausbruchs ausgezeichnet haben, so vor allem Laki 1783 und Eldgjá um 930. Es waren dies Riesenausbrüche, die auf der Erde in geschichtlicher Zeit nicht ihresgleichen haben, sofern man die Lavaförderung zum Maßstab nehmen will; hat doch nach Thoroddsen Laki über 12, Eldgjá über 9 cbkm Laven in kurzer Zeit geliefert, das sind Mengen, mit denen sich der Größenordnung nach nur noch die Förderung des Lanzaroteausbruchs von 1730—36 vergleichen läßt, während auch die gewaltigsten Lavaströme eines Manna Loa einzeln nur einen Bruchteil davon erreichen. Freilich ist auch die Förderung eine andere: es sind Spaltenergüsse, wie solche auch sonst auf Island verhältnismäßig häufig auftreten und zuweilen riesige Lavamassen an die Erdoberfläche bringen (z. B. auch Leirhnúkur 1725—29 fast 1 cbm); doch sind auch bedeutende Lavaströme (z. B. im Heklagebiet) nicht selten in geschichtlicher Zeit geflossen. Wenn man den Versuch wagen will, die sichtbare durchschnittliche Lavaförderung eines Jahrhunderts für Island während seiner historischen Zeit zu schätzen, so mag man gegen 3 cbkm annehmen.

Die mittlere Jahrhundertförderung an Lockermassen ist aber vermutlich wesentlich kleiner, obgleich manche sehr bedeutende Explosivausbrüche vorkamen und gar manche Ausbrüche nur Lockerförderung gehabt haben. Einzelne explosive Ausbrüche sandten ihre Produkte über sehr große Entfernung, und der Lakiausbruch, dessen Lockerförderung von Thoroddsen auf 2—3 cbkm geschätzt wird, bedachte selbst weitentfernte Länder, wie die Vereinigten Staaten, noch mit feinen Staubmassen in solcher Menge, daß die dadurch erzeugten trockenen Nebel einen klimatischen Einfluß ausüben konnten. Der Eldgjáausbruch aber hat, nach den Ausmaßen der entstandenen Explosionsgräben zu schließen, sogar einen ganz besonderen Höhepunkt explosiver Kraftleistung unseres Planeten in geschichtlicher Zeit erreicht.

Die Förderung der beiden Riesenausbrüche hat diejenige aller übrigen während der geschichtlichen Zeit erfolgten Ausbrüche Islands zweifellos übertroffen, zum mindesten, wenn man die Lavaförderung in Betracht zieht, indes für die Lockerförderung freilich keine genügenden Unterlagen vorliegen. So erscheint denn der mittlere Teil des Südlandes als der Hauptort der vulkanischen Betätigung der merkwürdigen Insel. —

Im hohen Norden des Atlantischen Ozeans hat sich das Vulkangebiet von Jan Mayen in geschichtlicher Zeit noch als tätig erwiesen. Es ist freilich zweifelhaft, ob das Getöse, welches 7 überwinternde Holländer am 8. Sept. 1633[1]) vernahmen, vulkanischen Ursprungs gewesen ist; im Jahr 1818[2]) wurde aber häufig Rauch beobachtet, und im April stieg während einer Stunde alle 3 oder 4 Minuten eine beträchtliche Rauchsäule von der Nordseite der Egg-Insel, nahe Esk Mountain, ca. 1200 m hoch auf — ein sicheres Zeichen vulkanischer Tätigkeit. Bei so dürftigen Nachrichten ist ein Urteil über die Tätigkeit dieses hochnordischen Vulkangebiets natürlich ausgeschlossen. —

Auf Spitzbergen und benachbarten arktischen Inseln sind zwar junge vulkanische Bildungen in großer Ausdehnung festgestellt, aber außer warmen Quellen[3]) keine Spuren fortdauernder Tätigkeit nachgewiesen.

Die vulkanische Tätigkeit hat sich aber in geschichtlicher Zeit nicht bloß auf die bisher besprochenen Inselgruppen und deren Umgebung beschränkt, sondern sich auch an verschiedenen Stellen des Ozeans gezeigt. Doch sind nur sehr wenige sichere Ausbruchsstellen fern von den vulkanischen Inselgebieten nachgewiesen, was bei der immerhin — selbst für den größeren Teil des Atlantischen Ozeans — nur sehr spärlichen Befahrung nicht wundernehmen kann. Dazu kommt, daß die Deutung gewisser auffälliger Erscheinungen als Folgen submariner Ausbrüche oft schwierig und unsicher ist. Nach E. Rudolphs Untersuchungen[4]) wären zwar z. B. die großen Flutwellen als Folgen submariner Eruptionen aufzufassen; aber spätere Beobachtungen haben zweifellos gemacht, daß Flutwellen auch durch mechanische Ursachen, wie Massenbewegungen, erzeugt werden können, so daß ein — allerdings nicht festzustellender — Bruchteil der beobachteten Flutwellen nicht unterseeischen Ausbrüchen seine Entstehung verdankte. Und soweit man an einen vulkanischen Ursprung glauben darf, ist die Feststellung des Ausbruchsorts in vielen Fällen völlig aussichtslos. Infolgedessen haben wir über die Verteilung der submarinen Ausbruchsstellen in den einzelnen Ozeanen nur ganz sporadisch eine etwas bessere

[1]) W. Scoresby, An account of the arctic regions. Edinburgh 1820. I, S. 167.

[2]) Ebenda S. 166. Die Liste chronologique erwähnt S. 616 einen Ausbruch von 1732 (Mai), doch handelte es sich hier trotz späteren Aschen(= Ruß?)falls vielleicht nur um einen 24stündigen Erdbrand. Prevost, Hist. gén. d. Voyages XVIII. Paris 1768. S. 64.

[3]) A. Hoel et O. Holtedahl, Les nappes de lave, les volcans et les sources thermales dans les environs de la baie Wood au Spitzberg. Christiania 1911.

[4]) Über submarine Erdbeben und Eruptionen, in Gerlands Beiträgen zur Geophysik I, S. 216.

Kenntnis. Rudolph hat zwar auf der Karte, die seiner wichtigen Arbeit beigegeben ist (Taf. VIII), eine Anzahl Ausbruchsstellen eingetragen [1]), aber nicht für alle entsprechende Angaben in seinem Texte gegeben, und manche, die genauer beschrieben sind, sind doch nicht ganz sicher als submarine Ausbrüche anzusprechen. (Daß im Text selbst häufig von den Beobachtern Seebeben als vulkanische Ereignisse erwähnt wurden, berührt uns freilich hier nicht; zweifellos hat aber Rudolph recht, wenn er einen Teil der Seebeben als vulkanische Beben auffaßt, so z. B. die beim St. Paulsfelsen) [2]).

Trotz der sehr großen Mangelhaftigkeit unserer Kenntnisse der vulkanischen Erscheinungen des offenen Atlantischen Ozeans ist es doch zur Ergänzung wichtig, die wenigen bekannten Angaben zu erwähnen, da dadurch das Feld der vulkanischen Betätigung in diesem Weltmeer wesentlich erweitert erscheint.

Außer den schon besprochenen, in der Nähe Islands oder der Azoren erfolgten submarinen Ausbrüche sei folgendes mitgeteilt:

[Als ein sehr zweifelhaftes Ereignis ist das in 42° 38′ NBr. und 65° 57′ WL. am 18. Nov. 1755 bemerkte Phänomen [3]) anzusehen; Rudolph hat es als einen unterseeischen Ausbruch gedeutet, weil zahlreiche tote Fische gefunden wurden, und im Hafen von St. Martin auf den Kleinen Antillen ein auffälliges Ebben und Fluten eintrat; mir scheint es wahrscheinlicher, daß es sich nur um ein Seebeben handelte.]

[In 40° 20′ NBr. und 36° 49′ WL. [4]) wurde im Sept. 1879 eine Untiefe gefunden, die man eventuell als vulkanisch gebildet deuten könnte — ?]

Auf der Höhe der Azoren wurde am 27. März 1844 [5]), 10 Uhr vorm., Beben und Getöse wie Kanonendonner beobachtet. Die Erscheinung wiederholte sich alle 6 bis 7 Minuten während 40 Minuten. Ferner mariner Ausbruch?

In 39° 57′ NBr. und 25° 50′ WL. wurde am 25. Nov. 1857 [6]) Dampf und Wärmegefühl, Aufwallen der See und Brechsee beobachtet. Wohl Folge unterseeischen Ausbruchs.

In 38° 45′ NBr. und 38° 5′ WL. beobachtete der Waler 'Firmera' am 9. Juli 1865 [7]) aus nächster Nähe einen unterseeischen Ausbruch. 'Schlacken

[1]) Schwer verständlich ist es, wie es möglich war, daß K. Schneider in seinem Ausbruchskataloge (Vulkanische Erscheinungen der Erde. Berlin 1911. S. 255 f. und 263) zahlreiche Positionen unrichtig angegeben hat (wohl verschrieben). Es wäre freilich auch denkbar, daß verschiedene Exemplare der Karte etwas verschiedene Positionen aus technischen Ursachen zeigten oder auch, daß manche Positionen auf gewissen Exemplaren fehlten.

[2]) Gerlands Beitr. I, S. 230.

[3]) Gerlands Beitr. z. Geophysik I, S. 234 f. (Auf Rudolphs Karte nicht eingetragen).

[4]) Ebenda S. 187.

[5]) Ebenda S. 296; Perrey in Mém. Ac. Bruxelles XIX, S. 81. Auf Karton II von Rudolphs Karte eingetragen. Derselbe enthält im Osten von São Miguel aber 3 Ausbruchsorte, für die ich in Rudolphs Text oder anderwärts keine Belege fand.

[6]) Rudolph S. 165 f. [7]) Ebenda S. 221; Perrey in Mém. Ac. Bruxelles XIX, S. 81.

verbreiteten sich ziemlich weit an der Oberfläche des Meeres und bildeten eine Art Berg, dem man sich bis auf eine Tiefe von 2 Faden näherte' (— offenbar schwimmende Schlackenmassen!). 'In Pausen von ca. einer Stunde ertönte ein dumpfes Geräusch, von dem Auswurf schwefeliger Massen begleitet, deren Geruch penetrant war.'

In 17° 38′ NBr. und 46° 34′ WL. wurden am 1. April 1887[1]) 3 Stöße verspürt. Starke 'Eruption' von Luftblasen.

In 8° 45′ NBr. und 40° 28′ WL. am 20. Nov. 1890[1]) heftiger Stoß; die See glich einem kochenden Topf und war in hohem Maße wirr.

In ca. 7° NBr. und 21° 50′ WL. wurde am 1. Mai 1824 zischendes Geräusch und Aufwallen der Wogen bemerkt, und in 4° 20′ NBr. und 21° 45′ WL. wurden am 29. Januar 1878 mächtige Wassersäulen gegen 30 m hoch aufgeworfen, während Getöse wie ferner Donner sich hören ließ[2]).

In etwa 0° 12′ nördl. (?) Breite und 19° WL. furchtbares Getöse, bergehohe Wellen, Wind aus allen Richtungen am 13. Okt. 1852[3]). Die Erscheinung dauerte 1/4 Stunde.

[In etwa 0° 2′ nördl. (?) Breite und 19° WL. soll am 13. März 1859[4]) nach dem 'Bombay Standard' eine ganz gleichartige Erscheinung, wie obige von 1852, beobachtet worden sein. Die Beschreibungen sind so ähnlich, daß ein Zweifel an der Zuverlässigkeit der Blätternachricht sehr angebracht ist. Doch macht Rudolph geltend — a. a. O. S. 159 —, daß die Darstellung auf das Zeugnis der Offiziere und Mannschaften hin gegeben wurde, also doch wohl glaubwürdig sein dürfte.]

[In 1/2° SBr. sollen zwischen 20 und 22° WL. seit der Mitte des 18. Jahrhunderts mehrfach vulkanische Erscheinungen beobachtet worden sein[5]).]

In 0° 35′ SBr. und 15° 50′ WL. wurden 1836[6]) einige Stücke vulkanischer Asche aufgefischt, während das Meer in heftiger Wallung war, und am 28. Jan. 1836 hörte man in 1° 35′ SBr. und 20° 45′ WL. ein sehr lautes Getöse von demselben Schiff aus.

[Nicht weit von 2° 43′ SBr. und 22° 55′ WL. wurde am 19. Mai 1806 eine Rauchwolke bemerkt[7]).]

---

[1]) Gerlands Beitr. z. Geoph. II, S. 550. [2]) Rudolph, in Gerlands Beitr. I S. 236.

[3]) Ebenda I, S. 310, 230. [4]) Ebenda I, S. 313, 159.

[5]) Darwin, Vulk. Inseln. Übers. v. Carus, S. 95, Anm. Rudolph, in Gerlands Beitr. I, S. 231, macht mit Recht darauf aufmerksam, daß die von Darwin angegebenen Stellen nichts davon aussagen. Es lag eine Verwechslung vor mit P. Daussys 'Note sur l'existence d'un volcan sousmarin situé par environ 0° 20′ de latitude sud et 22° de longitude ouest' in Comptes rendus Ac. Sciences VI (1838, 1. sem.) S. 512—516. Die Mehrzahl der angeführten Fälle bezieht sich aber auf Seebeben.

[6]) Gerlands Beitr. I, S. 221 und 308. Vgl. Perrey in Mém. Ac. Dijon 1847/48. S. 50.

[7]) Perrey, in Mém. Ac. Dijon 1847/48, S. 41. Auf diesen Ausbruch bezieht sich wohl K. Schneiders Angabe auf S. 255 trotz der etwas verschiedenen Position: 21° 30′ WL., 4° 20′ SBr.

In 3° 30′ SBr. und 24° 30′ WL. am 17. Juli 1852[1]) Erzittern des Schiffes, Kochen des Meeres; Dampf, wie aus einem Rauchfang aufsteigend; Wasser heiß.

[In 16° 40′ SBr. und 4° WL. ließ sich um Mitternacht des 8/9. Nov. 1868[2]) Getöse wie ferner Kanonendonner hören; die See war sehr bewegt, der Kompaß schwankte, das Schiff zitterte wie in Konvulsion, das Getöse nahm zu und große Fische wurden emporgeschleudert. — Es ist unsicher, ob man diese Erscheinungen auf einen unterseeischen Ausbruch deuten darf.]

In 16° 55′ SBr. und 37° 43′ WL. wallte auf einer Fläche von 300 m im Umkreis am 14. Sept. 1852[3]) das Wasser unter Aufsteigen weißen Dampfes auf.

In 36° 30′ SBr. und 18° 50′ ÖL. wurde am 14. Aug. 1857[4]) während völliger Windstille das Meer plötzlich sehr aufgeregt; starke Stromversetzung; zugleich Seebeben und vielleicht Flutwelle in Kapstadt (11 1/2 Uhr vorm.).

[Für K. Schneiders Position (Nr. 357 S. 255) 30° 48′ WL. und 30° 50′ SBr. nach Rudolph finde ich in meinem Exemplar des Werkes keine Bestätigung. Ebenso fehlen darin die von F. v. Wolff (Vulkanismus I S. 287) unter Berufung auf Rudolphs Karte angegebenen Orte: 21° 45′ WL. bei 12° 45′ SBr. und 21° 45′ WL. bei 15° 30′ SBr., vermutlich Verwechslung mit Rudolphs Positionen in 4° 20′ und 7° NBr. bei etwa der genannten Länge.]

[Noak gibt in seinem MS. Katalog, leider wieder ohne Quellenangabe oder Mitteilung von Einzelheiten, noch folgende submarine Ausbrüche an:

1839 in 42,5° (W)L.. und 31,7° NBr.,

1824 in 13° L. und 7° NBr. (— wohl Verwechslung mit dem Ausbruch dieses Jahres in gleicher Breite, aber 21° 50′ WL. —, s. oben) und

1859 in 29,3° (W?)L. und 0,8° NBr.

K. E. A. v. Hoff erwähnt IV S. 274 (nach Frezier, Reise in die Südsee 1712—1714), daß man am 12. Febr. 1605 'in 7° südl. Breite und in 3° Entfernung von der Insel Loronha, mitten in der Nacht nach Untergang des Mondes, lichte Flammen aus dem Meere emporsteigen' sah.

A. Perrey teilt in Mém. Ac. Dijon 1847/48, S. 49, mit, daß am 29. Juni 1827 20 Leguas östlich der Azoren eine Strecke von 3 Leguas mit Bimssteinen bedeckt war.]

[Bemerkung: Nicht in allen Fällen ist es bekannt, ob die Längenangaben sich auf Greenwich beziehen.]

---

[1]) Gerlands Beitr. I, S. 309 und 165.

[2]) Ebenda I, S. 321 nach Mitt. geogr. Ges. Wien NF. II, 1869, S. 161.

[3]) Gerlands Beiträge I, S. 238.

[4]) Ebenda I, S. 245, 320. Auf der Karte nicht angegeben.

3. Afrika.[1]

Obgleich Afrika seit den ältesten Zeiten menschlicher Geschichte der europäischen Menschheit bekannt war, beginnt doch die Geschichte vulkanischer Ausbrüche erst verhältnismäßig spät, da das Altertum eben nur die nördlichen Gebiete des Kontinents kannte, die tätiger Vulkane entbehren. Man hat aus Angaben Hannos schließen wollen, daß dieser karthagische Seefahrer einen vulkanischen Ausbruch an der afrikanischen Westküste beobachtet hätte, und daß sein θεῶν ὄχημα dem Kamerunberg entsprechen dürfte; wenn letzteres schon aus räumlichen Gründen nicht denkbar ist, so ist aber auch aus der knappen Beschreibung kein sicherer Anhalt für einen Ausbruch zu entnehmen.

Auch das Mittelalter schweigt sich über Vulkanausbrüche Afrikas völlig aus, und erst mit dem Beginn der Neuzeit werden Ausbrüche von den norwestafrikanischen Inseln bekannt, die aber bei Besprechung des Atlantischen Ozeans schon behandelt wurden.

Auf dem afrikanischen Kontinent ist die Ausbruchsgeschichte ganz jung. Die Liste chronologique des éruptions de Volcans, des tremblements de terre etc.[2]) erwähnt zwar, daß gleichzeitig mit dem Vesuvausbruch von 1631 ein Vulkan Semus in Äthiopien tätig gewesen wäre, und führt einen weiteren Ausbruch desselben Vulkans 1643[3]) gleichzeitig mit Vesuv, Ätna und Vulcanello an. Es erscheint keineswegs ausgeschlossen, daß mit diesen Ausbruchsnachrichten Tätigkeitsäußerungen von Vulkanen Dankaliens gemeint sind.

Unglaubhaft ist eine Reihe anderer in der Literatur stehender Angaben über Ausbrüche, so z. B. von den folgenden Vulkanen, die noch in der ersten Hälfte des 19. Jahrhunderts tätig gewesen sein sollten: Bor Dab

---

[1]) Vgl. besonders Hans Simmer, Der aktive Vulkanismus auf dem afrikanischen Festlande und den afrikanischen Inseln (Münchener geogr. Studien 18. Stück). München 1906.

[2]) Collection Académique Tom. VI, Partie étrangère. Dijon et Paris 1761. S. 562: 'Le Mont Semus en Éthyopie jettoit en même temps des flammes. Strabon avait déjà remarqué la correspondance de ces deux volcans' — worüber ich freilich nichts finden konnte.

[3]) Ebenda S. 564.

(46,2° ÖL., 8,4° NBr.), Zambi (ca. 11,9° SBr., ca. 14° ÖL.), Obok (43,2° ÖL., 12,2° NBr.), Sabu und Wingezoor (ca. 43° ÖL., 11 bzw. 9° NBr.), Oerto (15,4° NBr., 39,8 ÖL.) und Doenje Buru, nordwestlich vom Naiwaschasee, der aber wenigstens noch Fumarolen[1]) aufweist.

Nach Dainellis und Marinellis kritischen Untersuchungen[2]) sind zahlreiche junge Vulkane im erythräischen Gebiet vorhanden, aber von der überwiegenden Mehrzahl sind keine Äußerungen von Tätigkeit mehr zu erkennen oder nur solfatarische Betätigung: Alid[3]) (östlich von Marahó 14 1/2° NBr., 40° 12′ ÖL.), Erta-alè[4]) (Orteale) in 13 3/4° NBr., 40° 35′ ÖL., dem vage Eingeborenennachrichten allerdings auch Ausbrüche zuschrieben, so zuletzt 1904), Dofane[5]) (9° 25′ NBr., 40° 10′ ÖL.), Gebel Teir-Insel[6]) und Saddle Island[7]) (dem Ausbrüche in den Jahren 1824 und 1846 zugeschrieben werden) im Roten Meer.

Hinreichend beglaubigte Ausbrüche werden dagegen berichtet vom Dubbi[8]) oder Vulkan von Edd, 1280 m (13° 42′ NBr., 41° 35′ ÖL.) 1861 (7.—16. Mai und im Sept.: unter starkem Getöse Lapilliausbrüche, im September auch Lavaerguß) und Afderá[9]) (13° 24′ NBr., 41° 5′ ÖL.) 2225 m, der im Juni-August 1907 unter heftigen Beben einen Ausbruch hatte, bei dem aus einem Krater der Westabdachung ein großer Lavastrom von mehr als 5 m Mächtigkeit gefördert wurde, während weithin Aschenfall stattfand.

Woher die starken Aschenfälle zu Adua und Gondar in Äthiopien im April 1804[10]) (aus Norden: 7—9 cm) und im Jahr 1835[11]) (1 cm) stammten, ist nicht festzustellen, möglicherweise auch aus Dankalien.

[Nach Eingeborenen-Traditionen hat Enno Littman[12]) geglaubt, einen Vulkanausbruch in Abessinien etwa fürs Jahr 1870 feststellen zu können. Obgleich aber die Nachricht von Feuern auf den Bergen dahin gedeutet werden könnte, so sind doch im allgemeinen die berichteten Erscheinungen derart, daß sie auch durch ein starkes Beben hinreichend erklärt wären.]

---

[1]) J. Thomson, Durch Massailand, Deutsch von W. v. Freden. Leipzig 1885. S. 303.

[2]) Risultati scientifici di un viaggio nella Colonia Eritrea. Firenze 1912.

[3]) Dainelli und Marinelli S. 205 ff.

[4]) Ebenda S. 216 ff., 221, 225. Vgl. Boll. Soc. geogr. it. 1904, S. 722.

[5]) Ebenda S. 241, von Gumprecht identifiziert mit dem von Johnston erwähnten kleinen Vulkan Djebel Genn, der erst kürzlich tätig gewesen sei.

[6]) Ebenda S. 243 ff. (Nach Blanckenhorn, Handb. Reg. Geol. V, 4. S. 45 soll der rauchende Djebel Duchan auf Teyr oder Tair zum letztenmal 1834 in Aktion getreten sein).

[7]) Dainelli und Marinelli S. 247 ff. [8]) Ebenda S. 226 ff., bes. 229.

[9]) Ebenda S. 189 ff., 231 und 249. Auch Boll. Soc. geogr. it. 1907. S. 1271 f.

[10]) Ebenda S. 240 nach D'Abbadie.

[11]) Ebenda S. 240. Dainelli und Marinelli halten es S. 241 freilich auch nicht für ausgeschlossen, daß es sich nur um Sande gehandelt haben könnte, die Winde gebracht hätten. Andererseits legen sie einer aus einer alten Chronik genommenen Notiz Rüppels über einen einstigen Aschenfall keinen Wert bei.

[12]) Publications of the Princeton Expedition to Abyssinia, Vol. II. Leyden 1910. S. 235.

Das ostafrikanische Gebiet zwischen Dankalien und dem Äquator ist erst vor wenigen Jahrzehnten einigermaßen ins Licht der Wissenschaft getreten und auch jetzt noch so wenig unter Beobachtungskontrolle, daß nur vereinzelte Nachrichten über vulkanische Ereignisse bekannt werden und die Berichterstattung als völlig ungenügend bezeichnet werden muß.

Von nur ganz wenigen Vulkanen sind uns unmittelbare Ausbruchsnachrichten erhalten:

Der 1888 von der Graf Telekischen Expedition entdeckte Telekivulkan (Mount Lubburna) zeigte noch die deutlichen Spuren eines kurz vorher erfolgten Ausbruchs mit Lavaerguß; und Eingeborenenaussagen lassen vermuten, daß der Ausbruch zwischen 1868 und 1873[1]) erfolgt sein dürfte; 1888 und 1895 wurde der Berg stark rauchend getroffen und 1896 verschwand der Berg infolge einer heftigen Explosion und machte einem Lavafelde Platz[2]). Aber etwa 5 km südlich davon hatte sich ein neuer Krater gebildet: Luttur, mit etwa 40 m relativer Höhe, der im Mai 1897 noch Feuerschein erkennen ließ[2]).

Etwa 30 Meilen südlich vom Rudolphsee fand Cavendish am Nordende des Sugotusees einen Vulkan: Sugobo-[2]) oder Andrewvulkan, der 1897 Schlamm und heißes Wasser zeigte; von Ausbrüchen desselben ist aber nichts bekannt.

Ostafrika, südlich des Äquators, ist ebenfalls erst seit einigen Jahrzehnten etwas näher kekannt geworden. Nur von wenigen Vulkanen hat man genauere Ausbruchsnachrichten.

Der Oldönjo l'Engai hat sich in letzter Zeit nur durch Förderung von Gasen und Schlammströmen (mit Ausblühungen eines weißen Natronsalzes) bemerkbar gemacht[3]), soll aber im Dezember 1880[4]) einen größeren Ausbruch gehabt haben; starke Rauchmassen wären unter donnerähnlichem Getöse aufgestiegen, und Neumann berichtet von Ausbrüchen 1894[5]) nach Eingeborenenaussagen. Ob es sich dabei um wirkliche Eruptionen, oder — was wahrscheinlicher ist — nur um Auffrischen der Fumarolentätigkeit gehandelt hat, erscheint unsicher.

Der Meru hat nach Donnern (26. Okt. 1910) und Beben (13. Dez., 2¼ Uhr nachm.) in der Zeit vom 18. bis 22. Dez. 1910[6]) (besonders aber am 21. Dez.) starke Rauchsäulen ausgestoßen und sich dadurch als noch tätig erwiesen; die vorher beobachtete Fumarolentätigkeit und das frische

[1]) v. Höhnel in Denkschr. K. Ak. Wiss. Wien Math. nat. Cl. LVIII, S. 454 f. Simmer S. 131.
[2]) Cavendish in Geogr. Journ. 1898. I, S. 390 ff.
[3]) Ztschr. Ges. f. Erdk. Berlin 1905. S. 120 f.
[4]) Simmer S. 113 nach Thomson.
[5]) Pet. Mitt. 1894. S. 271 (Simmer S. 113).
[6]) C. Uhlig in Geogr. Ztschr. XVII, S. 278 ff.

Aussehen der im innersten der drei ineinandergeschachtelten Krater vorkommenden Laven hatten das schon vorher angekündigt; doch geht es nicht an, nach dem Aussehen von Laven eine bestimmtere Datierung des letzteren Ausbruchs zu versuchen (ca. 1877), da in dieser Hinsicht die größten Täuschungen vorkommen können.

Bedeutende Eruptivbetätigung haben dagegen die beiden Virungavulkane Namlagira und Niragongo beim Kiwusee in der kurzen Zeit seit ihrer Entdeckung (1891) bewiesen, und es ist kein Zweifel darüber, daß sie sich auch in der Zeit vorher gleichartig verhalten haben.

Der Niragongo oder Ninagongo (Kirunga tscha Niragongo oder Kirunga tscha Niragongwe), in dessen aktivem Mittelkrater sich freilich meist nur Solfatarentätigkeit beobachten läßt, ließ zuweilen Feuerschein erkennen, und die reichlichen Aschenablagerungen auf dem Westhang sprechen für ganz junge Lockerausbrüche, wie denn 1899[1]) und 1900[1]) noch Lapilliausbrüche im Krater stattfanden.

Der kleinere Namlagira (Kirunga tscha Namlagira) ist durch viel energischere Tätigkeit ausgezeichnet und fiel zur Zeit der Entdeckung wie noch 1904 durch ständigen nächtlichen Feuerschein auf. 1894 floß nach Kersting ein gewaltiger, mindestens 25 km langer, oben 2, unten 5—6 km breiter Lavastrom vom Krater aus[2]). 1896 und 1897 scheint der Vulkan noch tätig gewesen zu sein, doch fehlen genauere und völlig vertrauenswürdige Angaben darüber. [Nach Grogan (a. a. O.) hätten sogar gewaltige Ausbrüche den Vulkan, den er Mt. Sharp nannte, nach Graf Goetzens Besuch stark erhöht, was nach den Schilderungen des Herzogs Adolph Friedrich (Ins innerste Afrika, S. 253 ff.) und Kirschsteins, sowie nach dem Vorkommen der Vegetation bis in bedeutende Höhen — 2700 m — eine ganz unmögliche Annahme ist[3]).] 1899 sah Kandt eine dicke Rauchwolke aus einem Seitenkrater des NW-Abhangs aufsteigen[4]). 1902 floß nach Schwartz Lava aus 3 einer Spalte der Südseite aufsitzenden Parasitenkratern[5]). Im Mai 1904 entstand am Südwestfuß des Vulkans der parasitische kraterlose, aus Schlacken aufgebaute Adolph-Friedrichkegel, der einen 250 m breiten Lavastrom bis ans Nordende des Kiwusees entsandt hatte[6]). Gleichzeitig damit (in der Nacht zum 14. Mai) fand, wie es scheint, ein starker unterseeischer Ausbruch in der NW-Ecke des Kiwusees unter starkem Getöse (bis 15. Mai) und Aufkochen großer Flächen

---

[1]) Geogr. Journ. 1901. I, S. 12. Nach Grogan auch 1896 (Geogr. Journ. 1900. II, S. 170).
[2]) Graf Goetzen, Durch Afrika von Ost nach West. Berlin 1895. S. 234.
[3]) Simmer S. 99 f. Geogr. Journ. 1900. II, S. 170 f. Globus 1897, LXXI, S. 147 und 314.
[4]) Simmer S. 101; Beiträge zur Kolonialpolitik 1902/03, S. 98.
[5]) Simmer S. 101; Mitt. a. d. d. Schutzgeb. XVII, S. 56 (Herrmann).
[6]) Adolph Friedrich, Herzog zu Mecklenburg, Ins innerste Afrika, Leipzig 1909, S. 268 f.

statt[1]). Im Herbst 1905 aber bildete sich an der Ostabdachung des Namlagira der Kanamaharage-Schlackenkegel, dem ein wilder Lavastrom nach NW entflossen war[2]). Ende 1907 beobachtete Kirschstein eine größere Anzahl von Lockerausbrüchen (17. Nov.: 9 km hohe Aschensäule)[3]).

Vom 4. Dez. 1912 bis 2. Jan. 1913 fand ein starker Explosiv- und Effusivausbruch zwischen Adolph-Friedrichkegel und Niragongo, etwa 5 km vom Kiwusee entfernt, statt; die sehr dünnflüssige Lava erreichte und erhitzte den Kiwusee[4]). —

Im westlichen Afrika ist die aktive vulkanische Betätigung in historischer Zeit ganz auf die — auch in den Atlantischen Ozean hinaus sich fortsetzende — Kamerunreihe beschränkt und auch hier, soweit bekannt, auf das eigentliche Kamerungebirge allein, denn Landgrebes[5]) Nachricht von einer Tätigkeit des Clarence Peak auf Fernando Poo vor 1833 muß nach O. Baumann[6]) als unrichtig betrachtet werden. Dagegen spielte sich in der Zeit vom 26. März bis 3. Mai 1909 im Kamerungebirge 3—4 km vom Robert Meyer-Krater entfernt ein Locker- und Lavaausbruch ab, der 3 kleine neue Kraterhügel und einen ansehnlichen, nach NNO geflossenen Lavastrom schuf[7]). Zweifellos haben in diesem Massiv mit seinen zahlreichen, zum Teil solfatarisch tätigen Nebenkratern auch in historischer Zeit gar manche Vulkanausbrüche stattgehabt; aber manche Nachrichten über neuere Ereignisse dürften auf Grasbrände zurückgeführt werden können (1822, 1848, 1851, 1865), während andere eher auf richtige Ausbrüche gedeutet werden können, so die von Landgrebe[8]) berichtete Mitteilung Botelers (Narrative 1835), daß zu seiner Zeit ein schwarzer Streifen sichtbar war (Lavastrom?), oder die Tradition der Eingeborenen von Bimbia: 1839 sei von Gott gemachtes Feuer aus der Erde gekommen und heftige Erdstöße hätten den Berg erschüttert[9]), womit Allans Nachricht von 1838 vielleicht zusammengebracht werden darf[10]). —

Was wir über die vulkanische Tätigkeit auf dem afrikanischen Kontinent wissen, ist außerordentlich dürftig, so daß ein allgemeines Urteil

---

[1]) Simmer S. 101. Globus 1904, LXXXVI, S. 352. Unrichtig war meine Angabe (Gerlands Beitr. z. Geophysik XIV, S. 95), daß dieser Ausbruch im Oktober stattgefunden hätte.

[2]) Herzog Adolf Friedrich a. a. O. S. 269 f.

[3]) Ebenda S. 258 ff. und 'Weltall' X, Heft 24.

[4]) Mitt. a. d. d. Schutzgeb. 1913, S. 159—163 und Ztschr. f. Vulkanologie I, S. 202—205.

[5]) Naturgeschichte der Vulkane. Gotha 1885. I, S. 204. Vgl. Mercalli S. 375.

[6]) Fernando Poo und die Bube. Wien 1888. S. 52. Simmer S. 93. (Landgrebes Quelle: P. Leonard, Records of a voyage of the western coast of Africa, Philadelphia 1833, spricht S. 161/62 übrigens ausdrücklich davon, daß alle Vulkane der Insel erloschen seien.)

[7]) Mitt. a. d. d. Schutzgeb. 1909, S. 277—284. [8]) A. a. O. S. 201—203.

[9]) E. v. Stromer, Geologie der deutschen Schutzgebiete in Afrika 1896, S. 166.

[10]) Landgrebe I, S. 202. Perrey berichtet nach Zeitungsnachrichten auch Tätigkeit des Kamerunvulkans am 11. Sept. 1869 — nicht vertrauenswürdig! (Mém. Ac. Bruxelles 22, S. 81.)

über die Bedeutung der einzelnen Vulkane und Vulkangebiete noch nicht möglich ist. Nur soviel läßt sich mit einiger Sicherheit sagen, daß der Kamerunberg Ausbrüche — nach dem letzten Beispiel zu schließen, sehr mäßiger Größe — nur in längeren Zwischenräumen hat, während der Namlagira zu den häufig und stark tätigen Vulkanen — offenbar mit vorwiegend effusivem Charakter — gehört. Leider fehlt es noch an genaueren Maßbestimmungen der unter den Augen der Europäer erfolgten Locker- und Lavaförderung, aber man bekommt aus den allgemeinen Schilderungen den Eindruck starken Vorwiegens und einer erheblichen Bedeutung der Lavaförderung. Man geht wohl nicht fehl, wenn man glaubt, der Namlagira dürfte im Lauf eines Jahrhunderts wohl 1 cbkm Lava fördern, vorausgesetzt, daß seine Tätigkeit sich auch in jüngster Vergangenheit und nächster Zukunft ähnlich verhielte, wie in den zwei Jahrzehnten unserer unmittelbaren Beobachtung. Bei dem Vorherrschen der Lavaförderung mangelt es aber dem Vulkan, seinem bisherigen Verhalten nach zu schließen, an größerer Reichweite seiner Ausbrüche.

4. Indischer Ozean.

Obgleich der Indische Ozean schon im Altertum teilweise bekannt war, so sind über vulkanische Ereignisse (abgesehen von solchen des Roten Meeres) doch erst aus der Neuzeit Nachrichten zu erhalten.

Von den Afrika benachbarten Inselgruppen sind die Komoren und die Maskarenen durch rezente Ausbrüche ausgezeichnet, während die junge Tätigkeit Madagaskars nicht bis zur Gegenwart heranreichte.

Auf den Komoren[1]) ist nur ein einziger tätiger Vulkan vorhanden, die Kartala (2450 m) auf Groß-Comoro (Ngazīdya), ein Lavavulkan mit zahlreichen Schlackenkegelchen und einem dreilappigen, teilweise terrassierten Gipfelkrater. Das Gestein ist Feldspatbasalt; Zackenlava ist durchweg jünger als Fladenlava. (Nach der Pariser Ausstellungsschrift von 1900 soll ein zweiter tätiger Krater am SW-Hang des Vulkans liegen; derselbe soll von Zeit zu Zeit Aschen und Dämpfe ausstoßen.) In historischer Zeit sind nur Flankenausbrüche bekannt geworden; allerdings scheint der im Norden des Kraters befindliche Schuttkegel erst nach 1886 entstanden zu sein; direkte Nachrichten darüber fehlen freilich[2]).

Die erste sichere Nachricht eines — nicht bedeutenden — Ausbruchs stammt vom Mai 1828[3]). (Doch berichtete Lelieur schon vorher im Monthly Magazine 1824, S. 121, daß der Vulkan alle 7 Jahre Ausbrüche hatte[4]). Ein weiterer Ausbruch (Lavaerguß) am Südosthang scheint 1848[5]) erfolgt zu sein. Im Juli 1855[6]) floß aus mehreren Öffnungen der Insel, besonders ihrer Ostseite, Lava; dicker Rauch schwebte über der Gegend. Ein weiterer noch stärkerer Ausbruch erfolgte 1858[7]) aus einem kleinen, nördlich gelegenen Krater in ca. 2200 m Höhe; er lieferte einen mächtigen Lavastrom, der sich mehrfach teilte; ein Arm erreichte in einer Breite von 1½ km

---

[1]) Vgl. bes. Völtzkow, Reise in Ostafrika. Stuttgart 1914. I. (Kartala S. 97—119). — Simmer S. 174—178. P. Langhans, Dr. K. W. Schmidts Reisen auf den westlichen Komoren, Pet. Mitt. 1890, S. 11—15 und Taf. I.

[2]) Simmer S. 176 f. [3]) Völtzkow S. 108. [4]) Landgrebe S. 208.

[5]) Simmer S. 178. Pet. Mitt. 1890, Taf. I.

[6]) Völtzkow S. 108 f. [7]) Ebenda S. 109.

bei Itsandra an der Westküste das Meer. Am Südwesthang der Kartala öffnete sich 1860[1]) unter Beben eine 7—8 km lange Seitenspalte, aus der sich mächtige Lavaströme ins Meer ergossen. 1876 floß wieder ein Lavastrom den Osthang hinab[2]). Im März 1883[3]) fand am Südosthang ein starker Schlacken- und Lavenausbruch statt, dem 1884 weitere Lavaergüsse folgten: 'Nach einer heftigen Erschütterung riß hier [in ca. 600 m Höhe] der Boden in einer Länge von 7—8 km in SO- und NW-Richtung auf, und aus einem Dutzend Öffnungen drangen — nach Vienne — in zwei durch ein Jahr getrennten Intervallen aus dem Innern des Berges gewaltige Lavamassen hervor, die das früher fruchtbare Plateau von Nioumamilima überdeckten und in eine Öde verwandelten, den ganzen Südosten der Insel und die Provinz Badjini verwüsteten'. ... 'Andere Ströme sind auf beiden Abhängen der Insel bis zum Meer hinabgeflossen.' Im Sommer 1903 erfolgten am Südosthang der Kartala, in ca. 1600 m Höhe, Aushauchungen von Rauch und schwefligen Dämpfen, zeitweilig traten auch größere Mengen giftiger Gase (CO_2?) aus, die, bei einem Gewitter niedergedrückt, im April 1903 17 Eingeborene töteten[4]). Am 25. Febr. 1904[5]), 5½ Uhr nachm., öffnete sich im Norden der Kartala eine meridional gerichtete Spalte, und ein neugebildeter Krater stieß unter außerordentlichem Krachen Lava aus; am 27. Februar waren 2 neue Krater entstanden, deren Lava auf beiden Hängen herabfloß. Einige Eingeborene gingen darin zugrunde. Am 8. März hatte der Auswurf von Lava ein Ende gefunden, während der ruhige Ausfluß noch andauerte. Nach anderer Meldung[6]) hätte fast gleichzeitig auf der Südostabdachung des Berges ein weiterer leichterer Ausbruch sich abgespielt, dem ebenfalls einige Eingeborene zum Opfer gefallen sein sollen. [Sehr unsicher ist die Blättermeldung[7]) eines Ausbruchs im März 1910 mit Bildung dreier Krater.]

Die Kartala gehört zu den häufig tätigen Vulkanen mit stark vorwiegender Lavaförderung. Wenn man die oben mitgeteilten Ausbrüche zugrunde legt und die recht verschieden langen Zwischenräume zwischen den Einzelausbrüchen auf einen mittleren Wert bringt, so erhält man zwischen 1828 und 1904 einen solchen von 8½ Jahren. Da diese Zahl ziemlich gut mit der schon 1824 angegebenen von 7 Jahren zusammen

---

1) Simmer S. 177, Expos. S. 118, Pet. Mitt. 1890, S. 13.

2) Pet. Mitt. 1890, Taf. I. Simmer gibt S. 178 — offenbar infolge eines Druckfehlers — 1867 an.

3) Völtzkow S. 109f. Der von Schmidt in Pet. Mitt. 1890, S. 13 beschriebene und von Simmer S. 177 erwähnte Ausbruch von 1882 ist offenbar damit identisch. In Schmidts Schilderung wird die Vernichtung eines Dorfes und seiner Bewohner erwähnt.

4) Ebenda S. 110. 5) Völtzkow S. 111.

6) Erdbebenwarte III, S. 248.

7) Berliner Zeitung am Mittag vom 29. März 1910.

stimmt, so darf man annehmen, daß der Vulkan seit langer Zeit sich ziemlich gleichartig verhalten hat.

Leider fehlt es an Angaben, die eine genauere Quantitätsbestimmung ermöglichen ließe; aber die allgemeinen Mitteilungen über die Dimensionen der Lavaströme machen es wahrscheinlich, daß die Lavaförderung im Jahrhundert ein Kubikkilometer übertrifft. —

In der Maskarenengruppe ist wiederum ein einziger, aber sehr tätiger Vulkan vorhanden, der Piton de la Fournaise[1]), 2515 m, mit dem 1791 entstandenen Krater Dolomieu auf der Insel Réunion (Bourbon). Der Vulkan ist stark vorwiegend effusiv tätig und war um die Wende des 18./19. Jahrhunderts durch einen tätigen Lavasee im Krater Dolomieu ausgezeichnet. Die Laven sind meist sehr dünnflüssig; die normalen Ausbrüche erfolgen sehr ruhig.

Seit der Besiedlung der Insel durch Europäer scheint der Vulkan fast ständig tätig gewesen zu sein[2]). Die Berichterstattung war aber äußerst dürftig, da der Vulkan in einer sehr entlegenen Gegend der Insel sich befindet; diese war lange Zeit unbewohnt oder nur (im 18. Jahrhundert) von entlaufenen Negersklaven bevölkert.

Der älteste genauer bekannte Ausbruch fand etwa ums Jahr 1708[3]) statt und lieferte — nördlich außerhalb des Einbruchsgebiets des 'Enclos' — an der Ostseite der Insel bei Ste. Rose einen Lavastrom von etwa 6 km Länge, $1^1/_3$ km mittlerer Breite mit mindestens $25^1/_4$ Mill. cbm Volumen ('Petit Brûlé de Ste-Rose').

1751 konnte man das Feuer des Vulkans auf sehr große Entfernung erkennen; er muß also stark tätig gewesen sein[4]).

Als der Vulkan 1760[4]) zum erstenmal bestiegen wurde, war er offenbar mäßig tätig; ein einziger Krater war vorhanden; aus einer kleinen Öffnung, etwas unterhalb des Gipfels, schienen (nach des Besteigers Zeichnung) Flammen aufzusteigen.

1766[5]) entstand an der Flanke des Vulkans der Mamelon Central — ursprünglich ein großes Loch, das aber in kurzer Zeit sich in einen sehr steilen, aus kleinen Strömchen leichter, sehr poröser Lava gebildeten fast glockenförmigen Hügel von 50 m Höhe, mit Krater von fast 80 m Durchmesser und ca. 25 m Tiefe, umbildete.

1774[6]) floß ein Lavastrom außerhalb des Enclos; er entsprang oberhalb St. Joseph (Südküste), floß erst längs des Pays-Brûlé und stürzte dann

---

[1]) Vgl. besonders J. B. G. M. Bory de St. Vincent, Voyage dans les quatre principales îles des mers d'Afrique. Paris 1804. 3 Bände und Atlas.

[2]) Bory II, S. 320. [3]) Bory II, S. 146. [4]) Bory III, S. 4.

[5]) Bory II, S. 231 f., 242. Atl. Pl. XXXIV, Fig. 1.

[6]) Bory II, S. 274.

in Kaskaden in dieses längs des Rempart de Tremblet (Länge gegen 6 km, Breite im Mittel ca. 1,2 km, Volumen ca. 32 1/2 Mill. cbm).

Um 1775[1]), als Commerson den Vulkan bestieg und zeichnete, scheint der Mamelon Central ein Krater gewesen zu sein, dessen Wände sich durch Ausfluß schlackiger Lavaströme erst mäßig erhöht hatten. Commerson hat dabei die Lavafäden (Peles Haar) kennen gelernt; sie wurden einmal so massenhaft ausgeworfen, daß die ganze Insel davon bedeckt wurde, besonders die Gegend des Étang-Salé (mindestens 30 km vom Krater)[2]).

1776[3]) entströmte der Brûlé de la Table einer Spalte nahe dem Meer und teilte sich bald in 2 Arme, deren einer ein großes Kap ins Meer vorschob (3/4 km langer Vorsprung). Die Länge des Stromes mochte 2 1/2 km übersteigen bei ca. 2 km Breite; Volumen etwa 67 1/2 Mill. cbm.

Zwischen 1775 und 1789 muß ein starker Ausbruch stattgehabt haben, da der Vulkangipfel wesentlich verändert wurde[4]).

Von 1785 bis 1801 oder 1802 erfolgten nach Hubert jährlich mindestens 2 Lavaergüsse; 8 Lavaströme hatten in diesem Zeitraum das Meer erreicht[5]). 1786[6]), 4. August, Beben auf der Ile de France; der seit 5. Juni tätige Vulkan lieferte mehr Lava als gewöhnlich, obgleich Erdstöße nicht bemerkt wurden. Besonders erwähnt wird ein Lavaerguß vom 24. Juni 1787[7]), der in 7 Tagen das Meer erreichte (ca. 7 1/2 km lang, oft 1 1/2 km breit, Volumen ca. 90 Mill. cbm, glatte Oberfläche; Bory III, S. 349).

Anfang Juni 1791[8]) warf der Mamelon Central Feuergarben aus; ein Lavastrom (Länge gegen 11 km, Volumen ca. 57 Mill. cbm) ging von ihm aus und erreichte am 13. Juli das Meer, das er 1/2 km zurückdrängte. Am 17. Juli ertönte ein Getöse ähnlich einem Kanonenschuß, und eine enorme schwarze Rauchsäule mit einzelnen hellen Flecken stieg vom Gipfel auf; dieselbe senkte sich später bogenartig zur Erde herab. Entstehung des Kraters Dolomieu durch Einsturz. In seinem Innern arbeitete hernach (29. Juli 1791 und ebenso noch 1801 bei Borys Besuch) ein Lavasee: Lavafontänen usw.[9]).

Am 2. Nov. 1800[10]) entströmte ein großer Lavastrom dem Vulkan und erreichte das Meer, nachdem er großartige Lavakaskaden (zum Teil 25 m senkrecht) gebildet hatte. Beim Eintritt ins Meer wurden Schlacken und salziger Rauch emporgeschleudert.

---

1) Bory III, S. 8. Atlas Pl. XLV, Fig. 2.
2) Bory III, S. 50. 3) Bory II, S. 317 und 8.
4) Bory III, S. 20. Vgl. Atlas Pl. XLV, Fig. 2.
5) Bory II, S. 320.
6) A. Perrey in Mém. Ac. Dijon 1848. S. 63.
7) Bory II, S. 189, 220 f. 8) Bory II, S. 244, 276 ff.
9) Bory II, S. 245 ff., 284 ff. Perrey erwähnt (Mém. Ac. Dijon 1848. S. 67) besonders einen Ausbruch 1793. 10) Bory II, S. 288 f.

Im November 1801, als Bory den Vulkan zum erstenmal besuchte, war unterhalb des Kraters Dolomieu wieder ein Lavastrom ausgeflossen [1]), der später etwa 400 m vom Meer entfernt zum Stillstand kam [2]). Mächtige hohe Rauchwolken stiegen im Dez. 1801 und Jan. 1802 auf; am 17. Jan. 1802 trug eine schwarzrote Wolke Aschen bis zum andern Ende der Insel (St. Denis). Am 21. März lag rauchlose Helligkeit über dem Krater, am 22. unterhalb desselben; am 30. hatte die Lava das Meer schon erreicht. Neue Lavabäche folgten Anfang und Mitte April; am 14. April Aschenregen [3]).

Leider fehlen mir für die spätere Zeit genauere Angaben über die stattgehabten Ausbrüche. Für die Zeit nach 1802 muß ich mich vorzugsweise Mercallis Angaben anschließen [4]): 1812 [4]) (wobei in einem Augenblick 2350 ha des Gran Brûlé mit Lava bedeckt wurden), 1813 [4]) (geringfügiger), 1821 [5]), 27. Febr. bis 7. April (3 Lavaströme, deren einer das Meer erreichte; Auswurf von Peles Haar und Asche), 1824 [6]), 1830 [4]), 1832 [4]), (1831/32) [7]), 1844 [4]) [8]), 1848 [4]) (geringfügiger), 1850 [4]), 1852? [7]), 1858 [4]) [6]) (starke Explosionen; die Lava bedeckte in einer Breite von 400 m die Gürtelstraße 3—4 m hoch), 1859 [4]) Mai (nach Perrey: starkes Leuchten [Mém. Ac. Bruxelles 13, S. 49 f.]), 1860 [4]), 19.—20. März, heftiger Explosivausbruch ohne Lavaerguß [während Keller [6]) von Lavaerguß bis zum Meere spricht], 1862 [7]), 1863 [4]), 1864 [4]) (nach Keller [6]) breiter Lavaerguß bis zum Meere) [9]), 1865 [4]) Februar (nach Perrey: starkes Leuchten), 1868 [7]), 1870 [7]), 1871 [7]), 1872 [7]), 1874 [4]) [7]), 1875 [7]), 1882 [7]), ferner 1897 [10]), 1899 [11]) (Lavaerguß aus Krater von 600 m Höhe bis zum Meere), 1904 [7]), 1910 [12]). Die gegebenen Jahreszahlen enthalten aber bei weitem noch nicht alle Ausbruchsjahre. Vielmehr wiederholen sich nach Keller und Lacroix fast jedes Jahr kleinere Ausbrüche. Da eine ähnliche Versicherung für das Ende des 18. Jahrhunderts und den Anfang des neunzehnten vorliegt, so darf man mit Sicherheit annehmen, daß der Vulkan wenigstens zeitenweise sehr häufig tätig gewesen ist, und die mitgeteilten Ausbruchsjahre zeigen, daß er seit seinem

---

[1]) Bory II, S. 178 und 252. [2]) Bory III, S. 336.

[3]) Bory III, S. 335—358. Atlas Pl. LVI.

[4]) I vulcani attivi S. 326 f., offenbar nach Vélain, dessen Werk ich nicht bekommen konnte. [5]) v. Hoff V, S. 157.

[6]) C. Keller, Die Ostafrikanischen Inseln. Berlin 1898. S. 141.

[7]) K. Schneider, Vulk. Erscheinungen. Berlin 1911. S. 255.

[8]) 19. März, Lavaerguß 9.—11. Mai: Perrey in Mém. Ac. Br. 22, S. 5.

[9]) Nach Perrey, Mém. Ac. Br. 22 S. 9, 22./23. Januar Lavaausfluß vom Krater, weitere Lavaergüsse im Februar und März. Perrey berichtet ferner nach Maillard (S. 10), daß der Vulkan 1843 bis 1848 alljährlich Laven ergoß; 1844, im Okt. 1851 und Nov. 1858, erreichten sie das Meer.

[10]) Simmer S. 180.

[11]) Simmer S. 179 nach Garsault, Réunion, Expos. univ. 1900, S. 19.

[12]) A. Lacroix in Comptes rendus de l'Ac. de Sciences, Paris, Bd. 154, S. 169 ff.

näheren Bekanntwerden zum mindesten nie längere Ruhepausen gehabt hat. Explosive Erscheinungen größeren Maßstabs treten offenbar nur selten auf; meist erfolgen Effusivausbrüche in verhältnismäßig ruhiger Weise.

Quantitative Bestimmungen der Lavaförderung scheinen nur von Bory de St. Vincent gemacht worden zu sein; aus neuer Zeit sind mir keine mehr bekannt geworden. Immerhin ist soviel ersichtlich, daß die Lavaförderung beträchtlich ist und vermutlich im Jahrhundert das Maß eines Kubikkilometers erreichen oder selbst übersteigen dürfte. —

Von den übrigen vulkanischen Inseln des Indischen Ozeans ist in historischer Zeit, soweit bekannt, nur die Heard-Insel, März 1910[1]), tätig gewesen, wie starke Rauchmassen zeigten.

[Dagegen hat man den Brand auf Neu-Amsterdam, am 28. März 1792, mit Unrecht auf eine vulkanische Eruption zurückführen wollen[2]).] —

Submarine Ausbrüche im Indischen Ozean werden nur ganz vereinzelt berichtet:

1757[3]) wurde nahe Pondichery eine Schlackeninsel aufgeworfen.

Eine ähnliche Eruption fand nach Rudolph[4]) in der Nähe von Aden statt (Jahr?).

Am 1. August 1883[5]) wurden in 6° SBr. und 89°′ÖL. mächtige Lava- (d. i. Bimsstein)massen durchfahren, die, nach der Strömung zu schließen, nicht vom Krakataoausbruch stammen konnten. In der Nähe derselben Stelle war schon 1879 ein unterseeischer Vulkan tätig gewesen.

[Daß bei einem heftigen Seebeben am 25. März 1862, 10 Uhr vorm., in 1° NBr. und 96° 25′ ÖL. ziemlich dichter Staub auf dem Meere lag, braucht nicht als Anzeichen eines submarinen Ausbruchs angesehen werden, und zwar um so weniger, als das Schiff nur 12 Seemeilen vom Land entfernt war.]

[Die Nachrichten von submarinen Ausbrüchen in der Nähe von Ramri und Tscheduba im Juli 1843[6]), am 31. Dez. 1881[7]) und Mitte Dez. 1906[8]) (9 Seemeilen NW von Tscheduba) dürfen nicht als vulkanische Erscheinungen aufgefaßt werden, sondern stehen offenbar mit den Schlammvulkanphänomenen dieser Insel in Beziehung.]

Rudolph verzeichnet noch auf seiner Karte für die Floressee in etwa 119½° ÖL. und 7¾° SBr. einen submarinen Ausbruchsort. In seinem Text habe ich leider keinen Hinweis darauf gefunden.

---

[1]) La Géographie 1910, II, S. 287.
[2]) M. de Rossel, Voyage de Dentrecasteaux. Paris 1808. I, S. 43.
[3]) Rudolph in Gerlands Beiträgen I, S. 246.
[4]) Ebenda I, S. 249.
[5]) Ebenda I, S. 246. Nature XXIX, S. 55.
[6]) Mercalli S. 323.
[7]) Rudolph in Gerlands Beiträge I, S. 218 vgl. 184f.
[8]) Nature LXXV, S. 414.

5. Der asiatische Kontinent
(mit Ausnahme der östlichen Randgebiete).

Der asiatische Kontinent ist mit seinen mittleren und südlichen Teilen, die reich an jungeruptiven Gebilden sind, zwar seit sehr langer Zeit mehr oder weniger im Lichte der Geschichte, aber die Zahl der berichteten Ausbrüche ist außerordentlich gering und zudem die Nachrichten vielfach sehr unbestimmt gehalten. Dazu kommt, daß die einschlägige Literatur mir teils schwer zugänglich, großenteils aber aus sprachlichen Gründen zudem unverständlich blieb, so daß ich für die Berichterstattung über diesen Kontinent besondere Nachricht erbitten muß.

In Kleinasien sind zwar ziemlich zahlreiche jungvulkanische Gebilde vorhanden, zum Teil sogar mit ganz ausgezeichnet erhaltenen Formen (so vor allem die Katakekaumenae[1]); aber lediglich der Argaeus[2]) (Erdjich, Erdjas, Ardschisch-Dagh) hat sich noch in geschichtlicher Zeit als tätig erwiesen. Strabo spricht von Flammen, die aus den Schlünden hervorbrechen, Claudian von seinen verbrannten Gipfeln; alte Münzen, die in der Umgebung von Kaisarieh gefunden wurden, zeigen ihn in Tätigkeit. Die Tätigkeit hat bis ins 4. Jahrhundert n. Chr. gedauert. In der Neuzeit galt er für erloschen, bis er im März 1880[3]) wieder Zeichen von Tätigkeit von sich gab. J. Partsch und ihm folgend Oberhummer und Zimmerer verlegen auch den Typhoeus-Mythus der Alten hierher.

[Die von den Alten viel beachtete Chimaera (jetzt Yanartach, nahe dem Golfe von Adalia) ist ein zwar den Ort im einzelnen öfters wechselndes, aber sonst ungewöhnlich beständiges Vorkommen aufsteigender Flammen[4]).]

In Syrien sind zwar sehr viele jungvulkanische Gebilde, besonders Lavaergüsse, vorhanden, aber keine tätigen Vulkane. Immerhin bemerkt

---

[1]) Vgl. darüber besonders A. Philippson in Pet. Mitt. 1913, II, S. 237 ff.

[2]) P. de Tschihatcheff, Asie mineure I. Paris 1853. S. 540 ff. E. Reclus, Volcans de la terre S. 105. R. Oberhummer und H. Zimmerer, Durch Syrien und Kleinasien. Berlin 1899. S. 176 ff. F. Frech in Pet. Mitt. 1914, II, S. 216.

[3]) Nature XX S. 620. Oberhummer und Zimmerer a. a. O. S. 179.

[4]) Reclus a. a. O. S. 111.

Blanckenhorn[1]), daß die letzten Ausbrüche der Vulkanregion es-Safā bei Damaskus vielleicht noch in die historische Zeit zurückreichen, 'zumal nach einigen Bibelauslegern zu Davids Zeit in oder um Palästina Vulkaneruptionen stattgefunden haben sollen'. In Westarabien, wo ebenfalls zahlreiche junge Lavafelder (Harras) vorhanden sind, gibt es dagegen einige Ausbruchsstellen, die unzweifelhaft in historischer Zeit tätig waren. Von der Harrat en-Nār[2]) bei Kheiber im N von Medina glaubt man, daß sie 600 Jahre vor Mohammed ausgebrochen sei, auch zur Zeit des ersten Kalifen Omar weitere Eruptionen gehabt habe. Im Jahre 1254 n. Chr[3]) fand östlich von Medina, im Gebiet des Schadātales, ein Lavaerguß statt, der einen Monat lang andauerte und die Täler der Nachbarschaft erfüllte.

Nahe der Südküste Arabiens soll nach Masudi am Schluß des 10. Jahrhunderts ein großer Vulkanberg in der Landschaft Hadramaut (Bir Barhut) unter Getöse und Auswürfen einen Lavastrom ergossen haben[4]). Der Vulkan soll noch rauchen[5]). [Nach arabischen Schriftstellern sollten auch auf Zobair, sonst in Hadramaut und in der Straße von Ormus im Mittelalter Lavaausbrüche stattgehabt haben[6]).]

In der Nähe (SW) der Station Dār ul-Hamra finden sich zahlreiche Vulkane, in deren bedeutendsten (el-Bedr) Musil[7]) den wahren biblischen Sinai erkennen zu können glaubt; daß die biblische Beschreibung des Sinai (Exod. 19. 18) einen tätigen Vulkan wiedergibt, erscheint zweifellos, und da auf der jetzigen Sinaihalbinsel kein Vulkan vorhanden ist, so wird man ihn zweifellos im benachbarten Arabien zu suchen haben; ob es aber je möglich sein wird, die Stelle sicher zu identifizieren, ist freilich höchst zweifelhaft.

Sodoms Ende, das v. Hoff (IV S. 128 ff.) auf Beben und Vulkanausbruch im Jahre 2227 v. Chr. zurückführen wollte, wird auch von C. Diener[8]) wieder in ähnlicher Weise erklärt im Gegensatz zu Falcucci und Noetling, welche die Zerstörung dieser Städte ausschließlich auf einen vulkanischen Ausbruch zurückführen wollten. —

Unter der großen Zahl von vulkanischen Bergen in Armenien sind nur sehr wenige tätige Vulkane. [Die Nachrichten von älteren vulkanischen Ausbrüchen des Großen Ararat sind als apokryph anzusehen, und der soge-

[1]) Handbuch der regionalen Geologie V, 4. Heidelberg 1914. S. 44.

[2]) A. a. O. S. 45. v. Hoff erwähnt IV, S. 194 Ausbruch 631 n. Chr.; K. Ritter, (Asien II S. 339) 650 (Beben und Erdbrand).

[3]) Blanckenhorn S. 45. Nach M. Houdas (Comptes rendus Ac. Sciences. Paris 138. S. 1445 ff.) begann am 30. Juni 1256 der von Lockerausbrüchen begleitete Lavaerguß.

[4]) Blanckenhorn S. 45.

[5]) Seetzen in v. Zach, Monatl. Korresp. XXVIII, S. 240, zit. v. Walter, Progr. Fr. W. Gymn. Berlin 1843. S. 19.

[6]) Humboldt Kosmos IV, S. 381.

[7]) Anzeiger der phil. hist. Kl. d. k. Ak. Wiss. Wien, Mai 1911, XIII, S. 18. v. Hoff setzt (IV S. 134) den Ausbruch ins Jahr 1606 v. Chr.).

[8]) Mitt. k. k. geogr. Gesellschaft Wien XL, 1897, S. 21 f.

nannte 'ultravulkanianische' Ausbruch vom 20. Juni 1840[1]) bestand lediglich in Bergrutschen und Schlammstromergüssen, die durch schwere Beben hervorgerufen worden sind.]

Dagegen fand im Jahre 1441[2]) an dem Nimrud-Vulkan am Westrand des Wansees ein Ausbruch statt, in dem auf einer NW-SO-Zone kleinere Krater sowie Spalten mit Augitrhyolithergüssen gebildet worden zu sein scheinen, die nachher nicht mehr von Aschen bedeckt wurden.

[Der Sipan Dagh nördlich des Wansees stößt nach C. W. C. Fuchs[3]) ständig Rauch aus; das Tal des Muradflusses ist voll von Geisern, die $2^1/_2$—3 m hoch springen.]

[Vom Tandurek[4]) oder Tanturlu (Khor, Khori) liegen zwar keine bestimmten Ausbruchsnachrichten vor, aber Abich bezeichnete ihn 1862 als in ständigem Feuer befindlich; an der Ostseite des Berges befindet sich eine mächtige Dampfquelle.] —

Der Kaukasus enthält zwar erloschene Vulkane, aber keine tätigen. [Die Nachricht von einem Ausbruch des Karabetow nahe Temriuk am 16. Nov. 1882[5]) — Öffnung eines Kraters und Erguß eines Lavastroms — bezieht sich offenbar auf einen Ausbruch des so benannten Schlammvulkans auf der Halbinsel Taman. Die beiden Enden des Gebirgs — am kaspischen Meer wie zu den Seiten der Straße von Kertsch — sind ja durch eine sehr starke Entwickelung des Schlammvulkanphänomens ausgezeichnet; auf ihre Äußerungen hier einzugehen, erübrigt sich[6]). Zu ihnen dürfte auch der von Mercalli S. 293 nach Perrey berichtete Ausbruch des Degneh — August 1866 — gehören.] —

Von den Vulkanen Irans ist kein geschichtlicher Ausbruch bekannt. Der Demavend[7]) war in historischer Zeit nur solfatarisch tätig. Aber alte Überlieferungen zeigen, daß er noch Ausbrüche gehabt hat, die von Menschen gesehen worden sind.

[Der Aderewan, nahe dem Nordende des persischen Golfs zwischen den Städten Chouster und Ram, wäre nach Edrisis Erkundungen im 12. Jahrhundert ein tätiger Vulkan gewesen[8]) und Ebn-Haukal spricht von einem brennenden Berg östlich von Ram Hormus, 'der tags über raucht und nachts brennt'[9]); er fügte aber hinzu, 'es sei die Meinung, dort stehe

---

[1]) Mercalli, I vulcani attivi S. 272.

[2]) F. X. Schaffer nach F. Oswald in Pet. Mitt. 1907, S. 148. Handb. reg. Geol. V 3, S. 19.

[3]) Neues Jahrbuch für Mineralogie, Geologie und Paläontologie 1870, S. 437 nach Proc. R. geogr. Soc. XIII 3, S. 243.

[4]) E. Reclus, Les volcans de la terre, S. 56 ff.

[5]) Nature XXVII, S. 63. Mercalli S. 292.

[6]) Vgl. übrigens z. B. E. Reclus, Volcans S. 146—159.

[7]) Tietze in Verhandl. k. k. geol. Reichsanstalt 1877, S. 41 und Jahrbuch derselben Anstalt 1878, S. 169 ff.

[8]) Reclus a. a. O. S. 20. [9]) Karl Ritter, Asien IX, S. 147.

eine Naphthaquelle im Feuerbrande', was sicherlich richtig war: Vulkane sind aus dieser Gegend nicht bekannt.]

[Der Bosman oder Basmann und der Kuh-i-Tuftan oder Koh-i-Taftan in Südostpersien zeigen noch solfatarische Tätigkeit; letzterer stieß am Ende des 19. Jahrhunderts in regelmäßigen Zwischenräumen mächtige Dampfmassen aus[1]).]

[Die Nachricht von der Vulkannatur und einem Ausbruch 1819[2]) des Dendur oder Dhenodour 327 m im östlichen Teil von Catch war unrichtig[3]).]

[Für das innere Asien, vor allem den Tianschan, später auch Tibet, ist verschiedentlich das Vorkommen tätiger Vulkane behauptet worden, doch offenbar mit Unrecht.

Mit besonderer Ausdauer haben sich die 'Vulkane' des Tianschan in den Vulkanhandbüchern erhalten, nachdem A. v. Humboldt die betreffenden Angaben mit dem Gewicht seiner hohen Autorität in der Literatur befestigt hatte. Selbst Mercalli führt in seinen Vulcani attivi, Milano 1907, S. 293 noch Boschan, Turfan und Urumtsi[4]) als tätig an; ja, er führt nach Perrey den erstgenannten noch ein zweites Mal unter dem Synonym 'Pe chan' (Peschan) an und fügt[5]) nach demselben bzw. Abramow[5]) noch den 'Agie' hinzu; erst K. Schneiders Vulkanbuch[6]) hat 1911 diese Namen aus der Liste ausgemerzt, nachdem schon lange vorher Muschketow und andere Forscher den Irrtum nachgewiesen hatten, und mir erst neuerdings Merzbacher und Machatschek ihn in dankenswerter Weise brieflich wieder bestätigt haben. Die vulkanverdächtigen Erscheinungen führt Merzbacher auf brennende Kohlen-Flöze zurück.]

Mit großer Bestimmtheit und Anschaulichkeit treten aber die Nachrichten über vulkanische Ereignisse bei Mörgön[7]) in der nördlichen Mandschurei auf. Nach drei Beben (Ende 1720) fand in einem durch mehrere Kegel ausgezeichneten Gebiete ein Ausbruch 1721 statt, der in 9—12 Monaten einen 240 m hohen Kegel aufbaute und mindestens vier Lavaströme nach verschiedenen Seiten entsandte. 1722 entstand dann 3½ Werst davon entfernt in einem Monat ein zweiter, 45 m hoher Kegel.

[1]) Geogr. Journ. 1897, X, S. 587.

[2]) Fuchs, Vulk. Erscheinungen. Heidelberg 1865. S. 38.

[3]) E. Reclus, Nouv. Géographie univ. VIII, Paris 1883, S. 259.

[4]) Vgl. über diese in älterer Auffassung besonders Semenow in Ztschr. für allgem. Erdkunde NF. II S. 39, sowie Kosmos IV, S. 379.

[5]) Ztschr. f. allg. Erdk. NF. V, S. 170.

[6]) Die vulkanischen Erscheinungen der Erde. Berlin 1911.

[7]) Semenow a. a. O. S. 41—51. G. Merzbacher hatte die Güte, mich brieflich während des Druckes noch auf die wichtige, leider russisch geschriebene Arbeit von J. K. Wisslóuch, 'Der vulkanische Bezirk Ujun-Choldongi in der nördlichen Mandschurei' (Iswestiya der Kais. Russ. geogr. Ges. Bd. XLVII, 1911, S. 389—455) aufmerksam zu machen, in der die Tatsache der Tätigkeit bestätigt ist.

II. Pazifische Erdhälfte.

1. Mitte.

Die mittleren Gebiete des Pazifischen Ozeans.

Von den vulkanischen Inselgruppen, die in den mittleren Teilen der Südsee liegen, sind nur 3 in historischer Zeit, — d. h. seit der 2. Hälfte des 18. Jahrhunderts für die meisten Gebiete — durch vulkanische Betätigung ausgezeichnet gewesen: Die Galápagos, die Samoagruppe und die Hawaiigruppe. Freilich ist die Berichterstattung, namentlich in der älteren Zeit, äußerst lückenhaft; aber es läßt sich doch klar erkennen, daß Hawaii sich von den beiden anderen Inselgruppen durch viel häufigere und zudem für längere Zeiträume sogar ausdauernde Tätigkeit unterscheidet.

Auf den Galápagos zeigen von den mehr als 2000 Kratern, die ihre Oberfläche trägt, nur ganz wenige noch Zeichen von Tätigkeit: sie liegen ausschließlich im westlichen Teil des Archipels (auf Albemarle und Narborough) und sind offenbar nur mehr selten tätig.

Am 4. August 1814 sah Shillibeer zwei Vulkane auf Narborough[1]) in Tätigkeit; ein zweiter Ausbruch wird fürs Jahr 1825 berichtet[2]) (Lavaerguß aus dem Krater).

Auf Albemarle sah Darwin 1835[3]) von einem der höheren Kegelberge im Norden der Insel eine leichte Rauchsäule aufsteigen, und nach Perrey fand 1844[4]) ein Feuer-, Laven- und Steinausbruch statt.

Die Tätigkeit scheint auf dem Archipel seit geschichtlicher Zeit jedenfalls nur sehr geringfügig gewesen zu sein. —

Im Samoa-Archipel begann am 12. September 1866[5]) (nicht 1867, wie oft angegeben ist) zwei Meilen von der Insel Olosenga ein bedeutender

---

[1]) Landgrebe S. 168. L. v. Buch, Ges. Schr. III S. 544 nach Shillibeer, The Briton's Voyage 1817, S. 32, ein Werk, das mir unzugänglich blieb.

[2]) L. v. Buch, Ges. Schr. III, S. 544.

[3]) Voyage Beagle III, S. 457: 'in Albemarle we saw a small jet of smoke curling from the summit of one of the more lofty craters' — also offenbar nur solfatarische Betätigung. King, Stokes und Fitzroy sprechen in Journ. R. geogr. Soc. London VI, 1836, S. 333 von einer 'multitude of fumeroles, scattered in every direction'.

[4]) Mém. Ac. Bruxelles XVI, (Tremblements 1861) S. 11 nach M. de Gueydon (Revue coloniale Déc. 1847, 350).

[5]) E. Graeffe, Ausland 1867, S. 522.

unterseeischer Ausbruch, der hohe Rauchsäulen und große Gasblasen nebst Schlamm unter Detonationen förderte und bis Mitte November andauerte.

Im übrigen beschränkte sich aber die jüngste vulkanische Betätigung der Gruppe ganz auf die westlichste Insel: Sawaii. Hier hatte gegen Ende des 17. Jahrhunderts (um 1700), wie durch Eingeborenentradition festgestellt werden konnte, an der Nordabdachung im westlichen Teil der Insel ein mächtiger Effusivausbruch stattgehabt, dessen Produkte das Meer erreichten und eine bedeutende Landfläche bedeckten.

Nach ungefähr 200jähriger Ruhepause begann nach etlichen Beben etwas weiter östlich davon im Inneren der Insel, aber auf deren Nordabdachung unfern des Mauga Afi, 1640 m, (Mua), in 1450 m Höhe am 30. Okt. 1902 ein Ausbruch, der anfänglich nur Lockermassen, später aber auch einen kleinen Lavastrom lieferte. Am 1. Nov. bildete sich 600—800 m weiter westlich ein zweiter Krater, der kurze Zeit explosiv tätig war[1]).

Am 4. August 1905 begann $9^1/_2$ Uhr abends weiter östlich im Tale Matavanu nach einer Reihe von Beben ein neuer Ausbruch, der anfänglich explosiv war, aber allmählich immer mehr effusiven Charakter annahm und ungeheure Massen Lava förderte; schon im Dezember 1905 erreichte die Lava das Meer und große Mengen flossen in dasselbe ab.

Der im neugebildeten Krater vorhandene Lavasee erlosch erst im Sommer 1911 völlig[2]). Die geförderten Lavamassen darf man auf mehr als 1 cbkm veranschlagen, während es der Lockermassen weit weniger waren.

Im Samoaarchipel tritt also nach den vorliegenden Nachrichten vulkanische Tätigkeit im allgemeinen nur in langen Zwischenräumen auf; doch steigt die effusive Betätigung dann wohl zu sehr bedeutender Höhe.

In der Hawaiigruppe ist die vulkanische Betätigung seit langer Zeit ganz auf den äußersten Südosten beschränkt.

Während die westlicheren Inseln nur Vulkane aufweisen, die schon längere Zeit erloschen sind, ist der mächtige Lavavulkan Haleakalá (3060 m) auf Maui noch bis vor kurzem tätig gewesen. Um etwa 1750 dürfte nach einer örtlichen Tradition noch ein seitlicher Lavaerguß erfolgt sein und ganz junge Tuffkegelchen befinden sich im Innern seines mächtigen Einsturzkraters[3]).

Auf der größeren südlichen Nachbarinsel Hawaii dagegen sind in historischer Zeit noch drei Vulkane tätig gewesen: Hualalai, Mauna Loa und Kilauea[4]).

---

[1]) G. Wegener in Ztschr. d. Ges. f. Erdk. Berlin 1903. S. 208—219.

[2]) J. Friedländer in Abh. k. bayr. Ak. d. Wiss. math.-phys. Kl. XXIV, S. 507 ff. und meine Berichte in Ztschr. d. Ges. f. Erdkunde, Berlin 1906—1913.

[3]) Mercalli S. 328 f.

[4]) J. D. Dana, Characteristics of Volcanoes London o. J. (1890). C. E. Dutton, Hawaian Volcanoes, 4th Ann. Rep. U. S. Geol. Survey 1882/83. Washington 1884. S. 81—219 und

Der — gleich dem erloschenen Mauna Kea — mit zahllosen gut erhaltenen Aschenkegelchen überdeckte Lavavulkan Hualalai (2521 m) hat nach Brigham einen Lavaausbruch im Jahre 1801 gehabt, dem eine Frau und ihr Kind zum Opfer fielen. Der Strom entsprang nahe dem Gipfel und teilte sich später in zwei Arme. Die 24 km bis zur Küste wurden in 2—3 Stunden zurückgelegt[1]). Die Küste erfuhr eine wesentliche Veränderung.

Weitere Ausbruchsangaben für 1800, 1803 bzw. 1805 und 1811 werden von Brigham angezweifelt (S. 8). —

Der riesige Mauna Loa (4194 m), der in seinem zentralen Schachtkrater Mokuaweoweo öfters die Erscheinung eines tätigen Lavasees aufweist, ist durch häufige und besonders ergiebige Lavaeruptionen unter allen Vulkanbergen der Gegenwart wohl derjenige, dessen magmatische Förderung am größten ist. Die Geschichte seiner Ausbrüche beginnt für uns mit dem Jahre 1832:

20. Juni 1832[2]) mäßiger Lavaaustritt aus mehreren Öffnungen nahe dem Gipfel; 2 oder 3 Wochen blieb das Feuer sichtbar.

1843[3]) 9. Jan./Febr., starker Lavaerguß aus 2 benachbarten Kratern in 3350 m Höhe; der Lavastrom zweigte teils westwärts (gegen Hualalai), teils nordwärts (Waimaa), teils ostwärts (gegen Hilo) ab.

1849[4]) Mai, für 2—3 Wochen glänzende hohe Lichtsäule über dem Gipfelkrater (offenbar ein Lavasee vorhanden).

1851[5]) 8. bis 11. oder 12. August, tags Wolken, nachts Lichtsäule sichtbar; etwa 300 m westlich unterm Gipfel strömte Lava 16 km weit westwärts 1½ km breit (ca. 122 Mill. cbm).

1852[6]) 17. Febr., heller Lichtschein überm Gipfel; gleichzeitig Lavaausfluß an der Nordseite (40 Stunden lang). Am 20. begann der Hauptausfluß an der Ostseite in ca. 3000 m Höhe (erst in Form gewaltiger Springquellen 120—240 m hoch steigend). Die Hitze erzeugte fürchterliche Wirbelwinde. Länge des Stromes ca. 32 km, Volumen etwa 300 Mill. cbm[7]). Die Asche flog bis Hilo. Nach 20 Tagen Ende der Eruption.

1855[8]) 11. August, abends Licht an der Nordostflanke in 3600 m Höhe; die Lava strömte bis November 1856; Stromlänge 42 km, Volumen nach

---

W. T. Brigham, The Volcanoes of Kilauea and Mauna Loa, Honolulu 1909, sind die Hauptwerke über die Vulkane der Insel Hawaii.

[1]) Brigham S. 14.

[2]) Dana S. 182 f. Brigham S. 63.

[3]) Dana S. 185. Brigham S. 63 ff.

[4]) Dana S. 185. Brigham S. 65.

[5]) Dana S. 186. Brigham S. 65.

[6]) Dana S. 186 ff. Brigham S. 65 ff.

[7]) A. Penck berechnete (Morphologie der Erdoberfläche, Stuttgart 1894, I, S. 436) 0,51 cbkm Volumen. Da er für seine auf Duttons Kartenskizze IV sich gründenden Berechnungen eine offenbar viel zu große mittlere Mächtigkeit (30 m) annahm, sind seine Inhaltsangaben der Hawaiiströme entschieden zu hoch.

[8]) Dana S. 189. Brigham S. 68 ff.

Hitchcock 455 Mill. cbm[1]). Spaltensystem vom Gipfel zur Ausbruchsstelle, mit Schlackenkegeln besetzt.

1859[2]) 23. Jan., Rauch über dem Gipfel; in ca. 3200 m Höhe abends Lavaaustritt, erst weißglühend 90 bis 120 m hoch springend, dann mit großer Geschwindigkeit nach NW niederfließend; am 31. Jan. wurde das Meer (nach einem Lauf von ca. 53 km) erreicht; erst am 25. Nov. hörte das Fließen auf; Lavavolumen nach Penck 2,73 cbkm. Eine Spalte von 6 1/2 km Länge ging vom Gipfel bis zum Ausflußort hin; darauf erhoben sich mehrere Aschenkegel.

Ob am 23. Jan. 1859 ein submariner Ausbruch gleichzeitig im NW stattfand, ist unbestimmt; aber man fand tote Fische östlich und westlich von Molokai.

1865[3]) 30. Dez., wurde wieder Lichtschein über dem Krater bemerkt, der mit mannigfachen Schwankungen über 4 Monate anhielt (bis Mai 1866). Kein Lavaausfluß.

1868[4]) 27. und 28. März, Rauchsäulen und Feuerschein über dem Gipfel, zahlreiche heftige Beben; 28. März Lavaaustritt südwestlich, südlich und östlich vom Gipfel (4 Ströme). 30. März schweres Beben, Öffnung mächtiger Spalten, große Landschlipfe. Am 7. April trat die Lava, 1700 m ü. M., im Kahukudistrikt aus einer weiten Spalte hervor in 4 Fontänen konzentriert, die 150—180, selbst 300 m hoch sprangen. In 2 Stunden wurde das Meer erreicht und ein Tuffkegel an der Einlaufstelle gebildet. In der Nacht vom 11./12. April hörte die Eruption auf. Lavavolumen nach Penck 1,67 cbkm.

1870[5]) Anfang Januar stieg viel Dampf und Rauch aus dem Gipfelkrater auf, leichte Beben.

1872[6]) 10. Aug., erleuchtete Dampfsäule über dem Krater; Tätigkeit bis Sept.; Ende August und 21. Sept. stieg im südwestlichen Teil des Kraters eine ca. 23 m breite Lavafontäne 150 m hoch empor. (Eine Flutwelle an der Küste am 23. Aug. stand vielleicht mit dem Ausbruch in Beziehung).

1873[7]) 6. und 7. Jan. und 20. April 1873 bis Herbst 1874 Tätigkeit mit wechselnder Stärke: Lavasee mit mächtigen Fontänen (6. Juni 1873 war der Krater mit schwarzer Lava bedeckt; am Ende befand sich eine 45 m breite Fontäne, die 45 m, einmal nachts 180 m, hoch aufstieg; ähnlich waren die Erscheinungen bei Besuchen im August und Oktober 1873).

1873[8]) Jan., Aug. und Okt., sowie 1876 13. Febr. war der Gipfelkrater wieder tätig, desgleichen am 14.—24. Febr. 1877 (Heftige Explo-

---

1) Daly in Proc. Am. Ac. of Arts and Sciences XVII, Nr. 3, S. 106. Penck berechnete (a. a. O.) 4,86 cbkm.

2) Dana S. 191 ff. Brigham S. 75.

3) Dana S. 194.

4) Dana S. 194 ff. Brigham S. 101 ff.

5) Dana S. 197.

6) Dana S. 197 f.

7) Dana S. 198 ff. Brigham S. 120, 122 ff.

8) Dana S. 201 f. Brigham S. 127.

sionen im Krater mit Lavaerguß am 14. Febr., Mercalli S. 330). Am 24. Febr.[1]) erfolgte nach heftigem Beben etwa 3 Meilen südlich von Kealakekua, 1 Meile vom Strand, frühmorgens ein submariner Ausbruch mit Ausstoßung erst von unzähligen roten, grünen, blauen Flammen, dann von Dampf- und Rauchsäulen, sowie Schlacken, die nach Verlust ihrer Gase wieder untersanken; auf dem Lande Spaltenbildung nach dieser Richtung, Flutwelle an der Küste von Kona.

1880[2]) 1.—6. Mai erneute Tätigkeit; im Südkrater kochende Lava, die etwa 300 m hoch sprang; Regen von Peles Haar am 3. und 4. Mai bis Hilo.

1880[3]) 5. Nov. begann die Tätigkeit wieder und nach Mitternacht sah man von Hilo die Lava hoch in die Luft springen; am 6. floß bereits ein Lavastrom gegen den Mauna Kea zu von einem etwa 3350 m hoch liegenden Punkt aus; ein anderer Strom floß aus derselben Spalte (da, wo jetzt der Schachtkrater Puka Naki liegt) südwärts gegen Kau, ein dritter von einem tiefer gelegenen Punkt aus ostwärts gegen Hilo, wo er erst am 10. Aug. 1881 $^1/_2$ km von der Stadt zum Stillstand kam. Große Schlackenkegel bildeten sich bei den Ausbruchsstellen. Während die ersten beiden Ströme 16—19 km Länge erreichten, durchlief der dritte über 51 km. Das Volumen berechnete Hitchcock auf 413 Mill. cbm[4]). Penck gab (a. a. O.) für die Lavaförderung 1881/82 2,01 cbkm an.

Als J. M. Alexander in der folgenden Ruhepause im Okt. 1885 den Gipfelkrater topographisch aufnahm, konnte er mannigfache Änderungen feststellen; u. a. war ein Lavastrom von der Grenze zwischen Zentral- und Südkrater nach SW in der Richtung gegen Kahuku geflossen.

Nach einer im Dez. 1886 anhebenden Serie heftiger Beben brach am 16. Jan. 1887[5]) das Feuer nahe dem kleinen Südkrater Pohaku o Hanalli in 3500 m Höhe für einige Stunden hervor. Am 18. Jan. öffnete sich, während die Beben aufhörten, in 1980 m Höhe in Kau eine Spalte, der Lava in Form mächtiger Fontänen entquoll und in raschem Lauf die 32 km bis zur Küste durchlief (Ankunft daselbst am 19. Jan. mittags); die Küste wurde durch die Lava 90—150 m weit vorgeschoben; am 24. Febr. endete der Ausfluß.

Als am 18. Juli 1888 der Gipfelkrater wieder besucht wurde, zeigten sich wieder neue Veränderungen: 2 neue Kegel und ein neuer Kraterschacht, während 2 parallele Spalten die Außenwand des Zentralkraters in südsüdwestlicher Richtung gegen den Ausbruchsort hin durchbrachen.

---

[1]) Dana S. 202 f. Brigham S. 127. Ann. Hydrogr. 1877, S. 307.
[2]) Dana S. 203. Brigham S. 133 ff. Rudolph in Gerlands Beitr. I S. 225.
[3]) Dana S. 204 ff. Brigham S. 146 ff.
[4]) Daly in Proc. Am. Ac. of Arts and Sciences XVII, Nr. 3, S. 106.
[5]) Dana S. 211. Brigham S. 165 ff.

1896[1]) war vom 21. April bis 6. Mai wieder ein tätiger Lavasee im Gipfelkrater vorhanden.

1899[2]) 4. Juli begann ein kurzer Ausbruch aus einer Spalte unfern dem Ausbruchsort 1880/81; die Lava bildete Fontänen von 50 m Höhe. Die beiden, gegen Kau und Hilo gerichteten Lavaströme, flossen bis zum 14. bzw. 23. Juli.

1903[3]) 6. Okt. bis 8. Dez. befand sich im Gipfelkrater ein tätiger Lavateich, der einen Lavastrom von mehr als $1^1/_2$ km Länge im Krater ausfließen ließ.

1907[4]) 7. Januar begann eine gewaltige Flankeneruption in der Kahukugegend. Der Hauptlavastrom, der sich in 2 Arme gabelte, hatte bis zum 16. Jan. eine Länge von über 56 km, bei einer Breite von 0,8 km und einer Mächtigkeit von etwa 5 m, zurückgelegt. Bemerkenswert war die Bildung eines temporären Lavasees unterwegs, der eine 15—18 m hoch aufschießende Fontäne aufwies. Zwei weitere Ströme sollen nordwärts geflossen sein. Der Gesamtausfluß ist von E. D. Baldwin auf 153 Mill. cbm geschätzt worden[5]) (nach obigen Angaben wohl zu niedrig!).

Von 1868 bis 1907 waren nach Jaggar[6]) die Lavaströme bei den Einzelausbrüchen abwechselnd auf der Nord- und auf der Südseite hervorgebrochen und zwar jedesmal in größerer Seehöhe.

1914[6]) begannen nach längerer Bebenvorbereitung am 25. Nov., $3^3/_4$ Uhr nachm., plötzlich einige Dampfsäulen auf dem Gipfel des Berges aufzusteigen (bei Nacht hell erleuchtet); mächtiges Lavafontänenspiel, länglicher Lavasee im Zentralbecken des Mokuaweoweo. Am 27./28. November spielten 8 Fontänen meist ständig, die südlichste bis 120 m Höhe; einige Tropfenkegel wären gebildet worden. Am 6. Dez., 10 Uhr abends, stieg eine Dampfsäule etwa 2000 m hoch auf. —

Der Kilauea 1235 m ist ein Schildvulkan, der sich unmittelbar an den Südosthang des mächtigen Mauna Loa anlehnt und darum fast nur wie ein Parasit desselben aussieht; in seinen Lebensäußerungen und der Bedeutung derselben erweist er sich aber durchaus als ein selbständiger Vulkan.

Nach Traditionen der Eingeborenen hatte der Vulkan früher eine weit bedeutendere Tätigkeit entfaltet als gegenwärtig, denn es soll in einer langen Vorzeit während jeder Regierung eines Königs zu Lavaüberflutung der Umgebung gekommen sein, und wenn auch

[1]) Brigham S. 192 ff. Vgl. die schöne Schilderung desselben von B. Friedländer in 'Himmel und Erde' VIII, 1896, S. 41 ff. und 105 ff.

[2]) Brigham S. 196 ff. [3]) Brigham S. 202 ff. [4]) Brigham S. 206 ff.

[5]) Daly in Proc. Am. Ac. of Arts and Sciences XVII, No. 3, S. 106.

[6]) T. A. Jaggar, The Outbreak of Mauna Loa in Am. Journ. of Science XXXIX, 1915, S. 167 und 172.

später der Lavasee im Krater verblieb, so blieb doch die Tätigkeit offenbar weit stärker als gegenwärtig[1]). Genauere Angaben nach Zeit und Ort der Lavaergüsse, wie auch der stattgehabten Explosionen, fehlen freilich.

Die erste genauere geschichtliche Nachricht eines Ausbruchs führt aufs Jahr 1789[2]). Es war ein starker explosiver Ausbruch mit heftigen Beben, mit Flammen, vermutlich auch mit Glutwolken vom Peletypus verbunden und darum einer in der Nähe des Kraters marschierenden Heeresabteilung des Königs Keoua verhängnisvoll, indem alle (etwa 80 Mann) getötet wurden. Aschen, Sande, Bimssteinschlacken und Bomben bedeckten den Boden im S und SW auf mehrere Meilen, stellenweis bis 8 oder 9 m mächtig.

Im Gegensatz zu dem gewaltsamen Charakter der ersten historischen Eruption zeichnet sich im allgemeinen die Tätigkeit des Kilauea durch einen ruhigen Ausbruchstypus aus. Oft sind lange Zeiten hindurch — wenn auch nicht kontinuierlich, wie Mercalli a. a. O. S. 331 behauptet — in dem großen Kraterschacht ein oder mehrere Lavaseen vorhanden, in denen Lavafontänen aufsteigen, Strömungen hindurchziehen und häufig auch die Lavamassen überlaufen und damit das Niveau der Umgebung erhöhen.

1823[3]), als der englische Missionar Ellis nach einem starken Lavaausbruch im Frühjahr als erster Europäer im August den Kilaueakrater besuchte, war eine schmale schwarze Ringterrasse 274 m unter dem obern Kraterrand vorhanden, und 120 m tiefer lag ein wildarbeitender Lavasee mit merkwürdigen Ausbruchskegelchen. — Von dieser Zeit an haben wir ein gutes Bild von der Tätigkeit des Kilauea, wenngleich in den nächstfolgenden Jahrzehnten die Besuche noch selten waren und erst in der zweiten Hälfte des 19. Jahrhunderts häufig wurden. Eine systematische Kontrolle der Kilaueatätigkeit hat nach der Einrichtung eines besonderen Laboratoriums und Observatoriums am Kraterrand seit 1913 eingesetzt.

1825[4]) hatte der Lavasee bei stärkerer Tätigkeit ein wesentlich höheres Niveau erreicht, stand jedoch im Okt. 1828[5]) wieder 220—250 m

[1]) W. Ellis, Polynesian Researches. London 1853. IV, S. 247 f.: 'we learned, that it had been burning from time immemorial . . . and had overflowed some part of the country during the reign of every king that had governed in Hawaii; that in earlier ages, it used to boil up, overflow its banks, and inundate the adjacent country; but that, for many kings reigns past, it had kept below the level of the surrounding plain, continually extending its surface and increasing its depth, and occasionally throwing up, with violent explosion, huge rocks or red-hot stones. These eruptions, they said, were always accompanied by dreadful earthquakes, loud claps of thunder, with vivid and quick-succeeding lightning. No great explosion, they added, had taken place since the days of Keoua — d. i. 1789 —; but many places near the sea had since been overflowed, on which occasions they supposed Pélé went by a road underground, from her house in the crater to the shore.'

[2]) Ellis a. a. O. IV, S. 251 f. Dana S. 41 ff. Brigham S. 38 ff.

[3]) Ellis a. a. O. IV, S. 237 ff. Dana S. 45 ff. Brigham S. 40 ff.

[4]) Dana S. 54. Brigham S. 43. [5]) Dana S. 55.

unter der Ringterrasse, aber am 25. Okt. 1829[1]) nur noch 60 m darunter; den Boden des Kraters kreuzte damals eine Kette von Lavaseen.

1832[2]), Mitte Januar, erfolgte unter starker Rauchentwicklung ein Ausbruch (gleichzeitig mit Mauna Loa); die Wand zwischen Kilauea und Kilauea-iki wurde gespalten, es erfolgte ein Lavaerguß in letzteren. Der Spiegel des Lavasees war vorher 15 m über die Terrasse hinaus gestiegen, stand aber im November wieder 275 m unter ihr (Submariner Ausfluß?).

1834[3]) waren zwei kochende Lavaseen im Krater vorhanden.

1838[4]) im Mai war die Terrasse fast überflutet und außer einem großen Lavasee am Südende des Kraters 5 kleine vorhanden; 8 Kegelchen warfen Asche, rotglühende Lava und Dampf aus.

1839[5]) war die Ringterrasse verschwunden und 1840 war das Kraterinnere vor dem Ausbruch ein einziger großer Feuersee. Ohne irgendwelches Beben begann am 30. Mai ein Ausbruch: man sah in der Ferne Licht; Lava war in einem kleinen Kraterschacht 8 km südöstlich vom Kilauea erschienen; dann erfolgten leichte Ausbrüche in dessen Nähe aus sich öffnenden Spalten. Am 1. Juni aber trat die Lava 43 km vom Kilauea 379 m ü. M. zutage und legte bis zum 3. Juni die 17 $^1/_2$ km bis zum Meer bei Nanawale zurück; an drei Stellen der Küste entstanden (infolge der Lavazerspratzung) rundliche Hügel vulkanischen Sandes ohne Krater. Das Lavavolumen berechnete Penck auf 0,63 cbkm.

Im November 1840[6]) fand Dana im Kilaueakrater 3 Seen kochender Lava vor, deren größter (Halemaumau, 300 × 450 m) im Südteil lag.

1841[7]), 16. Januar, entsandte einer der kleineren Seen einen Lavastrom über den Kraterboden, und tags darauf überfloß der große See.

1844[8]), Juli, Überfließen des Halemaumau; auch floß Lava in 3 km langen Kanälen nach N und NO.

1846[9]) war der mittlere Teil des Kraters durch mehrfaches Überfließen um 120—150 m erhöht, zudem der ganze Kraterboden gehoben; der nur schwach tätige Lavasee zeigte 600—730 m Durchmesser.

1847 war die Lava des Sees ruhig, 1848 sogar dick überkrustet; diese solide Kruste wurde in Form eines 60—90 m hohen Doms gehoben, aus dessen Öffnung zuweilen Lava austrat. Aber im April und Mai 1849[10]) trat wieder starke Tätigkeit ein, indem Lava von einer Öffnung der oberen Kuppe des Doms 15—18 m hoch geschleudert wurde. Dann wurde es still und einige Jahre entwich nur Dampf. 1852 vergrößerte sich die mittlere Öffnung des Doms immer mehr; ein Riß der Westseite ließ Lava austreten.

[1]) Dana S. 55. Vgl. Brigham S. 46.
[2]) Dana S. 55.
[3]) Dana S. 58. Brigham S. 47.
[4]) Dana S. 59. Brigham S. 47 f.
[5]) Dana S. 61 ff. Brigham S. 49 ff.
[6]) Dana S. 67 f. Brigham S. 55.
[7]) Dana S. 73. Brigham S. 56 f.
[8]) Dana S. 74 f. Brigham S. 58.
[9]) Dana S. 76. Brigham S. 58 ff.
[10]) Dana S. 80 f. Brigham S. 62.

1855[1]) wurde die Tätigkeit wieder energischer; Lava wurde zeitweise 60 m hoch aufgeschleudert. Im Oktober fand wahrscheinlich eine unterirdische Entleerung statt. 1857 und in den folgenden Jahren geringe Tätigkeit; 1864[2]) waren (bis Aug. 1865) zwei kleine Inseln im Lavasee vorhanden. 1866[3]) stärkere Tätigkeit.

1868[4]) trat nach einer Serie von ca. 2000 zum Teil heftigen, zu Spaltenbildung führenden Beben fast gleichzeitig mit einem Loaausbruch etwas Lava von den Öffnungen in Kapapala aus; am 4. und 5. April verschwand die Lava plötzlich; Einbruch des Mittelteiles des Kraterbodens; Lavaerguß im Kilauea-iki. Langsam stieg in der nächsten Zeit die Lava wieder. Juli 1869 war sie noch etwa 30 m unter der Oberfläche; 1871[5]) war der Lavasee wieder voll und war zeitweise übergelaufen; im August desselben Jahres verschwand die Lava wieder, hatte aber im folgenden Jahr den Halemaumau wieder bis zum Überlaufen gefüllt. 1873 zeigte der Krater zwei fast runde Lavaseen, deren südlicher im Sommer überlief. In den nächsten Jahren mäßige Tätigkeit bei mancherlei kleinen Änderungen[6]). April 1879 plötzliche Entleerung[7]), im Juni/Juli Wiederfüllung; es war damals nur ein Lavasee statt der beiden vorher vorhandenen da; im Juli 1880 aber fanden sich 4 Seen auf dem Gipfel des Halemaumau Doms; im Mai 1881[8]) war abseits ein neuer Lavasee (mit 2 schwimmenden Inseln) entstanden, der Halemaumau barg 1882 wieder einen tätigen Lavasee; am 12. Sept. 1882 starker Ausfluß[9]). Dann Tätigkeit mit manchen Schwankungen und Änderungen (besonders starken Überläufen 1885)[10]) bis 7. März 1886[11]), als plötzlich nach einer Bebenserie beide Seen sich entleerten unter Strandung der 'schwimmenden Insel' des 'Neuen Sees'. Im Juli desselben Jahres war aber die Lava in 2 Vertiefungen wiedergekehrt[12]), sowie in einem See (Dana-Lake) im Westen des Halemaumau; bis Juli 1888 waren das tiefe Becken des Halemaumau und der 'Neue See' wieder mit Lava bis zum Überlaufen gefüllt; der Trümmerkegel des Halemaumau hatte manche Wandlungen erfahren[13]). Die Tätigkeit in den nächsten Jahren schwankte mehrfach. Im März 1891 verschwanden nach einem Beben die Kegel der Lavaseen und die Lava selbst[14]). Am 10. April 1891 kehrte die Lava wieder zurück und stieg höher und höher bei gewohnter Tätigkeit, bis 1892 häufig Überlauf eintrat[15]). 1893 Bildung eines neuen Lavasees[16])

---

[1]) Dana S. 82 f. [2]) Dana S. 87. [3]) Dana S. 88.
[4]) Dana S. 88 ff. Brigham S. 101 ff.
[5]) Dana S. 92. Brigham S. 119. [6]) Dana S. 94 f. Brigham S. 120 ff.
[7]) Dana S. 95. Brigham S. 132. [8]) Dutton S. 108. Dana S. 97.
[9]) Brigham S. 156. [10]) Dana S. 106.
[11]) Dana S. 98 ff. Brigham S. 162 ff.
[12]) Dana S. 105 f. Brigham S. 164. [13]) Dana S. 120 ff.
[14]) Brigham S. 176. [15]) Brigham S. 184. [16]) Brigham S. 185.

(Thurston-Lake), Überlauf 19. Juli. Der Kraterschacht war 1893 durch Überlauf mehr und mehr aufgefüllt worden, während bis Juli 1894 zugleich eine starke Hebung des Kraterbodens eintrat (60 m); 7. Juli 1894[1]) Überlauf der Lava; 11./12. Juli starkes Sinken des Lavaspiegels. Aber erst am 6. Dez. 1894 verschwand die Lava ganz, um am 3. Jan. 1896 wieder zu erscheinen, und am 28. Jan. abermals zu verschwinden[2]). Vom 11. Juli bis Anfang August 1896 war wieder ein Lavasee vorhanden[3]).

Vom 25. Aug. bis 12. Sept. 1901 [und — bzw. oder — 1902?][4]), sowie vom 25. August 1902 bis 23. August 1903 war im Krater ein Lavasee tätig[5]), dann wieder vom 25. Nov. 1903 bis 10. Jan. 1904[6]), vom Nov. 1904 bis Mai 1905[6]) und vom 2. Dez. 1905 bis April 1906, vom 12. Mai 1907 an, im Juli und am 20. Nov. 1907 für kurze Zeit[7]); ferner vom Dezember 1907 bis 4. Sept. 1908[8]), vom 7. Sept. 1908[9]) bis Sept. 1911[10]) und von Anfang 1912 bis Dez. 1912[11]), während das Jahr 1913 ruhig blieb und sich auch 1914 nur spärlich flüssige Lava zeigte[12]). Die prachtvollen Tätigkeitsäußerungen während der beiden letzten Perioden sind von R. A. Daly[13]), A. Brun[14]), F. A. Perret[15]), Day und Shepherd[16]) anläßlich ihrer wichtigen Untersuchungen ausgezeichnet beschrieben worden.

Gegen Ende 1914[17]) war wieder ein Lavasee im Kilauea vorhanden (im November 140 m unterm Kraterrand). —

Wenn man sich nach den vorliegenden Nachrichten ein Bild der vulkanischen Tätigkeit im Hawaii-Archipel machen will, so erkennt man, daß — außer einem zweifelhaften, später zu besprechenden unterseeischen Ausbruch fern im Westen — nur der Südosten noch in geschichtlicher Zeit tätig war; an 2 Stellen ist vereinzelte, an 2 andern sehr häufige Tätigkeit festgestellt: am Mauna Loa und Kilauea, deren meist unabhängiges Verhalten bei größter räumlicher Nachbarschaft und starkem Höhenunterschied das Aufsehen der wissenschaftlichen Welt ebenso erweckt hat, wie die eigenartige Tätigkeit mit ihrem starken Vorwiegen der Lavaergüsse vor der Lockerförderung. Am weitesten geht die Geschichte des Kilauea zurück,

---

1) Brigham S. 187 ff. 2) Brigham S. 192. 3) Brigham S. 196.
4) Brigham S. 200 (Unklare Angaben!).
5) Brigham S. 200—202. 6) Brigham S. 202. 7) Brigham S. 206, 209.
8) Brigham s. 209—215. 9) Brigham S. 217.
10) Americ. Journ. of Science XXXV, May 1913.
11) Bull. Geol. Soc. of America XXIV, S. 584.
12) Weekly, Bull. of the Volcano Observatory, Honolulu seit Jan. 1913.
13) The nature of volcanic action. Proc. Am. Ac. of Arts and Sciences. Boston Mass. 1911. XLVII, Nr. 3.
14) Recherches sur l'exhalaison volcanique. Genf und Paris 1911.
15) Verschiedene Aufsätze im Am. Journ. of Science XXXV und XXXVI.
16) Water and volcanic activity, Bull. Geol. Soc. Am. XXIV, S. 573—606.
17) Jaggar in Am. Journ. of Science XXXIX, 1915, S. 168.

der nach den durch Ellis mitgeteilten Eingeborenen-Überlieferungen ehedem eine sehr viel bedeutendere Tätigkeit entwickelt hat als gegenwärtig (s. oben!). Seitdem der Vulkan unter genauerer und wissenschaftlicher Überwachung steht (1. Drittel des 19. Jahrhunderts), ist seine Tätigkeitsintensität viel geringer gewesen als die des benachbarten Mauna Loa, aber er war häufiger tätig als dieser, wenigstens insofern, als häufiger und länger flüssige Lavaseen in seinem Krater vorhanden waren und die prachtvollen Schauspiele der Lavaspringquellen, -Strömungen u. dgl. mehr boten. Aber diese auf das Innere des Kraters beschränkte Tätigkeit, die zuweilen, aber dann vielfach in weit größerem Maßstab auch beim Mauna Loa sich einstellt, kann für den Morphologen und unter dem Gesichtswinkel der dauernden Bereicherung der Erdoberfläche um Material der Tiefe nicht auf gleiche Stufe gestellt werden mit den Ausbrüchen, deren Produkte nach außen sich wenden: sie bleiben der Erdoberfläche erhalten, wenn auch ihre Formen oft rascher Zerstörung anheimfallen; die Gebilde der Binnenausbrüche sind häufig äußerst vergänglich, ihr Material fällt nicht selten wieder dem Tiefenmagma zu. Insofern sind die Außeneruptionen erdgeschichtlich von viel größerer Bedeutung als die Binneneruptionen, denn ihr Fördermaterial ist als eine endgiltige Bereicherung der Erdoberfläche anzusehen.

Aus diesem Grunde ist es von besonderem Interesse, die Außenausbrüche beider Vulkane miteinander zu vergleichen, und da ergibt sich, daß seit der Zeit, wo beide Feuerberge im Lichte der Geschichte stehen, der größere Mauna Loa viel häufigere und zugleich viel bedeutendere Lavaergüsse nach außen gehabt hat, als der Kilauea, von dem nur 3 solcher Ausbrüche seit 1832 (der Zeit des ersten bekannten Ausbruchs des Mauna Loa) verzeichnet sind. Bemerkenswert ist dabei noch, daß 2 derselben (die unbedeutenderen: 1832 und 1868) zeitlich fast ganz mit solchen des Mauna Loa zusammenfielen und nur der Ausbruch von 1840 völlig unabhängig war. Leider fehlen genaue Maßbestimmungen der Lavaförderung der Ausbrüche; aber es ist offenbar, daß dieselbe sehr stark hinter der der zahlreicheren und meist viel größeren Mauna-Loaergüsse zurücksteht. Wohl liegen auch von diesen nur einzelne Maßschätzungen vor, aber sie genügen, um es wahrscheinlich zu machen, daß die Lavaförderung des Mauna Loa nach außen im Jahrhundert 2—3 cbkm erreichen dürfte[1]), während ich den Eindruck habe, daß der Kilauea bei Annahme der gegenwärtigen Förderungsfähigkeit vielleicht noch nicht 1/4 cbkm Lava im Jahrhundert nach außen senden dürfte[1]). Ich muß freilich zugeben, daß es sich hier nur um einen Eindruck meinerseits handelt, und daß spätere Messungen der Fördermengen nicht unwesentliche Berichtigungen bringen könnten; aber die Angaben geben

[1]) Die offenbar zu hohen Zahlen Pencks sind hier außer Betracht gelassen.

wenigstens einen Begriff dafür, wie etwa beide Nachbarvulkane bezüglich ihrer Förderleistung sich zueinander verhalten dürften.

Die mittlere Ruhepause zwischen zwei Ausbrüchen ist beim Mauna Loa ungefähr 7 Jahre; beim Kilauea sind die Außenausbrüche dagegen sehr ungleichmäßig verteilt und der letzte liegt so weit zurück, daß eine Mittelbildung kaum möglich ist.

Die Reichweite der Hawaiivulkane überschreitet kaum die ihrer allerdings sehr ausgedehnten, flachen Kegel, wie solches bei Lavaförderung ja vorwiegend der Fall ist. —

Im Gebiet der Leeward-Inseln von Hawaii hat nach C. Elschner[1]) vielleicht 1906 kurz vor dem Kalifornienbeben ein unterseeischer Ausbruch stattgefunden; wenigstens berichtete Kapitän Schlanner, der Leiter der inzwischen aufgelassenen Phosphatwerke von Laysan, daß er damals auf der Reise von Laysan nach Honolulu bis in die Nähe von Kauai die See voll von driftenden Bimssteinen gefunden habe. —

[Völlig unbegründet war die Nachricht vom Untergang der Gesellschaftsinseln Raiatéa und Borabora 1878[2]) durch vulkanischen Ausbruch.] —

Die Zahl der mir bekannt gewordenen unterseeischen Ausbrüche des Stillen Ozeans ist außerordentlich gering; einmal sind Nachrichten über derartige Ereignisse überhaupt sehr spärlich vorhanden, worüber man sich bei der verhältnismäßig dünnen Befahrung des riesigen Weltmeers nicht wundern kann, und andererseits sind die Nachrichten auch so sehr zerstreut, daß es ungemein schwer halten dürfte, sie auch nur annähernd vollständig zusammen zu bekommen.

Einen Ausbruchspunkt südöstlich der Galapagos in ca. $83^1/_3$ WL. und $7^1/_2{}^0$ SBr. hat Rudolph auf seiner Übersichtskarte (nicht im Text!) angemerkt.

Einige Nachrichten beziehen sich auf die Gebiete bei Juan Fernandez. Nahe Bacalao Head fand 1 Seemeile von der Insel entfernt zur Zeit des chilenischen Bebens vom 20. Febr. 1835[3]) ein starker unterseeischer Vulkanausbruch mit Flutwelle statt.

Am 12./13. Februar 1839[4]) stiegen nach einem Seebeben wechselnd gestaltete Inseln auf; auch wurde am 13. eine Helle mit wiederholtem Aufleuchten gesehen. Die nördliche Insel lag in 33° 34′ SBr. und 76° 49′ WL., die südliche in 33° 40′ SBr. und 76° 51′ WL.

Eine weitere submarine Ausbruchsstelle gibt Rudolph auf seiner Übersichtskarte in ca. $78^1/_3{}^0$ WL. und $33^1/_3{}^0$ SBr. an.

---

[1]) The Leeward Islands of the Hawaiian Group. Honolulu 1915. S. 36.

[2]) C. W. C. Fuchs in Tschermaks min. und petr. Mitt. II, S. 102.

[3]) King, Stokes und Fitzroy in Journ. R. geogr. Soc. London VI, 1836, S. 331.

[4]) Rudolph in Gerlands Beiträgen zur Geophysik I, S. 344 f. nach Comptes rendus de l'Ac. Sc. Paris 1839. (Ich habe die Stelle in den betreffenden zwei Bänden vergeblich gesucht.)

[Etwa 100 Seemeilen südöstlich von Juan Fernandez, also in ca. 34° 55′ SBr. und 77° 38′ WL., wurden im Oktober 1867 [1]) — nach einem Seebeben — tote Fische und milchweiße Farbe des Wassers beobachtet. Ob man diese Erscheinungen auf einen unterseeischen Ausbruch beziehen darf, erscheint nicht sicher.]

Eine Reihe von Ausbrüchen bzw. ausbruchsverdächtigen Vorgängen spielte sich in den Randgebieten des Ozeans, so an der südamerikanischen Küste, ab:

[Bei einem Beben am 30. März 1828 [2]), 7 Uhr 32 vorm., wurden auf der Höhe von Lima tote Fische, Trübung des Wassers, Aufsteigen und Platzen von Blasen von Schwefelwasserstoff und — sicherlich nur scheinbares — Anschmelzen der Ankerkette beobachtet; höchstwahrscheinlich nicht vulkanischer Entstehung!]

[Die merkwürdige Erregung des Wassers im Hafen von Callao, wobei beim Beben vom 8. und 9. Jan. 1865 [3]) Wasserstrahlen 12 bis 15 Zoll in die Höhe geworfen wurden, ist nicht als vulkanisches Ereignis anzusehen.]

[In der Nähe der Insel S. Lorenzo bei Callao sah man am 21. April 1860 [4]) nach einem Beben das Wasser in einiger Entfernung von der Küste aufwallen — kaum vulkanisches Ereignis!]

[In 19° 17′ SBr. und 70° 21′ WL., 3 Seemeilen vom Lande wurde am 24. August 1869 [5]), 1 Uhr 25 nachm., ein sehr heftiges Seebeben verspürt. Das Wasser wallte 1 bis 2 Fuß hoch. Flutwelle. Kaum als vulkanisch anzusehen!]

Am 15. Juni 1877 [6]) wurde beobachtet, daß nahe Pisagua (Peru) eine hohe Rauchsäule aus dem Meere aufstieg.

[In 23° 43′ SBr. und 70° 47′ WL. heftiges Seebeben am 9. Mai 1877 [7]) 8 Uhr 20 abends; darauf wurde das Schiff auf einen steilen Wellenberg gehoben und stürzte dann mit tosendem Geklatsch in die Tiefe. — Vulkanisch??]

Im August 1861 [8]) wurde auf der Fahrt von Coronel nach Iquique eine neue Insel gesichtet und eine mächtige Rauchsäule festgestellt. (Keine genauere Angabe des Orts!]

---

[1]) Perrey, Mém. Ac. Bruxelles XXI (1870), S. 192. Rudolph in Gerlands Beitr. I, S. 347.

[2]) Perrey in Mém. Ac. Bruxelles VII, 1858, S. 87 f.; Rudolph in Gerlands Beitr. II, S. 577.

[3]) Rudolph in Gerlands Beitr. I, S. 162.

[4]) Perrey in Mém. Ac. Bruxelles XVII, 1863, S. 26; Rudolph in Gerlands Beitr. I, S. 347.

[5]) Perrey, Mém. Ac. Bruxelles XXII, 1872, S. 73. Rudolph in Gerlands Beiträge I, S. 349 f.

[6]) C. W. C. Fuchs in Tschermaks min. u. petrogr. Mitt. I, S. 112.

[7]) C. W. C. Fuchs in Tschermaks min. Mitt. 1878, S. 120; Rudolph in Gerlands Beitr. I, S. 351 f.

[8]) Perrey in Mém. Ac. Bruxelles XVII, 1865, S. 53; Rudolph in Gerlands Beitr. I, S. 347.

[Nach Fitzroy erfolgten am 20. Febr. 1835 2 Explosionen in der Bucht von Concepcion, eine einer Rauchsäule gleichend, eine andere dem Blasen eines großen Wals; das Wasser schien überall zu kochen. Letzteres war beim Beben von 1822 auch in der Bucht von Valparaiso der Fall. Darwin[1]) machte darauf aufmerksam, daß diese Erscheinungen keine tiefliegende Ursache zu haben brauchten, und daß Blasen und Schwefelgeruch auf faulende organische Maßen im Schlamm zurückgehen können.]

Am 18. Januar 1878[2]) sah' man zwischen Wellington Island und dem Festland um 5 Uhr und 9 Uhr 29 vorm. eine über 300 m hohe Rauchsäule aufsteigen.

Am 10. Dezember 1876[3]) wurde unter 65° 15′ SBr. und 75° 12′ WL. ein etwa 30 m hoher Hügel im Meer sichtbar; der Boden rauchte und war glühend heiß; am 11 Dez. 6 Uhr vorm. war die Insel schon kleiner, um 8 Uhr verschwunden. —

Andere unterseeische Ereignisse wurden in der Nähe der südsüdwestlichen Umrandung der Südsee beobachtet.

[Das von Rudolph[4]) für 51° 44′ SBr. und 170° 49′ ÖL. gemeldete Ereignis vom 17. Nov. 1865, 7 Uhr 20 vorm., (schweres Erzittern des Schiffs) ist nur als Seebeben aufzufassen und ist auch so in Rudolphs Karte eingetragen].

Am 1. Dezember 1877[5]) erfolgte ein unterseeischer Ausbruch in ca. 38° SBr. und 178° 30′ ÖL., (ungeheures Aufschäumen des Meeres).

---

[1]) Voyage Beagle III, S. 374.
[2]) C. W. C. Fuchs in Tschermaks min. u. petr. Mitt. II, S. 97.
[3]) Ebenda I S. 134 f., Ann. Hydrogr. 1878, S. 234; Gerlands Beitr. I, S. 224.
[4]) Gerlands Beitr. I, S. 357 f. nach Barry in Dublin Quart. J. Sc. VI, 1866, S. 199.
[5]) Globus 34. 1878. S. 16. Rudolph in Gerlands Beitr. I, S. 359.

2. Umrandung.

1. Nordwestliche Umrandung.

a) Kamtschatka und Kurilen.

a) Die Berichterstattung über die vulkanischen Ereignisse von Kamtschatka ist infolge der Entlegenheit des Gebiets und der Seltenheit europäischer Ansiedelungen daselbst sehr dürftig, so daß wir aus der langen Zeit des Bekanntseins des Gebiets (Anfang des 18. Jahrhunderts) gewiß nur einen geringen Teil der tatsächlich stattgehabten Ausbrüche genauer kennen.

Einen Versuch der Zusammenstellung aller früheren Nachrichten hat A. Perrey 1863 gemacht (vielfach unter wörtlicher Mitteilung der einschlägigen Originalstellen)[1]; im übrigen ist der des Russischen Unkundige hauptsächlich auf die Werke von Erman[2]) und K. v. Dittmar[3]) sowie zerstreute Nachrichten neben den Vulkanhandbüchern angewiesen.

Die tätigen und solfatarischen Feuerberge Kamtschatkas sind längs dem Ost- und Südrand der Halbinsel angeordnet. Der nördlichste tätige Vulkan ist der andesitische Schiweljutsch oder Schiwélutsch (3016 oder 3215 m?). Seine Ausbrüche sollen nach Erman[4]) mit denen des Kljutschew abwechseln; besonders tätig zwischen 1790 und 1810. Nach Erman hat der Berg im 19. Jahrhundert mehrfach geraucht; Lavaströme hat Erman nicht beobachtet.

1829 war der Vulkan ruhig. 1854[5]) 17. Febr. begann ein mehrmonatlicher starker Ausbruch, der mit bedeutenden Einstürzen verbunden

---

[1]) Documents sur les tremblements de terre et les phénomènes volcaniques dans l'Archipel des Kouriles et au Kamtschatka. Ann. de Sciences phys. et nat., d'Agriculture et d'Industrie 3e Sér. Tome VIII. Lyon 1864. S. 209—374.

[2]) Reise um die Erde; hist. Abt. Berlin 1848. III.

[3]) K. v. Dittmar, Reisen und Aufenthalt in Kamtschatka 1851—55. St. Petersburg 1900. (Mir war das Werk leider nur teilweise zugänglich!).

[4]) A. a. O. III, S. 262. Während A. v. Humboldt von großen Ausbrüchen im Jahre 1739 (Kosmos IV, S. 388) spricht, sagt Erman ausdrücklich, daß er 1735 bis 1740 ruhig war. — Perrey S. 320 Anm.

[5]) v. Dittmar, Reisen II, S. 22.

war. Bogdanowitsch[1]) fand 1898 noch ein rauchendes Kegelchen vor, das von diesem Ausbruch stammte, hat aber keine Lava gesehen, die nach v. Dittmar geflossen sein sollte.

Die Kljutschewskaja Ssopka (4916 m) ist der am häufigsten tätige Vulkan der Halbinsel; er war seit Menschengedenken tätig und hat nicht selten große Ausbrüche gehabt[2]). Erman[3]) hörte von den Eingeborenen, daß Lavaausbrüche von je etwa einer Woche Dauer sich alle 7—10 Jahre zu wiederholen pflegten. Krascheninnikow[4]) erfuhr, daß der Berg jährlich zwei- oder dreimal Asche auswerfe. 1727—31 hat der Vulkan andauernd gebrannt (lange glühende Lavaströme!)[3]) [4]). 1737[3]) 6.—14. Okt. neuen Stils flossen Lavaströme mit ungeheurem Lärm weit abwärts und waren so mächtig, daß der ganze Berg wie ein glühender Stein aussah. Die gegen Ende des Ausbruchs (4. Nov.) in großer Menge ausgestoßene Asche wurde seewärts getrieben. Überschwemmungen dauerten bis April 1738. (Vgl. Krascheninnikow S. 83 und 86.)

Weitere Ausbrüche sind berichtet für die Jahre [1739][5]) und 1740[6]). 1762[7]) erfolgte Flammenauswurf; starke Überschwemmungen von Schmelzwassern. Die Aschen wurden über 300 km weit getrieben. Bis zu dieser Zeit war der Berg spitz, dann wurde der Gipfel ein Plateau und seit 1772 bildete ihn eine Lavakuppel[8]).

1767[7]) [9]). Leichterer Ausbruch. 1787, Sept., geringe Tätigkeit (La Pérouse).

1788[10]) Februar dicker Rauch, und August Auswurf von Flammen und Aschen; Sandregen auf 100 Werst.

1789[11]) 1. Dez. neuen Stils: Getöse, Flammen-, Aschen- und Steinauswurf. Sauer spricht (Reise, Weimar 1803, S. 267) von den Flammen des Vulkans.

1790[12]) Januar und Februar, Flammen-, Stein-, Sand-, und Lavaausbruch; die ganze Umgebung wurde mit viel Sand überdeckt.

[Der für 1795[13]) erwähnte Lavaausbruch, von Erman nach Haus angeführt, hat nach Perrey schon 1788 stattgehabt; doch ist nicht ausgeschlossen, daß Erman einen anderen Bericht eingesehen hat. Der von Erman III S. 356 gegebene Hinweis blieb mir freilich unverständlich.]

---

1) Pet. Mitt. 1904. S. 148.
2) v. Dittmar, Reisen II, S. 22.
3) Erman a. a. O. III, S. 354 f. Perrey S. 345 f.
4) Beschreibung Kamtschatkas. Lemgo 1766. S. 86.
5) Perrey S. 272 nach Keferstein, also einer Quelle dritter Hand, daher unsicher!
6) G. W. Stellers Beschreibung von Kamtschatka, Frankfurt (und Leipzig) 1774, S. 45.
7) Coxe, Die neuen Entdeckungen der Russen, Frankfurt und Leipzig 1783, S. 5.
8) D. Haus in Mém. Soc. imp. des Naturalistes de Moscou II, 1809, S. 197.
9) Perrey S. 274. A. v. Humboldt spricht von Ausbrüchen 1767 u. 1795 (Kosmos IV, S. 389).
10) Perrey S. 284 nach D. Haus (der den Berg etwa in diesem Jahr bestieg) und Journ. hist. de Voyage de Lesseps, Paris 1790, I, S. 176 ff.
11) Perrey S. 287.
12) G. Sarytschew, achtjährige Reise. Leipzig 1805. I, S. 185. Perrey S. 288.
13) Perrey S. 292 und 346, besonders die Anmerkung 1 daselbst.

Anfang 1807[1]) waren nach v. Langsdorff Flammen und Rauch des Vulkans auf 300 Werst sichtbar.

[Für 1810 erwähnt Perrey — S. 293 — nach Keferstein einen Ausbruch.]

1812[2]) September, Dampf- und Aschenwolken.

1813[3]) Februar, zeigte der Vulkan Flammen. Öfters fanden leichte Aschenauswürfe statt.

1819[4]) war der Vulkan sehr tätig und rauchte bis 1822.

1821[5]) Februar, starker Ausbruch nach mehreren heftigen Erdstößen.

Im Juni 1826[6]) spie der Vulkan in Zwischenräumen Feuer aus und mußte, nach der schwarzen Verfärbung des Schnees zu schließen, kurz vorher einen Ausbruch gehabt haben.

Aus dem Vergleich der von Lütke bzw. v. Kittlitz im August 1828 genommenen Höhen- und Umrißzeichnungen mit den Beobachtungen Ermans im September 1829 ergab sich, daß in der Zwischenzeit große Veränderungen in Form und Höhe des Gipfels eingetreten waren[7]).

1829[8]) 9. September starke Lavaergüsse (250 m unterm Gipfel); prachtvolle Lockerauswürfe aus dem Krater und zwei Seitenöffnungen bei und über dem Lavaursprung; letztere schleuderten die Auswürflinge ungefähr senkrecht zum Kegelmantel aus. Ausbruchswolken ca. 600 m überm Krater. Volumen der Lava ca. 0,009061 geographische Kubikmeilen, d. i. ca. 3²/₃ cbkm. Es ist das das höchste Maß, das bisher für einen historischen Ausbruch eines Vulkanbergs angegeben worden ist. Die Zahl kann natürlich auch nur als rohe Schätzung gelten.

1841[9]) Ausbruch; nachher aber nur Dampfaushauchungen, bis im Oktober 1853[9]) wieder ein heftiger Ausbruch einsetzte, bei dem riesige Lavamassen niedergingen. Die Tätigkeit dauerte mit wechselnder Stärke bis zum 17. Febr. 1854.

Es folgt nun eine längere Pause der Berichterstattung, die wohl nur aus der russischen Literatur ausgefüllt werden könnte. Nach Bogdanowitsch[10]) war die Tätigkeit abgeschwächt.

---

[1]) G. H. v. Langsdorff, Reise um die Welt. Frankfurt a. M. 1812. II, S. 266.

[2]) Erman III, S. 356. Landgrebe S. 382. Mercalli nennt irrtümlich S. 296 Tätigkeit im Februar d. J., statt 1813.

[3]) Perrey S. 294 (nach Dobell) und 346.

[4]) Perrey S. 295 (nach Archives des Découvertes 1829, S. 22) und 299.

[5]) Perrey S. 295.

[6]) F. W. Beechey, Reise nach dem Stillen Ozean. Weimar 1832. S. 374. Perrey S. 303. Mercalli und Schneider versetzen den Ausbruch ins Jahr 1825.

[7]) A. v. Humboldt, Kosmos IV (Stuttgart und Tübingen 1858), S. 389 f.

[8]) Erman III, S. 347 ff.

[9]) Perrey S. 369 und 372 nach v. Dittmar, Bull. cl. phys. math. Ac. Sc. St. Pétersbourg XIV S. 246. A. v. Humboldt, Kosmos IV, S. 391.

[10]) Pet. Mitt. 1904, S. 221.

1896[1]) Dezember, war der Vulkan wieder tätig.

1897[2]) 12./14. Nov. stark tätig. Getöse bis Tigil gehört; Asche eben dahin verweht.

1898[3]) 20. Febr., Aschenauswurf (Hypersthen-Augit-Andesit).

Die Tolbatschinskaja Ssopka soll gegen Ende des 17. Jahrhunderts noch geraucht haben, dann aber etwa 40 Jahre ruhig geblieben sein, als plötzlich Anfang 1739[4]) erst eine 'feurige Kugel' den benachbarten Wald anzündete (d. i. glühende Blöcke) und dann eine allmählich sich vergrößernde Wolke folgte, die sich senkte und starke Aschenregen verursachte, wodurch weithin die Schlittenfahrt gehemmt wurde.

1779 begann der Vulkan zu rauchen und rauchte 1788 und 1789 stark [5]).

Der große Ssemjatschik erlitt bei einem Paroxysmus einen Gipfeleinbruch 1790[6]). Im August 1852[7]) zeigte er, nachdem er etwa 10 Jahre vorher wieder zu rauchen begonnen hatte, dunkle Dampfsäulen, die starke Tätigkeit verrieten.

Aus dem kleinen Ssemjatschik stiegen im September 1854[8]) rastlos 'riesige dunkle Damfballen auf und schütteten unaufhörlich Aschenmassen auf die ganze Gegend aus'.

[Der Shupanof rauchte mehrfach und ließ um die Mitte des 19. Jahrhunderts eine leichte Dampfsäule aus dem nördlichen Krater aufsteigen; aber es ist kein Ausbruch bekannt. Andere solfatarisch tätige Vulkane sind Künzekla, Uson, Kisimen, Kichpinytsch, Tschaotsch, Utaschut, Ksudatsch nach v. Dittmar; doch werden noch von anderen Vulkanen [9]) zuweilen Exhalationen berichtet.]

Der Kosel, der nach Perrey[10]) am 28. Okt. 1852 sowie 1855 tätig gewesen sein soll, ist nach v. Dittmar (S. 32) eine Kraterruine, in der sich die Awatscha (oder Gorelaja Ssopka) 2661 m erhebt. Dieser Vulkan hat zahlreiche Ausbrüche gehabt und rauchte nach v. Dittmar ständig.

1737[11]) Spätsommer, starker Aschenfall (fast 2 Zoll Asche in der Umgebung). 17. Oktober starkes Beben, Flutwelle von 6,4 m Höhe; eine

---

[1]) Referat im 'La Géographie', Paris 1901, S. 23, nach Slunin.

[2]) Bogdanowitsch in Pet. Mitt. 1904, S. 61.

[3]) Beim Notieren dieser Tatsache hatte ich die Quelle anzugeben vergessen und habe mich später vergeblich bemüht, sie wieder zu finden.

[4]) Krascheninnikow S. 85. Erman III, S. 403—405.

[5]) Lesseps I, S. 188. Perrey S. 288 und 287.

[6]) Mercalli S. 296.

[7]) K. v. Dittmar, Reisen II, S. 25. Pet. Mitt. 1860, S. 66. Perrey S. 231, 371.

[8]) v. Dittmar, Reisen II, S. 28. Perrey S. 243 f.

[9]) A. v. Humboldt nennt (Kosmos IX, S. 387) den Opalinskischen Vulkan im äußersten Süden 'überaus tätig' am Ende des 18. Jahrhunderts.

[10]) S. 371 nach der Revue contemporaine von 30. Sept. 1857, S. 715 f.

[11]) Erman III, S. 536 und 538 f. Sehr eigenartige Erscheinungen!

Viertelstunde später noch stärkeres Beben; Flutwelle, örtlich 64 m hoch; vulkanische Wolke über dem Vulkan; Lavaerguß und Gletscherlauf; Schlacken- und Aschenauswurf aus seitlichen Spalten und Seitenschlot.

1772 oder 1773[1]) Ausbruch.

1779[2]) Juni, starker Rauch-, Aschen- und Lapilliausbruch.

1789[3]) November, Dampf ausstoßend.

1827[4]) Frühjahr: Sonne verfinstert; feine weiße Asche fiel fingerdick. Aschenwolke in 3300 m Höhe fächerförmig ausgebreitet. 8. August[5]) starker Sandregen, heftiger Schwefeldunst; Aschenfall bis Peterpaulshafen.

1828[6]) 17. April 8 Uhr vorm., Aschenregen, Schwefelgeruch; 12 Juni 7 Uhr vorm., Donnern, unerträglicher Schwefelgeruch; Schmelzwasserstrom?

[Der Report der Krakatoa-Commission der Royal Society (London 1888) führt S. 386 Dämmerungserscheinungen des Jahres 1837 auf die Awatscha zurück. Doch ist kein Ausbruch derselben bekannt. Perrey erwähnt freilich S. 366 f. einen Bericht von Du Petit-Thuars, wonach zwar die Awatscha oder 'Koriatskoi' im August dieses Jahres oben völlig schneebedeckt war, dagegen der Koselkoigipfel leichten Dampf aufsteigen ließ und oben keinen Schnee trug.]

1855[7]) Ausbruch des Vulkans.

Die Korjaka (3500 m) erhebt sich neben der Awatscha; sie wurde von K. v. Dittmar als ruhend angesehen, hat sich aber in jüngster Zeit doch als tätig erwiesen.

1895[8]) Ausbruch.

Ende des 19. Jahrhunderts[9]) leichtes Rauchwölkchen.

Die Mutnowskaja Ssopka[10]) (2414 m) erlitt bei einem heftigen Beben 1848 einen Gipfeleinsturz und stieß 1852, 1853 und Anfang 1854 schwarzen Rauch aus.

Im Frühling und Sommer 1898 war Feuerschein über der Mutnowskaja sichtbar[11]).

1828[12]) Juni sammelte Postels in Peterpaulshafen Asche, die durch einen Südwestwind 120 Werst von der Assatscha hergeweht worden sein

---

[1]) v. Hoff V, S. 23 (nach Mém. Ac. St. Pétersbourg 1833 II, S. 11—28, wo ich vergebens danach suchte). Perrey S. 276. Postels in Lutké III, S. 83.

[2]) Voyage by Cook and Clerke, London 1782, II, S. 234 f. v. Hoff V, S. 38. Perrey S. 276 ff.

[3]) v. Hoff II, S. 417. Quelle nicht genannt. V, S. 88. Rauch um 1790 nach Sauer S. 276.

[4]) Erman III, S. 494. Postels in Lutké III, S. 68.

[5]) v. Hoff V, S. 271. Anm. 1. Nach Perrey S. 306 ff. auch im Oktober tätig.

[6]) Erman III, S. 76 Anm. Postels III, S. 68. [7]) v. Dittmar, Pet. Mitt. 1860, S. 66.

[8]) La Géographie 1901, S. 23 nach Slunin.

[9]) Bogdanowitsch in Pet. Mitt. 1904, S. 172 f.

[10]) Bogdanowitsch ebenda S. 198 f. K. v. Dittmar hatte (Pet. Mitt. 1860, S. 66 und Reisen II, S. 32) diese Erscheinungen mit Unrecht der Assatscha zugeschrieben.

[11]) Pet. Mitt. 1904, S. 199. [12]) Lutké III, S. 66. v. Hoff V, S. 302.

sollte. Falls die Herkunftsangabe zuverlässig wäre — was wohl schwer nachweisbar sein dürfte — müßte also auch die Assatscha noch als tätig betrachtet werden. Es ist aber sehr wohl denkbar, daß diese Asche von einem der Nachbarn herrührte (etwa der Awatscha, die um jene Zeit tätig war, s. oben). Es ist aber zu beachten, daß als Herkunftsort der am 15./16. März 1907 in Petropawlowsk gefallenen Asche ebenfalls die Assatscha genannt wurde[1]).

[Am 10. Mai 1814 soll 2 Uhr nachm., etwa 400 m von der kamtschadalischen Küste unter starken Detonationen, Aufsteigen von Flammen und dicken Dampfwolken nebst Auswurf ungeheurer Erd- und Steinmassen ein unterseeischer Ausbruch erfolgt sein, der eine 3 m hohe Insel schuf[2]). Da für dieselbe Zeit eine ganz gleichartige Inselbildung im Asowschen Meer berichtet und dabei ausdrücklich von verhärteten Schlammassen gesprochen wird[3]), so scheint es mir wahrscheinlich, daß ein pseudovulkanischer Ausbruch zwar im Asowschen Meer stattfand, aber mit Unrecht auch für die Küste Kamtschatkas gemeldet wurde. Auch die Nachricht einer Inselbildung bei Unalaschka 1814[4]) wird zu streichen sein, um so mehr, als Grewingk nichts davon weiß.] —

Bei der Dürftigkeit der mir zugänglichen Nachrichten kann ich mir kein klares Bild von der gesamten vulkanischen Tätigkeit Kamtschatkas machen. Deutlich tritt jedoch die überragende Bedeutung des Kljutschew hinsichtlich der Häufigkeit wie der Förderleistung seiner Ausbrüche hervor (wenigstens bis zur Mitte des 19. Jahrhunderts, um welche Zeit der Vulkan in eine Epoche abgeschwächter Tätigkeit eingetreten zu sein scheint). Man darf wohl annehmen, daß Ermans Schätzung der Lavaförderung 1829 um ein wesentliches zu hoch gewesen sein dürfte, auch geht aus den Nachrichten das eine hervor, daß manche der berichteten Ausbrüche wenig bedeutend waren; aber immerhin gehört der Vulkan zu den großen Förderstellen der Erde, und seine Lavaförderung dürfte bis zur Mitte des 19. Jahrhunderts mehrere Kubikkilometer im Jahrhundert erreicht haben. Auch seine Lockerförderung ist bedeutend, wenn auch vermutlich wesentlich geringer. Aus der Steilheit des Kegels, die zu 33° angegeben ist, muß man aber schließen, daß früher die Lockerförderung vorgeherrscht haben wird.

Nächst dem Kljutschew ist die Awatscha der meist tätige Vulkan; aber die Zwischenräume zwischen den Ausbrüchen sind hier länger und die Lavaergüsse seltener, die Lockerförderung zurzeit überwiegend; sehr

---

[1]) Geolog. Centralblatt XIII, S. 342 nach Karpinski, Bull. Ac. Imp. St. Pétersbourg 1908.

[2]) v. Ungern-Sernberg, Werden u. Sein des vulkanischen Gebirges. Carlsruhe 1825, S. 28.

[3]) v. Ungern-Sternberg a. a. O. S. 29. v. Leonhards Taschenbuch X, S. 476.

[4]) Perrey in Mém. Ac. Dijon 1865, S. 226. Nach v. Hoff II, S. 413 muß man allerdings lediglich einen Zeitfehler annehmen und in dem im Frühjahr 1814 gebildet sein sollenden 3000 Fuß hohen Pik den früher gebildeten Bogoslof erkennen. Postels a. a. O. S. 90.

beträchtlich ist aber auch sie offenbar nicht (wohl unter 1/10 cbkm im Jahrhundert?).

Die übrigen Feuerberge Kamtschatkas haben seltener Ausbrüche, selbst einschließlich des Schiwelutsch; ihre Gesamtförderung dürfte nicht sehr groß sein, so daß der Kljutschew wohl ein Mehr-, vielleicht Vielfaches aller andern Vulkane des Gebiets in historischer Zeit gefördert haben dürfte.

b) Der Kurilen- oder Chishima-Bogen ist zwar ziemlich reich an tätigen Vulkanen und die Berichterstattung setzt auch schon frühzeitig im 18. Jahrhundert ein, aber das Gebiet ist so sehr entlegen und europäischer, ja selbst japanischer Ansiedlungen baar, daß gewiß nur ein kleiner Teil der vorgekommenen Ausbrüche bekannt geworden ist. Dazu kommt, daß sehr häufige Nebel vorüberfahrenden Schiffen die Beobachtung sehr erschweren. Immerhin gewinnt man den Eindruck, als ob die Tätigkeit nicht stark rege wäre. Explosive Tätigkeit wiegt offenbar stark vor, was Milne schon nach der oberflächlichen Betrachtung der Vulkane aufgefallen ist. Eine große Schwierigkeit besteht, wie Perrey [1]) mit Recht hervorhebt, in der unsicheren Nomenklatur der Inseln, da die verschiedenen Synonyme zuweilen recht schwer festzustellen sind.

Milne [2]) hat den Inselbogen etwas genauer beschrieben und eine Zusammenstellung der ihm bekannt gewordenen Ausbrüche gegeben.

Die japanische Vulkankarte, welche der geologischen Übersichtskarte im Maßstab 1:1000000 beigegeben ist [3]), unterscheidet 35 Vulkane auf dem Kurilenbogen, wovon 17 als tätig aufgeführt werden (offenbar einschließlich der nur solfatarisch tätigen, auf die hier einzugehen kein Grund vorliegt). Leider ist von japanischer Seite noch keine eingehendere Veröffentlichung über die Inselreihe in einer europäischen Sprache erfolgt, so daß nachstehende Ausbruchsliste gewiß recht mangelhaft ist.

Alaid, der nördlichste Feuerberg der Inselreihe, etwas nach Westen aus der Hauptlinie verschoben, soll nach A. v. Humboldt 1770 [4]) tätig gewesen sein. Sarytschew, der ihn im September 1789 sah, erwähnte, daß er von Zeit zu Zeit rauchte [5]). Von 1790 ab rauchte er in Zwischenräumen und hatte im Februar 1793 [6]) einen heftigen Ausbruch gehabt. [Im Februar 1821 [7]) sollen bei Beben 2/3 des Kegels eingestürzt sein.]

[1]) Ann. de Sciences phys. et nat., d'Agriculture et d'Industrie. 3e Série. Tome VIII. Lyon 1864. S. 214.

[2]) a) A cruise among the volcanoes of the Kurile Islands im Geol. Magazine N. S. Dec. II, Vol. VI, S. 337—348; b) Nachträge ebenda VII, S. 191 f.; ferner c) The volcanoes of Japan in Trans. Seism. Soc. of Japan IX, Pt. II, 1886.

[3]) Geological Map of the Japanese Empire 1902, Bl. 1, 2 und 4.

[4]) Kosmos IV, S. 397. Milne c) S. 132: 1770 smoke issued.

[5]) G. Sarytschews achtjährige Reise, übers. v. J. H. Busse, Leipzig 1805, I, S. 158.

[6]) M. Sauer, Reise, Weimar 1803, S. 275. Auf Kamtschatka fiel 10 cm Asche. Milne S. 132.

[7]) v. Hoff V, S. 158 nach Stein. Perrey S. 295 und Anm. 4.

1828[1]) und 1829[2]) rauchte er heftig. Überlieferungen von furchtbaren Ausbrüchen in lange vergangenen Zeiten wären vorhanden[3]).

Auf der Insel Paramoshiri verzeichnet die japanische Karte als tätige Feuerberge Mosakiriyama im Norden und Fusspeak im Süden.

[Vom Fusspeak berichtet Milne[4]) Ausbrüche 1737 und 1742. Erman[5]) aber erwähnt nur, daß während der furchtbaren Beben und gewaltigen Flutwellen vom 17. Okt. 1737 in der Meerenge zwischen Paramoshiri und Siumju zwei neue vorher unbekannte Felsmassen gesehen wurden, die offenbar neu gehoben worden waren. Ähnliche Beben und Flutwellen erfolgten im November 1742[6])].

1793[7]) Ausbruch. 1859[8]) kam erstickender Rauch aus dem Krater.

[Die Nachricht Perreys[9]) von einem Ausbruch auf der Insel 'Shuam-Shu bei der Halbinsel Alaska' am 22. Juni 1856 bezieht sich wohl auf Siunju (Shumshir) bei Kamtschatka am Ende der Kurilenreihe?, wo um diese Zeit ein Schiff viel Bimssteine passierte.]

Zu den tätigen Vulkanen rechnet die japanische Karte auch die einsame Insel Shirinkijima und auf Onnekotan Kuroishiyama[10]).

Harimkotanjima ist eine kleine tätige Vulkaninsel, von der Milne[11]) einen Ausbruch im Jahre 1883 erwähnt (Landgrebe spricht S. 362 von zwei früher tätigen Vulkanen, Krascheninnikow S. 37 von einigen).

Auf Shashikotanjima (Shiashkotan) nennt die Vulkankarte zwei tätige Feuerberge: North- und South-Peak.

Der Nordpik zeigte im August 1878[12]) Spuren eines kurz vorher stattgehabten Ausbruches und spie (nach Beben 1854 und 55) 1855[13]) viel Rauch unter heftigen Detonationen aus; Schwefelregen.

Das seitlich gelegene Inselchen Ekarumajima wird von der japanischen Karte als tätig aufgeführt; nach Pallas soll der Berg früher Flammen ausgestoßen haben[14]).

---

[1]) Perrey S. 219 nach Postels. [2]) Erman III, S. 525.

[3]) Sauer a. a. O. S. 275. Perrey S. 291. [4]) Milne c) S. 135 und 169.

[5]) Reise um die Erde, hist. Abt. Berlin 1848. III, S. 538 f. Perrey S. 247.

[6]) Krascheninnikow S. 35. Perrey S. 218. [7]) Postels S. 89. Perrey S. 218.

[8]) Perrey, Mém. Ac. Bruxelles 1865, S. 22 nach Osten-Sacken (Mercalli und Schneider schreiben 1857). [9]) Mercalli S. 344. Vgl. Perrey S. 240.

[10]) Landgrebe erwähnt hier (S. 362) Asirmintar (nach Milne: kleine Insel) als einst tätig.

[11]) Milne c) S. 169. [12]) Milne c) S. 137 f.

[13]) Perrey S. 214 ff. nach Bull. Soc. Nat. Moscou II, S. 671 ff.

[14]) Milne c) S. 138. Es ist mir nicht gelungen, die auf die Kurilen Bezug nehmenden Stellen in Pallas Werken, soweit sie mir zugänglich sind, zu finden; es scheint mir aber, daß der große Forscher seine Angaben auf einen Aufsatz in den 'Neuen Nordischen Beyträgen' IV (St. Petersburg und Leipzig 1783, S. 112—141) gegründet hatte. Dieser Aufsatz (Neue Beschreibung der Kurilischen Inseln), nach einem russischen Original geschrieben und aus Nachrichten von Tschernoi, Antipin und Otscheredin entnommen, gibt aber manche abweichende Angaben. Für Ikarma lautet die Notiz: 'Ein darauf befindlicher Vulkan wirft zuweilen Feuer aus'. (S. 122.)

Die noch mehr seitlich gelegene Insel Chirinkotanjima war nach Pallas im 18. Jahrhundert stark tätig, Steinauswürfe, gelegentlich Lavaerguß[1]).

Raikokejima hatte 1778[2]) einen heftigen Explosivausbruch, der die Bewohner von der Insel vertrieb. [Am 8. Januar 1780[3]) soll ein starker Flammen- und Steinausbruch stattgehabt haben; Beben. Nachher soll der Vulkan längere Zeit stets tätig gewesen sein[4]).]

Auf Matuajima liegt ein tätiger Feuerberg, der zu Pallas' Zeit ständig dicken Rauch ausstieß und zuweilen glühende Steine auswarf[5]).

1805 29. Mai, bemerkte v. Langsdorff[6]) fast den ganzen Tag gelbgrauen Rauch.

1878/79[7]) energische Tätigkeit, zuweilen Lavaerguß.

Zwischen Rashuajima und Ushishirijima fand am 12. Juli[8]), zwischen 5 und 7 1/2 Uhr nachm., ein unterseeischer Ausbruch statt; Getöse alle 15 Minuten.

Die Insel Ketoijima enthält nach Milne[9]) einen dampfenden Kegel, der nach Perrey[10]) im Juli und August 1843 starke Ausbrüche hatte. (Von der japanischen Vulkankarte oder den 'Outlines of the Geology of Japan', Tokyo 1900, S. 120 nicht als tätig aufgeführt.)

Von der Insel Shinshirijima (Semussir) führt die Vulkankarte keinen tätigen Feuerberg auf. Milne erwähnt aber einen heftigen Ausbruch im September 1881[11]) am Südende der Insel (Shinshiridake). Die 'Neuen Nordischen Beyträge IV' aber berichten S. 129 von dem Berg Itaikioi: er 'hat

[1]) Milne c) S. 139 und 169. Perrey S. 213. Die Neuen Nord. Beytr. schreiben von Tschirinkutan (S. 122): 'Ein nahe am Strande gelegener Berg raucht beständig und läßt oft Steine herabrollen, wodurch ein herablaufendes Tal entstanden ist'.

[2]) Perrey S. 276 nach Pallas. Die Neuen Nord. Beytr. schreiben zu Rachkoke (S. 123 f.): 'Diese Felsenabsätze aber sind durch den Ausbruch unterirdischen Feuers, welches den Gipfel des Berges gespalten und eine Menge Steine und Asche ausgeworfen, überschüttet worden, und seitdem hat die Insel beständig gebrannt'. 'Der Vormann Schebalin war von diesem vulkanischen Ausbruch Zeuge und bemerkte, daß Stellen des Ufers, wo man sonst bis über 13 Faden Wasser hatte, mit Gerölle und Asche zu Untiefen und Bänken aufgefüllt worden waren'. (Da Schebalins Reise 1778—1780 dauerte, fiel der Ausbruch also in diese Zeit; das genaue Datum ist aber nach dieser Quelle nicht festzulegen; am 8. Januar 1780 fand nur ein starkes Beben statt; ein Ausbruch wird nicht berichtet.)

[3]) Perrey S. 278 nach J. R. Forster. Vgl. Anm. 2: nur Beben!

[4]) Landgrebe S. 362.

[5]) Perrey S. 212 nach Pallas. Die Neuen Nord. Beytr. berichten S. 124 von Mutowa: 'Auf der südlichen Seite liegt eine sehr hohe Bergkoppe, von deren Gipfel beständig ein dicker Rauch aufsteigt und die zuzeiten glühende Steine auswirft und in der Nachbarschaft Gefahr verbreitet'.

[6]) Reise um die Welt, Frankfurt a. M. 1812, I, S. 297. Perrey S. 213.

[7]) Milne c) S. 139 f. 169.

[8]) Milne c) S. 141 f. Jahr leider nicht angegeben. 80er Jahre? Mercalli schreibt S. 298 nach Rudolph 1887; Rudolph selbst aber bezieht sich (Gerlands Beitr. II, S. 586 f.) auf Milnes Schrift, die 1886 erschien!

[9]) c) S. 143. [10]) Zit. von Mercalli S. 298 nach Osten-Sacken. [11]) c) S. 170.

einen platten Gipfel und brannte vormals, weswegen alle Waldung darauf ausgebrannt ist'. [Mercalli erwähnt S. 298 noch einen Ausbruch 1849, Schneider S. 244 außerdem 1239? und 1554.]

Auf der Insel Chirnoijima (Chirpoi) sind zwei Vulkankegel, deren nördlicher (North Brother) 1857[1]) explosiv tätig war und im Mai und Juni 1879[2]) einen starken, mit Hebung verknüpften Ausbruch hatte. Nach Pallas[3]) hatte der Vulkan einst Steine über die ganze Insel geschleudert.

Von den 3 Kegeln der Insel Urupjima dampfen nach Milne c) S. 176 zwei, während die japanische Vulkankarte nur einen tätigen Vulkan aufführt (Suribachijama).

Auf der Insel Etorofujima oder Iturup liegen zahlreiche Feuerberge, darunter 2 tätige:

1. Moyorodake[4]) 1878 stark dampfend, 1883 Ausbruch.
2. Chiripnupuri [der nach Schneider S. 244, 1857 und 1879 tätig gewesen sein soll: Verwechslung mit Chirnoijimas Nordbruder?].

Von den Kegeln der Insel Kunashirijima geben nach Milne c) S. 157 2 noch Dämpfe von sich; die japanische Vulkankarte vermerkt nur einen tätigen Vulkan an: Rausuyama.

Die Fortsetzung der Vulkanreihe führt nach der großen Insel Yezo oder Hokkaido hinein.

Die Nachrichten über die Ausbrüche der Kurilenreihe sind, wie man sieht, außerst lückenhaft, so daß sich daraus kein allgemeines Urteil über die Ausbruchshäufigkeit und Förderungsleistungen der Einzelvulkane und des Gesamtgebiets entnehmen läßt.

---

[1]) Mercalli S. 298 nach O. Esche. [2]) Milne c) S. 170.

[3]) Perrey S. 211. Vgl. Neue Nord. Beyträge IV, S. 129.

[4]) Milne c) S. 148 und 170. Die Neuen Nord. Beyträge schreiben von Etorpu S. 133: 'Eine (der Kuppen) am nördlichen Ende zeigt auf ihrem Gipfel beständig Rauch, auch zuweilen Flammen'. Die Tätigkeit muß also um 1778 ebenfalls ansehnlich gewesen sein.

b) Japan (einschließlich Marianen).

Die Ausbrüche der japanischen Vulkane sind zum Teil durch die Aufzeichnungen japanischer Priester weit zurück zu verfolgen, aber für die europäische Kenntnis sind sicher viele der japanischen Quellen noch nicht eröffnet, so daß unser Wissen über japanische Ausbrüche trotz aller Reichhaltigkeit nur fragmentarisch ist. Da die japanische Zivilisation von Süden nach Norden vorgedrungen ist, so versteht sich, daß aus den südlichen Distrikten schon Ausbruchsnachrichten vorliegen aus Zeiten, in denen die nördlichen Gebiete noch unerforscht waren (Milne). Die ältere europäische Literatur hat nur wenige Nachrichten[1]), und manche von ihnen sind schwer zu deuten wegen ungewöhnlicher Benennungen. In neuerer Zeit haben Edmund Naumann[2]), J. Milne[3]) und J. Friedländer[4]) neben japanischen Veröffentlichungen in englischer Sprache[5]) unsere Kenntnis außerordentlich erweitert. Aber vielfach ist der des Japanischen Unkundige doch noch auf zerstreute Literaturnotizen angewiesen (so für die Zeit nach 1907, über die demnach auch wieder nur ungenügende Nachricht zu geben ist). Die Outlines of the Geology of Japan, Tokyo 1900 S. 117 ff. geben nur ganz knappe allgemeine Angaben.

Die nur solfatarisch tätigen Vulkane sind in der Liste nicht berücksichtigt.

Für Hokkaido (Jezo) reichen die Ausbruchsdaten nur bis zum Anfang des 17. Jahrhunderts zurück, für Nippon (Honshu) aber zum Teil sogar in die Zeit vor Christus.

a) Vulkane der Nasuzone. Diese Zone durchzieht meridional den Westen von Hokkaido und etwa die Mitte von Nord-Nippon. Sie ist reich

---

[1]) Gesammelt von A. Perrey in seinen Documents sur les tremblements de terre et les éruptions volcaniques au Japon (Mém. Acad. imp. Lyon XI./XII. 1861/62. S. 281—390).

[2]) Über Erdbeben und Vulkanausbrüche in Japan. Mitt. d. Deutschen Ges. f. Natur- und Völkerkunde Ostasiens. 15. Heft. Yokohama 1878.

[3]) The volcanoes of Japan (Trans. Seismol. Soc. of Japan IX, Pt. II, 1886).

[4]) Über einige japanische Vulkane (Mitt. d. Deutschen Ges. für Natur- und Völkerkunde Ostasiens XII. Tokio 1909).

[5]) Bull. of the Imp. Eearthquake Investigation Committee (bes. Vol. II, Nr. 1 für die Zeit 1894 bis 1907).

an tätigen und solfatarischen Feuerbergen. Leider sind beide Arten auf der japanischen Vulkankarte wie in den 'Outlines' gleichmäßig mit einem Sternchen bezeichnet, so daß der knappen Aufzählung dieser beiden Quellen nicht zu entnehmen ist, ob Ausbrüche für einen bestimmten Vulkan bekannt sind oder nicht.

Die durch Ausbrüche in geschichtlicher Zeit ausgezeichneten Vulkane sind, soweit bekannt, die folgenden:

Der Tarumaidake auf Hokkaido 903 m hatte nach Friedländer[1]) folgende Ausbrüche:

1739, 16. Aug. Erdbeben. Aschenfall.

1797 Ausbruch.

Zwischen 1804 und 1818 ein Ausbruch.

1819?

1867, 5. April.

1874, 8. Febr., 11 Uhr 35 vorm., und 9. Febr., 4 Uhr vorm. Donner, starker Aschenfall, 3 Zoll hohe Lage; Beben.

1883, 7. Oktober.

1884, 5. November.

1885, 4. Januar[2]).

1887, 8. Okt., Aschenfall in Tomakomai.

1889?

1894, 17. Aug., 6 Uhr nachm., Rauch.

1896, 7. Aug., Aschenfall in Tomakomai.

1909, 11. Jan., Beginn neuen Ausbruchs: Rauchsäule; 22. und 27. Jan., 6. Febr. Aschenfall, 30. März, 7 Uhr vorm. heftige Explosion; dann Aschenfall in Tomakomai; Lava stieg im Krater auf, Brotkrustbomben wurden ausgeschleudert; nach dem 4. April begann die Bildung eines Doms (Staukuppe), der bis zum 23. April so gewachsen war, daß er den Kratertrichter von 600—700 m Durchmesser bis auf einen kleinen Ringgraben auffüllte; eine Woche später war auch dieser durch abstürzende Blöcke ausgefüllt, die Oberfläche des Doms abgeflacht. Am 15. Mai bildete sich an der Südostseite eine etwa 50 m lange, 6 m tiefe Spalte, die große Mengen Rauch und sehr feine Asche von sich gab.

Der Tarumai gehört offenbar zu den häufig tätigen Vulkanen; daß die Ruhepausen in der 2. Hälfte des 19. Jahrhunderts kürzer erscheinen als vorher, hängt wohl nicht bloß mit der früher minder guten Berichterstattung zusammen. Über die Fördermengen haben wir leider kein rechtes

---

[1]) A. a. O. S. 134 und 131 ff.

[2]) Milne in Trans. Seismol. Soc. Japan IX, S. 124. Mercalli führt auch S. 299 (nach Nature 17, III S. 87) zwei Ausbrüche mit starkem Aschenfall für 1886 an.

Urteil. Bedeutend war offenbar die Lavaförderung 1909; aus früherer Zeit ist keine Lavaförderung berichtet.

Der Usudake auf Hokkaido 692 m hatte nach Friedländer[1]) folgende Ausbrüche:

1629, 7. Mai, 3 Uhr vorm. Explosion, schwerer Aschenfall, Flucht der Ainos.

1663, 27. Aug. Große Ascheneruption, 2—3 Zehntel des östlichen Doms brachen ab.

1668, 21. Aug. Explosion, Erdbeben. 22. Aug. heftiger Stoß, vulkanischer Donner, Blitze in der Rauchsäule.

1769, Januar. Ausbruch.

1802 (?).

1822, 9.—15. und 23. März starker Ausbruch nach Bebenserie. 23. März Niedergang einer furchtbaren Lawine von heißen Steinen und Schlamm vom südlichen Kraterwall; Zerstörung des Eingeborenendorfs Abuta-Tokotan[2]).

1853, 15. März (nach Omori[2]) 22. April).

[1854[3]), sah Perry am 27. Mai zwei Vulkane in starker Tätigkeit von der Vulkanbucht aus im Nordosten: Usu und Tarumai? Ein dritter Vulkan entsandte große Flammen: wohl Komagatake.]

1858, 4. März bis Januar 1859.

1910, vom 21. Juli an Beben; Ausbrüche; Bildung von 45 Kraterchen in 3 Zonen am Nordhang; Auswurf von Asche und Steinen, später Rauch, Schlamm und Steinen; zuweilen heiße dampfende Schlammströme gefördert; kein Lavaerguß, Hebung einer 3 km langen, $^3/_4$ km breiten Scholle um einen Betrag bis zu 155 m von August bis November; dann wieder Rückgang der gewonnenen Höhe bis auf 60 m gegenüber dem früheren Stand; auch die Umgebung des Berges wurde (westwärts 3—5 km weit) noch in Mitleidenschaft gezogen (Maximum der Hebung daselbst ca. $2^1/_2$ m, weiter westlich leichte Senkung), wie genaue Messungen zeigten[4]). Dank guter Warnungsorganisation hatte man keine Menschenverluste zu beklagen.

Der Usu gehört offenbar zu den Vulkanen, die beträchtliche Förderung von Lockermassen zeigen. Über die Mengen selbst sind wir freilich nicht unterrichtet. Die Zwischenräume zwischen den Ausbrüchen sind mäßig groß und ziemlich ungleich.

Komagatake auf Hokkaido 1099 m, nach Friedländer[5]):

---

[1]) A. a. O. S. 140.

[2]) Bull. Earthq. Inv. Com. V 1, S. 7 f.

[3]) Perrey, Mém. Ac. Imp. Lyon XII, S. 360 und 381.

[4]) Friedländer in Pet. Mitt. 1912. I, S. 311 f. Simotomai in Ztschr. Ges. f. Erdkunde. Berlin 1911, Heft 10 und 1912, Heft 1. Omori in Bull. Earthq. Invest. Com. V, 1 und 3.

[5]) A. a. O. S. 147 f.

1640, 31. Juli. Große Aschenexplosion. Erdbeben, Flutwelle. Viele Schiffe zerstört, 700 Menschen tot. Aschenfall 1. und 2. August geringer, 3. Aug. wieder stärker. Viele haarige Würmer fielen herab (Peles Haar?). Der Himmel wurde erst am 21. August wieder ganz klar.

1710, 27. Juni Ausbruch[1]).

1784, 9. Febr. Aschenausbruch (?).

1796[2]), 15. Sept. Starke Rauchmengen von der Nordseite aufsteigend.

1856, 24. Sept. Erdbeben. Starker Aschenausbruch; heiße Steine setzten Dörfer in Brand; Bildung eines kleinen sekundären Kraters. Schlammstrom.

[Mercalli erwähnt S. 299 nach Perrey noch einen Ausbruch 1855, Milne[1]) nach Bridgford noch Tätigkeit eines Kraters 1872.]

1888. Kleiner Aschenausbruch.

1905, 20. Aug. Starker Aschenausbruch. Schlammstrom, 40—100 m breit, über 2 km lang nach Oshiramhi. (Dieser Ausbruch leitete nach Omori — Bull. Earthq. Inv. Com. V 1, S. 5 — die Serie von Ausbrüchen der Hokkaido-Vulkane Tarumai 1909 und Usu 1910 ein.)

1909, 3. Febr. 11 Uhr 30 vorm. Kleine Explosion.

Der Komagatake scheint seit seinem geschichtlichen Bekanntwerden nur explosiv tätig gewesen zu sein, und zwar immer nach ziemlich langen Pausen. Die Fördermengen scheinen zuweilen sehr groß gewesen zu sein, sind aber leider nicht genauer zu schätzen (1640 wohl ein Ausbruch erster oder zweiter Größe).

Yakeyama 1320 m (Ugo) auf Nippon (Honshu).

1875. Ausbruch[3]). Näheres über diesen Vulkan oder Ausbruch habe ich nicht finden können.

Südöstlich vom Yakeyama gibt die japanische Vulkankarte einen tätigen Vulkan, Iwatesan 2070 m, an, der der Lage nach mit dem Ganjusan Milnes übereinstimmt. Milne[4]) erwähnt für Ganjusan einen starken Aschenausbruch mit Überschwemmung, 23. Febr. bis 5. März 1686. 13. bis 15. Nov. 1824 ging von diesem oder einem benachbarten Berg ein donnerartiges Getöse aus. Ein Ausbruch (s. Milne S. 171) war es aber nicht.

Zaōsan oder Zoosan (Kattadake) 1964 m.

1890, 16. Jan. Sand- und Steinauswurf[5]).

1897, 14. Jan. 0 Uhr 30 nachts, Detonationen und Rauchemission[6]).

---

[1]) Milne, Trans. Seismol. Soc. IX. 1886. S. 121.

[2]) Broughton, Voyage 1804, S. 94.

[3]) Schneider, Vulk. Ersch. Berlin 1911. S. 244. Mercalli S. 301 nach Marshall.

[4]) Trans. Seism. Soc. Japan IX, S. 116.

[5]) Knüttel in Tschermaks min. u. petr. Mitt. XIV, S. 226.

[6]) Earthq. Inv. Com. II 1, S. 25.

Azumayama 1919 m.

1844 Ausbruch [1]).

1893, 19. Mai, 11 1/2 vorm. starke exzentrische Explosion mit Förderung von 500000 cbm. Auswurfsmaterial [2]). Der Vulkan warf anfänglich nur festes, nachher auch etwas geschmolzenes Material aus [3]).

1894, 16. Febr. und 12. April leichte Aschenausbrüche [2]).

1895, 8. März Rauchemission [2]).

Adatarasan (Numashiriyama) 1420 m. Mercalli, der den Vulkan Adatura oder Dakeyama nennt, gibt nach H. J. Klein (Jahrb. der Astron. und Geophys. Leipzig 1901 S. 261 f., dieser nach Umlauft, Deutsche Rundschau f. Geogr. 1901. XXIII, S. 306) alte Ausbrüche von Schlamm und Sand für die Jahre 1177 und 807 v. Chr. an. Dann scheint der Vulkan nur solfatarisch tätig gewesen zu sein bis 1899.

1899, 24. August 7 Uhr abends und 12. Nov. 7 Uhr 30 abends und

1900, 22. Jan. 7 Uhr morgens, 7. Februar 6 Uhr nachm., leichtere Explosionen.

1900 12. Juli, (4 Uhr nachm. leichter Ausbruch?), 6 Uhr 30 nachm. schwerer zentraler Explosivausbruch mit Förderung von 3600000 cbm Material (neben Dampf Asche und etliche Steine) [4]). Etwa 70 im Krater tätige Schwefelarbeiter wurden getötet. Im Krater lag nachher die Asche 2—7 m tief.

Bandaisan [5]) 1964 m.

806 n. Chr. soll der See Inawashiro infolge eines Ausbruches entstanden sein (nicht der Bandaisan selbst [6])!).

Mehrmals soll der Vulkan Rauch, Feuer und giftige Gase ausgestoßen haben. 1611 entstanden durch Erdschlipfe anläßlich eines schweren Bebens 3 neue Seen. Die Tätigkeit des Berges war aber nur solfatarisch.

1888, 15. Juli 7 Uhr vorm. Getöse, 7 1/2 Beben, 7 3/4 Uhr erhob sich unter gewaltigem Lärm eine dichte Dampf- und Staubsäule etwa 1300 m hoch in die Luft; 15 bis 20 Explosionen erfolgten, deren letzte Gesteinsmassen fast horizontal gegen Norden schleuderte. Inzwischen hatte die von Blitzen durchzogene Staubwolke 5 bis 6 1/2 km Höhe und Regenschirmform erreicht; Dauer des Ausbruchs ca. 2 Stunden. In der Nähe des Bergs

[1]) Mercalli S. 300 nach Omori.

[2]) Bull. Imp. Earthq. Invest. Com. II 1, S. 21 f.

[3]) Mercalli S. 149 nach Omori in Seism. Journ. of Japan III, 1894.

[4]) Bull. Imp. Earthq. Invest. Com. II 1, S. 22. Mercalli S. 300.

[5]) S. Sekiya and Y. Kikuchi, The Eruption of Bandaisan. Journ. Coll. Science. Tokyo 1890, S. 91—172. T. Wada in Mitt. d. deutschen Ges. für Natur- und Völkerkunde Ostasiens V (1889—92), S. 69—74. [Die Angabe eines Ausbruchs von 1894 (Schneider S. 245) finde ich nirgends bestätigt. Auch Omori erwähnt in Bull. Earthq. Inv. Com. II 1 nichts davon].

[6]) Schneider S. 245.

fiel heiße Asche in völliger Finsternis; etwas entfernter, warmer Regen; die niedergehende Erdlawine verwüstete das Nagasetal und überdeckte mehr als 71 qkm. 461 Menschen wurden getötet (mit Ausschluß der infolge von Verletzungen Gestorbenen). Die bewegte Gesteinsmasse maß etwa 1,213 cbkm[1]). Der entstandene ziemlich unregelmäßige Krater zeigte nach dem Ausbruch eine große Spalte, von der Dampfsäulen aufstiegen. Unter dem geförderten Material war keine sichere Spur frischer Lava oder Bimsstein nachgewiesen, es war nur altes zertrümmertes Gestein.

Der Nasuyama 1912 m hatte nach Milne[2]) um 1880 einen Ausbruch, war sonst aber nur solfatarisch tätig. Er soll aber auch im Dezember 1876 und Januar 1877 ungewöhnlich stark geraucht haben[3]).

Shiranesan (Nikkō) hatte Ausbrüche 1649, April 1871 und Juni 1872[4]). Näheres ist leider von Milne nicht berichtet worden.

b) Die Chōkaizone durchzieht den Westrand von Nippon.

Iwakiyama 1588 m[5]).

1600, 22. Februar öffnete sich ein Teil des Berges; er schoß Rauch, Staub, Steine und eine ungeheure Masse Wasser unter furchtbarem Getöse heraus. 5 Monate später wurde ein heftiges Beben verspürt und es wurde unter Auswurf kleinerer Steine für 3 Tage finster; als es hell wurde, zeigte sich, daß der südliche Teil des Vulkans verwüstet war.

Leichte Ausbrüche:

1709 12. April, 1782 12. April, 1794 3. April, 1807 1. April, 1844 24. März.

Schwere Beben suchten 1766 die Umgebung des Berges heim, desgleichen am 13. Jan. 1848 (in Milnes Übersicht S. 120 sind für beide Daten auch Ausbrüche angegeben, im Text jedoch nicht).

[Chōkaisan 2123 m, kein Ausbruch berichtet. K. Schneider schreibt ihm S. 244 in Verwechslung mit dem Ganjusan-Iwatesan Ausbrüche 1686 und 1824 zu.]

Shiranesan[6]) (Kusatsu) 2253 m.

1882, 6. August 1 Uhr nachm., hörte man eine heftige Detonation; Dampf, Schlamm und Steine wurden hoch in die Luft geschleudert; der Schlamm ergoß sich zur Tiefe und erzeugte verheerende Hochwasser des Dokusuigawa. Als der Schulze von Kusats den Vulkan bestieg, sah er 'ungefähr 9 Stellen, aus welchen Dampf, Schlamm und Steine emporgeschleudert

---

[1]) Omori nennt dafür (Bull. Earthq. Inv. Com. II 1, S. 22) 1700 Mill. cbm.

[2]) A. a. O. S. 171.

[3]) C. W. C. Fuchs in Tschermaks min. und petr. Mitt. I S. 109.

[4]) Milne S. 112.

[5]) Milne S. 118—120.

[6]) E. Naumann in Pet. Mitt. Ergh. 108, S. 2 ff. und Taf. I. [In Verwechslung mit dem Shiranesan-Nikko schreibt K. Schneider S. 245 diesem auch die Ausbrüche von 1649, 1871 und 1872 zu.]

wurden'. Große Steine flogen ½, kleinere 2 km weit. Am 9. August bildeten sich an der Südostseite des Berges 4 Öffnungen, denen bis zum 16. August heißes Wasser entquoll, während sie nachher nur noch Dampf lieferten.

70 oder 80 Jahre vorher soll eine ähnliche Eruption stattgehabt haben.

Der Asamayama 2480 m ('Alamo' L. v. Buchs) gehört zu den tätigsten Vulkanen Japans[1]); vorwiegend Explosivausbrüche.

685 n. Chr. starker Aschenausbruch.

1108 August bis Oktober starker Auswurf von Steinen, Sand und Aschen.

[1124 und 1126[2])?]

1527 Mai explosiv.

1528 explosiv.

1532 explosiv. Stein und Aschenauswurf auf größere Entfernungen. Schlammströme schufen viel Schaden an Häusern und Wegen.

1596 1.—5. Mai explosiv, und am 19. August; viele Personen getötet.

1598 explosiv.

1605 Dezember explosiv.

1644 20. Februar „

1645 24. Februar und 21. Mai explosiv.

1647 18. Februar und 25. März „

1648 22. März, 29. August „

1649 17. August „

1651 12. April „

1652 12. April „

1655 25. November „

1656 10. Dezember „

1657 25. November „

1658 24. Juli „

1659 24. Juli „

1660 8. April „

1661 14., 27. April und 21. Okt. „

1669 „

1704 5. Februar „

1706 20. November „

1708 29. Dezember „ (Aschenfall bis Tokio).

1710 13. April „

1711 12. April „ (Aschendecke zolldick).

1717 23. September „

1718 26. September „

---

1) Milne S. 93—107. Omori in Bull. Earthq. Inv. Com. VI, S. 17 ff.

2) Milne a. a. O. S. 107 (in der Liste, nicht im Text erwähnt).

[1719 4. Oktober[1])] explosiv.
1720 6. Juni „
1721 22. Juni „
1722 „
1723 5. Februar und 20. August explosiv.
1728 10. November explosiv
1729 November „
1732 30. Juli „
1733 30. Juli „
1754 7. u. 19. August „
1776 5. September „
1777 mehrere Ausbrüche explosiv.

1783 9. Mai bis 5. August die große Temmei-Katastrophe; 9. Mai bis 25. Juli schwere Schallphänomene bei geringfügiger Rauchentwickelung; dann Detonationen von mächtiger Rauchemission begleitet; 28. Juli gegen Mittag heftige Explosion, deren Aschen bis Tokio flogen; darauf Steigerung der Ausbruchsintensität und des Getöses; 4. August nachmittags Aschenfall bedeutend; 5. August von 8—11 Uhr sehr heftige Ausbrüche, zeitweise Finsternis in Tokio infolge Aschenfalls; Lavaausfluß schon vorher begonnen; kurz nach 10 Uhr stürzte sich unter betäubendem Getöse eine ungeheure Masse von Felsen, geschmolzener Lava und heißem Schlamm (Oni-oshidashi d.i. 'Teufels-Ausfluß') den Nordhang des Berges hinab und lagerte sich wie ein Fächer in der Rokurigahara Ebene ab; ca. 0,3 cbkm frischer Lava kam dabei nieder; 1061 Häuser und 1162 Menschenleben wurden vernichtet, der Azumagawa eine Zeitlang aufgestaut, worauf beim Durchbruch eine gewaltige Überschwemmung entstand. Der Aschenfall war nur vom 3. bis 6. August bedeutsam gewesen auf ca. 11000 qkm Fläche (ca. 0,7 cbkm Masse); lange Peles Haare und zahlreiche Steintrümmer fielen nieder. Vor der Katastrophe hatte sich der Kraterboden immer mehr gehoben, bis offenbar das Gewicht der Lava die Kraterwand durchbrach.

1803 4. Juli, 7. Nov., 20. Nov. explosiv.
1815 28. Februar.
1866
1869 mehrere Ausbrüche.
1875 14. Juni.
1879 27. und 28. September explosiv
1889 „
1894 6 Ausbrüche „
1899 4 „ „
1900 7 „ „

[1]) Milne S. 95.

1901	6	Ausbrüche	explosiv.
1902	1	"	"
1904	1	"	"
1907	3	"	"
1908	5	"	"
1909	9	"	"
1910	10	"	oder sonstige Tätigkeitsäußerungen (Detonationen).
1911	40	"	

Die stärksten Ausbrüche der letztgenannten Jahre waren die vom 31. Mai 1909 11 Uhr 25 nachts. — 7. Dez. 1909 7 Uhr 45 abends Aschenfall auf 190 km gegen OSO bei O: etwa 25000 cbm. — 2. Dez. 1910 8 Uhr 21 abends Aschenfall auf 100 km nach Osten. — 8. Mai 1911 3 Uhr 20 nachm. Aschenfall nach SO. Zuletzt alternierten die Ausbrüche, die alle vulkanianischen Charakter hatten, mit dem Yakedake. Eine zweite Eruptionsperiode fing am 16. Juli 1912 und 17. August 1913 mit heftigen örtlichen Beben an; das Hauptereignis bestand in der Hebung des Kraterbodens (2. Oktober 1912: an einem Tage 30 m!) Ausbrüche am 13., 14. und 21. Dezember 1912 förderten Bimssteine und Blöcke neuaufgestiegener Lava; gegen 6500 qkm wurden mit weißer Asche bedeckt; Ausbruchssäule über 3 km hoch[1]).

Die Tätigkeitsäußerungen dauerten nach Friedländer (MS.) bis 1914 fort. Simotamai berichtet[2]) starke Tätigkeit am 12., 13., 26. und 29. Januar 1914.

Omori, der u. a. die merkwürdigen Schallphänomene der Asamayama-Ausbrüche, sowie die Veränderungen des Kraterbodenniveaus studiert und auf das häufige Zusammenfallen der Eruptionen mit Maxima und Minima des Luftdrucks nach den Beobachtungen von Tokio 1876—99 hingewiesen hat, hat bei der Untersuchung der Ausbruchsverteilung eine Reihe von Fluktuationen von ungefähr $63^1/_2$ Jahren finden zu können geglaubt, die freilich beim vorurteilslosen Prüfen der uns bekannten Ausbruchszeiten nur teilweise deutlich hervortritt. Die große Katastrophe von 1783 betrachtet er als den Erfolg der seit langer Zeit der Ruhe angesammelten vulkanischen Energie. Sie fiel in eine Zeit, die sonst ziemlich selten von Ausbrüchen des Vulkans zu berichten weiß.

Die allermeisten Ausbrüche sind explosiv gewesen; über die Größe der Lockerförderung haben wir leider keine genaueren Nachrichten; sie dürften aber die Lavaförderung ganz bedeutend übertreffen. Letztere ist nur für die Temmei-Katastrophe ausdrücklich berichtet; ihre Menge erreichte

[1]) Nature XCI, S. 143 und Kato in Ztschr. f. Vulkanologie I, S. 279.

[2]) Zeitschr. f. Vulkanologie I, S. 275.

noch nicht die Hälfte der geförderten Aschenmengen (s. oben); aber es ist wahrscheinlich, daß in dem damals geförderten Lockermaterial sehr viel altes Gestein enthalten war und daß die Gesamtmenge, auf geschmolzenes Magma zurückberechnet, noch der Lavaförderung nachstand.

Mit Ausnahme des 18. Jahrhunderts dürfte die Förderung des Asamayama 1 cbkm nicht erreicht bzw. überschritten haben.

Die Reichweite war im allgemeinen mäßig; bei dem Vorherrschen von Westwinden wurden die Aschen zumeist nach Osten getrieben.

c) Die Kampuzone, westlich von Hokkaido und Nord-Honshu streichend, entbehrt tätiger Vulkane mit Ausnahme des Kampuzan (374 m), über den mir aber keine genauere Ausbruchsdaten vorliegen.

d) Die Hakusanzone streicht der Nordwestküste Südhonshus entlang. Sie enthält zwei tätige Vulkane auf einem landeinwärts gerichteten Seitenaste und einen auf der Hauptzone. Der Tateyama (2936 m), mit energischer solfatarischer Tätigkeit, Schlammsprudeln und kochenden Wassern, hatte 704[1]) n. Chr. einen Ausbruch.

Vom Iwōdake[2]) oder Iwosan, Yakedake (2053 m) sind folgende Ausbrüche bekannt:

1585; dann lange Ruhe, so daß der Krater mit Wald bestanden war. [Er soll dann 1875[3]) tätig gewesen sein.] Um 1890 begann die Tätigkeit neu zu erwachen; in der Zeit vom 8. Dez. 1907 bis 18. Aug. 1911 fanden (in Alternierung mit Asamayama-Ausbrüchen!) 33 Ausbrüche statt, deren Aschen meist nach der Ostseite hin geweht wurden (bis 80 km), selten nach Westen (35 km), einmal nach Süden. Obgleich die Aschenfälle gering waren, schufen sie doch nennenswerten Schaden, da die mit Asche beschmutzten Blätter als Nahrung für die Seidenwürmer ungünstig waren. 1907 Öffnung neuen Kraters im alten; Juli 1909 Vergrößerung dieses neuen Kraters; Juli 1911 bildete sich nördlich vom Hauptkrater neue ostwestliche Spalte, aus der die späteren Ausbrüche erfolgten[4]). Die Ausbrüche förderten nur feste Materialien.

Am 5. Februar 1912 wieder starke Aschenregen und Detonationen, elektrische Erscheinungen. Aschenspuren bis Tokio (200 km)[4]).

Am 13. Jan. 1914 nachts starke Paroxysmen[5]).

Der Hakusan in der Hauptzone (2640 m) soll nach Milne[6]) 1554 und 1839 Ausbrüche gehabt haben.

---

[1]) Milne S. 172 (S. 108 nicht erwähnt).

[2]) Omori in Bull. Earthq. Inv. Com. VI 1, S. 90—91. Alternieren der Ausbrüche mit denen des Asamayama S. 100—103.

[3]) Milne S. 107.

[4]) Kato in Ztschr. f. Vulkanologie I, S. 277 f.

[5]) Simotomai ebenda S. 275.

[6]) Milne S. 108.

e) Die Asozone findet ihre Hauptentwicklung quer durch Kyushu, wo allein sich auch Vulkane durch Tätigkeit in geschichtlicher Zeit ausgezeichnet haben: Aso und Unzen[1]).

Aso 1592 m. Seine bekannten Ausbrüche und sonstigen auffälligen Ereignisse, wie Getöse und geiserartige Auswürfe, sind nach Friedländer[2]):

[796, Aug. Der Wasserspiegel des Kratersees von Nakadake sank um 60 m.]

[825. Der Wasserspiegel dieses heiligen Sees sank um mehr als 60 m.]

[840, Oktober, Senkung des Wasserspiegels um 120 m.]

864[3]) 5. Nov., Erdbeben am heiligen See, das Wasser kochte und floß nach Ost und West aus: Schlammströme.

[867, 16. Juni, sonderbares Licht vom Aso; 17. Juni früh starkes Beben, großer Erdrutsch.]

[986, 3. Sept., Aufkochen des Sees.]

1239, Febr., etwa 30 Aschen- und Steinausbrüche.

1240 9 Aschenpinien beobachtet; das Wasser wurde 120—150 m hoch geschleudert.

1265 24. November, Ausbruch.

[1269, August, Rauch stieg vom heiligen See auf.]

[1270, 29. Dez. 4 Uhr nachm., Getöse und Beben.]

1272, 9. April, Sand- und Lapilliregen. 22. Nov., Beben, Auswurf feuriger Steine.

1273, Mitte Sept., Sand und schwarzer Rauch verdunkelten das Tageslicht; Auswurf feuriger Steine.

1274 Austrocknen des Sees; Auswurf feuriger Steine; Felder von Nango und Hokugo verbrannt, Bäche veränderten ihren Lauf: also offenbar recht bedeutender Explosivausbruch.

1281, Juli-August, Donner, Auswurf feuriger Steine.

1286, 23. Aug. 4 Uhr nachm., Donner, schwarze Aschenwolke nach NW.

[1305, 25. April, drei Feuerkugeln, wie die Sonne, stiegen aus dem See auf und flogen nach NO davon.]

1324, 30. Aug., Schwarzer Rauch und feurige Steine stiegen von dem See auf.

1331 Dez., bis Juni 1333 donnerte und lärmte der See, und feurige Steine flogen Tag und Nacht.

1335, 18. März (oder 30./31. Jan.), Sand- und Steinauswurf; schwarzer Rauch verdunkelte den Himmel.

1340, 2. Febr. (oder 1339, 15. Febr.) 4 Uhr nachm., weißer und schwarzer Rauch stiegen auf; der Feuerschlot sandte helles Licht aus wie

[1]) Milne führt S. 172 auch von dem solfatarischen Tsumurisan 1480 m einen Ausbruch vom Jahre 867 an. Die japanische Vulkankarte führt ihn aber nicht als tätig auf.

[2]) A. a. O. S. 88—94. Vgl. Milne S. 5—33. [3]) Milne S. 8 ff.: 865.

Blitze. Feurige Steine wurden ausgeworfen und zerstörten die Tempel von Daigyogi. Später stieg eine große Insel (Niiyama) in der Mitte des nördlichen Sees auf.

1375, 12. Dez. Der mittlere See donnerte, kochte und floß über. Auswurf feuriger Steine.

1376, 23./24. Jan. Überlauf des heiligen Wassers. Auswurf feuriger Steine.

[1387, 11. Juni. Der See kochte 6 m hoch auf und warf Sand, Steine und schlammiges Wasser aus.]

[1388, 8.—10. Okt., Weiße Wolke über dem See.]

[1390. Das Land litt sehr. (Unter Erdbeben?)]

[1434, 1. Mai 2 Uhr nachm., schwarzer Rauch; schlammiges Wasser floß über; 19. Mai, 8 Uhr vorm., Auswurf feuriger Steine.

1437, 31. Dez. 2 Uhr nachm., war der Berg 'sehr feurig'.

1438, 9. Febr., Donner, Beben, feuriger Ausbruch.

1473, 4. Mai, Beben und Rauch. Ende Oktober bis Frühjahr 1474 starker Ausbruch; feurige Steine zerstörten die Tempel.

1484, 27. Dez., Rauch; feurige Steine zerstörten den Tempel. Ein Sandberg bildete sich im nördlichen Teil des Sees.

1505, Februar, Rauch und feurige Steine.

1522, 5. Febr., desgl., zwei Sandhügel bildeten sich im See.

1533, 7. Juli, Aufsteigen schwarzen Rauchs; schlammiges Wasser überflutete die Umgebung.

1558 Bildung neuer 'Höhle' (Krater?).

1559 Bildung zweiter neuer Höhle.

1562, März, Rauch, Sand und Schwefel stiegen auf; das Wasser des Shirakawa wurde trüb und die Fische starben.

1564, Dez., Feuer und Rauchausbruch.

1576, 5. Nov., großer Ausbruch und schwarzer Rauch.

1582, 7. Febr., schwarzer Rauch und Sand, feurige Steine.

[1583, 24. Dez., Überfließen des Sees.]

1584, August, 'Sand und Schwefel fielen und zerstörten die Felder'.

1587 starker Ausbruch. Bildung zweier Sandhügel.

1592 schwarzer Rauch und ein neuer Sandhügel.

1598 Dez. bis 1599. Rauch-, Sand- und Steinauswürfe.

1613, 9. Juli (oder 12. Aug.?), Auswurf bitteren Wassers; Rauch, Sand und Steine fielen im ganzen Distrikt.

[1620 Auswurf bitteren Wassers.]

1631, Dez. Der See donnerte, schwarzer Rauch stieg auf, bitteres Wasser floß über.

1637, 29. Sept. und 4. Okt., schwarzer Rauch stieg auf, Sand und Schwefel fielen.

1649, Juli und Aug., Donner, Rauch, Fallen von Sand, Steinen und Schwefel.

[1651, Februar und Mitte August bis Anfang 1652, Donnern.]

1668, Febr. und Aug., Donnern; Dez. schwarzer Rauch, heiße Steine; heißes bitteres Wasser floß ab.

1675, 16. Febr. 10 Uhr vorm., Donnern, Rauch erhellt; feurige Steine.

[1683, 1. Mai, Donnern, Schlammkochen; Juni Schlammkochen.]

1691, 23. Juni, 10 Uhr vorm., Beginn heftigen Ausbruchs, der Finsternis erzeugte; fallende Steine verwundeten Menschen.

[1708. Das Wasser wurde im südlichen Teil rot; im Januar 1709 trocknete es ein.]

1709, 13. oder 17. Febr., Donner und Beben. Zwischen See und Tempel bildeten sich zahlreiche Löcher, die Schlamm und Sand 4—5 m hoch schleuderten. Bitteres Wasser überschwemmte das Land. Flammen und Steine kamen heraus. 1764[1]) Dez., mehr Rauch als gewöhnlich.

1765, Jan., mehr Rauch als gewöhnlich. Febr. bis Okt. starke Tätigkeit; Steinauswurf; starker Aschenregen auf mehr als 40 km. Die Flüsse Michijiri und Nishigara wurden verschüttet. 30. Juni und 13. Juli Überschwemmung.

[1772—1780 Donner und Beben.]

[1804, 5. Sept. Der heilige See donnerte und bebte und kleine Teiche bildeten sich. 27. Dez. Beben, Bildung kleineren Sees.]

[1806[2]), 30. August, starker Stein- und Aschenausbruch, Überschwemmungen.]

1814, Feuer stieg auf.

1815. Der heilige See trocknete ein (Juni); am Boden erschien ein Schlot, der Feuer- und Schwefelgase, später dichten schwarzen Rauch ausspie. — Auswurf feuriger Steine verdunkelte im Juli Umgebung auf 8 km. Starke Aschenregen bis Oktober. Schlammüberschwemmungen.

1826, 22. November, Donner, Beben, Auswurf von Feuer, Sand und Aschen.

1827, April/Mai, Aschenfall; 12. Nov. (oder Jan. 1828) Bildung neuen Schlots an der Südseite des ersten Tempeltores. 'Viele Leute, die zum Beten kamen, starben etwa 2200 m südlich vom See durch Asche erstickt.'

1830, März. Rauch, Sandfall; 11. August, Donner, Beben; Feuer und Aschenauswurf; Bildung neuen Bergs an N(W)-Seite. (Der Auswurf von Feuer und Steinen dauerte nach Milne — S. 24 — 2 oder 3 Jahre.)

1854, 26. Febr., Donner, Beben, Ausbruch schlammigen Wassers. Der ganze Berg war heiß; drei Leute wurden getötet.

---

[1]) Milne S. 19. [2]) Milne S. 21ff.

1872, 1. Dezember. Starker Aschen- und Steinausbruch (4 Schwefelarbeiter getötet). 24. Dezember, neuer starker Ausbruch. Zahlreiche heiße Quellen brachen hervor und färbten den Shirakawa milchweiß von Schwefel.

1873, März, Beben, Donner, Aschenregen.

1884, 21. März, zwischen 6 und 7 Uhr morgens. Starke Explosion mit Erdbeben. Auswurf großer Steine, Aschenregen bis 30. April. Aschenlage von mehreren Zoll Höhe. 1.—17. Mai Nachlassen der Tätigkeit. 6. Juni neuer heftiger Ausbruch; neuer Schlot bildete sich im nördlichen Teil der drei Seen.

1894, 6. März, Ausbruch von Aschen, Sand, Bimssteinen; 7. März, 24. Mai, 23. Juni Asche und Donner; 30. August Donner.

[1897, Februar und März Donner.]

1906, 8. Juni 5 Uhr nachm., Detonationen und Explosion; Bildung eines neuen Kraters, 7 m breit und 15 m lang, der noch 1909 tätig war.

1908, 29. Januar 9½ Uhr vorm., Explosion.

1914[1]), 13. Jan., Rauchwolke, Aschenregen.

Unter den Vulkanen Japans ist der Aso nicht nur — nach Friedländers Urteil — der größte, sondern auch einer der am häufigsten tätigen. Seit dem Beginn des 13. Jahrhunderts hat jedes Jahrhundert mehrere Ausbrüche erlebt; am ausbruchsärmsten war das 18. Jahrhundert mit nur 3 Eruptionen, deren letzte freilich bedeutend war; alle anderen Jahrhunderte zeigen weit zahlreichere Ausbrüche, und von Zeit zu Zeit stellte sich ein bedeutender ein. Leider ist es aber nicht möglich, eine begründete Schätzung der Fördermengen zu geben; bedeutend sind sie sicherlich.

Die geschichtlichen Ausbrüche scheinen alle explosiv gewesen zu sein, während noch in junger Vorzeit die Lavaförderung stark überwog.

Über besonders große Reichweite der Ausbrüche scheinen keinerlei Nachrichten vorzuliegen.

Der Unzendake 1488 m nach Komada[2]):

1657/58 Bildung eines Explosionskraters im Tal von Akamatsu; Lavastrom von 1 km Länge.

1663 Lavaeruption.

Um 1690 sah man seinen Rauch 3 geogr. Meilen weit[3]).

Ende des Jahres 1791 schwache Detonationen; 18. Jan. 1792 starkes Beben, Detonationen; 4. Febr. Beben am Nordabhang; in der Nacht des 8. Febr. Lavaerguß aus dem Mittelabhang des Handaiwa, mehrere Tage dauernd, über 2 km langer Strom. 1. Febr. neue Eruption oberhalb Handaiwa. 1.—3. März Hunderte von Beben, Spaltenbildungen, Kaltwassererguß.

---

[1]) Simotomai in Ztschr. f. Vulk. I S. 275.

[2]) Komada, Über die Eruption des Maeyama 1792, Referat in der Ztschr. f. Vulk. I S. 282. Vgl. auch Friedländer S. 83 f. und Milne S. 45, welch letzterer den Beginn des Ausbruchs auf 11. Nov. 1791 verlegte.

[3]) Kämpfer, Geschichte und Beschreibung von Japan. Lemgo 1777. S. 121.

9. März Bergsturz am Südfuß des Fuken; 25. März Gasexplosion am Südfuß des Fuken; 1. April (= 21. Mai des Sonnenkalenders) 8 Uhr abends ungeheurer Ausbruch mit heftigen Detonationen und folgender Flutwelle, die östliche Hälfte des Seitenkegels Maeyama wurde in die Luft gesprengt; Aschenregen und Schlammströme, die den Hafen von Shimabara mit 9745 Einwohnern bedeckte; die Flutwelle tötete und verwundete 707 Menschen und zerstörte 3284 Häuser. [Friedländers Darstellung der Ereignisse weicht etwas von dieser ab; das Ereignis vom 21. Mai wird als Erdrutsch gedeutet. In der älteren Literatur wird der Ausbruch als Eruption des Illigigama bzw. Bivo-no-Koubi 1793 bezeichnet, dem ein Menschenverlust von 53000 Seelen zugeschrieben wurde. Ein Verlust in gleicher Höhe wird auch einem Ereignis von 1773 zugeschrieben, das nach Milne S. 47 ein gewaltiger Bergrutsch gewesen sein dürfte. Ein Ausbruch, wie K. Schneider angibt, fand aber damals offenbar nicht statt.]

1820 Schlammströme (vulkanisch?).

[Für einen von Schneider S. 246 erwähnten Ausbruch 1828 fand ich keine Belege.]

f) Der Kirishima- oder Ryukyu-Bogen verläuft vom südlichen Kyushu bis zu den Pescadores Inseln westlich von Formosa.

Kirishimayama 1700 m. Geschichtliche Ausbrüche[1]):

[742, Getöse, starkes Beben, Ausbruch?]

788, 14. April, Flammen und Rauch aus dem Berge Sono; Sandlage 60 cm hoch. Der Berg blieb bis 858 tätig.

945 Feuerausbruch.

1112 Der Berg brannte; der Tempel wurde durch Feuer zerstört.

1167 Ausbruch. [Nach Milne S. 51 war auch 1174 ein starker Ausbruch.]

1235, 18. Jan. Ausbruch, alle Tempel verbrannten.

[1522 Die heiße Quelle von Auraku kam zum Vorschein.]

1524 Ausbruch.

1554 Ausbruch. (Tätigkeit bis 1772.)

1566 Frühjahr Ausbruch, desgl. 21. Okt., Menschenverluste.

1574, Jan./Febr. Ausbruch; Beben. 1576 Feuerausbruch.

1585, 28. Nov. bis nach Jahresschluß Beben, Ausbruch.

1587, 24. Mai Ausbruch und Beben; weißer Dampf öfters über dem schwarzen Rauch.

1588, 7. April Ausbruch. Beben an der Westseite.

[1656, See Taizokai trocknete aus.]

1677, Ausbruch.

1678, 28. Febr. Ausbruch.

1706, 24. Jan. Ausbruch; alle Tempel niedergebrannt.

---

[1]) Friedländer a. a. O. S. 99—101.

1716, 9. Nov. Ausbruch. Einstürze am Seeufer.

1717 Febr. bis 1719 oder 1720 Aschenausbrüche, zuweilen Steinauswürfe. Aschenlage 120—150 cm hoch.

1772 Ausbruch; Schaden, Aschenfall[1]. —

(Weitere Nachrichten fehlen für mehr als ein Jahrhundert).

1880 und 1887 kleinere Eruptionen.

1889, 18. Dez. heftige Explosion. Nachher (bis 1909?) tätig bleibend[1].

1894, 25. Febr., 10 Uhr 30 vorm., Donner und Aschenausbruch.

1895, 16. Juli, 16. Okt., 18. Dez. Donner und Rauch.

1896, 15. März, 26. Juni, 21. Dez. Explosion und Aschenfall.

1897, 4. Sept., 8 Uhr vorm. Explosion.

1898, 8. Febr. Getöse und Rauch, 11. März und 30. Dez. Donner und Explosion.

1899, 28. Juli, 12. Sept., 13. Okt., 7. Nov. Detonationen und Explosion.

1900, 16. Febr., 9 Uhr vorm. Detonationen und Explosion.

1903, 29. Aug. und 25. Nov. Detonationen und Explosion. Im Jahr 1903 fand Auswurf größerer Steine statt; seitdem ist der Krater tätig geblieben. Genauere Nachrichten fehlen.

1913 Juni, 8. Nov., 9. Dez. und 1914, 8. Januar, Ausbrüche[1] [2].

Der Kirishima hat seit Beginn des 16. Jahrhunderts sehr zahlreiche Ausbrüche in geschichtlicher Zeit gehabt; dieser Tätigkeitsepoche mit ziemlich kurzfristigen Zwischenräumen scheint eine 300 jährige Ruhepause, und wenn man auf die sicherlich ungenügende alte Berichterstattung Wert legen will, eine Epoche der Tätigkeit mit langen Intervallen vorangegangen zu sein. Leider ist die Ausbruchsliste der neueren Zeit ebenfalls durch eine lange Lücke unterbrochen, so daß wir kein Urteil über das Verhalten des Vulkans in dieser Zeit haben können.

Die knappen, mir zugänglichen Ausbruchsnotizen lassen nur auf explosive Tätigkeit schließen, und nur einmal (1717) sind bestimmte Angaben über die — auf eine starke Förderung hindeutende — Mächtigkeit der Auswürflingsdecke gegeben. So ist es denn auch nicht möglich, Genaueres über die Förderleistung des Vulkans anzugeben.

Sakurashima[3]) 1143 m.

Um 708 soll sich die Insel erst gebildet haben (zweifellos nur ein starker Ausbruch).

764, Dez. Großer Aschenausbruch, 7 Tage Dunkelheit. Bildung von 3 neuen Inseln bei Kagoshima. [766 Beben.]

[1185—1190[4]). Zwei Inseln wurden in der Nähe gebildet.]

---

[1]) Ztschr. f. Vulk. II, S. 134.

[2]) Nature XCII S. 589. Gerlands Beiträge zur Geophysik XIV S. 107.

[3]) Friedländer a. a. O. S. 103—109. [4]) Milne S. 55 f.

1468. Kleiner Ausbruch.

1471, Okt. Kleiner Ausbruch (bei Kurokamimura).

1473, Mai. „ „

1475, Sept. Starker Ausbruch, 5 Tage Aschenfall.

1476, Juni. Starker Aschenausbruch.

1476, Sept. „ „ Lavastrom im SW. Landbildung.

1478, Sept. „ „

1642, April. Kleiner Gipfelausbruch.

1678, Febr. „ „

1706, Jan. „ „

1742, April. „ „

1749, Sept. „ „

[1756, Sept. Bildung warmer Quelle bei Yokoyama.]

[1766, 20. Mai. Überschwemmung vom Gipfel des Vulkans aus: vielleicht Durchbruch eines Kratersees?]

1779, 29. bis 6. Dez. Beben, Tätigkeit. In der Nacht vom 7./8. Nov. heftige Explosion des Gipfelkraters, desgl. 8. Nov. nachm. Beben; das Wasser in den Brunnen kochte. Gewaltige Rauchsäule, furchtbares Beben, so daß man hinfiel; große Steine verwundeten Menschen und Tiere. Bimssteinlage stellenweise 150—180 m., Aschenlage bis 50 m mächtig. Nach 5 Tagen Nachlassen. Aschenfall in allen Nachbarprovinzen. Gegen Ende des Jahres Bildung mehrerer neuer Inselchen. Schiffahrt durch Bimssteine gehemmt. Todesfälle 140 (nach anderer Quelle 16—17000!).

1780, 9. Febr. 'Wasser brach aus dem Gipfel hervor', viele Menschen ertranken: Schlammströme. Mai, Juni, Sept., Nov. Bildung neuer Inselchen. 9. Sept. und 31. Okt. Ausbrüche.

1781, 11. April. Ausbruch der neuen Insel. Viel Schlamm ausgeworfen.

1783, 3. Sept. Großer Ausbruch. Aschenfall bis Kyoto.

1785, 20. Nov. Großer Ausbruch.

1790, 29. Juli. Kleiner Ausbruch.

1791, 11. Sept. „ „

1792, 11. Okt. „ „

1794 „ „

1797 „ „

1799, 28. März „ „

[1800 (K. Schneider S. 246), nach Friedländer — Gerlands Beitr. XI, Kl. Mitt. S. 314 — zu streichen.]

[1835/36 Bildung der heißen Quellen von Arimura.]

[1860 Bildung anderer Thermen.]

1860 Kleiner Ausbruch.

[1877 Bildung heißer Quelle.]

1878 und 1879 stärkerer Rauch. Später nur Fumarolentätigkeit im Südkrater.

1914[1]), 12. Januar, starker Explosivausbruch nach einigen Beben, erst im Westen, und 10 Minuten später im Osten der Insel; Aschensäule über 6 km hoch, nach Osten gebogen. Bildung 12 neuer Krater. Am 13. Jan. begann der Lavaausfluß aus 7 oder 8 Kratern, wodurch eine Verbindung mit Kyushu hergestellt wurde. Am 13. Jan. abends scheint eine kleine Glutwolke gegen Kagoshima hin niedergegangen zu sein. Der Ausbruch dauerte mit verminderter Stärke am 20. Februar 1914 noch an. Die Asche flog bis Tokio. Dank guter Warnungs- und Vorbeugungsorganisation wurden nur 24 Personen getötet, 48 vermißt. Nach Omori betrug die Lockerförderung 620 Mill. cbm, die Lavaförderung im Westen $^1/_3$, im Osten $1^1/_4$ cbkm.

Der Sakurashima, der in vorgeschichtlicher Zeit offenbar stark vorwiegend Laven gefördert hat, ist in geschichtlicher Zeit hauptsächlich durch Lockerförderung ausgezeichnet gewesen, wenn auch Lavaergüsse nicht ganz fehlten. Beim letzten großen Ausbruch (1914) überwog sie sogar ganz wesentlich, so daß es nicht ausgeschlossen erscheint, daß der Vulkan in eine neue Tätigkeitsepoche und damit in sein früheres Verhalten wieder einschwenkt. Seit dem 2. Drittel des 15. Jahrhunderts gibt die Berichterstattung nach der ersten langen Rast von $1^1/_2$ Jahrhunderten immer wieder Ausbrüche oder Ausbruchsperioden (1468—78, 1779—85, 1790—99, 1878—79) in ungleichen, aber im Durchschnitt mäßigen Intervallen an. Manche der Ausbrüche waren sehr bedeutend, und der Sakurashima hat sogar binnen verhältnismäßig kurzer Frist, wie es scheint, zwei Ausbrüche erster Größe gehabt: 1779 und 1914.

Über die Gesamtförderung in geschichtlicher Zeit haben wir leider kein gut begründetes Urteil.

Die Reichweite der Lockerausbrüche war zum Teil recht bedeutend: 1783 bis Kyoto (600 km). —

Kaimondake (Hirakikiyama Milne, Kaibun Mercalli) am Südende der Satsuma-Halbinsel 927 m. Ausbrüche[2]):

Um 500 v. Chr. Ausbruch (Milne: 510 v. Chr. Bergbildung).

80 n. Chr. (Milne: 71) Beben und Ausbruch (wahrscheinlich auch Ausbrüche 860, 866 und 882, wie man aus Titelverleihungen an den Gott schließen darf!).

874, 17. Aug. Sand- und Aschenausbruch; Getöse ca. 400 km weit gehört.

884, 7. August, nachts starker Sturm, Aschen- und Schlammregen; am 6. Finsternis, Sand- und Steinregen (Milne: 882).

---

[1]) Jaggar in Weekly Bull. Volc. Observ. 1914, S. 48 ff.; Zeitschr. Ges. f. Erdk. Berlin 1914 S. 152. Perret in Ztschr. f. Vulk. I S. 133 ff. Simotomai ebenda II, S. 135.

[2]) Friedländer a. a. O. S. 112 f. Milne S. 42 ff.

885, 23. September, Donnern, Ausbruch, Sandregen, Finsternis. Auf der Nordostseite am 12. Sandlage 12 bis 15 cm tief.

[1443, 28. Juni, Bildung des Kagaminoike-Teiches durch Erdsenkung.]

1615, 8. Juli, starker Aschenausbruch; Anfang (3. und 4.) Oktober besonders stark, Sand und Steinfall, Sandlage 15 bis 30 cm hoch.

Der Kaimondake ist demnach ein Vulkan, der in langen Zwischenräumen Einzelausbrüche oder Ausbruchsperioden mit starker Lockerförderung hat. —

Der durch Schwefelgewinnung bekannte Inselvulkan Iwôshima oder Iwogashima in der Ryukyu-Kette ist nach Friedländer nur solfatarisch tätig. Für die Zeit um 1690[1]) ist starke solfatarische Betätigung und Schwefelausbeutung festgestellt; ebenso für 1596 nach Linschoten, 1804 nach Krusenstern, 1838 nach Blake und 1846 nach Guérin[2]), endlich März 1866 nach Perrey[3]); v. Siebold hält auch 'das felsigte Inselchen' bei Firando, das nach Engelb. Kämpfer[4]) 'seit vielen Jahrhunderten beständig fortbrennen' soll, für Iwoshima[2]). Nach Mitteilung des Schiffs Lithonia an die deutsche Seewarte waren die Vulkane auf Nagarobe und Iwoshima am 15. Okt. 1912 mittags tätig. 13. Februar 1914[5]), 14 Erdbeben und ziemlich starke Tätigkeit des Iwoshima-Kraters. —

Yerabushima führt Mercalli[6]) nach Fuchs[7]) als tätigen Vulkan an; doch erwähnt Friedländer[8]) von dieser solfatarischen Insel (Kuchinoyerabu), daß ihm über geschichtliche Ausbrüche nichts Genaues bekannt sei; sein Führer aber erzählte ihm, daß der Gipfelkrater des im Osten der Insel liegenden Shindake 1839 einen Aschenausbruch gehabt habe. 13. Februar 1914[9]) gesteigerte Fumarolentätigkeit.

Von den übrigen Ryukyu-Inseln sind als tätig zu betrachten:

Nakanoshima 1037 m (kein bestimmter Ausbruch bekannt).

Suwanosezima 825 m (Ausbrüche 1813[10]) und 21. März 1914[9]).

Torishima in Ryukyu hatte 1796 einen Ausbruch, und von Mitte März bis Sommer 1903 gesteigerte Fumarolentätigkeit, auch Feuererscheinungen und Aschenregen[9]).

[B. Halls 'Schwefelinsel', die am 13. Sept. 1816 weißen Rauch und Schwefelgeruch entsandte, hält Perrey[11]) für Torishima.]

---

[1]) E. Kämpfer, Geschichte und Beschreibung von Japan, hersg. von Ch. W. Dohm. Lemko 1777, I, S. 122 f.

[2]) Humboldts Kosmos IV, S. 400 f. [3]) Mercalli S. 304.

[4]) A. a. O. I, S. 121. [5]) Simotomai in Ztschr. f. Vulk. I, S. 275.

[6]) A. a. O. S. 304. [7]) Les Volcans, Paris 1876, S. 235.

[8]) A. a. O. S. 120. [9]) Simotomai in Ztschr. f. Vulk. II, S. 135.

[10]) Milne S. 56, Fuchs S. 235 nach Becher.

[11]) Perrey, Mém. Ac. Imp. Lyon XII, S. 352. Vgl. B. Hall, Entdeckungsreise nach Korea, übers. v. F. Rühs, Weimar 1819, S. 70.

Nach Milne[1]) sollen in der Umgebung Japans unzählige Inseln neu entstanden sein. [Für 1007 wird auch Inselentstehung bei Korea berichtet. Perrey S. 314 f.]

g) Die Fujizone erstreckt sich vom mittleren Nippon (Fossa Magna) weit südwärts in den Stillen Ozean hinaus: an den Bonin-Inseln vorbei bis zu den Vulkan-Inseln.

Die Zone enthält an ihrem Nordende den formberühmten Fujiyama oder Fujinoyama 3778 m. Der Berg soll nach der Sage erst 286 (oder 294 oder 301?) v. Chr. entstanden sein; als Kern der Sage ist ein starker Ausbruch anzunehmen.

Über die Ausbrüche des Berges das zuverlässig Richtige festzustellen, ist für einen des Japanischen Unkundigen sehr schwer. Milne[2]), der die ihm vorliegenden Angaben und die im II. Band der Japanese Transactions of the Seismological Society gegebene Liste kritisch geprüft hat, kommt zu folgendem Endergebnis (S. 74.):

781 n. Chr. 1. August, Aschenregen.

[799, 23. April, Ausbruch mit großem Lavastrom (32 bis 35 km lang) bis Saruhashi. (Milne S. 65 erwähnt, aber S. 74 nicht aufgenommen.)]

800, 29. März bis 27. Mai, Aschenregen, Getöse.

802, 6. Februar, Ausbruch.

864, 8. Juni, Ausbruch auf der Kai-Seite; Lavastrom zwischen Kami und Shimo Yoshida [von Wada für 863 berichtet].

937, Dez., Brennen des Berges vom Gipfel bis zum Fuß (Lavastrom?).

[1021[3]) Rauchemission. Nachts Feuer sichtbar.]

1033, Januar, Ausbruch.

[1053[4]) trat Feuer zwischen den Felsen hervor.]

[1082 und bzw. oder 1086, 16. Jan., große Erdbeben, Spaltenbildungen.]

1329, 12. August und bzw. oder 1331, 11. August, Ausbruch; 1331 Aschenfall bis Yedo berichtet [Wada: 1300].

1560 Ausbruch.

1627 Ausbruch: Feuer auf dem Fuji gesehen. 1649 Ausbruch.

1700 Ausbruch. 1707, 16. Dezember.

1792[5]), Sommer, Ausbruch, Detonationen, Aschenregen; über zwanzig Menschen getötet.

[23. Dez. 1854 heftige Beben; Spaltenbildung auf der Hakoneseite.]

Am genauesten ist man über den Flankenausbruch von 1707/08 durch E. Naumann[6]) unterrichtet. Nach heftigen Beben und furchtbarem Getöse

[1]) A. a. O. S. 56. [2]) A. a. O. S. 65—74.

[3]) Milne erwähnt S. 68, daß in japanischen Schriften auf dem Gebiet der Poesie und Überlieferung das Rauchen des Fujigipfels bis zum 14. Jahrhundert stets wiederholt wurde.

[4]) Milne S. 67. [5]) Simotomai in Ztschr. f. Vulk. II, S. 130.

[6]) A. a. O. S. 36—38.

begann am 16. Dez. 1707 ein gewaltiger Aschenausbruch; dabei wurden auch große leichte Steine ausgeschleudert, die nach dem Auffallen sofort explodierten und zuweilen Häuser in Brand steckten; abends fielen auch pfirsichgroße schwere Steine nieder. Ende des Aschenregens am 31. Dez.; die Asche war in der Ebene stellenweise 4 m, in Tälern bis 21 m mächtig, in Tokio 30 cm.

[Schneider erwähnt S. 245 noch einen Ausbruch für 1828, für den ich sonst keinen Beleg fand.]

Der Fuji hat in geschichtlicher Zeit eine Reihe von Ausbrüchen mit sehr unregelmäßiger Intermittenz gehabt; einige sind durch Lavaströme ausgezeichnet gewesen (799, 864 und wohl 937), die andern scheinen nur Lockerförderung gehabt zu haben. Über die Fördermengen wissen wir nichts Genaueres; der Ausbruch von 1707 dürfte zweite oder vielleicht selbst erste Größe erreicht haben.

Von bedeutender Reichweite der Ausbrüche wird nichts berichtet.

Auf der Idzuhalbinsel sind keine tätigen Vulkane, nur zahlreiche heiße Quellen und der Geiser von Atami. Aber in die See erstreckt sich weithin die Zone tätiger und erloschener Vulkane. —

Auf der Insel Ôshima (Vries Island), die aus 1160—1860 m tiefem Meer zu 755 m ü. M. ansteigt, befindet sich im Zentralkrater ein innerer Lava- und Schlackenkegel mit dem tätigen Miharayama-Krater. Die Insel scheint vom 9. Jahrhundert an bewohnt gewesen zu sein. Der Vulkan soll seit alters her das ganze Jahr über Feuer gespieen haben[1]). Wie lange diese Tätigkeit andauerte, ist nicht berichtet worden. Besondere Ausbrüche nach Ed. Naumann[2]) und J. Friedländer[3]):

684[4]) Eruption, die Landzuwachs brachte (Lava oder Aschen und Schlamm?).

838[5]), Juli bis Sept., fiel feiner Aschenregen auf ca. 100 000 qkm der Nachbarprovinzen (wohl von Oshima her).

872[6]), Nov., furchtbares Getöse auf der Insel. Entstehen einer kleinen Insel.

886[5]), 24. Mai, Aschenregen. Im gleichen Jahr Inselbildung bei Izu.

1112[5]) 19. Okt. bis Ende Nov., Getöse, Ausbruch.

1416[5]) Ausbruch.

1421[5]) Ausbrüche auf Oshima. Das Seewasser wurde heiß und Fische starben. [Naumann[6]) erwähnt ein gleiches Ereignis für April 1433. Auswurf feuriger Massen.]

---

[1]) Naumann, Zeitschr. d. deutschen geol. Ges. 29, 1877, S. 382.
[2]) A. a. O. S. 382—390.
[3]) A. a. O. S. 57—59. Vgl. Milne S. 77f.
[4]) Friedländer S. 57.
[5]) Friedländer S. 58.
[6]) Naumann a. a. O. S. 382.

1600—1601[1]. 1612—1613[1]. 1636—1637[1].

1684[1][3] heftige Eruption. Es bildete sich ein großer Krater im Miharakegel; derselbe blieb 7 Jahre tätig. [Nach Naumann[2] begann am 16. Januar 1696 eine siebenjährige Ausbruchstätigkeit.]

[1703[4], 30. Dez., großes Beben und Flutwelle; Landverlust. 1716[2] Beben, Flutwelle. Das Meer gewann Zugang zu dem Hafukrater; so entstand ein Hafen. Einen Ausbruch erwähnt Naumann aber nicht, wie man nach Milne S. 78 glauben sollte.]

1777[1][5], 29. Juli, 7. Aug., 29. Aug., 6. Sept. und 29. Okt. Ausbrüche.

1778[1][3][5] Lavaausbrüche 22. April, 18. und 26. Sept., 17. und 21. Nov. Der erste Ausbruch (März nach Friedländer) lieferte den Lavastrom Nakanosawa 3 km lang nach Osten. Im September floß der Akazawastrom (5 km) nach Westen, der Gomizawa (6 $^1/_2$ km) nach Osten. Die Novembereruption fand bei Sohachigama (Nebenkegel nahe Senzu) statt. Bei den Ausbrüchen wurde Peles Haar gebildet. Nach Milne (S. 77) blieb der Vulkan bis 1792 tätig [nach Naumann (S. 383) bis 1794 (wohl Druckfehler für 1793, da Naumann sagt, daß seine Quelle 1793 verfaßt war)]. Vielleicht dauerte die Tätigkeit noch weit länger.

1796[6], 31. Juli, wurden gleichfalls dicke Rauchwolken etwa alle Stunden ausgestoßen.

1803[7] Ausbruch auf Oshima, Aschenfall in Tokio.

1822[7] Aschenfall auf Oshima.

Etwa 1837[8] starker Ausbruch; die Tätigkeit hielt etwa 20 Jahre an; große Massen von Schwefeldampf vergifteten die Pflanzen und das Wachstum litt großen Schaden; häufig wurden unterirdische Getöse und Beben bemerkt. (1838 und 1846 wird vom Vulkan Rauchentwicklung berichtet[9]; 1846[7] Aschenfall auf Oshima; 1854[10] im Mai fanden Ausbrüche in kurzen Zwischenräumen statt; 5. Juni (Rauch).

1869[8] viertägiger Ausbruch [nach Milne S. 77: 1868]. In der Nähe

[1] Friedländer S. 58. [2] Naumann a. a. O. S. 382.

[3] F. Omori erwähnt großartige Lavaausbrüche für 31. März und 1. April 1684, wobei die Lava sich ins Meer ergoß, so daß eine Halbinsel entstand. Referat in Ztschr. f. Vulkanologie I S. 283. Dagegen führt F. Omori in Bull. Earthq. Inv. Com. VI S. 13 an: eine Anzahl Aschenausbrüche Ende 1778 aus dem Zentralkrater, einen Ausbruch vom 8. Mai 1779 bei Nakanizawa und 2.—10. Nov. d. J. Lavaerguß (4 km) nach SW; intensive Ausbrüche am 12. Dez. und — 8 km entfernt bei Mumbajiyama — am 16. Dezember.

[4] Milne a. a. O. S. 77.

[5] Omori a. a. O. S. 283. Nach Simotomai (Ztschr. f. Vulk. II, S. 131) Ausbrüche 21. Okt. 1778 (Asche) bis Ende Jahres. 8. Mai 1779, 2. und 10. Nov. 1779 Lavaergüsse; 12. Dez. 1779 großer Ausbruch in Munebajugawa.

[6] W. R. Broughton, A voyage of discovery to the North Pacific Ocean. London 1804. S. 259 und Bild bei S. 141.

[7] Friedländer S. 59. [8] Naumann S. 383.

[9] Perrey, Mém. Ac. Imp. Lyon XII, S. 355. [10] Perrey, ebenda S. 380.

wurden im Mai 1870 beträchtliche Bimssteinfelder bemerkt[1]). (Von submarinem Ausbruch im Südosten (s. S. 143) oder von Oshima herrührend?).

1870[2]) unbedeutender Ausbruch.

1876[2])[3]), 27. Dez., begann ohne Vorzeichen ein bis 6. Febr. 1877 dauernder Ausbruch; Auswurf von Schlacken und Aschen; Bildung eines kleinen Schlackenkegels im Krater; in ihm wallte flüssige Lava auf und nieder. Explosionen mit Intervallen von 2 bis 20 Minuten. Hauptausbruch 4. Jan.

1889[4]), 13. April, heftige Tätigkeit (am Westfuß?).

Nach F. Omori[5]) zeigte der Vulkan vom 8. Dez. 1910 an ungefähr 10 Tage lang leichte Tätigkeit.

Seit Anfang März 1912[5]) beobachtete man wieder Feuererscheinungen über dem Gipfel. Höhepunkt 3., 4. und 5. April, Aufbau eines 40 m hohen Schlackenkegels; strombolianische Eruptionen etwa alle 10 Sekunden (10. April); Lavaerguß überdeckte seit 1. April den Kraterboden immer mehr; der Schlackenkegel wuchs bis Ende Mai zu 94 m Höhe über dem Lavaspiegel. Dieser stand am 1. Juni 34,5 m über dem alten Kraterboden. 27.—29. Juli plötzliche Senkung desselben um 30 m unter Zurücklassung einer Randterrasse; neue Lockerausbrüche, Lavastrom; dann Ruhe. Am 16. Sept. Wiedererwachen der Tätigkeit; nordwestlich vom ersten Schlackenkegel bildete sich ein neuer. Neue Lavaergüsse im Krater; Erlöschen der Tätigkeit am 29. Oktober; die neue Lavadecke im Krater hatte 64 m überm Boden erreicht. Der Schlackenkegel des Mai und der von 1876 kamen zum größten Teil unter den Lavasee; der neue überragte ihn um 41 m.

Frühling 1914[6]) erneute Tätigkeit; 18.—22. Mai heftiger Lavaausbruch.

Der Vulkan hat, wenn man die Berichterstattung als zuverlässig ansehen will, im Mittelalter nur mit großen Pausen Tätigkeit gezeigt, aber seit 1600 zwar ungleiche, aber im allgemeinen mäßige Intervalle der Ruhe gehabt. Die Lava- und die Lockerförderung waren bedeutend; die Jahrhundertförderung darf man durchschnittlich wohl der zweiten Größenklasse zurechnen. Die Reichweite wurde nur einmal als bedeutend angegeben (838) und dabei blieb es unsicher, ob der Aschenregen wirklich von Oshima stammte. —

Miyakeshima 825 m, südlich von Oshima, Ausbrüche nach Friedländer[7]).

1469, 15. Dez. 1535, März. 1595, 22. Nov.

1642, 31. Mai, Ausbruch im Westen. Zerstörung von Ako. Lava, Aschen, Lapilli, Steine.

---

[1]) Rudolph in Gerlands Beitr. I, S. 355.
[2]) Friedländer S. 59.
[3]) Naumann S. 383.
[4]) 'Nature' XL, S. 179.
[5]) Referat in Ztschr. f. Vulk. I, S. 284 ff.
[6]) Simotomai in Ztschr. f. Vulk. II, S. 131.
[7]) A. a. O. S. 70 f.

1712, 4. Febr., starker Ausbruch bei Kuwanokitaira, sowie nahe Tasunegahama im Meer: 220 m westlich und 300—400 m nordwestlich. Ako wurde durch Wasser und Aschen zerstört. Die Einwohner waren geflüchtet.

1811, 27. Jan., 12 Uhr nachts. Große Gipfeleruption. 8 Tage Beben; Bildung mächtiger Radialspalten. Aschen und Schlacken fielen 30—45 cm mächtig.

1835, 11. Nov. bis 29. Nov. Beben und Getöse. Ausbruch bei Nagane im Norden. Neuer Krater bei Kasijiyama. Lava, Lapilli, Asche. 13 kleine Krater nahe dem Gipfel des Hiraboyama. Spaltenbildung. Neue heiße Quellen.

1874, 3. Juli. Beben. Großer Seitenausbruch östlich von Honmura; Schlacken, Aschen, großer Lavastrom. 4. Juli Lava nach Tsubotamura. 5. Juli Ende.

1876 [1]), 3. Juli. Ausbruch.

Der Miyakeshima hat in mäßig langen, ziemlich unregelmäßigen Zwischenräumen gemischte und Lockerausbrüche offenbar von meist recht mäßiger Fördermasse gehabt.

[Auf Hachijoshima (Hachijo-Fuji, Tatsisio der älteren Literatur) rauchte der Nishiyama 866 m nach Milne [2]) 1789—1801 aus dem Gipfelkrater — offenbar nur solfatarische Tätigkeit, obgleich Milne S. 92 von Eruption spricht.] Omori [3]) erwähnt einen Ausbruch des Ikenosawa auf Hachijoshima am 30. April 1783.

Nahe der Insel Hachijo bildete sich nach Milne [4]) 23. Jan. 1606 eine Insel, andere in der Izusee 1294 und 632.

Aogashima soll nach Schneider (S. 245) 1185(?) und 1190(?) Ausbrüche gehabt haben (Verwechslung mit Sakurashima?). Omori aber erwähnt [5]) nur einen schwachen Ausbruch 1652 und vier große Ausbrüche im 18. Jahrhundert: 1780 28. Juli, 1781 [6]) 4. Mai, 1783 10. April, 1785 18. April, (so heftig, daß die Bewohner nach Hachijoshima flüchteten).

Unfern Aogashima erfolgte in 140° 7′ ÖL. und 31° 59′ NBr. nahe Bayonnaise Rock in der ersten Aprilhälfte 1906 [7]) ein unterseeischer Ausbruch, der etwa 14 Tage dauerte; eine Rauchsäule von etwa 90 m Durchmesser (weißer Dampf) stieg 100—300 m hoch empor und große Massen Bimsteine wurden ausgeschleudert, das Meer auf etwa 2 Meilen hin wie ein weißes Tuch bedeckend.

[1]) Milne S. 90 nach Naumann. [2]) S. 91.

[3]) Bull. Earthq. Invest. Com. VI, S. 14.

[4]) A. a. O. S. 90. S. 92 heißt es 1696. Aber nach Kämpfer I 237 f., wo gesagt ist, daß 'in einer Nacht ein Berg aus der See hervorkam', ist kein Zweifel über die Jahreszahl.

[5]) Bull. Earthq. Inv. Com. VI S. 15.

[6]) Simotomai in Ztschr. f. Vulk. II, S. 132: 4. März und 10. April 1781.

[7]) Wakimizu in Publ. Earthq. Inv. Com. Nr. 22, S. 31—33.

Torishima[1][2]) in Izu 165 m: Explosion in der Zeit vom 7.—9. Aug. 1902; der mittlere und nordwestliche Teil der Insel flog in die Luft; die ganze Bevölkerung der Insel (über 125) wurde vernichtet. Bewegte Masse: 28 Mill. cbm.

Am 11. August 6 1/2 Uhr vorm. und 16. August 1902[2]) wurden periodisch sich wiederholende unterseeische Ausbrüche etwa eine Meile südwestlich von Torishima beobachtet.

Eine Reihe weiterer unterseeischer Ausbrüche wird für die Nachbargebiete berichtet:

1870[3]), Frühjahr, wurde von der 'Benefactress' eine submarine Eruption etwa 200 Seemeilen südöstlich von Oshima beobachtet. Der Krater erhob sich teilweise über das Wasser, das rund herum wallte.

Am 6. Mai 1869[4]) wurde nahe Smith Island in ca. 31° NBr. und 139° ÖL. eine große, 300 m hohe Rauchsäule beobachtet, sie rührte von einer ca. 15 m hohen Insel her, die aus dem Meere aufzusteigen schien.

1871[5]), 29. März fand SSW von Bayonnaise Rock und NO 1/4 N von Smith Insel ein unterseeischer Ausbruch statt.

1871[6]), April, fand in ca. 30° NBr. und 140° ÖL. eine submarine Eruption statt: mächtige Dampf- und Rauchsäule; einige Felsen des Kraters ragten über die Meeresfläche empor. Meer meilenweit schwefelfarbig.

Rudolph gibt auf seiner Karte[7]) noch einen unterseeischen Ausbruch in ca. 141 1/3° ÖL. und 25 1/3° NBr. an, ohne im Text davon zu sprechen.

[Noack gibt in seinem MS.-Katalog ohne Quellenangabe noch eine neue Insel in 140,2° ÖL. und 31,5° NBr. 1872/73 an; außerdem noch einen submarinen Ausbruch in 139,9° ÖL. und 31,3° NBr. 1873.]

[Schneider erwähnt ferner (S. 247) einen Ausbruch 1543 in den Malábrigos ('Port Levyd', d. i. Port Lloyd, Bonininseln); Perrey erwähnt aber[8]) bei Besprechung der Expedition des B. de Torre von Mexiko nach den Philippinen nur die Tatsache, daß er die Malábrigos sah und benannte (25. Sept.)]; erst am 2. Okt. sah er jenseits der Insel Farfana einen steilen Felsen, der an 5 Stellen Feuer spie.

[Im Winter 1825/26 sah man von der Peel-Insel aus öfters Rauch von dem höchsten Berge der Insel im Norden aufsteigen[9]).]

---

[1]) Bull. Imp. Earthq. Inv. Com. II 1, S. 22.

[2]) Simotomai in Ztschr. f. Vulk. II, S. 132 f.

[3]) Perrey, Mém. Ac. Bruxelles XXIV, 1875, S. 95 (Tremblements 1870). Rudolph in Gerlands Beitr. I S. 355. [4]) Perrey in Mém. Ac. Bruxelles XXII, S. 60.

[5]) Ztschr. d. österr. Ges. f. Meteorologie VI, S. 288. Rudolph in Gerlands Beitr. I S. 355.

[6]) Ebenda S. 355 f. Perrey in Mém. Ac. Bruxelles XXIV, 1875, S. 99 (Trembl. 1871).

[7]) Gerlands Beitr. I Taf. VII.

[8]) Mém. Acad. imp. Lyon XII, 1862, S. 316 nach Purchas, His Pilgrimes, London 1625, II S. 1696.

[9]) F. W. Beechey, Reise nach dem Stillen Ozean. Weimar 1832. S. 312.

Perrey[1]) erwähnt ferner nach Graves, daß am 23. Dez. 1854 zu Port Lloyd rhythmisch alle Viertelstunden Flutwellen kamen (infolge benachbarten submarinen Ausbruchs?), und daß einige Jahre früher die See mit Produkten vulkanischer Tätigkeit (Bimssteinen) bedeckt war. Als Ursprungsort nahm man die Vulkaninseln an.

Die Vulkan- oder Sulphurinseln (Iwôjima-Gruppe)[2]) bestehen aus drei fast nordsüdlich angeordneten vulkanischen Inseln: Kita-Iwôjima (S. Alessandro 25° 25′ NBr., 141° 16′ ÖL.) Naka-Iwôjima (Sulphur Island, 24° 28′ NBr., 141° 13′ ÖL.) und Minami-Iwôjima (San Agustino, 24° 14′ NBr. 141° 29′ ÖL.).

Für Kita-Iwôjima erwähnt Schneider (S. 345) einen Ausbruch 1780, für den ich eine Quelle so wenig finden konnte, wie für Mi-Ywojima 1781 und einen submarinen Ausbruch 1813 etwas weiter südlich [letzeres vielleicht Verwechslung mit Suwanosesima 1813? s. oben].

Drei Meilen nordwestlich von Kita-Iwôjima liegt ein submariner Vulkan, der bis zum Erdbeben von 1889 große Dampfwolken von sich gab und eine Untiefe zurückließ[3]). Außerdem wurde im Jahre 1880[4]) nach Rudolph ein submariner Vulkan in der Nähe in voller Tätigkeit gesehen: Auswurf von schwarzem Schlamm und Aschen. 1881 waren an der Stelle 22 Faden Tiefe.

Von November 1904 bis Januar 1905[5]) entstand (wohl hauptsächlich durch Lavaaufstau) etwa 3 Meilen von Minami-Iwôjima (in ca. 24° 13′ NBr. und 141° 29′ ÖL.) eine bis 146 m hohe Insel mit fast 5 km Umfang, die aber am 16. Juni 1905 nur noch ein 3 m hohes, walfischrückenähnliches Eiland darstellte und Ende Juni wieder überspült wurde.

1914, 13. Jan. Aschenregen auf den Bonin-Inseln, 15. und 16. Jan. auf Minami-Iwôshima.

23. Januar, 5 Uhr morgens, wurde in 24° 17′ NBr. und 141° 41′ ÖL. an einer Stelle, wo früher 233 Faden Tiefe gelotet worden war, in der Gegend der ephemeren Insel von 1904/05 ein starker submariner Ausbruch sichtbar, der bis zum 12. Febr. einen Kegel von 130 m aufwarf; in unregelmäßigen Pausen von 10 Minuten bis 2 Stunden erfolgten Mitte Februar explosive Ausbrüche aus dem Krater[6]).

[Nachbemerkung: Perrey gibt noch einige Ausbrüche an, die schwer zu identifizieren sind; so S. 315 f.: 1239 und 1554 nach Humboldts Frag-

[1]) Mém. Ac. Bruxelles XIII S. 22.

[2]) Wakimizu in Publ. Earthq. Invest. Com. Nr. 22 C. Tokyo 1908.

[3]) Wakimizu a. a. O. S. 5 f.

[4]) Gerlands Beitr. I S. 247 f. Milne S. 91 f. Fuchs in Tschermaks min. u. petr. Mitt. IV S. 56.

[5]) Wakimizu in Publ. Earthq. Invest. Com. Nr. 22 C. Tokyo 1908.

[6]) Simotomai in Boll. R. Soc. geogr. ital. 1914, fasc. IV. — Derselbe in Zeitschr. Ges. für Erdk. Berlin 1914, S. 479 und Ztschr. f. Vulk. I S. 275 ff. nach Ogura.

ments asiatiques Ausbrüche des Kosino-Sirayama[1]); S. 315: Stein- und Aschenausbruch eines Vulkans bei Nasno, Provinz Simotski; S. 326 und 328: Ausbrüche eines Vulkans Siurpurama u. a. mehr.]

Milne[2]) hat den Versuch gemacht, die Verteilung der ihm bekannt gewordenen 233 Ausbrüche auf die einzelnen Monate und Jahreszeiten festzustellen und fand, daß die meisten Ausbrüche auf Februar und April fielen. Unter den Jahreszeiten ist der Winter am meisten bevorzugt, ähnlich wie es sich mit der Erdbebenfrequenz verhält, und Milne glaubt mit Knitt, daß die steileren barometrischen Gradienten des Winters, und in den nördlichen Gegenden auch die Schneedecke eher Schwächelinien in der Erdkruste entstehen ließen. Die Zahl der Ausbrüche, deren Datum unbekannt ist, ist aber so groß (80 in Milnes Liste), daß diesen Feststellungen kein großes Gewicht beizulegen ist. Aber nun hat 1908 F. Omori[3]) den Versuch erneuert und gefunden, daß das Maximum der Ausbruchshäufigkeit in die Monate Februar bis April, sowie in den August falle; er hat also trotz einer recht verschiedenen statistischen Grundlage wenigstens zum Teil ein gleichartiges Ergebnis erhalten wie Milne; sein jahreszeitliches Maximum der Ausbruchs- ebenso wie der Bebenhäufigkeit fällt in das Frühjahr. Man wird also wohl einen gewissen Parallelismus zwischen Ausbruchs- und Bebenhäufigkeit anerkennen dürfen.

Hinsichtlich der Intensität der Ausbrüche hebt Milne[4]) hervor, daß sie ebenso groß sei wie in anderen Teilen der Erde und namentlich in der Zeit von 1780 bis 1800 (richtiger von 1779 ab) ein Maximum erreicht habe. Ein zweites Maximum hob 1888 an und dauert bis zur Gegenwart an. Leider fehlt es mit wenigen Ausnahmen an den Unterlagen für Schätzungen der Förderung der Einzel-Ausbrüche und -Vulkane, oder an bestimmten Maßangaben; man gewinnt aber aus den überkommenen Nachrichten den Eindruck, als ob die Förderung mit Ausnahme der genannten Perioden maximaler Intensität der Tätigkeit — denen wahrscheinlich in früherer Zeit ähnliche, infolge ungenügender Berichterstattung, nicht genau zu umgrenzende Perioden entsprachen — nicht sehr bedeutend wären. Riesenausbrüche mit Förderung oder Bewegung von mehr als 1 cbkm Masse sind mehrfach vorgekommen. Ob der Komagatake-Ausbruch 1640 und Fusi-Ausbruch 1707 diese Größe erreichten, erscheint freilich unsicher; aber sicher darf dazu gerechnet werden der Ausbruch des Sakurashima 1779, Asamayama 1783 und Unzendake (Maeyama) 1792, dann wieder Bandaisan 1888 und Sakurashima 1914.

---

[1]) Von K. Schneider S. 244 auf die Kurileninsel Shinshirijima bezogen; der Zeit nach stimmt erstere Zahl mit einer Tätigkeit des Aso, letztere mit einer solchen des Kirishima überein. [2]) A. a. O. S. 174 f.

[3]) Bull. Imp. Earthq. Inv. Com. II 1, S. 28—33. [4]) A. a. O. S. 179.

Rechnet man die großen Ausbrüche mit, so ergibt sich sicherlich eine Summe von mehr als 2 cbkm, die in jedem der letzten Jahrhunderte an Lockermassen gefördert oder bewegt worden sind. Die Lavaförderung war aber offenbar nur beim Sakurashima-Ausbruch 1914 sehr bedeutend (über $1^1/_2$ cbkm nach vorliegenden Schätzungen), während sie sonst nur noch 1783 beim Asamayama sehr beträchtlich war. Wahrscheinlich ist freilich die Lavaförderung häufiger und größer, als es nach den veröffentlichten Nachrichten erscheint; soweit ich aber die Berichte übersehen kann, ist Lavaförderung in Form von Strömen oder Staukuppen in geschichtlicher Zeit überhaupt nur sehr selten vorgekommen, nämlich an den Inselvulkanen von Oshima, Miyakeshima und Sakurashima, wohl auch bei dem submarinen Vulkan bei Minami-Iwoshima 1904/05, ferner beim Unzen, Fuji, Asama und Tarumai. Die gewaltige Lavaförderung am Sakurashima 1914 fällt ganz aus dem Rahmen des gewöhnlichen Verhaltens der japanischen Vulkane. Wer wollte sagen, ob nicht dieser Vulkan vielleicht in eine neue Tätigkeitsepoche mit vorwiegender Lavaförderung eintreten will? Aber auch wenn wir diesen großen Lavaausbruch mitrechnen, so bleibt die Lavaförderung aller japanischen Vulkane, soweit bekannt, in den letzten $2^1/_2$ Jahrhunderten doch noch unter der Förderung des einen Ätna, wenngleich vielleicht dessen Förderung nicht unwesentlich überschätzt worden ist.

Die Reichweite der Wirkungen der japanischen Vulkanausbrüche ist meist bescheiden gewesen. Der Report der Krakatao-Commission der Royal Society [1]) wollte aber Dämmerungserscheinungen in Europa im Nov. 1856 auf den Komagatakeausbruch vom Sept. 1856 beziehen und erwähnt außerdem Ausbrüche vom 1. April 1793 (Illigigama: Jahresverwechslung, bezieht sich auf den Unsen), 28. Mai 1828 und Juni 1872 (letzterer Ausbruch des Aso, wohl auch der von 1828). — —

Die Marianen stellen einen Vulkanbogen dar, der in der Richtung mit der Fujizone übereinstimmt, aber nicht seine unmittelbare Fortsetzung bildet, sondern sprungweise um einige Grade nach Osten verschoben ist.

Der Urakas oder Farallon de Pajaros 260 m scheint seit langer Zeit dauernd oder wenigstens lange tätig gewesen zu sein. Seine Unbewohntheit [2]) im Gegensatz zu allen andern Marianen im 18. Jahrhundert spricht ebenso für häufige Tätigkeit, wie der Name 'Farallon de Pajaros' = Vogelfels, sofern man in Betracht zieht, daß noch jetzt nach Knorr die Insel von unzähligen Vögeln bewohnt wird, die die Wärme der Asche und Lava zum bequemen Ausbrüten der Eier ausnutzen sollen.

---

[1]) London 1888, S. 400.

[2]) Ch. Le Gobien, Histoire des Isles Marianes, Paris 1700, erwähnt Urac im Text (Avertissement) und auf der Karte nur als Isle deserte.

Zu den verschiedensten Zeiten wurde er rauchend gefunden (auch 1865 nach Sanchez y Sayas, s. Findlay, North Pacific, 2. ed. 1870, S. 816). 1875 hatte er etwa alle 10 Minuten Explosionen[1]).

1901 stark rauchend, vegetationslos, woraus Fritz den Schluß eines kurz vorangegangenen Ausbruchs zog. Leuchtende Rauchsäule[2]).

1912 tätig[3]) (nach Beobachtung der 'Dorothea Rickmers'). —

Assongsong 950m meist nur solfatarisch tätig.

Aber als La Pérouse 1786[4]) die Insel anlief, war sie offenbar kurz zuvor stark tätig gewesen: sie sah bis 60 m überm Meeresspiegel vollkommen schwarz aus, und Schwefelgeruch verbreitete sich 1/2 Meile weit in die See hinans. Frische glasige Lava war sichtbar.

Für 1819[5]) als stark tätig erwähnt.

1901[6]) sah Fritz an einigen Stellen des Berghangs schwache Rauchsäulen aufsteigen. —

Auf Pagan sind zwei solfatarisch tätige Vulkane[5])[7]) (im N und im S) vorhanden. Kein Ausbruch ist unmittelbar berichtet. Aus der Tatsache, daß Le Gobien (S. 306) zwei Vulkane erwähnt, darf man schließen, daß dieselben am Ende des 17. Jahrhunderts doch ziemlich energisch sich bemerkbar machten. —

Guguan hat im N einen vielleicht noch tätigen Vulkan. (Die Asche an den Hängen ist noch unzersetzt[8]).) 1819 nach Freycinet[9]) Rauchentwicklung und Schwefelabsatz. Alamagan, wo nach Findlay[10]) Freycinet solfatarische Tätigkeit beobachtet haben soll, finde ich bei ihm nicht erwähnt.

[Am 24. Januar 1849[11]) Erdstöße, Flutwelle, außergewöhnliche Erregung des Wassers und schwefliger Geruch in der Umata-Bay, Guam; — aber kein Ausbruch.]

[Am 26. Dezember 1846[12]) traf das Schiff 'Helena' in 16° NBr. und 125° ÖL. ein ungeheures Bimssteinfeld, von dem vermutet wurde, daß es von den Marianen hergetrieben worden sein könnte.]

---

[1]) Ann. d. Hydrogr. 1876, S. 263.
[2]) Mitt. a. d. deutschen Schutzgeb. 1902, S. 116.
[3]) Gerlands Beitr. z. Geophysik XIV, S. 108.
[4]) Voyage de La Pérouse autour du Monde. Paris 1798. II, S. 344 ff.
[5]) L. de Freycinet, Voyage autour du Monde. Paris 1829. Historique II, S. 254.
[6]) Mitt. a. d. deutschen Schutzgeb. 1902, S. 110.
[7]) Ebenda S. 104 und Ann. d. Hydrogr. 1876, S. 264 und 276.
[8]) Mitt. a. d. deutschen Schutzgeb. 1902, S. 101. [9]) A. a. O. S. 252.
[10]) Findlay, North Pacific 1870, S. 813.
[11]) Perrey, Mém. Ac. Bruxelles XVIII, 1866, S. 9. Rudolph in Gerlands Beitr. II, S. 585.
[12]) Perrey, Mém. Ac. Bruxelles XXIV, S. 8 (Tremblements 1871).

c) Die Philippinen.

Die Philippinen sind schon in der ersten Hälfte des 16. Jahrhunderts von Europäern erreicht und kolonisiert worden. Trotzdem sind Nachrichten über Vulkanausbrüche der älteren Zeit dürftig und erst im 18. Jahrhundert beginnen sie reichlicher zu werden.

Was an Nachrichten zu seiner Zeit vorlag, hat A. Perrey [1]) sorgsam gesammelt. Wertvoll ist daneben die knappe aber kritische Zusammenstellung, die C. Semper gegeben hat [2]). Für die neueste Zeit hat M. Saderra Masó [3]) treffliche Zusammenstellungen gegeben; das meteorologische Institut des Landes hat später in seinen Mitteilungen [4]) die Berichterstattung fortgesetzt, und manche Monographien und sonstige Werke haben unser Wissen vermehrt und vertieft. Man darf wohl annehmen, daß seit dem Anfang des 19. Jahrhunderts wenigstens auf Luzon kein größerer Ausbruch mehr unserer Kenntnis entgangen sein dürfte, während für die übrigen Gebiete der Berichterstattung zum Teil selbst in die neueste Zeit hinein, trotz der jetzt recht sorgfältigen Nachrichtengebung, kleinere Ausbrüche uns unbekannt geblieben sein könnten.

Als nördlichste Ausläufer des philippinischen Vulkansystems darf man die unterseeischen Vulkane betrachten, die im Osten und Südosten Formosas ungefähr in der Fortsetzung der Babuyanesreihe liegen. Auf Formosa (Taiwan) selbst fehlen tätige Vulkane, wenn auch einige Solfataren nachgewiesen sind [5]).

Das dem nördlichen Formosa benachbarte Meer ist nach Rudolph [6]) unterseeischen Erregungen unterworfen und läßt häufig langdauernde

---

[1]) Documents sur les tremblements de terre et les phénomènes volcaniques dans l'Archipel des Philippines. Mém. Acad. Imp. Dijon 1860. S. 85—194.

[2]) Die Philippinen und ihre Bewohner. Würzburg 1869. S. 1—18 und 92—95.

[3]) a) Volcanoes and seismic Centers of the Philippine Archipelago (Cens. of the Phil. Isl. Bull. 3. 1904) und b) The eruption of Taal Volcano January 30. 1911. Manila 1911.

[4]) Bulletins of the Philippine Weather Bureau. Manila 1904—13.

[5]) N. Yamasaki, Unsere Kenntnis von Taiwan, in Pet. Mitt. 1900, S. 221 ff. Die Nachricht von einem 'friedlichen Ausbruch' des Rigyo im südlichen Formosa (Philippine Weather Bureau 1902, S. 331) kann sich nur auf Auffrischen von Solfatarenbetätigung beziehen.

[6]) Gerlands Beiträge zur Geophysik I, S. 158.

Geräusche, Blasen- und ungewöhnliche Wellenbildung erkennen. Eigentliche Ausbrüche sind freilich nicht bekannt. Dagegen hat nach Noaks MS.-Zusammenstellung[1]) 1867 ein unterseeischer Ausbruch in 25,4° NBr. und 122,2° ÖL. stattgefunden.

In 24° NBr. und 121° 50′ ÖL. (von Gr.?) wurde am 29. Okt. 1853[2]) ein unterseeischer Ausbruch beobachtet; starke Rauchsäulen, Aschenauswurf.

Als die 'Susquehanna' am 15. Januar 1854[3]) die Südspitze von Formosa passierte, wurden an zwei Stellen kleine Vulkane beobachtet (submarine, wie aus dem Vergleich hervorgeht, daß ein ähnliches Phänomen von der 'St. Mary' schon 1850[3]) in 20° 56′ NBr. und 134° 45′ ÖL. beobachtet worden sei: plötzliche Unruhe des Meeres, glühende Luft, starker Schwefelgeruch).

Rudolph gibt in seiner Übersichtskarte[4]) noch eine Ausbruchsstelle in ca. 20⅓° NBr. und 121¾° ÖL. an. —

Babuyan Claro, 1000m, hatte 1831[5]) einen heftigen Ausbruch, dessen Feinaschen noch in Europa schöne Dämmerungserscheinungen mitverursacht haben dürften[6]). Semper nennt den Vulkan ständig tätig[7]). Auch von anderer Seite[8]) wird für 1860 seine Tätigkeit erwähnt. —

Zwischen den Dedica- oder Didica-Riffen (19° 2′ NBr. 122° 9′ ÖL.) war im September oder Oktober 1856 ohne Beben eine Rauchsäule erschienen; 1857 wurde der Vulkan unter Beben sehr energisch tätig und baute sich bis 1860 eine Erhebung von 210 m Höhe auf[9]), indes die obere Hälfte der beiden Didica-Klippen schon 1856 eingestürzt war. —

Camiguin de Babuyanes 736 m, solfatarischer Vulkan am Südende der gleichnamigen Insel (18° 55′ NBr.); 1857 befand sich an seiner Südwestseite in Seehöhe eine Öffnung; aus dieser wurden heißes Wasser und zuweilen feste Auswürflinge ausgeschleudert, die eine kleine Insel aufbauten. Im Westen des Berges befindet sich eine kochende Salzwasserquelle nahe dem Seespiegel[10]). —

Im Oktober 1773[11]) fanden in der Nähe von Luzon (keine genauere Ortsangabe!) heftige Seebeben mit lautem Geräusch statt; an mehreren Stellen sah man Flammen während 24 Stunden aus dem Meer sich erheben und bemerkte eine große Masse Bimsstein. —

Der Cagua oder Kawa im äußersten Norden von Luzon ist solfatarisch tätig.

---

[1]) Aufbewahrt in Gotha bei Justus Perthes. Leider keine Quellenangabe!
[2]) Ztschr. f. Allg. Erdk. N. F. I, S. 270. Perrey, Mém. Ac. Bruxelles VIII, S. 32.
[3]) Perrey, ebenda S. 33.
[4]) Gerlands Beitr. I, Taf. VII. [5]) Masó a) S. 12. Meyen, Reise II, S. 181.
[6]) Report of the Krakatoa Committee of the Royal Society. London 1888. S. 396.
[7]) A. a. O. S. 14. [8]) Masó a) S. 12. [9]) Masó a) S. 73. Semper S. 15.
[10]) Masó a) S. 73. Semper spricht S. 14 nur von solfatarischem Zustand des Vulkans.
[11]) Perrey, Mém. Ac. Dijon 1860, S. 166. Rudolph in Gerlands Beitr. I, S. 353.

1860 rauchte er[1]).

[Die Nachricht von einem starken Aschen- und Lavenausbruch des Cagua am 19. Januar 1909[2]) ist unrichtig; es handelte sich um Erdflüsse und Schlammströme am Vulkan Tayabas[3]).] —

[Die Nachricht von dem Ausbruch eines Wasservulkans im Igorote-Land am 4. Januar 1641 (oder 1645) — von Perrey dem Aringuay zugeschrieben — ist (nach Masó a) S. 68) dahin zu verbessern, daß während starker Beben (vielleicht durch Bergrutsche verursacht?) eine verheerende Überschwemmung eintrat. Vgl. auch Kluge, Synchronismus S. 41.] —

Banájao 2250 m.

1730 sprengte ein heftiger Ausbruch die südliche Kraterumwallung und ließ den vorher vorhandenen Kratersee auslaufen. Glühende Lava und große Steine wurden ausgeschleudert[4]). —

[Der Maquilin 1135 m ist nur durch Fumarolen und Schlammpfuhle ausgezeichnet, hatte aber in geschichtlicher Zeit keinen Ausbruch.] —

Der Taal[5]) oder Pulo-Vulkan (304 m) bildet eine Insel mit mehreren Erhebungen im Bombon-See. Er ist durch zahlreiche Explosivausbrüche ausgezeichnet; Lava ist in historischer Zeit nicht ergossen worden. Der Tätigkeitsort wechselte mehrfach:

In der Conquistazeit (16. Jahrhundert) war zunächst der Binintian Malaqui (262 m) tätig, ein abgestutzter, jetzt solfatarischer Kegel an der NW-Spitze der Insel. Nach einigen Jahren erlosch er und im Osten entstand ein neuer Vulkan, der 1716 versank und die Inselchen Nabuin und Napayon zurückließ. Dann entstand auf der Insel ein neuer Krater, der sich allmählich nach Westen erweiterte (besonders 1754) und so den gegenwärtigen Krater schuf. Den Südwestvorsprung nimmt der Binintian Munti ein.

Der erste genauer bekannte Ausbruch erfolgte um 1572[6]); der Krater warf viele, zuweilen sehr große Steine aus; in ihm fanden sich nachher zwei Öffnungen: eine von Schwefel und eine von grünem ständig kochendem Wasser.

1591[6]) rauchte der Vulkan außergewöhnlich stark.

[1605—1611 ungewöhnliche Tätigkeit?[7]).]

1634[6]) und 1635[6]) sollen Eruptionen gewesen sein.

Von 1707—1733[8]) wechselten nach Semper die beiden Binintian in der Tätigkeit miteinander ab; aber

---

[1]) Semper S. 14. Masó a) S. 73.
[2]) Nature LXXIX, S. 374.
[3]) Gerlands Beitr. z. Geophysik XIV S. 109.
[4]) Masó a) S. 66.
[5]) Masó a) S. 53—63 und derselbe b) The Eruption of Taal Volcano January 30, 1911. Manila 1911. Semper S. 8—14.
[6]) Masó a) S. 57 und b) S. 6.
[7]) Masó b) S. 6 f.
[8]) Semper S. 8. Masó a) S. 57 und b) S. 6.

1716[1]) 24.—26. Sept. brach der Vulkan im Südosten der Insel (Punta Caluit) nach lauten Knallen aus; das Feuer verlegte sich in den See und warf in ungeheuren Massen Wasser und Aschen aus, die wie Türme in die Höhe stiegen; das Wasser wurde heiß und schwarz, die Fische starben.

1729[2]) neue Eruption.

1731[3]) Eruption im See östlich der Insel, wobei 1 km von der Ostküste entfernt, in ein paar Tagen ein Inselchen von Steinen und Sand gebildet wurde.

1749[4]) 11. August nachts sah man Lichtschein über dem Gipfel des Hauptvulkans; am 12. Aug. 3 Uhr vorm. hörte man laute Detonationen und sofort stiegen schwarze Rauchsäulen vom Vulkan und zahlreichen kleinen Kratern auf; vom Seeboden erhoben sich im Norden und Osten gewaltige Pyramiden von Wasser, Sand und Rauch. Um 9 Uhr morgens setzten starke Erdstöße ein und neue Krater öffneten sich im See nahe der Nord- und Ostküste. Am Festland sank ein großes Stück Küste in den See, so daß nur noch die Wipfel der Bäume herausschauten; Spalten bildeten sich, Flüsse änderten ihren Lauf, neue Quellen entstanden. Nach 3 Wochen hörte der Ausbruch, der mehrtägige Finsternis erzeugt hatte, mit den ihn begleitenden Beben auf; aber dicke Rauch- und Dampfsäulen stiegen noch einige Jahre auf.

1754[5]) fand vom 13. Mai bis 1. Dez. ein gewaltiger Ausbruch statt: Flammen, Aschen- und Bimssteinausbrüche, Schlammregen, furchtbare Getöse in wechselnder Intensität. Ein Höhepunkt war am 28. Nov. 7 Uhr nachm., als die ganze Insel mit Rauch, glühenden Steinen und Aschen bedeckt erschien. Am 29. Nov. sah man an verschiedenen Punkten der Insel, die in gerader Linie zwischen der Punta Caluit und dem Krater lagen, Rauch aufsteigen und gegen Abend stellte sich Finsternis und Schlammregen ein, die bis zum 1. Dez. währten. Mehrere Städte und Dörfer waren zerstört; die Schlammschicht maß nahe der Insel 2 ¾ m, in Caysasay (2 km entfernt) noch 1 m.

1808[6]) März, starker Aschenausbruch (Aschendecke in der Nähe 84 cm dick). Veränderungen am Vulkan.

1874[7]) 19. Juli, Aschen- und Gasausbruch. Alles Vieh auf der Insel getötet.

1878[8]) 12.—15. Nov., Aschenregen über der ganzen Insel.

[1]) Masó a) S. 57 und b) S. 6.
[2]) Masó b) S. 7.
[3]) Masó a) S. 57—59 und b) S. 7 f.
[4]) Masó a) S. 59 und b) S. 8. Semper S. 8 f.
[5]) Masó a) S. 59 ff. und b) S. 9 ff. Semper S. 9.
[6]) Masó a) S. 61 und b) S. 11.
[7]) Masó b) S. 11 (a) S. 61: 1873).
[8]) Masó b) S. 11.

1903[1]) April bis 1904: leichte Aschenregen.

1911[2]), 1. Jan., schwerer Ausbruch: Nach zahlreichen Beben sah man am 27. Jan. nachm. eine schwarze Wolke vom Taal aufsteigen; am 28. und 29. Jan. wurden Schlamm, Asche, Blöcke ausgeworfen; zahlreiche Beben begleiteten den Ausbruch. Am 30. Jan., 1 Uhr nachm., begannen starke Explosionen; um 2 Uhr morg. ließ sich im Umkreis von 500 km ein furchtbares Getöse hören und gleichzeitig stiegen dunkelrote Flammen (oder nur Lichtschein?) und eine gewaltige, auf 400 km Entfernung sichtbare schwarze Wolke auf, die von aufwärts strebenden Blitzen durchzuckt war, und eine Art Kugelblitze barg. 1335 Menschen verloren das Leben (bis 5 km ostsüdöstlich und bis 15 km westnordwestlich vom Krater infolge des heißen und sauren Schlamms, der Hitze und schädlicher entzündlicher Gase). Im Westen bildete der Schlamm noch 10 km vom Krater entfernt eine Lage von 80 cm Dicke; die Hauptexplosion erzeugte ausgesprochene atmosphärische Wellen (alle 13 Minuten), auf dem See eine gewaltige 3 m hohe Wasserwoge, und in der Umgebung desselben auf 10, ja 25 km Entfernung radial zum Vulkan gerichtete heftige Winde. —

[Dem Iriga auf Luzon ist fälschlich der Ausbruch vom 4. Jan. 1641 zugeschrieben worden.] —

Der Mayon oder Albay[3]) im südöstlichen Luzon 2412 m ist sehr häufig tätig gewesen.

1616 Ausbruch (keine genaueren Angaben).

1766[4]), 20. bis 26. Juli, große Aschensäule über dem Gipfel; ein Lavastrom, der wie Wasser niederstürzte, ergoß sich 6 Tage lang während explosiver Erscheinungen die Ostseite des Berges hinab.

[Im Oktober desselben Jahres erzeugte ein Teifun durch seine starken Regengüsse verheerende Schlammströme und trug vielleicht selbst Steine in die Ebene hinab.]

1800, zahlreiche Explosivausbrüche, die in den südlichen Dörfern vielen Schaden und einige Todesfälle verursachten.

1814, 1. Februar, nach zahlreichen Beben starker Lavaausfluß und Aschenfall; drei Stunden lang wurden auch heiße Steine ausgeschleudert.

---

[1]) Masó a) S. 63. Masó spricht b) S. 11 von Ausbruch im April 1904. Im Dez. 1904 befand sich ein Teich kochenden Wassers in dem am südöstlichen Innenwall neugebildeten Krater; 1907 war das Wasser verschwunden.

[2]) Masó b) S. 13 ff.

[3]) Masó a) S. 47 ff. und Mercalli, der S. 307 Auszüge aus den mir nicht zugänglich gewordenen Monographien von E. Abella y Casariego über den Vulkan und von P. José Coronas über die 'Erupcion del volcan Mayon en los dias 25 y 26 de Junio 1897' (Manila 1898) gibt.

[4]) Semper spricht S. 7 von einem Schlamm- oder Lavaströme liefernden Ausbruch vom 24. Oktober 1767.

Dunkelheit bis Manila, Aschenfall bis China; fünf Städte zerstört, 1200 Menschen getötet.

1827, Juli bis Februar 1828 leichter Ausbruch.

[1834[1]), Lavaerguß, der viele Monate dauerte.]

1835, März, Ausbruch.

1845, 21. Januar starker Explosivausbruch.

1846, Explosivausbruch.

1851, explosive Tätigkeit.

1853, 13. Juli, spie der Krater nach vorausgegangenem unterirdischen Getöse Asche und schwere Steine aus, die beim Niederrollen viele Häuser zerstörten und 33 Menschen töteten.

1855, März und 1857[2]) starke Ascheneruption, die die Bienen in der Umgebung tötete.

1858 floß lange Zeit Lava vom Gipfel herab.

1862 [nach Mercalli starker Lavaerguß].

1868, 17. Dezember, explosive und effusive Tätigkeit.

1871, 8. Dez., heftiger Ausbruch nach furchtbarem Beben[3]), Lavaerguß.

1872, September, explosiv nnd effusiv (Mercalli).

1873, 15. Juni bis 22. Juli, starker Ausbruch (Mercalli).

1881, 6. Juli bis Mitte 1882 starke Gipfeleruption[4]), Lockermassenförderung.

1885, 21—24. Nov. und 2. Dez. begann Lava auf dem SW-, S- und SO-Hang herabzufließen.

1886, 8. Juli, begann langdauernder Lavaerguß nebst Explosiverscheinungen am 8., 22. und 27. Febr., 1. und 9. März [nach Mercalli bis 1887 dauernd].

1888, 15. Dezember explosiv.

1890, 10.—30. September und

1891, 3.—18. Oktober mäßige Lavaergüsse.

1892, 9.—29. Februar, starker Ausbruch mit bedeutendem Lavaerguß und beträchtlicher Erniedrigung des Gipfels (fast 100 m).

1893, Oktober, bedeutender Explosiv- und Effusivausbruch.

1895, 20. Juli, leichter Ausbruch.

1896, 31. August, 27. September Ausbruch.

1897, 25. und 26. Juni, sehr heftiger Ausbruch; die zahlreichen vom Gipfel niedergehenden Lavaströme und der Aschenfall richteten großen Schaden an; 350 Menschen wurden getötet.

---

[1]) Mercalli S. 307.

[2]) Mercalli S. 307 nach Perrey, bzw. Hochstetter.

[3]) Fuchs in Tschermaks min. Mitt. 1873, S. 116.

[4]) Ausland 1882, S. 177.

1900, 1.—4. März schwerer Ausbruch; am 3. März wurde die Höhe der Aschenwolke auf mehr als 8 km geschätzt; große Blöcke wurden ausgeworfen und mehrere Lavaströme floßen abwärts. —

[Der Bulusan oder Balusan begann 1851 (Jagor: 1852) zu dampfen und stößt seitdem Wasserdämpfe und schweflige Gase aus; ein Ausbruch ist aber nicht bekannt.] —

[In der Bucht von Manila am 3. Juni 1863[1]), 7 Uhr 30 abends, Flutwelle, wallendes Wasser, Flammen darauf tanzend.] —

Canlaon[2]), Canalaon oder Malaspina auf der Insel Negros 2497 m, dampft ständig aus mindestens zwei Öffnungen am Gipfel. Asche fällt zuweilen in der Umgebung, so 1866, Juli 1893, Mai und Juni 1894.

1902, 31. Januar, nachts flüssige Lava ausgeworfen.

1905[3]), 6. und 7. November, unter Getöse eine starke Rauch- und Dampfwolke ausgestoßen; auch später zuweilen leichte Explosionen.

1906[4]), 16. Januar 1 Uhr nachm., Aschenfall. —

[Magasú oder Magasó, am Südende von Negros, zeigte am 12. Mai 1902, nach mehrtägigem Bebenschwarm eine starke Vermehrung der Gasaushauchung. Für die von K. Schneider S. 243, als tätig angeführten Vulkane Guinon, Kasiboi, Danan, Alivancia, Talasiquin und Apo habe ich keine Ausbrüche verzeichnet gefunden.] —

Camiguin[5]) de Mindanao, ein kleines Eiland im Norden von Mindanao, zeigte am Morgen des 30. April 1871, nach zahlreichen Beben, die Spaltenbildung und schwere Erdschlipfe am alten Vulkan Catarman hervorgerufen hatten, plötzlich eine dicke Dampfwolke, die nach einigen Stunden wieder verschwand. Um 7 Uhr abends erfolgte eine furchtbare Explosion; eine mächtige Rauchsäule und ein Schauer von Steinen, Erde und Asche wurde aus den neugebildeten Öffnungen ausgeschleudert. Die Aschen verbreiteten sich bis Cebú; zwei Meilen im Umkreis um die Ausbruchsstelle war alles verwüstet; nach 6 oder 8 Tagen hörte der Paroxysmus auf; aber das ruhige Ausquellen halbflüssiger Lava dauerte fort; es entstand ein niedriger Kegel bestehend aus schwarzen Steinen, die durch plastische glühende Lava verkittet waren. Der Krater warf 'eine Art Teig oder Zement, vermischt mit Erde und schweren Steinen', aus. Letztere explodierten beim Niederrollen an den Hängen und entsandten Gase in großen Mengen, wie wenn es sich um ebenso viele kleine Bocchen handelte. In dieser Weise arbeitete der Vulkan drei Jahre, wobei das Material nicht bloß über den Kraterrand geschleudert wurde, sondern auch an der Innenseite sich an-

---

[1]) Perrey, Mém. Ac. Bruxelles XVII. 1865. S. 137. Rudolph in Gerlands Beitr. I S. 363 f.

[2]) Masó a) S. 46.

[3]) Philippine Weather Bureau 1905, S. 538.

[4]) Ebenda 1906, S. 13 f.

[5]) Masó a) S. 33 ff.

häufte und die noch nicht verhärteten Auswürflinge nach außen drängte. Dabei bildeten sich häufig Erdschlipfe und Spalten, aus denen Gase entwichen. Als die Challenger-Expedition 1875 den Ort besuchte, war ein 617 m hoher kraterloser Dom vorhanden, der auf dem Gipfel noch rauchte und glühend war. Gasemission dauerte anfangs noch kontinuierlich, dann intermittierend fort und hörte schließlich ganz auf. Das Gestein des Staukegels ist ein Andesit mit Augit und Amphibol.

[Dieser Ausbruch ist als ein Flankenausbruch des Catarman zu betrachten, eines 1950 m hohen Vulkans mit Kratersee, dessen Wasser durch Gasaustritt zuweilen scheinbar ins Kochen geraten. Von 1892 bis Juli 1902 stiegen aus dem Kratersee Dämpfe auf; am 27. Juli 1902 entstand nahe dem Gipfel in einer Spalte eine Solfatare, die nach 8—10 Tagen wieder verschwand.]

Calayo[1]) auf Mindanao hatte 1887 (oder 1886) einen Ausbruch und rauchte 1891 ständig. —

Macaturin[2]) im Innern Mindanaos hatte sicher beglaubigte Ausbrüche am 20. Januar 1840, 1. November 1856 und kurz vor dem schweren Beben vom 8. Dezember 1871. [Ein von Perrey[3]) erwähnter Ausbruch des 'Vulkans der Illanobucht' bezieht sich offenbar auf den Macaturin, von dem Perreys Gewährsmann de Luca als Macatusing spricht; derselbe hatte bald nach den Beben vom 18. und 20. Februar 1858 einen heftigen Ausbruch. Schneider erwähnt außerdem einen Ausbruch von 1865.] —

[In der Illana-Bucht dürfte, nach den vorgekommenen Kabelbrüchen zu schließen, ein seismisches oder vulkanisches Zentrum sein[5]).] —

[Vom solfatarischen Apó 3143 m sind keine eigentlichen Ausbrüche bekannt[6]), aber die Dampfaushauchungen sind oft bedeutend.] —

Im Sulu- oder Yolo-Archipel fand am 4. Jan. 1641[7]) — gleichzeitig mit einem Ausbruch des Sanguil (Sangi) — auf einer kleinen Insel gegenüber der Mündung des Hauptflusses von Joló, ein schwerer explosiver Ausbruch statt. In der Tat kommen in besagter Gegend Krater vor. —

[Am 21. Sept. 1897[8]), 1 Uhr 17 nachm. trat ein schweres Beben im Sulu-Archipel ein, dem auf Joló, Basilan und Zamboanga gewaltige Flutwellen folgten — ob als Folgen eines submarinen Vulkanausbruchs oder tektonischer Störungen, ist unbestimmt. Am gleichen Tag[9]) entstand je eine Schlamminsel im Südosten der Insel Balundangan und in 115° 21′ ÖL. und 5° 20½′ NBr. an der Nordküste von Borneo.] —

[1]) Masó a) S. 12 und 31. (Masó S. 12: Ausbruch 1886.)

[2]) Masó a) S. 30. Über den von Schneider S. 243 erwähnten Ausbruch von 1765 habe ich keine Angaben finden können.

[3]) Perrey in Mém. Ac. Dijon 1860, S. 194. [4]) A. a. O. S. 305. Anm. 3.

[5]) Masó a) S. 32. [6]) Masó a) S. 29. Vgl. auch Bild S. 26.

[7]) E. Kluge, Synchronismus S. 40. Masó a) S. 42. [8]) Masó a) S. 42 f.

[9]) C. Schmidt in Gerlands Beitr. z. Geophysik VII, S. 128 f. und 130.

[Die Existenz von Siquihor[1]) und Ambil[1]) als tätigen Vulkanen ist schon von Semper S. 94 und 95 energisch bestritten worden. Dem Vulkan von Sanguil, Sanguili oder Serangani[2]), am Südende von Mindanao, ist mit Unrecht der Ausbruch von 1641 zugeschrieben worden.] —

Obgleich die Berichterstattung über die Philippinenvulkane wenigstens in der neueren Zeit recht gut ist, so fehlt es doch auch für diese fast völlig an festen Angaben, die zur Berechnung der Fördermengen führen könnten und für die ältere Zeit natürlich erst recht. Immerhin tritt aus den vorhandenen Angaben deutlich die beherrschende Rolle heraus, die Taal und Mayon unter den Vulkanen der Philippinen spielen: während von den übrigen Feuerbergen meist nur ein oder wenige Ausbrüche berichtet sind, sind von diesen zahlreiche bekannt, und es ist bemerkenswert, daß sie, soweit ein Überblick möglich ist, niemals zusammen tätig waren, sondern miteinander abwechselten. In einem unterscheiden sie sich aber wesentlich: vom Taal sind nur Explosivausbrüche bekannt, vom Mayon aber neben solchen zahlreiche Lavaergüsse, die offenbar zuweilen sogar zu bedeutenderer Förderung gelangten. Beide Vulkane haben durch ihre Ausbrüche zahlreiche Menschenopfer gefordert und gehören damit zu den gefährlichen Gebilden ihrer Art; der Taal scheint im 16.—18. Jahrhundert weit häufiger tätig gewesen zu sein, als im 19., hat aber im 20. Jahrhundert wieder mehrfach Tätigkeit gezeigt, während der Mayon im 16. bis 18. Jahrhundert sehr selten, im 20. bisher gar nicht tätig war, dagegen im 19. Jahrhundert außerordentlich viele Ausbrüche hatte (27). Beide Vulkane haben zuweilen bedeutende Höhepunkte der Ausbruchstätigkeit erreicht, so der Taal 1754, 1808 und 1911, der Mayon besonders 1814 und 1897. Bei dem Mangel an Zahlenunterlagen kann aber nur mit allem Vorbehalt die Vermutung geäußert werden, daß der Taal eine Jahrhundertförderung von 1 cbkm Lockerstoffe nahezu oder überhaupt erreichen dürfte, während beim Mayon sowohl die Locker- wie die Lavaförderung sich im Jahrhundert wohl auf zweiter Größe (zwischen 1 und $^1/_{10}$ cbkm) halten dürfte.

Von den übrigen Vulkanen der Philippinen sind vorwiegend Lockermassen gefördert worden, und in neuerer Zeit hat nur der Camiguin del Sur 1871—75 in seiner Dombildung eine bedeutende Lavamenge gefördert.

Bei der Unbestimmtheit der meisten Angaben ist eine Schätzung der Jahrhundertförderung für das Gesamtgebiet nicht möglich; doch habe ich den Eindruck, daß die Lockerförderung über, die Lavaförderung aber weit unter 1 cbkm bliebe. Die Reichweite der Ausbrüche war trotz des explosiven Charakters der meisten nicht sehr groß; doch wurden 1814 die Aschen bis China getragen.

---

[1]) Mercalli S. 306.

[2]) Vgl. Semper S. 5 und S. 92 ff., 96.

d) Celebes und Sangi, Nordmolukken.

Für die Anfänge der Berichterstattung über die Vulkanausbrüche von Celebes und den Sangi-Inseln gilt dasselbe wie für die übrigen Teile Holländisch-Indiens: vereinzelte Nachrichten gehen bis zum Beginn der Neuzeit zurück. Aber eine bessere Berichterstattung setzt erst im 19. Jahrhundert ein und fand in der Natuurkundig Tijdschrift voor Nederlandsch-Indië (abgekürzt: N. T.) ein geeignetes Organ.

Eine gute kritische Zusammenstellung der Ausbrüche von Celebes verdankt man den Vettern P. und F. Sarasin[1]. Eine Reihe von wertvollen Einzelveröffentlichungen ergänzt die Angaben der genannten beiden literarischen Nachweisstellen. Das Gesamtgebiet der Molukken hatte A. Perrey in seinen 'Documents sur les tremblements de terre et les phénomènes volcaniques aux Moluques'[2] nach dem damaligen Stand des Wissens zur Darstellung gebracht. Wichtig ist auch C. G. C. Reinwardts Bericht[3] und vor allem Junghuhns Java II[4], sowie M. v. Komorowiczs Vulkanoseismische Studien[5].

In der Minahassa haben nach Valentijn[6] im Jahre 1680 mehrere Vulkane Ausbrüche gehabt, und da Nic. Witsen[7] nach Briefen aus Indien vom Jahre 1694 ausdrücklich einen schweren explosiven Vulkanausbruch des Vulkans 'Kema' oder 'Brothers' im Gebiet von Menado, der Finsternis erzeugte, erwähnt, hat A. Wichmann[8] den Ausbruch auf den zweigipfeligen Duwa Sudára bezogen. P. und F. Sarasin[9] heben dem gegenüber hervor, daß dieser Vulkan einen gealterten Eindruck mache und glauben eher, daß es sich um einen Ausbruch des Tonkoko handeln dürfte, während

[1]) Entwurf einer geographisch-geologischen Beschreibung der Insel Celebes. Wiesbaden 1901.

[2]) Annales de la Société d'Émulation des Vosges Épinal IX 3, S. 334 ff. und X 1, S. 78 ff. 2, S. 129 ff. und 3, S. 123 ff.

[3]) Reis naar het oostelijk gedeelte van den Indischen Archipel in het jaar 1821. Amsterdam 1858.

[4]) Übersetzt von J. K. Hasskarl, Leipzig 1854.

[5]) Ztschr. f. Vulk. II, S. 99—128.

[6]) Oud en Nieuw Oost-Indiën. Amsterdam 1724. I 2, S. 64. Vgl. Perrey, Ann. Soc. d'Émulation des Vosges, Epinal, X 2, S. 147 ff.

[7]) Philosoph. Transactions V 19, S. 529. L. v. Buch, Ges. Schr. III, S. 580.

[8]) Tijdschr. K. ned. Aardr. Genootschap XV, 1898, S. 12.

[9]) A. a. O. S. 13 f.

andere[1]) an den Klabat denken, einen durch Fumarolentätigkeit ausgezeichneten, die Gegend beherrschenden Vulkan (2019 m), von dem aber die beiden Sarasin (a. a. O. S. 8) wieder feststellen, daß die (letzte große) Eruption vor sehr langer Zeit stattgefunden haben muß.

Eine sichere Auskunft über den Ort dieses Ausbruchs ist demnach nicht zu gewinnen; am meisten Wahrscheinlichkeit scheint mir die Vermutung der Vettern Sarasin zu bieten. Dagegen darf man mit Wichmann die Angaben eines Ausbruchs im Jahre 1694[2]) unbedenklich streichen. [Für die Nachricht K. Schneiders (S. 242) über einen Ausbruch 1844 habe ich keinen sonstigen Beleg finden können.]

Junge Ausbrüche im Lauf des 19. Jahrhunderts sind am Tonkoko[3]) erfolgt:

1801 parasitischer Ausbruch am Fuß des Berges. Auswurf gewaltiger Aschenmengen; die ausgeworfenen Steine bauten einen Berg auf (Batuangus).

1821 bildete sich ein neuer Auswurfskegel (Batuangus baru, d. i. der neue Batuangus) im Sommaring des Vulkans.

Kurz vor 1883 muß ein weiterer Ausbruch erfolgt sein, der einen kleinen Lavastrom lieferte. Derselbe war gleich den Aschenfeldern damals noch vegetationslos, und es standen noch viele verbrannte Bäume in ihm.

Der Lokon 1594 m soll in der zweiten Hälfte des 14. Jahrhunderts[4]) eine große Masse Steine nach WNW hin ausgeschleudert haben, soll auch in der zweiten Hälfte des 18. Jahrhunderts[5]) tätig gewesen sein. Östlich vom Sattel zwischen Lokon und Empung ist eine Bocca, die im 19. Jahrhundert stets von Zeit zu Zeit eine schwache Tätigkeit zeigte. 1829[6]), dann im März 1893[6]) und später brachen daraus feurige Rauchwolken aus. Die solfatarische Betätigung hielt 1898[7]) noch an. —

Der Empung besitzt einen trichterförmigen, scharfkantigen tiefen Krater, der durch eine Eruption in historischer Zeit[8]) (18. Jahrhundert?) gebildet worden sein dürfte; diese soll nach Traditionen viele Dörfer zerstört haben. —

Der Rumengan (1340 m), dessen Krater 1821 solfatarisch tätig war, hatte 1789 oder 1790[9]) einen sehr schweren Ausbruch, der in der Um-

---

[1]) v. Hoff IV, S. 330. Junghuhn (Java II S. 846 f., freilich fälschlich 1683 schreibend), Bücking in Pet. Mitt. 1899, S. 251. Mercalli S. 311 u. a.

[2]) v. Hoff IV, S. 348. Daubeny, Volcanoes 2. Aufl. S. 400, nach dem Datum des an Witzen gelangten Briefs.

[3]) Sarasin a. a. O. S. 15—18. Junghuhn, Java II, S. 847 f.

[4]) Sarasin S. 38.

[5]) Junghuhn, Java II, S. 849. Knüttel in Tschermaks min. u. petr. Mitt. XIV, S. 218 ff.

[6]) Sarasin S. 28 f. nach Graafland und N. T. LIV, S. 206 (Dez. 1893 noch rauchend). Knüttel in Tschermaks min. u. petr. Mitt. XIV, S. 217 ff.

[7]) Bücking in Pet. Mitt. 1899, S. 251.

[8]) Sarasin S. 32 und nach Reinwardt S. 37.

[9]) Reinwardt a. a. O. S. 556. Sarasin S. 41. Bücking a. a. O. S. 251: 1789.

gebung den Wald vernichtet hatte. Traditionen sprechen auch von verschiedenen älteren Ausbrüchen[1]. —

Der Soputan 1827 m (Seputan, Soepoetan, Saputan) soll von Mitte des 15. Jahrhunderts[2] an wiederholt Ausbrüche gehabt haben. Pecqueur[3] berichtet, daß der Berg früher (d. i. wohl im ersten Drittel des 19. Jahrhunderts) 'alle Jahre, oder ein um das andere Jahr, mitunter auch zweimal in einem Jahre' einen Ausbruch von Asche, Sand und Steinen gehabt habe, wobei die Asche bisweilen ca. 32 km weit flog. Gewöhnlich fanden zwei oder drei Tage vor einem Ausbruch Erdbeben statt. Die Ernte wurde durch Aschenregen oft verdorben.

[1831[4].]

1838[3] zweitägiger Ausbruch[5], dessen Aschen die Sonne verdunkelten; Aschendecke 4 Zoll, Steinauswurf mäßig. Die großen ausgeworfenen Steine waren nach längerer Zeit noch sichtbar, sind jetzt aber mit Sand und Asche bedeckt[6], was auf spätere Ausbrüche (freilich nach 1856) schließen läßt. Genauere Kunde darüber fehlt aber. Es wird nur für 1858[7] öfteres Getöse (15. bis 24. Nov.) berichtet.

In den 90er Jahren war Fumarolentätigkeit vorhanden.

1890[8] 21. und 24. Juli, dürfte ein leichter Aschenausbruch gewesen sein.

1901[9] Anfang Februar, Rauchsäule und Aschenregen aus einer neuen Öffnung (am SW-Hang des Rindegan)[10]. Spaltenbildungen.

1906[11] 22. Mai, Rauchsäule; 17. bis 29. Juni erhöhte Tätigkeit; 18. Juni, Bildung neuen Kraters auf N-Seite. Nach v. Komorowicz[10] am 17. Juni zwei Schlammströme, Bildung zweier Krater (von 40 und 150 m relat. Höhe), die im September zu einem Kegel verwachsen waren. Lavaerguß (1000 × 150 m). 1907, 5. oder 7. Juni, starker Ausbruch[10].

---

[1] Sarasin S. 42 nach Anonymus in Natuur- en geneeskundig Archief voor Ned. Ind. III, 1846, S. 603.

[2] Sarasin S. 63 nach dem Anonymus. Mercalli erwähnt ohne besondere Quellenangabe einen Ausbruch 1785 oder 1786. v. Komorowicz S. 120: 1785, Aschenfall bis Menado.

[3] Junghuhn, Java II, S. 848.

[4] Sarasin glaubte S. 64, diese Angabe der Brüder De Lange auf Verwechslung mit einem von 1838 zurückführen zu dürfen; der Anonymus von 1846 nannte 1832 als Zeit des letzten Ausbruchs. v. Komorowicz spricht auch von 1833.

[5] Nach Koorders siebentägig, s. v. Komorowicz a. a. O.

[6] Sarasin S. 63 nach Spreeuwenberg.

[7] N. T. XVI, S. 421.

[8] N. T. LI, S. 321. Sarasin S. 66. Wichmann, Pet. Mitt. 1900, S. 21; er fügt (nach Koorders) hinzu: 'Den Aussagen der Eingeborenen zufolge, soll der Soputan mindestens alle zwei Jahre ein oder mehrere Male stark rauchen, und dann und wann kleine Mengen von Aschenauswürfen'.

[9] N. T. LXII, S. 170. Gerlands Beitr. XIV, S. 111.

[10] v. Komorowicz S. 121 ff.

[11] N. T. LXVII, S. 55–58. Gerlands Beitr. XIV, S. 113.

1908[1]), 18. Juni Ausbruch; nach Ahlburg mit Lavaerguß, was A. Wichmann energisch bestritt[2]). v. Komorowicz[3]) bestätigte den Lavanachschub des Juni 1908.

In der Zeit von 1911 bis 1913[3]) kam es vorübergehend wieder zur Bildung eines zweiten Kegels; neue Lavamassen wurden gefördert. Als v. Komorowicz Anfang Juli 1913 den Vulkan besuchte, war ein sehr regelmäßiger, ca. 150 m hoher Aschenkegel vorhanden; die zähflüssig geförderte, in Blöcke zerfallene rezente Lava hatte ein Volumen von etwa 15 Mill. cbm.

Der Sempu soll 1819[4]) einen Ausbruch gehabt haben. Nach der Darstellung von P. und F. Sarasin[5]) ist jetzt nur der Krater (Rano Assem) des damit verbundenen Kelelondei stark solfatarisch tätig: kochender Schwefelpfuhl. —

Weit entfernt von den Vulkanen der Minahassa liegt ganz isoliert im Golf von Tomini der Inselvulkan Oena-Oena, der am 2.—6. Mai 1898[6]) einen starken Explosivausbruch hatte. Leichtere Aschenausbrüche folgten nach: 14. Juni Aschenfall in Palos, 16. in Dongala (215 km ab), 28. Juni an der Nordostküste von Borneo, weitere Aschenfälle noch im August auf Celebes. Der Aschenfall verbreitete sich über ein Gebiet von ca. 303000 qkm. Beben und Schlammergüsse erfolgten noch 1899. —

In der Sangi-Kette sind zwei tätige Vulkane vorhanden: Awoe und Roewang.

Der Awoe auf Groß-Sangi hatte nach Wichmann[7]) am 3./4. Jan. 1641 einen schweren Explosivausbruch, der im Dezember 1640 begonnen hatte. Finsternis auf dem größten Teil von Mindanao; Aschenfall auf Zebu und Panay.

Zwischen 1641 und 1650[7]) muß dann ein zweiter Ausbruch stattgehabt haben.

1711[8]), 10. bis 16. Dez. (nach Junghuhn; nach Prevost drei Tage dauernd) schwerer Ausbruch, dem 2030 Menschen zum Opfer fielen. Viele Häuser durch Sturm und Beben, Flammen und ausgeschleuderte Steine zerstört. Die Luft wurde weit umher glühend heiß.

---

[1]) N. T. LXVIII, S. 120. Gerlands Beiträge XIV, S. 113.

[2]) Ztschr. d. deutschen geol. Gesellsch. 1910, B. S. 193, 594, 667. 1911, B. S. 228, 506 f.

[3]) A. a. O. S. 121 ff.

[4]) C. G. C. Reinwardt a. a. O. S. 580. Bücking a. a. O. S. 251. [5]) A. a. O. S. 70.

[6]) A. Wichmann in Ztschr. d. deutschen geol. Ges. LIV, S. 144 ff. (Karte der Aschenverbreitung S. 151.) N. T. LIX, S. 91—95.

[7]) Zeitschrift der deutschen geologischen Gesellschaft 1893, S. 543 f. Vgl. auch Perreys und E. Kluges Darstellung (Synchronismus usw. S. 39 nach Nierembergs Obras filosóficas, Madrid 1651, III, S. 453 ff.) Andere beziehen — offenbar mit Unrecht — diesen Ausbruch auf den Sanguil oder Serengani an der Südspitze von Mindanao.

[8]) Java II, S. 845. Prevost, Hist. gén. Voyages XVII. Paris 1766. S. 54. Nach der Mitteilung von Prevost, daß die Soldaten Tote fanden, 'que la chaleur avait étouffés, et dont les corps étaient encore entiers', könnte man an eine Glutwolke denken (vgl. Mercalli S. 206).

1812[1]), schwerer Ausbruch, der 953 Menschen das Leben kostete (nach Traditionen der siebente Ausbruch, von dem die Eingeborenen wußten). Die schönsten Kokospalmenwälder wurden herausgerissen.

1856[2]), 2. März, zwischen 7 und 8 Uhr vorm., begann der Ausbruch ohne Vorzeichen mit furchtbarem Schlage. Ströme von 'Lava' flossen in verschiedenen Richtungen nieder. Heiße Quellen öffneten sich. Sturmwind. Eine Stunde später Getöse. Auswurf von Rauch und Steinen, von Lavaglut erhellt, dann Finsternis.

Neue Ausbrüche 3. März, 12 Uhr mittags, (Dunkelheit, Asche flog bis Mindanao) und 17. März. Sehr großer Schaden; 2806[3]) Menschen getötet. Im Jahre 1857[4]) rauchte der Vulkan noch an mehreren Stellen, aber die Menschen waren in ihre Siedelungen zurückgekehrt.

[1871[5]), Ausbruch, der 400 Menschen das Leben kostete. Offenbar eine Verwechslung mit dem Roewangausbruch.]

1883[6]), August, in der Nacht vom 25. zum 26. Getöse, große Feuersäulen; kein Beben.

1892[7]), 7. Juni, 6 Uhr 30 nachm. bis 10 Uhr abends, und 8. Juni 2 Uhr morgens starke Aschenausbrüche. 9. Juni Aschenregen. 12. Juni neuer Ausbruch, Knalle bis Celebes, Ternate und Amboina gehört; 1000 bis 1500 Menschen getötet. Auswurf kochenden Schlamms. Flutwellen. —

Der Roewang oder Doewang hatte Ausbrüche: 1808[8]).

1856[9]), September, Rauch und Flammen.

1870[10]), 27. August, starker Ausbruch, 40 Häuser zerstört. 28. August vorm., starker Aschen- und Steinauswurf. Dunkelheit.

1871[11]) Seit Mitte Febr. Beben, 2. März Absturz von Steinen, 3. März 8 Uhr abends plötzliches Beben. Getöse, Ausbruch. Starke Verwüstung durch Aschenfall. Flutwellen. Weitere Ausbrüche: 9. März, 8 Uhr abends, bis 10. März 2 Uhr nachm. Stein- und Sandauswurf, 14. bis 15. März 3 Uhr morgens, sowie Mai[12]) und Juni 1871[13]).

---

[1]) Junghuhn, Java II, S. 845 f.

[2]) A. F. J. Jansen in N. T. XI, S. 373 ff. Es ist aber zweifellos, daß es sich nur um Schlammströme handelte, wie auch späterhin.

[3]) Ein früherer Bericht (N. T. XI, S. 246 ff.) schätzte sogar 4900.

[4]) Perrey in Mém. Ac. Bruxelles XII, S. 23.

[5]) Mercalli S. 312 nach Nature 1892. Dort ist aber (XLVI, S. 287) ausdrücklich ein 'Ruang'-Ausbruch berichtet.

[6]) Verbeek, Krakatau. Batavia 1885. S. 445. F. Schneider im Jahrb. d. k. k. geol. Reichsanstalt 1885, S. 7. Für die Nachricht F. Schneiders a. a. O. S. 3 von einem Ausbruch im März 1865 fand ich sonst keine Bestätigung. Wohl Verwechslung mit 1856 infolge Druckfehlers?

[7]) N. T. LIII, S. 136 ff., sowie L. Hoeke in N. T. LIII, S. 162—171.

[8]) Junghuhn, Java II, S. 845 (G. Pulu duwang).

[9]) N. T. XII, S. 503.

[10]) N. T. XXXII, S. 260.

[11]) N. T. XXXII, S. 450 ff.

[12]) Perrey, Mém. Ac. Bruxelles XXIV, S. 104 (Trembl. 1871): 'Roua'.

[13]) Perrey ebenda (Trembl. 1871) S. 107.

1874[1]) am 15. November und den folgenden Tagen viel Asche und Steine ausgeworfen. 200 Wohnungen und viele Pflanzungen vernichtet. Leichter Aschenregen in Menado.

[Auch im Mai 1874 sollte der Roewang nach C. W. C. Fuchs[2]) einen heftigen Ausbruch gehabt haben; ein Dorf mit über 300 Menschen sei weggerissen worden.]

Im Juni 1889[3]) erhöhte Tätigkeit. Bildung eines Ausbruchskegels.

Am 9. Sept. 1889 starkes Beben. Mehrfach Flutwellen. Viele tote Fische (submariner Ausbruch in der Nachbarschaft).

1905[4]) nach Getöse und Beben ging in der Nacht vom 23./24. Mai ein Wasserstrom vom Gipfel nieder. —

Vom Nordmolukkenbogen sind folgende Ausbrüche berichtet:

Siao oder Siauw.

1712[5]) Januar, gespalten; alles schien in Feuer; Getöse bis Ternate gehört.

'On en voit souvent sortir de l'eau, des cendres et des grosses pierres qui sont la plupart rondes comme de boulets. Il n'y a presque point de jour, qu'on n'y remarque quelque chose de nouveau.'

Valentijn[6]) nennt den Vulkan fast ständig tätig, besonders im Januar und Februar.

1825[7]) war der Vulkan explosiv tätig.

Um die Mitte des 19. Jahrhunderts[8]) zeigte der Vulkan, dessen Gipfel nicht ganz bewachsen war, zuweilen Feuer und starke Rauch- und Aschenwolken, auch leichte Aschenregen.

1886[9]) 25. April bis 19. Juni, ständig Rauch und Feuer ausgeworfen.

1892[10]) 7. Juni und in den folgenden Tagen, gleichzeitig mit Awoe tätig. Sehr schwarzer Rauch; anhaltende Beben.

1905[11]) Aschenauswurf 21. Mai, 11 Uhr abends, bis 22. Mai, 1 Uhr morgens. —

Der Tolo oder Duko-ma-Tolo auf Morotai hatte Ende 1550[12]) einen schweren Explosivausbruch, begleitet von einer Flutwelle (?). Zahlreiche Opfer. Beben, Sturmwind.

Die Nachricht von Ausbrüchen im 18. Jahrhundert[13]) ist nicht richtig.

---

1) N. T. XXXVI, S. 36.
2) Tschermaks min. Mitt. 1875, S. 60.
3) N. T. L, S. 173 f.
4) N. T. LXVI, S. 270.
5) Prevost, Hist. gén. Voyages XVII. Paris 1766. S. 55.
6) A. a. O. I 2, S. 58.
7) Perrey a. a. O. X 3, S. 132.
8) Junghuhn, Java II, S. 845.
9) N. T. XLVI, S. 271.
10) N. T. LIII, S. 137.
11) N. T. LXVI, S. 270.
12) A. Wichmann in Ztschr. d. deutschen geol. Ges. XLIX, 1897. S. 152—159. (Perrey, Ann. Soc. Ém. Vosges, Épinal X 2, S. 140 ff.: 1553.)
13) Junghuhn, Java II, S. 844 nach Valentijn I 2, S. 95. Landgrebe S. 340.

Der Gama canora, Gamma Kunorra auf Djilolo hatte Ausbrüche im Jahre 1564 oder 1565[1]) und 1673[2]) 20. Mai: schweres Getöse; heftige See- und Erdbeben, sehr starker Aschen- und Bimssteinregen. Asche bis Menado, Sangi und Mindanao verfrachtet. [1674[3]) kein Ausbruch!]

[Unrichtig ist die Nachricht Perreys[4]) von einem Ausbruch des 'Gamm a Courra auf Ternate' am 8. Oktober 1774.] —

Der Vulkan Ibu in der Landschaft Tubaru auf der Nordhalbinsel von Halmahera (Djilolo) hatte am 30. Aug. 1911 einen Aschenausbruch, bei dem der schon von C. F. H. Campen in Bijdr. v. Indische Taal-, Land- en Volkenk. XXVIII (Batavia 1883) S. 247 erwähnte Kratersee verschwand (Schriftliche Mitteilung des Herrn A. Wichmann nach 'Koloniaal Verslag von 1912, S. 38'). —

Der Vulkan von Motir hatte 1774[5]) oder kurz vorher einen unbedeutenden Ausbruch. [Unrichtigerweise ist dieser Ausbruch von verschiedener Seite aufs Jahr 1778 verlegt worden.] —

[Von dem Vulkan von Tidore ist kein Ausbruch bekannt geworden. Nach A. Wichmann[6]) hat Perrey in Verwechslung mit dem Ternate ihm fürs Jahr 1608 einen Ausbruch zugeschrieben. Die Schlammflut vom 6. Sept. 1866[7]) war kein vulkanisches Ereignis.] —

Ausbrüche des Makjan.

1646[8]) 19.—21. Juli, starker Ausbruch. Berg zerrissen, viele Menschen getötet; falsch 13. Juli 1648 und 1659[8]).

22. Sept. 1760[8]) [nicht April 1761[9])] Dunkelheit, ca. 2000 Menschen tot. Zahlreiche Beben[10]).

[1819 unbestimmt[9]); von Wichmann nicht anerkannt.]

[1854 Juni: Perrey[11]), von Wichmann nicht anerkannt.]

1861[12]) 28./29. Dez., Getöse wie Kanonenschüsse auf Minahassa und Ternate lange gehört. 29. Dez. Aschenregen; abends schwefeligsaure Dämpfe.

---

[1]) A. Wichmann in Tijdschr. Aardr. Genootschap XVI, 1899, S. 113. Verbeek in seinem Molukkenverslag (Jaarboek Mijnw. Ned. Oost-Indië XXXVII) schreibt S. 159: 1564 und 1565.

[2]) Valentijn I 2, S. 90, 94, 331 f. Junghuhn, Java II, S. 849. Perrey, Ann. Soc. d'Ém. Vosges. Épinal X 2, S. 145 ff. Wichmann S. 113.

[3]) Wichmann S. 113.

[4]) Ann. Soc. d'Émulation des Vosges X 2, Epinal 1859, S. 171. (Verwechslung mit Ternateausbruch vom 25. Okt. 1773. Vgl. Wichmann S. 113, Anm. 4.)

[5]) A. Wichmann, Tijdschr. Aardr. Gen. XVI, S. 117. Perrey a. a. O. X 2, S. 172 f. (1859).

[6]) Wichmann S. 116.

[7]) K. Martin, Reisen nach den Molukken Geolog. T. Leiden 1903. S. 59.

[8]) A. Wichmann, Tijdschr. Aardr. Gen. XVI, S. 117 f. Vgl. Junghuhn, Java II, S. 844 und Perrey, Ann. Soc. d'Ém. Vosges, Epinal 1859, X 2, S. 143 ff.

[9]) K. Martin a. a. O. S. 60.

[10]) Reinwardt S. 649. Perrey, Ann. Soc. d'Ém. Vosges, Epinal 1859, X 2, S. 161.

[11]) Perrey a. a. O. X 2, S. 242.

[12]) N. T. XXV, S. 132 ff.

30. Dez. Aschenlage auf Ternate 2—3 Zoll dick; nachm. Dämmerung, $3^1/_2$—$5^1/_2$ Uhr nachm. Dunkelheit. Aschenregen bis 31. Dez. Viele Bäume gestürzt. Der Berg ließ zwei Tage vor dem Ausbruch furchtbares Getöse vernehmen; man sah ihn sich bewegen; dann barst er in drei Teile und warf große Massen Lava, Asche und Sand nach allen Richtungen aus. 15 Dörfer und etwa 300 Personen wurden vernichtet. Mächtige Rauchsäulen [großer Lavastrom[1])]. Starker Aschenregen zu Tidore und Djilolo.

1862, Aug., starker Ausbruch[2]) (mächtige Rauchsäulen)[3]).

1863, Aug., viele Rauchsäulen[2]).

1864, Okt.[3]), noch Rauchwolken ausgestoßen.

1890, 29. und 30. Juni, riesige Rauchsäulen; abends Glut sichtbar. Viel Aschenregen[4]). Glühende Asche und Steine gingen in zwei Schluchten nieder (keine Lavaströme, keine Spaltung![1]). Leichter Aschenregen in der Minahassa 20./21. Juni und 21./24. Juni[4]). —

Der Pik von Ternate oder Gamalama ist der tätigste unter den Vulkanen der nördlichen Molukkenreihe. Eine kritische Liste der stattgehabten Ausbrüche verdanken wir A. Wichmann[5]), wertvolle Zusammenstellungen auch Junghuhn[6]) und C. L. M. Schwaner[7]); für die jüngste Zeit sind die Berichte der Natuurkundig Tijdschrift voor Ned. Indië von großer Bedeutung.

[1599[8]) wurde vor Ternate ein Getöse wie von einem Ausbruch oder einem Beben vernommen.]

1608[5]), 18. Juli, starker Ausbruch.

1635[5]), 29. März, starker Ausbruch.

1643[5]), 15. Juni, [Mercalli 1648].

1653[5]), [Mercalli erwähnt auch einen für 1654].

[1673 nur Beben, kein Ausbruch, wie Junghuhn und andere angenommen hatten.]

1676 oder Anfang 1677[5]).

1687[5])[9]), 11. Mai, starker Aschenregen. [Mercalli schreibt 1686 (schon von Perrey bestritten X 2, S. 158), und erwähnt eine Eruption für 1693 nach Perrey a. a. O. S. 160.]

---

[1]) Verbeek, Molukkenverslag in Jaarboek v. h. Mijnwezen in Ned. Oost-Indie. XXXVII. Wetensch. Ged. Batavia 1908. S. 141 ff.

[2]) N. T. XXVII, S. 124.

[3]) A. Wichmann, Tijdschr. Aardr. Gen. XVI, S. 118.

[4]) N. T. LI, S. 320.

[5]) Tijdschr. Aardr. Genootschap XVI, S. 114 ff. [6]) Java II, S. 841 ff.

[7]) Bijdrage tot de Kronijk der aardbevingen en vulkanischen verschijnselen in Ned. Ind. N. T. 1, S. 295 ff.

[8]) Liste chronologique in Coll. acad. VI. v. Hoff IV, S. 272 : 1590 infolge Versehens!

[9]) Prevost, Hist. gén. Voyages XVII, S. 48. Nach dieser Darstellung war schon 1686 viel Auswurf von Schlacken.

1737[1]), 10. März.

1770[1]), 8. Juli bis 23. August, 28. August, 4. 6. September, November Dezember.

1771[1]), 25. Januar, 1. bis 7. Februar, 12. und 13. Februar, 9. März, 10. Mai, Juni, Juli, 9. Oktober. [Mercalli gibt auch 1772 an.]

1773[1]) 2., 7. Februar, 21. bis 25. Oktober.

1774[1]), 21. Januar.

1775[1]), 20. August, 6. September, 5. und 6. November.

1811[1]), 1. bis 5. Februar, Mai[2]).

1812[1]), 7. September.

1814[1]), 27. September.

1831[1]), 27. März, 23., 25., 27. Juli.

1833[1]), 15. Juni.

1835[1]), 4. Januar. Seitdem bis 1850 von Zeit zu Zeit Rauchentwicklung (Schwaner[3]).

1838[1])[4]), 26. Februar, ziemlich heftiger Ausbruch; vier Schwefel sammelnde Javanen wurden im Krater getötet. Mai.

1839[1])[5])[6]), 23., 25., 26. März, Aschenregen Lavaerguß nach Norden.

1840[1])[5]), 2. Februar, 1/2 9 Uhr vorm. Getöse, gewaltige Rauch- und Aschensäule, trotz starken NW-Windes senkrecht aufsteigend, zuweilen blaue Flamme. Starker Aschen- und Steinregen. Lavastrom. Tätigkeit bis Ende des Jahres. 14. Februar, 12 1/2 Uhr nachts, Beben, wobei die Erde sichtbar wogte; Spaltenbildungen; 500 Häuser eingestürzt[7]).

1841[1])[5]), März, Mai, September, starker Rauch.

1842[1])[5]), 6. Oktober bis 31. Dezember, leichte Aschenauswürfe.

1843[1])[5])[8]), 10. April bis 27. Mai, zum Teil starke Aschen- und Steinauswürfe.

1844[1])[5]), 24. bis 28. März, 14. November, starker Rauch.

1845[5]), 23. bis 28. April, 18. Mai, 5. September, starker Rauch.

1846[1])[5]), 19. Mai, 4 Uhr nachm., 1100 bis 1400 m hohe Rauchsäule; Aschenregen im Südwesten 23. Dezember.

1847[1])[9]), 7. Februar, Aschensäule, Lavastrom nach Norden, ohne Schaden, und 17. September 7 1/4 Uhr abends.

1849[1])[10]), 27. November, 3 1/2 Uhr nachm., Rauchsäule, Lava. Kein Schaden.

---

[1]) A. Wichmann in Tijdschr. Aardr. Gen. XVI, S. 115f.

[2]) Perrey, Ann. Soc. Ém. Vosges, Épinal 1859, X 2, S. 174f. Ebenda Notizen über Ausbrüche 1812 und 1814.

[3]) N. T. I, S. 295ff.

[4]) N. T. XVIII, S. 263.

[5]) N. T. I, S. 295ff.

[6]) N. T. XVIII, S. 265 und 273—276.

[7]) N. T. XVIII, S. 273—276.

[8]) N. T. XVIII, S. 292.

[9]) N. T. XVIII, S. 300.

[10]) N. T. XVIII, S. 340.

1850[1][2]), 20. Februar, 11 Uhr abends. Wenig Aschenregen im Osten. 30. April, 15., 19. November.

1858[1][3]), November/Dezember, ständig schwere Rauchsäulen.

1859[1][4]), Januar, Februar, April und besonders Juni starker Rauch. August schwach, zuweilen gar nicht.

1860[1]), Juni.

1862[1]), 15. Juli.

1863[5]), Juni, Rauchsäule wie schon im Mai[6]).

1864[1][7]), 20., 26. Januar, Ende Februar, 29. Dezember.

1865[1][8]), 1., 2. Januar.

1868[1][9]), 13. März, 13., 23., 30. November Ausbrüche, Aschenregen.

1869[1][10]), 11. Januar, 10. Februar.

1871[1]), 7. bis 24. August, 25. September. Zahlreiche heftigere Ausbrüche. Aschenregen.

1884[1][11]), Mai, zwei Aschenauswürfe, ein Schlammstrom. 8./9. Dezember Getöse, stinkende Dämpfe.

1896[12]), 4. August, erhöhte Tätigkeit.

1897[13]), 7. September, leichter Ausbruch, Schlammstrom; 19. und 24. September erhöhte Tätigkeit.

1898[14]), 14. bis 23. Mai, erhöhte Tätigkeit, Aschenregen.

1907[15]), 17. November 4 1/2 Uhr morgens bis 18. November 9 1/2 Uhr abends starker Ausbruch; Flammensäulen 300 bis 400 m hoch. Auf N-Seite zwei, auf W-Seite ein Lavastrom geflossen, letzterer bis zum Meer. —

[Daß der Wawani aus der Reihe der tätigen Vulkane zu streichen ist, hat A. Wichmann in seiner mehrfach zitierten glänzenden kritischen Arbeit überzeugend nachgewiesen.] —

Überblickt man die Tätigkeit der Vulkane der südlichen Ausläufer der nordwestlichen Randzone des Stillen Ozeans, soweit die anfänglich recht mangelhafte Berichterstattung dies zuläßt, so tritt der Pik von Ternate deutlich als der am häufigsten tätige Vulkan heraus; ganz besonders gilt dies vom 19. Jahrhundert, in dem er sehr zahlreiche Ausbrüche hatte, die aber nur selten größere Intensität erreichten. In den vorausgegangenen zwei Jahrhunderten, in denen bei der Lage des Vulkans gleichfalls keine

---

1) A. Wichmann in Tijdschr. Aardr. Gen. XVI, S. 116.
2) N. T. XVIII, S. 340.
3) N. T. XVIII, S. 441.
4) N. T. XVIII, S. 443; XIX, S. 453, 456; XXI, S. 399.
5) N. T. XXVII, S. 118.
6) Perrey in Mém. Ac. Bruxelles 1865, XVII, S. 134.
7) N. T. XXVIII, S. 289.
8) N. T. XXIX, S. 232.
9) N. T. XXXI, S. 419, 421.
10) N. T. XXXII, S. 128.
11) N. T. XLV, S. 460.
12) N. T. LVII, S. 381.
13) N. T. LVIII, S. 139.
14) N. T. LIX, S. 91.
15) N. T. LXVIII, S. 126—132.

bedeutenden Ausbrüche der Berichterstattung entgangen sein dürften, waren sie dagegen viel weniger zahlreich. Roewang, Makjan, Tonkoko, Awoe, Siao, Soputan, zeigten ebenfalls im 19. Jahrhundert je noch mehrere Ausbrüche; Lokon noch zwei, Sempu einen; in den vorausgegangenen Jahrhunderten sind für alle Vulkane mit Ausnahme des Ternate nur vereinzelt Ausbrüche bekannt; diese sind aber zum Teil sehr bedeutend gewesen; und wenn auch die Unterlagen fehlen, um die Fördermengen einigermaßen bestimmen zu können, so ist doch höchstwahrscheinlich, daß sie bei einzelnen Vulkanen wie Awoe, Makjan, Gamma kunorra, Tolo sehr beträchtlich waren und an Gesamtmenge die Förderung der zahlreichen Ternateausbrüche je bei weitem übertreffen.

Die weitaus überwiegende Zahl der Ausbrüche war explosiv; Lavaergüsse hatte nur der Ternate in etwas größerer Zahl, sonst werden sie nur ganz vereinzelt berichtet. Die Lockerförderung überwiegt in dem Gebiet jedenfalls sehr bedeutend.

Bei nicht wenigen der explosiven Ausbrüche sind sehr schwere Menschenverluste eingetreten, teils durch die Explosivwirkungen an sich, teils durch Ausschleudern der Wasser eines Kratersees (so am Awoe), vielleicht zum Teil auch durch begleitende Flutwellen, Sturmwinde oder heiße Luft.

Ob einer der großen Ausbrüche die Fördermenge eines Kubikkilometers erreicht hat (vielleicht Awoe 1641?), läßt sich nicht sagen; doch gewinnt man den Eindruck, daß die Jahrhundertförderung des Gebiets an Lockermassen dieses Maß jedenfalls weit übertreffe, während die Lavaförderung gering ist.

2. Westsüdwestliche Umrandung.

a) Andamanen und Sumatra.

Die westsüdwestliche Umrandung des Stillen Ozeans greift mit der Sunda- und Nicobarenzone nach Westen ins Gebiet des Nachbarozeans hinaus, wie solches auch an der östlichen Umrandung, wenn auch in etwas verschiedener Weise, der Fall ist: mit den Vulkanbögen der Kleinen Antillen und der Südsandwichinseln.

Das am weitesten nach Westen vorgeschobene Vulkangebiet ist das der Nicobaren.

In dieser Inselgruppe befindet sich ein einziger, noch bis in die geschichtliche Zeit hinein tätig gewesener Vulkan: Barren [1]) Island.

1787 weithin sichtbare Rauchsäule.

1789 starke Explosivtätigkeit; Auswurf großer rotglühender Blöcke.

1791 wurde weißer Rauch nahe dem Gipfel gesehen.

1803 fanden alle 10, 1804 alle 8 bis 10 Minuten Explosionen mit Getöse statt. Alle späteren Nachrichten deuten nur auf solfatarische Betätigung hin; auch die Nachricht, daß der Vulkan 1852 'sehr tätig' gewesen sei, bezieht sich wohl nur auf eine solche. [Unrichtig war jedenfalls die Mitteilung, daß 1857/58 noch Lavaströme geflossen wären.] 1890 [2]) stieg Dampf vom Schwefellager beim Gipfel auf.

[Die Mitteilung Landgrebes [3]), daß die benachbarte Narcondam-Insel noch einen tätigen Vulkan enthalte, der früher häufige und heftige Ausbrüche gehabt habe, ist durch keine geschichtlichen Nachrichten belegt.]

[An der Küste von Arracan sind keine Vulkane bekannt. Die von dorther berichteten Ausbrüche von 1762 [4]), 1833 [4]), 1839 [4]), Februar 1843 [5]) und 12. Juni 1897 [4]) auf Ramri, und die submarinen zwischen Ramri und Tscheduba vom Juli 1843 [6]) und auf Tscheduba am 31. Dezember

[1]) J. R. Hobday and F. R. Mallet in Mem. of the Geol. Survey of India XXI, part 4 und V. Ball in Geol. Mag. 1879, S. 16—27 und 1888, S. 404—408, wo weitere Literatur angegeben und erörtert ist.

[2]) C. Boden Kloss, In the Andamans and Nicobars. London 1903. S. 14. Bei S. 12 sehr schönes Bild!

[3]) Naturgeschichte der Vulkane. Gotha 1855. I, S. 338 f.

[4]) C. Schmidt in Gerlands Beitr. VII, S. 133 f.

[5]) Mercalli S. 323.

[6]) Rudolph in Gerlands Beitr. I, S. 245.

1881[1]), ca. 15 km NW Tscheduba, Dez. 1906[2]) (Inselbildung, 300 m lang, 200 m breit, 6 m hoch), ca. 18° 21′ NBr. und 93° 56′ OL. 1908[3]) (Inselbildung), oder nahe Baronga Point 1914[4]) (Inselbildung), sind nur Schlammvulkanausbrüche gewesen.]

Die Nachrichten über die Ausbrüche der Vulkane von Sumatra sind ziemlich spärlich, für die ältere Zeit ganz sporadisch; infolgedessen ist es nicht möglich, sich ein zufriedenstellendes Bild ihrer Lebensäußerungen zu machen. Eine Reihe älterer Nachrichten haben Junghuhn und später A. Perrey[5]) gesammelt. Eine sehr wertvolle neuere und kritische Zusammenstellung verdankt man A. Wichmann[6]) und wichtige weitere Nachrichten W. Volz[7]) (neben anderen Spezialwerken), vor allem aber der Natuurkundig Tijdschrift voor Nederlandsch-Indië, deren Nachrichtendienst auch dieses Gebiet umfaßt.

Aus dem nördlichen Sumatra scheinen nur von folgenden Vulkanen Tätigkeitsnachrichten vorzuliegen.

Goldberg[8]) im nördlichen Sumatra (als Solawaih Agam und unter verschiedenen anderen Namen den Eingeborenen bekannt: 1726 m, im Gegensatz zum eigentlichen Goldberg Gunung Mas im Atjeher-Land).

Schon aus dem Anfang des 16. Jahrhunderts liegt eine Nachricht über Feuerauswerfen dieses Vulkans vor. Später ist der Berg durch seine starke Schwefelausbeutung bekannt, die wohl durch eine mindestens bis ins 18. Jahrhundert reichende solfatarische Tätigkeit ermöglicht wurde. Gegenwärtig dauert die solfatarische Tätigkeit noch an[9]). —

Burni Telong[10]) oder Goenoeng Tutong am Goenoeng Gördong in Nordsumatra. Ausbrüche:

Ende September 1837 mehrere Ausbrüche und schadenbringende Beben.

12./13. Januar 1839 ziemlich weittragende Aschenregen.

14. April 1856 Aschenfall (in 4° 26′ NBr. und 96° 17′ ÖL.). (Wahrscheinlich auf den Telong zu beziehen.) Jetzt nur noch Solfatarentätigkeit. (Snouck Hurgronje spricht von Tätigkeit 30—40 Jahre vor 1903.)

---

[1]) Rudolph in Gerlands Beitr. I, S. 218 bzw. S. 184, wo allerdings Ramri genannt ist.

[2]) Ztschr. Ges. f. Erdk. 1907, S. 255.

[3]) Military Gazette vom 5. und 10. Mai 1908.

[4]) Geogr. Journ. XLIV, S. 96.

[5]) Documents sur les tremblements de terre et les phénomènes volcaniques dans l'île de Sumatra in 'Nouvelles Annales de Voyages' 1861. III, S. 278 ff.

[6]) Zeitschrift der deutschen geologischen Gesellschaft LVI, 1904, S. 227 ff.

[7]) Nordsumatra II. Berlin 1912.

[8]) A. Wichmann, Ztschr. d. deutschen geol. Ges. LVI, 1904, S. 233 f.

[9]) W. Volz, Nordsumatra. Berlin 1912. II, S. 236 f.

[10]) Wichmann a. a. O. S. 230 ff. Von Mercalli werden S. 322 Burni Telong und Goenoeng Tutong als zwei verschiedene Vulkane aufgeführt.

[Der Gunung Alas[1]) 2550 m oder Batu Gapit wurde von J. C. M. Radermacher als 'brennender Berg' erwähnt, von dem die Eingeborenen Schwefel holten.]

[E. Reclus führt (Nouv. Géogr. Univ. XIV, S. 221) noch die solfatarischen Dolok Simanaboem und Pusuk-Bukit beim Tobasee auf, deren ersterer 1881 noch dichte Dämpfe ausgestoßen habe. K. Schneider erwähnt S. 240 einen Ausbruch des letzteren für 1881. Vom Goenoeng Singalang, dem Schwesterberg des Merapi, ist kein Ausbruch bekannt; er wird aber, wie vorstehende, sowie Sibajak von Volz, Nordsumatra II, S. 284 als tätig aufgeführt.] —

Sorieq Berapi oder Seret, Sarik Berapi hatte vor 1830[2]) einen Ausbruch, bei dem Asche, Schlamm und Steine ausgeworfen wurden, und rauchte im Februar 1888[3]), während gleichzeitig Knalle von ihm gehört wurden.

1893[2]), 4. Januar öffnete sich die Fumarole zu Si Banggir Djulu mit einem Knall und warf Steine und Schlamm aus.

[A. Perrey gibt außerdem Nachrichten von Tätigkeitsäußerungen des Goenoeng Berapi gegen 1770[4]), gegen 1807[5]), 1822[6]): — Verwechslungen mit dem Merapi von Sumatra; Landgrebe hält S. 334 beide Namen für gleichbedeutend.] —

Von Ausbrüchen des Goenoeng Merapi (Sumatra) sind folgende bekannt: gegen 1770[7]).

1807[8]), (Näheres nicht bekannt).

1822[8]), 23. Juli 6 Uhr vorm., Getöse wie Kanonade, starke, zuweilen dunkelrot erleuchtete Rauchmassen. Auswurf von Steinen bis 9 Uhr vorm., von Aschen, Rauch, Feuerstrahlen noch den ganzen Tag.

1833[8]) und 1834[8]) fanden mehrere Ausbrüche statt, wobei meist ein schwerer Schlag vorausging und dann eine Rauch- und Aschensäule folgte, die bei Nacht wie eine Feuergarbe erschien. Seltener wurden glühende Schlacken ausgeschleudert.

16. (und — abgeschwächt — 18.) November 1845[8]) stieg wieder nach unterirdischem Getöse eine dicke 'Feuersäule' auf.

Anfang Oktober 1855 stellten sich starke Beben und zuweilen Getöse nebst Rauchsäulen und Aschenauswurf ein. Am 2. Okt. und 11. Nov. Auswurf von Feuer, Asche und Steinen, so daß der Gipfel wie ein Feuerklumpen aussah[9]).

---

[1]) A. Wichmann a. a. O. S. 228.

[2]) Knüttel in Tschermaks min. u. petr. Mitt. XIV, S. 215 ff. nach Fennema, Jaarb. v. h. Mijnwezen 1887 (Wissensch. Teil S. 321.). Fuchs (Vulk. Ersch.) erwähnte S. 321 — in Verwechslung (Druckfehler!) mit Merapi — einen Ausbruch am 23. Juli 1822.

[3]) N. T. XLIX, S. 124. [4]) A. a. O. S. 281. [5]) Ebenda S. 284.

[6]) Ebenda S. 290 ff. [7]) Mercalli S. 322 (wohl nach Perrey a. a. O. S. 281: Ber-Api).

[8]) Junghuhn, Java II, S. 812. [9]) N. T. X, S. 450 f.

[Außerdem erwähnt Mercalli (S. 322) mäßige Explosivtätigkeit im August 1854 und Februar 1861.]

Ende April 1861 war der Vulkan wieder sehr tätig[1]).

Vom 20. Mai 1863 an ließen sich wieder Getöse und schwere Rauchsäulen mit Flammen bemerken. Beben. Am 23. Mai floß viel 'Schwefel und Lava' nieder, besonders im Westen; Aschenregen. Am 28. war der ganze Berg in Feuer. Die Lava hatte eine 50 m tiefe Schlucht halb gefüllt. Letzter Ausbruch 27. Mai: starker Aschenregen. Neuer Krater soll sich an Ostseite gebildet haben[2]).

Im Dez. 1883 erfolgten einige Ausbrüche[3]).

1. April 1886, 11 Uhr vorm. Getöse, Beben, Aschenregen. Nacht 1./2. April kleine Eruption, Aschenregen. Am 18. April 7 Uhr 5—55 Min. (vormittags? oder nachmittags? nicht angegeben!) enorme Stein- und Aschenmassen ausgeworfen. 27. April starker Aschenregen, Getöse. 29. April zwei leichte Ausbrüche[4]).

20. Februar 1888, 4 Uhr 5 morgens, kleiner Ausbruch, Knall, Rauchsäule, Aschenregen. 21. Februar 400 m hohe Rauchsäule, Getöse wie Kanonenschüsse bis 22. abends. 25. Febr. wieder Getöse, 28. Febr. Rauchsäule und Feuerglut. 9.—19. März Getöse[5]).

Febr. 1889, März leichte Tätigkeit, desgl. Anfang April. 11. April Aschenauswurf und Dampfemission abwechselnd[6]). 1. Nov. 1905 Ausbruch[7]). 2. Nov. 1911 Ausbruch[8]). —

Ausbrüche des Goenoeng Salassi (= Talang), Sumatra.

1833 Okt. (?) dicke Rauchsäulen, Auswurf glühender Steine[9]).

[1842[10]), Oktober Ausbruch.]

1845, 22. April, ungewöhnlich starke schwarze Rauchsäulen[9]). —

Tandikat nahe Singalang an der Westküste Sumatras zeigte in der Nacht vom 19./20. Febr. 1889[11]) hohe Rauchsäule und Feuer und war am 21. Feb. noch stark tätig; Aschenregen; desgl. 27. und 28. März. Am 29. März Dampfwolke. 30. März starker Aschenregen in Padang. Im April Dampf- und Aschenauswurf abwechselnd. 3. bis 4. Dezember starke Rauchsäule.

Ausbrüche des Indrapoera (Korintji).

1838 sollen nach Aussage von Seeleuten glühende Lavaströme am Berg herabgeflossen sein (?)[12]).

1842 sah Junghuhn im März und Juni in Pausen von 25 bis 45 Minuten wiederholte Rauchsäulen aufsteigen, sehr ähnlich denen des Semeroe[13]).

---

[1]) N. T. XXV, S. 123. [2]) N. T. XXVII, S. 123 ff. [3]) N. T. XLV, S. 451.
[4]) N. T. XLVI, S. 269 f. [5]) N. T. XLIX, S. 126. [6]) N. T. L, S. 170.
[7]) A. Wichmann in Tijdschr. Aard. Gen. Ser. 2, XXV, S. 76.
[8]) N. T. LXXII, S. 180. [9]) Junghuhn, Java II, S. 814.
[10]) Perrey a. a. O. S. 311. [11]) N. T. L, S. 168 f.
[12]) Landgrebe S. 332. [13]) Junghuhn, Java II, S. 815. Landgrebe S. 332.

1887, 23., 28., 29., 30. März tätig[1]. —

Der Goenoeng Soembing (Korintji) zeigte 1908 Okt. und Nov. erhöhte Tätigkeit[2]. 6. bis 11. Nov. starke Beben. —

Der Kaba hatte im Nov. 1853[3] starken Ausbruch. Überschwemmung.

1875 bis 1877 stark explosiv tätig[4]. Aschenregen auf 35 km hin.

1875, 6. April, Aschenregen zu Sindang vom Vulkan Biring bei Boekit-Kaba[5].

1886, 8. bis 14. Juni. Leichter Aschenregen. Nacht und Morgen 12. Juni schwere Rauchsäule. Von Zeit zu Zeit sah man deutlich Lava aus dem Krater fließen[6].

1887, 3. und 4. Febr., schwere Rauchwolken, Zittern, Aschenregen. 24. und 25. März, stärkere Aschenregen. 28., 29. Getöse. 30. zwei Beben. 8. bis 11. April Erdbeben, Getöse. In der Nacht vom 10. zum 11. April hohe Feuersäule. Beide Kraterseen ausgetrocknet. Zwei neue Öffnungen am NO-Hang. Auch längs zwei Schluchten des alten Kraters hat sich Feuer bis auf ca. 600 m verbreitet. Große Steine waren ausgeschleudert worden, einige Bergrippen in der Länge gespalten. Schwere Überschwemmungen sollen stattgefunden haben[6].

1888, 27. Jan. Getöse, Febr., März, April Rauchentwicklung[7].

1890, 13. Mai stark tätig[8]. —

Ausbrüche des Dempo.

1817 oder 1818, starker Explosivausbruch, der die Wälder der höheren Zone vernichtet hatte[9].

1853, 1. Jan. Ausbruch[10].

1879, 18. Mai 10 Uhr vorm., ziemlich starkes Getöse, dann schwere Rauchsäule aufsteigend[11].

1895, 2. Juli 8 Uhr vorm., ohne Vorzeichen breite Rauchsäule mit etwas Asche aufgestiegen[12].

1900, 4. Juni 2 Uhr nachm., Knall. Starke Rauchsäule. 26. und 27. Okt. wieder tätig[13].

1908, 16. Febr. Schlamm und Asche ausgeworfen[14]. —

[F. Schneider[15] spricht auch von dem Ausbruch des Lobo Radja auf Sumatra im Januar 1878. Welcher Vulkan gemeint ist, weiß ich nicht.]

---

[1] N. T. XLVII, S. 531. [2] N. T. LXIX, S. 111.

[3] Meineke in Ztschr. f. allg. Erdk. III, S. 104. Perrey S. 297.

[4] Reclus a. a. O. S. 224. [5] N. T. XXXVII, S. 24. [6] N. T. XLVII, S. 172—174, 531.

[7] N. T. XLIX, S. 123. [8] N. T. L, S. 320.

[9] Junghuhn, Java II, S. 815 nach Presgrave.

[10] F. Schneider im Jahrbuch der k. k. geol. Reichsanstalt 1885, S. 6.

[11] N. T. XLI, S. 49. [12] N. T. LVI, S. 88 f.

[13] N. T. LXI, S. 195 f. [14] N. T. LXIX, S. 107.

[15] Jahrbuch der k. k. geol. Reichsanstalt 1885, S. 6.

Der Inselvulkan Krakatao hatte im Mai 1680[1]) einen bedeutenden Bimssteinausbruch. Am 1. Febr. 1684[2]) wurden große Feuerbrocken ausgeworfen. 1883[3]) begann nach leichtem Erdbeben am 20. Mai ein heftiger Explosivausbruch des Vulkans, der unter starken, sehr weitreichenden Getösen in den ersten 2 oder 3 Tagen große Massen Bimssteine förderte, denen nachher Aschen nachfolgten. Mit wechselnder Heftigkeit dauerte unter Aschen- und Dampfauswurf der Ausbruch bis August fort. Am 11. August betrug die Mächtigkeit der Lockerdecke nahe beim Ausbruchsort etwa $^1/_2$ m. Ohne nennenswerte Beben nahm die Kraft des Ansbruchs am 26. August von 5 Uhr abends an bis 10 Uhr vormittags am 27. August rasch zu, um am 28. August morgens aufzuhören. Die mächtigen Aschenregen riefen weitreichende Finsternis hervor; das Getöse wurde im ganzen Archipel gehört; gewaltige Flutwellen waren die Hauptursache der so zahlreichen Opfer des Ausbruchs (offiziell 36417 Menschen). Eruptionsnacherscheinungen wurden nur in geringer Zahl und Bedeutung beobachtet. Die Menge der Auswurfstoffe wurde auf rund 18 cbkm geschätzt, die Ausbreitung des Aschenfallgebiets auf 827000 qkm. Feinste Aschen verbreiteten sich in den oberen Luftschichten über die ganze Erdoberfläche und erzeugten im Herbst und Frühwinter 1883 prachtvolle Dämmerungserscheinungen und sonstige optische Phänomene. Ansehnliche Landstrecken verschwanden, andere wurden neu gebildet; das Schlußergebnis stellte einen Landverlust von nahezu 10 qkm dar. —

Trotz der Dürftigkeit der Nachrichten über Ausbrüche der Vulkane Sumatras und trotz der auch jetzt noch bestehenden Unzulänglichkeit der Berichterstattung ist doch deutlich erkennbar, daß die vulkanische Tätigkeit in und bei Sumatra nicht sehr rege ist. Am häufigsten ist der Merapi tätig; auch einige andere Vulkane haben in mäßigen Zwischenräumen Ausbrüche. Über die Fördermenge der meisten Vulkane ist es nicht möglich, sich ein Bild zu machen; sie scheint aber überall mäßig oder geringfügig zu sein, mit einziger Ausnahme des Krakatao, der sowohl 1680 als 1883 große Massen magmatischen Materials geliefert, beim letztgenannten Ausbruch auch riesige Massen älteren Gesteinsmaterials bewegt hat. Beide Ausbrüche waren von weitreichender Wirkung; verheerend im höchsten Grad wirkten die Flutwellen des August 1883.

Lavaergüsse sind in der — allerdings nur kurzen — geschichtlichen Zeit nur vereinzelt berichtet worden.

---

[1]) N. P. van den Berg, Vroegere Berichten omtrent Krakatau, De uitbarsting von 1680. Tijdschr. voor indische Taal-, Land- en Volkenkunde XXIX, 1884, S. 202—228. Der Report der Krakatoa Commission der Royal Society hebt S. 385 hervor, daß am 22. Mai 1680 überall in Dänemark glutrote Dämmerung war.

[2]) L. v. Buch, Ges. Schr. III, S. 576f. nach King in Cooks 3. Reise II, S. 523. (In der mir zugänglichen französ. Übersetzung Paris 1785, IV, S. 460ff. nicht erwähnt.)

[3]) R. D. M. Verbeek, Krakatau. Batavia 1885.

b) Java.

Auf Java liegen außer zahlreichen solfatarischen Vulkanen auch nicht wenige Feuerberge, die in geschichtlicher Zeit Ausbrüche gehabt haben. Die genauere Berichterstattung setzt mit dem Ende des 16. Jahrhunderts ein und wird vom 19. Jahrhundert an gut, in jüngerer Zeit durch die regelmäßige Berichterstattung in der Natuurkundig Tijdschrift voor Nederlandsch Indië (Batavia) sogar geradezu vorbildlich, wenngleich zuzugeben ist, daß auch jetzt noch manche Ausbrüche der Kenntnis dieser Zeitschrift entgehen. Die älteren Ausbruchsnachrichten hat Junghuhn in seinem Java II (übersetzt von J. K. Hasskarl, Leipzig 1854) in vortrefflicher Weise zusammengestellt und diskutiert; Ergänzungen und Verbesserungen gaben u. a. besonders Verbeek und Fennema [1]), sowie A. Wichmann [2]).

Im westlichsten Java (Bantam) sind nur solfatarische Vulkane bekannt: Kalang, Danoe, Poelosari; dann folgt der gleichfalls solfatarische Salak, dem Junghuhn [3]) mit Unrecht einen Ausbruch 1699 zuschrieb; die betreffenden Ereignisse sind auf Hochwasser und Bergschlipfe zurückzuführen, die im Gefolge von Beben auftraten [4]). [Raffles Ausbruchsangabe 1761 beruht auf einer Verwechslung mit dem Gedé. v. Hoff V, S. 44 schrieb aus Versehen 1781 (Wichmann).] —

Der Gedé 2958 m. Der nordnordwestliche Teil des Kraters ist durch Lavadruck durchbrochen worden, ein Vorgang, den Junghuhn der Tätigkeit von 1747 und 1748 [5]) zuschreibt, während Verbeek und Fennema dafür eine ältere Entstehung annehmen. Weitere Ausbrüche:

1761 [5]) leichter Aschenausbruch.

[Der Ausbruch von 1772 [6]) ist unglaubhaft.]

---

[1]) R. D. M. Verbeek et R. Fennema, Description géologique de Java et Madoura. Amsterdam 1896. 2 Bde. u. Atl.

[2]) So in der Zeitschr. der deutschen geologischen Gesellschaft LII, S. 640 ff. und im Neuen Jahrbuch für Min. etc. 1896 II, S. 1 ff.

[3]) Java II, S. 11 f. Die Nachricht von einem Ausbruch dieses Vulkans im Jahre 1781 (v. Hoff V, S. 44 nach Raffles) erscheint unglaubwürdig.

[4]) J. Hagemann in Nat. Tijdschr. XXX, S. 343 ff. A. Wichmann im Neuen Jahrbuch a. a. O.

[5]) Java II, S. 23.

[6]) Mercalli S. 321. Junghuhn erwähnt ihn nicht.

1832[1]) trat am 29. August ein stärkerer Aschenausbruch ein; Aschenfall bis Batavia.

1840[2]) heftige Aschen- und Steinausbrüche am 12., 14. und 22. Nov., 1., 2., 3. und 11. Dez. Viel Schaden in Kaffeepflanzungen.

1843[3]) 28. Juli, 11 1/2 Uhr nachts, leichter Aschenauswurf. 23. Januar 1845, 11 1/2 vorm. bis 3 Uhr nachm. schwere Rauch- und Aschensäule[4]). 5. März 1845 und 17./18. Okt. 1847 leichte Aschenauswürfe[5]).

1852[6]) 28. Mai wurden während 5—10 Minuten viel Asche und große Steine (von 30 cm bis 4 m Durchmesser) ausgeworfen, so daß Häuser und Pflanzungen Schaden litten. 2 Tage später große Rauchsäule.

1853[7]) 14. März, 7—9 Uhr vorm., große Rauchsäule; Aschenfall.

1870[8]) Ende Aug. Aschenregen zu Tjibodas, Ende Sept. Feuerglut über dem Gedé gesehen; 30. Sept. starke Rauchmassen.

1885 Febr. und Jan./Febr. 1886 Getöse[9]); 29. Juni 1886 leichter Aschenregen[10]). [Nach Mercalli 30. Juni heftiger Ausbruch.]

1887, 22. Okt., 10 3/4 Uhr vorm. Getöse; 3 dunkle Rauchsäulen bis 2 1/2 km hoch[11]).

1888 März, Mai, Dez. Getöse[12]).

1889 Anfang Mai Getöse, starker Rauch[13]).

1899, 2. und 3. Mai, Nacht 13./14. Mai, Aschenauswurf (3. und 4. Mai auch Steinauswurf). Mitte November Rauch[14]).

1909, 2. Mai 5 Uhr nachm., erhöhte Tätigkeit, leichter Aschenregen[15]).

Der Gedé gehört zu den häufig tätigen Feuerbergen, hat aber in geschichtlicher Zeit offenbar keine bedeutende Förderung gehabt. Das Auftreten von Glutwolken zeigt aber, daß er der Umgebung einmal gefährlich werden könnte.

Vom Tangkoeban prahoe 2075 m sind folgende Ausbrüche bekannt:

1826[16]), 11. Oktober abends; zwei Stunden dauernd.

1829, 4. April, begann nach Junghuhn[17]) mit Aufsteigen einer hohen Feuerflamme ein dreitägiger Aschen- und Steinausbruch.

---

[1]) Java II, S. 23 f. Nat. Tijdschr. XVIII, S. 246. Mercalli erwähnt S. 321 noch Ausbrüche vom Okt. 1825 und Sept. 1835.

[2]) Java II, S. 24 ff. Nat. Tijdschr. XVIII, S. 246. Wälder im Längstal unterhalb Kandang badak waren strichweise umgeworfen, Bäume entwurzelt oder geknickt, alle in einer vom Zentrum des Kraters abgekehrten Richtung parallel zueinander. Junghuhn erklärte diese Erscheinung wohl richtig durch eine Aschenlawine (Glutwolke).

[3]) Java II, S. 26.

[4]) Ebenda und Nat. Tijdschr. XVIII, S. 295. Perrey spricht (Mém. Ac. Bruxelles VIII, S. 15) von Ausbrüchen am 17./18. März und 18. Sept. 1847.

[5]) Java II, S. 26. [6]) Nat. Tdschr. III, S. 327. [7]) N. T. IV, S. 198.

[8]) N. T. XXXII, S. 261. [9]) N. T. XLVI, S. 18 und 267.

[10]) N. T. XLVI, S. 268. [11]) N. T. XLVIII, S. 199 f. [12]) N. T. XLIX, S. 112.

[13]) N. T. L, S. 168. [14]) N. T. LX, S. 157—163. [15]) N. T. LXX, S. 35 f.

[16]) N. T. XVIII, S. 239.

[17]) Java II, S. 44. Nach N. T. XVIII, S. 241 fand der Ausbruch 1.—5. Mai statt.

1846[1]), 27. Mai, bedeutender Aschenausbruch aus dem Ostkrater (Kawah Ratoe): ein nach NO niedergehender Schlammstrom richtete große Verwüstungen an.

[1850 Oktober, leichte Dampfexhalationen[2]).]

1896[3]), 22. Mai, Aschenausbruch aus dem Westkrater (Kawah Oepas). Neuer Krater von ca. 120 m Durchmesser im westlichen Innenkrater entstanden.

1910[4]), 7. April, 8 Uhr vorm. und Nacht 8./9. April, Aschen- und Steinausbruch des Kawa Ratoe. Anfang Mai täglich etwas Aschenregen. 6 mm Aschenlage.

Bedeutende Fördermassen dürfte nur der Ausbruch von 1846 geliefert haben. —

Goenoeng Goentoer 2248 m. Ausbrüche:

1800[5]) soll ein großer Strom von Lavatrümmern ausgeflossen sein. (Echter Lavastrom!).

1803[5]), 3. bis 15. April, starker Aschen- und Sandausbruch; Aschenfall bis Batavia.

1807[5]), 1. bis 6. September.

1809[5]), 9. Mai.

1815[6]), 15. August.

1816[7]), 21. September.

1818[8]), 21. bis 24. Oktober, wurden große Massen von Aschen und glühende Steintrümmer ausgeworfen; auch stieg Rauch und Feuer an mehreren Stellen des Gehänges auf.

[Mercalli erwähnt S. 320 noch Ausbrüche für 1819 und 1820.]

1825[9]), 14. Juni 6—7½ Uhr vorm., stieg eine dicke schwarze Rauchsäule senkrecht aus dem Krater auf, worauf unter furchtbarem Gepolter eine Menge glühender Steine mit Sand und Asche bis 12½ Uhr nachts herausgeschleudert und nach SW getrieben wurde.

1827[10]), 13. Mai.

1828[11]), 15. Mai und 8. Juli.

1829[12]) sollen durch einen Ausbruch viele Menschen getötet worden sein.

1832[13]), 19. Jan. und 8. Aug., (nach Mercalli sehr stark). Ungeheure Rauchsäule.

---

1) Java II, S. 44. 2) N. T. I, S. 154.

3) N. T. LVII, S. 378—381. 4) N. T. LXXI, S. 99—106.

5) Junghuhn, Java II, S. 70. L. v. Buch spricht von ständiger Tätigkeit 1800—1807 (Ges. Schriften III, S. 575).

6) Junghuhn, Java II, S. 70. 7) Ebenda.

8) N. T. XVIII, S. 179—184. Reinwardt, Reis S. 78—82.

9) N. T. XVIII, S. 236 ff. Reinwardt S. 82: Juli heftiger Ausbruch.

10) N. T. XVIII, S. 239.

11) Java II, S. 72. 6. Nov. Getöse wie Kanonenschüsse; Krater erleuchtet. N. T. XVIII, 239.

12) Junghuhn, Java II, S. 72. 13) Ebenda.

1833[1]), 1. Sept., Ungeheure Rauchsäule.

1834[1]), Dezember, Ungeheure Rauchsäule.

1835[2]), Januar, Aschenauswürfe mit Zwischenpausen.

[Nach Mercalli S. 320 auch 1836.]

1840[3]), 20. bis 24. Mai Tätigkeit, 24. Mai, 2 1/2 Uhr vorm. Explosion, heftiger Auswurf von Asche und glühenden Steinen; Lava floß allseitig vom Krater ab; die obere Bergeshälfte war von glühenden Steintrümmern und Lapillis bedeckt. Starke Detonationen. Sand und Lapilliregen in Garoet abends.

1841[4]), 14. Nov. 5 1/2 Uhr vorm., starker Aschenausbruch (5 bis 12 cm Asche). Starke Schädigung der Kaffeepflanzungen.

1843[5]), 4. Jan. 9 Uhr vorm. bis 2 Uhr nachm. Die in mehr als 3000 m Höhe nach W getriebene Asche bedeckte ein elliptisches Areal von ca. 190000 qkm und lieferte etwa 7,8 Mill. cbm.

1843[6]), 25. Nov. stieg wieder eine 1200 m hohe glühende Rauchsäule auf; die Asche wurde in den höheren Schichten bis Buitenzorg getragen: Aschenlage stellenweise 5 cm; 20. Dez. noch starker Rauch.

1847[7]), 16. Okt. und 27./28. Okt. warf er aufs neue Asche aus, die bis an die Grenzen von Bantam flog. Seitdem Ruhe, abgesehen von gelegentlichen Getösen, z. B. 18. Jan. 1885[8]).

Der Goentoer zeigte in der ersten Hälfte des 19. Jahrhunderts häufige und ansehnliche Tätigkeit, die aber in Lava-, wie Lockerförderung wohl auf dritter Größenordnung stehengeblieben sein dürfte. Die Reichweite mehrerer Ausbrüche war beträchtlich. —

Der Warirang am Ostrand des eigentlichen Galoenggoengkraters stieß am 8. Oktober 1822[9]) 1 1/2 bis 5 Uhr nachm. eine furchtbare, alles ringsum verfinsternde Rauchsäule aus, schleuderte ungeheure Massen heißen Schlamms hoch durch die Luft und schickte (wohl infolge Durchbruchs des Kratersees) einen mächtigen Schlammstrom zu Tal. Zahlreiche Dörfer mit all ihren Bewohnern wurden unter Schlamm- und Steintrümmern begraben. Das Getöse des Ausbruchs wurde über ganz Java gehört. 12. Okt. 7 Uhr abends neuer Ausbruch unter furchtbarem Knall. Erniedrigung des Kegels. Auswurf ungeheurer Massen heißen Schlamms und Wassers. Der Ausbruch dürfte erste bis zweite Größe erreicht haben. 4011 Menschen fielen ihm zum Opfer, 3/4 Mill. Kaffeebäume und viele Reisfelder wurden vernichtet, noch weit mehr beschädigt. Bemerkenswert waren die stürmischen

---

1) Junghuhn, Java II, S. 72.
2) N. T. XVIII, S. 254.
3) Junghuhn, Java II, S. 72 ff.
4) N. T. XVIII, S. 283 f. Java II, S. 75.
5) N. T. XVIII, S. 289. Java II, S. 75 ff.
6) Junghuhn, Java II, S. 87 ff.
7) N. T. XVIII, S. 397. Java II, S. 89.
8) N. T. XLVI, S. 17.
9) Junghuhn, Java II, S. 110—137. N. T. XVIII, S. 212—233. Reinwardt, Reis S. 153.

Rückwinde, die beim Ausbruch einsetzten, und die zahlreichen Flußlaufverlegungen infolge der Überlastung der Flüsse an festen Stoffen und daraus folgender Verstopfung.

1894[1]), 18. und 19. Okt. wurden bedeutende Stein- und Aschenmassen aus einem Trichter von 200 m Radius auf dem Warirang-Gipfel und aus drei Seitenkraterchen ausgeschleudert; Aschenlage bei den Ausbruchspunkten bis 25 m mächtig; Asche bis 350 km nach W getrieben; Aschenareal 25660 qkm, Volumen 22 Mill. cbm. Ultravulkanianischer Ausbruch. —

Papandajan[2]) 2660 m. 1772, Mitternacht 11./12. August, starker Explosionsausbruch; am 12. August zwischen zwei und drei Uhr morgens drückte nach der Auffassung von Verbeek und Fennema die im Krater aufgestiegene Lava die lockere Nordwand hinaus, so daß sie fünf Minuten lang ausfloß und gewaltige Massen von lockeren Trümmern und Gesteinsstücken als eine Art Lawine nach Nordosten niedergingen, wobei 2957 Menschen getötet und weite Flächen (wohl 20 qkm) zwischen 1100 und 1400 m Höhe mit Schutt überdeckt wurden. Trümmermasse über 1 cbkm (Java II, S. 103).

Seitdem fanden keine größeren Eruptionen mehr statt. Daß aber zuweilen minimale Mengen von Lava gefördert wurden, zeigen die zuerst von W. Volz[3]) eingehender beschriebenen Miniaturlavaströmchen des Solfatarenfeldes im Krater. —

Der Tjerimai hat nach Junghuhn (Java II, 143) 11./12. August 1772 gleichzeitig mit dem Papandajan und wieder Anfang 1805 einen heftigen Ausbruch gehabt. Letzterem folgte ein pestartiges Sterben in der Umgebung. —

Der Slamat 3472 m hatte nach Junghuhn 1772[4]) gleichzeitig mit dem Papandajan einen bedeutenden Ausbruch.

1825[4]), Oktober, Aschenauswurf, Rauchsäulen.

1835[4]), September desgl. [Mercalli schreibt S. 319 dafür 1845 und erwähnt nach Perrey[5]) Aufsteigen schwarzer Rauchsäulen am 20. März 1847.]

1849[4]), 1. Dezember, wahrscheinlich Aschenauswurf.

1860[6]), 19. März bis 10. April, besonders starke Rauchentwickelung; 10. April nachts Feuerschein; Aschenregen im S, SW und W.

1875[7]), Ende Mai erhöhte Tätigkeit; 29. Mai ziemlich starker Aschenregen zu Poerwokerto und Tegal. 4. Nov. 7 Uhr nachm. Aschenregen zu Tegal. 19. Dez. 9 Uhr abends Ausbruch, Aschenregen bis Ketinger, 3 cm.

---

[1]) N. T. LV, S. 426 ff. Rudolph in Tschermaks min. petr. Mitt. XVI, S. 431—446.

[2]) Junghuhn, Java II, S. 97 ff. Verbeek und Fennema a. a. O. S. 716—720. A. Wichmann, Ztschr. d. deutschen geol. Ges. 1900, S. 655.

[3]) Neues Jahrb. f. Min. Geol. u. Pal. Beil. Bd. XX, S. 126 ff. Vgl. auch Sapper im Zentralblatt f. Min. 1909. S. 609 ff.

[4]) Junghuhn, Java II, S. 98.

[5]) Mém. Ac. Bruxelles VIII, 1859, S. 15 (SA.)

[6]) N. T. XXII, S. 136.

[7]) N. T. XXXVII, S. 22 und 25.

1885[1]), 21. bis 30. März, täglich morgens 5 Uhr feurige Säulen aus dem Krater aufsteigend.

1890[2]), August erhöhte Tätigkeit, besonders 6., 17./18. und 28. Aug.

1904[3]), 14. Juli bis 2. August, erhöhte Tätigkeit, Auswurf von Asche und glühender Lava. — Trotz der ziemlich häufigen Tätigkeit des Vulkans scheint seine Gesamtförderung ziemlich gering geblieben zu sein. —

Nahe dem Slamat liegt ein Vulkangebiet mit mehreren Einzelvulkanen (Prahoe 2565 m, Goenoeng Pakuodjo, Pager Kandang und Batoek), vielfach unter dem Namen Diënggebirge zusammengefaßt. Ein Ausbruch des Batoek (Budak) soll nach Junghuhn 1786[4]) stattgehabt haben, wobei durch Häusereinsturz infolge von Erdsenkungen 38 Menschen das Leben verloren. Der Goenoeng Pakuodjo hat fast gleichzeitig mit dem Keloet 11. bis 15. Okt. 1826[4]) einen beträchtlichen Aschenausbruch gehabt. Am 4. Dez. 1847[5]), 8 Uhr vorm., fiel in der Regentschaft Kendal Asche und nachmittags ein feiner mit Schwefel vermengter Regen; der betreffende Ausbruch dürfte auf dem Dienggebirge erfolgt sein. —

Sendoro (Sindoro) 3145 m. Ausbrüche:

1818[6]) Aschenregen bis zur Nordküste.

1882[7]), 1. bis 3. April, Ausbruch an der Westabdachung nahe Wonosobo; bedeutender Aschenregen. Nach 3. April Rauchsäule aus NW-Krater; 7. April leichter Aschenregen im Distrikt Keboemen. (Infolge des Ausbruches mannigfache Veränderung der Gipfelregion.)

1903[8]), 17. bis 20. Okt., besonders aus zwei Öffnungen des Hanges.

1906[9]), 22. Sept. bis 4. Okt., erhöhte Tätigkeit; Aschenregen, neue Fumarolen. —

Merapi 2875 m ist einer der Vulkane Javas, die im Laufe des letzten Jahrhunderts besonders auffällige Veränderungen des Kraters erlitten haben[10]), namentlich dadurch, daß sich in ihm zuweilen Lavapfropfen, (das ist: meist Kegel loser Lavablöcke) bilden, die durch Druck von unten heraufgehoben und durch explosive Ausbrüche wieder ausgeschleudert werden können, während ruhigere hebende Tätigkeit nur einzelne Blöcke zum Abrollen bringt.

---

[1]) N. T. XLVI, S. 19. [2]) N. T. L, S. 320. [3]) N. T. LXV, S. 122f.

[4]) Java II, S. 212. (S. 201f. bespricht er die berühmte 'Totental'-Mofette).

[5]) Ebenda S. 214. F. Schneider erwähnt (Jahrb. der k. k. geol. Reichsanstalt 1885 S. 5) Ausbrüche des Pakuadja 11.—13. Sept. und 13. Okt. 1826, sowie 12. Dez. 1847: also kleine Differenzen der Zeiten.

[6]) Ebenda S. 234f. [7]) N. T. XLIII, S. 144.

[8]) N. T. LXIV, S. 96, 99. Mercalli erwähnt S. 319 nach Montessus de Ballore noch Anzeichen von Tätigkeit im Januar 1904.

[9]) N. T. LXVII, S. 58.

[10]) Vgl. darüber bes. Verbeek und Fennema a. a. O. S. 342f.

Die Nachrichten über die älteren Ausbrüche bis 1849 hat Junghuhn[1]) zusammengestellt:

1664 (?) (Der heftige Ausbruch dieses Jahres stammt vielleicht vom Merapi).

1678, 19. August. 1786, 17. Juli.

1822, 27. bis 31. Dez.: Nach heftigen Beben Auswurf großer Mengen von Asche und glühenden Steintrümmern; vier Dörfer an der Westseite in Brand gesteckt, vier verschüttet. 20 Menschen kamen ums Leben. Erst am 4. Jan. 1823 hörte der Aschenauswurf auf. Starke Regen brachten nun schlammige dampfende Hochwasser der Bäche; schwere Verheerungen. Todesfälle. Neuer Schlammstrom 6. April 1823.

1832, 25. Dezember mitternachts, begann neuer Auswurf von Aschen und glühenden Steinen (ein Dorf teils verschüttet, teils verbrannt, 32 Menschen getötet); Lavastrom nach WNW (denn man sah hier drei Jahre lang glühenden Streifen).

1833, seit 4. Okt. Auswürfe von Asche, Sand und kleinen Steinen aus dem SW-Krater[2]).

1837, 10. August 9 Uhr vorm., ungeheure Aschensäule, erst senkrecht, dann von Ostwind abgebogen; Verfinsterung 1 bis 3 Uhr nachm., Schaden an Tabakskulturen; ein Jahr lang sah man Lavastreifen oben am Berg glühen.

1846, Nacht 1./2. Sept., erglühte Spitze; ungeheure Rauchwolken. Vom 2. Sept. 10 Uhr vorm. an eigentlicher Ausbruch: fünf Wochen lang Aufsteigen dunkler Aschensäulen unter starkem Getöse. Ein Lavastrom floß nach OSO; in SSO aber wurden glühende Steine und Sand über den Berg herabgeschüttet. Im November lauwarme Schlammströme (Bandjer).

1847, 23. September wurden nochmals Steine und Lava ausgeworfen.

1848, 19. Jan. starkes Getöse[3]).

1849, 14. und 15. Sept. Aschen und Steinausbrüche. Die Asche flog ca. 370 km weit nach Westen; Aschendecke stellenweise 7 1/2 cm. Schwerer Schaden in Tabak- und Kaffeepflanzungen (über eine halbe Million Kaffeebäume vernichtet, 350000 beschädigt), 836 Hütten zerstört. 16. und 17. September starker Aschenregen in Djokdjokarta (1 Zoll) und Solo.

1854, Sept., stiegen während mehrerer Tage starke Rauchsäulen auf[4]). Erhöhte Tätigkeit herrschte auch im November 1855[5]).

[1]) Java II, S. 319—328. v. Hoff erwähnt (IV, S. 353 und V, S. 99 und S. 110) noch Ausbrüche für 1701, 1792 und 1796. Der Report des Krakatoa Committee der Royal Society gibt Ausbrüche für 1807, 1822, 1834, 1845, 1863, 1864, 1872 an (S. 392—401).

[2]) N. T. XVIII, S. 247f.

[3]) N. T. XVIII, S. 319. Das Ind. Archiv IV spricht von starkem Ausbruch am 16. Mai 1848.

[4]) N. T. VII, S. 331. Mercalli erwähnt (S. 318) nach Perrey Ausbruch vom August 1854 und spricht von Ausbruch im Juli 1863.

[5]) A. Wichmann in Tijdschr. Aardr. Gen. XVI, S. 129.

Als Ariëns am 26. Mai 1864 den Gipfel des Berges besuchte, war der Krater verschwunden und eine Ebene, offenbar durch langsame Hebung des Kraterbodens, entstanden. Felsen waren nach allen Seiten abgestürzt [1]).

1865 [1]), 24. Okt. bis Nov. leichte Aschen- und Steinauswürfe. 10. Nov. liefen Feuerströme von allen Seiten aus dem Krater abwärts; kolossale glühende Blöcke wurden ausgeworfen. Zwischen 24. Okt. und 28. Dez. 1865 bildete sich eine halbkugelförmige Erhebung von etwa 200 m Höhe, die man im Januar 1866 erblickte, als die Eruption fast zu Ende war.

1869, Ende Mai bis Anfang Juni Aschenregen; Lava floß nach Westen ab; 5. Juni Auswurf von Aschen, Steinen, Lava. Schaden in Pflanzungen [2]).

1872, 25. April, starker Ausbruch. Lockermassen; Auswurf des Pfropfens, der um 20 m die Kraterwand überragt hatte [3]). Beginn neuer Pfropfbildung.

1879, 20. Juni 9 Uhr abends, leichter Aschenausbruch [4]).

1880 war der Krater leer; aber bis 1883 hatte sich wieder ein Pfropfen gebildet [5]), wohl durch ganz allmähliches Emporpressen loser Steine während der einzelnen Jahre. Der Pfropfen war 1884 noch vorhanden [6]).

1885, Ende Februar mehrfach Dampfemission [7]).

1887, April, viel Rauch [8]).

1888 [9]), Aug.-Nov. Ausbruch; Spaltenbildung; Abrollen glühender Steine; Absturz und Aufsteigen des Pfropfens; Auswurf glühender Steine und Aschen: Grasbrand. 22. Sept. 8 Uhr vorm. kolossale Rauchwolken.

1889 [10]), Juli, ungewöhnliche Dampfentwickelung; Abbröckeln des Kegels.

1891 [11]), 25. Aug. Abends dicke Rauchwolken, an NW-Seite Feuerglut. Dez. mehr Rauch als gewöhnlich.

1893, Oktober, einige Tätigkeit; vom 27. Jan. 1894 an stärkere [11]).

1902 [12]), 3. Febr. 10 1/2 Uhr vorm., erhöhte Tätigkeit, Knalle, Sandregen, Abstürze vom Pfropfen. Sept. [13]) Absturz an SW-Kante. Oktober geringe Tätigkeit.

1903 [14]), das ganze Jahr über mehr oder weniger tätig. Aufsteigen des Pfropfens.

1904 [15]), 22. Jan. erhöhte Tätigkeit, 30. Jan. 6—6 1/2 Uhr vorm. dichter Aschenregen. Glühende Felsbrocken stürzen vom Pfropfen ab und töten

---

[1]) N. T. XXIX, S. 93—101 und 213. K. Schneider erwähnt (S. 240) einen Ausbruch 1867.
[2]) N. T. XXXII, S. 128f.
[3]) N. T. XXXIII, S. 426.
[4]) N. T. XLI, S. 49.
[5]) N. T. XLIV, S. 89.
[6]) N. T. XLIV, S. 177. Mercalli erwähnt Ausbruch 1883.
[7]) N. T. XLVI, S. 18.
[8]) N. T. XLVII, S. 530.
[9]) N. T. XLIX, S. 112—121.
[10]) N. T. L, S. 168.
[11]) N. T. LII, S. 94f.
[12]) N. T. LIII, S. 184ff.
[13]) N. T. LIV, S. 205.
[14]) N. T. LXIV, S. 90—95.
[15]) N. T. LXV, S. 123f.

12 Personen. 18. April 6 Uhr morgens Blumenkohlwolke ca. 1200 m hoch. Aschenregen. Lava über den Kraterrand strömend.

1906[1]), 28. Febr. bis Ende März erhöhte Tätigkeit, Aschenfall, Lavaerguß im Krater und am Südosthang. In der Nacht 27./28. Dez. Aschenregen. Im Dezember stets tätig, etwas Lavaausfluß.

1907[2]), 17. Februar 4—4½ Uhr morgens, Aschenauswurf; 17. und 25. Dez. hohe Rauchsäulen.

1909[3]), Aschenregen zu Moentilan 1. und 2. Febr., 28. und 29. Mai, 20. Juni.

1911[4]), 2. Nov. Ausbruch.

1912[5]), Krater hat sich von der Südseite nach der Westseite verlegt.

Der Merapi von Java ist außerordentlich häufig tätig gewesen, und hat dabei sowohl Locker- wie auch häufig Lavamassen gefördert, letztere zumeist durch langsame Extrusion in Form eines 'Pfropfens', dessen losgelöste Blöcke beim Niederrollen an den Berghängen ziemlich viele Verluste an Menschenleben und Eigentum verursacht haben. Bedeutendere Förderung scheint nur den Ausbrüchen von 1822, 1832, 1846 und 1849 eigen gewesen zu sein; die Gesamtförderung dürfte aber seit Anfang des 19. Jahrhunderts mäßig (3. Größe?) geblieben zu sein, da die Tätigkeit sich vielfach auf das Innere des Kraters beschränkte und dann nur verhältnismäßig geringe Lavamengen zutage förderte. —

Lawoe 3265 m, 1. Mai 1752[6]), starkes Getöse, feurige Wolke; Aschen bis Batavia geflogen. Nachmittags 4 Uhr Finsternis. Aschendecke stellenweise 30 cm dick.

1885[7]), 28. Nov. 1—4 Uhr vorm., Getöse; leichter Aschenregen.

[1908[8]), 9. Sept., Beben, kein Ausbruch. Aber der Krater an der Westseite stets rauchend.] —

Merbaboe 3145 m hat nach Raffles 1560[9]) einen Aschen- und Steinausbruch gehabt und dadurch große Überschwemmungen verursacht.

1586[10]). —

Der Keloet oder Klut 1731 m besitzt einen Kratersee, der bei starker Tätigkeit ausgeschleudert wird und Schlammströme (lahar) erzeugt, z. T. aber auch durch die glühenden Sande in Dampf verwandelt wird.

---

[1]) N. T. LXVII, S. 54f., 68, 118. [2]) N. T. LXVIII, S. 118f. und 132.
[3]) N. T. LXX, S. 36. [4]) N. T. LXXII, S. 180.
[5]) N. T. LXXIII, S. 107.
[6]) Junghuhn, Java II, S. 363. A. Wichmann in Ztschr. d. Deutschen geol. Ges. 1900, S. 655.
[7]) N. T. XLVI, S. 116. [8]) N. T. LXIX, S. 109—111.
[9]) Junghuhn, Java II, S. 292. v. Hoff schrieb II, S. 441 und IV, S. 257: 1562.
[10]) A. Wichmann in Ztschr. d. deutschen geol. Ges. 1900, S. 652 nach J. Hageman. F. Schneider erwähnt im Jahrb. k. k. Reichsanstalt 1885, S. 5 Ausbruch 11. Dezember 1772, Mercalli S. 318 Ausbrüche im Juli 1863 und April 1872, für die ich keine Bestätigung fand.

Die älteren Ausbrüche (bis 1851) hat Junghuhn zusammengestellt[1]:

Ums Jahr 1000 schwerer Ausbruch; undurchdringliche Finsternis (nach javanischer Chronik).

1586 schwerer Ausbruch und Einsturz des Kraters[2]) ca. 10000 Menschen getötet (s. unten bei Raoen).

[1785 meldet v. Hoff[3]) einen Ausbruch.]

1811 wurde sehr feine und leichte Asche (reine Alaunerde) ausgeworfen.

1826, 11.—14. Okt., (gleichzeitig mit dem Goenoeng Pakuodjo) ohne Vorzeichen heftiger Ausbruch glühender Aschen. Ganz Ostjava wurde in Finsternis gehüllt, starke Beben erschütterten das Land; heiße saure (schwefelsaure?) Schlammfluten verwüsteten viele Felder und machten sie auf Jahre unbebaubar.

1835 ähnlicher, etwas schwächerer Ausbruch.

1848[4]), 16. Mai 7 Uhr vorm., neuer Ausbruch unter furchtbaren, auf 800 km hörbaren Detonationen, aber ohne jegliches Beben. Eine ungeheure Masse glühender Asche, Sande und Steine wurde bis 9 Uhr vorm. ausgeschleudert und verbrannte alle Wälder des Gebirges; gewaltige Blitzstrahlen schossen aus dem Krater hervor. Furchtbare Überflutungen lauwarmen, schlammigen, nach Schwefelwasserstoff stinkenden Wassers folgten und richteten schwere Verheerungen an. Am 17. Mai fiel noch an 2 weit entfernten Stellen (ca. 90 und 110 km) im Westen Asche. Am 18. Mai im Westen Beben. 3½ Monate später noch Wasserauswürfe.

1851, Juni, trockene Stoffe (Sand?) ausgespieen.

[1859[5]), 29./30. Okt., brüllte der Berg; ob ein Ausbruch stattfand, blieb ungewiß.]

1864[6]), 4. Jan. 12¾—3 Uhr morg., starker Explosivausbruch unter Getöse und Blitzentwicklung; bis Mittag starker Aschenregen von 108 bis 113° ÖL. 4 mächtige kochende Schlammströme gingen nieder; der Kratersee war ausgeschleudert worden; benachbarte Siedelungen und Pflanzungen erlitten schweren Schaden.

[1875 Ausbruch mit starken Lavaströmen[7]).]

1901[8]): Feuererscheinungen und Getöse ohne Voranzeichen um Mitternacht 22./23. Mai; um 9 Uhr vorm. Ausbruch: Feuerregen kam vom Krater;

---

[1]) Java II, S. 491—502.

[2]) A. Wichmann in Ztschr. d. deutschen geol. Ges. 1900, S. 644 und 652.

[3]) V, S. 74 nach Raffles.

[4]) K. Schneider schrieb S. 241 offenbar infolge Druckfehlers 1843 und hernach statt 1864: 1867.

[5]) N. T. XXI, S. 402.

[6]) N. T. XXVII, S. 124ff. und XXVIII, S. 285. Von Perrey (Mém. Ac. Bruxelles 1865, XVII, S. 108ff.) fälschlich ins Jahr 1863 eingereiht.

[7]) C. W. C Fuchs in Tschermaks Min. Mitt. 1876, S. 75. In dieser Form nicht glaubhaft, wenn überhaupt. Die N. T. weiß nichts davon.

[8]) N. T. LXII, S. 171—184.

Steine, Asche, Schlamm fielen auf die Umgebung; am nächsten Morgen fiel Asche selbst in Buitenzorg und Batavia. Nach dem Ausbruch war das Niveau des (stark kochenden) Kratersees um 40—45 m gefallen; abwechselnd weiße Dampf- und dunkle Rauchwolken. Überschwemmungen; primäre und sekundäre Schlammströme; Sekundäreruptionen. Starker Schaden. Asche 2,2 Mill. cbm., 873 km weit verfrachtet; Areal des Aschenfalls elliptisch, 115000 qkm.

Der Keloet hatte demnach von 1811—1911 7 Ausbrüche, davon mehrere bedeutende und schadenbringende (1826, 1848, 1864 und 1901); nach der Fördermasse des letztgenannten zu schließen, darf man aber wohl auch für die vorausgegangen Ausbrüche keine allzu beträchtliche Förderleistung annehmen. Die Tätigkeit war, so weit bekannt, ausschließlich explosiv, die Reichweite recht bedeutend; der Schaden ist durch die Schlammfluten des teilweise ausgeschleuderten Kratersees und deren Säuregehalt mehrfach stark gesteigert gewesen. —

Der höchste Vulkan Javas, der Semeroe oder Smeroe 3650 m ist zugleich der am häufigsten tätige von allen. Die Kenntnis der Ausbrüche reicht nach Junghuhn[1]) nicht weit zurück. Im Jahre 1818 soll ein sehr heftiger Ausbruch stattgehabt haben. Dann soll er ruhig gewesen sein und erst Ende Januar 1829 wieder zu rauchen angefangen haben. Am 15. und 16. Dezember 1831 warf er gleichzeitig mit dem Bromo viele Asche aus. Am 18. April 1832 stieg eine gewaltige Rauchsäule langsam zu ungeheurer Höhe auf und verursachte im Westen einen Aschenregen. Ende Januar bis Mitte Februar 1842 stiegen vom Semeroe und gleichzeitig vom Bromo ungewöhnlich viele und starke Rauchwolken auf.

Als Junghuhn im September 1844 den Berg bestieg, hatte er schon seit lange in unregelmäßigen Zwischenräumen starke Explosivausbrüche, bei denen große komprimierte Gasmassen unter Gebrüll wirbelnd in die Höhe schossen und Asche und Steine (die bei Nacht glühend erschienen), aber keine plastischen Lavafetzen herausschleuderten. Die Zwischenzeiten schwankten damals zwischen ½ und 10 Stunden, ohne daß jedoch nach längeren Zwischenpausen die Ausbrüche heftiger waren. Die Eingeborenen behaupteten (Junghuhn a. a. O. S. 552) den Vulkan nur in diesem Zustand gekannt zu haben; seit wenigstens 50 Jahren war sein Gipfel kahl und tagtäglich erfolgten Ausbrüche, zuweilen nur 1 im Tag, in andern Zeiten (nach ihrer Ansicht besonders im Regenmonsun) zahlreiche (20 und mehr im Tage). Man darf wohl annehmen, daß diese ständige intermittierende Tätigkeit auch nach Junghuhns Besuch sich jahrelang fortgesetzt habe. Die Berichterstattung hielt zumeist nur außergewöhnliche Ereignisse für mitteilenswert, während andernfalls aber von manchen Reisenden auch über die

[1]) Java II, S. 550—553.

gewöhnliche Tätigkeit besonders berichtet wurde. Jedenfalls ist die Berichterstattung verhältnismäßig sehr dürftig. Junghuhn führt noch für 1845 und 1848 Berichte über gleichmäßig fortdauernde Tätigkeit an. Mercalli nennt S. 318 nach Perrey noch Januar 1851 und August 1857.

Zeitenweise traten aber gewiß auch beim Smeroe längere Ruhepausen ein, so z. B. vor 1865; denn es wird (N. T. XXIX, S. 232) berichtet, daß der Berg seit Mitte April 1865 wieder Tag und Nacht Feuer auswerfe (d. h. glühende Steine und Sand, die nach Süden und Osten abrollten).

Am 11. April 1885 stellten sich stärkere Aschenmengen ein (4—5 mm). Austretende Lava erzeugte 12. Apr. 1885 einen 2 km langen Lavastrom und eine schwere Steinlawine[1]), die 6²/₃ qkm mit 70 Menschen verschüttete und ein breites steilwandiges Tal zurückließ. Aschen fielen bis zum 18. April. Am 8. und 9. Juli hörte man starke Schläge[2]). Am 24. Juli, 30./31. Juli, 5—7. August, 16. August gingen ebenfalls Aschenregen nieder[3]).

1886, 20. Juli Aschenregen; August stiegen etwa alle halbe Stunden Rauchsäulen auf. 1887 10. Sept. bis 11. Okt. stark tätig, besonders 22. und 23. Sept. Aschenregen. 1888 stiegen regelmäßig Rauchwolken auf, auch 1889 ganzes Jahr tätig, besonders Jan., Febr. und März; Aschenregen 26./27. Febr., Sept., Nov., Dez. 1890 ganzes Jahr tätig, besonders 10. Januar. Anfang 1891 stark tätig; in der Nacht vom 10./11. März rollten glühende Lava- und Steinmassen längs des Osthanges vom Krater herunter. 1893 Jan. und Febr. stark tätig, starker Aschenregen 27. Jan. im Distrikt Wonoredjo. 5. März, April und im Mai starke Tätigkeit, wenig Asche. Am 11. Dez. 1893[4]) ließ sich ein furchtbarer Knall hören, so daß das Haus in Sumber Peting erschüttert wurde, Asche fiel aber nur wenig. 21. Dez. Rauchwolke, Feuerstrahlen[3]). Im Febr. 1894 stieß der Berg große Rauchwolken aus[4]). Für 1895, 96, 98, 99, 1900, 01, 03, 05, 07, 08, 10, 11 und 12 werden verschiedentlich Aschenregen und sonstige erhöhte Tätigkeit des Smeroe berichtet[5]).

A. Heim[6]) charakterisiert das Verhalten des Vulkans sehr treffend mit den Worten: 'So lange die Überlieferungen zurückreichen, ist der Smeroe tätig, wenn auch oft mit jahrelangen Ruhepausen'.

---

[1]) N. T. XLVI, S. 20.

[2]) N. T. XLVI, S. 118.

[3]) Knüttel in Tschermaks Min. und petr. Mitt. XIV, S. 196ff. nach Fennema (1885 bis 1893). Vgl. ferner N. T.: XLVII, S. 146; XLVIII, S. 201; XLIX, S. 121; L, S. 167; LI, S. 318; LII, S. 94.

[4]) Rudolph in Tschermaks Min. u. petr. Mitt. XVI, S. 431. N. T. LIV, S. 206; LV, S. 404.

[5]) Sapper in Gerlands Beitr. z. Geophysik XIV, S. 23—28. N. T.: LVI, S. 82—88; LVII, S. 381, 384; LIX, S. 91; LX, S. 163f.; LXI, S. 196; LXII, S. 169; LXIV, S. 90—95; LXVI, S. 270; LXVIII, S. 119; LXIX, S. 111; LXXI, S. 97f.; LXXII, S. 180—191; LXXIII, S. 107.

[6]) 'Auf den Vulkan Smeru auf Java.' Neujahrsblatt naturf. Ges. in Zürich 1916, S. 8.

Der stärkste Ausbruch der letzten Zeit fand am 15. November 1911 statt; Rauchsäule bis 7½ km hoch; ansehnlicher Aschenregen bis Bali (200 km). Lavaerguß nach Süden[1]).

Trotz einzelner stärkerer Ausbrüche und trotz der lange anhaltenden Tätigkeit darf man die Fördermenge des Smeroe nicht allzu groß annehmen; sie dürfte hinsichtlich der Lavaförderung im Jahrhundert etwa in der Größenordnung der Stromboli- oder Izalkoförderung liegen (2. Größe), aber in der Lavaförderung — ähnlich wie beim Stromboli — weit zurückstehen. Die Reichweite ist meistens ziemlich geringfügig. —

Der Bromo im Tenggergebirge, dem Smeroe nahe benachbart, ist ebenfalls häufig tätig.

Die älteren Ausbruchsnachrichten bis 1848 hat Junghuhn[2]) gesammelt.

1804 September.

1815 leichter Ausbruch.

1820 Aufsteigen von Dampfwolken.

1822, 27. Dezember bis Anfang Januar 1823 Aschenauswurf.

1825 leichter Ausbruch.

1829, 5. November nachm. bis 8. November. Ausbruch von Aschen und glühenden Steinen; in Kebo Glagah (am SW-Hang des Tenggergebirges) fielen 20—23 cm Asche; die Luft war verfinstert, auch in Malang noch alle Dächer mit Asche bedeckt.

1830, 15. und 16. Dezember, Aschenauswurf.

1835 schwarze Rauchsäulen.

Von März 1838 bis Oktober 1841 war der Bromokrater mit einem bläulichen See erfüllt, dessen Spiegel 460 m unter dem Kraterrand lag und nicht dampfte. Im Oktober 1841 war der See grün geworden, bewegte sich im Kreise und verbreitete Schwefelgeruch.

1842, 24. Jan., begann ein schwerer langandauernder Ausbruch, der unter starken Detonationen Aschen, glühende Steine und noch plastische Lavafetzen, sowie anfangs auch große Massen von Schwefelwasserstoff förderte. Mehrere reisende Javaner erstickten dadurch.

Im März 1842 war nach Aussage von Eingeborenen ein Lavasee mit elastischem Boden in dem Kraterschlund vorhanden; 'so oft der Andrang der Dämpfe aus der Tiefe kam, hob er sich und öffnete sich in der Mitte, um diesen Dämpfen und den Steinen (nämlich den abgerissenen Fetzen der flüssigen Lavamasse selbst), die mit hinausgeschleudert wurden, einen Ausgang zu gestatten, und wenn dies geschehen war, so schloß er sich wieder bis auf die konvergierenden Spalten, nahm also vollkommen seine vorige Beschaffenheit wieder an, ohne daß man eine stattgehabte Gestaltsveränderung bemerken konnte'. Im April war der Spiegel des Lavasees, der etwa 150 m

[1]) Heim a. a. O. N. T. LXXII, S. 180—191. [2]) Java II, S. 595—601.

unter dem Kraterrand lag 'mit Spalten durchzogen, die nach dem Mittelpunkte zu, zugleich breiter werdend, konvergierten; aus diesen, in der Mitte vereinigten Spalten stieg ein hellblauer Dampf auf und ein Geräusch von den durchbrechenden Dämpfen war von Zeit zu Zeit hörbar, wie die Brandung des Meeres.'

Im Juni war dieser Lavaseespiegel verschwunden und bis auf einen schmalen etwa 3 m breiten halbmondförmigen Überrest versunken; tiefer noch als der ehemalige Spiegel des Wassersees befanden sich nun 'rauhe, von Spalten und Klüften durchzogene zackighervorragende Lavaklippen, aus deren, hie und da von Schwefel gelb beschlagenen Zwischenräumen die Dämpfe mit Gezisch hervordrangen'.

Erst im Dezember 1842 ließ der ruhig gewordene Vulkan wieder dröhnendes Getöse hören und warf am 16. Januar 1843 wieder Steine und Asche aus, so noch am 9. November 1844, als Junghuhn den Vulkan wieder besuchte; nunmehr befand sich — wahrscheinlich in der Höhe der Halbmondterrasse von 1842 — im Westen des Kraters eine Sandfläche, im Osten aber ein unermeßlich tiefer Schlund.

1848 dagegen, als der Vulkan am 4. August wieder bestiegen wurde, nahm den Boden des Kraters wieder ein See ein.

Dann war der Bromo Anfang März 1858[1]) wieder tätig: nach unterirdischem Getöse starker Steinauswurf, desgl. Oktober 1858. Im Jahr 1859 war er immer tätig.[2])

(Vom 30. Jan. bis Anfang März 1859 warf der Bromo mit Pausen von 1—2 Tagen Asche und Steine aus[3]). [Mercalli erwähnt S. 317 Tätigkeit 1862.]

Im Jahr 1865 zeigte der Vulkan im Mai erhöhte Tätigkeit, im Dezember starkes Getöse, 18. Dezember Aschenregen[4]).

Am 13. Dezember 1867 4—7 Uhr morgens fand wieder ein Aschenregen im Tengger-Gebirge statt, wohl vom Bromo[5]), desgl. 12. Januar 1868 Aschenregen, wohl vom Bromo.

Es folgt dann eine längere Pause.

Am 31. Oktober 1885[6]) stieg unter Getöse wieder eine Rauchsäule, etwa 800 m hoch auf. Auch am 14. November und 24.—30. Dezember war der Vulkan tätig, besonders am 28. und 29. Dezember Aschenregen. Dann wieder Aschenregen 4.—6. Januar 1886; die Tätigkeit nahm vom 10. Januar

---

[1]) Natuurkundig Tijdschr. voor Ned. Indië XVII, S. 421. Unsicher ist, ob ein am 10. Sept. 1856 in Tosari gefallener starker Aschenregen (N. T. XII, S. 267), oder eine 1857 beobachtete starke Rauchsäule (N. T. XVI, S. 270) vom Smeroe oder Bromo stammte; wohl Smeroe (N. T. XIV, S. 210).

[2]) N. T. XVII, S. 421.

[3]) Perrey in Mém. Ac. Bruxelles 1865, XVII, S. 20 'nach N. T. XX, S. 99', wo aber von Aschenregen des Lamongan die Rede ist; ein Bericht in N. T. XXI, S. 402 spricht dagegen von ständiger Tätigkeit des Bromo.

[4]) N. T. XXIX, S. 232, 236.

[5]) N. T. XXXI, S. 420.

[6]) N. T. XLVI, S. 117.

an ab. Am 15. April war der Vulkan leicht, am 25. und 26. April (gleichzeitig mit dem Smeroe) ziemlich stark tätig. 9.—11. Mai Knalle[1]). Im August desselben Jahres war die Rauchentwicklung stark, vom 11. November bis 25. Januar 1887[2]) erhöhte Tätigkeit, Aschenregen. Am 26. Februar 1888 stiegen hohe Dampfwolken auf; ab Ende Dezember waren täglich Schwefelgase bemerkbar[3]). 13. und 27. Januar, 17. März 1893 Aschenregen[4]), desgl. Ende 1906 und während des Jahres 1907 mehrfach, sowie 1908 12. Februar, 1909 12.—14. Januar und 1910 18.—20. Januar[5]).

Der Bromo gehört zu den häufig tätigen Vulkanen Javas; längere Tätigkeitsperioden sind im 19. Jahrhundert durch ansehnliche Ruhepausen unterbrochen gewesen. Von allen bekannten Ausbrüchen scheint nur der von 1829 eine stärkere Lockerförderung geliefert zu haben. Lavaergüsse nach außen kamen in geschichtlicher Zeit nicht vor. Die Gesamtförderung dürfte im letzten Jahrhundert recht bescheiden geblieben sein und im ganzen noch nicht 3. Größe erreicht haben. Die Reichweite war auch nie bedeutend.

Viel bedeutender ist jedenfalls die Förderleistung des benachbarten ebenfalls häufig tätigen Lemongan oder Lamongan, 1664 m. Über die älteren Ausbrüche desselben bis 1849 berichtet Junghuhn[6]). Im Mai 1806 stiegen nach 7jähriger Ruhe in Zwischenzeiten von 10 bis 15 Minuten Rauchsäulen senkrecht auf, zuweilen brachen auch Flammen aus. 8. November 1818 neuer Ausbruch, zugleich Erdbeben. Der Gipfel erschien bei Nacht wie ein glühender Steinklumpen. Im Januar 1824 sah man den Gipfel jeden Abend und Morgen mit Feuer bedeckt, das unter entsetzlichem Gepolter bis zur halben Höhe des Berges herabrollte (d. i. glühenden Schlacken). Desgleichen 1826 und ähnlich Ende Januar 1829; am 5. und 6. Juli 1838 brachen nach $^1/_4$—$^1/_2$ stündigen Zwischenzeiten schwarze Rauchsäulen und glühende Steintrümmer mit Gebrüll hervor und die Anwohner erklärten, daß ihre Vorväter den Berg stets in solchem Zustand gekannt hätten; ebenso war der Vulkan 1841 tätig, als sein Gipfel allmählich einstürzte, und nach kurzer Ruhepause wieder (gleichzeitig mit dem Bromo) 1842 Februar bis August. Am 5. Oktober 1843 starker Stein- und Aschenwurf; die Tätigkeit dauerte bis September 1844. Am 26. März 1847 $5^1/_2$ Uhr nachmittags begann ein neuer Ausbruch, der bis 26. Juni anhielt und Anfang Mai ein Maximum erreichte. Hatte zuvor der von Getöse, aber von keinem Beben angekündigte Ausbruch im Auswurf von Asche und glühenden Steintrümmern in Zwischenzeiten von 15—20 Minuten bestanden, so wurden

[1]) N. T. XLVII, S. 146.
[2]) N. T. XLVII, S. 147.
[3]) N. T. XLIX, S. 121 f.
[4]) N. T. LIV, S. 206.
[5]) Gerlands Beitr. zur Geophysik XIV, S. 27 f. nach N. T. LXVII, S. 58 f.; LXVIII, S. 120; LXIX, S. 107; LXX, S. 37; LXXI, S. 97.
[6]) Java II, S. 764—769.

nach dem Hervorbrechen eines 'aus dicht hintereinander rollenden glühenden Lavagereibseln und Trümmern' bestehenden Stroms, die Zwischenräume immer kürzer und hörten am Anfang Mai beinahe ganz auf, so daß der Auswurf im Mai fast kontinuierlich war. Der etwa 150 m unterhalb des Kraterrands aus einer Spalte hervorgetretene Strom von Lavagrus[1]), der sich weiter unten in 2 Arme teilte, hörte 4 oder 5 Tage vor dem Ende des Ausbruchs zu glühen auf. Am 25. September 1847 begann der Explosivausbruch aufs neue, aber aus einem neuen mehr südöstlich gelegenen Krater, gleichartig, jedoch noch intensiver, aber ohne Lavagrusstrom und von Juni bis September 1849 stieß der Vulkan wieder dunkle Rauchwolken aus; zwischen 13. und 15. September stürzte der pikförmige Gipfel des Berges ein und auf dem Nordhang öffnete sich ein neuer Krater. Am Nordfuß des Taroeb fand ein Lavaerguß statt.

Junghuhn kam (a. a. O. S. 769) zu dem Schlusse, daß 'der G. Lemongan allerdings zuweilen jahrelange stille Pausen macht, dagegen aber auch wieder jahrelang hintereinander mit nur ¼—½ stündigen Zwischenzeiten tätig ist, daß er also zu den Vulkanen gehört, die in kontinueller Eruption verharren und fast ununterbrochen glühende Lavatrümmer ausschleudern'. Man darf demnach annehmen, daß der Lemongan von Mai 1806 an mit kurzen Ruhepausen bis September 1844 tätig geblieben war.

März bis Juni 1856 fanden wieder intermittierende Aschen-, Sand- und Steinauswürfe statt[2]), auch für 10. September 1856 wird ein Ausbruch des Bromo berichtet[3]), und erst von 1861 an schwieg der Vulkan. Aber im Januar, Juni und namentlich Juli (2.) 1864[4]) stellten sich wieder Auswürfe und Aschenregen ein. Ein ansehnlicher Ausbruch mit Lavaerguß aus dem Krater und Aschenregen trat am 6.—7. April 1869 ein. Am 12. September desselben Jahres folgte ein starker Ausbruch; die Luft wurde durch Asche verdunkelt; 8 Personen wurden durch die heiße Asche getötet[5]).

Vom 2.—5. März 1870 war der Vulkan wieder tätig, desgleichen am 30. November (Aschenregen 6—9 Abends in Abt. Kraksäan)[6]), sowie Ende Januar und Anfang Februar 1871, August und September 1872,[7]) 20. Mai und 21. August 1874[8]), 11./12. Mai 1875[9]).

Im Jahr 1877 trat ein Lavaerguß ein[10]).

1879 war der Lemongankrater eine 200 m tiefe Grube; die Oberfläche des Aufschüttungskegels war frisch, ohne Runsen.

[1]) Fennema und Verbeek erkennen ihn als echten Lavastrom an.

[2]) Nat. Tijdschr. XI, S. 481 und XIV, S. 210. Nach Stöhr erwähnt Mercalli (S. 317) einen Ausbruch im Jahre 1859. Wahrscheinlich war der Vulkan 1856—61 tätig.

[3]) A. Wichmann in Tijdschr. Aardr. Gen. XVI, S. 130.

[4]) N. T. XXVIII, S. 287. [5]) N. T. XXXII, S. 128 f. [6]) N. T. XXXII, S. 260 f.

[7]) N. T. XXXIII, S. 426. [8]) N. T. XXXVI, S. 36. [9]) N. T. XXXVII, S. 144.

[10]) Mercalli S. 316.

1883 bewegte sich ein 'Steinstrom' (Lavastrom) wochenlang als Ganzes abwärts. Der Lavastrom wurde 3400 m lang, unten 300 m breit und im Mittel 10—15 m dick — Mercalli S. 316 — und hatte demnach über 10 Mill. cbm Volumen). 1885 fand im April der Erguß eines Basaltlavastroms von wenigen Metern Dicke und 25 m Länge statt. Eine Steinlawine wurde ausgedrückt. Sonst Tätigkeit März, Mai, Aschenregen Juli und Dezember 1885. Der Vulkan zeigte ferner erhöhte Tätigkeit im Januar, April, August 1886, Juli 1887, Februar und September 1888, April, Sept., Okt., Nov. 1889 abwechselnd mit Semeroe, im ganzen Jahr 1890 (stark März/April N.T. LI, S. 318) und bis Mai 1891. Ende Sept. und Anfang Okt. 1891 war der Vulkan wieder tätig, mit Lavaerguß, und am 18. November 1893 trat ein starker Aschenregen mit nachfolgendem Schlammstrom ein[1]). Auch vom 6.—19. Sept. 1896 fanden starke Aschenregen statt[2]) und am 4. und 5. Februar 1898 bildete sich zu Goenoeng Kénék am Fuß des Berges in 300—400 m Meereshöhe unter Getöse und Erzittern ein Spaltennetz. Am 5. Februar 1½ Uhr nachm. erfolgte ein schwerer Knall, die Umgebung wurde mit heißem Wasser überschwemmt, eine riesige Dampf-, Rauch- und Aschensäule stieg mit Flammen auf; ein Schlamm-, später Lapilliregen ging nieder. Es bildete sich ein etwa 50 m hoher Hügel mit Krater von 200 m Durchmesser. 7 Uhr nachm. neuer Ausbruch. Die Tätigkeit dauerte am 6. Februar noch fort; ein zweiter Parasit hatte sich höher oben gegen den Lemongan hin gebildet. Im ersten Krater wogte kochende Lava, um die sich die ausgeschleuderten Laven aufhäuften. Am 7. Februar war die Tätigkeit geringer; nach W und S ergossen sich Lavaströme, von denen der erstere nach 20 m, der letztere — am 15. Februar — nach 300 m zum Stillstand kam[3]).

Wenngleich es nicht möglich ist, die Förderleistung des Lemongan nach diesen knappen Angaben mit einiger Genauigkeit abzuschätzen, so ist doch leicht ersichtlich, daß die Lavaförderung die untere Grenze der 3. Größe im letzten Jahrhundert weit überschritten hat und einer ähnlichen Größenordnung dürfte auch die Gesamtförderung der zahlreichen Lockerauswürfe angehören. Ein wirklich großer Ausbruch ist in geschichtlicher Zeit nicht erfolgt und keiner erreichte eine bedeutende Reichweite. Ähnlich wie beim Bromo lassen sich auch bei ihm längere durch Ruhepausen unterbrochene Tätigkeitsperioden erkennen. —

Der Raoen (Raoeng) 3332 m im Idjen-Gebirge am Ostende Javas hat in historischer Zeit zahlreiche Ausbrüche gehabt. [Im Jahre 1586 hat am Ostende von Java ein schwerer Explosivausbruch stattgehabt, der in Pana-

[1]) Knüttels Bericht in Tschermaks Min. u. petr. Mitt. XIV, S. 205 ff. (1885—93, S. 213 bis 215), Vgl. N. T.: XLVI, S. 19 f., 116, 268; XLVII, S. 146 f.; XLVIII, S. 200; XLIX, S. 121 f.; L, S. 166 f.; LI, S. 318; LII, S. 93.

[2]) N. T. LVII, S. 384.

[3]) N. T. LIX, S. 80—90.

rukan 3tägige Finsternis erzeugte und Steine bis dorthin entsandte; 10000 Menschen sollen dabei umgekommen sein. Junghuhn, der die betreffenden Stellen über den Ausbruch aus der Literatur zusammengestellt hat[1]), kam zu dem Ergebnis, daß der Ausbruch aus dem Ringgit erfolgt wäre, und polemisierte gegen S. Müllers Ansicht, daß der Ausbruch dem Keloet zuzuschreiben wäre, während A. Wichmann[2]) wieder Müller recht gibt. Man muß nach seinen Ausführungen annehmen, daß der Ausbruch 1586 nicht vom Raoen herrührte, wie Stöhr (N. T. XXVII, S. 140) geglaubt hatte.] Die älteste sichere Nachricht über Tätigkeitsäußerungen des Vulkans geht auf das Jahr 1597 zurück, als Cornelis Houtman am 21. und 25. Januar und 2. Februar große dunkle Rauchwolken von ihm aufsteigen sah[2]).

Die späteren Ausbrüche vor 1816 hat C. J. Bosch[3]) besprochen. Danach wäre ums Jahr 1638 ein heftiger Explosivausbruch mit schweren akustischen Begleiterscheinungen und fortdauerndem Erzittern der Umgebung erfolgt; große Überschwemmungen fanden in dem Gebiet zwischen dem Kali Setail und dem Kali Klatak statt, wobei Tausende zugrunde gingen.

Um 1730 traten erneut schwerer Aschenfall und große Überschwemmungen auf, die vielen Menschen das Leben kosteten. Weitere Aschenausbrüche erfolgten in der Regierungszeit der Kommandanten C. de Harris (1787—1799)[4]), J. C. von Wikkerman (1800—1808)[5]) und Resident A. Macleod (1815—16). Über einen großen Ausbruch vom Ende Januar 1817 berichtet Junghuhn (a. a. O., S. 707 ff.) ausführlich: Am 16. Januar 1817 hatten Getöse, wie von fernen Kanonenschüssen, und aufsteigende große Rauchwolken die Aufmerksamkeit der Umwohner auf sich gelenkt; am 24. Januar gingen die Rauchwolken in 'Feuersäulen' über und am 25. setzte unter fortwährenden Detonationen schwerer Aschenregen ein, indes gleichzeitig ein großer Schlammstrom dem Meere zuströmte. Ein zweiter Schlammstrom wandte sich nordwärts. Erst am 4. Februar sank das Wasser der Bäche auf seinen gewöhnlichen Stand herab und die vorher verdunkelte Luft war nur noch mit feinem Aschennebel erfüllt. Freilich folgte am 10. Februar ein neuer Aschenregen und bis zum 18. Februar traten noch neue Hochwasser auf. Der Krater hatte weitgehende Veränderungen erfahren: an Stelle des kleinen

---

[1]) Java II, S. 659—663.

[2]) A. Wichmann in Ztschr. d. deutschen geol. Ges. 1900, S. 641 ff., 652.

[3]) Uitbarstingen der vulkanen Idjen en Raun. Tijdschr. voor Ind. Taal-, Land- en Volkenkunde 1858, S. 265 ff.

[4]) Nach Junghuhn, Java II, S. 706 vielleicht 1796. Mercalli schreibt S. 315 f. dem Kawah-Idjen (einem solfatarischen Ausbruchspunkt des Idjengebirges mit einem stark salzsäurehaltigen Kratersee) Ausbrüche 1796 und 1817 zu. In bezug auf ersteren verweist Mercalli auf v. Hoff (der V, S. 110 aber unter 'Tashem' den Merapi meint) und Landgrebe (der allerdings a. a. O. I, S. 267 dem 'Tashem-Idjeng' den Ausbruch zuschreibt).

[5]) K. Schneider gibt S. 241 1805/06 an, ohne eine besondere Quelle zu nennen.

dampfenden, stark mit schwefelsaurem Alaun durchsetzten Sees nahe am SW-Rand und dem ausgedehnten Aschenboden mit einzelnen Fumarolen war ein einziger großer Kratersee getreten. Die Umgebung war weithin tief mit Sanden und Aschen bedeckt (in den oberen Teilen des Gebirgs 4 Fuß hoch). Die Wälder starben großenteils ab und die Schlammströme hatten andere Wälder, wie auch viel Menschenwerk weggeschwemmt, aber auch weite morastige Strecken trocken und gesunder gemacht. Viele Menschen waren an Unterleibsleiden oder Husten erkrankt, viel Vieh gestorben, die überschwemmten Reisfelder konnten 2 Jahre lang nicht bepflanzt werden. [K. Schneider erwähnt auch S. 241 noch einen Ausbruch 1821; Reinwardt fand aber in diesem Jahre nur solfatarische Tätigkeit bei seinem Besuche vor.]

Als Junghuhn 1844 den Krater besuchte, war von dem See nur ein morastiger Fleck übrig geblieben und an zwei Stellen stiegen Dämpfe auf. Die späteren Ausbrüche hat H. A. Brower[1]) kurz zusammengestellt.

[Ende 1849 Rauchemission aus dem Krater(?)[1])[2]).] 1859[2]) zeigte er Anzeichen beginnender Tätigkeit. Ein Aschenausbruch stellte sich mit Getöse am 2.—8. Juli 1864 ein[3]). Zu Djember fiel die Asche fingerdick. Sie hatte einen Kieselsäuregehalt von 51,45%[4]).

Am 21. Juni 1885[5]) stieg wieder eine Rauchsäule auf; benachbarte Dörfer erhielten eine dünne Aschenlage. 1890[6]) war der Vulkan wieder in den Monaten Juli und August und der ersten Hälfte des September zeitweise tätig, unter Getöse wie von Kanonenschüssen. Die gelbschwarze Rauchsäule erreichte zuweilen 1000 m überm Kraterrand; Asche fiel nur in der unmittelbaren Umgebung. Im alten Krater hatte sich eine neue kleine Öffnung 600 m unterm Rand gebildet.

16. und 17. Februar 1902. Beben, Knall, schwere Rauchsäulen[7]).

28. Nov. bis 2. Dez. 1903 zeigte der Raoeng unter Getöse Rauchemission, auch am 26. Dez. erhöhte Tätigkeit[7]).

Etwa um Mitte Mai 1913[8]) bemerkte man wieder Rauchsäulen über dem Krater und vernahm Getöse und Knalle; im Juni bildete sich unter kräftigen Auswürfen (2—3 km hohe Rauchsäule) ein kleiner Zentralkegel. Aschenfall außerhalb des Kraters gering. —

Der Ringgit 1250 m, dem J. Hageman[9]) und Junghuhn[10]) den großen Ausbruch von 1586 zugeschrieben hatten, hat nach A. Wichmann[11]) 1593

---

[1]) De Raoeng en zijn jongste eruptie. Natuurk. Tijdschr. voor Ned. Indië LXXIII, S. 84—96.

[2]) N. T. XXI, S. 403. Infolge offenbaren Druckfehlers heißt es allerdings 1849, woraufhin Brower S. 87 diese Zahl übernahm.

[3]) N. T. XXVIII, S. 288 f. [4]) N. T. XXVIII, S. 154.

[5]) N. T. XLVI, S. 20. [6]) N. T. LI, S. 319. [7]) N. T. LXIV, S. 99.

[8]) N. T. LXXIII, S. 89 ff. [9]) N. T. XIX, S. 441—452. [10]) Java II, S. 654.

[11]) Ztschr. d. deutschen geol. Ges. 1900, S. 650—652.

einen schweren Ausbruch gehabt; 8 Tage lang dauerte (nach Caminho) das Getöse, der Auswurf von Feuergarben und Aschen an; Finsternis deckte das Land; nachher war alles so mit Aschen bedeckt, daß der Wagenverkehr aufhörte. Der Ausbruch dürfte aus den Kesseltälern Kukusan und Selåwågå stattgefunden haben.

1597[1]), 17. Januar, sah C. Houtman den Vulkan stark rauchen. —

Nach Junghuhn[2]) fanden außerdem auf Java einige schwere Ausbrüche statt, deren Ursprungsort nicht festgestellt werden konnte:

Um 1500 setzte ein furchtbarer Ausbruch mit Beben und starkem Aschenregen die Javanen in große Angst. —

1614 kamen durch Einsturz des Goenoeng Adipsa viele Menschen ums Leben. Der Berg ist jetzt unbekannt; Goenoeng Wilis? —

Ganz unbestimmten Alters und Herkunft ist der Ausbruch, der den Tjandi-Mundut (erbaut 1338? oder früher, wenn auch mindestens nach 413 n. Chr.) in der Residenz Kadu mit Asche begrub. —

Obgleich die Nachrichten über die Tätigkeit der javanischen Vulkane erst vom Beginn des 19. Jahrhunderts ab reichlicher fließen und auch dann meist ziemlich ungenau bleiben, so ist doch deutlich erkennbar, daß die explosive Tätigkeit sehr stark die effusive überwiegt. Man darf wohl annehmen, daß alle javanischen Vulkane zusammengenommen im letzten Jahrhundert nicht viel über $^1/_{10}$ cbkm Lava gefördert haben. Viel bedeutender war gewiß die Lockerförderung; aber man bekommt den Eindruck, als ob gerade die häufig tätigen Feuerberge nur verhältnismäßig bescheidene Mengen lieferten. Immerhin dürfte die Lockerförderung im letzten Jahrhundert 1 cbkm weit überschreiten; ja es ist nicht ausgeschlossen, daß, wie schon erwähnt, der Galoengoeng-Ausbruch von 1822 allein schon erste Größe erreichte oder ihr nahe gekommen sein dürfte[3]).

Es scheint aber, als ob das letzte Jahrhundert trotz der großen Zahl der Einzelausbrüche verhältnismäßig weniger Förderleistung gehabt hätte, als die drei vorhergehenden Jahrhunderte, deren jedes mehrere sehr schwere Ausbrüche, von zum Teil wohl erster Größe gehabt hat: 1500, 1586, 1638, 1641(?), 1730, 1752, 1772. Die Reichweite, nicht bloß der großen, sondern auch mancher recht mäßigen Ausbrüche war bedeutend, wenn auch natürlich die Mehrzahl der Eruptionen sich mit ihren Wirkungen nur auf die nächste Umgebung beschränkte. In Fällen, wo Kraterseen vorhanden waren, wurden die Wirkungen mancher Ausbrüche sehr verstärkt.

[1]) Ztschr. d. deutschen geol. Ges. 1900, S. 652. [2]) Java II, S. 852—854.

[3]) K. Schneider gibt (S. 85) 1,5 cbkm an, wofür ich die Originalquelle nicht fand. Für Papandajan 1772 (26,4 cbkm) und Goentoer 1843 (2,37 cbkm) sind seine Angaben zu hoch: Junghuhn gibt für erstern an (Java II, S. 103) 29 343 Mill. Kubikfuß = über 1 cbkm, für letzteren (ebenda S. 80f.) 2644 Mill. Kubikfuß = 89 $^3/_4$ Mill. cbm.

c) Kleine Sunda-Inseln. Südliche Molukken.

Die Vulkanausbrüche der kleinen Sunda-Inseln, sowie der südlichen Molukken sind schon von Junghuhn in seinem großartigen Werke 'Java' im II. Band bis zu seiner Zeit zum größten Teil behandelt. Einzelne Nachrichten reichen bis zum Beginn der Neuzeit zurück; doch ist die Berichterstattung für die meisten Vulkane sehr lückenhaft gewesen und wird erst mit dem Beginn des 19. Jahrhunderts besser, seit der Mitte desselben sogar recht gut, nachdem die 'Natuurkundig Tijdschrift voor Nederlandsch-Indië', Batavia (N. T.) zu einem Organ für diese Berichte geworden ist. Außerdem haben A. Perrey's Documents sur les tremblements de terre et les phénomènes volcaniques aux Moluques[1]), die Reisewerke von C. G. C. Reinwardt[2]), K. Martin[3]) und Verbeek[4]), sowie A. Wichmanns kritische Arbeit über den 'Wawani und seine angeblichen Ausbrüche[5])' sehr wertvolle Zusammenstellungen gebracht, während manche Einzelarbeiten diese Daten noch fortführten und ergänzten.

Ausbrüche des G. Agoeng oder Karang auf Bali.

1808[6]) Auswurf ungeheurer Mengen von Asche und Bimsstein.

1821[7]), 16. März, stieg aus dem Krater schwerer, dicker, weißer Rauch auf.

1843[6]) Auswurf von Asche, Sand und Steintrümmern. Am Nordhang zogen sich Ströme von Lavatrümmern bis zum Meer herab. —

Ausbrüche des Batoer auf Bali. 16. März 1821[7]) schwere Dampfwolke. Kurz zuvor höchstwahrscheinlich ein Ausbruch.

Um die Mitte des 19. Jahrhunderts zeigt er nur Fumarolentätigkeit[6]).

---

[1]) Annales de la Société d'émulation des Vosges IX 3, S. 334 ff. und X 1, S. 78 ff. Épinal 1857 u. 1859.

[2]) Reis naar het oostelijk gedeelte van den Indischen Archipel in het jaar 1821. Amsterdam 1858.

[3]) Reise in den Molukken. Leiden 1894.

[4]) Molukken-Verslag 'Geologische verkenningstochten in het oostelijke gedeelte van den Nederlandsch Oost-Indischen Archipel' in 'Jaarboek van het Mijnwezen in Ned. Oost-Indië'. Wiss. Teil, XXXII. Batavia 1908.

[5]) Tijdschrift van het Koninklijk Nederlandsch Aardrijkskundig Genootschap 2. Ser., XV und XVI. Leiden 1898 und 1899.

[6]) Junghuhn, Java II, S. 817. Scrope-Klöden schreibt versehentlich (S. 427) 1803 für 1808.

[7]) Reinwardt, Reis S. 311.

1897 Erhöhte Tätigkeit[1]).

1904[2]) (April?) entstanden etwa 20 unregelmäßige Lockerkegel und 1905[2]) fand ein starker Lava- und Aschenausbruch statt. —

Ausbrüche des Rindjani 3775 m auf Lombok.

1847, 10.—12. September, starke Rauchsäule (Perrey)[3]).

1884, Anfang August, Rauch und Flammen ausgeworfen[4]).

1900, 30. Nov. 8½ Uhr abends bis 2. Dezember, Aschenregen über Ostlombok[5]) aus dem zentralen Baruvulkan 1975 m, der zugleich nach Westen einen Lavastrom fließen ließ[6]).

1901, 1. Juni, ca. 11 Uhr nachts, starker Knall, 2. Juni leichter Aschenregen[7]). —

Der Ausbruch des Temboro oder Tambora[8]) auf Soembawa begann am 5. April 1815 mit Explosionen, die sich alle Viertelstunden wiederholten, ihren Höhepunkt am 10. November erreichten und erst am 15. Juli aufhörten. Aber noch 1819 fühlte man einzelne Erdstöße und sah zuweilen Feuer und Flammen auf dem Berge. Furchtbare Getöse wurden in einem elliptischen Gebiet von 1800 Seemeilen Durchmesser vernommen; Flutwelle 10. April vormittags; verheerende Wirbelwinde infolge übermäßiger Erhitzung einzelner Lufträume; die Auswurfsmassen (Schlacken, Bimssteine, Asche) verbreiteten weithin langdauernde Finsternis (Gebiet 600 Seemeilen NS-Axe, 780 Längsaxe), töteten viele Menschen und drückten weithin die Häuser ein; Sumbawa wurde zur öden Wüstenei (12000 Menschen tot, die meisten durch Hitze getötet); auf Lombok war die Aschendecke noch 2 Fuß dick und 44000 Menschen starben infolge der dadurch verursachten Hungersnot. Schwere Seuchen (besonders Ruhr) suchten auch fernere Inseln heim und forderten viele, aber zahlenmäßig nicht bekannte Opfer.

Die geförderten Lockermassen schätzte Junghuhn auf 9000000000000 Kubikfuß, d. i. über 300 cbkm. Verbeek[9]) schätzte auf 150 cbkm. —

Der Goenoeng Api (d. i. Feuerberg) von Sangean, einer kleinen Insel an der Nordostküste von Bima (Soembawa) war im 19. Jahrhundert mehrfach tätig.

Ob er der 1512 stromboliartig tätige Vulkan ist, wie A. Wichmann neuerdings annimmt, oder aber der Goenoeng Api bei Wetar, wie er früher glaubte, ist nicht ganz sicher festgestellt[10]).

---

[1]) N. T. LVIII, S. 139.

[2]) W. O. J. Nieuwenkamp in Tijdschr. Aadr. Genootschap XXV, S. 54 ff.

[3]) Mercalli S. 314. [4]) N. T. XLV, S. 460. [5]) N. T. LXI, S. 196.

[6]) J. Elbert, Die Sundaexpedition des Vereins für Geogr. u. Statistik. Frankfurt a. M. I, 1911, S. 25.

[7]) N. T. LXII, S. 187.

[8]) Junghuhn, Java II, S. 819 ff., der seinerseits die ältesten Quellen ausgewertet hat.

[9]) Krakatau, Batavia 1886, S. 135. [10]) Verbeek, Molukkenverslag S. 572.

1821[1]) hatte er einen leichten Aschen- und Bimssteinausbruch; in Zwischenpausen von 5 zu 10 Minuten wurden schwere dicke Rauchwolken ausgestoßen.

[Mercalli hat S. 314 den Goenoeng Api von Sangean' mit dem Pulu Batu Scropes[2]) identifizieren wollen, wonach 1850 ein Ausbruch gewesen wäre. Das ist aber offenbar unrichtig; vielmehr handelt es sich dabei um den Batoe Tara oder Poeloe Kambing = Komba.]

1860[3]), 11. September, Ausbruch, 20—30 Tage Tätigkeit. Starke Beben. [1899[4]), dampfend.]

1911[5]), 8. Februar, 11 Uhr vorm., zerriß ein starkes Beben die alte Kraterwand an der Nordseite, 13. Februar Knalle, Feuersäule stieg aus dem alten Krater auf, dicke Rauchsäulen aus zwei neuen Kratern der Nordabdachung. Auswurf glühender Steine, 15.—17. Februar Aschenfall im nördlichen Bima. 1. März noch tätig. —

Von der Insel Flores liegen aus geschichtlicher Zeit mehrere Ausbruchsnachrichten vor; doch ist die Berichterstattung natürlich äußerst dürftig. Sehr wichtige Nachrichten über die Vulkane dieser Insel verdankt man A. Wichmann[6]).

Die älteste historische Nachricht stammt aus dem Jahre 1559[7]) und gibt einen Ausbruch des Goenoeng Api auf Flores oder Ende an. Näheres ist nicht bekannt. Eine sichere Identifizierung mit einem der bekannten Vulkane ist nicht möglich, da das Wort 'Goenoeng Api' = Feuerberg auf jeden tätigen Vulkan paßt. Da er aber gegenwärtig auf Flores speziell dem Ija an der Bucht von Ende (Mitte der Südküste von Flores) beigelegt ist, so ist wahrscheinlich dieser Vulkan gemeint gewesen, der in der neueren Literatur auch als Yedja bekannt ist.

Folgende Ausbrüche desselben sind aus dem 19. Jahrhundert bekannt: Mai 1844[8]) (sehr heftig), Januar 1867[9]), 4. Mai 1868[9]), 2—4 Uhr nachm., 1. Sept. 1871[8]) und im Jahre 1882[8]) (starker Lapilliauswurf). Auf der Insel Noesa Ende war 1868 viel Asche (ca. 10 cm) mit Steinen gefallen. — Im Dezember 1888 rauchte der Vulkan unablässig[10]). —

---

[1]) Reinwardt, Reis S. 314. [2]) Scrope-Klöden S. 426. [3]) N. T. XXV, S. 128.

[4]) Verbeek, Molukkenverslag S. 571. Junghuhn nannte den Berg (Java II, S. 828) stets dampfend.

[5]) N. T. LXXII, S. 178—180. Ein zeitlicher Irrtum war es offenbar, wenn J. Elbert, Sunda-Expedition II, Frankfurt a. M. 1912, S. 139 dem Vulkan nach dem 'Java Bode' eine heftige Aschen- und Steineruption im April 1912 zuschrieb.

[6]) Bericht über eine im Jahre 1888—89 ausgeführte Reise. Tijdschrift van het Kon. Nederlandsch Aardrijksk. Genootschap, 2. Ser. VIII. Leiden 1891. III. Flores S. 188 ff.

[7]) Coll. acad. VI, S. 545. v. Hoff IV, S. 257.

[8]) Wichmann a. a. O. S. 237, Anm. F. Schneider (Jahrb. Kk. geol. Reichsanstalt 1885, S. 6): 27. Aug. 1883.

[9]) N. T. XXXI, S. 421. [10]) Wichmann S. 217.

Der benachbarte Goenoeng Puï (oder Medja) hatte nach Wichmann[1]) vielleicht 1671 einen Ausbruch, der Ombuu Romba (Goenoeng Keo) rauchte um 1888[2]), desgleichen der Vulkane Egon oder Egong 1888—91 und von 1892[3]) ab, sowie 1907[4]), (28. September starke Rauchsäule). —

J. Elbert[5]) nennt auch den Geli Mutu in Mittelflores tätig, ohne aber Ausbruchsangaben zu machen. Der weiter östlich an der Südküste liegende Goenoeng Duri rauchte 1888[6]). —

Der Lobetobi Laki Laki an der Ostküste von Flores hörte im Juli 1859[7]) auf zu rauchen.

1861[8]) 4. und 18. Mai, unter Getöse wie von Kanonenschüssen Auswürfe von Aschenmassen; am 18. Mai war zugleich ein starkes Beben.

1865, 4. Mai, schwere Rauchsäulen[9]).

1868, Juli, viel Asche und Steine ausgeworfen. 13. Juli war der Gipfel ganz illuminiert. 15. Dezember starke Rauchsäule[10]).

1869, 7. und 27. Juli; letzterer Ausbruch war stärker, zwei Dörfer abgebrannt, zwei Menschen getötet[11]).

1888 rauchend[12]).

1907, 28. September, 7 Uhr 30 morgens, Knall, Lavaausfluß, Aschenregen. 6.—16. Oktober mehrere Ausbrüche. Lavaausfluß 16. Oktober[13]) nach NW. Aschenmächtigkeit ca. 40 cm. Ein Mann getötet, mehrere verwundet. 30. Oktober leichter Aschenregen. Der Krater war an der NW-Seite stark erniedrigt.

1909, Januar, April bis Dez. erhöhte Tätigkeit. 17. Januar 4½ Uhr nachm., Rauchsäule, etwa 2 km hoch[14]).

1910, 23. Jan. bis 16. Febr. erhöhte Tätigkeit. 23./24. Jan. Aschenfall, Feuerschein. 14. Febr. kam Lavastrom aus dem Krater. 16. Febr., 10½ Uhr vorm., 10 Minuten lang dicke dunkle Aschensäule. 26. Mai, 4½ Uhr morg., Aschenregen[15]). —

Nahe dem Lobetobi erhebt sich (westlich vom Kabelo) der Goenoeng Leworoh, an dem am 16. März 1881 plötzlich unter starken Detonationen ein Explosionskrater entstand[16]). —

---

[1]) A. a. O. S. 222, Anm. 2. [2]) Wichmann S. 221, 228.

[3]) Knüttel in Tschermaks min. u. petr. Mitt. XIV, S. 264. Wichmann S. 201.

[4]) N. T. LXVIII, S. 121 und LXXI, S. 98.

[5]) Sundaexpedition II, 1912, S. 202. [6]) Wichmann S. 285.

[7]) N. T. XX, S. 226. Perrey, Mém. Acc. Bruxelles 1865, XVII, S. 22.

[8]) N. T. XXV, S. 125. Genannte Stelle schreibt den Ausbruch dem Nobo zu; nach Wichmann S. 286 Anm. ist der Name aber hier ein Synonym des Lobetobi.

[9]) N. T. XXIX, S. 232. [10]) N. T. XXXI, S. 421. [11]) N. T. XXXII, S. 129.

[12]) Wichmann stellt auf Taf. IV, 2 a. a. O. beide Schwestervulkane Laki Laki (Lobetobi) und Parampuvan rauchend dar.

[13]) N. T. LXVIII, S. 121—126. [14]) N. T. LXX, S. 37—39.

[15]) N. T. LXXI, 2. Abt. S. 2. [16]) Wichmann S. 255.

Die Notiz der Liste chronologique (S. 568): '1660 Le volcan de l'Isle de Laritouke, non loin de celui de Lombate.... jetta aussi des flammes' bezieht sich wohl auf einen Vulkan der Abteilung Larantoeka auf Flores, desgl. die Notiz der N. T. XLII, S. 241 von dem Ausbruch eines unbekannten Vulkans in der Abt. Sarantoeka, Res. Timor (zu der die Insel Flores gehört). Wichmann[1]) vermutet, daß es sich um die Tätigkeit des Ilimandiri handeln könnte. —

[Für die außerhalb der eigentlichen Vulkanzone der kleinen Sunda-Inseln liegende Insel Timor gibt es mehrere Ausbruchsnachrichten in der Literatur:

1638[2]) 'Le Pic de l'Isle Timor étoit si haut, qu'on voyoit à la distance de 300 milles les flammes qu'il vomissoit; il fut englouti avec presque toute l'Isle, et ne laissa en sa place qu'un grand lac.'

1856[3]), 26./27., Ausbruch des Iloen-Bano in West-Timor. Zwei Menschen durch Steine getötet.

1857[4]), Mai, Ausbruch des Bibiluto. Perrey spricht nach offiziellen portugiesischen Berichten von zahlreichen Beben seit dem 15. Mai d. J. und einer starken Senkung, wodurch das Dorf Macdadi mit 36 Personen verschwand; auch ein Teil von Rainha de Viqueque wurde zerstört.

Da nun aber G. S. Adams[5]) die Ansicht vertritt, daß es echte Vulkane auf Timor nicht gibt, so wandte ich mich um Auskunft an den besten Kenner dieser Insel, meinen verehrten Freund G. A. F. Molengroff, der mir bestätigte, daß auf der Insel keine Vulkane vorkommen, sondern nur Schlammvulkane, die ebenso wie die von Rotti und Saman 'oft heftige Eruptionen haben und nebst Gas viel Schlamm und Gesteinsstücke ausschleudern'. Auf solche Ausbrüche sind jedenfalls die Nachrichten von 1856 zurückzuführen, die von 1857 auf Bebenwirkungen, während bei der Nachricht von 1638 eine Verwechslung vorliegt, wie schon Daubeny und neuerdings Adams vermutete. Daubeny (der allerdings 1637 schrieb) dachte an den Goenoeng Api bei Wetar.] —

Der Goenoeng Boleng ca. 1500 m (Wokka) auf Adonara rauchte stark Ende September bis Anfang Oktober 1885[6]). —

Auf der Insel Lomblen oder Lombatta ist ein tätiger Vulkan vorhanden, der Lobetoll oder Lobetolle, Lobetolé.

---

[1]) A. a. O. S. 269 f., Anm.

[2]) Liste chronologique in Coll. académique VI, Dijon und Paris 1761, S. 564.

[3]) N. T. XIII, S. 461 f.

[4]) Mém. Ac. Bruxelles X (1860), S. 90 ff. N. T. XIII, S. 464 spricht nur von Beben am 16. April bis 17. Mai zu Dalhi-Timor. [Mercalli, der Floen-Bano schrieb, warf S. 313 die Frage auf, ob sich die beiden Ausbruchsnachrichten nicht auf einen Vulkan bezögen.]

[5]) Geogr. Journ. 1913. XLI, S. 385 f. Ztschr. f. Vulk. I, S. 127.

[6]) Wichmann S. 261.

Derselbe wurde von Dampier am Ende des 17. Jahrhunderts und von Bligh am Ende des 18. Jahrhunderts rauchend gesehen[1]).

[1819[2]) Ausbruch.]

1849[3]), 6. Okt., dicke Rauchsäulen. Breite Feuerströme gingen bis zur Kimm nieder.

1852[4]), 5. und 6. Okt., Ascheneruption eines Berges auf Lomblen nach J. C. J. Hellmuth.

1899[4]), 2. Juni, Rauchsäule. —

Batoe Tara oder Komba (Poeloe Kambing II) nördlich von Lomblen war 1847—1850 ständig tätig. Im Oktober 1849 schossen breite Feuerströme bis zum Horizont herab (Lava? oder glühende Asche? letzteres wahrscheinlicher!) Am 23. Mai 1850 stieß der Vulkan unaufhörlich Rauchwolken aus. Am 2. August 1850 war der Vulkan sehr tätig. Ein ca. 30 m breiter Lavastrom erstreckte sich vom Gipfel bis zum östlichen Strande[5]).

1851 war der Vulkan am 2. Mai noch in voller Tätigkeit: alle 10 bis 20 Minuten ein starker Ausbruch, der den ganzen Osthang mit Feuer bedeckte[6]).

1852, Juli, waren der Poeloe Komba auf Batoetara und vier weitere Vulkane (welche?) tätig, als ein Schiff vorbei fuhr[7]).

A. Wichmann, der den Pulu Komba 1888 sah und als indischen Stromboli bezeichnet, erwähnt a. a. O. S. 258, daß der Vulkan wenigstens seit 1847 ununterbrochen tätig gewesen sei. Auch Verbeek nennt (Molukkenverslag S. 364) den Vulkan dauernd tätig. —

[Die Insel Roma, die in neueren Vulkanhandbüchern noch als aktiv aufgeführt wird, besitzt nach Verbeek[8]) keinen tätigen Vulkan, sondern nur warme Quellen. A. Wichmann[9]) nennt den Riadur daselbst nur schwach tätig].

Der Goenoeng Api bei Wetar, ein kleines, 420 m[10]) hohes einsames Inselchen, wurde nach L. v. Buch[11]) von Dampier (1699) stark rauchend gesehen. Junghuhn[12]) nennt den Vulkan häufig dampfend, oft feurig glühend. Als jedoch der Dampfer 'Etna' am 4. August 1850[13]) daran vorbei fuhr, war der Vulkan ganz ruhig und Gras wuchs in der Nähe des Kraters:

---

[1]) L. v. Buch, Ges. Schr. III, S. 567. Dampier, Neue Reise, Leipzig 1702, S. 834, von ihm auf Pentare bezogen. In der mir zugänglichen Übersetzung Blighs (von G. Forster 1793) fand ich die Tatsache nicht erwähnt, sondern (S. 261) Feuer auf den Bergen von Lombok.

[2]) Mercalli S. 313. Quelle?

[3]) N. T. I, S. 153 f. Junghuhn, Java II, S. 829.

[4]) Verbeek, Molukkenverslag S. 366.

[5]) N. T. I, S. 87. Junghuhn, Java II, S. 829. Verbeek, Molukkenverslag S. 364.

[6]) N. T. II, S. 523.

[7]) N. T. III, S. 639.

[8]) Molukkenverslag S. 435.

[9]) Tijdschr. Aardr. Genootsch. XVI, S. 123.

[10]) Nach der Seekarte; Nicht 4342 m, wie Mercalli S. 313 nach Marinelli angibt.

[11]) Ges. Schr. III, S. 567. Vgl. Perrey X 1, S. 108 f. u. A. Wichmann, Nova Guinea I, S. 127.

[12]) Java II, S. 831 f.

[13]) N. T. I, S. 87.

ein Beweis, daß schon einige Zeit Ruhe geherrscht haben mußte. [A. Wichmann hat den 1512[1]) tätigen Vulkan erst hier gesucht, neigte aber später dazu, den Goenoeng Api von Sangean dafür anzunehmen (s. o.).]

[Daubeny suchte hier den 1637 verschwundenen Berg]. —

Daam oder Dammer ist nach Verbeek[2]) der größte unter den tätigen Vulkanen der Bandasee (Wuarlili oder Loolsuni); er sagt aber, daß kein Ausbruch bekannt sei, und hält dafür, daß der 'Ausbruch vom 5. Juni 1892[3])' wohl nur auf Gasexhalation zurückgeführt werden müsse. Perrey[4]) nennt den Berg fast immer rauchend.

[Valentijn[5]) erwähnte 2 Inselchen 4 Meilen im W, deren eines einen 'swaaren Vuurberg' enthalte.] —

Auf Tijau oder Teon hat der Vulkan Vunuweri am 11. November 1659[6]) unter Getöse wie von einer Kanonade einen starken Ausbruch gehabt; die Einwohner der Insel flüchteten nach Nila und Dammer.

1660[6]), Februar, schwerer Explosivausbruch; alle Dörfer vernichtet; alle Einwohner bis auf 2 oder 3 erstickt und getötet.

1693[6]) Ausbruch (von L. v. Buch fälschlich auf Siau bezogen).

1904[6]), 3. Juni, Schaden an den Pflanzungen von Mesah. —

Ausbrüche des Kokon auf Nila sind nicht bekannt, doch wurde 1903 erhöhte Tätigkeit[7]) beobachtet. [1904, Januar, Eruption (Montessus)[8]).]

Goenoeng Legelala 650 m auf Seroea (Sorea):

1683 Beben und Ausbrüche, nach Valentijn III 2, S. 27.[9])

1687, 15. Juni[10]).

1693, 4. Juni bis Juli, erst explosiv, dann effusiv; Menschenverluste, Einstürze des Kegels, Bildung eines großen Lavasees[11]), Flucht der Einwohner. [Junghuhn schreibt 1694].

1844, August bis Januar 1845 Tätigkeit, Getöse. Etwa September 1846 plötzliche Ausbrüche[12]).

---

[1]) Verbeek, Molukkenverslag S. 572f. [2]) Molukkenverslag S. 572—575.

[3]) Knüttel in Tschermaks min. u. petr. Mitt. XIV, 1893, S. 278. Auch A. Wichmann erwähnt (in Tijdschr. Aardr. Gen. XVI, S. 87) den Ausbruch nur als zweifelhaft.

[4]) Ann. Soc. d'émulation des Vosges X 1, S. 79. [5]) III 2, S. 45 II.

[6]) A. Wichmann, On the volcanic eruptions in the island of Téon in 1659. K. Ak. v. Wetenschapen te Amsterdam 1910, S. 488f. Junghuhn, Java II, S. 834, verlegte den Ausbruch 1659 fälschlich nach Koerkaf (Kurekofe), Valentijn III 2, S. 38 I nach Teor (Tewer).

[7]) N. T. LXIV, S. 99. Verbeek, Mol. Versl. S. 576: Keine Eruption bekannt! A. Wichmann spricht gleichfalls nur von Solfatarentätigkeit des ca. 481 m hohen Bima auf Nila (Tijdschr. Aardr. Gen. XVI, S. 123). [8]) Mercalli S. 313.

[9]) Junghuhn, Java II, S. 833. Von Wichmann in Tijdschr. Aardr. Gen. XVI, S. 123 oder Verbeek, Molukkenverslag S. 577 nicht aufgeführt!

[10]) A. Wichmann in Tijdschr. Aardr. Gen. XVI, S. 123 nach P. A. Leupe in Bijdr. T. L. en Vk. VI, 1871, S. 231.

[11]) Nich. Witzen in Philos. Trans. XIX, 1695, S. 49f. A. Wichmann a. a. O. Mercalli S. 312f.

[12]) N. T. XVIII, S. 297f.

1859 oder kurz zuvor soll ein Ausbruch mit einem Lavaerguß erfolgt sein[1]), doch erscheint die Nachricht zweifelhaft, indem der Lavastrom, der die ganze NW-Küste verwüstet haben sollte, von Verbeek nicht gesehen wurde[2]).

[Vom Krater des Inselvulkans Nusa Manuk sahen die Mitglieder der Challenger Expedition am 28. September 1874 Rauch aufsteigen; doch ist nicht ganz sicher, ob hier ein vulkanisches Ereignis vorlag[3]).] —

1649 erschien zwischen Tajando und der Kai-See eine neue Insel[4]).

Unter allen Vulkanen der kleinen Sunda-Inseln und südlichen Molukken ist der Goenoeng Api von Großbanda in geschichtlicher Zeit am häufigsten tätig gewesen, meist explosiv, seltener auch effusiv. Die Ausbruchsangaben differieren in den verschiedenen Quellen und Vulkanhandbüchern oft stark. Ich gebe im Folgenden die zuverlässige kritische Liste A. Wichmanns[5]) und füge abweichende oder ergänzende Angaben hinzu.

1586, 17. April und

1598; Flammen, schwarzer Rauch oder hellgraue Wolken stiegen bei beiden auf. Der Vulkan blieb von 1598 an 17 Jahre lang stark tätig[6]).

1609[7]). 1615. Starker Aschen-, Stein- und Bimssteinausbruch. Das Wasser am Fuß des Berges kochte; die Fische starben, Flammen schlugen selbst bis zum Fuß hier und da aus Spalten und Öffnungen heraus; alle Siedelungen der Insel wurden verwüstet[8]).

1632. Schwere Beben. 16. Dezember 1 Uhr morgens Beginn eines heftigen Ausbruchs, Auswurf großer Steine, 24. Dezember wieder starkes Beben, großer Schaden[9]).

1683 scheint ein schwerer Ausbruch gewesen zu sein. Starke Beben. Spaltenbildungen[10]).

1690—1696 war der Vulkan fast ununterbrochen stark tätig. Sehr bedeutend war der Ausbruch 1690, denn obwohl die Hauptmasse der

---

[1]) A. Wichmann, Tijdschr. Aardr. Gen. XVI, S. 124 nach H. C. van Eybergen.

[2]) Verbeek, Molukkenverslag S. 577 f.

[3]) A. Wichmann, Tijdschr. Aardr. Gen. XVI, S. 124.

[4]) A. Wichmann in Ak. Wiss. Amsterdam 1910, S. 488 nach J. S. Wurfbein, 14jährige ostindianische Kriegs- und Oberkaufmannsdienste. Nürnberg 1686, S. 62.

[5]) Tijdschr. Aardrijksk. Genootschap XVI, S. 124 f.

[6]) Valentijn III 2, S. 14 f. Perrey a. a. O. S. 81 f. K. Schneider gibt S. 241 noch einen Ausbruch 1590 an.

[7]) Nach Perrey S. 82 stiegen 1605 ständig Flammen auf. In der von ihm angegebenen Quelle (Prevost) habe ich aber die Angabe nicht gefunden.

[8]) Valentijn III 2, S. 16. Perrey S. 82 ff.

[9]) v. Buch gab (Ges. Schr. III, S. 565 f.) auch einen Ausbruch mit Beben für 1629 an; es trat aber nur ein Beben mit einer 4 m hohen Flutwelle ein (Valentijn III 2, S. 17), Mercalli und Schneider folgten v. Buch.

[10]) Valentijn III 2, S. 17. Perrey gibt S. 86 noch Ausbrüche für 1665, — Ende 1669 — 1675 und 1678 nach Keferstein, also einer Quelle dritter Hand, an. Mercalli und Schneider folgen Perrey. Bei Junghuhn fehlt der Ausbruch von 1683.

Auswürflinge nach Westen ging, lag doch die Asche auf Neira (im Osten) 3 Fuß hoch; alle Fruchtbäume waren verdorben[1]). Am 17. Mai 1696 trat eine kurze Ruhepause ein; aber am 22. Mai mittags setzte wieder ein heftiger Explosivausbruch ein, dem 2 Soldaten, welche eben den Berg bestiegen hatten, zum Opfer fielen[2]).

1712, 27. Juni bis 9. Juli. Ausbrüche mit Stein- und Aschenauswurf. Starkes Getöse, das aber auf Neira nicht gehört wurde[3]).

1765[4]), 19. April bis Oktober und 1766.

1773, 6. Februar und 1775[5]).

1820, 11. Juni bis 8. August fast ununterbrochen Auswurf glühender Lavatrümmer und Aschen. Der Ausbruch begann plötzlich; ein Trümmer-Lavastrom erreichte das Meer im Westen, Bildung zweier neuer Hügel; Steine flogen aus Seitenspalten und aus zwei Kratern (einen im Süden und einen andern in 1/8 der Berghöhe im NNW). Wälder gerieten in Brand, die Pflanzungen am Fuß des Berges wurden vernichtet, auf Banda Neira beschädigt, das Trinkwasser verdorben[6]).

1824, 22. April Ausbruch eines neuen Kraters an der Nordseite, ungeheure schwarze Rauch- und Aschensäule. 9.—14. Juni Stein- und Aschenauswurf; 28. Juni enorme Mengen Asche und glühender Steine ausgeworfen, Lavastrom floß nach Norden.

1824—1831 von Zeit zu Zeit Sand- und Aschenauswürfe. Nach A. Wichmann hat der Vulkan jedoch seit 1824 keine eigentlichen Ausbrüche mehr gehabt, sondern nur noch lebhaftere Aushauchungen:

1841, Ende September.

1853[7]), Oktober. 1855, Dezember.

1856[8]), 30. Januar. 1857, 18. Januar.

---

[1]) Valentijn III 2, S. 17 f. Nach Philos. Transact. 1695, XIX, S. 51 waren die Ausbruchserscheinungen um 1693 stark (nicht 1694, wie v. Buch angibt (Ges. Schr. III, S. 566); K. Schneider nennt außerdem S. 241 gesondert 1695, erwähnt aber auch noch einen Ausbruch für 1687.

[2]) Valentijn III 2, S. 18 f. Prevost, Hist. gén. des Voyages XVII, Amsterdam 1761, S. 109.

[3]) Valentijn III 2, S. 26. Perrey a. a. O. S. 109 f. K. Schneider erwähnt Ausbrüche 1710/12 (S. 241).

[4]) Perrey erwähnt S. 110 Ausbrüche für 1754, 1763 und 1764—75; Mercalli und Schneider schreiben 1754, 1762, 1764—75.

[5]) Perrey S. 111. v. Hoff II, S. 388, V, S. 27. Junghuhn und v. Buch geben noch Ausbruch für 1778 an, ihnen folgend auch Mercalli und Schneider, die zudem noch 1805 und 1811 anführen.

[6]) Junghuhn, Java II, S. 835—837. Perrey S. 117—125. Nach der N. T. XVIII, S. 235 f., 184—188 und 194—202 hätte auch 1816—1820 Tätigkeit geherrscht. Perrey sagt aber S. 111, daß 1816 kein Ausbruch war. Als Verhuel 1817 den Vulkan bestieg, war er stark solfatarisch tätig (Perrey S. 115).

[7]) K. Schneider gibt S. 242 1852 an.

[8]) N. T. XIII, S. 267. Perrey S. 138: mehr Rauch als gewöhnlich.

1859, Oktober. 1860, Februar[1]).

1887, 15. Mai (stärker rauchend)[2]).

1890, 23. November, starke Beben, 2 mm dicke Aschenlage[3]).

Die Tätigkeit des Goenoeng Api von Banda gliedert sich in eine Reihe von Tätigkeitsperioden von sehr ungleicher Länge, die durch gleichfalls sehr ungleich lange Ruhepausen voneinander getrennt sind. Die Intensität der Ausbrüche und ihre Fördermenge waren offenbar meist gering, seit 1824 sogar minimal; aber soweit ersichtlich, stieg sie 1615, 1632, 1690—96, 1820 und 1824 zu bedeutenden Beträgen an. Maßangaben fehlen aber fast ganz; nur die Mitteilungen für 1696 (3 Fuß Asche in Neira) lassen vermuten, daß der Ausbruch 3., vielleicht selbst 2. Größe erreicht haben durfte. Dagegen mag die Gesamtförderung des 18. wie des 19. Jahrhunderts unter dieser Größe geblieben sein, wenn es überhaupt gestattet ist, aus so mangelhaften Angaben sich ein Bild zu machen. Ob einzelne der Ausbrüche große Reichweite erlangten, ist nicht zu erkennen.

Junghuhn macht in seinem Anhang (Java II, S. 852 ff.) noch auf zwei große Ausbrüche aufmerksam, die vermutlich im Gebiet der kleinen Sunda-Inseln sich abspielten (er dachte dabei an den Temboro):

1614 kamen von einer benachbarten Insel so große Aschenmassen nach Java, daß völlige Finsternis eintrat, und desgleichen wurde ganz Java wieder 1752 durch den Ausbruch eines Nachbarvulkans in allgemeine Finsternis gehüllt; Hungersnot und ansteckende Krankheiten folgten nach. Bei so weitreichenden und tiefgehenden Wirkungen darf man annehmen, daß die durch diese Vulkane geförderten Lockermassen ähnlich wie beim Temboro nach Kubikkilometern gezählt haben müssen.

Gegenüber den gewaltigen Fördermengen dieser drei Riesenausbrüche, welche dieses Vulkangebiet zu den bedeutsamsten der ganzen Erde macht, tritt die Förderung der übrigen des Gebiets sehr stark zurück und das Übergewicht der Lockerförderung über die Lavaförderung ist offenbar außerordentlich groß. Aber dennoch ist bemerkenswert, daß Lavaförderung nicht ganz selten und in einzelnen Fällen offenbar sogar ziemlich bedeutend war.

---

[1]) N. T. XXII, S. 137: mehr geraucht als gewöhnlich.

[2]) K. Schneider nennt noch (S. 242) einen Ausbruch 1877.

[3]) N. T. LI, S. 322 ff.

d) Melanesien.

Melanesische Vulkanzone.

Obgleich diese Vulkanzone in der Hauptsache dieselbe Richtung einhält, wie die indonesische, so ist sie doch dadurch deutlich von ihr geschieden, daß sie sprungweise um mehrere Grade gegen sie abgesetzt und nordwärts verschoben ist, und das geschwungene bogenförmige Ende der südlichen Molukkenreihe hebt die Trennung noch deutlicher hervor.

Die ganze melanesische Zone ist noch sehr wenig bekannt und die Berichterstattung ist selbst in der Gegenwart, wo seit Jahrzehnten das ganze Gebiet unter europäische Staaten aufgeteilt ist, noch durchaus ungenügend und sehr lückenhaft, da die tätigen Vulkane größtenteils ferne von den noch spärlichen Ansiedlungen der Europäer liegen. In früherer Zeit ist aber die Berichterstattung vollends dürftig gewesen, da sie nur auf gelegentlichen Nachrichten einzelner Seefahrer beruhte. Wohl reichen sie teilweise bis ins 16. Jahrhundert zurück, aber viele Jahrzehnte entbehren jeder Nachricht, da in ihnen keine Seefahrten von Europäern in die vulkanischen Gebiete fielen.

Für einen größeren Teil des Gebiets haben A. Wichmann[1]) und K. L. Hammer[2]) wertvolle Zusammenstellungen gegeben. Sonst ist man auf mehr zerstreute Nachrichten angewiesen.

a) Neuguinea-Neupommernbogen[3]).

Ob auf dem Festland von Neuguinea Vulkane vorhanden sind, ist durch direkten Nachweis solcher noch nicht festgestellt. Aber es liegen zwei Nachrichten vor, die es doch sehr wahrscheinlich machen:

---

[1]) Nova Guinea I und II. Leiden 1909, 1910 und 1912.

[2]) Die geographische Verbreitung der vulkanischen Gebilde und Erscheinungen im Bismarckarchipel und auf den Salomonen. Diss. Gießen 1907.

[3]) Alle bekannten Vulkane liegen im Norden Neuguineas. Die Nachricht (L. v. Buch, Ges. Schr. III, S. 583, Mercalli S. 335) von einem Vulkanausbruch auf der 'Capinsel' in 9° 48′ SBr. und 142° 39′ ÖL. v. Gr. in der Torresstraße im Jahre 1793 beruhte auf Täuschung. Vgl. A. Wichmann, Nova Guinea I, S. 261, Anm. 8.

In der Nähe der Nordküste Neuguineas sah Dampier am 17. April 1700[1]) auf der Nordwesthalbinsel einen Berg stark rauchen und im Arfak-Gebirge wurden in der Nacht vom 21. zum 22. Mai 1864[2]) nach starkem Beben Feuer, und am nächsten Morgen große vegetationslose rauchende und dampfende Flächen gesehen. [25. Mai erfolgten dann große Erdrutsche.] In beiden Fällen ist aber die Möglichkeit gegeben, daß nicht vulkanische Ereignisse, sondern vielleicht starke Reibung von Bäumen aneinander infolge von Erdbeben Waldbrände verursacht hatten. Immerhin ist es in diesen regenreichen Urwaldgebieten äußerst unwahrscheinlich, daß auf solche Weise größere Waldbrände entstehen könnten — es sei denn nach etwas längeren Trockenperioden, wie sie auch in regenreichen Gebieten zuweilen vorkommen. Da in diesen Gegenden eine kurze niederschlagsärmere Periode nach den Beobachtungen von Doréhafen zu schließen[3]) im Mai eintreten dürfte und dieselbe manchmal etwas verfrüht auftritt, wäre eine schwache Möglichkeit nichtvulkanischer Ereignisse gegeben. —

Die sicher bekannten Vulkane Neuguineas liegen nicht auf dem Festland, sondern auf nördlich vorgelagerten Inseln. Die westlichsten derselben sind die Schouten- oder Le Maire-Inseln, von denen mehrere durch kegelförmige Gestalt ausgezeichnet sind und deshalb schon von Ortiz de Retes 1545 als Vulkane betrachtet wurden, wie A. Wichmann[4]) wahrscheinlich gemacht hat. Als Le Maire 1616[5]) das Gebiet passierte, sah er '3 oder 4 spitze Berge brennen', sodaß man also mindestens drei tätige Vulkane annehmen muß, als welche man die kegelförmigen hohen östlichen Le Maire-Inseln betrachten darf. Freilich machte mich G. Friederici, der öfters diese Gegenden besuchte, darauf aufmerksam, daß den Spitzen dieser Vulkankegel nicht selten Wolkenfahnen anhängen, die schwer oder gar nicht von Rauchfahnen zu unterscheiden sind. Angesichts solcher Tatsachen darf man wohl mancher auf Sicht aus der Ferne beruhenden Ausbruchsangabe von Vulkanen mißtrauisch gegenüberstehen; da aber der Bericht hier ausdrücklich vom 'Brennen' der Berge spricht, so darf man in diesem Fall doch auf wirkliche Tätigkeit im genannten Jahr rechnen. Es wären also mindestens drei tätige Le Maire-Inseln anzunehmen:

1. Garnot oder Bluplup, 250 m, 1616 tätig [nach Morell[6]) auch 1830].

---

[1]) A. Wichmann, Nova Guinea I, S. 134 f.

[2]) Natuurkundige Tijdschrift voor Nederlandsch Indië XXVIII, S. 286. Tijdschr. Aardr. Genootsch. XVI, S. 141.

[3]) J. Hann, Handbuch der Klimatologie 2. Aufl. Stuttgart 1897. II, S. 248.

[4]) Nova Guinea I, S. 26. [5]) Nova Guinea I, S. 66.

[6]) B. Morell berichtet von 4 stark tätigen und 2 rauchenden Vulkaninseln sowie einem Feuerberg im Hinterland von Neuguinea; doch sind diese Nachrichten nicht glaubwürdig. Vgl. A. Wichmann, Nova Guinea II, S. 17.

2. Blosseville oder Kadovar, Keruar 300 m. Tätig 1616[1]), sowie 1700[2]), als Dampier hier vorbeikam. —

3. Lesson oder Bäm, ca. 600 m. Die Spitze besteht aus ganz kahlem rotem Lavagestein. Ein alter fast vegetationsloser Lavastrom reicht bis zum Meere.[3])

1616[1]), tätig.

1874[4]), stark rauchend.

1877[5]), November, rauchend.

1884[6]), rauchend.

1888[7]), kleine Rauchwölkchen.

90er Jahre[8]) tätig.

1909[9]), 19. April, starker Rauch, oben rotbraune Asche, desgleichen 13. September. —

Manam oder Manúmudár, Hansa- oder Vulkaninsel ca. 1300 m, häufig tätig; direkte Beobachtungen liegen vor für

1616[10])

1643[11]) (dagegen 1700 ruhig, als Dampier vorbei kam, desgl. 1829, als d'Urville passierte).

[1830[12])(?).]

1877[13]), November, 3 Rauchsäulen; bei Nacht alle 1/2 bis 2 Minuten Aufleuchten von Feuerschein.

1885[14]), Mai, rosiger Schein; feurige Stelle.

1887[15]) Lavastrom und heftiger Ausbruch Nacht 27./28. Juni.

1888[16]) Periodisches Aufglühen in Zwischenräumen von wenigen Sekunden; zuweilen Abfließen von 'Lava' [offenbar glühender Asche!] bis zur halben Höhe des Bergs.

1889[17]) aktiv.

---

[1]) A. Wichmann a. a. O. I, S. 66. [2]) Ebenda S. 134.

[3]) Nachrichten über Kaiser-Wilhelmsland 1893, S. 43.

[4]) Wichmann a. a. O. S. 190 nach J. Moresby, New Guinea and Polynesia. London 1876. S. 288.

[5]) Miklucho-Maklay, Pet. Mitt. 1878, S. 410. Hammer S. 12. Wichmann II, S. 228.

[6]) Finsch, Samoafahrten. Leipzig 1888, S. 366.

[7]) Hugo Zöller, Deutsch Neuguinea. Stuttgart 1891, S. 160.

[8]) Tappenbeck, Deutsch Neuguinea. Berlin 1901, S. 12.

[9]) Friederici MS.

[10]) A. Wichmann, Nova Guinea I, S. 66. Hammer S. 13f.

[11]) A. Wichmann, Nova Guinea I, S. 94. Hammer S. 14.

[12]) A. Wichmann, Nova Guinea II, S. 17 nach Morell.

[13]) Miklucho-Maklay, Pet. Mitt. 1878, S. 410.

[14]) O. Finsch, Samoafahrten S. 296. Vgl. auch S. 367.

[15]) F. Grabowsky, Pet. Mit. 1895, S. 187. Hammer S. 14

[16]) H. Zöller a. a. O. S. 160.

[17]) v. Schleinitz, Nachrichten über Kaiser-Wilhelmsland. Berlin 1889, S. 87.

Auch Zdekauer beobachtete[1]) Aufsprühen von Feuergarben und Herabfließen glühender Lava.

1895[2]).

1901[3]) Rauchsäulen.

1902[4]) Rauchsäulen; glühende Lavaströme an der Nordseite.

1909[5]) 19. April starker Rauch. (Sept. 1908 ruhig, als ich passierte.)

1910[6]) Lavastrom bis ins Meer unter Bildung eines Vorsprungs.

1911[6]) Dezember. Auswurf von Rauch und Feuer. —

Krakar, Karkar oder Dampier-Insel.

1643[7]).

1700[8]) Rauch.

[1830[9]) (?) Auswurf großer Bimssteinmengen.]

[1885[10]) sollen Dallmann und Sechstroh einen Ausbruch gemeldet haben, was wenig glaubhaft erscheint, da Finsch nichts davon berichtet).

1895[11]), 26. Juni, Aschenregen, Getöse, Bildung neuen Kraters? an der Westseite.

Eingeborenen-Traditionen sprechen von einem verheerenden Aschenausbruch vor vielen Generationen[12]) aus demselben Krater (von 1895?).

[Von den als tätig angeführten Inseln Lottin[13]) und Tupinier[14]) ist kein sicherer Ausbruch oder auch nur Nachweis solfatarischer Betätigung bekannt.] —

Ritter-Insel (einst Vulcano Island genannt).

1700[15]), 25. März. Durchschnittlich erfolgte alle halbe Minute unter donnerähnlichem Getöse ein explosiver Ausbruch. Einmal wurde eine 20 bis 30 Yards hohe Flamme bemerkt, der ein bis zum Fuß des Berges sich ergießender Lavastrom folgte. Am andern Morgen wurde noch starker Rauch gesehen.

---

[1]) Hammer S. 14 nach Zdekauer, Über die Sundainseln nach Neuguinea, Trautenau 1899, S. 35.

[2]) Tappenbeck, Deutsch Neuguinea S. 12.

[3]) A. Pflüger, Smaragdinseln, Bonn 1901, S. 204.

[4]) Hammer S. 14 nach E. v. Hesse-Wartegg, Samoa, Bismarckarchipel und Neuguinea. Leipzig 1902, S. 42.

[5]) Friederici MS.

[6]) Dr. Scholz im Amtsblatt für Deutsch Neuguinea 1912, S. 35.

[7]) A. Wichmann, Nova Guinea I, S. 94 (Hammer S. 15 schreibt 1642).

[8]) Wichmann, ebenda I, S. 134.

[9]) Ebenda II, S. 17 nach Morell.

[10]) H. Zöller a. a. O. S. 161. Finsch nennt a. a. O. S. 113 den Krater längst erloschen; 'nur die Wolken erinnern zuweilen an mächtigen Rauch'.

[11]) Nachrichten über Kaiser-Wilhelmsland 1895, S. 52. Hammer S. 16.

[12]) Kunze, Pet. Mitt. 1896, S. 195. Hammer S. 16.

[13]) K. Schneider, Vulk. Ersch. Berlin 1911. S. 239.

[14]) Hammer S. 17 nach Sailing directions. Vgl. auch A. Wichmann II, S. 246: Powell wollte 1878 den Vulkan von Tupinier in Tätigkeit gesehen haben.

[15]) A. Wichmann, Nova Guinea I, S. 134 nach Dampier.

1793[1]), 29. Juni, sehr dichte Rauchmassen stiegen vom Gipfel auf; ein Lavastrom stürzte in mehreren Kaskaden unter Entwicklung weißlichen Rauches ins Meer.

[1827[2]) ruhig, 780 m hoher Kegel.] [1850?[3]).]

1887[4]) Dichte mäßige Rauchwolke. Der ziemlich starke Aschenregen, der am 5. Februar 1887 in Fireschhafen fiel[5]), stammte wohl von der Ritterinsel.

1888[6]), 13. März etwa 5 1/2 Uhr morgens, furchtbare Explosion, die von der Insel nur einen 80—100 m hohen halbkreisförmigen Kraterrand übrig ließ[7]); starkes Getöse; Flutwelle (auf Rook und Neu-Pommern verheerend: 15 m Höhe, mehrere Tote!) weithin fühlbar (Hatzfeldhafen 6 Uhr 40 morgens, Matupi 8 1/4 Uhr morgens).

Leider wissen wir nichts über die Tiefenverhältnisse an der weggesprengten Stelle, auch nicht genug über die Gestalt des ehemaligen Kegels und des übrig gebliebenen Restes, um den Kubikinhalt der verschwundenen Massen genauer berechnen zu können; die vorhandenen Daten lassen aber immerhin erkennen, daß er mehr als 1 3/4 cbkm betragen haben dürfte. —

Der Belowberg ca. 2000 m an der Nordwestküste von Neupommern hat nach v. Schleinitz an seiner östlichen Abdachung einen offenen und augenscheinlich tätigen großen Krater[8]). —

Der Hunstein, 'der dem Hauptkegel zunächst gelegene (Vulkankegel), scheint noch gegenwärtig aktiv zu sein. Dort ist die Baumvegetation von braunen und roten Lavamassen mehr oder weniger zerstört'[9]), was auf einen Erguß wohl noch im 19. Jahrhundert schließen läßt.

Dallmann und Schneider haben an ihm Rauch und Feuer gesehen[10]).

[Die Nachricht W. Powells von gewaltigen Vulkanausbrüchen beim Kap Gloucester im Jahr 1878[11]), die man hauptsächlich auf Belowberg und Hunstein beziehen müßte, ist unglaubwürdig.]

[Von der großen Mehrzahl der Vulkane Neupommerns sind energischere Tätigkeitsäußerungen nicht bekannt; Geiser- und Schlammvulkane auf der Admiralitätshalbinsel (von Pfleger 1900 und der Hamburger Expedition 1909 besucht) zeigen aber, daß die Tätigkeit noch nicht ganz erloschen ist.]

---

[1]) M. de Rossel, Voyage de Dentrecasteaux, Paris 1808, I, S. 433.

[2]) A. Wichmann, Nova Guinea I, S. 327.

[3]) Die Insel bei Rook, die gegen 1850 nach Perrey in voller Tätigkeit war, ist wohl als die Ritterinsel anzusehen (Mercalli S. 334).

[4]) Hammer S. 18 nach Chalmers, Pioneering in New Guinea. London 1887. S. 218.

[5]) Nachrichten über Kaiser-Wilhelmsland 1887, S. 911.

[6]) Nachrichten über Kaiser-Wilhelmsland 1888, S. 76 ff. Hammer S. 18 f.

[7]) Winter, in Nachrichten über Kaiser-Wilhelmsland 1890, S. 83.

[8]) Ztschr. Ges. f. Erdkunde, Berlin 1896, S. 143.

[9]) Nachrichten über Kaiser-Wilhelmsland 1889, S. 82.

[10]) Hugo Zöller, Deutsch Neuguinea S. 161.

[11]) A. Wichmann, Nova Guinea II, S. 246.

[Die Nachricht Daibers von einer Tätigkeit des Willaumezberges 1900[1]) ist unglaubhaft.] —

Der Vater oder Nauvalum ca. 1200 m ist öfters tätig gesehen worden:

1700[2]), März, sah ihn Dampier von der Henry-Reid-Bucht aus große Massen von Rauch ausstoßen.

Die Vegetationslosigkeit des oberen Kegelteils und die schwache Eintiefung der Erosionsrinnen am Gipfel zeigen, daß der Vulkan öfters stärkere Ausbrüche gehabt haben muß[3]). Die Zahl der wirklich beobachteten ist aber gering:

1878[4]) Rauch- und Aschenauswurf (Schlamm). 1887 und 1894 rauchend (Wichmann II, S. 594 und S. 458). 1898[5]) starker Ausbruch und

1899[5]) Schlammstrom vom Gipfel bis zur Strandebene. —

Der Südsohn (Bamus) 925 m ist oben kahl. Es kommen also wohl noch Ausbrüche vor, wenn auch keine eigentlichen berichtet sind.

Für 1878[4])[6]) wird er als rauchend erwähnt, wurde auch später noch so von v. Schleinitz beobachtet[7]), war aber 1894 (Couppé)[8]), 1900 (Pflüger), 1908 (Sapper) ruhig. —

Auf den französischen Inseln ist kein tätiger Vulkan bekannt. Doch sind auf Narage (Gipps-Insel) heiße Quellen, die zum Teil hoch springen, bekannt und in der Nähe davon, 5 Meilen im NW, fand sich im Nov. 1861[9]) eine Sandbank, auf der ein heißer Springquell 45 m hoch aufsprang.

b) Vulkanzone der Gazellehalbinsel.

Von diesen Vulkanen zeigt der 'Ausgebrannte Krater' (Balanakaia) noch solfatarische Tätigkeit, während der Ghaie und der submarine Raluan-Vulkan (an bzw. in der Blanche-Bucht) in geschichtlicher Zeit Ausbrüche hatten. Der Ghaie (Tawurwur) 226 m ist offenbar 1767[10]) durch eine große

---

[1]) A. Wichmann, Nova Guinea II, S. 764. Anm. 1. Er erwähnt aber II, S. 458 den Nordsohn als rauchend.

[2]) A. Wichmann, Nova Guinea I, S. 133 macht darauf aufmerksam, daß in der Gegend der Henry-Reid-Bucht kein Vulkan bekannt sei; aber Friederici zeigte Pet. Mitt. 1911, II, S. 135, Anm. 2, daß es nur der von dort aus sichtbare Vater gewesen sein könne. Vgl. A. Wichmann a. a. O. II, S. 816.

[3]) Vgl. Pflüger in Mitt. a. d. d. Schutzgeb. 1901, S. 135f. Hammer S. 23. Parkinson erwähnt auch, daß Ausbrüche häufig seien.

[4]) Annalen der Hydrographie. Berlin 1881. S. 388.

[5]) R. Parkinson, 30 Jahre in der Südsee. Stuttgart 1907, S. 22.

[6]) Powell, Unter den Kannibalen von Neu Britannien. Leipzig 1884, S. 192.

[7]) Ztschr. Ges. f. Erdk. Berlin 1897, S. 352. [8]) Wichmann, Nova Guinea II, S. 594.

[9]) A. Wichmann, Nova Guinea II, S. 116. Pet. Mitt. 1863, S. 112. Perrey, Mém. Ac. Bruxelles XVI, 1864, S. 103. Rudolph in Gerlands Beitr. I, S. 222.

[10]) J. Hawkesworth: An account of the Voyages . . . performed by Comm. Byron, Capt. Wallis, Capt. Carteret and Capt. Cook etc. 4. Aufl. Perth 1789. II, S. 56. Vgl. Sapper in Pet. Mitt. 1911, II, S. 135.

Rauchsäule ausgezeichnet gewesen. Auch 1791[1]) stieß er starke Säulen schwarzen Rauches aus. Gegen die Mitte des 19. Jahrhunderts[2]) (30 oder 40 Jahre vor dem letzten Ausbruch) hat ein schwächerer Ausbruch stattgehabt.

Nach heftigem Beben und 2 Flutwellen stiegen 1878[3]) am 4. Februar morgens Dampfsäulen (nach anderen Feuer) von der Blanche-Bucht auf in einer geraden Linie von der submarinen Tätigkeitsstelle, der späteren Insel Raluan, zum Ghaie. Einige Stunden nach Beginn der submarinen Eruption brach der Ghaie mit furchtbarer Gewalt aus; gewaltige Flammen, Rauch- und Bimssteinmassen wurden ausgeschleudert, große Bimssteinfelder blockierten den Strand und den St. Georgs-Kanal; ein neuer Krater war am Ghaie entstanden, die flache Insel Raluan offenbar durch Lockerauswürfe und nachherige Hebung gebildet worden; in der Nähe traten auffällige Niveauschwankungen zutage. Der Ausbruch des Inselvulkans dauerte 3 oder 4 Tage, der des Ghaie 3 Wochen. Infolge des gerade herrschenden NW-Monsuns wurden die Ausbruchsmassen in der Hauptsache ins Meer hinausgeblasen, während nur das nächst gelegene Land schwer litt. Später sah Graf Pfeil[4]) einmal eine mächtige Feuerkugel aufsteigen, die nach leisem Geprassel zerplatzte (nach Hammer: Ausstoßen brennender Gase —?).

1900[5]) zeigte der Vulkan starke, 1908[6]) geringe solfatarische Betätigung.

c) Die hibernischen Inseln

besitzen keinen tätigen Vulkan, sondern nur Thermen, einen Geiser (Balamussón auf Ambitlé, Anir- oder Fenigruppe), Schwefelwasserstoffexhalationen und Schlammvulkane (Luisehafen auf Lir).

d) Die Vulkanzone der Salomonen.

Auf Bougainville zeichneten sich der Balbiberg[7]) 3100 m und der Bagana[8]) ca. 2000 m in den letzten Jahrzehnten durch häufige Rauch-

[1]) J. Hunter, An historical Journal of the Transactions at Port Jackson and Norfolk Island etc. London 1793. S. 227.

[2]) Sapper, Pet. Mitt. 1911, II, S. 135 nach George Brown.

[3]) Sapper, Pet. Mitt. 1911, II, S. 137 ff. und 1914, I, S. 337. Hammer S. 28 ff.

[4]) Hammer S. 30 nach Graf Pfeil, Studien und Beobachtungen aus der Südsee. Braunschweig 1899, S. 174.

[5]) A. Pflüger, Mitt. a. d. d. Schutzgebieten 1901, S. 138.

[6]) Eigene Beobachtung.

[7]) Rauchentwicklung nach C. Ribbe, 2 Jahre unter den Kannibalen. Dresden-Blasewitz 1903, S. 12 und 228 (zwischen 1894 und 1896), Graf Pfeil, Studien und Beobachtungen aus der Südsee. Braunschweig 1899. S. 306, Tappenbeck, Deutsch-Neuguinea, Berlin 1901. S. 19, R. Parkinson, 30 Jahre in der Südsee S. 463, K. Sapper, Mitt. a. d. d. Schutzgeb. 1910, S. 213, Friederici 1909. MS. Vgl. Hammer S. 45.

[8]) Rauchentwickung z. B. 1908 und 1909 (Sapper, Friederici), auch vorher mehrfach (Parkinson, Ribbe), aber wohl erst seit den 70er Jahren des 19. Jahrhunderts.

entwicklung aus, die manchmal recht beträchtlich war. Eigentliche Ausbrüche sind aber nur vom Bagana bekannt, wenn auch zum Teil nicht datierbar. Wenn freilich v. Schleinitz[1]) den Vulkan im August 1875 'in beständiger Tätigkeit' sein läßt, so ist damit vielleicht nur starke Rauchentwicklung gemeint gewesen. Aber H. B. Guppy[2]) erfuhr, daß der zu seiner Zeit (von 1882 ab) ständig weißen Dampf ausstoßende Vulkan etwa zu Beginn des Jahres 1884 eine große Explosion hatte, durch die eine Anzahl von Eingeborenen getötet wurde. Er hörte auch, daß der Vulkan seit wenigstens 15—20 Jahren ständig tätig ('in continual eruption') gewesen sei (S. 22).

C. Ribbe[3]) sah Mitte der 90er Jahre die 'Spitze von einem dichten Mantel von Rauchwolken umlagert, durch welchen hin und wieder ein Lichtstrahl zuckte oder von welchem eine Aufwallung der grauen und schwarzen Rauchwolken bis zum Zenith ausging' und er setzte hinzu: 'An den steilen Abfällen dieses Vulkans kann man mit dem Glase deutlich die Furchen erkennen, welche die Lavaströme verursacht haben; auch auf den niedrigen Vorbergen erblickt man manche Zeichen der Zerstörung, die von Ausbrüchen des Vulkans herrühren'.

Einen stärkeren Ausbruch hat der Bagana nach nicht ganz klaren Eingeborenenaussagen auch im Juli 1908[4]) gehabt. 1909 rauchend (Friederici MS.).

Wenngleich in dem übrigen Teil des Archipels Spuren vulkanischer Betätigung (Thermen und dgl.) häufig vorkommen, so ist doch nur noch ein tätiger Vulkan bekannt: Savo, eine kreisrunde Insel mit 600 m hohem Vulkan (Mendañas 'Sesarga').

1568[5]) starke Rauchwolken ausstoßend.

[Dentrecasteaux, der am 30. Mai 1793 in der Gegend war, berichtet nichts von Tätigkeitsäußerungen[6])].

Um 1820 und 1850 müssen nach Guppys Erkundigungen[7]) heftige Explosionen stattgefunden haben; bei letzterer wurden durch die Aschen und Steine mehrere Menschen getötet. Die tiefen breiten Radialfurchen, durch welche die Auswurfsmassen 1850 hinabgeflossen waren und die 1568 wie auch bis 1872 gute Landmarken gebilden hatten, begannen seit 1872 von Vegetation überwachsen zu werden, womit die Abnahme bzw. das Aufhören der Tätigkeit deutlich zum Ausdruck kam.

---

[1]) Ann. d. Hydrogr. 1876, S. 12.

[2]) Solomon Islands, Geology. London 1887. S. 22. [3]) A. a. O. S. 217.

[4]) Sapper, eigene Erkundigung. Die Dampfemission war während meiner Anwesenheit in der Gegend im gleichen Monat noch sehr stark.

[5]) Hammer S. 53 nach Burney, A chronological History of the discoveries in the South See. London 1803, I, S. 280.

[6]) Voyage de Dentrecasteaux. Paris 1808. II, S. 387, 391.

[7]) Guppy a. a. O. S 56f. (Handb. Reg. Geol. VII 2, S. 16: ca. 1845.)

e) Vulkane der Wilson-, Santa Cruz- und Banks-Gruppe.

Der Taumako (Duff) in der Wilson-Gruppe soll ein tätiger Vulkan sein[1]. —

Der Tinakoro oder Tinakula (früher Volcano-Insel genannt) scheint etwa in der Art des Stromboli zuweilen auf längere Zeit fast andauernd rhythmisch tätig zu sein, sofern die sehr spärlichen Beobachtungen zu einem derartigen Urteil überhaupt berechtigen:

1595[2]) von Quiros tätig gesehen; Insel kahl. Viel Feuer sichtbar, Getöse wie Donner.

1767[2]) sah Carteret mächtige Dampfsäulen aufsteigen.

1797[2]) hatte der Vulkan nach Wilson alle 10 Minuten Flammenauswurf.

1869[3]), März, starker Ausbruch.

1871[4]) beobachteten die Mannschaften des Kriegsschiffs Rosario einen in nordnordwestlicher Richtung abfließenden Lavastrom; Flammen und Rauch wurden alle 10—15 Minuten ausgeschleudert.

1886[5]) besuchte das Kriegsschiff Opal die Insel, die kurz zuvor tätig gewesen war.

1909[6]), 21. August beobachtete Friederici außer schönen Lockerauswürfen in kurzen Zwischenräumen einen ganz frischen Lavastrom an seinen Hängen, der erst kurz zuvor geflossen sein mochte. —

In der Banks-Gruppe soll der Vulkan von Ureparapara (740 m) noch 1872 tätig gewesen sein[7].

Auf Vanua Lava ist ein stark solfatarischer Vulkan vorhanden mit schwefelbedeckten Hügeln, die man ohne nachhaltigen Erfolg auf Schwefel auszubeuten versucht hat, warmen Quellen und einem Schwefelpfuhl im Krater[8]. Der Vulkan hat nach Atkin etwa 1856 einen starken Aschenausbruch gehabt und wieder etwa 1861 Flammen aufsteigen lassen[9].

---

[1]) W. Sievers, Australien S. 315. Findlay erwähnt S. 709 nur das Vorkommen vulkanischer Gesteine.

[2]) L. v. Buch, Ges. Schr. III, S. 562. Burney a. a. O. II, S. 176. Hakluyt Soc. 1868, S. 69. 1793, als Dentrecasteaux sie besuchte, erwähnte sie M. de Rossel, S. 373 freilich nur, zeichnete sie aber 21./22. Mai 1793 als tätig.

[3]) Mercalli S. 335 nach Nature, wo ich vergeblich suchte.

[4]) Philipps in Trans. New Zealand Inst. XXXI, S. 545. Nature IV, S. 212.

[5]) Philipps ebenda.

[6]) Briefliche Mitteilung.

[7]) Philipps a. a. O. S. 544. W. Sievers, Australien 2. Aufl., S. 316. Mercalli S. 335.

[8]) Speiser, Südsee, Urwald, Kannibalen. Leipzig 1913. S. 261 ff.

[9]) G. Atkin im Quart. Journ. Geol. Soc. London XXIV, S. 307. Atkin hat offenbar 1864 die Insel besucht, sodaß Mercallis Datierung des letzteren Ausbruchs auf 1863 (S. 335) nicht stimmt. Atkin erwähnt auch S. 306 die Schwefelhügelchen für zwei Stellen und fügt hinzu: 'The natives, knocking off the top of one of the sulphur heaps with their sticks, made a little eruption; the lumps that fell down the chimney were thrown up into the air, knocking away more of the top of the heap, and scattering it in all directions'.

f) Vulkane der neuen Hebriden.

Der Lópevi raucht und dampft in jüngster Zeit ständig[1]). Philipps erwähnt auch, daß der Vulkan gelegentlich Asche auswerfe[2]).

1863 und 1864 war der Vulkan stark tätig[3]). Glutwolken (mindestens 1864). 1871 rauchte er[4]). —

Ambrym, 1100 m, ist häufig tätig; aber die Explosionen sind unregelmäßig und ruhen oft für Wochen; oft bricht Lava an den Berghängen aus; 1908 soll eine besonders starke Eruption gewesen sein. 1912 brach der östliche Krater nach langer Ruhe wieder aus, während der westliche dafür erloschen sein soll[5]).

1913. 6. Dezember begann ein schwerer Ausbruch, bei dem sich an der Westküste sechs neue Krater bildeten, während Mt. Minnie am 7. Dezember zusammenstürzte[6]).

Von älteren Ausbrüchen sind bekannt:

[1774, Aufsteigen grauen Rauchs an zwei Stellen; im Südosten weiße Rauchsäulen herabrollend. Die Bewohner der nahen Inseln Mallikolo erzählten, daß auch Feuer auf Ambrym ausbreche[7]).]

1863 und 1864 starke Explosivtätigkeit[8]).

1871 Aschenauswurf[9]); Explosion weithin gehört.

1894, 16. Oktober, schwerer Ausbruch. Bedeutender Lavastrom. Aschendecke 1—2 cm[10]). —

Der Tanna-Vulkan (Yosur, Yosua oder Asur) 259 m.

1774[11]), August, starke Auswürfe von Aschen, Rauch und Steinen alle 3 oder 4 Minuten. Blumenkohlwolken. Nach einigen Tagen Erneuerung des Ausbruchs.

---

1) Speiser MS. Er fügte hinzu: 'Lavaströme ergießen sich aus der Spitze über die Flanken herab' (womit vermutlich glühende Aschenmassen gemeint sind).

2) Trans. New Zealand Inst. XXXI (1898) S. 543.

3) Atkin in Quart. Journ. geol. Soc. XXIV, S. 305 f.: It was not known to be active until 1863, when its peak, formerly quite sharp, appeared to have been broken off, and a thin volume of smoke was going up from the top. The trees, too, appeared to have been killed in divergent lines running down from the top of the mountain. In 1864 it was very active; in working past it at night we had a fine view of its flames, shooting up from the crater lighted up all the top of the mountain almost every minute; and once the lip of the crater broke away and an avalanche of hot stones and ashes ran down like a stream of fire to the sea. On pulling to the shore on the lee side, we saw no lava, but very fine ashes, strewn to the depth of several feet down the mountain side, had killed all the trees and shrubs near the top, and even near the sea; nothing was living in places but the Casuarina with its leaves scorched white'.

4) Findlay, South Pacific S. 690.

5) Speiser MS. Gerlands Beitr. XIV, S. 116. Vgl. auch Speiser, Südsee, Urwald, Kannibalen. Leipzig 1913. S. 196 ff. Bild S. 192.

6) Nature XCII, S. 455.

7) J. R. Forster, Bemerkungen, übers. von G. Forster. Berlin 1783, S. 119.

8) Mercalli S. 335. Atkin S. 306: 1864.

9) Findlay S. 690.

10) Philipps in Trans. New Zealand Inst. XXXI, S. 533 ff. Nature LI, S. 61.

11) J. R. Forsters Bemerkungen, übersetzt v. G. Forster. Berlin 1783. S. 14 f. und 120 ff.

1793[1]), April, starke Rauchentwicklung.

1840[2]), August, wurden aus fünf Öffnungen flüssige Lavafetzen und Steine 60—90 m hoch herausgeschleudert, während gleichzeitig Rauchmassen aufstiegen und vom Wind entführt wurden.

1850[3]) Juni, 1851[3]) Dezember, 1863[3]) August und 1864[3]) explosiv tätig.

1875[4]), 23. April war der Vulkan tätig (seit 28. März).

1878[5]), 10. Januar, 10 Uhr morgens, Entstehen eines neuen Vulkans nahe Sulphur Bay unter starkem Beben. Flutwelle von 17 m Höhe. 11. Februar, neuer Ausbruch, neue Flutwelle; seit 9. Februar auch alter Krater tätig; große Lavablöcke ausgeworfen.

1887[2]), Oktober, ungewöhnlich heftige Explosionen, Getöse bis Eromanga hörbar.

1905[6]), Juli, Eruption, begleitet von starkem Beben.

Nach Speiser (MS.) ist der Tanna gegenwärtig (wie auch wohl schon seit sehr lange) immer tätig[7]); die Explosionen erfolgen in unregelmäßigen Intervallen (von höchstens 5 Minuten). Perioden größerer und geringerer Tätigkeit wechseln miteinander ab. In den Einzelöffnungen des Kraters siedet die Lava, wallt auf und nieder; Lavafetzen werden unter Knall und dumpfem Stampfen emporgeschleudert; Lavaströme haben sich in den letzten Jahren nicht ergossen. (Vgl. auch Speiser a. a. O. S. 281 ff.) —

Nahe Tongoa hat sich in 16° 50′ SBr. und 168° 32′ ÖL. an der Stelle, wo die Seekarten angeben 'active volcano 1897' 1901[8]) ein 15 cm hohes Inselchen gebildet (wie, wird nicht gesagt). —

[1908 tauchte vor Santo eine neue Insel auf und verschwand wieder nach einmonatlichem Bestehen[9]).] —

Fearn oder Hunter Island (297 m) soll 1835[10]) einen Flammen- und Lavaausbruch gehabt haben.

1841[11]), 15. März, ist offenbar auch ein Ausbruch gewesen: Weiße Wolke, zuweilen eine Feuermasse vom Gipfel zum Fuß niedergehend (glühende Aschen?).

---

[1]) M. de Rossel, Voyage de Dentrecasteaux. Paris 1808. S. 325.

[2]) Trans. New Zealand Inst. XXXI, S. 533 ff.

[3]) Mercalli S. 335 nach Perrey. Atkin S. 306.

[4]) Rudolph in Gerlands Beitr. II, S. 588 f.

[5]) Fuchs in Tschermaks Min. u. petr. Mitt. II, S. 98. Nature XVIII, S. 263.

[6]) Mercalli S. 335 nach Montessus de Ballore.

[7]) Auch É. Reclus nennt ihn ständig tätig, besonders in den Monaten Januar bis März Nouv. Géogr. Univers. XIV, S. 675).

[8]) Boll. Soc. geogr. ital. 1902, S. 75.

[9]) Sydney Morning Herald vom 23. Nov. 1908.

[10]) Philipps in Trans. New Zealand Inst. XXXI, S. 532.

[11]) A. G. Findlay, Directory of the Navigation of the South Pacific Ocean, 2. Aufl. S. 516 nach dem Nautical Magazine vom Juli 1841.

Ein ähnlicher Ausbruch hat nach Blättermeldungen am 24. Nov. 1895[1][2]) aus zwei Kratern der Ostseite stattgehabt (vielleicht auch 1892). [W. Sievers erwähnt a. a. O. S. 319 von hier Geiser und Dampfquellen.] —

[1906[3]), 4. Okt. sollen Zeitungsnachrichten zufolge von Walpole Island (im Fidji-Archipel) aus Rauchpuffs gesehen worden sein. Submarine Eruption?] —

Da die Berichterstattung über die melanesischen Vulkane äußerst dürftig ist und fast keine genaueren Untersuchungen über Einzelausbrüche vorliegen, so ist es nicht möglich, über die Förderleistung der Einzelvulkane und des Gesamtgebiets sich ein einigermaßen gut begründetes Bild zu machen. Wenn man nach den — allein etwas zahlreicheren — Berichten der letzten paar Jahrzehnte urteilen darf, so befinden sich in dem Gebiete mehrere zurzeit ungefähr stromboliartig ständig tätige Vulkane: Tinakoro, Ambrym, Tanna, die aber, wenn sie sich nicht gelegentlich zu einem großen Ausbruch konzentrieren (Ambrym), doch im allgemeinen nur eine sehr mäßige Förderleistung erreichen dürften, und dasselbe gilt von den häufig tätigen Vulkanen, wie Manam, auch wohl Vater; andere Vulkane, die etwas näher bekannt sind, zeigen Ausbrüche je nach mäßig langen Ruhepausen, wie der Ghaie, Savo und der Vulkan der Ritter-Insel, erreichen aber in solchen zuweilen bedeutende Intensität. Sehr beträchtlich muß die Bimssteinförderung des Ghaie 1878 gewesen sein, denn große Bimssteinflächen wurden nachher von Schiffen noch in ansehnlicher Entfernung vom Ausbruchspunkt angetroffen. Der größte der bekannten Ausbrüche war aber zweifellos der der Ritter-Insel 1888, von dem wir zwar nicht wissen, ob er eine bedeutende Förderung neuer magmatischer Stoffe gehabt hat, von dem aber feststeht, daß eine Bewegung alter Gesteinsmassen in sehr großem Maßstab statt hatte, denn der Ausbruch ließ von einem 780 m hohen Kegelberg nur einen sichelförmigen Streifen übrig. Man muß also annehmen, daß die Förder- und Bewegungsleistung dieses Ausbruchs erster Größe war. Dieser Ausbruch allein schon gibt dem Vulkangebiet bereits eine ansehnliche Stellung gegenüber den übrigen der Erde hinsichtlich der Förderleistung und der geographisch wichtigen Veränderung bewohnbarer Erdflächen. Über besonders weitreichende Wirkungen dieses Ausbruchs haben wir jedoch keine Nachrichten.

Aber nicht bloß die Förderung und Bewegung von Lockermassen ist in dem Gebiet offenbar groß; auch die Förderung flüssigen Magmas scheint nicht unbeträchtlich zu sein, wenn sie auch offenbar sehr stark hinter der Lockerförderung und -Bewegung zurückbleibt.

---

[1]) Philipps in Trans. New. Zealand Inst. XXXI, S. 532.
[2]) Nach 'Evening Post' Wellington vom 30. Dezember 1895 und Sydney News.
[3]) Gerlands Beiträge zur Geophysik XIV, S. 116.

3. Südsüdwestliche Umrandung.

Die Vulkane des SSW-Randes der Südsee.

Die Vulkane dieses Gebiets sind zum allergrößten Teil erst im 19. Jahrhundert, ja sogar in der 2. Hälfte desselben bekannt geworden, so daß nur vereinzelte Nachrichten aus älterer Zeit vorliegen. Besonders dürftig ist natürlich die Berichterstattung über die Vulkane der höchsten südlichen Breiten, die nur selten auf Expeditionen erreicht wurden. Dagegen sind die Ausbrüche der neuseeländischen Vulkane seit dem letzten Drittel des 19. Jahrhunderts recht gut bekannt, um so mehr, als das neuseeländische Institut seit Jahren sich eifrig mit den Vulkanen des Landes befaßt[1]).

a) Vulkane der Tonga-Gruppe[2]).

Die Vulkane dieser Gruppe bilden eine Reihe bzw. Zone, die, westlich und parallel zu der Längsachse der Inselgruppe und des Tongagrabens, etwa NNO—SSW verläuft. Von den unterseeischen Ausbrüchen des Gebiets ist leider der Ort mehrfach nur ungenügend bekannt.

Weit außerhalb der eigentlichen Reihe, nach den mittleren Gebieten der Südsee vorgeschoben, liegt Niuafu.

Niuafu (Goodhope Island), 179 m, ist eine Vulkaninsel mit einem großen Binnensee. Die Berichte über Ausbrüche reichen ziemlich weit zurück.

ca. 1814[3]) Explosivausbruch, ähnlich dem von 1886.

1840[4]) oder 1853 Tätigkeit.

1853[5]) (heftige Beben in Tongatabu). Seitlicher Lavaausbruch auf Niuafu (wohl im SSW). Vernichtung eines Dorfes; viele Menschen getötet.

1867[6]), 12. April, seitlicher Lavaausbruch im SSW, geringerer Schaden.

---

[1]) Transactions of the New Zealand Institute.

[2]) J. Lister, Notes on the Geology of the Tonga Islands (Quart. Journ. Geol. Soc. London XLVII, 1891, S. 590 ff. Leider sind die Angaben ziemlich dürftig und allzu knapp!).

[3]) Nature XXXV, S. 127.

[4]) W. Sievers u. W. Kükenthal, Australien, Ozeanien u. Polarländer. Leipzig 1902. S. 358.

[5]) A. Perrey in Mém. Ac. Bruxelles XII, S. 13. Findlay, South Pacific 1877, S. 624. Lister S. 593.

[6]) A. Perrey in Mém. Ac. Bruxelles XXII, S. 14. Findlay S. 624. Lister S. 593.

1886[1]) setzten am 8. Juni Beben ein und am 31. August begann im Binnensee ein 10tägiger Ausbruch, dem nach 2 Tagen ein weiterer 8tägiger Explosivausbruch folgte. Die Dampfwolke erreichte 2300 m Höhe; rotglühende Steine wurden ausgeschleudert; starker Aschenregen und Schlamm; $^2/_3$ der Insel waren bedeckt; die Absätze auf der Insel waren 0,6—6 m mächtig. Alle Kokospalmen wurden zerstört, zum Teil durch Blitzschläge; kein Lavaerguß.

In der eigentlichen Tongareihe ist die nördlichste Vulkaninsel Fonualei oder Amargura (Gardners Insel) 380 m.

1791[2]) fand Kapitän Edwards Spuren eines neuen Ausbruchs; Rauch erhob sich überall vom Rand des Tafellandes.

1846[3]), Oktober, Auswurf von Steinen, die in der Nacht glühend erschienen. In der Nähe große Bimssteinmassen.

1847[4]) bemerkte man am 9—11. Juli auf Vavau alle 15—20 Minuten heftige Erdstöße, am 12. früh war daselbst alles mit Asche bedeckt, während erstickender Schwefelgeruch die Luft erfüllte. Eine Fahrt nach Amargura am 13. zeigte diese Insel in voller Tätigkeit: riesige Rauch- und Aschensäulen; ein großer Krater erhob sich etwas über den Meeresspiegel; Lava kochte darin und überlief in Strömen. Aschenfall dem herrschenden Nordostmonsun entgegen mehrere Grad weit nach NO. Die Ernte auf Vavau wurde beschädigt[5]).

1897[6]) stark rauchend. —

Late oder Lette, ca. 550 m, mit dampfendem Kratersee[7]), hatte 1854[8]) einen Ausbruch aus einem Seitenkrater im Osten; Aschenfall auf Vavau.

1866[9]) und 1898[10]) stiegen Dämpfe auf. —

Metis (Wesley Rock, Fonuafooa), 1858[11]) durch unterseeischen Ausbruch entstanden, war 1875 9 m hoch.

1878[12]), 16. April, fand das englische Kriegsschiff 'Sapphire' eine 35 m hohe, 180 m lange Insel in 19° 11′ SBr. und 174° 49′ WL. vor, die weißen Rauch ausstieß.

---

[1]) Nature XXXV, S. 127. Mercalli S. 337. Phillipps in Trans. New Zealand Institute XXXI, S. 518 ff. Rudolph in Tschermaks Min. u. petr. Mitt. XVI, S. 464.

[2]) L. v. Buch, Ges. Schr. III, S. 550.

[3]) A. Perrey in Mém. Ac. Bruxelles XII, S. 6. Rep. Krakatoa Com. S. 399.

[4]) Perrey in Mém. Ac. Dijon 1847/48, S. 93 f. Lister S. 593. Findlay S. 511. Rudolph in Gerlands Beitr. II, S. 587 f. [Mercalli erwähnt S. 338 offenbar diesen Ausbruch als einen submarinen.]

[5]) G. Friederici, Briefliche Mitteilung.

[6]) Mercalli S. 337 nach B. Friedländer.

[7]) Findlay a. a. O. S. 510 (1866 beobachtet). [8]) Sievers, Australien S. 375.

[9]) Lister S. 593. [10]) Philipps in Trans. New Zealand Inst. XXXI, S. 523.

[11]) Baker in Trans. New Zeal. Inst. XVIII, S. 41 ff. Sievers, Australien S. 375. [Derselbe erwähnt als letzte tätige Vulkaninsel den Sandfly Rock. Vgl. Baker a. a. O.]

[12]) Philipps in Trans. New Zealand Inst. XXXI, S. 522.

1886[1]) war die Insel noch tätig.

[Wenige Jahre vor 1894[2]) sollte nach Mercalli nahebei ein unterirdischer Ausbruch stattgehabt haben.] —

Es sind in diesem Gebiet mehrfach submarine Ausbrüche beobachtet worden:

1781[3]) erschienen zwischen O-Ghao (Kao) und Late die sogenannten Maurelle-Inseln, die nachher wieder verschwanden.

Im August 1851[4]) stieg zwischen Kao und Lette Rauch auf.

1857[5]) fand zwischen Tofua und Late ein unterseeischer Ausbruch unter Detonationen und Aschenauswurf statt; eine neue Bank blieb zurück, deren Lage leider nicht bekannt gegeben ist. [Offenbar für dieselbe Stelle gibt Noaks MS.-Katalog einen submarinen Ausbruch ohne Landbildung für 1852 an: es beziehen sich diese Nachrichten zweifellos auf die von Sievers a. a. O. erwähnten submarinen Ausbrüche.]

Bei einer Untiefe (Home shoal)[6]) in ca. 19° 17′ SBr. und 174° 45′ WL. zeigten sich Anzeichen vulkanischer Betätigung. —

Tofua, 580 m, war 1774[7]) tätig: Rauchwolken, leichter Aschenfall; ein ziemlich großer Teil der Nordwestseite der Insel war verbrannt.

1792[8]) war der Vulkan ebenfalls tätig und die berichtete Tatsache, daß der 'fast immer brennende Vulkan' weithin mit Laven umgeben war, zeigt, daß die Tätigkeit kurz vorher beträchtlich gewesen sein mußte.

[Noak erwähnt in seinem MS.-Katalog auch Tätigkeit für 1854 mit Erhitzen des Seewassers.] 1885[9]) tätig.

1906[10]), Anfang Januar, brach ein Krater aus; Lava floß westwärts ins Meer; nach Jensen waren Januar und Februar zwei Kegel tätig. Später (August?) erneute Tätigkeit; drei neue Kegel entstanden auf dem Gipfel des Vulkans, Lavaströme flossen in den See des alten Kraters[11]). —

Falcon-[12]) Insel: 1867 hatte das Schiff 'Falcon' in ca. 20° 20′ SBr. und 175° 20′ WL. v. Gr. eine Untiefe bemerkt. 1877 wurde hier auf-

[1]) Lister S. 593. Philipps a. a. O. S. 517.

[2]) Mercalli S. 338 nach Rudolph, der aber in Tschermaks Min. u. petr. Mitt. XIV, S. 464 die Bildung von Metis selbst meinte.

[3]) Landgrebe I, S. 176.

[4]) Mercalli S. 338 nach Perrey.

[5]) Journ. Museum Godeffroy I, 1873, Heft 4, S. 117 und 293.

[6]) Findlay S. 508.

[7]) J. R. Forsters Bemerkungen, übersetzt von G. Forster. Berlin 1783. S. 12 und 118 f.

[8]) Bligh's Reise, übersetzt von G. Forster. Berlin 1793. S. 177.

[9]) Sievers, Australien S. 375. (Findlay nennt S. 501 den Vulkan ständig tätig.)

[10]) Gerlands Beiträge zur Geophysik XIV. S. 117.

[11]) 'Sydney Morning Herald' vom 9. Sept. 1906.

[12]) E. Rudolph in Tschermaks Min. u. petr. Mitt. XVI, S. 461—464, mit Literaturangaben. Lister S. 591. Baker in Trans. New Zealand Inst. XVIII, S. 41—46. Ebendort XX, S. 334 wird der Ausbruch auf den 11. Oktober und nach dem Culibras (Culebras) Riff verlegt. Nature XXXIII, S. 187.

steigender Rauch beobachtet. 1885 setzten in der Nacht vom 11. zum 12. Oktober auf den Tonga-Inseln Beben ein, heller Lichtschein wurde in verschiedenen Richtungen bemerkt; am 13. Oktober fanden alle paar Minuten herrliche Lockerausbrüche statt; am 14. Oktober war eine kleine Insel vorhanden. Das Getöse wurde bis Ogea (325 km) gehört. Höhepunkt des Getöses und Lichtscheins am 17. Oktober. Am 18. Oktober warf unmittelbar an der Küste ein submariner Vulkan gewaltige Dampf- und Wassermassen auf. [1886[1]) war die Insel noch in Tätigkeit.] 1886 war die Insel etwa 2600 m lang und 50 m hoch, 1887 90 m hoch, 1889 noch 2040 m lang, 47 m hoch, dagegen 1892 nur noch 8 m hoch, 1894[2]) war die See weithin durch weggeschwemmte Teilchen verfärbt; Philipps schätzte damals das Südende der Insel auf ca. 15 m Höhe. 1898 verschwand die Insel ganz, erschien aber 1900 wieder[3]), einem Walfischrücken ähnlich. — Submarine Ausbrüche fanden im südlichen Teil des Archipels mehrfach statt:

1874[4]) submariner Ausbruch zwischen Hapai und Tonga am 30. April.

1907[5]) erfolgte bei 21° 10′ SBr. und 175° 44′ WL. im Sommer ein starker submariner Bimssteinausbruch; beginnende Landbildung (wohl identisch mit dem für Juli 1907 und die Position 21° 45′ WL. angegebenen submarinen Ausbruch[6]).

1912[7]), 29. April erfolgte etwa 2 Meilen südöstlich von Honga Hapai ein unterseeischer Ausbruch: Großer Geiser, Dämpfe, Rauch.

[1913, September, soll nach Zeitungsnachrichten die Insel Hope verschwunden sein.]

b) Kermadec-Gruppe.

Die Kermadec-Inseln bilden die Fortsetzung der Tonga-Inseln.

Sunday Island oder Raoul 543 m.

1814[8]), 9. März, hohe Rauchwolke, Luft weithin mit erstickendem Dampf erfüllt; an einer Stelle, die zuvor 45 Faden gezeigt hatte (in der Denham-Bucht von Raoul) entstand (offenbar durch Lockerausbrüche) eine Insel.

Am 6. Juli 1870[9]) bei Tagesanbruch war nahe Ravel (Raoul) bei 29° 14′ SBr. und 177° 55′ WL. ein unterseeischer Vulkan in voller Tä-

[1]) Lister S. 592. [2]) Philipps in Trans. New Zealand Inst. XXXI, S. 513.

[3]) Geograph. Journ. 1901, Januarnummer. [Mercalli verlegt das Wiedererscheinen fälschlich auf Januar 1901: S. 338, Anmerkung.]

[4]) F. v. Wolf, Vulkanismus, Stuttgart 1914. S. 289 nach Mercalli.

[5]) Gerlands Beitr. z. Geophysik XIV, S. 117. [6]) Nature LXXVI, S. 577.

[7]) Cosmos, Nouv. Sér. 1912, S. 225.

[8]) Trans. New Zealand Institute XXVIII, S. 47—49.

[9]) A. Perrey in Mém. Ac. Bruxelles XXIV, S. 145. Er schreibt versehentlich 39° 14′ SBr., wie schon Rudolph (Gerlands Beitr. I, S. 359) hervorhob. Rudolph verlegte a. a. O. den Ausbruch versehentlich auf den 6. Juli 1869.

tigkeit, Dampf- und Rauchsäulen 600—900 m hoch; die Winde schienen allseitig dorthin zu wehen.

1872[1]) Bildung neuer Insel aus heißen Lockermassen in der Denham-Bucht (an ihrer Stelle war 1877 nur noch eine Untiefe); 1872 war auch ein Ausbruch des Zentralkraters von Raoul erfolgt: schon Anfang 1872 war hier eine Feuersäule aufgestiegen, worauf die wenigen Bewohner der Insel auf einem Schiff entflohen, und als Sterndale im September 1872 die Insel besuchte, zeigte sich, daß inzwischen die Tätigkeit erloschen war und daß der Ausbruch zunächst mächtige Schlammauswürfe geliefert hatte (Schlammdecke stellenweise 4 m mächtig!), dann Sand und große Bimssteinmassen, auch pechsteinartige Andesitstücke von Orangengröße gefördert hatte. Die Tatsache, daß die 1872 durch Schlammauswurf getötete Vegetation nur aus mäßig großen Gewächsen bestand, berechtigt zu dem Schluß, daß schon früher Ausbrüche zur Tötung der umgebenden Pflanzenwelt auf der nur zeitweise bewohnten Insel geführt haben müssen. Und bei den günstigen klimatischen Bedingungen des Gebiets darf man annehmen, daß das nicht sehr lange vor 1872 geschehen sein muß.

1886[2]), März, stiegen 5 Meilen nördlich von Sunday Island Bimssteine ohne Dampfentwicklung aus den Tiefen des Meeres auf und breiteten sich zu einer schwimmenden Masse von etwa 5 zu 2½ km Durchmesser aus.

[1902 sollte nach H. J. Jensen[3]) ein starker Ausbruch auf den Kermadec-Inseln stattgehabt haben, was aber W. R. O. Oliver[4]) entschieden bestreitet.] —

1825[5]), 6. September, fand Kapitän Thayer in 30° 14′ SBr. und 178° 55′ ÖL. v. Gr. eine kleine Insel, aus der dicker Rauch aufstieg: ein schwarzer ringförmiger Fels mit einem kleinen Teich in der Mitte, vegetationslos, und erst kurz zuvor entstanden, steil nach außen abfallend. Das Wasser war warm (Brimstone I.). —

In ca. 38° SBr. und 178° 30′ ÖL. wurde am 1. Dez. 1877[6]) zwischen 8 und 9 Uhr vormittags ein submariner Ausbruch bemerkt: ungeheures Aufschäumen des Wassers.

c) Die tätigen Vulkane von Neuseeland

finden sich nur in und bei der Nordinsel in der Verlängerung der Tonga-Kermadec-Zone.

---

[1]) Trans. New Zealand Inst. XX, S. 337—340.
[2]) Ebenda XX, S. 341.
[3]) Proc. Linn. Soc. New South Wales, vol. XXXI, S. 661.
[4]) Trans. New Zealand Inst. XLIII, S. 532.
[5]) Pöppig, Reise in Chile usw. I, S. 165 f. v. Hoff V, S. 230. Landgrebe S. 25.
[6]) Ann. Hydrographie 1878, S. 370. Rudolph in Gerlands Beitr. I, S. 359.

Whakari oder White Island[1]) in der Plenty Bai ist durch starke solfatarische Tätigkeit ausgezeichnet (ständig starke weiße Dampfwolken, bis 600 m hoch).

1837 schwarzer Rauch, nachts leuchtend.

1855, November, Fumarolen und Schlammsprudel.

1877 'brennende Schwefelbäche' beschrieben.

1886 Rauchsäulen und Flammen.

Eigentliche (stärkere) Ausbrüche sind aber nicht bekannt. —

Der Tarawera[2]), war vor dem Ausbruch eine kraterlose längliche Erhebung mit einer unregelmäßigen Hochfläche oben (ca. 1100 m). Auffrischen der Geisertätigkeit der Umgebung (Nov. 1885) und andere leichte Anzeichen gingen dem furchtbaren vielbeschriebenen Explosivausbruch voraus; leichtes Erzittern des Bodens und Getöse leiteten am 10. Juni 1886 von 1 Uhr morgens ab zu einem schweren Erdstoß und furchtbarem Brüllen um 2 Uhr 10 oder 2 Uhr 20 vormittags über; dann stieg eine ungeheure Rauch- und Dampfwolke auf mit glänzenden Blitzen, dazu 3 Feuer- und Flammensäulen, begleitet von Feuerkugeln, worauf der Aschen-, Schlamm-, Lapilli- und Steinregen einsetzte und Explosionen auf Explosionen folgten. Auf einer Länge von 14 1/2 km hatten sich zahlreiche Explosionskrater geöffnet. Nach wenigen Stunden nahm die Intensität des Ausbruchs, dessen Detonationen auf 675 km Entfernung gehört wurden, ab; aber erst am 13. trat völlige Ruhe ein. Der südliche Teil der Spalte nahe dem Oharo-See zeigte großartige geiserartige Schlammausbrüche. — Auch bei diesem Ausbruch ließ sich das Phänomen von Aspirationswinden beobachten.

Der Ausbruch förderte anfänglich ungeheure Massen von Aschen, Lapillen und alten Gesteinsstücken, hernach Schlacken und Bomben, aus den westlichsten Kratern auch noch flüssige Andesitschlacken. Lavaerguß fehlte völlig.

Das Volumen des Auswurfmaterials wurde auf 1 1/2 cbkm berechnet, die von Aschenfall heimgesuchte Fläche auf mehr als 200 000 qkm. Zwei Dörfer wurden vernichtet, etwa 100 Menschen getötet. —

Der Tongariro ist ein recht kompliziert gebautes Vulkansystem[3]), in dem mehrere Vulkanessen miteinander verwachsen sind. Tätige Stellen finden sich 1. am Nordhang des Nordkraters: die Solfatare Ketetahi in 1460 m mit Schlammvulkanen, 2. Östlich davon in 1700 m die 1868/69

[1]) Findlay a. a. O. S. 371. Mercalli S. 342. Trans. New Zealand Inst. XXVI, S. 488.

[2]) J. A. Pond und S. P. Smith in Trans. New Zealand Inst. XIX, S. 342 ff.; ferner S. P. Smith, The Eruption of Tarawera Wellington 1887. A. P. W. Thomas, Report on the Er. of T. 1888. J. Hector in Trans. New Zealand Inst. XIX. F. W. Hutton in Quart. Journ. Geol. Soc. 1887, S. 178 ff. und Nature XXXV, S. 322 f.

[3]) Karte in Mercalli, I vulc. att. S. 340.

entstandenen Explosionskrater Te Mari (3 unregelmäßig geformte Krater, umgeben von losen Steinen und Schutt und im Zentrum eines jeden ein tiefer Schacht) und 3. der 'Rote Krater' (östlich vom Südkrater).

1855[1]), zur Zeit des großen Bebens von Wellington, soll ein Aschenausbruch des Ketetahi stattgehabt haben.

1859[1]). Ausstoßen großer Dampfmassen aus demselben.

1868/69[2]), Bildung der Explosionsschächte von Te Mari unter starkem Getöse und Auswurf von Steinen, Aschen, Sand. [Die für 1870[3]), 5. April, 26. Mai und 10.—18. Juli angegebene Tätigkeit ging in Wirklichkeit vom Ngauruhoe aus.]

1886[2]), Juni, zur Zeit des Tarawera-Ausbruchs, dichter Dampf und Rauch aus Te Mari.

1887[4]), März, der Rote Krater dampft sehr stark, desgl. 1890[4]), März.

1892[5]), März, war der Berg durch eine kreisförmige Spalte geborsten, die durch zwei Te Mari-Schächte hindurch nach dem tiefen alten Krater hindurchging und die nordöstliche Bergspitze zum Abbruch brachte.

1892[5]), November, zeigten sich die Te Mari-Schächte intensiv tätig; es war zuerst ein Ausbruch von Wasserdampf, Schlamm und Sand bei Nordostwind erfolgt, dann ein Bimssteinausbruch bei Südwestwind.

1896[6]), November und Dezember, mehrere Ausbrüche; besonders 15. Dezember, 12½ Uhr morgens, gewaltige Dampf- und Aschensäule mit großartigen Lichtphänomenen (Feuerreflexen, rotglühenden Steinen und Blitzen), zuletzt auch blauen, vielleicht auch rötlichen, 30 m hohen Flammen.

Ngauruhoe, 2333 m, hat seit Hochstetters Zeit seinen Krater mehrfach und stark verändert[7]).

1839[7]) war sehr starke Dampfentwicklung im Krater, geiserartige Tätigkeit. Ähnlich 1851.

1857[8]), Februar, 2—3 Wochen lang Aschenauswurf.

---

[1]) F. v. Hochstetter, Neuseeland. Stuttgart 1863. S. 240. [Knüttel spricht — offenbar in Verwechslung mit dem Ngauruhoe, der sich unmittelbar südlich an das Tongariro-Massiv anschließt — von Aschenregen im Februar 1857 und starkem Rauch und Flammen 14. Febr. 1893 (Tschermaks Min. u. petr. Mitt. XIII, S. 285).]

[2]) H. Hill in Trans. New Zealand Inst. 1893, XXVI, S. 388—392 und 603—625. (Für die Nachricht von C. W. C. Fuchs über Tätigkeit in der 2. Hälfte des Jahres 1875 — Tschermaks Min. u. petr. Mitt. 1876, S. 76 — habe ich keine Bestätigung gefunden.)

[3]) Perrey in Mém. Ac. Bruxelles XXIV, S. 87 und 118f. (1870) und S. 64 (1871).

[4]) H. Hill a. a. O. S. 608.

[5]) H. Hill a. a. O. S. 603ff. und E. Rudolph in Tschermaks Min. u. petr. Mitt. XVI, S. 449f.

[6]) B. Friedländer ebenda 1898, XXXI, S. 498—504.

[7]) A. P. W. Thomas in Trans. New Zealand Inst. XXI, S. 340f. P. Marshall ebenda XLI, S. 102—105 (schöne Bilder) und H. Hill ebenda XXIV, S. 608—615.

[8]) F. v. Hochstetter, Neuseeland. Stuttgart 1863. S. 238. Hochstetter erwähnt zudem, daß die Eingeborenen nichts von Lavaergüssen wissen, wohl aber erzählen, daß der Krater von Zeit zu Zeit Asche und heißen Schlamm auswerfe, auch zuweilen feurigen Widerschein erkennen lasse.

1866—1870[1]), häufige Aschenausbrüche. 1869 Einsturz des Gipfels[2]).

1870[1]), 5. April und 26. Mai bis 18. Juli, starke Explosivauswürfe (Lavaerguß vom Gipfel: entspricht sicher nicht den Tatsachen, da die neueren Untersuchungen historische Lavaströme leugnen[2]).

1878[3]) besuchte W. Collie den Krater im Mai und Dezember; inzwischen war ein Kegel im Nordwestteil des Kraters verschwunden, aber im Nordteil ein Aufschüttungskegel entstanden.

In den 80iger Jahren entstand ein Tochterkrater im Nordwesten des Hauptkraters. 1893 war nahe dem Zentrum ein tiefes schwarzes Explosionsloch vorhanden, das Schlamm und Asche über die Umgebung ausgestreut hatte. [Die Nachricht Knüttels — in Tschermaks min. u. petr. Mitt. XIII, S. 285 — von außergewöhnlich hohen Rauch- und Flammensäulen des Tongariro am 14. Febr. 1893 bezieht sich vielleicht auf den Ngauruhoe.] 1896 hatte sich der Explosionskrater wesentlich vergrößert, solfatarische Tätigkeit[2]).

1907[2]), Februar bis April, Auswürfe von (saurem) Schlamm und Asche; Rauchwolke bis 1000 m hoch. Schlammschicht im Krater 2½ cm, auf dem Gipfel 15 cm.

1909[4]), 8. März, nach Beben und Getöse starker Dampf- und Aschenausbruch. Am 9. und 10. März erreichte die Aschensäule 2400 m. Der Aschenfall war beträchtlich. Am 1. und 2. April war der Vulkan noch tätig, am 11. und 12. April steigerte sich die Tätigkeit wieder: dichter schwarzer Rauch stieg auf[5]). —

Ruapehu[6]), 2803 m, soll nach Traditionen der Eingeborenen jeweils bei oder vor dem Tod ihrer großen Häuptlinge Ausbrüche gehabt haben: d. h. mit längeren Intervallen. Ob es sich dabei um Aschen- oder nur um Geiserausbrüche gehandelt hat, ist nicht bekannt. Hill[6]) fand (März 1890) den Kratersee alle 2—3 Minuten geiserartig tätig. Ähnlich war er 1881. April und Mai 1886[7]) jedenfalls desgl.: hohe Dampfsäulen (29. April[8]) und 1. Mai 1889), große Dampfexplosionen.

Außerdem werden berichtet ein Ausbruch am 10. März 1895[9]), Ausbrechen des Sees an der Ostseite Frühjahr 1907[10]), und 19. April 1909[11]).

---

[1]) Perrey in Mém. Ac. Bruxelles XXIV, S. 87 und 118 f. Mercalli S. 341 und Hill a. a. O. 'Hohe Flammen aus Schneeberg' (Fuchs im Neuen Jahrb. 1870, S. 436) auf Tongariro, oder auf Ruapehu zu beziehen? Eher letzteres.

[2]) Marshall a. a. O. S. 103 f.

[3]) Collie in Trans. New Zealand Inst. XII, S. 418—20.

[4]) Nature LXXX, S. 75.

[5]) Sydney Morning Herald, März und April 1909.

[6]) Hill in Trans. New Zealand Inst. XXIV, 1891, S. 603 ff.

[7]) L. Cussen in Trans. New Zealand Inst. XIX, S. 374—380.

[8]) Nature XL, S. 179.

[9]) Trans. New Zealand Inst. XXVIII, S. 681.

[10]) Daily Telegraph, Sydney 29. April 1907. P. Marshall in Trans. New Zealand Institute LXI, S. 102 ff.

[11]) Zeitungsnachrichten.

1888[1]) aber hatte Hill am Osthang zwischen 1600 und 2100 m Höhe viele trachytische Bimssteinblöcke unterhalb der Schneegrenze gefunden (offenbar von einer jungen Eruption ausgeschleudert). —

Die Vulkane der Tonga- und Kermadec-Inseln, sowie Nord-Neuseelands bilden offenbar eine einheitliche Vulkanzone; aber die gegeneinander etwas verschobenen einzelnen Teile verhalten sich doch ein wenig verschieden, wenn man nach den Angaben der lückenhaften Berichterstattung sich ein Bild machen darf: während die Vulkane der Tongagruppe neben explosiven auch einige bedeutende effusive Ausbrüche gehabt haben, sind auf Neuseeland und den Kermadec-Inseln in der — allerdings sehr kurzen — Zeit ihres Bekanntseins nur explosive Ausbrüche erfolgt. Unter diesen befindet sich aber ein Riesenausbruch, der des Tarawera 1886, der $1^1/_2$ cbkm. Gesteinsmasse bewegt und gefördert hat und damit die Förderung aller übrigen Ausbruchsstellen der Gesamtzone seit der Zeit ihres Bekanntseins übertreffen dürfte. Die ziemlich häufig tätigen Essen Neuseelands selbst haben jedenfalls in geschichtlicher Zeit nur bescheidene Fördermassen geliefert; für die Kermadec- und Tonga Inseln sind aber die Daten zu dürftig, ganz besonders für die unterseeischen Ausbrüche, als daß es möglich wäre, ihre Gesamtförderung auch nur in rohester Weise zu schätzen. Deutlich zeigt sich aber doch, daß die Lockerförderung auch im Tongagebiet an Masse sicherlich die Lavaförderung übertrifft, für die freilich aus den unbestimmten Berichtsangaben sich keine bestimmte Zahl nennen läßt.

Die Frequenz der Ausbrüche im Tonga- und Kermadec-Gebiet ist ziemlich hoch, die Reichweite der Ausbrüche scheint aber nur selten groß gewesen zu sein (z. B. beim Amargura-Ausbruch 1847).

d) Vulkane der hohen südlichen Breiten.

Die Inseln beim Victorialand sind sämtlich vulkanisch, aber der einzig sicher als tätig bekannte Vulkan ist der Erebus, während starke Zweifel über eine energischere Aktivität der Buckle-Insel bestehen. Immerhin ist für sie mindestens solfatarische Tätigkeit festgestellt, denn zur Zeit ihrer Entdeckung, Februar 1839, stieg Rauch von den Höhen auf[2]).

Der Erebus trieb 1841[3]), als Roß in der Gegend weilte, alle halbe Stunde dichte Rauchsäulen 500—600 m hoch empor und ließ rote Glut erkennen.

[1]) Hill in Trans. New Zealand Inst. XXIV, 1891, S. 603 ff.

[2]) 'We plainly perceived smoke arising from the mountain tops', heißt es im Schiffstagebuch (Findlay, Directory South Pacific Ocean, 4. Aufl. 1877, S. 292).

[3]) J. C. Ross, Entdeckungsreise. Leipzig 1847. S. 140 und 142. Findlay a. a. O. S. 295. Naut. Mag. 1841, S. 636.

Am Anfang des 20. Jahrhunderts[1]) war der Berg ebenfalls tätig, als Kapitän Scotts Expedition stattfand.

1908[2]), Juni bis September, starke Rauchentwicklung und Feuerschein aus dem Krater. Stärkste Tätigkeit 14. und 25. Juni. Sehr starke seitliche Dampferuptionen (6—8 km an einer Stelle zwischen Erebus und Mt. Bird) am 17. Juni und 8. September.

1912[3]), 2. Juli, kleinerer Rauchausbruch. 11. Dezember, Aschen- und Bimssteinausbruch. Peles Haare.

Das Verhalten des Vulkans macht es wahrscheinlich, daß er in letzter Zeit ständig tätig gewesen ist, wenn auch mit den Einschränkungen, wie sie für andere Vulkane dieser Art anzunehmen sind: d. i. zeitweiligen kürzeren und längeren Ruhepausen. Zum Ausgleich der Unterschiede in den Höhenangaben für 1841 und das 20. Jahrhundert eine gewaltige, inzwischen stattgehabte Fördertätigkeit anzunehmen, dürfte nicht wohl angehen. Die gegenwärtige Förderung ist gering. Niedriger (nach anderer Ansicht steigender und fallender) Luftdruck soll die Tätigkeit steigern.

[1]) Vgl. das schöne Bild im Geogr. Journ. 1905, I, S. 366 mit der prachtvollen Rauchfahne.

[2]) E. H. Shackleton, 21 Meilen vom Südpol 1913, III, S. 153—161.

[3]) Kap. Scotts letzte Fahrt 1913, II, S. 110 und 278 f.

4. Nordöstliche Umrandung.

a) Aleuten. Alaska. Nordwestamerika.

a) Vulkane der Aleuten.

Die Berichterstattung über dies Gebiet und die nordwestamerikanischen Vulkane ist äußerst dürftig entsprechend der — namentlich in früheren Zeiten — sehr spärlichen Besiedlung durch Weiße. So ist man für die früheren Zeiten ganz auf gelegentliche Berichte von Seefahrern, Händlern, Missionaren und Reisenden angewiesen; noch gegenwärtig dürfte mancher Ausbruch unserer Kenntnis entgehen; in früheren Jahrhunderten waren es sicher viele. Die lange Zeit der Kenntnis dieser Vulkane (seit dem Ende des 17. Jahrhunderts) steht also in keinem Verhältnis zu unserer Kenntnis der Ausbrüche. In die Literatur sind zudem gar manche Ausbruchsnachrichten gekommen, die jeder festeren Grundlage entbehren, da nicht selten schon ein 'Ausbruch' notiert wurde, wo nur 'Rauchen' oder sonstige leichtere Tätigkeitsäußerungen berichtet sind.

Für die ältere Zeit gab C. Grewingk[1]) die beste leicht erreichbare Zusammenstellung; später hat Alexis Perrey[2]) eine sehr sorgfältige Zusammenstellung gebracht; 1870 hat W. H. Dall[3]) weitere Ergänzungen gegeben, ferner 1890 Petroff[4]) im 10th Census of the U.S. VIII und G. F. Becker[5]) 1898.

[Klein Sitkin; der Kegelberg zeigte 1828 am Westhang eine rauchende Stelle (Lütke)[6]).]

---

1) Beitrag zur Kenntnis der orographischen und geognostischen Beschaffenheit der Nordwestküste Amerikas mit den angrenzenden Inseln (Verh. min. Ges. zu St. Petersburg 1848 und 1849. Petersburg 1850).

2) Documents sur les tremblements de terre et les phénomènes volcaniques des îles Aleutiennes, de la peninsule d'Aljaska et de la côte nord-ouest d'Amérique, in Mém. Acad. Dijon II. Sér. XIII, 1865.

3) Alaska and its resources, Boston 1870.

4) Report on the population, industries and resources of Alaska. Washington.

5) Reconnaissance of the Gold fields of Southern Alaska, 18th annual report US. Geol. Survey 1896/97. Part III. Washington 1898.

6) Grewingk a. a. O. S. 234, 281. [Petroffs Angabe S. 95: Eruption 1792, 1829 rauchend, bezieht sich auf Groß-Sitkin.]

Insel Sitignak mit tätigem Vulkan, der nach Bragin Juli 1776[1]) einen Ausbruch hatte. —

[Auf der Insel Ostrowa Semisopotschnij rauchte der Vulkan am Nordende, 974 m, ständig[2]) (auch von Lütke rauchend dargestellt). Der Hauptvulkan im Süden der Insel wurde 1772, 1790 und 1792 rauchend gesehen[3]). Er war nach Becker, S. 17, auch 1873 tätig. —

Gorelój wurde 1760 tätig, 1792 feuerspeiend, 1828 und 1829 rauchend angetroffen[4]). 1873 tätig[5]). —

Tánaga, Insel mit ätnaähnlichem großen Vulkan, der 1763—70 und am 9. Juni 1791 rauchend getroffen wurde; der Schnee war öfters von Aschen bedeckt[6]). Nach Perrey (S. 235) 1829 rauchend. —

Kánaga mit abgestutztem Kegel im Norden; 1763 solfatarisch, 1786 feuerspeiend, 1790 und 1791 aus heißen Quellen am Fuß dampfend, 1827 rauchend[7]), nach Perrey (S. 235) auch 1829. —

Adach, Adakh, gebirgige Insel mit dem 'Weißen Vulkan', der 1760 und 1784 tätig, aber 1770, 1790 und 1791 ruhig getroffen wurde[8]). —

Groß-Sitkin (Sitchin) mit 1534 m hohen Kegelberg, der Ende Mai 1792 Feuer spie und 1829 schneebedeckt war und rauchte. 1760 war er ruhig[9]).

[Auf der kleinen Insel Konjushi, die nach Becker S. 16 erst 1760 entstanden wäre, stieg 1827 aus der Mitte Rauch auf, desgl. 1828 (Becker S. 16, Perrey S. 235); sie sollte, wie die Eingeborenen versicherten, in langsamer Hebung befindlich sein[10]). —]

Atkha oder Atka, Atku mit verschiedenen Vulkanen an der Nordseite, darunter besonders

1. Korowinsky, 1479 m, zweigipflig, 1829 und 1830 rauchend, 1844 schwach rauchend[11]). [Nach Schneider 1873 tätig (S. 249), während Becker S. 16 ausdrücklich schreibt: 1873 quiet.]

2. Kljutschewskoj, mit zahlreichen heißen Quellen und Schlammvulkanen im Westen[12]). 1873 dampfend[13]).

---

[1]) Grewingk S. 233, 281. Perrey S. 146. Petroff S. 95.

[2]) Perrey S. 146. [3]) Grewingk S. 281.

[4]) Grewingk S. 231 f., 281. Dall S. 466. Petroff S. 95. Perrey S. 235.

[5]) Becker schreibt S. 17: '1760 smoked, 1792 emitted lava, 1828 smoked, 1873 active'.

[6]) Grewingk S. 231 f., 281. Petroff S. 95. Derselbe erwähnt S. 94 einen andern, viel weiter östlich liegenden Vulkan 'Tanaga' (169 3/4° WL.), der 1774 ruhig, 1828 tätig war (Lütke). Gemeint ist damit offenbar Tanak-Angunach, vgl. S. 228.

[7]) Grewingk S. 281. Petroff erwähnt S. 95 Tätigkeit 1763 und 1768 (letzteres offenbar verdruckt für 1786).

[8]) Grewingk S. 229, 281. Petroff nennt ihn S. 95 auch 1790 und 1791 tätig.

[9]) Grewingk S. 281. Perrey S. 149 f. Petroff S. 93 und 95. In den Angaben herrscht stellenweise Unklarheit!

[10]) Grewingk S. 281. Perrey S. 151.

[11]) Grewingk S. 223 f., 280. Perrey S. 151.

[12]) Grewingk S. 224, 280. Perrey S. 152. [13]) Becker S. 16.

3. Der konische Vulkan, westlich vom Korowinsky, mit heißen Quellen und Schlammvulkanen[1]), in deren Nähe die Vegetation üppiger ist.

4. Sarytschef nahe dem NO-Ende der Insel war 1792 lange nicht tätig gewesen; 1812 starke Eruption[2]), starke Beben.

5. Sergejewsky im Süden auf kleiner Halbinsel.

Auf der Insel Atcha sollen seit 1760 verschiedene Vulkane abwechselnd tätig gewesen sein[3]). Nach Petroff (S. 93) gibt der nördlichste Vulkan noch Rauch und Asche aus. —

Siguam oder Seguam besitzt im NO einen Berg, der vor 1790 tätig gewesen sein muß. Am Ostende liegt ein kleiner schwarzer Kegel, aus dem 1827 von Zeit zu Zeit schwarzer Rauch kam (Lütke); zuweilen erhob sich auch Rauch von 2 oder 3 Stellen des Zentralmassivs des Gebirges. An der Südküste viele heiße Quellen und Schlammkrater[4]).

Becker erwähnt S. 16 Tätigkeit 1786/1790, Rauch 1827, Dampf 1873.

Die gebirgige Insel Amukhta, die nach Grewingk (S. 282) und Becker (S. 16) 1770 ruhig geworden war, erschien im Juni 1786 ganz in Flammen; die Tätigkeit dauerte bis 1791 an; im Mai 1790 war noch ein Vulkan tätig[5]). 1830 war die Insel ruhig.

1876 große Rauchwolken, zeitweise Feuerschein[6]). —

Junaska (Yunaska) mit abgestumpftem Vulkankegel im Osten, der im April 1817 rauchte, 1824 (nach Wenjaminow 1825, nach Postels 1823), bis Juni starken Ausbruch mit Steinauswurf hatte und 1830 Flammen und Asche ausstieß[7]). Nach Becker S. 16 dampfte er auch 1873. —

Die sogenannten Vierkegelinseln bestehen eigentlich aus 6 Inseln, von denen 4 tätige Vulkane besitzen. Die westlichen, Tschegulach und Ulaegan, sollen im Anfang des 18. Jahrhunderts tätig gewesen sein (1878 wieder große Rauchwolken am Tschegulak[6]); Tanach-Angunach, der 1774 noch vom Ostteil der Insel getrennt und aktiv war, war 1828 wieder tätig, 1838 rauchend (Grewingk S. 284, Perrey S. 237); heiße Quellen am Fuß; Kigamiljach mit etlichen Hügeln, die zum Teil früher tätig gewesen sein sollen; auf S-Seite Dampfexhalationen und heiße Quellen[8]). —

---

[1]) Grewingk S. 224 ff., 280. Perrey S. 152.

[2]) Grewingk S. 223 f., 280. Perrey S. 226. Becker S. 16.

[3]) Grewingk S. 280. Becker schreibt S. 16: 'Atka Island 1760 smoked, 1828 smoked'.

[4]) Grewingk S. 222, 280.

[5]) Grewingk S. 221, 280 und 282. Perrey S. 153 f., 206. [K. Schneider schreibt (S. 248) Tätigkeit 1770.]

[6]) C. W. C. Fuchs in Tschermaks Min. u. petr. Mitt. II, S. 102.

[7]) Grewingk S. 220, 280. Perrey 152 f. [Mercalli schreibt S. 343 — offenbar nach Perrey S. 227 — irrtümlich November 1823 oder 1824.]

[8]) Grewingk S. 219, 280, 282, 284. Becker schreibt S. 16: 'Tanak-Angunakh Island 1774 active, 1828 smoked; Four Craters Islands 1796—1800 active, 1838 smoked, 1871 steaming, 1874 steaming'. E. Deckert erwähnt in seinem 'Nordamerika' Leipzig 1913, 3. Aufl., S. 495 einen Ausbruch 1897.

Auf der Insel Umnak[1]) sind 3 Vulkane: im Südwesten Retscheschnoj (einst tätig, vielleicht auch 1830)[2]) und Sewidowsky oder Vsevidoff, im Nordosten Tuliskoj oder Tulik.

Vsevidoff wurde 1784[3]) und 30. Mai 1790[4]) rauchend gesehen. An der NO-Seite des Kraters liegt ein Geiser, dessen Wasser alle 15 Minuten 2 Fuß hoch springt[5]). Ausbruch 1830[6]).

Tuliskoj oder Tulik hatte am 1. März 1820 (nach Postels, a. a. O. III, S. 24, 1817[7]) — sicherlich irrtümlich nach Dall —) bei schwerem Beben und Südweststurm starken Aschen- und Steinauswurf; Asche und Steine flogen bis Unalaschka und Unimak. Aschendecke auf der Insel 30—50 cm, ein Dorf zerstört, ein schiffbarer Kanal wurde ausgefüllt[7]). Landhebung. Fast ein Jahr blieben die Fische aus.

Nach Petroff (S. 94) dauerte die Tätigkeit von 1817—1820 an.

1824[2]) fand in einer Bergkette an der Nordostküste ein Ausbruch statt und noch um 1827 stiegen dicke Rauchwolken auf.

1878[8]) entstand nach einem kurzen Flammen- und Aschenausbruch ein neuer Krater, der Dampf und kochenden Schlamm ausstieß, auf der Ebene zwischen dem südlichen Vulkan (d. i. Vsevidoff) und der Ansiedlung.

Zahlreiche heiße Quellen sind auf der Insel vorhanden. —

Nördlich von Umnak entstand nahe einem einsamen Felsen nach Aufkochen des Wassers und Dampfentwicklung im Mai 1796 die Insel Joanna Bogoslova[9]).

Am Anfang des 19. Jahrhunderts wuchs sie an Umfang und Höhe unter beträchtlichen Gestaltsveränderungen. 1800 und 1802 rauchte sie nicht, als sie gesehen wurde, 1804 dampfte sie und warf Steine aus, 1806 ging ein Lavastrom an der Nordseite nieder, für 1814 wird Steinauswurf, für 1815 Höhenabnahme, für 1816 und 1817 Ruhe, für 1820 Rauchentwicklung berichtet. 1823 und 1832 Ruhe (1832: 458 m Höhe).

1872 und 1873 bestand die Insel aus einem scharfen schmalen Gipfelrücken von etwa 260 m Höhe ohne Krater[10]).

---

[1]) Grewingk S. 201—206, 279. Perrey S. 156—161. Dall S. 468 f. Petroff S. 92 ff.

[2]) Postels in Lutké, Voyage autour du Monde, Paris 1836, III, S. 25. Grewingk S. 202.

[3]) Dall S. 467.

[4]) Grewingk S. 202 und 279.

[5]) Petroff S. 92.

[6]) Becker S. 15.

[7]) Dall S. 468 f. Petroff schreibt S. 92: 'The eruptions of ashes and rocks frequently fill up the creeks and mountain streames and seriously interfere with the periodical runs of salmon and other fish'. Ausbrüche dürften demnach häufiger auftreten.

[8]) Petroff S. 92. C. W. C. Fuchs in Tschermaks Min. u. petr. Mitt. II, S. 102 schreibt den Ausbruch einem 2800 m hohen Vulkan zu — eine Angabe, die höchstens auf den Shishaldin stimmen würde, von dem aber aus dieser Zeit kein Ausbruch bekannt ist. [Kluge gibt — Synchronismus S. 35 — auch einen Ausbruch 1805 für Umnak an.]

[9]) Grewingk S. 207 ff., 279. Perrey S. 161 ff. und 220 ff. Dall gibt a. a. O. S. 467 f. eine gute Schilderung der älteren Veränderungen, desgl. Becker S. 25 ff. Vgl. auch L. v. Buch, Ges. Schr. III, S. 595 f.

[10]) Science III, 1884, S. 89—93.

Aber im Sommer 1882 sah man wieder Rauch von der Gegend des Bogosloff aufsteigen; am 27. September 1883 war 1½ Meilen nordwestlich von der alten eine neue vulkanische Insel (in 53° 55′ 18″ NBr. 168° ⅓′ WL.) vorhanden, die große Massen heißer Steine, Rauch, Dampf und Asche vom Gipfel und zahlreichen Spalten ausstieß. Am 20. Oktober 1883 fiel auf Unalaschka Asche (ob von hier oder St. Augustin, ist freilich unbekannt)[1]).

1884 war der mit feinster Asche überdeckte Kegel noch heiß und stark solfatarisch tätig; ein 'Krater' wird erwähnt, aber nicht beschrieben[1]). Schneider erwähnt S. 248 Tätigkeit 1886/87. 1890 Aschenauswurf[2]). Ende des Jahrhunderts war der neue Vulkan (Grewingk, der zeitweise durch einen Sandisthmus mit dem alten verbunden war) erloschen; aber im März 1906 erwachte die Tätigkeit aufs neue und Ende Mai war eine kegelförmige, kraterlose Neubildung (Metcalf-Kegel), mit einem nach Nordosten geneigten, gebrochenen Horn (wohl Extrusionsgebilde) und einem soliden Felskern zwischen beiden vorhanden; im Frühjahr 1907 hatte sich neben ihr der Mc Culloch-Kegel gebildet (137 m, ein aus Hornblende-Andesit bestehender Staukegel); der Metcalf-Kegel war (wohl infolge einer Explosion im Winter) zur Hälfte zusammengestürzt.

Am 1. September 1907 sah man dichte schwarze Wolken aufsteigen; abends fiel Sand und Asche; der Mc Culloch-Kegel war, wie im Oktober an Ort und Stelle festgestellt werden konnte, verschwunden, die Insel mit Trümmern bedeckt und an seiner Stelle ein dampfender See vorhanden[3]).

Auf Unalaschka waren 1768 zwei Vulkane tätig, deren einer Ajägisch (nach Grewingk S. 192 mit Makushin identisch) hieß[4]).

Der Makuschin rauchte 1790, 7. Juni und 1792, 14. Februar. Beben und unterirdische Getöse kamen öfters vor[4]). 1802 war starkes Beben und Feuerspeien(?)[5]). [1806[6]) Ausbruch auf Unalaschka.] 1816 und 1817 Ruhe, 1826 Juni, Feuerspeien[5]), 1827 September[7]), 1838[8]), 1843/44[5]) 1865

[1]) Report on the Cruise of the Revenue Marine Steamer Corwin in the Arctic Ocean 1884. Washington 1889. S. 41.

[2]) Becker S. 16. Vgl. Nature XLIII, S. 279. [Schneider erwähnt außerdem Tätigkeit 1905/06.]

[3]) T. A. Jaggar, The evolution of Bogoslof Volcano in Bull. Am. Geogr. Soc. XL, 1908, S. 385—400.

[4]) Grewingk S. 192 ff.

[5]) Grewingk S. 279. Postels in Lütke III, S. 21: 'M. jeta des flammes' während zwei heftiger Beben.

[6]) E. Kluge, Über Synchronismus und Antagonismus von vulkanischen Eruptionen. Leipzig 1863. S. 35. Ebenda gibt er einen submarinen Ausbruch bei Unalaschka 1795 an, über den ich sonst keine Nachricht fand.

[7]) Perrey S. 233 nach Postels.

[8]) Grewingk S. 284. Perrey S. 237. Becker schreibt S. 15: Rauchentwicklung von 1826 bis 1838.

tätig[1]), 1871—74 und 1880 Dampfentwicklung, 1883 Aschenauswurf, 1891 und 1895 Dampfentwicklung[1]), 1907[2]) soll der Berg tätig gewesen sein, und um 1912 rauchte er immer, wenn er sichtbar war[3]). Nach Postels liefert der Vulkan den Eingeborenen viel Schwefel. —

[Die Nachricht von der Entstehung einer neuen Insel bei Unalaschka 1814[4]) ist offenbar unrichtig (vgl. oben S. 114). Die Nachricht von Fuchs (Tschermaks Min. u. petr. Mitt. VII, S. 147) von einer neuentdeckten rauchenden Insel in 53° NBr. und 167° WL. bezieht sich wohl — trotz der unrichtigen Ortsangabe — auf Neu-Bogosloff.] —

Auf Akun liegt ein solfatarischer Vulkankegel; auf einem Inselchen im Westen heiße Quellen. 1828[5]) wurden periodisch Rauchsäulen ausgestoßen, 1865[6]) war Helle sichtbar. —

Auf Akutan liegt in der Mitte ein Vulkan, der 1790[7]), 1828[7]), 1838 rauchte, 1865 Helle zeigte[8]), 1883 einen Dampf- und Aschen-, 1887 einen Lavaausbruch hatte[9]), 1892 August, alle 20 Minuten einen großen Rauchring ausstieß[10]), am 22. Februar 1908 einen Ausbruch hatte[11]) und um 1912 rauchte oder dampfte, so oft er sichtbar war[12]). —

Auf der Insel Unimak finden sich zwei parallele Bergreihen, die mehrere tätige Vulkane enthalten.

Der zuckerhutförmige Pogrumnoj oder Nosowskoj, 1684 m, hatte 1795 eine furchtbare Eruption: ein kleiner tätiger Vulkan nordwestlich davon erlosch 1795, als 'die Kette mit furchtbarem Krachen und unter dem dicksten Regen weißer Asche in die Luft flog'. Die nahe gelegenen Ortschaften wurden in Finsternis gehüllt. 'Das ewige Eis, welches auf diesem Gebirge lag, stürzte mit einer großen Masse Wasser zu beiden Seiten herab, begleitet von einer Menge glühender Steine, die auf der Hälfte des Gebirges stehen blieben und eine Art Wall oder Gürtel rund um dasselbe bildete.'

Beim Dorf Nosowskoj stürzte 1796 Eis mit Wasser herab[13]).

September 1827 wurde glühende Lava am Golf Tugumak im Süden der Insel bemerkt[13]). 1827—29 entsandte der Vulkan Feuer[14]).

---

[1]) Becker S. 15. [Mercalli schreibt S. 244 dem Makuschin Ausbrüche im März 1820 und Juni 1826 zu — leider ohne Quellenangabe.]

[2]) Gerlands Beitr. XIV, S. 128 nach Zeitungsnachricht.

[3]) G. A. Clark im Bull. Seism. Soc. II, 1912, S. 276. (J. Stanley-Brown erwähnt im Nat. Geogr. Mag. X, S. 285 nur Fumarolentätigkeit.)

[4]) Perrey S. 226. [5]) Grewingk S. 189, 278. Becker S. 15.

[6]) Dall, Alaska S. 470. [7]) Grewingk S. 188, 284. [8]) Dall S. 469 f.

[9]) Becker S. 15. [10]) Stanley-Brown a. a. O. S. 285.

[11]) Pittsburg Dispatch vom 15. März 1908. [12]) G. A. Clark a. a. O. S. 226.

[13]) Grewingk S. 181 f., 185. Postels a. a. O. III, S. 22. Dem Aschenregen fielen einige Aleuten zum Opfer. Becker bezieht S. 15 die Explosion 1795 auf den Isanotski und fährt fort: '1825 new Crater, ashes, 1830 flames'.

[14]) Dall, Alaska S. 469.

Petroff spricht von einem heftigen Ausbruch 1827 und einem solchen im Herbst 1830[1]). —

Das Isanach-Gebirge (Issannakh, Isanotski) rauchte seit 1825 an fünf oder mehr Stellen, nachdem es zuvor einen starken Ausbruch gehabt hatte[2]): Am 10. März 1825 'spaltete sich nach einem heftigen, einer Kanonade ähnlichem Donnergetöse, welches fast den ganzen Tag über anhielt und auf Unalaschka, Akun und an dem Ende von Alaeksa, aber nicht am Südwestende von Unimak, hörbar war, das jetzt immerfort rauchende Nordostgebirge von Unimak mitten am Tage an fünf oder mehr Orten auf eine große Strecke, und es erfolgte ein Ausbruch von Flammen und einer großen Masse schwarzer Asche, welche die ganze Landspitze von Alaeksa bedeckte. Die Eis- und Schneemassen, welche auf dem Berge lagen, schmolzen und flossen eine Zeitlang in einem fürchterlichen 5—11 Werst breiten Strome; diese Gewässer ergossen sich im Osten der Insel in so großer Menge, daß das Meer in dieser Gegend bis tief in den Herbst hinein, d. h. lange nach ihrem Abfluß trübe war' und auf der Hälfte des Gebirges entstand eine Erhöhung oder 'eine Art Hügel, welchem bis zum Jahre 1831 Rauchwolken entstiegen'[3]).

Im November 1830 hörte man auf Unimak ein furchtbares Getöse durch den Nebel. 'Als es aufklärte, war Isanótski schwarz, aller Schnee war verschwunden und Flammen schossen aus Spalten an der Nord-, West- und Südseite. Auf der Nordseite erschienen die Flammen dreimal in der Minute, dann folgte ein stärkerer Ausbruch von Flammen und Rauch. Im März 1831 hatten sich die Spalten geschlossen mit Ausnahme der nördlichen, wo eine Masse rotglühender Lava lange sichtbar war'[4]). 5./7. Mai 1831 sprühte der Berg fast alle 10—15 Sekunden Feuer. —

Östlich vom Shishaldin erhebt sich ein zweigipfeliger Vulkan, wahrscheinlich 'Khaginak' Sauers, dessen Kraterbildung 1690 (nach Wenjaminow lange vorher) erfolgt sein soll[5]). —

Am 11. Oktober 1826, 10 Uhr vorm., begann auf einer Ebene inmitten der Insel ein furchtbarer Aschenausbruch, der unter ständigem Beben weithin Finsternis verbreitete; selbst auf der Halbinsel Aliaska dauerte die Dunkelheit zwei Tage; mit Unterbrechungen dauerte der Aschenregen bis zum 28. Dezember und begann im Januar 1827 abermals. Im Mai 1827 aber öffnete sich am Shishaldin ein neuer Krater[6]). —

---

[1]) 10th Census S. 94. Becker S. 15: '1830 ashes'. [2]) Grewingk S. 181.

[3]) Grewingk S. 186 nach Wenjaminow. Perrey S. 205.

[4]) Dall, Alaska S. 470. Grewingk (wie Perrey S. 136, 173 f., 233, 235) schreibt diesen Ausbruch dem Shishaldin (Agajedan oder Sisjagjuk) zu und sagt, daß die Asche bis zur Pawlowbucht getragen wurde; er hatte schon 1824 und Anfang 1825 heftige Ausbrüche gehabt.

[5]) Grewingk S. 184. [6]) Perrey S. 173 u. 231.

Der Shishaldin[1]), ein mächtiger formschöner Vulkankegel, wurde 1775—1778 und 1790 in Tätigkeit beobachtet (nach Grewingk, Dall und Becker auch 1790—1825. 1824 und 1825 hatte er starke Ausbrüche, desgl. Mai 1827. [Am 1. September 1827[2]) stieg nur weißlicher Rauch vom Gipfel auf.] Oktober 1827 Lichtschein, 1828—30 Rauch (Perrey S. 235, Beechey II, S. 318).

[Ob die gewaltigen Ausbrüche von 1825—1830 dem Shishaldin oder Isanotzki zugeschrieben werden, dürfte wenig Unterschied ausmachen, da es sich offenbar um seitliche Eruptionen des Shishaldin-Systems handelte. Nach Postels[3]) Darstellung beziehen sich die Erscheinungen von 1830 und 1831 auf den Shishaldin.]

1838[4]) entsandte der Shishaldin Flammen; Rauch stieg an 3 Seiten auf, 1865[5]) rauchend.

[Becker erwähnt — genau wie für den Makushin! — 1871—74 Dampf-, 1880—81 Rauchentwicklung, 1883 Dampf- und Aschenauswurf, 1895 Dampfentwicklung — leider ohne Quellenangabe, — so daß es mir nicht möglich ist, den etwaigen Irrtum aufzuklären.]

1897 rauchte der Vulkan, im Sommer 1898 sah man Lavaströme die Hänge niedergehen[6]), um 1912 Rauch oder Dampfentwicklung[7]). —

[1836, Oktober, hatte ein kleiner Kegel zwischen den Dörfern Progromnoi und Schischaldinskoi einen heftigen Ausbruch[8]).] —

Auf der Insel Ámak oder Amiak, die 3 Vulkane beherbergt, herrschte 1700—1710 Tätigkeit, 1796 Unruhe (von Grewingk bezweifelt)[9]). —

[Mercalli berichtet S. 343 und 344 nach Perrey, es hätte am 22. Juni 1856 sowohl auf der Insel 'Shuam Shu bei Alaska' ein Ausbruch stattgehabt, als bei 50° 53′ NBr. und 158° 52′ ÖL. v. Paris, wo die russische Fregatte 'Dwina' viel Bimssteine passierte — Perrey S. 240 —; nun ist aber die letztgenannte Position in der Nähe der nördlichsten Kurile Shumshu, so daß die Annahme nahe liegt, daß hier eine Verwechslung vorliegt und der Ausbruch im Norden der Kurilen statt hatte. Vgl. oben S. 116.]

---

[1]) Grewingk S. 179 f., 184, 278.

[2]) Lutké, Voyage autour du monde. Paris 1836. I, S. 250.

[3]) Ebenda IV, S. 23 f.

[4]) Dall, Alaska S. 470. Becker S. 15. Findlay, Directory North Pac. 2. ed. 1870. S. 506.

[5]) Dall, S. 470. Perrey erwähnt S. 241 Rauchen für 1856: vgl. unten die Nachricht über den submarinen Ausbruch dieses Jahres!

[6]) Nat. Geogr. Mag. 1899, S. 282.

[7]) Bull. Seism. Soc. II, 1912, S. 226.

[8]) Landgrebe I, S. 401. [Darauf bezieht sich wohl (infolge eines Druckfehlers) die Nachricht vom Ausbruch eines Pik de la Desolation in gleicher Lage 1863, die Mercalli S. 344 gibt. Beide Angaben aber gehen vielleicht infolge Verwechslung auf den Ausbruch von 1826 zurück. Vgl. Perrey S. 237.]

[9]) Grewingk S. 175. Dall S. 466, 468.

Folgende submarine Ausbrüche im Aleutengebiet und Beringsmeer sind berichtet: 1795[1]) bei Unalaschka.

1815[2]) im Nordosten der St. Georgs-Insel.

1856[3]), 26. Juli, bei Unimak: nachdem zuvor mehrere benachbarte Vulkane große Mengen dichten schwarzen Rauchs und Aschenmassen ausgeschleudert hatten, die weithin völlige Finsternis erzeugten, warf der unterseeische Vulkan eine riesige Wassersäule, dann Rauch und Flammen und schließlich einen Lapilli- und Aschenregen aus, worauf die Wasser in einem Wirbel den Schlund erfüllten. Weitere Ausbrüche folgten nach.

b) Vulkane von Alaska und Nordwestamerika.

Die eigentliche Halbinsel Alaska stellt eine Reihe von Inseln dar, die durch diluviale Zwischenstücke (Perenossi = Trageplätze) miteinander verbunden und landfest geworden sind. An tätigen Vulkanen sind vier vorhanden:

1. Morschowsky, einst stark tätig nach Wenjaminof (Flammen und Rauch[4])). 1768 tätig nach Perrey S. 206 und Becker S. 14 [sowie Grewingk S. 282, der aber S. 277 von Ruhe 1768—69 spricht!] Der Vulkan ist offenbar der Walroß Peak Schneiders (S. 248) und Walrus Dalls (S. 467).

2. Medwenikowsky, vielleicht 1790 tätig, als Sarychef passierte, doch ist unsicher, ob damit nicht der vorhergehende Vulkan gemeint war. 1768 und 1769 waren beide ruhig (nach Grewingk S. 277 und Petroff S. 94), aber vielleicht ist es der Vulkan, der 1786 bei einer Eruption zusammenstürzte, wenn es nicht der Morschowsky oder Paulow war. O. v. Kotzebue sah ihn im Juli 1817 stark rauchen; er[5]) spricht von einem Ausbruch einige Jahre vorher, der riesige Mengen nußgroßer basaltischer Bomben geliefert hätte (also Anfang des 19. Jahrh.[6])).

3. Paulowsky mit 2 Kratern, deren nördlicher von 1762—86 tätig gewesen und 1786 nach einem starken Erdbeben zusammengestürzt sein soll. Der südliche war wohl 1790 tätig und rauchte um die Mitte des 19. Jahrhunderts allein[7]). Auch gegen Ende des 19. Jahrhunderts rauchte der

---

[1]) Kluge a. a. O. S. 35, leider ohne Quellenangabe!

[2]) Perrey S. 226 f. nach Kotzebue, Entdeckungsreise II, S. 103. Landgrebe sagt S. 403, daß man wiederholt nordöstlich der Inseln Flammen aufsteigen sah.

[3]) Perrey S. 240—243 nach dem Moniteur vom 14. Jan. 1857. Wenn auch die Schilderung übertrieben ist und in Einzelheiten (Schlund und Wirbel!) von der sonstiger submariner Ausbrüche stark abweicht, so dürfte doch ein wahrer Kern in der Nachricht liegen. Sehr verdächtig ist freilich, daß das Rauchen benachbarter Vulkane sonst nirgends erwähnt wird (außer bei Perrey S. 241, der eben auch diese Nachricht übermittelt).

[4]) Grewingk S. 116. Perrey S. 186.

[5]) Entdeckungsreise II, S. 108 (zit. von Perrey S. 227).

[6]) Grewingk S. 125, 126 und 277. Perrey S. 186 f. Landgrebe S. 403. Becker S. 14 nennt nur 1768 als Jahr der Tätigkeit!

[7]) Grewingk S. 123, 125, 277. Perrey S. 187. Petroff S. 94.

Vulkan[1]), desgl. Anfang 20. Jahrh.[2]). 1825[3]) hatte sich der Vulkan aufs neue geöffnet und rauchte nachher längere Zeit.

1838 rauchend (Grewingk S. 284).

1866, März, starker Aschenausbruch?[4]).

[1880 war roter Schein sichtbar[5])].

[Schneider erwähnt auch Tätigkeit 1892].

1914, 5./6. Juli nachts oder 6. früh, Beginn eines Ausbruchs; anfangs wie es schien, leichtere Explosionen, 12 Uhr 18 Min. bis 3 Uhr nachm. nahe Insel Corvin laute Detonationen mit Zwischenräumen von 10—30 Minuten gehört, starker Aschenfall[6]).

4. Der Veniaminoff (Black Peak), 1830—40 nach Angaben von Eingeborenen rauchend[7]), hatte 1892 einen heftigen Aschenausbruch[8]).

[Ob eine furchtbare Überschwemmung, die vielen Menschen das Leben kostete, am 27. Juli 1788 (Sannach und Halbinsel Alaska)[9]) auf eine Flutwelle und eventuell submarinen Ausbruch zurückgeführt werden darf, ist unsicher.] —

[1773 rauchte ein kleiner Kegel auf Inselchen vor Alaska[10]). Welches?] —

Von den Vulkanen des Festlands hatte der Katmai, gegenüber der Insel Kadiak 1912 einen gewaltigen Lockerausbruch, der Kubikkilometer von Bimssteinen und Aschen über gewaltige Strecken hin verteilte. Der Ausbruch begann am 6. Juli 4 Uhr nachmittags und dauerte bis zum 9. Juli; im Dorf Katmai fiel 90—120 cm Asche, auf der Insel Kadiak noch 36 cm. Andere Eruptionen desselben Berges folgten im Juli, August, September, Oktober; die stärksten davon fanden am 19. August und 15. Oktober statt[11]). —

Am Cooks Inlet finden sich drei Vulkane: St. Augustin, Iliamna und Redoubt.

Der Vulkan St. Augustine[12]) stellte um 1880 nach Dall einen niedrigen Dom ohne Spitze dar (1158 m) und bildete eine fast kreisrunde Insel. Im August 1883 stieg Rauch vom Gipfel auf; am 6. Oktober wurden Detonationen,

---

[1]) Petroff S. 94. Perrey S. 188.

[2]) Bull. Seism. Soc. 1912, II, S. 226 und Nat. Geogr. Mag. 1913, S. 135.

[3]) Postels bei Lutké a. a. O. III, S. 26.

[4]) Mercalli S. 345 nach Perrey (Perrey erwähnt Mém. Ac. Bruxelles XXIV, S. 37, Trembl. 1871, Aschenfall auf Kadjak und vermutet Herkunft von einem Vulkan der Halbinsel Alaska). Desgl. Fuchs, N. Jahrb. 1868, S. 434. Von Becker nicht erwähnt.

[5]) Becker S. 14.

[6]) J. B. Miller in Bull. Am. geogr. Soc. XLVII, 1915, S. 46 f.

[7]) Grewingk S. 277.

[8]) Becker S. 14.

[9]) Grewingk S. 282. Perrey S. 189.

[10]) Perrey S. 206.

[11]) Bull. Seism. Soc. of Am. 1912, II, S. 226—229 und 236—241, Nat. Geogr. Mag. 1913.

[12]) Dall, Science III, S. 92. J. C. Russel, Volcanoes of North-America. New York 1897. S. 272 f.

Flammen, Bimsteinregen beobachtet; etwa um $8^{1}/_{2}$ Uhr morgens stellte sich eine ungefähr 10 m hohe, verheerende Flutwelle ein, der kleinere nachfolgten. Asche fiel und erzeugte Finsternis, sowie eine Decke von mehreren Zoll Mächtigkeit; bei Nacht sah man Flammen am Gipfel aufsteigen; der Berg war hernach in eine östliche und eine westliche Hälfte gespalten. Zwei vorher ruhige Vulkane der Alaska-Halbinsel (welche? wird leider nicht gesagt!) begannen gleichzeitig Rauch und Asche zu entsenden; eine kleine Insel bildete sich zwischen St. Augustin und dem Festland.

1885 Dampfentwicklung vom Gipfel bis zur Küste.

1895[1]) dampfte der Berg und schien von Lapillis und Aschen neu aufgebaut — woraus man schließen muß, daß inzwischen ansehnliche Lockerauswürfe stattgehabt hatten.

[1902[2]) soll der Vulkan wieder tätig gewesen sein.] —

Der Iliámna oder Ilaemaen, 3660 m, war 1741[3]) ruhig, aber 1778[4]) tätig: weißer Rauch stieg aus dem einen Krater nicht weit unter dem Gipfel auf; auch 1768, 1779, 1786, 1793 und 1843[5]) tätig, desgl. 1876[6]).

1895 entsandte der Vulkan fünf oder sechs Dampfsäulen, hatte aber einige Jahre zuvor einen starken Ausbruch gehabt. Heiße Aschen und Lapilli töteten den Wald auf hunderte von (engl.) Quadratmeilen[7]). —

[Der Redoubt oder Ujakushatsch raucht 'seit dem Bekanntwerden 1819' (Grewingk, S. 277, also mindestens bis zur Mitte des 19. Jahrhunderts). Ein Ausbruch ist nicht bekannt.] —

In der Nähe der Tschugatsch (Chugach-) Bucht (Prinz William Sund) fand 1790[8]) ein Ausbruch statt (Coast Crater). —

Der Mount Wrangell warf 1819[9]) unaufhörlich Feuer aus, 1884[10]) dampfte er, desgl. Ende des 19. Jahrhunderts[11]).

Am 5. und 6. April 1907 stieg viel Dampf aus Öffnungen der Hänge der Wrangell-Kette auf (wahrscheinlich Mt. Wrangell, Mt. Blackburn und Sanford) und vom 6.—8. April zeigte der Kotsinafluß Hochwasser. Am 26. und 28. Mai schienen die Berge wieder zu dampfen (Mt. Drum und Mt. Sanford?)[12]).

---

[1]) J. C. Russel, Volcanoes of North-America. New York 1897. S. 272f.

[2]) Nature LXVI, S. 511.

[3]) Grewingk! Dall schrieb S. 466: er wurde ruhig; Becker nennt ihn (S. 14) 1741 tätig.

[4]) Grewingk S. 115 nach Cook; Dall schreibt (S. 467): seitdem tätig.

[5]) Grewingk S. 277. Mercalli erwähnt S. 345 auch Tätigkeit (Rauchsäule) 1788 nach Meares (Voyages, London 1790).

[6]) Becker S. 14.

[7]) Russel a. a. O. S. 271.

[8]) Grewingk S. 283. Perrey S. 213.

[9]) Grewingk S. 109.

[10]) Becker S. 13 (S. 14 'Eruption').

[11]) Russel a. a. O. S. 270.

[12]) Science 1907, II, S. 78.

Der Vulkan Chechitno (Tschetschina) rauchte 1760 und im Juli 1784[1]).

In der Nähe des Atlin Lake hat nach W. B. Kinslowe im Okt. 1898[2]) ein Aschenausbruch (aus einem bislang unbekannten Vulkan) stattgefunden.

[Die Nachricht von Scrope-Klöden[3]) u. a. über angebliche häufige Tätigkeit des Schönwetterbergs (Mt. Fear Weather) und des Mt. Elias ist offenbar unrichtig]. —

[Der Mt. Edgecomb nahe der Insel Sitka soll 1796[4]) noch Flammen und Rauch ausgeworfen haben, doch fielen Erkundigungen Grewingks bei den Eingeborenen negativ aus.] —

[Mt. Calder und mehrere andere Berge der Prince of Wales-Insel sollen nach Maurelle 1775[5]) tätig gewesen sein.] —

Von der Vulkanzone der Aleuten und Alaskas sind zwar seit der Zeit ihres Bekanntwerdens am Ende des 18. Jahrhunderts viele Ausbrüche und sonstige Tätigkeitsäußerungen bekannt geworden, aber die Berichterstattung ist sehr lückenhaft, die Angaben oft höchst dürftig, so daß man sich kein rechtes Bild der Häufigkeit und Förderleistung der Ausbrüche des Gesamtgebietes machen kann.

Ein Riesenausbruch, dessen Fördermassen sicher nach Kubikkilometern zählten, und sich über eine ungeheure Strecke verbreiteten, ist der des Katmai 1912 gewesen. Außerdem sind aber aus dem Ende des 18. Jahrhunderts und dem ersten Drittel, wie dem Ende des 19. Jahrhunderts einige bedeutende Ausbrüche bekannt geworden — freilich mit nicht hinreichenden Angaben, um eine Schätzung der Fördermassen zu ermöglichen. Es ist aber wohl denkbar, daß vielleicht der Ausbruch des Pogrumnoi 1795 zweite Größe erreichte, möglicherweise sogar erster nahekam.

Die Hauptförderung bestand in Lockermassen; doch fand sicher auch zuweilen Lavaförderung statt, so z. B. am Isanotzki 1831, auf Akutan 1887 und am Shishaldin 1898, hauptsächlich aber am Bogosloff, wo — neben ansehnlicher Lockerförderung — am Ende des 18. Jahrhunderts und wieder am Ende des 19. und Anfang des 20. Jahrhunderts sehr beträchtliche Lavamassen in Form von Staukegeln geliefert wurden.

c) Vulkane der Vereinigten Staaten.

Im westlichen Teil der Vereinigten Staaten sind jugendliche Vulkane in großer Zahl vorhanden, aber bis vor kurzem waren keine einwandfreien Nachrichten über Ausbrüche in geschichtlicher Zeit bekannt. Man be-

[1]) Grewingk S. 282. Perrey ('Sitchina') S. 149f. Nach Becker S. 13 dürfte dieser Vulkan mit dem Mt. Blackburn identisch sein.

[2]) Geogr. Ztschr. 1899, S. 53.

[3]) A. a. O. S. 418. Auch Becker hat S. 13 dem St. Elias noch Tätigkeit in den Jahren 1839 und 1847 zugeschrieben.

[4]) Postels in Lutké, Voyage autour du monde III. Paris 1836. S. 16. Grewingk S. 93.

[5]) Grewingk S. 94. Russel S. 268.

greift das wohl, wenn man bedenkt, daß das Gebiet erst gegen Mitte des 19. Jahrhunderts näher bekannt wurde, daß die hohen Vulkangipfel noch jetzt zum Teil ziemlich entfernt von menschlichen Siedelungen liegen und schwer zugänglich sind, wozu noch kommt, daß die vulkanische Tätigkeit offenbar in der gegenwärtigen Zeit sich nur ziemlich selten regt. Die Glaubwürdigkeit der amerikanischen Zeitungsberichte ist im allgemeinen gering.

Mt. Baker soll nach G. Gibbs 1843[1]) gleichzeitig mit St. Helens tätig gewesen sein und das ganze Land mit Asche bedeckt haben. Diese Angabe beruht auf Aussagen von Indianern und Beamten der Hudson-Bay Co.; aber Diller[2]) bezweifelt die Tatsache des Ausbruchs.

Im November 1859[3]) soll der Vulkan ebenfalls tätig gewesen sein und am 26.—28. April 1860[4]) starken Rauch ausgestoßen haben, worauf der Gipfel Gestaltsveränderungen erlitt. —

Mt. Rainier (Reignier) soll 1841 und 1843[5]) (23. Nov.) starke Ausbrüche gehabt haben. —

Der Mt. St. Helens [soll kurz vor 1837[6]) einen Lavaausbruch gehabt haben (nach dem Handb. Reg. Geol., VIII, 2, S. 181: 1841).]

1842[7]), 23. November, starker Aschen- und Bimssteinausbruch.

1854[8]), Februar bis April tätig. [1889 bestieg W. Gorman den Berg und fand Fumarolen an der Nordostseite.] —

Der Mt. Hood hat nach Perrey sich mehrfach tätig erwiesen:

1854[9]), August, Rauch und Aschen.

1859[10]), 17.—20. August, erleuchtete Dampfmassen; teilweiser Einsturz der Kraterwand.

1865[11]), September und Oktober. [Bei der Besteigung des Berges 1866 fand A. Wood starke Aushauchung von schwefeliger Säure (Perrey S. 251).]

---

[1]) J. C. Russel, Volcanoes of North America. New York 1897. S. 245 f. Handb. Reg. Geol. VIII, 2, S. 181: 1842. [2]) Science 1899, I, S. 639 f.

[3]) Perrey in Mém. Ac. Dijon II. Sér., XIII (1865) S. 245 nach amerikanischen Zeitungsmeldungen. Auch E. Kluge erwähnt (Synchronismus S. 36) diesen Ausbruch, außerdem solche für 1842 und Ende 1853. [4]) Perrey a. a. O. S. 245 f. nach dem 'Echo du Pacifique' vom 21. Mai 1860.

[5]) A. v. Humboldt, Kosmos IV, S. 288. Kluge a. a. O. S. 36. Perrey bezweifelt a. a. O. S. 237 f. das Monatsdatum (vgl.: St. Helens!). [Mercalli erwähnt S. 346 einen Ausbruch 1894 ohne Quellenangabe. Eine Bestätigung dafür fand ich nicht.]

[6]) Mercalli S. 346 nach Perrey bzw. Berghaus.

[7]) Fremont, Felsengebirge. Stuttgart 1847. S. 199. Humboldt, Kosmos IV, S. 288. J. C. Russel schreibt (S. 240 f.), er sollte nach Aussagen eines französisch-kanadischen Voyageur 1841—42 tätig gewesen sein. Dall bezweifelt (Alaska S. 470) den Ausbruch, für den er 23. November 1843 schreibt. Perrey nennt den Berg S. 200 ständig rauchend und erklärt die Nachricht eines Ausbruchs am 28. Sept. 1842 für falsch (S. 237).

[8]) Kluge S. 36. Perrey a. a. O. S. 240 nach amerikanischen Zeitungsmeldungen.

[9]) Perrey S. 240 nach New Yorker Zeitungsberichten.

[10]) Perrey a. a. O. S. 244 f. nach Am. Journ. of Science, 2. Ser. XXVIII, S. 448 (dem 'Comercio de Lima' vom 24. Oktober 1859 entnommen). Außerdem Perrey, Mém. Ac. Bruxelles XIII, S. 55. [11]) Perrey, Mém. Ac. Dijon 1865, S. 247—250, zweifelhaft!

1907[1]), 28. August bemerkte man Rauchsäulen; der White-Fluß schwoll (offenbar durch plötzliche Schneeschmelze) stark an. —

Lassen Peak hatte 1914[2]) vom 30. Mai ab aus einer im alten Krater gebildeten Öffnung bedeutende Stein- und Aschenauswürfe (bis 23. August wurden 32 stärkere Ausbrüche gezählt; die Asche flog 32 km weit). —

In der Nähe des Lassen Peak liegt ein junger Aschenkegel (Cinder Cone[3])), der, wie man aus den Beziehungen der Aschen- und Lapillilagen zu Bäumen an Ort und Stelle entnehmen kann, im 19. und im 17. Jahrhundert Ausbrüche gehabt hat. —

In der Nähe des Forts Yuma (vielleicht schon jenseits der mexikanischen Grenze) fand 1877[4]) ein vulkanischer Ausbruch statt. —

Sehr zweifelhafte Ausbrüche sind die folgenden:

Im nördlichen Teil der Shasta County glaubte Dr. Mogencroft im März 1859[5]) einen vulkanischen Ausbruch gesehen zu haben.

Am 8. Januar 1867[6]) wurden im Fort Klamat, Oregon, heftige Erdbewegungen bemerkt; Dunkelheit und Aschenfall trat ein, so daß man an einen Vulkanausbruch dachte.

[Zweifellos unrichtig sind die Nachrichten von einer Vulkantätigkeit bei Eureka in Nevada seit 23. November 1873[7]), von einem Rauch und Lava am 9. August 1881[8]) am Clearwater River liefernden Vulkan in Idaho und von einem seit 1821 ruhigen, aber 1892 wieder Rauchwolken und Lavaströme entsendenden Vulkane — Pic Paderal[9]) — in Neumexiko.]

[Durchaus unglaubhaft ist auch die Nachricht vom Ausbruch eines neuen Vulkans in Butte County nahe Dagtown im Jahre 1864[10]).]

Die Förderung der wenigen sicheren Vulkanausbrüche der vereinigten Staaten ist nicht näher bekannt; sie ist aber offenbar nur bescheiden gewesen. Vom Lassenpeak ist nur Lockerförderung aus der jüngsten Zeit bekannt geworden.

---

[1]) Globus LXIV, S. 228. Nature LXXVIII, S. 434 nach Nat. Geogr. Magaz. 1908, S. 515—525.

[2]) Bull. Am. Geogr. Soc. XLVI, S. 740—755 und Bull. Seism. Soc. Am. IV, S. 103 ff.

[3]) Russel S. 228—233 nach J. S. Diller.

[4]) C. W. C. Fuchs in Tschermaks Min. u. petr. Mitteilungen I, S. 111. P. Waitz bestätigte die Nachricht (Ztschr. f. Vulk. I, S. 271: nach Urbina besteht noch die Erinnerung an das Ereignis bei den Bewohnern der Gegend).

[5]) Perrey in Mém. Ac. Dijon 1865, S. 243 f.

[6]) Perrey in Mém. Ac. Bruxelles XXI, S. 128 f. nach dem Courier de S. Francisco vom 30. Jan. 1867.

[7]) C. W. C. Fuchs in Tschermaks Min. Mitt. 1874, S. 69.

[8]) C. W. C. Fuchs in Tschermaks Min. u. petr. Mitt. V, S. 98.

[9]) Knüttel ebenda XIII, S. 289.

[10]) Perrey in Mém. Ac. Dijon 1865, S. 247 nach dem 'Echo du Pacifique' vom 23. Juli 1864.

b) Mexiko und Kleine Antillen.

Mexiko.

Die Vulkane Mexikos traten erst mit dem Anfang des 16. Jahrhunderts in das Licht der Geschichte ein; nur ein einziger früherer Ausbruch ist uns durch die Eingeborenen — freilich ohne Einzelheiten — bekannt geworden. Eine eingehende kritische Untersuchung der stattgehabten Ausbrüche ist zwar bisher nicht veröffentlicht, aber eine Anzahl sorgfältiger Zusammenstellungen der gesamten jeweils bekannten Angaben[1]), sowie kritische Untersuchungen über Einzelausbrüche sind vorhanden, so daß man wohl in der Hauptsache unsere Kenntnis über die letzten vier Jahrhunderte als recht zufriedenstellend bezeichnen darf (soweit die zweifellos lückenhafte Berichterstattung das zuläßt). Nur wenige stärkere Unsicherheiten und Unklarheiten trüben das Bild.

Der Vulkan de las tres Virgenes in Niederkalifornien hatte im Jahre 1746[2]) einen Ausbruch und 1857 beobachtete man noch Rauchwolken über ihm. [Ob aber ein Ausbruch 1857[3]) erfolgte, ist zweifelhaft.] 1887[2]) war der Krater ruhig. —

Waitz macht darauf aufmerksam, daß bei der dünnen Besiedelung der Halbinsel es wohl möglich wäre, daß 'ein wenig bedeutender Ausbruch eines der vielen dortigen Vulkane vorübergeht, ohne daß er zu unserer Kenntnis gelangt. Unter diesem Gesichtspunkt ist die Nachricht von einem Aschen- und Lapilliregen eines Vulkans nahe dem Valle de San Rafael am 30. Oktober 1870[4]) sehr beachtenswert. Der Ausbruch soll von San Diego aus deutlich sichtbar gewesen sein. —

[Das jungvulkanische Gebiet des Pinacate und der verschiedenen Maare im Land der Papagayos-Indianer im Norden von Sonora zeigt heutzutage keine Äußerungen vulkanischer Tätigkeit mehr[5]).]

---

[1]) Die wichtigsten neueren Veröffentlichungen dieser Art sind J. Felix und H. Lenk, Beiträge zur Geologie und Paläontologie der Republik Mexiko, I. Teil, Leipzig 1890, und P. Waitz, 'Der gegenwärtige Stand der mexikanischen Vulkane' in der Zeitschr. f. Vulkanologie I, S. 247—274.

[2]) Waitz a. a. O. S. 271.

[3]) Russel, Volc. North America. New York 1897. S. 190. Derselbe erwähnte auch, daß seitdem Dampf ausgehaucht würde, zuweilen in großen Mengen.

[4]) Nature III, S. 35. Perrey, Mém. Ac. Bruxelles XXIV, S. 136 (Beben 1870).

[5]) Waitz a. a. O. S. 272.

Von dem Cerro de San Juan bei Tepic wird eine (schon 1742 legendenhafte) Eruption berichtet[1]. [Die Nachricht von einem Ausbruch des Tepic am 11. Mai 1870[2]) ist apokryph — vielleicht Verwechslung mit einem Einzelausbruche des Ceboruco]. —

Der Ceboruco[3]) hatte vor der Mitte des 18. Jahrhunderts Ausbrüche. Genaueres weiß man aber nur von seiner 1870—75 herrschenden Tätigkeit: im Jahre 1870 lieferte der Vulkan von Februar ab außer großen Mengen von Sand und Aschen auch einen bedeutenden Lavastrom (im Tal Los Cuates); auch traten damals Glutwolken auf. 1875 wurden noch Wasserdampfwolken und Aschen ausgeworfen; in den 90er Jahren war nur noch leichte Fumarolentätigkeit vorhanden. —

[Von den rhyolitischen Bergen, die das Tal von Guadalajara im Westen begrenzen, zeigt der Coll am Südwestfuß noch Solfataren, im Westen heiße Quellen; ihm pflegt man jeweils die Erdbebenschwärme von Guadalajara zuzuschreiben.] —

Der Colima hat sich nach einer Zusammenstellung von Mercalli[4]) seit der Mitte des 18. Jahrhunderts häufig tätig erwiesen, doch fehlen mir bislang genauere Daten über die meisten derselben und vielfach mag es sich um geringfügige Tätigkeitsäußerungen gehandelt haben. Es werden genannt die Jahre 1749, 1770 und 1795 (v. Humboldt[5]), 1804, 1806[6]), 1808—18, 1828 (oder etwas früher)[7]), 1869 (starker Lavaerguß, geringer Aschenauswurf). Nach Mercalli hätte die Tätigkeit bis 1872 gedauert und 1873 wäre der Vulkan wieder tätig gewesen. (P. Waitz hat ergänzend mitgeteilt, daß 1818[8]) gewaltige Glutwolken niedergingen und hernach die Lava langsam im Krater in die Höhe stieg. 1869[9]) entstand an der NO-Seite ein Parasit, dem beträchtliche Andesitmassen entquollen.) Bedeutende Aschenausbrüche setzten wieder 1885[10]) ein und dauerten bis 1886[11]). Neue Ausbrüche erfolgten von November 1889 an, um 1890 allmählich in eine Periode relativer Ruhe überzugehen[11]), die bis 1902 dauerte. Immerhin machten sich aber häufige leichte Explosionen bemerkbar, die 1893—1905 von Zapotlan aus regelmäßig registriert wurden[12]), aber nur 1903 bedeutendere Energie erreichten[11]).

---

[1]) Waitz S. 270. [2]) Perrey, Mém. Ac. Bruxelles XXIV, S. 104 (Beben 1870).

[3]) Felix und Lenk I, S. 59 f. Waitz S. 270 und Ztschr. Vulk. II, S. 80 f.

[4]) A. a. O. S. 348; desgl. Schneider S. 249. [5]) Nouv. Espagne II, S. 309.

[6]) Waitz S. 267 gibt für dies Jahr nur eventuell schwache Tätigkeit zu.

[7]) Felix und Lenk S. 46, Druckfehler 1858. Die Nachricht von der Bildung eines neuen Vulkans bei Colima, anfangs 1863 (Perrey in Mém. Ac. Bruxelles 1865, S. 122), ist offenbar unrichtig.

[8]) Ztschr. f. Vulk. II, S. 81. [9]) Ebenda I, S. 259 f.

[10]) Nature XXXIII, S. 234, 301. Russel S. 188. Lapilli 280 Meilen nach NO geweht.

[11]) Ez. Ordoñez in Mem. Soc. Alzate XX, S. 99. Waitz erklärte aber a. a. O. I, S. 267 die Eruptionen von 1903 für schwach.

[12]) W. Diaz in Comptes rendus, Xme Session, Congr. géol. intern. Mexico 1907. S. 767—960.

Der Krater, der 1906 durch einen gewaltigen Lavapfropf (von 1886?) verstopft war, hatte 1909 kleine Explosionen, die zwei seichte Mulden aus dem Pfropf aussprengten. Am 20. Januar 1913 aber begann eine starke Explosiveruption, deren Aschenmassen bis Coahuila verfrachtet wurden, während in den ersten Tagen der Tätigkeitsperiode auch radial große Glutwolken niedergingen. Die von letzteren gelieferten Massen schätzte Waitz auf 0,05—0,1 cbkm, die übrigen Aschen — m. E. stark übertrieben — auf 5—10 cbkm[1]).

[Die Angaben von Ausbrüchen 1907[2]), 1910[3]) und 1911[4]) finde ich sonst nicht bestätigt.]

[Der Ausbruch eines Nachbarvulkans des Colima im Jahr 1892[5]) ist ins Reich der Fabeln zu verweisen.] —

Der Jorullo[6]), dessen Ausbruch von 1759 hauptsächlich durch A. von Humboldts Schilderungen und Schlußfolgerungen berühmt geworden ist, hat in historischer Zeit nur diesen einzigen Ausbruch gehabt. Derselbe war durch zwei starke Lavaergüsse (Erzeugung eines Lavafelds von $8^1/_2$ qkm und darüber eine etwa halb so große Lavadecke), dann durch bedeutsame explosive Tätigkeit (Schaffung von vier Lockerkegeln) und schließlich durch Förderung zweier zähflüssiger Lavaströme aus dem Krater des Hauptkegels ausgezeichnet. Nach Waitz (Ztschr. f. Vulk. II, S. 77f.) sind Anfang Oktober vor dem Lavaerguß auch Glutwolken aufgetreten. Die ausgeworfenen Lockermassen waren sehr bedeutend und erzeugten in Verbindung mit starken Regenfällen Schlammströme.

Man darf vielleicht die Lavaförderung des berühmten Ausbruchs auf $^1/_3$—$^1/_2$ cbkm schätzen; für die Schätzung der Lockermassen fehlt es völlig an Unterlagen; sie scheinen aber eher geringer gewesen zu sein. —

[Die stark abgetragene Vulkanruine des Tancitaro zeigt ebenso wie die ihn begleitenden wohlerhaltenen Kraterkegelchen keinerlei Spuren noch fortdauernder Tätigkeit.] —

[Die Iztaccihuatl weist nach Boese und Ordoñez noch leichte Exhalationen von Schwefelwasserstoff und schwefliger Säure — mindestens zeitweise — auf, aber die Nachricht von einem Ausbruch am 20. Juli 1868 ist unbegründet[7]).] —

Völlig frei von Fumarolen oder sonstigen Zeichen noch fortdauernder Betätigung sind die zahlreichen jugendlichen Vulkankegelchen des Valle

---

[1]) Waitz, Ztschr. Vulk. I, S. 259—268. [2]) Le Cosmos LVI, S. 448.

[3]) Schneider S. 249. [4]) Pittsburg Dispatch 7. Juni 1911. [5]) Waitz I, S. 274.

[6]) Felix und Lenk I, S. 27—45. Waitz I, S. 257f. A. Villafaña, El volcan Jorullo, Parerg. Inst. geol. de Mexico II, S. 3, 1907 und E. Ordoñez, Livret Guide Congrès intern. géol. de Mexico 1906, XI.

[7]) Waitz I, S. 254, 274. Fuchs im Neuen Jahrb. 1869, S. 694. Burkart nach Antonio del Castillo im Neuen Jahrb. f. Min. 1870, S. 881.

von Mexiko, wie auch der große Vulkan Ajusco an dessen Rand. Dagegen ist der Lavastrom El Pedegral, der von letzterem Vulkan ausgegangen ist, bereits über menschliche Artefakte — unbekannten Alters — geflossen[1]).

[Keine Spur noch fortdauernder vulkanischer Tätigkeit zeigt ferner der Nevado de Toluca mit seinen Begleitgebilden. Doch gelang es Waitz wenigstens noch einige durch Fumarolen zersetzte Gesteinspartien an ihm zu entdecken[2])].

[Das rhyolitische, stark abgetragene Massiv des Cerro de San Andres zeigt noch Dampfexhalationen, heiße Sprudelquellen und Schwefelwasserstoffausströmungen und erwies durch einen räumlich begrenzten Erdbebenschwarm, 22. Okt. bis 3. Nov. 1872, noch Reste inneren Lebens[3]).] —

Der Popocatépetl[4]), der zurzeit nur noch solfatarisch tätig ist, hatte in historischer Zeit eine Anzahl sicher festgestellter Ausbrüche, zu denen noch unsichere Nachrichten hinzutreten. Die älteste berichtete Eruption fand im Jahre 1354 statt. — [Unsicher sind die Ausbrüche, die für die Zeit 1509 und 1512 angegeben werden]. Dagegen ist eine kräftige explosive Tätigkeit für die Zeit, als die Spanier in Tlascala — im September 1519 — ankamen, sicher verbürgt. Die Tätigkeitsperiode dauerte bis 1523 [nach anderer Angabe bis 1528]. Weitere Ausbrüche sind angegeben für 1530, 1539 (kleinere Stein- und Aschenauswürfe), 1542, 1548, 1571, 1592, 1642, 1664 (mehrtägiger Aschenregen), 1665, 1666, 1697, 1720. Der Nachricht Al. v. Humboldts, daß der Krater unaufhörlich in Flammen sei und Rauch und Asche auswerfe (1808), ist keine größere Bedeutung beizulegen, da der große Forscher in diesem Fall nur nach Hörensagen berichtete; wohl aber muß sein Zeugnis im Kosmos (IV, S. 211 bzw. 367), wonach er am 4. Januar 1804 Zeuge eines deutlichen Aschenauswurfs wurde, zweifellos anerkannt werden. Die Aschenregen, die Sonneschmid 1770 und die Gebrüder Glennie 1827 bei der Besteigung des Bergs durchmachten, glaubt Waitz auf Verwehungen von Sand und Asche durch Windböen zurückführen zu können. Aber nach letzterer Bericht im Bull. de la Soc. Géogr. vom Juni 1828 über letzteren Aufstieg muß man doch an einen leichten Explosivausbruch denken[5]), und darf dann wohl auch ein gleiches für Sonneschmids Nachricht annehmen. [Wenn Scrope-Klöden den Popocatepetl noch ständig tätig nennen, so ist das offenbar als eine Übertreibung der solfatarischen Betätigung anzusehen. Die Liste chronologique[6]) erwähnt einen starken Aschenregen 1540: Verwechslung mit 1539 oder 1542?

[1]) E. Wittich im Neuen Jahrbuch f. Min. etc. 1910, II, S. 136. Waitz hält es, I, S. 252 f., für möglich, daß der Lavaerguß im Jahre 1354 erfolgte (s. u. Popocatepetl).

[2]) Waitz I, S. 255 f.

[3]) Felix und Lenk S. 56. Waitz I, S. 286.

[4]) Felix und Lenk I, S. 16. Waitz I, S. 252 f.

[5]) Mercalli S. 349, wo der Bericht mitgeteilt ist.

[6]) Collection académique VI. Paris 1761. S. 542.

C. W. C. Fuchs erwähnt den Niedergang von fünf Schlammströmen am 6. Oktober 1865[1]) — offenbar kein vulkanisches Ereignis!] —

Der Pik von Orizaba oder Ciltlaltépetl[2]) hatte 1545 einen Ausbruch mit Auswurf einer großen Menge Lava und glühenden Materials; die Tätigkeit dauerte lange Jahre an (nach Mühlenpfordt bis 1565). 1566 erfolgte wieder Austritt von Lava und Auswurf glühenden Materials. Ausbrüche fanden auch 1613 und 1687[2]) [nach E. Boese[3]) auch 1537 und 1569] statt. Es ist nach Waitz nicht ausgeschlossen, daß die Reste zweier Lavaströme des Südhangs von diesen Ausbrüchen herrühren. Zurzeit finden noch warme Exhalationen am Gipfel statt.

[Ganz unbegründet war die Nachricht von einem Ausbruch des Orizaba am 10. März 1895[4]). Scrope-Klöden (S. 412) spricht von einer Tätigkeitsperiode 1569—1588, von Hoff (IV, S. 245f.) in Verwechslung mit dem Popocatepetl von 1519 oder 1520, Schneider (249) erwähnt 1545—1556, 1779 (?), während v. Hoff[5]) letztere Zahl nur mit Beben in Beziehung bringt, die am 5. Februar jenes Jahres in Orizaba beobachtet worden waren. Heller[6]) sah den Vulkan gegen Mitte des 19. Jahrhunderts zuweilen leicht rauchen, sah aber keinen Feuerschein und erwähnt, daß der Orizaba nicht immer sichtbare Dämpfe ausstoße.] —

Vulkan von S. Martin oder Tuxtla.

Ausbrüche: 1664 (15. Jan. oder 15. Okt.), hauptsächlich Asche gefördert, Aschenregen nicht sehr ausgedehnt[7]).

1793[7]) heftigere Ausbrüche, besonders am 2. März, 22. Mai, 28. Juni (stärkster) und 26. August; Tätigkeit bis Dezember 1793; neuer Ausbruch im Mai 1794, kleiner Krater geöffnet. Noch weitere zwei Jahre tätig. 1829 nur noch solfatarische[7]) Betätigung. 1859 keine schwefligen Dämpfe mehr.

[Die Nachricht von einem Ausbruch im Jahre 1893 war irrtümlich. Tschermaks min. u. petr. Mitt. XIV, S. 242ff. und Pet. Mitt. 1893, S. 125 und 221.] —

[Von einem Vulkan, der etwa 60 Meilen von Acapulco liegen und am 9. November 1852[8]) tätig gewesen sein soll, ist nichts mehr gehört worden; zweifellos existiert er nicht. —

Unbegründet waren auch die Nachrichten vom Ausbruch eines Vulkans Santa Ana in der Gegend von Tequila im September 1856[9]) oder des —

---

[1]) Neues Jahrbuch 1866, S. 527f.

[2]) Felix und Lenk S. 48. Waitz I, S. 250.

[3]) E. Böse in Mem. Soc. Ant. Alzate XVIII, 1902, S. 174 (zitiert von Waitz).

[4]) Revue scientifique Paris XXXII, I, S. 538. [5]) V, S. 33.

[6]) Pet. Mitt. 1857, S. 374.

[7]) Felix und Lenk a. a. O. S. 15. Waitz I, a. a. O. S. 249.

[8]) Perrey in Mém. Ac. Bruxelles XIII, S. 19. Kluge S. 82.

[9]) C. W. C. Fuchs, Vulk. Erscheinungen. Leipzig und Heidelberg 1865. S. 64.

gar nicht existierenden — Vulkans Pochutla 1869[1]), ferner eines 'bisher unbekannten Vulkans der Sierra de Asusco' 23.—28. September 1881[2]) und eines Vulkans in der Provinz Guanaxuato[3]) 1818, 15. Februar. —

Das mexikanische Vulkangebiet nimmt weder hinsichtlich der Frequenz noch auch hinsichtlich der Förderleistung den hervorragenden Platz unter den Vulkangebieten der Erde ein, den man nach der Zahl und zum Teil auch der Größe der vulkanischen Baue von ihm erwarten könnte. Von den zahlreichen Vulkanen sind nur acht weit auseinander gelegene Feuerberge in geschichtlicher Zeit tätig gewesen: drei derselben (Virgenes, Tepic und Jorullo) haben, wie es scheint, in geschichtlicher Zeit je nur einen Ausbruch gehabt, der Tuxtla, zwei in beträchtlichem Abstand voneinander; der Ceboruco hatte nach längerer Pause 1870—75 wieder eine Tätigkeitsperiode und nur Orizaba, Popocatepetl und Colima sind häufiger tätig gewesen und zwar so, daß die ersten beiden, abgesehen von einer Periode zum Teil gleichzeitiger Tätigkeit um die Mitte des 16. Jahrhunderts, bis zum Anfang des 18. Jahrhunderts miteinander abwechselten, um sodann die Tätigkeit an den Colima abzugeben, der von der Mitte des 18. Jahrhunderts bis zur Gegenwart häufige Ausbrüche gehabt hat und zwar teils Einzelausbrüche, teils längere Ausbruchsperioden, durch mäßig lange Pausen voneinander getrennt. Wohl hat der Popocatepetl auch während der Colimatätigkeit noch einige Ausbrüche gehabt, aber diese waren offenbar ganz unbedeutend. Wirklich bedeutende Ausbrüche sind von Orizaba und Popocatepetl überhaupt nicht bekannt, wohl aber vom Colima: 1869, 1885/86 und 1913; doch ist Waitz' Schätzung einer Lockerförderung beim letzten Ausbruch von 5—10 cbkm m. E. stark übertrieben und es scheint mir wahrscheinlich, daß er nur 2. Größe war. Bedeutende Ausbrüche waren außerdem die des Jorullo 1759, des Tuxtla 1793 und Ceboruco 1870.

Die meisten Ausbrüche hatten nur Lockerförderung, die auch der Menge nach überwiegen dürfte; aber auch Lavaförderung kam öfters vor, so am Orizaba im 16. Jahrhundert, am Jorullo im 18. Jahrhundert, am Colima 1818ff., 1869 und 1886, am Ceboruco 1870. Am beträchtlichsten war die Förderung am Jorullo 1759 (2. Größe), während in den übrigen Jahrhunderten die Jahrhundertförderung der mexikanischen Vulkane an Laven nur 3. Größe geblieben sein dürfte. Eine bedeutende Reichweite ist nur für den Colima 1885 und 1913 festgestellt, sonst blieb sie in geschichtlicher Zeit immer mäßig oder gering.

[1]) Neues Jahrbuch für Min., Geol. u. Pal. 1870, S. 880. Perreys Darstellung (Mém. Ac. Bruxelles XXIV, S. 102f., Beben 1870) zeigt deutlich, daß es sich nur um Beben mit Erdrutschungen, Steinschlägen und Getöse handelte (11.—17. Mai).

[2]) C. W. C. Fuchs in Tschermaks Min. u. petr. Mitt. V, S. 99.

[3]) Perrey, Ann. Soc. Émul. Vosges Épinal VI 2 (1847), S. 547.

Kleine Antillen[1]).

Das Gebiet der kleinen Antillen kam am Ende des 15. Jahrhunderts ins Licht der Geschichte, wurde aber großenteils erst im 17. und 18. Jahrhundert von Europäern dauernd besiedelt, so daß die zuverlässige Berichterstattung für das ganze Gebiet erst spät beginnt.

Die vulkanische Tätigkeit hat sich seit der Entdeckung nur selten geäußert, aber mehrmals mit außerordentlicher Heftigkeit.

[Aus dem dem vulkanischen Bogen benachbarten Gebiet liegen etliche Nachrichten vor, die hier kurz erwähnt werden sollen.

Die Brigg 'Le César' von Havre berichtet, daß sie am 25. Nov. 1837[2]) auf der Bank von Bahama ein Feuer bemerkte, das enorm wurde, so daß der Himmel und der Horizont entzündet erschienen. Das Phänomen, das vier Stunden dauerte, schien dem Kapitän und den Passagieren ein unterseeischer Ausbruch zu sein. Aber so merkwürdig die Schilderung ist, so läßt sie doch charakteristische Phänomene vermissen, die man bei solchen Ausbrüchen zu beobachten pflegt (Aufwallen des Wassers, Rauchentwicklung u. dgl.), so daß man an der vulkanischen Natur zweifeln kann, obgleich ein Bericht des Kapitäns der 'Sylphide' hervorhebt, daß er am 3. Januar 1838[3]) an dieser Stelle die Gewässer trüb und weißlich gefunden habe, was er als Beweis für vulkanische Betätigung ansah.

Das häufige Auftreten von Flutwellen an der Innenseite des Antillenbogens[4]) würde nach Rudolph auf häufige submarine Ausbrüche zu deuten sein, dürfte aber in vielen Fällen auf andere Ursachen zurückzuführen sein.

Die merkwürdigen Erscheinungen im English Harbour auf Antigua am 8. Februar 1843[5]) sind nur als Flutwellenwirkung aufzufassen, das Geräusch als Begleiterscheinung des gleichzeitigen schweren Bebens, dessen Epizentrum auf Guadeloupe lag; die aufsteigende weiße Substanz dürfte heller Schlamm gewesen sein.

Die Nachricht von der fast völligen Zerstörung der Insel St. Barthélemy im Jahr 1867[6]) war grundlos.]

Im eigentlichen Antillenbogen beginnen wir bei der Betrachtung der tätig gewesenen Ausbruchspunkte im Norden.

---

[1]) Zusammenfassungen von vulkanischen Ausbruchsberichten brachten: A. Lacroix in La Montagne Pelée et ses éruptions. Paris 1904. T. Anderson und J. S. Flett in Philos. Trans. Royal Soc. London, Ser. A, vol. 200 und K. Sapper, In den Vulkangebieten Mittelamerikas und Westindiens. Stuttgart 1905. bzw. N. Jahrb. f. Min., Geol. 1904, II, S. 1 ff.

[2]) Perrey in Mém. Ac. Dijon 1847/48, S. 51. Rudolph in Gerlands Beitr. I, S. 243f.

[3]) Perrey ebenda. [4]) Rudolph ebenda I, S. 242.

[5]) Rudolph ebenda I, S. 242f.

[6]) C. W. C. Fuchs im Neuen Jahrbuch 1868, S. 441.

[Die Nachricht von einem Ausbruch auf Saba im November 1867 [1]) war irrtümlich.] —

Der nördlichste Vulkan, der in geschichtlicher Zeit tätig gewesen ist, ist der Mt. Misery (1315 m) auf Christopher (St. Kitts). Nach den knappen Mitteilungen eines in den Philos. Transactions, XVIII, S. 99 veröffentlichten Briefs vom 3. Juli 1693 [2]) hat nach einer längeren Reihe von Beben in den Jahren 1692/93 ein Ausbruch stattgehabt, der deutlich mit dem großen Jamaikabeben vom 7. Juni 1692 in ursächlicher Beziehung gestanden hat. [A. Perrey [3]) legt (nach Prevost u. a.) den Ausbruch auf den gleichen Monat und gibt ihm nur einige Wochen Dauer.]

Gegenwärtig findet auf dem Mt. Misery nur noch leichte Fumarolentätigkeit statt. —

[Auf der Insel Montserrat haben die beiden vorhandenen Solfataren während einer langen Bebenserie von 1897—99 ihre Tätigkeit und ihr Areal wesentlich vergrößert; zu einem Ausbruch kam es aber nicht, doch wurden die Bewohner durch Schwefeldünste belästigt.] —

Auf Guadeloupe hat die Grande Soufrière [4]) mehrfach Tätigkeit gezeigt:

1696 ist nach Père Labats Bericht [5]) kurz vor seinem Besuch des Vulkans ein beträchtlicher Aschenausbruch erfolgt; noch immer kamen von Zeit zu Zeit Wirbel schwarzen Rauchs, vermischt mit Funken, hervor. Labat erwähnt auch, daß die Soufrière 'zuweilen Aschen auswarf'; man muß also annehmen, daß schon vor seiner Zeit leichte Ausbrüche beobachtet worden waren.

Kräftige Zunahme der Fumarolentätigkeit erfolgte 1738—45 und 1766, ein wirklicher Ausbruch 1797: 29. September abends Beben, Detonationen, Schlamm- und Aschenregen; Aschenregen bis 2. Oktober, 5 Uhr morgens, kleinere Explosionen folgten im Winter, und am 26. April 1798, 2 Uhr nachm. wurden in einer heftigen Explosion zahllose Steine ausgeschleudert und zwar hauptsächlich nach einer Seite hin (Morne Amie), so daß Lacroix es für möglich hält, daß es sich um den Niedergang einer Glutwolke gehandelt haben könnte.

1809/12 [6]), Zunahme der Fumarolentätigkeit.

---

[1]) Perrey in Mém. Ac. Bruxelles XXI, S. 193.

[2]) 'St. Christophers, one of the Caribee Islands, was heretofore much troubled with Earthquakes, which upon an Eruption of a great Mountain there of a Combustible Matter, which still continues, wholly ceased, and have never been felt there since.'

[3]) Mém. Ac. Dijon 1845/46, S. 329. [4]) Lacroix a. a. O. S. 56 ff.

[5]) R. P. Labat, Nouveau voyage aux isles de l'Amérique II. Paris 1742. S. 420. Lacroix a. a. O. S. 63.

[6]) 1802 soll nach einigen Autoren ein Ausbruch stattgehabt haben; aber Lacroix bestreitet die Richtigkeit der Angabe sehr entschieden (S. 67, Anm. 2).

1837[1]) wurden vom 3. Dezember an nach dumpfem Getöse Aschen und ansehnliche Blöcke während mehrerer Wochen ausgeschleudert, am 12. Februar 1838 aus einer neugebildeten Spalte des Nordwesthangs ungeheure Schlammwassermassen gefördert (pyrithaltige Tone, wie sie aus der Zersetzung des anstehenden Gesteins entstehen: oberflächliche Eruption).

1879, 1899, 1902/03 Auffrischung der Fumarolentätigkeit. Im Januar 1903 wurde die Umgebung mit feinverteiltem Schwefel überschüttet. —

Zwischen dem Westende von Marie Galante und Guadeloupe erhob sich am 17. Februar 1843[2]) eine mächtige Wassersäule von schwärzlicher Farbe zu bedeutender Höhe in die Luft; sie drehte sich um sich selbst; ringsumher war das Meer weithin mit Dampf bedeckt. Die Erscheinung dauerte 1/2 Stunde und stand vielleicht mit dem Beben vom 8. Febr. d. J. in Beziehung. —

Auf der Insel Dominica ist die Grande Soufrière mit dem (periodisch vorhandenen und dann meist stark kochenden, zuweilen giftige Gase — CO_2? neben H_2S — in großen Mengen fördernden) Boiling Lake der einzige tätige Vulkan.

Im Jahr 1765 fanden schwere Beben statt und die Bewohner wurden von Schwefeldämpfen belästigt[3]).

1880, 4. Januar, gegen 11 Uhr vorm. erfolgte der einzige bekannte historische Ausbruch, 2 km südwestlich vom Boiling Lake: Serie dumpfer, alle zwei Minuten sich wiederholender Getöse, mächtige schwarze Wolke, die Schlamm und Aschen noch weit ins Meer hinaustrug (Produkte der Zersetzung von Tuffen, vermischt mit Pyrit: Oberflächliche Eruption)[4]). —

Das nördliche Drittel der Insel Martinique nimmt der tätige Mont Pelé (Montagne Pelée) ein. Die älteste bekannte Tätigkeitsäußerung größeren Stils erfolgte am 22. Januar 1792[5]): Auffrischen von Fumarolentätigkeit im Tal der Rivière Claire, 883 m ü. M. an der Westabdachung.

Im August 1851[6]) (oberflächliche) Eruption ebenda: Auswurf bescheidener Aschenmengen (zersetzte Tuffe mit Pyrit), etliche Schlammströme verursachend.

Der Gipfelkrater (Étang sec) war damals ruhig; 1889 wurden die ersten Fumarolen darin bemerkt, 1901 nahm deren Tätigkeit zu; im Februar 1902 machte sich der Schwefelgeruch schon an der Küste bemerklich; am

[1]) Die Angabe eines Ausbruchs 1836 von Daubeny (2. Aufl., S. 470 f.) und dem Report der Krakatoa Commission der Royal Soc. (S. 398) ist nicht begründet.

[2]) Perrey, Mém. Ac. Dijon 1845/46, S. 377. Rudolph in Gerlands Beitr. I, S. 242.

[3]) Mercalli, I vulcani Attivi. Milano 1907. S. 365 nach einer neapolitanischen Zeitungsnotiz vom 1. Nov. 1765.

[4]) Nature XXI, S. 372 f. A. Lacroix, Montagne Pelée, S. 24.

[5]) A. Lacroix, Montagne Pelée S. 28 ff.: nicht 1762, wie L. v. Buch, Keferstein, v. Hoff (V, S. 7 entgegen II, S. 532) und Schneider (S. 250) angeben.

[6]) Lacroix, Montagne Pelée S. 31 ff.

23. April leichtes Beben; 24. April Aufsteigen aschenbeladner Dampfwolke, 500—600 m hoch, dann 25. April Aschenfall in Prêcheur; erst intermittierend, dann ständig Dampfemanationen; 26. April Schlammsee und kleiner Aschenkegel im Krater. Nun mit Schwankungen rasche Zunahme der Tätigkeit; Aschenfälle, Hochwasser; 3. Mai Finsternis in Prêcheur; 5. Mai zerstörte ein Schlammstrom die Usine Guérin; 7. Mai 2 Uhr morg., neues Hochwasser der Rivière Blanche, dichter Aschenregen, glühende Blöcke im Krater emporgeschleudert. 8. Mai, 8 Uhr 01 Min. morg., Niedergang zerstörender Glutwolke in einem Sektor von fast 100°, Vernichtung von St. Pierre mit 28000 Einwohnern. Ähnlich heftige, abwärts gerichtete Ausbrüche fanden noch am 20. Mai und — Vernichtung von Morne Rouge mit ca. 1000 Opfern — 30. August 1902 statt neben zahlreichen kleineren Ausbrüchen mit auf- und noch häufiger absteigenden Wolken; außerdem Bildung eines Lavastaukegels, aus dem in der Zeit vom 3. November 1902 bis August 1903 eine gewaltige Felsnadel extrudiert wurde. Die Tätigkeit des Mont Pelé erlosch erst am 2. Juli 1905[1]).

Die Masse des Staukegels beträgt über 1/10 cbkm und beträchtlich mehr haben zweifellos die geförderten Lockermassen erreicht; jedoch ist es nicht möglich, diese Förderung zahlenmäßig genauer zu fassen, da die Grundlagen viel zu dürftig sind. [K. Schneider[2]) gibt nach J. C. Russel für den 'letzten großen Ausbruch' innerhalb 24 Stunden 10368 Mill. cbm an (?). Zeitungsberichte über Ausbrüche im Februar 1906 und Januar 1910[3]) waren unrichtig.] —

Auf der Insel St. Lucia befindet sich nahe dem Dorf Soufrière, östlich vom Petit Piton, ein ausgedehntes Solfatarenfeld, dessen Dampf- und Heißwasserquellen nebst Schlammsprudeln häufig nach Lage und Intensität der Tätigkeit wechseln; am Ende des 18. Jahrhunderts war die Tätigkeit entschieden stärker, als am Anfang des 20. Jahrhunderts[4]). Dies ist zweifellos der Ort des Vulkans 'Qualibou', der nach L. v. Buch[5]) und A. v. Humboldt[6]) 1766 eine leichte (wohl oberflächliche) Eruption gehabt hat (ausgelöst durch das Beben von Cumana, Venezuela, nach Humboldt). [F. v. Wolf, Der Vulkanismus, Stuttgart 1914, I, S. 287 führt diesen Ausbruch unter Berufung auf Rudolph als submarin an. Tatsächlich gibt Rudolphs Karte in Gerlands Beitr. I, Taf. 7 in dieser Gegend einen submarinen Ausbruch an; doch fand ich keine entsprechende Bemerkung darüber im Text vor.]

Am 9. Mai 1902[7]) zwischen 8½ Uhr morg. und 1½ Uhr nachmitt. leichter submariner Ausbruch an zwei benachbarten Stellen, etwa 8 km westlich von

---

1) A. Lacroix, La Montagne Pelée après ses éruptions. Paris 1908. S. 5.
2) Vulk. Ersch. S. 84.
3) Gerlands Beiträge zur Geophysik XIV, S. 123.
4) MS. von Lefort de Latour von 1789; Zentralblatt für Min. Geol. u. Pal. 1903, S. 277.
5) Ges. Schr. III, S. 621 nach Cassan, Stockholm. Vetensk. Akad. nya Handl. XI, S. 163.
6) Kosmos IV, S. 600.
7) Anderson und Flett Report S. 535 f. (Philos. Trans. Ser. A, vol. 200).

Port Castries, vielleicht am folgenden Tag wiederholt: wahrscheinlich Aufsprudeln von Wasser, leider nur aus der Ferne beobachtet. —

Auf St. Vincent[1]) nimmt der tätige Stratovulkan Soufrière (1234 m) das Nordende der Insel ein. Der älteste aus historischer Zeit erwähnte Ausbruch fällt auf das Jahr 1718 (6./7. März); doch fehlen zuverlässige nähere Nachrichten darüber.

1812, 27. April bis 1. Mai, nach zahlreichen Beben neuer Ausbruch; Bildung eines neuen Kraters nordöstlich von dem großen alten; heiße Aschen- und Sandmassen wälzten sich die Berghänge herab.

Kleine Ausbrüche folgten am 8. Juni 1812 und 9. Januar 1814. [Die nach Zeitungsnachrichten gebrachte Mitteilung von A. Perrey[2]) über einen Rauch- und Flammenausbruch des Vulkans im April und Mai 1846 war unbegründet.]

Im September 1880 Auffrischen der Solfatarentätigkeit.

Seit Februar 1901 häufige, z. T. starke Beben, bis am 6. Mai 1902 Mittag ein Ausbruch mit intermittierenden Dampfexplosionen einsetzte; am 7. Mai war der Ausbruch kontinuierlich geworden. Kurz nach Mittag gingen heiße Wasserfluten in den Talschluchten des Wallibu River und Rabaca Dry River nieder (Auswurf des Kratersees); um 1 Uhr fiel grober Sand, um 2 Uhr vernichtete eine niedergehende Glutwolke in wenigen Minuten 1600 Menschen. Neben zahlreichen kleinen Explosionen folgten schwere Ausbrüche noch am 18. Mai, 3. September und 15./16. Oktober 1902, sowie 21.—30. Mai 1903. Lavaergüsse fehlten. Die geförderten Lockermassen waren sehr bedeutend und dürften 1 cbkm wesentlich überschritten haben. Doch genügen die Grundlagen zu sicherer Berechnung nicht. Große Aschenmengen wurden nach Barbados getragen. —

Unklar ist mir z. Zt. noch die Nachricht von einem Ausbruch bei Barbadoes Anfang August 1831[3]). Da auf Barbadoes kein Vulkan ist, kann der Ausbruch nur von einem Nachbarvulkan (wohl einem submarinen) hergerührt haben. Daß ein Ausbruch aber stattfand, ist durch die atmosphärischen Erscheinungen (blaue Sonne in Bermudas am 11. August und bläuliche Färbung der Luft in Anegada) sehr wahrscheinlich gemacht.

Auch die Nachricht von Aschenfall auf 20 Dörfer der Antillen am 1. und 2. Sept. 1907[4]) läßt sich am leichtesten durch den Ausbruch eines (wohl submarinen, unbekannt gebliebenen) Vulkans erklären. Man könnte ja freilich auch daran denken, daß die Aschen von heftigen Winden auf-

---

[1]) Anderson and Flett a. a. O. (S. 378 ff.), wo S. 456 ff. auch die Berichte über die älteren Ausbrüche mitgeteilt und diskutiert sind.

[2]) Mém. Ac. Dijon 1845/46, S. 391.

[3]) Report of the Krakatoa Committee of the Royal Society. London 1888. S. 396 u. 398.

[4]) Nature LXXVI, S. 522.

genommen und wieder abgesetzt wären; dann müßte aber der Staub von weither gebracht sein, da die dichte Bewachsung auf den Antillen ein solches Entführen von Aschen in größeren Mengen unmöglich machen würde.

[Die Entstehung einer neuen Schlamminsel unter Flammen- und Raucherscheinungen zwischen Trinidad und Venezuela im November 1911[1]) ist nicht als vulkanisches Phänomen anzusehen.] —

Tätige Vulkane sind auf den kleinen Antillen nur in spärlicher Zahl vorhanden und diese haben in geschichtlicher Zeit nur wenige Ausbrüche oder Ausbruchsperioden gehabt: Mt. Misery, Qualibou und Boiling Lake je nur einen, Mt. Pelé zwei (1851 und 1902—05), die Soufrièren von Guadeloupe und St. Vincent je drei (1696, 1797/98 und 1837/38 bzw. 1718, 1812—14, 1902/03); wo also mehrere Ausbrüche vorkamen, da erfolgten sie jeweils immer erst nach längerer vorausgegangener Ruhepause. Auffallend war die gewaltige Steigerung der vulkanischen Energie am Anfang des 20. Jahrhunderts, nachdem sie doch Jahrhunderte lang nur sehr mäßig gewesen war und geradezu auf ein Altern, ein Ausklingen der vulkanischen Tätigkeit hätte gedeutet werden können. Sehr bemerkenswert war das fast gleichzeitige Eintreten der beiden großen Ausbrüche von 1902, wohl am ehesten durch Annahme einer gemeinsamen Ursache erklärbar.

Die bedeutendste Förderung (nur Lockermaterial!) hat in geschichtlicher Zeit die Soufrière von St. Vincent gehabt, deren letzte Ausbruchsperiode allein mehr als 1 cbkm gefördert hat. Auch der letzte Pelé-Ausbruch hat bedeutende Locker- und ansehnliche Lavamassen gebracht, während die Soufrière von Guadeloupe und die andern tätigen Vulkane nur mäßige Mengen geliefert haben dürften. Die Förderung mancher Ausbrüche beschränkte sich ganz oder in der Hauptsache auf Bewegung oberflächlicher alter Materialien.

Unter allen Ausbrüchen waren nur die von St. Vincent und der letzte des Mt. Pelé durch große Reichweite ausgezeichnet; doch sind die schweren Verluste an Menschenleben und Eigentum in der Hauptsache der besonderen Ausbruchsweise (den niedergehenden Glutwolken) und der exponierten Lage der betroffenen Siedelungen zuzuschreiben.

---

[1]) Annalen der Hydrographie 1912, S. 168.

c) Mittelamerika.

Mittelamerika wurde den Europäern im 1. Viertel des 16. Jahrhunderts bekannt; seit dieser Zeit besitzen wir also Berichte über die zeitweise sehr lebhafte Tätigkeit der dortigen Feuerberge; allein dieselben sind nur für die erste Hälfte des 16. Jahrhunderts und dann wieder etwa von der Mitte des 19. Jahrhunderts ab genügend, um ein Bild von der vulkanischen Betätigung im ganzen Gebiet zu bekommen; in der langen Zwischenzeit sind wir zeitenweise selbst für die Vulkane bei den Hauptstädten der Einzelländer nicht genügend orientiert und für entlegene Gebiete fehlen eingehendere Nachrichten noch empfindlicher.

Die vorhandenen Nachrichten sind gesammelt und verwertet von A. Dollfus und E. de Montserrat[1]), K. v. Seebach[2]), Edwin Rockstroh[3]), Graf F. de Montessus de Ballore[4]) und Sapper[5]). Eine genaue Durchsicht der Archive und älteren Lokalzeitungen dürfte noch manchen neuen wertvollen Beitrag erbringen.

Für die costaricanischen Ausbrüche hat Cleto González Viquez[6]) eine treffliche Zusammenstellung gegeben.

1. Guatemala.

Der nördlichste[7]) der tätigen Vulkane Mittelamerikas ist der Tacaná. Derselbe stieß nach Rockstroh (a. a. O. S. 31) nach einem starken andauernden Beben weißen Rauch aus neugebildeten Spalten am 11. Januar 1855 aus.

---

[1]) Voyage géologique dans les Républiques de Guatemala et de Salvador, Paris 1868.

[2]) Über Vulkane Zentralamerikas, Göttingen 1892. (Mit sehr wertvollen kritischen Bemerkungen über einzelne Ausbrüche.)

[3]) Revista del Observatorio meteorologico del Instituto Nacional Central de Guatemala I, 1883 (leider sehr knappe Angaben!).

[4]) Temblores y erupciones volcanicas en Centroamerica, S. Salvador 1884 und Tremblements de terre et éruptions volcaniques au Centre-Amérique. Dijon 1888. Dazu seine Manuskriptsammlung in Paris, eine sehr wichtige Arbeit!

[5]) Die mittelamerikanischen Vulkane. Ergzh. Nr. 178 zu Petermanns Mitteilungen. Gotha 1913.

[6]) Temblores, terremotos, inundaciones y erupciones volcanicas en Costarica 1608 — 1910. San José de Costarica 1910.

[7]) Einen Vulkan 'Soconusco', den ältere Schriftsteller erwähnen, gibt es nicht. Doch glaubt Waitz (Zeitschr. für Vulkanologie I, S. 273), daß er mit dem Tacana identisch sei.

[Boese[1]) hörte auch von einem leichten Ausbruch im Jahr 1878, der aber von dem damals am Tacana anwesenden Ingenieur Mendizabal Tamborel bestritten wird.] —

Der Vulkan Tajumulco (mit 4210 m der höchste Berg Mittelamerikas) ist zwar in historischer Zeit tätig gewesen, doch fehlen genauere Daten völlig. Juarros[2]) spricht nur von 'wiederholten Ausbrüchen', die vor der Abfassung seines Werkes stattgehabt hatten. Fuchs'[3]) Angabe einer Tätigkeit im Jahre 1821 erscheint sehr unsicher; auch Bernoullis Mitteilung[4]), er habe den Vulkan 'in den Nächten, welche auf das heftige Erdbeben vom 19. Januar 1863 folgten, deutlich Flammen ausstoßen sehen', kann nicht ohne weiteres hingenommen werden, da er bei seiner weiten Entfernung leicht durch Wald- und Grasbrände getäuscht worden sein konnte. Mercallis[5]) Angabe von einem Ausbruch 1893 ist sicher unrichtig. —

Der Vulkan Cerro Quemado oder Volcan de Quezaltenango hatte nach Rockstroh[6]) im Jahre 1785 einen Ausbruch; Einzelheiten werden nicht berichtet. Wenn A. v. Humboldt[7]) angibt, daß der Vulkan seit 1821 entzündet sei und Mercalli (a. a. O. S. 351) berichtet, er habe 1823 mehr als gewöhnlich zu rauchen begonnen, so bezieht sich das wohl nur auf seine Fumarolentätigkeit, die bis heute andauert. [T. Anderson[8]) erwähnt 'einen leichten und vielleicht zweifelhaften Ausbruch in 1891': mit Unrecht, da damals nur Erdbeben stattfanden.] —

Der Vulkan Santa Maria hat erst im 20. Jahrhundert gezeigt, daß er noch zu den tätigen Feuerbergen gehört: nach einer langen Reihe zahlreicher und zum Teil schwerer Beben hat er am 24./25. Oktober 1902[9]) einen furchtbaren Explosivausbruch gehabt, der fast $5^1/_2$ cbkm Lockermassen unter Schaffung eines großen Kraters an der Südwestabdachung geliefert hat. Kleinere Ausbrüche dauerten bis ins Jahr 1903 fort, Geisertätigkeit im neugebildeten Kratersee bis ca. 1906. Der wirtschaftliche Schaden war bis nach Chiapas hinein sehr groß; Hunderte von Menschen wurden von zusammenbrechenden Häusern u. a. getötet; doch ist die genaue Zahl der Opfer nicht bekannt geworden. Die Reichweite war groß; Aschenmassen

---

[1]) Estado actual del Volcan de Tacaná (Parergones del Instituto geologico de Mexico I, 1903, Nr. 1, S. 22 f. Die Mitteilung von Fuchs über Wasserergüsse aus einem Berge im Hochgebirge von Soconusco (Neues Jahrb. f. Min. 1871, S. 151 f.) ist sicher auf kein vulkanisches Ereignis zu beziehen.

[2]) Compendio de la historia de Guatemala I, Guatemala 1808, S. 65.

[3]) Die vulkanischen Erscheinungen der Erde. Heidelberg 1865. S. 65. (Montessus de Ballore, Tembl. S. 50 schreibt 1822.)

[4]) Pet. Mitt. 1868, S. 86.

[5]) I vulcani attivi S. 351.

[6]) A. a. O. S. 29.

[7]) Kosmos 1858, IV, S. 544.

[8]) Journ. R. Geogr. Soc. London 1908, S. 476.

[9]) Sapper, In den Vulkangebieten Mittelamerikas und Westindiens. Stuttgart 1905. S. 101 ff. und Neues Jahrbuch für Min., Geol. u. Pal. 1904, S. 39 ff.

waren auf einem Gebiet von der halben Fläche des deutschen Reiches gefallen. Die Förderung dieses einen Ausbruchs ist jedenfalls größer, als die aller andern Lockerausbrüche Guatemalas in geschichtlicher Zeit. —

[Der Zuñil soll im Januar 1855[1]) zur Zeit heftiger Beben 'in voller Tätigkeit' gewesen sein; doch ist darunter wohl nur solfatarische Betätigung zu verstehen, da ein wirklicher Ausbruch kaum völlig der Berichterstattung hätte entgehen können.] —

Der Atitlan war in historischer Zeit mehrfach tätig. K. v. Seebach schreibt den Ausbruch eines Vulkans von Suchiltepequez, den Oviedo nach indianischen Traditionen ins Jahr 1469 verlegt haben soll — m. E. mit Recht — dem Atitlan, und nicht dem erloschenen Suchitan (Santa Catarina) zu[2]). [Pedro de Alvarados Bericht über einen im Mai 1524 tätigen Vulkan[3]) möchte Montessus de Ballore[4]) (und mit ihm Mercalli und Schneider) auf den Atitlan beziehen, während er richtiger auf den Fuego geht.]

Im Anfang des 18. Jahrhunderts war der Atitlan nach schon vorher anhaltender Tätigkeit vier Jahre in Eruption; ob aber diese Angabe des Jimenez sich auf die Zeit von 1717—1721 bezieht, wie F. de Paula Garcia Pelaez[5]) will, oder auf die Zeit von 1706—1710 bzw. 1707—1711, wie Montessus de Ballore[6]) schreibt, ist bisher nicht sicher festgestellt.

Nach langer Rast war der Vulkan wieder im November 1826[7]) tätig, ferner 27. März 1827[7]), 19. Sept. 1827[8]), 1828 und 1833 ohne nähere Angabe[9]) (etwas zweifelhaft!), 1843[10]) (leicht; etwas zweifelhaft!), 1852[11]) (wohl identisch mit dem von K. v. Seebach[7]) erwähnten Ausbruch vom 3. Mai 1853, der um 11 Uhr vormittags mit dem Ausbruch glühender Wurfschlacken begann und mit seinen Aschen die ganze Umgebung des Atitlansees bis 3 Uhr verfinsterte). Dollfus und Montserrat führen auch 1856[12]) als Ausbruchsjahr an (zweifelhaft!).

---

[1]) Montessus de Ballore, Temblores S. 73.

[2]) Montessus de Ballore, Tembl. S. 10f. K. v. Seebach a. a. O. S. 247. Die betreffende Stelle habe ich in Oviedos Werk ebenso vergeblich gesucht, wie K. v. Seebach.

[3]) Vedia, Historiadores primitivos de Indias. Madrid 1858. S. 463.

[4]) Temblores S. 13f.

[5]) Memorias para la historia del Antiguo Reyno de Guatemala III, Guatemala 1852, S. 43.

[6]) Temblores S. 33. Mercalli (a. a. O. S. 351) und Schneider (Vulk. Ersch. S. 250) schreiben 1706, 1710.

[7]) K. v. Seebach a. a. O. S. 247 nach Aussagen von Carlos Vasconcelos.

[8]) Montessus de Ballore, Temblores S. 51f. (Lavaausfluß, 50stündige Finsternis infolge Aschenauswurfs, also offenbar recht bedeutend!)

[9]) Dunlop, Travels in Centralamerica 1846, S. 248. Report Krakatoa Comittee 1888, S. 395 und 398. Dollfus und Montserrat S. 464. Dario Gonzalez, Nuevo Curso de Geografia, S. Salvador 1907, S. 17.

[10]) Dario Gonzalez a. a. O. S. 17.

[11]) Ebenda, starker Aschenausbruch; auch von Dollfus und Monserrat erwähnt S. 465.

[12]) A. a. O. S. 465. Mercalli S. 351. Schneider S. 250.

Wenngleich in der Ausbruchsgeschichte dieses Vulkans manches unklar bleibt, so sind doch deutlich drei Tätigkeitsperioden erkennbar: am Anfang des 18. Jahrhunderts und wieder 1826 und 1852, je mit den nachfolgenden Jahren. Der Umstand, daß aber nur die oberste Gipfelkuppe verjüngt wurde, die tieferen Barancos aber nicht ausgefüllt worden sind, zeigt die nicht sehr bedeutende Lockerförderung in diesen Tätigkeitsperioden. —

Der Fuego warf im Sommer 1524 in hellen Flammen große glühende Steine aus[1]). Rockstroh gibt auch 1576 als Ausbruchsjahr an[2]). (Cayetano Santis[3]) nennt ferner 1565, 1575 und 1577 als Ausbruchsjahre; sicher ist aber nur, daß damals starke Bebenserien auftraten.)

Am 27. Dezember 1581[4]) fand ein starker Aschenausbruch statt, der Antigua in Finsternis hüllte; am 14. Januar 1582[4]) begann der Vulkan wieder für 24 Stunden Schlacken auszuwerfen; starke Schlackenauswürfe folgten Juli bis Dezember 1585[5]) während einer Bebenserie.

1614[6]) neue Tätigkeit; keine genaueren Angaben.

1623[4]), Januar, Aschenausbruch, von furchtbarem Getöse begleitet.

[1631[3]) Ausbruch? ohne weitere Angaben, nach C. Santis].

1629—1632[7]) stieß der Fuego häufig Flammen, Rauch und Gebrüll aus und einmal 3 oder 4 Tage lang so hellen Feuerschein, daß man Nachts in Antigua lesen konnte.

[1651, 1664, 1668, 1671, 1677 nennt Fuchs[8]) als Ausbruchsjahre, ohne Quellen zu nennen, C. Santis[3]) 1679.]

1685, September, fand Dampier[9]) 8—10 Leguas vom Ufer Guatemalas viel Treibholz und Bimsstein in der See und hielt daher — mit Recht — einen vorausgegangenen Ausbruch für wahrscheinlich: ob vom Fuego stammend, ist freilich nicht zu entscheiden.

1686[10]) erfolgte wieder ein Aschenausbruch.

1699 Ausbruch nach Rockstroh[11]). [C. Santis[3]) erwähnt auch 1689 und 1702.]

---

[1]) Vedia a. a. O. S. 463 (von Montessus de Ballore auf Atitlan bezogen, s. oben).

[2]) A. a. O. S. 24. In diesem Jahr suchten starke Beben die Gegend heim. Mercalli gibt S. 351 ohne Quellenangabe Tätigkeit für 1526—1541 an.

[3]) Zitiert in Montessus de Ballores Temblores S. 18 ff. Mercalli schreibt 27. Sept. 1581.

[4]) Juarros, Compendio I, S. 226.

[5]) Torquemada, Monarquia Indiana XIV, Kap. 32 und Acosta, Historia natural, Madrid 1894, I, S. 272.

[6]) Rockstroh a. a. O. S. 25. Dollfus und Montserrat S. 449.

[7]) Th. Gage, Neue merkwürdige Reisebeschreibung nach Neu-Spanien. Leipzig 1693. S. 257.

[8]) Die vulk. Ersch. 1865, S. 65: Verwechslung mit Pacayaausbrüchen 1651, 64, 68, 71, 74! Mercalli: 1664, 1679.

[9]) Voyages, ed. J. Maxfield. London 1906. S. 248.

[10]) Nach Jimenez: Garcia Pelaez a. a. O. III, S. 43. Mercalli erwähnt S. 351 auch 1689.

[11]) A. a. O. S. 27.

1705, 1. und 2. Februar und 1706, 4. Oktober Aschenauswürfe[1]).

1710, 15. Oktober, Schlackenauswurf[2]).

1717[3]), 27. August, 6 Uhr nachm., begann ein neuer Lockerausbruch, der zwischen 10 und 12 Uhr nachts bedeutende Dimensionen annahm; Getöse 300—350 km hörbar, Asche flog 200—250 km weit; der Ausbruch dauerte 4 Monate; starke Beben begleiteten ihn, besonders 29. und 30. Sept.; sowie 4. Oktober 1717.

1732[4]), Mai, langdauernde Eruption, furchtbares Getöse.

1737[5]), 27. August, beginnt neue Eruption während einer Bebenserie; neue Öffnungen am Abhang stießen mehrere Tage Rauch und Feuer aus.

[1751, Ausbruch nach C. Santis, desgl. 1765 und 1773, während Juarros nur Beben angibt. Fuchs führt — in Verwechslung mit dem Pacaya — auch einen Ausbruch 1775 an, Mercalli 1765.]

1799[6]) starker Ausbruch, der mehrere Tage dauerte.

1829[7]) Ausbruch (keine Einzelheiten bekannt).

[1850 und 1852, Ausbrüche nach C. Santis[8]); auch A. v. Humboldt[9]) spricht von einem großen Ausbruch 1852 mit Lavaerguß, während Rockstroh, K. v. Seebach u. a. nichts von ihm wissen. Mercalli: 1850 und 1852.]

1855[10]), 29. September, 1 Uhr morg., stieg riesige Rauchsäule ca. 2000 m hoch auf; heftige Beben; Ende 30. September.

1856[11]), 9. Januar, neuer Laven- und Aschenauswurf.

1857[12]), 15. Januar, 16. und 17. Februar Aschenauswürfe, 17. Februar auch Lavaerguß nach Süden und nach Norden.

1860[13]), 18. August und 15.—24. September, Aschenausbruch, wohl mit Lavaerguß.

[1867, Ausbruch nach C. Santis und Mercalli; wohl unrichtig, da Rockstroh ihn nicht erwähnt.]

1880[14]), Starke Aschenauswürfe 29. Juni (Finsternis in Retalhuleu bis 10 vorm.), 1. und 4. Juli, 20. August starkes Getöse. Ob Lavaerguß? Un-

[1]) Montessus de Ballore, Tembl. S. 30 ff. Nach Jimenez wären diese Ausbrüche ein Jahr später anzusetzen. (Mercalli S. 351: 1705, 1706—07.)

[2]) Rockstroh a. a. O. S. 27 und MS. der Biblioteca nacional von Guatemala.

[3]) MS. der Biblioteca nacional. Rockstroh a. a. O. S. 27.

[4]) Juarros I, S. 231.

[5]) Juarros I, S. 232.

[6]) Ebenda und E. Rockstroh S. 27.

[7]) Rockstroh a. a. O. S. 29.

[8]) Montessus de Ballore, Temblores S. 60 und 62.

[9]) Kosmos IV, S. 544.

[10]) Informe del Corregidor del Departamento de Sacatepequez, MS. kopiert von Montessus de Ballore.

[11]) Rockstroh a. a. O. S. 31.

[12]) Gaceta de Guatemala vom 22. Febr. 1857, kopiert von Montessus de Ballore (MS.).

[13]) P. Canudas in der Gaceta de Guatemala, kopiert von Montessus de Ballore (MS.).

[14]) Zeitungsnotizen, gesammelt von Montessus de Ballore.

sicher! (Nature XXII, S. 346, 441, 544 erwähnt den Ausbruch und zwei Lavaströme, einen nach Süden und Osten, einen zweiten nach Westen).

[Der Agua hat in geschichtlicher Zeit keinen Ausbruch gehabt; der sogenannte 'Wasserausbruch' vom 10. September 1541 ist auf einen verheerenden durch starke Regengüsse verursachten Schlammstrom zurückzuführen[1].] —

Der Pacaya, über dessen Tätigkeit wir wegen der Nähe der Landeshauptstadt fast ebensogut wie über den Fuego unterrichtet sind, hatte seinen ersten geschichtlichen Ausbruch im Jahre 1565[2]); er war mit starken Beben verbunden; sein Aschenfall richtete in Antigua großen Schaden an. Im 17. Jahrhundert war rege Tätigkeit:

1651[3]), 18. Februar, starker Aschenausbruch, Beben, Getöse.

1664[3]) wieder starker Ausbruch, dessen Feuerschein so stark war, daß Antigua taghell erleuchtet wurde. Weitere Ausbrüche[3]) 1668, August 1671 und Juli 1674. [Für 1674 schreiben — offenbar versehentlich — Daubeny, Landgrebe, Mercalli, Schneider 1677.] Auch am Ende des Jahrhunderts müssen Aschenausbrüche öfters eingetreten sein, denn Fuentes[4]) berichtet, daß zu seiner Zeit (um 1690) der Vulkan mit Zwischenräumen von einigen Jahren gewaltiges Getöse hören ließ und starke Rauchwolken ausstieß. Die Aschen wurden 30—40 km weit verfrachtet.

1775[5]), 11. Juli, begann ohne Vorzeichen ein starker Lockerausbruch, der Antigua mehrere Tage verfinsterte und Asche bis Suchitepequez lieferte.

1846, Februar, war der Vulkan tätig, doch dürfte Dunlops Schilderung[6]) stark übertrieben sein, da sonst keine Quelle davon spricht.

[1854[7]).] [1880[8]), Juli, Verwechslung mit dem Fuego-Ausbruch.]

Fuego und Pacaya sind im 16. und 17., sowie in der ersten Hälfte des 18. Jahrhunderts die tätigsten Vulkane Mittelamerikas gewesen und zwar in der Weise, daß größere Lücken der Tätigkeit des Fuego durch Ausbrüche des Pacaya teilweise ausgefüllt wurden, wie schon Rockstroh festgestellt hatte. Kurz nach dem Entstehen des Izalco hörte aber die energische Tätigkeit beider Feuerberge auf: der Pacaya hatte noch 1775, der Fuego 1799 einen heftigen Ausbruch, während beide im 19. Jahrhundert nur mehr eine mäßige Tätigkeit entwickelten. Aber immer war der Fuego durch häufigere Tätigkeit vor dem Pacaya ausgezeichnet.

Leider sind die Schilderungen der Ausbrüche meist zu knapp, als daß sich ein Bild von ihrer Bedeutung gewinnen ließe. Sie sprechen auch fast

---

[1]) Nach Bernoulli, Pet. Mitt. 1870, S. 437 und K. v. Seebach a. a. O. S. 217—224.

[2]) F. A. de Fuentes y Guzman, Recordacion florida I. Madrid 1883. S. 244.

[3]) Juarros, Compendio II, 1810, S. 353.

[4]) A. a. O. I, S. 361 f.

[5]) Juarros a. a. O. II, S. 353.

[6]) Travels S. 142 ff.

[7]) Mercalli S. 352 nach Perrey.

[8]) Mercalli S. 352 nach Nature, wo ich aber XXII, S. 544 nur die unbegründete Notiz fand: 'Pacaya seems inclined . . . to resume activity'.

immer nur von Lockerausbrüchen, nur vereinzelt auch von Lavaerguß; bei der entlegenen Lage der Gipfelregionen dürfte auch mancher Lavaerguß den Augenzeugen der Ausbrüche völlig unbekannt geblieben sein.

Trotz der Dürftigkeit der Ausbruchsangaben gewinnt man doch für beide Vulkane den Eindruck, als ob ihre Förderung trotz der Häufigkeit der Einzelausbrüche nur mäßig gewesen wäre und auch in den Zeiten ihrer energischen Betätigung beim Fuego nur 2., beim Pacaya wohl noch nicht einmal 2. Größe im Jahrhundert (im 18. aber entschieden viel geringer) gewesen sei.

Die Reichweite war bei keinem der Ausbrüche beider Vulkane sehr groß; ihre stärkste schädigende Wirkung übten dieselben durch ihre Beben aus, die aber bald nach der Entstehung des Izalco und bald nach der Verlegung der Hauptstadt (infolge des Bebens vom Jahre 1773) an Intensität abnahmen. —

[Der Schlammaustritt am Fuß eines Berges bei Palencia nach starken Beben am 23. September 1907 ist nicht als vulkanisches Ereignis anzusehen[1]).]

[Der Tecuamburro, der durch Solfataren, Mofetten und einen Schwefelmilchsee ausgezeichnet ist, hat in geschichtlicher Zeit keinen Ausbruch gehabt, doch haben starke Bebenserien 1870[2]) und März 1913[3]) die nahe Stadt Cuajiniquilapa heimgesucht.]

2. Salvador.

In der Gruppe der Izalcovulkane finden sich neben 'Ausoles' (Dampfquellen und Schlammsprudeln) mehrere Vulkane, die in geschichtlicher Zeit tätig gewesen waren: Santa Ana und Izalco, sowie wahrscheinlich San Marcelino.

Der Santa Ana oder Lamatepec war 1520 tätig[4]).

Auch 1524[5]) stieß er mächtige Rauchwolken aus; er rauchte auch 1576, als Palacio die Gegend besuchte[6]), und hatte wenige Jahre vorher einen starken Ausbruch gehabt (Mercalli schreibt 1570).

[Mercalli, S. 353 und Schneider, S. 251 erwähnen — ersterer nach Montessus de Ballore — noch einen Ausbruch 1580, für den ich bei diesem keinen Beleg fand].

---

[1]) Gerlands Beiträge zur Geophysik XIV, S. 125.

[2]) Montessus de Ballore, Temblores S. 112 f. Perrey, Mém. Ac. Bruxelles XXIV, S. 106 (Beben 1870).

[3]) Sapper, Mittelamerik. Vulk. (Pet. Mitt. Ergh. 178, S. 34).

[4]) Herrera, Dec. IV. Lib. VIII. Cap. IX.

[5]) Barcia, Historiadores primitivos 1749, zitiert von K. v. Seebach, Vulkane S. 172.

[6]) L. Torres, Coleccion de documentos ineditos VI. Madrid 1866. S. 15. Nach Montessus de Ballore (a. a. O. S. 19) hat der Vulkan zwischen 1520 und 1570 mehrere Aschenausbrüche gehabt.

[Die Nachricht, daß der Vulkan vielleicht 1854 einen Ausbruch gehabt habe, ist unbegründet[1].]

1874 rauchte der Berg so stark, daß die Kaffeepflanzungen an seinen Hängen beschädigt wurden[2].

[1878 soll der Vulkan starken Aschenauswurf gehabt haben[3].]

[1879[4].] 1880[5] im März erfolgte ein Aschen- und Steinauswurf; die Asche lag in den Bezirken Acajutla und Sonsonate 10 cm hoch.

1884[6], 9. und 10. März, starker Rauch und leichter Aschenauswurf.

1904[7] vom 12. Januar ab zwei Wochen lang Ausbrüche (besonders Steinauswurf), gleichzeitig mit dem Izalco. —

In der Coatepeque-Lagune scheinen im Juni 1902 aufsteigende Schwefeldämpfe Fischsterben und Schwefelmilchbildung verursacht zu haben[8].

Aus dem nur teilweise erhaltenen Krater des San Marcelino hat sich — wahrscheinlich erst im 17. Jahrhundert — das riesige, noch ganz frische Lavafeld Teixcal (wohl 3. Größe?) ergossen, denn das Dorf Teixpan zum Opfer gefallen sein soll[9]. —

An der Südabdachung des Santa Ana aber bildete sich in geschichtlicher Zeit ein neuer Vulkan: der Izalco. Am 23. Februar 1770 schwoll nach einer längeren Reihe schwerer Beben nahe einer vorher vorhandenen Fumarole das Land an; die Dampfentwicklung nahm unter furchtbarem unterirdischen Geräusche zu und bald floß ein Lavastrom abwärts durch den Wald, um erst eine Meile vom Dorfe Izalco zum Stillstand zu kommen[10]. Ob der Vulkan dann ruhig blieb oder, wie Montessus de Ballore meint, regelmäßig alle 15—20 Minuten von 1770 ab Ausbrüche gehabt hat, ist nicht festzustellen. Jedenfalls darf man für gesichert annehmen, daß 1783[11] bei Muxcúa ein Lavastrom sich ergoß und am 29. März 1793[12] ein neuer Ausbruch mit Lavaerguß eintrat. Seitdem dürfte dann der Vulkan für lange Zeit intermittierend explosiv tätig gewesen sein, mit gelegentlichen stärkeren

---

[1] Fuchs, Les Volcans, Paris 1876, S. 251.

[2] Montessus de Ballore, Tembl. S. 123 nach Dario Gonzalez.

[3] Die Quelle für diese Notiz habe ich nicht wieder gefunden.

[4] Mercalli S. 352 nach Montessus de Ballore, in dessen 'Temblores' jedoch nichts davon steht.

[5] Montessus de Ballore a. a. O. S. 166 f. [6] Ebenda S. 192 f.

[7] Sapper (nach H. Hecht) im Zentralblatt f. Min. Geol. u. Pal. 1904, S. 449 f.

[8] Zentralbl. f. Min. 1903, S. 130.

[9] K. v. Seebach, Vulkane S. 152.

[10] Montessus de Ballore, Temblores S. 37 ff. nach einem unveröffentlichten Dokument in San Salvador. D. Guzman (Apuntamientos sobre la topografia fisica del Salvador, S. 37) erzählt dagegen, an genanntem Tage hätte sich die Erde mit außerordentlicher Gewalt geöffnet und ein Krater wäre entstanden, der große Mengen Lava und Rauch lieferte. K. v. Seebach nahm (S. 153 ff.), jedenfalls mit Unrecht, an, daß der Vulkan erst 1793 entstanden sei (nach einem vorangegangenen Lavaerguß 1783).

[11] K. v. Seebach a. a. O. S. 156. [12] K. v. Seebach, Vulkane S. 156.

Paroxysmen, so April 1798[1]) (starker Schlackenauswurf), ferner 1802[2]), 1803[3]), 1805—1807[4]) und 1825[5]); wahrscheinlich hätten aber weit mehr Jahre als Zeiten stärkerer Tätigkeit angegeben werden müssen und sind diese nur durch vereinzelte uns nicht bekannte Reisende herausgehoben worden; die Berichterstattung an ständig tätigen Vulkanen pflegt wegen Gewöhnung an die Phänomene seitens der Anwohner sehr schlecht zu sein. Nach Montessus de Ballore[6]) hat 1817 eine kurze Ruhepause die in kurzen Intervallen intermittierende Tätigkeit des Vulkans unterbrochen.

1836[7]) sehr tätig. 1838[8]) war nach K. v. Seebachs Erkundigungen der erste bedeutendere Aschenausbruch.

1840[9]) kräftige Ausbrüche alle 5 Minuten. Einer der 3 Krater tätig.

1842[10]) 20—50 heftige Detonationen in 24 Stunden.

1844[11]) Juni und Juli stärkerer Ausbruch und Erguß eines großen Lavastroms im Süden. Für Oktober dieses Jahres gibt Dunlop[12]) eine regelmäßige Periode von 16 Minuten 3 Sekunden (!) an.

1850[13]) sollen die kleinen Schlackeneruptionen alle zwei Minuten erfolgt sein; im Mai 1854 fanden sie Wagner und Scherzer[14]) unregelmäßiger (5—10 Minuten); durch Bildung zweier Öffnungen hatte sich die Form des Berges geändert.

1856, 24.—29. Mai war der Izalco stark tätig[15]); 14. August ungewöhnliche Getöse; 16. August barst der Krater; bedeutender Absturz gegen Santa Ana hin; 18. August Lavaerguß aus neuem Krater in halber Höhe der Südseite; starker Aschenauswurf; beträchtliche Abnahme der Höhe des Berges; 30. August hörte der Lavaerguß auf, wenige Tage später auch der Aschenauswurf[16]).

1859 fanden die kleinen Ausbrüche alle 10—12 Minuten statt[17]). Im gleichen Jahr und 6.—22. Januar 1860 Ausbruch und Lavaerguß nach Nordwesten[18]).

---

[1]) Juarros, Compendio I, 1808, S. 21. Montessus de Ballore, Temblores S. 48 f. Rockstroh S. 29. Humboldt, Kosmos IV, S. 543.

[2]) Montessus de Ballore, Tembl. S. 49 nach Privat-Deschanelles und Focillon.

[3]) Rockstroh a. a. O. S. 29. Montessus de Ballore frägt S. 49, ob voriger Ausbruch mit diesem nicht identisch sein dürfte.

[4]) A. v. Humboldt, Kosmos IV, S. 543.

[5]) A. v. Humboldt, ebenda nach Thompson, Official visit to Guatemala 1829, S. 512.

[6]) MS. ohne Quellenangabe, und Dollfus et Montserrat S. 381.

[7]) Galindo in Journ. Geogr. Soc. VI, S. 123.

[8]) Vulkane S. 158.

[9]) Stephens, Incidents of travel I, S. 328.

[10]) v. Friedrichsthal, zitiert von v. Seebach, Vulk. S. 158.

[11]) K. v. Seebach, Vulk. S. 159.

[12]) Travels in Centralamerica. London 1847. S. 69.

[13]) K. v. Seebach, Vulk. S. 159.

[14]) Ebenda S. 159.

[15]) Montessus de Ballore, MS.

[16]) Montessus de Ballore, MS. nach Gaceta del Salvador vom 28. Aug. 1856 und Temblores S. 77. K. v. Seebach, Vulk. S. 159.

[17]) K. v. Seebach, Vulk. S. 159 nach C. Eden.

[18]) Montessus de Ballore, Temblores S. 85 und 89.

1863[1]) kleiner Lavastrom auf dem Südmantel.

1864[2]), Mitte Mai Lavastrom vom Krater nach Nordosten, 18. Mai neuer Lavastrom nach Nordosten; auch kleiner Lavaerguß aus einem Krater des Nordostabhangs. Juni: Aschen- und Lapilli-Auswurf.

1865, Februar, Aschenausbruch[3]). 2. Juni noch beträchtlich tätig; Mitte Juni begann eine Ruhepause[4]), sodaß Karl v. Seebach 27. Juni 1865 und Dollfus und Montserrat, 29. April 1866 den Vulkan besteigen konnten.

1866[5]), Mitte Mai starker Aschenauswurf; Wiederbeginn der Tätigkeit.

1867[6]), April bis Anfang August Aschenausbruch.

1868[7]), 16. Februar, stärkere Tätigkeit.

1869[8]), 10. April, floß ein Lavastrom aus einer in halber Höhe des Bergs entstandenen Öffnung nach Osten und kam bis zur Quebrada del Español (ca. 10 km; Breite zu 84 m, Höhe zu 5½—6 m angegeben).

1869[9]), 19.—21. Mai, stärkerer Ausbruch; riesige Flammen; Lavaerguß gegen Santa Ana hin; der Kegel soll in radialen Rissen aufgeborsten sein. Aschenregen bis Sonsonate. Am 18. Juli 1869[10]) 10 Uhr vorm. bis in die Nacht fand ein von schweren Getösen und Blitzen begleiteter starker Aschenausbruch statt. Finsternis. 3 Lavaströme.

[Wenn Rockstroh a. a. O. S. 35 für den 19. Mai 1870 einen Ausbruch und Lavaerguß angibt, so ist das vermutlich nur eine Verwechslung mit dem vorigen Ausbruch; aber auch der Report des Krakatoa Committee der Royal Society, London 1888 erwähnt S. 401 einen Ausbruch am 23. Febr. 1870.]

1872[11]), Dezember, stärkerer Ausbruch.

1873[12]) starker Ausbruch; während des Katastrophenbebens von San Salvador 19. März 1878[13]) stark tätig.

1879[14]), 25. Dezember, bei Beginn der Ilopangobebenserie ungewöhnliche Tätigkeit mit furchtbaren Getösen.

1883[15]), September, Bildung neuen Seitenkraters.

1892[16]) Zwischenräume zwischen den Explosionen 5 Minuten.

---

[1]) K. v. Seebach, Vulkane S. 159 f.

[2]) Offizieller Bericht von Carlos Dorat und Carlos Bonilla. (MS. Montessus de Ballore.)

[3]) Montessus de Ballore, Tembl. S. 98 f. [4]) K. v. Seebach, Vulkane S. 161.

[5]) Dollfus und Montserrat, Voyage S. 406.

[6]) Montessus de Ballore, Tembl. S. 102 f. [7]) Ebenda S. 106 f.

[8]) Montessus de Ballore, Tembl. S. 106 ff.

[9]) Montessus de Ballore, Tembl. S. 108 ff. und Pet. Mitt. 1869, S. 434.

[10]) Montessus de Ballore, Tembl. S. 110 f. [11]) Montessus de Ballore, Tembl. S. 116.

[12]) C. W. C. Fuchs, Les Volcans 1876, S. 251 und Tschermaks Min. Mitt. 1874, S. 69. Etwas zweifelhaft, da kein Lokalbericht die Nachricht bestätigt.

[13]) Fuchs in Tschermaks Min. u. petr. Mitt. II, S. 103. Zweifelhaft, ob besonders starke Tätigkeit!

[14]) Montessus de Ballore, Tembl. S. 126 f. nach Guzman.

[15]) Montessus de Ballore, Tembl. S. 188 f.

[16]) L. W. V. Kennon, MS. Pet. Mitt. Ergh. 178, S. 45 f.

1895[1]), Februar, Zwischenräume unregelmäßig zwischen 15 und 25 Minuten, im Herbst wieder 5 Minuten[2]).

1897[1]), Juni, Explosionen etwas stärker, unregelmäßige Zwischenräume von 1/4—3/4 Stunden.

1898[3]) Lavastrom an der Südostflanke.

1901[4]), Januar, stellte der Berg seine Tätigkeit ein.

1902[5]), 10. Mai, Wiederbeginn leichter Tätigkeit am Gipfel; vom 25. Mai ab stärkere Explosionen aus dem westlichen Gipfelkrater bis 5. Sept.; dann Lavaerguß in Einsattlung zwischen Izalco und Cerro Verde; rhythmische Auswürfe von Dampf und Schlacken bis Ende September, Lavastrom; 15. Sept. Bildung großer Transversalspalte oben am Kegel auf Nordseite nebst Radialspalte, die sich 28. September durch Einsturz in eine Schlucht verwandelte, in deren unterem Ende alle Viertelstunden Aschen- und Schlackenausbrüche erfolgten; ihr Material füllte die Schlucht allmählich aus und schob den Ausbruchspunkt höher bis zum Schnittpunkt der beiden Spalten (ca. 30 m unterm Gipfel), wo noch Anfang Dezember alle 14—15 Minuten Ausbrüche erfolgten. Ende Dezember erfolgten die Ausbrüche wieder an einem (dem nordöstlichen) Gipfelkrater.

1903[6]), November, Bildung eines neuen Kraters an der Ostseite.

1904[6]), 12. Januar, 2 Uhr nachm., ziemlich starkes Beben, dann Santa Ana und Izalco gleichzeitig in Zwischenräumen etwas Rauch und große Steine zu ungewöhnlicher Höhe während zwei Wochen ausschleudernd.

1909[7]), Tätigkeit eingestellt nach erhöhter Tätigkeit am 12. Januar.

1912[8]) Wiederaufnahme der Tätigkeit 16. Januar, neuer Krater im Nordosten, Aschenauswürfe aus diesem Gipfelkrater ruht. 13. März bis 15. September grober schwarzer Sand gefördert, dann bis 13. März

1913[9]) graue, zuweilen rote Asche; von 13. März an einige Zeit starke Aschenauswürfe, dann wenige, sehr feine hellgraue Asche geliefert.

Der Izalco, der eigentlich nur als großer Parasit des Santa Ana anzusehen ist und 1904 seine Zusammengehörigkeit zu diesem Muttervulkan durch völlige Gleichzeitigkeit der Explosionen beider bekundete, ist ein in

---

1) Eigene Beobachtung. 2) Mündliche Mitteilung von Mr. Dillon.

3) Zentralbl. f. Min., Geol. u. Pal. 1903, S. 106.

4) Ebenda, nach Bericht einer salvadoreñischen Kommission.

5) Sapper in Zentralblatt f. Min. Geol. u. Pal. 1903, S. 106 ff.

6) Zentralblatt f. Min. 1904, S. 449 f. (nach H. Hecht).

7) Briefliche Mitteilung des deutschen Konsuls in San Salvador, Herrn A. Augspurg.

8) Gerlands Beiträge zur Geophysik XIV, S. 125.

9) Dr. G. A. Tavel im 'Diario Latino', San Salvador, vom 14. April 1913. Von den beiden Bocas von 1912, schreibt er, war die obere, die Lava, Wasser (? ?) und glühende Steine unter starken Detonationen ausschleuderte, im Oktober 1912 von Spalten durchsetzt und verschwand im November; die untere aber hatte sich unter Ausstoßung von Rauch- und Aschenwirbeln, sowie Wasserdämpfen bedeutend vergrößert.

geschichtlicher Zeit entstandenes Gebilde, das seit seiner Geburt oder kurz nachher eine nur durch wenige etwas längere Ruhepausen unterbrochene rhythmische Tätigkeit entfaltete, die sich manchmal zu kräftigeren Explosivausbrüchen steigerte und öfters bedeutende Lavaförderung aufwies. Die Jahrhundertförderung an Lockerprodukten dürfte 1 cbkm überschreiten, obgleich die Förderung der Einzelexplosionen meist sehr gering ist; die Lavaströme sind aber zum Teil recht bedeutend, so daß der Izalco trotz seiner Jugend mehr flüssige Lava geliefert haben wird, als irgend ein anderer mittelamerikanischer Vulkan in geschichtlicher Zeit; sie dürfte die untere Grenze der 2. Größe weit überschreiten; für wirtschaftliche Betrachtungen ist es auch wichtig hervorzuheben, daß dadurch ansehnliche Flächen bedeckt worden sind. —

Im Nordwesten des Vulkans von San Salvador ist der kleine Schlackenkegel El Playon wohl als der Vulkan von Quezaltepeque anzusehen, der am 30. September 1659[1]) (nach A. v. Humboldt 1656, nach dem Boletin extraordinario del Gobierno del Salvador vom 5. Mai 1854: 1658) einen starken Ausbruch hatte, wobei ein großer Lavastrom sich ergoß (jetzt als 'El Playon' bezeichnet). Einige Jahre später fand nach Jimenez[1]) ein starker Aschenausbruch statt, dessen feine Partikeln bis Comayagua getragen wurden.

[Um 1806 soll nach Dollfus und Montserrat[2]) ein Ausbruch stattgehabt haben, über den ich keine Bestätigung finden konnte.] —

Im See von Ilopango hat nach einer am 24. Dezember 1879 anhebenden Bebenserie, starker Überschwemmung und Exhalation von Schwefeldämpfen am 20. Januar 1880[3]) ein heftiger explosiver Ausbruch in der Mitte des über 200 m tiefen Sees stattgefunden, der nach seinem Ende (Ende März 1880) zwei kleine Agglomerat-Inseln zurückließ. Die Lockerförderung mag 4.—3. Größe gewesen sein.

1884[4]), 7.—9. Februar und 13. März, sollen wieder vulkanische Erscheinungen aufgetreten sein (offenbar unbedeutend). —

[Der San Vicente oder Chichontepeque ist durch starke Dampf-, Klar- und Schlammwasserquellen an seiner NNW-Abdachung ausgezeichnet. Die Nachricht von einem Aschenausbruch im Jahr 1643[5]) ist wahrscheinlich, die von Ausbrüchen 1835[6]) und 1873[7]) sicher unrichtig.]

---

[1]) Montessus de Ballore, Tembl. S. 27 und Garcia Pelaez III, S. 42 f.

[2]) Voyage S. 375.

[3]) Montessus de Ballore, Tembl. S. 126—165 und Informe de la comision cientifica del Instituto nacional de Guatemala. Guatemala 1880.

[4]) Montessus de Ballore, Tembl. S. 190 f.

[5]) A. v. Humboldt, Kosmos IV, S. 543 nach Juarros.

[6]) L. v. Buch, Ges. Schr. III, S. 630. Daubeny 2. Aufl., S. 483. Scrope-Klöden S. 409.

[7]) Mercalli S. 354.

[Der Tecapavulkan zeigt zwar noch solfatarische Betätigung; aber kein Ausbruch ist von ihm oder seinen eng mit ihm verbundenen Nachbarn aus historischer Zeit bekannt. Dagegen zerstörte am 2. Oktober 1878[1]), 8 Uhr abends, ein ganz lokales (offenbar vulkanisches) Erdbeben die Stadt Jucuapa völlig und beschädigte die nächsten Ortschaften.] —

Der Vulkan S. Miguel oder Bosotlan, Chaparrastique, 2132 m, scheint in der ersten Zeit der spanischen Herrschaft ruhig gewesen zu sein. Der erste geschichtliche Ausbruch erfolgte 1699[2]) unter furchtbarem Getöse und mit riesigen Flammen.

Erst fürs Jahr 1787[3]) wird wieder ein Ausbruch berichtet: 21.—23. Sept. Lavastrom von halber Bergeshöhe nach Norden, und aus drei südlichen Bocas nach Süden, starker Aschenauswurf aus letzteren Bocas.

[1811[4]), Ausbruch; ohne genauere Angaben; zweifelhaft!]

1819[5]), 18. Juli, Ausbruch und Lavastrom, der die Hauptstraße nach Usulutan unpassierbar machte. [Mercalli erwähnt S. 354 noch einen Ausbruch 1822, für den ich keinen Beleg fand.]

[1835[6]), Ausbruch, ohne genauere Angaben, zweifelhaft!]

1844[7]) öffneten sich im Juli 14 Bocas in halber Bergeshöhe und lieferten Lava; dazu Aschenregen; bedeutend war der Lavastrom der NW-Boca, die in 1120 m Höhe lag.

Von nun ab gab der Vulkan längere Zeit alljährlich Zeichen von Tätigkeit (Aschenauswürfe)[8]). [Mercalli erwähnt S. 354: 1845 und 1847.]

1848[9]), Lavaerguß.

1855[10]), Dezember oder 1856[11]) Lavaerguß auf der SW-Flanke. [Mercalli erwähnt a. a. O. noch einen Ausbruch 1857, wofür ich keinen Beleg fand.]

1862[12]), Januar, Ausstoßen starken Rauchs.

1867[13]), 14. Dezember, starker Aschenausbruch und Ausfluß eines Lavastroms nach SW. [Mercalli: 1867—68.]

1868[14]), 16. Februar (Conchagua-Ausbruch!), erhöhte Tätigkeit.

---

[1]) Montessus de Ballore, Tembl. S. 124f. Vgl. Fuchs in Tschermaks Min. u. petr. Mitt. II, S. 103.

[2]) Garcia Pelaez III, S. 43 nach Jimenez.

[3]) Montessus de Ballore, Tembl. S. 47.

[4]) M. v. Sonnenstern, Descripcion de cada uno de los Departamontos del Estado del Salvador S. 19. Montessus de Ballore, Tembl. S. 49.

[5]) Montessus de Ballore, Tembl. S. 50.

[6]) D. Guzman, Apuntamientos S. 65.

[7]) Dollfus und Monserrat, Voyage S. 352. Dunlop, Travels S. 62.

[8]) Dollfus und Montserrat S. 353. v. Sonnenstern S. 18.

[9]) E. G. Squier, Die Staaten von Zentralamerika. Leipzig 1856. S. 184.

[10]) Montessus de Ballore, Tembl. S. 75.

[11]) Ausland 1857, S. 735.

[12]) D. Guzman, Apuntamientos S. 35.

[13]) Montessus de Ballore, Tembl. S. 105.

[14]) Ebenda S. 106f.

1884[1]), 25. Januar, Schlackenausbruch, wenige Tage dauernd. Lavaerguß im Innern des Kraterschachts.

Der San Miguel gehört seit dem Ende des 18. Jahrhunderts zu den häufiger tätigen Vulkanen Mittelamerikas und nimmt insofern mit wenigen anderen eine Sonderstellung ein, als er häufig Lava förderte, und manchmal bedeutende Mengen, so daß ansehnliche Flächen davon bedeckt wurden und ihr Volumen wahrscheinlich das der Lockerförderung erheblich überragt, im Jahrhundert wohl 2. Größe erreichte. —

Conchagua am Eingang der Fonsecabucht, 1250 m. [Die Nachrichten von Tätigkeit in den Jahren 1522[2]) und 1688[3]) sind als unrichtig anzusehen].

1868 stürzten am 19. Februar (nach einer am 11. Febr. beginnenden Bebenserie) von $^2/_3$ Höhe des Berges an der Südabdachung in regelmäßigen Zwischenräumen von 30 Minuten mächtige Felsblöcke, in Aschen- und Staubwolken gehüllt, ab. Am 23. Februar, 7 Uhr morg. begann ein Aschenauswurf. Die Förderung war jedenfalls geringfügig.

3. Honduras.

Von den vulkanischen Inseln der Fonseca-Bai hat nur Conchagüita in geschichtlicher Zeit ein vulkanisches Ereignis geboten. 12. Okt. 1892[4]). 11 Uhr nachts 5—6 starke Erdstöße, Bergstürze auf Couchagüita; etwa zwei Tage später Schwefelgeruch am Meere; leichte Rauchwolken stiegen in ziemlich regelmäßigen Zwischenräumen von etwa drei Minuten vom Gipfel der Insel auf.

4. Nicaragua.

Am Eingang des Golfs von Fonseca erhebt sich der Cosegüina zu 1158 m. [Ob derselbe vor seinem denkwürdigen Ausbruch von 1835 in historischer Zeit schon tätig war, ist äußerst zweifelhaft, obgleich die Jahre 1521 (bzw. 1522)[5]), 1709[6]) und 1809[7]) genannt werden. Sicher sind 1852[8]) und 1863[9]) keine Ausbrüche erfolgt[8]).]

[1]) Hague und Iddings in The Am. Journ. 1886, S. 27. Vgl. Pet. Mitt. Ergh. 178, S. 60.

[2]) Montessus de Ballore, Tembl. S. 10f. P. Lévy, Notas geograficas y economicas sobre la República de Nicaragua. Paris 1873. S. 20.

[3]) D. Guzman, Apuntamientos S. 42. Wohl nur Druckfehler für 1868.

[4]) Eigene Erkundigungen. Vgl. Pet. Mitt. Ergh. 178, S. 66.

[5]) Montessus de Ballore, Tembl. S. 11. D. Guzman, Apuntamientos S. 42. Es ist hier offenbar auf dieselbe Stelle Levys Bezug genommen, die schon beim Conchagüita genannt ist. Nun ist aber (nach Oviedo und anderen älteren spanischen Schriftstellern zu schließen) Gil Gonzalez gar nicht in die Gegend des Fonseca Golfs gekommen, womit alle auf die offenbar ungenaue Stelle Levys gegründeten Schlüsse hinfällig werden.

[6]) Philos. Trans. 1836, I, S. 27. v. Hoff IV, S. 365.

[7]) Montessus de Ballore, Tembl. S. 48f. nach A. Geikie und Fuchs.

[8]) Mercalli, Vulk. att. S. 354. [9]) Perrey, Mém. Ac. Bruxelles 1865, S. 156f.

Der berühmte Ausbruch des Cosegüina 1835[1]) begann ohne Vorzeichen am 20. Januar, 7½ Uhr morg. mit leichtem Aschenauswurf; die Intensität nahm rasch zu; Maximum 23. Januar, 1 Uhr morg. mit furchtbarem Erdstoß und Auswurf enormer Aschenmassen, die weithin Dunkelheit hervorriefen. Die Asche flog bis Chiapas und Jamaica. Ihr Volumen genauer zu berechnen, fehlt es leider an genügenden Unterlagen; jedenfalls handelte es sich um viele Kubikkilometer. (E. Reclus gibt [Nouv. Géogr. Univers. XVII, S. 489] als Schätzung 50 cbkm an, A. Penck in seiner Morphologie I, S. 437 150 cbkm.) Auch die Reichweite war sehr groß. —

Unter den Maribios-Vulkanen hat der Viejo oder Vulkan von Chinandega, 1780 m, nach Oviedos Zeichnung[2]) im 2. Viertel des 16. Jahrhunderts erhebliche Tätigkeit entfaltet. Auch im Juli 1684[3]) und August 1685[4]) hat der Vulkan ständig geraucht und nachts zuweilen Feuerflammen ausgestoßen. Die Tätigkeit hat sich aber wohl auf das Kraterinnere beschränkt, da tiefe Radialschluchten den Gipfelkegel umsäumen.

Die Nachrichten, daß er noch rauche[5]) oder rotglühende Schlacken auswerfe[6]), dürfte fürs 19. Jahrhundert nicht stimmen; kein Lokalbericht spricht davon und gegenwärtig ist nur noch geringe Fumarolentätigkeit vorhanden. Bei dem großen Beben vom 29. April 1898 entstand aber an der Westabdachung des Kegels zwischen 865 und 1085 m Höhe ein großes Netzwerk von Spalten[7]) (mißlungener Ausbruchsversuch). —

Ob der Vulkan Chichigalpa in der Conquistazeit tätig war, wie man nach Oviedos Zeichnung[8]) annehmen könnte, ist nicht festgestellt. —

Der Telica, 1038 m, war zur Zeit von Oviedos Anwesenheit im Lande (d. i. um 1529) energisch tätig und wenige Jahre vorher waren die Dörfer und Felder im Süden durch Aschenfall schwer beschädigt worden[9]).

1685[10]) stieß er wieder Feuer und Rauch aus.

[1850 fand kein Ausbruch statt. Rockstrohs Bericht[11]) meint zweifellos den damaligen Ausbruch des Pilas und macht nur den Fehler, diesen als einen Seitenkrater des Telica zu betrachten. Infolgedessen erwähnte auch Fröbel[12]), der 1851 den Berg bestieg, nichts davon.] Die Fumarolentätigkeit war am Ende des 19. Jahrhunderts stärker als um die Mitte. —

---

[1]) Die beste kritische Darstellung in K. v. Seebach, Vulkane S. 99—107.

[2]) Hist. gen. y nat. de las Indias. Madrid 1855. IV, Taf. 2, Nr. 1.

[3]) Dampier, ed. Masefield I, S. 144. [4]) Ebenda S. 235.

[5]) Daubeny, Volcanoes 1848, S. 483. Mercalli erwähnt S. 354 nach Montessus de Ballore (in dessen Schriften ich die Angabe nicht fand), daß der Viejo auch 1866 rauchte.

[6]) Scrope-Klöden S. 409. [7]) Sapper, Mittelamerik. Reisen 1902, S. 122.

[8]) Hist. gen. y nat. de las Indias IV, Taf. 2, Nr. 1. Darauf bezieht sich offenbar Montessus de Ballores Nachricht (Tembl. S. 12 ff.) von Ausbrüchen 1527, 1528 und 1530.

[9]) Ebenda IV, S. 69. [10]) Dampier, Voyages, ed. Masefield 1906, I, S. 237.

[11]) a. a. O. S. 42 und 30.

[12]) Aus America I, Leipzig 1857/58, S. 328 ff.

Der Vulkan Santa Clara dürfte (nach Oviedos Skizze)[1]) im ersten Drittel des 16. Jahrhunderts stark geraucht haben — sofern die Rauchwolken nicht als künstlerische Ausschmückung, wie so oft, aufzufassen sind! — aber jedenfalls sind aus historischer Zeit keine Ausbrüche berichtet. Die Zeitungsnachrichten mittelamerikanischer Blätter von Bildung eines neuen Kraters und Lavaausfluß am 29. April 1898 entbehrten jeder Begründung[2]).

Der Vulkan Pilas, 1071 m, hat zwar in historischer Zeit keine Gipfeleruption gehabt, wohl aber im 19. Jahrhundert zwei Flankeneruptionen an der Westabdachung in etwa 475 m Höhe: 1850[3]), 13.—22. April und etwa 27. Mai: Schlackenauswurf und Lavaerguß (vielfach als Vulkan-Neubildung beschrieben: 'El Nuevo') und 1867[4]), 14.—30. November starker Lapilliregen bis zum Pazifischen Ozean, Bildung zweier Schlackenkegel; Lavaerguß. Letzterer Ausbruch war der bedeutendere, dürfte aber 4. Größe nicht überschritten haben. —

Der Vulkan Momotombo, 1258 m (einst Mamea genannt) scheint, nach Oviedos Skizze[5]) zu schließen, seine Tätigkeit nach langer Ruhepause erst kurz vor Oviedos Ankunft begonnen zu haben [Mercalli erwähnt S. 355 einen Ausbruch von 1522, wohl verleitet von Levy a. a. O. S. 20, wo aber allgemein von früheren Ausbrüchen des Vulkans die Rede ist, die die Verbindung des Managua-Sees zum Fonsecagolf unterbrochen hätten]. Nach der gründlichen Gestaltsänderung, die seit Oviedos Zeit stattgehabt hat, muß man aber annehmen, daß später gewaltige Ausbrüche folgten. Davon wird uns aber nichts berichtet; die wenigen Nachrichten über die Tätigkeit sind äußerst dürftig und zeigen sehr deutlich die ungenügende Berichterstattung über vulkanische Ereignisse selbst bei Vulkanen, die in Sicht einer Provinzhauptstadt liegen.

Anfang des 17. Jahrhunderts zur Zeit Torquemadas[6]) stieg ständig Rauch auf. 1609[7]), als die Stadt Leon durch ein Erdbeben zerstört wurde, soll der Vulkan tätig gewesen sein, desgleichen 1764[8]). 1849[9]) rauchte er und lieferte gelegentlich Aschen; 1852[10]) hatte er einen Ausbruch — über den nichts Näheres berichtet wird — und hörte dann bis 1858 zu rauchen auf[11]). Ein weiterer Ausbruch fand nach heftigem Beben am

[1]) Hist. gen. y nat. de las Indias IV, Taf. 2, Nr. 1. Darauf bezieht sich offenbar Montessus de Ballores Nachricht (Tembl. S. 12 ff.) von einem Ausbruch 1527, 1528 und 1530.

[2]) Sapper, Mittelamerik. Reisen 1902, S. 113.

[3]) E. G. Squier, Travels in Centralamerica II, S. 101.

[4]) Dollfus und Montserrat, Voyage S. 327 ff. nach Dickson.

[5]) A. a. O. Taf. 1. Fig. 3a. Ztschr. für Vulk. II. Taf. XLVI, Fig. 4.

[6]) Monarquia indiana, Madrid 1725, III, Cap. 38, S. 329.

[7]) Montessus de Ballore, Tembl. S. 23.

[8]) Rockstroh a. a. O. S. 28. Ordinaire, Histoire naturelle des Volcans. Paris (1801). X, S. 251.

[9]) Squier, Travels II, S. 235.

[10]) Rockstroh a. a. O. S. 30.

[11]) Belly, A travers l'Amérique centrale I, S. 217.

23. Mai 1886[1]) statt. [Mercalli erwähnt außerdem S. 355 Tätigkeit 1848 und 1858—1866.]

1905[2]), 16.—21. Januar, Schlacken- und Aschenausbruch; Lavastrom nach Norden.

Sonst raucht der Momotombo nur ruhig, freilich seit Jahrzehnten sehr beträchtlich und weithin sichtbar. Wenn Mercalli S. 355 nach 'Nature' (LXVII, S. 230) für 1902 dichte Dampfwolken angibt, so dürften damit nur die seit lange gebräuchlichen Emanationen gemeint gewesen sein.

Über die Locker- und Lavaförderung des Momotombo kann man sich aus den Berichten keine gute Vorstellung machen; die Lavaergüsse der geschichtlichen Zeit müssen recht beträchtlich gewesen sein und groß war vollends die Lockerförderung, wie man aus dem Vergleich des Bildes von Oviedo mit dem gegenwärtigen Zustand erkennt. Für Volumschätzungen fehlen aber alle Unterlagen. —

Von den Maaren bei Managua zeigt der See von Tiscapa zuweilen sehr starke Gasexhalationen; doch sind Ausbruchserscheinungen in historischer Zeit nicht vorgekommen. Im Juni 1852[3]) aber gerieten mehrere der Maarseen, wie auch Tiscapa-, Masaya- und Apoyosee (östlich von Masaya) ins Kochen, sodaß die Wäscherinnen die Flucht ergriffen. —

Der Vulkan Masaya oder Nindiri (Popocatepe) (ca. 660 m) liegt etwas exzentrisch in einem riesigen Maarkessel, dessen östlichster Rand noch von einem See erfüllt ist. Von den beiden großen Gipfelkratern zeigte der östliche vor der Conquista einen feurigflüssigen Lavasee; 1529 war derselbe aber bereits außer Sicht der Besucher; doch war der aufsteigende leichte Rauch bei Nacht noch hell erleuchtet[4]). Im westlichen Krater war während der ganzen Conquistazeit in einem Schacht kochende Lava, die vielfach ihr Niveau änderte, vorhanden; wir sind über sie durch Oviedo und durch viele Berichte über die kühne Goldexpedition des Fray Blas del Castillo recht gut unterrichtet[5]). Die Erscheinungen, die beobachtet wurden, erinnern durchaus an die ähnlichen des Kilauea oder des Matavanu; gelegentlich kamen auch explosive Ausbrüche vor und die Massen von Bimssteinen, die in dem Ringtal um den Vulkan lagen, wiesen auf deren Intensität hin; die Indianer berichteten, daß auch seit der Ankunft der Spanier einmal ein starker Explosivausbruch stattfand. Wie lange der Lavasee in dem Westkrater brodelte, ist nicht bekannt; man darf jedenfalls annehmen von

[1]) Mittelamerik. Zeitungen; Mercalli schreibt S. 355: 1868 (Druckfehler).

[2]) Zentralblatt für Min., Geol. u. Pal. 1905, S. 172 ff.

[3]) Montessus de Ballore, Tembl. S. 63 f.

[4]) Oviedo a. a. O. IV, S. 73 f.

[5]) Vgl. Sapper, Die Hölle von Masaya (Neues Jahrbuch f. Min., Geol. u. Pal. Beilage-Bd. XXXIX, S. 415—445).

spätestens etwa 1520 bis mindestens 1570[1]), vielleicht sogar bis 1670[2]), als ein großer Lavastrom (bis über die jetzige Bahnlinie hinaus) nach Norden floß.

Ein großer, mit schweren Beben verknüpfter starker Locker- und Lavaausbruch erfolgte 16.—23. März 1772[3]). Die Lava erreichte den Weg Managua-Masaya.

1852[4]), 8. Juni, starke Gasemission (und Kochen)[5]) des Masayasees, 29. Juni unterirdisches Getöse, Juli unter Detonationen leichter Lavaerguß aus dem Westkrater.

9. April 1853[6]) begann der Vulkan aus dem Krater von 1852 Dampfwolken auszustoßen. Ende Juli 1853 Aschen- und Lavenerguß eines Nebenkegels (Zeitschr. f. allg. Erdkunde, NF. IV, S. 156). Verwechslung mit 1852?

[Dezember 1856[7]) und 1857[7]) Explosivausbruch?]

1858[8]), 25. April bis 11. Mai, Bebenserie; 10. Nov. leichter Ausbruch.

1859[9]), 27. Januar, Aschenausbruch für wenige Stunden nach furchtbarem Getöse; 27. März Detonation, Flammensäule.

1860 begann er nach Mercalli wieder zu rauchen.

[Die Nachricht Mercallis a. a. O. S. 356 von einer heftigen Explosiv- und Lavaeruption im Dezember 1888 ist falsch.]

1902 Juli bis November 1903[10]), und wieder Juni 1904[10]) leichte Tätigkeit, mit Aschenauswürfen (stärkeren am 10. und 11. Jan. 1903); kleiner Aschenkegel auf dem Grund des 'Santiago'-Kraters entstanden.

1905 31. Dez. bis 1906[11]) 5. Januar Bebenserie am Masaya. 2. Januar Bildung eines neuen Kraters am Nordostfuß des eigentlichen Masayakegels. Spaltenbildung und Dämpfe im SO. desselben. Vom 9. Januar ab wieder Rauchentwicklung des Santiago.

---

[1]) Die Angaben von besonderen Ausbrüchen 1522, 1524 und 1570 habe ich nicht belegt gefunden. Letztere Angabe hat Montessus de Ballore (Tembl. S. 18) Privat-Deschanelles y Focillon entnommen, also einer sehr späten Kompilation.

[2]) E. G. Squier, States of Centralamerica. New York 1857. S. 374.

[3]) Montessus de Ballore, Tembl. S. 41. K. v. Seebach schreibt (S. 58) 1773, E. Kluge, Synchronismus (S. 80) 1782, Juarros, Compendio 1808, (S. 53f.) 1775. Mercalli führt letztere Angabe als besonderen Ausbruch des 'Nindiri' auf (S. 356), der aber mit dem Masaya identisch ist. Unrichtig ist seine Angabe, daß die Lava in den Managuasee gemündet hätte.

[4]) v. Scherzer in Sitzber. Akad. d. Wiss. Wien math.-nat. Kl. XX, 1856, S. 5ff. Mercalli schreibt 1853 (S. 356) und erwähnt starke Explosivtätigkeit im September.

[5]) Montessus de Ballore, Tembl. S. 63f., s. oben.

[6]) Ebenda S. 64f. Perrey spricht (Mém. Ac. Bruxelles 1865, S. 13) von Ausbruch Ende Juli. (Verwechslung mit 1852.)

[7]) Mercalli, vulc. att. S. 356. (Keine Quelle dafür gefunden! Perrey spricht Mém. Ac. Bruxelles 1865, S. 18 von Tätigkeit im Nov. 1857 nach Zeitschr. allg. Erdkunde NF. IV, S. 155: Jrrtum! nur das Datum des veröffentlichten Briefs war der 29. Nov. 1857!)

[8]) Montessus de Ballore, Tembl. S. 84f. Rockstroh a. a. O. S. 33.

[9]) Montessus de Ballore, Tembl. S. 84f. Perrey (Mém. Ac. Bruxelles 1865, S. 19): 27. August 1858.

[10]) Zentralbl. f. Min. 1905, S. 174f.

[11]) Ebenda 1906, S. 257ff. Gerlands Beiträge XIV, S. 125.

1913[1]), 12. Juli, Beben, Tätigkeit des Santiago.

Der Masaya dürfte im und vor dem 16. Jahrhundert bedeutende Bimssteinmassen geliefert haben, an Lava aber nichts nach außen hin, indem sie ganz auf den Innenraum des Kraters beschränkt blieb. Wann der 250—300 m tiefe Kraterkessel mit Lava bis zur jetzigen flachen Mitteleinsenkung ausgefüllt wurde, wird nicht berichtet. Im 17. und 18. Jahrhundert floß je ein mächtiger Lavastrom nach Norden (je offenbar 3. Größe). Nach längeren Ruhepausen waren 1852—1859 und 1902 bis zur Gegenwart Perioden leichter Tätigkeit mit geringfügiger Förderung von Lockermaterial (1852 auch etwas Lava). —

[Die Nachricht, daß der Mombacho noch rauche[2]), hat sich nicht bestätigt.] —

Der Omotepe oder Volcan de Concepcion im Nicaragua-See stieß um die Wende des 18./19. Jahrhunderts[3]) viel Feuer aus.

1883[4]) Mai und Juni bedeutender Locker- und Lavaausbruch. Aschenregen im ganzen Departamento Rivas.

1908—1910[5]) öfters Aschenausbrüche des Omotepe.

5. Costarica.

Der Orosi soll nach Squier[6]) im Mai 1844 ungewöhnlich tätig gewesen sein und nach Fröbels[7]) Erkundung sollen 1849 die vulkanischen Gipfel Costaricas nicht selten den See mit ihren Flammen und Lavaströmen beleuchtet haben.

Der eigentliche Orosi (1571 m) kann im 19. Jahrhundert nicht tätig gewesen sein, wie die alten Bäume und üppige Vegetation der Gipfelregion zeigen, vielleicht aber sein Nachbar im Südosten (Góngora 1499 m). Er und Rincon de la Vieja stellen wohl auch die tätigen Vulkane dar, die Oviedo IV auf seiner Tafel 2 abbildet, so daß man also annehmen muß, daß sie zur Conquistazeit tätig waren. —

Der Rincon de la Vieja, c. 1500 m, war um 1860[8]) ständig leicht tätig und lieferte von Zeit zu Zeit Aschenauswürfe. Im August 1863[9]) stieß der Krater gleichfalls 3 Tage lang Rauch aus. —

[1]) Bull. Seism. Soc. of America III, S. 141.

[2]) L. v. Buch, Ges. Schr. III, S. 627. Daubeny 2. Aufl. S. 484. Landgrebe S. 475.

[3]) Juarros, Compendio I, 1808, S. 51.

[4]) Montessus de Ballore, Tembl. S. 183 ff.

[5]) Pet. Mitt. Ergh. 178, S. 107.

[6]) Montessus de Ballore, Tembl. S. 59. Squier spricht in seinen States of Centralamerica S. 361 sogar davon, daß der Vulkan ständig tätig sei. Das Bild S. 448 stellt aber gar nicht den Orosi, sondern einen mehr östlich gelegenen Vulkan, wahrscheinlich den Rincon de la Vieja, dar.

[7]) Aus Amerika I. Leipzig 1857. S. 244. Montessus de Ballore (S. 66) und nach ihm Mercalli (S. 356) schreiben fälschlich 1854.

[8]) v. Frantzius, Pet. Mitt. 1861, S. 330. Vgl. auch M. Wagner, Die Republik Costarica, Leipzig 1856, S. 262.

[9]) K. v. Seebach in Pet. Mitt. 1865, S. 247.

[Der Cuipilapa-Miravalles zeigt zwar Schlammsprudel, Fumarolen und Schwefelquellen; aber eine bedeutendere Betätigung ist von ihm nicht bekannt. Wohl berichtet v. Frantzius [1]) von donnerähnlichem Getöse beim Entweichen von Rauchwolken aus dem Gipfelkrater, aber M. Wagner bestreitet dies energisch.]

[Die Schlammüberflutungen infolge des Bebens von Sarchí am 6. Juni 1912 sind nicht als vulkanische Ereignisse anzusehen, sondern waren durch Bergschlipfe verursacht [2]).] —

Der Vulkan Poás zeigt in seinem Kratersee häufig geiserartige Tätigkeit, die zuweilen bedeutende Dimensionen erreicht. Aschenausbrüche werden berichtet von 1838 [3]) (Aschenfall 40 km weit), etwa ums Jahr 1880 [4]), 1907 [oder 08 [5])] und 25. Januar 1910 [6]) (Aschensäule 4000 m hoch, oben zu Schirmform verbreitert; Auswurf großer Steine in Nähe, Schlamm und Asche in größerer Ferne). —

[Der Vulkan Barba soll im März 1867 [7]) Zeichen von Tätigkeit gegeben haben.] —

Der Vulkan Irazū, 3414 m, hatte in geschichtlicher Zeit nur einen bedeutenden Ausbruch: 1723 [8]), 16. Februar bis Dezember, Auswurf von glühenden Schlacken, von Sanden und Aschen.

1726 [9]), Schlackenausbruch.

[1821 [10]) (zweifelhaft!).]

[1842 [11]) (sehr zweifelhaft)] und 1847 [12]), 18. Mai, unbedeutend (vielleicht kein neuer Schlackenausbruch).

[Manche Ausbruchsangaben beziehen sich offenbar nur auf Auffrischen von Fumarolentätigkeit: 1844 [13]) und März 1883 [14])]. —

Der Turrialba, 3325 m, rauchte 1723 [15]) während des Irazu-Ausbruchs. Um die Mitte des 19. Jahrhunderts rauchte er stark (so z. B. 1847, 1853, 1855, 1861) und dürfte auch gelegentlich glühende Schlacken ausgeworfen haben [16]) (1853).

---

[1]) v. Frantzius, Pet. Mitt. 1861, S. 330. Vgl. auch M. Wagner, Die Republik Costarica. Leipzig 1856. S. 262.

[2]) Pet. Mitt. 1912, II, S. 340 f.

[3]) Pet. Mitt. 1861, S. 338.

[4]) Viquez S. 118: ungefähr 30 Jahre vor 1910.

[5]) Viquez S. 114. Gerlands Beiträge XIV, S. 125.

[6]) Viquez S. 114 ff.

[7]) Mercalli S. 356 nach Montessus de Ballore, der Perrey, bzw. dem 'Moniteur' vom 16. April folgt: Tremblements S. 194.

[8]) Viquez S. 3—9.

[9]) Ebenda S. 10. A. v. Humboldt, Kosmos IV, S. 539; von Pittier nach offiziellen Dokumenten bestätigt.

[10]) A. v. Humboldt, ebenda, durch amtliche Dokumente nicht bestätigt; v. Frantzius (Pet. Mitt. 1861, S. 384) möchte 1822 schreiben (Beben, nicht Ausbruch).

[11]) Viquez S. 28 nach N. Gutierrez, durch keine offiziellen Berichte bestätigt.

[12]) Viquez S. 28, von Pittier nach offiziellen Dokumenten bestätigt.

[13]) Montessus de Ballore, Tembl. S. 59.

[14]) Ebenda S. 173. Mercalli erwähnt S. 357 März 1882 und März 1885.

[15]) Viquez S. 4.

[16]) M. Wagner, Republik Costarica S. 261.

1864[1]), September, erhöhte Tätigkeit; Aschenfälle.

1865[2]), 24. Januar bis März, Aschenregen.

1866[1])[3]), Februar, Aschenfall bis Realejo (Corinto). —

[Der Herradura-Berg wird vielfach fälschlich für einen Vulkan gehalten, wie so viele andere Berge Mittelamerikas. Montessus de Ballore berichtete sogar von Rauch und Flammen am 20. und 21. März 1885, (Tremblements S. 266); aber Beobachtung aus großer Ferne!]

6. Panamā.

Der einzige junge Vulkan dieser Republik, der Chiriquī, 3343 m, soll in der Mitte des 16. Jahrhunderts einen schweren Ausbruch gehabt haben[4]). Obgleich der Zustand des Vulkans selbst weit jüngere Ausbrüche als möglich erscheinen ließe, muß die Nachricht doch als sehr zweifelhaft betrachtet werden, solange nicht alte Zeugnisse dafür vorliegen.

[Als sicher unrichtig sind die Ausbruchsangaben vom September 1882[5]) (mit Beben verbunden) und 5. April 1912[6]) anzusehen. Letztere Nachricht ist durch einen großen Waldbrand verursacht worden.] —

[Im September 1882[7]) und Juli 1883[8]) sind in Rio Sucio in der Gegend von Atrato unter Beben und Retumbos durch Aschen- und Sandauswürfe 'Krater' gebildet worden — offenbar pseudovulkanische Erscheinungen! — wie vollends diejenigen, welche 1912 im Panamakanal[9]) beobachtet wurden: Erwärmung des Bodens, H_2S-Exhalationen.] —

Im Gegensatz zu den nördlichen und östlichen vulkanischen Nachbargebieten ist Mittelamerika durch eine verhältnismäßig große Zahl von Feuerbergen ausgezeichnet, die in der geschichtlichen Zeit Ausbrüche gehabt haben. Es gibt dies dem Vulkangebiet den Charakter des Jugendlichen und dieser wird noch bestärkt durch die Neuentstehung eines Vulkans in historischer Zeit: des Izalco. Trotz der sehr mangelhaften Berichterstattung des 17. und 18. Jahrhunderts sind auch seit dem Beginn des 16. Jahrhunderts weit über 100 Ausbrüche berichtet, also eine rege Tätigkeit festgestellt. Daß die Ruhe im 17. Jahrhundert nur scheinbar war, zeigten höchst auffällig Dampiers Berichte über drei Ausbrüche aus den Jahren 1684/85, während die spanischen Quellen darüber ganz schweigen, und die völlige

---

[1]) Viquez S. 36ff. [2]) Pet. Mitt. 1865, S. 321ff., v. Seebach, Vulkane, S. 15f.

[3]) Mercalli S. 149 und 367. Montessus de Ballore, Tembl. S. 100ff.

[4]) Montessus de Ballore, Tembl. 18f. Fuchs, Volcans. Paris 1876. S. 254.

[5]) Fuchs in Tschermaks Min. u. petr. Mitt. S. 343.

[6]) Ergh. 178 zu Pet. Mitt. S. 126. [7]) Montessus de Ballore, Tembl. S. 178f.

[8]) Ebenda S. 186f. [Vgl. Fuchs in Tschermaks Min. u. petr. Mitt. VI, S. 199, der freilich nach Zeitungsnachrichten das ähnlich beschriebene Ereignis in die Gegend von Servita im Staat Cundinamarca verlegt.] [9]) Ergh. 178 zu Pet. Mitt. S. 127.

Umgestaltung des Momotombo spricht nicht minder deutlich für die Mangelhaftigkeit der geschichtlichen Nachrichten.

Wenn man aber die überlieferten Ausbruchsnachrichten zugrunde legt, so ergibt sich, daß zu gewissen Zeiten im mittelamerikanischen Vulkansystem, das bis zu einem gewissen Grade damit ein einheitliches Verhalten bekundet, eine besonders rege Tätigkeit herrschte: so im dritten Jahrzehnt des 16. Jahrhunderts und wieder gegen Ende des 17. und im ersten Drittel des 18. Jahrhunderts, dann wieder gegen Ende des 18. Jahrhunderts, im 2. und 3. Viertel des 19. Jahrhunderts, und wieder je ein Jahrzehnt lang im Anschluß an den Ilopangoausbruch 1880 und Sta. Maria-Ausbruch 1902.

Die Förderung war stark vorwaltend eine Lockerförderung; schon die beiden Riesenausbrüche des Cosegüina und des Sta. Maria bedingen dies Übergewicht; neben ihrer Förderung tritt die Lockerförderung der übrigen Vulkane stark zurück; sie dürfte im Jahrhundert für das Gesamtgebiet durchschnittlich nur 2. Größe geblieben sein; doch sind die Unterlagen für eine Schätzung völlig ungenügend.

Die Lavaförderung dürfte wohl ebenfalls im Jahrhundert 2. Größe noch erreichen, wenn sie auch geringer sein dürfte als die Lockerförderung. Nach den überkommenen Ausbruchsnachrichten waren vor 1800 weniger Ausbrüche durch Lavaergüsse angezeichnet gewesen, als nachher: 18 gegen 33%; doch ist es sehr wahrscheinlich, daß dies Mißverhältnis sich lediglich aus der schlechteren Berichterstattung der früheren Zeit erklärt[1]).

Die Reichweite der Ausbrüche war nur bei den beiden Riesenausbrüchen sehr groß (besonders groß beim Cosegüina), sonst aber gewöhnlich nur mäßig. Immerhin kamen Reichweiten von einigen hundert Kilometern gelegentlich vor.

Die Schädigungen der Wirtschaft und Volkszahl durch Ausbrüche waren selten bedeutend, und leichte Lockerausbrüche wurden mehrfach geradezu als Düngerersatz auf weiten Strecken empfunden (Turrialba 1866, Fuego 1880). Sehr schwer waren aber vielfach die Schädigungen durch vulkanische Beben, die sich in Mittelamerika manchmal durch ungewöhnliche Intensität auszeichnen.

---

[1]) Ergh. 178 zu Pet. Mitt. S. 154.

5. Südöstliche Umrandung.

Die Berichterstattung über die südamerikanischen Vulkane, die seit der ersten Hälfte des 16. Jahrhunderts anfangen in das Licht der Geschichte zu treten, zum Teil aber — wie ihre südlichsten Vertreter und Ausläufer — erst im 19. Jahrhundert bekannt wurden, ist — abgesehen von den den hauptsächlichen Städten nahe gelegenen Feuerbergen — sehr dürftig.

Trotzdem aber tritt im großen und ganzen deutlich eine gewisse Neigung zu seltener Betätigung mit wenigen Ausnahmen hervor; sie ist so groß, daß die Erscheinung der Seltenheit der Ausbruchstätigkeit nicht bloß durch die Mangelhaftigkeit der Berichterstattung erklärt werden kann, sondern offenbar einen wirklichen Hintergrund haben muß.

Durch sorgfältige Durchforschung der Archive und Lokalblätter würde freilich die Zahl der historischen Ausbrüche sicherlich wesentlich erhöht werden können; doch ist eine solche Arbeit, zugleich mit strenger Kritik durchgeführt, bisher erst in einem einzigen Teilgebiet und nur für einen engeren Zeitraum geleistet worden: für Ecuador durch Theodor Wolf[1]. Für Columbien hat A. Stübel[2]) eine sorgfältige Zusammenstellung gegeben. Für Perú, Bolivia, Chile und die Ausläufer des südamerikanischen Vulkansystems im Süd-Sandwichbogen ist man, abgesehen von C. Martins teilweise auf eine frühere MS.-Liste Foncks gestützter Arbeit über die Ausbrüche der chilenischen Vulkane in der 'Revista chilena de Historia natural' V, 1901 S. 242—250, auf die Zusammenstellungen von L. v. Buch, A. v. Humboldt (im Kosmos), v. Hoff, Perrey[3]), Landgrebe, Daubeny, Mercalli und anderen Vulkanologen angewiesen und sieht sich genötigt, dieselben nach zerstreuten sonstigen Notizen so gut als möglich zu ergänzen.

---

[1]) Cronica de los fenómenos volcánicos y terremotos en el Ecuador desde 1533 hasta 1797. Quito 1873. Auch in anderer Fassung im Neuen Jahrbuch für Min., Geol. u. Paläont. 1875, S. 152 ff., 449 ff., 561 ff.

[2]) Die Vulkanberge von Columbia. Dresden 1906.

[3]) A. Perrey, Documents sur les tremblements de terre au Pérou, dans la Colombie et dans le bassin de l'Amazone (Mém. Ac. Bruxelles 1858), und Documents sur les tremblements de terre au Chili (Ann. Société impériale d'agriculture, sciences et arts utiles Lyon 1855).

Das Gesamtbild, das man so von der vulkanischen Betätigung in Südamerika bekommt, ist naturgemäß sehr lückenhaft mit einziger Ausnahme der Republik Ecuador, für die wenigstens für gewisse Zeiträume ein recht gutes Bild zu geben möglich ist.

Für die geographische Verbreitung der südamerikanischen Vulkane gab A. Stübel[1]) eine sehr instruktive kartographische Darstellung, die später von R. Hauthal[2]) für den südlichen Teil wesentlich verbessert wurde.

1. Vulkane Columbiens.

Während von der Mesa nevada de Herveo (5600 m) nur Fumarolentätigkeit bekannt ist, wird vom Paramo de Ruiz (5700 m) berichtet, daß er 1829[3]), 1831[3]) und 1833[3]) Rauch ausstieß (Stübel hält diese Äußerungen a. a. O. S. 26 freilich nur für ein Auffrischen der gewohnten Fumarolentätigkeit).

1845[4]), 19. Febr., ging ein mächtiger Schlammstrom mit Eisstücken und Schlackenmassen, in zwei Arme geteilt, die Täler der Rios de Lagunilla und Santo Domingo nieder, wohl die Folge eines Ausbruchs des Ruiz (Stübel bezweifelt freilich, a. a. O. S. 27, etwas, ob der Schlammstrom vom Ruiz herkam). —

Der Tolima, 5525 m, hatte am 12. März 1595[5]) nach schrecklichen Detonationen einen Ausbruch, der Schneeschmelze und dadurch gewaltige Überschwemmungen im Gefolge hatte (von Stübel, a. a. O. S. 26 mit Unrecht bezweifelt!).

1826[6]), 2. März, starker Aschenauswurf, nachdem der Vulkan schon das ganze Vorjahr, ja wohl seit dem Beben von Valparaiso (1822) tätig gewesen war (von Stübel a. a. O. S. 26 bezweifelt). —

Der Huila, 5750 m, ist nur durch Fumarolentätigkeit bekannt, während der Puracé, 4700 m, außerdem Ausbrüche in geschichtlicher Zeit hatte:

1827[7]) 18. Nov. (nach dem großen Beben vom 16. Nov.) Ausbruch mit Lavaerguß an der Ostseite; Spaltenbildung an den übrigen Seiten des Berges.

[1]) Pet. Mitt. 1902, S. 1—9. Taf. 1.

[2]) Pet. Mitt. 1903, S. 97—102, Taf. 9, und besonders Revista del Museo de La Plata XI, S. 171 ff.

[3]) A. v. Humboldt, Kosmos IV, S. 314.

[4]) J. Acosta in Comptes rendus Ac. Science XXII, S. 709 f. Perrey in Mém. Ac. Bruxelles 1858, S. 118 ff.

[5]) A. v. Humboldt in Poggendorffs Ann. B. XCIV, S. 351 und Kosmos IV, S. 314. Perrey schreibt in Mém. Ac. Bruxelles 1858, S. 10: 1590.

[6]) v. Hoff V, S. 248.

[7]) v. Hoff V, S. 274. Mercalli S. 358 nach Rojas (El Puracé, 1870), während F. de Mosquera in seinem Compendio . . . de Colombia 1866, S. 237 den explosiven Ausbruch dem zwischen den Quellflüssen des Rio Fragua und Rio Suaza liegenden Volcan de la Fragua zuschrieb (Stübel a. a. O. S. 43).

1835[1]), Januar, Zeichen von Tätigkeit.

1849[1])[2]), Dez. Starker Explosivausbruch; Schlammströme, Einsturz des kuppelförmigen Gipfels und Bildung eines Kraters von 100 m Durchmesser, aus dem Rauch- und Aschenmassen ausgeworfen wurden. Aschenfall bis Tambo, 50 km weit; großer Schaden in der Umgebung.

1869[3]), 4. Okt., leichter Ausbruch; Auswurf von Aschen, Lapillis, Bomben; Hochwasser der Flüsse Anambio und Vinagre (bzw. S. Francisco). Bedeutender Einsturz der Kraterränder. Die Auswurfmassen bestanden aus Trümmern zersetzter Gesteine. Die Dämpfe waren stark sauer; im November hielt der Ausbruch noch an. —

Der in der Nähe des Tajumbina und des Páramo de Ánimas gelegene Vulkan Doña Juana, über den sonst nichts Näheres bekannt ist, hatte im Jahr 1899[4]) 2 Ausbrüche: einen leichten im Juni und einen viel stärkeren am 13. November mit Aschenregen bis zur Küste (Guapi, Timbiqui). —

In der Caldera des Vulkans von Pasto 4264 m erhebt sich ein 146 m hoher, aus einem Haufwerk ausgeworfener Lavablöcke aufgebauter tätiger Eruptionskegel, der nicht nur Lockermassen, sondern auch einige lange Lavaströme lieferte.

Der Vulkan soll von der Conquistazeit (ca. 1535) bis 1717 ununterbrochen tätig gewesen sein (Rauch- und Aschenauswurf)[5]). Nach einer langen Ruhepause begann er im November 1796[6]) wieder starke Rauchwolken auszustoßen, die aber nach A. v. Humboldt im Februar 1797[7]) (beim Beben von Riobamba) plötzlich verschwanden, um dann jahrelang wieder zu erscheinen. Im Mai 1831[6]), als Boussingault die Exhalationen (Wasserdampf, CO_2, H_2S) untersuchte, wurden glühende Felsblöcke unter heftigen Detonationen hoch emporgeschleudert. 1866[8]) floß ein Lavastrom von 5½ km Länge ab. Explosive Tätigkeit dauerte nach Dr. Kuß noch bis Mitte 1869[9]). Riesige Steine wurden 1 km weit geschleudert; die Rauchsäule erreichte 4 km Höhe; Wälder wurden verbrannt. —

Der Vulkan Túquerres, 4070 m, zeigt nur Fumarolentätigkeit. Auch der ständig rauchende und dampfende Cumbal, 4790 m, hat in geschichtlicher Zeit keinen Ausbruch gehabt; der Schwefel entzündet sich aber unter dem Einfluß der hohen Temperatur häufig von selbst. —

---

[1]) Perrey in Mém. Ac. Bruxelles XXII, S. 5. Mercalli S. 358.

[2]) F. Perez, Geografia fisica y politica de los Estados Unidos de Colombia 1862, I, S. 255 (Stübel S. 43).

[3]) Perrey in Mém. Ac. Bruxelles XXII, S. 88—93 und 101. Stübel a. a. O. S. 43.

[4]) Stübel a. a. O. S. 3. Schneider erwähnt (S. 250), vermutlich in Verwechslung damit, einen Ausbruch des Puracé 1899.

[5]) Stübel S. 56 (nach Alcedo, Dicc. IV, S. 113).

[6]) Stübel S. 56.

[7]) Kosmos IV, S. 496.

[8]) Stübel S. 56. C. W. C. Fuchs (Les Volcans. Paris 1876. S. 254) erwähnt dafür Effusivtätigkeit 1868/69, desgl. Mercalli und Schneider.

[9]) Perrey in Mém. Ac. Bruxelles XXIV, S. 60 (Beben 1871).

Der Chiles, 4780 m, von Fuchs[1]) als tätig angesprochen, zeigt nicht einmal Solfataren. —

[Bei dem Ausbruch des sogenannten 'Vulkans von Zamba' an der Küste von Cartagena am 7. Okt. 1848[2]) und den folgenden Tagen handelte es sich um Schlammvulkan-Phänome mit Flammenerscheinungen. Der 'Vulkan' (etwa 50 Kegelchen) war 10 Jahre früher versunken und kam nun als Sandbank wieder zum Vorschein.

Auf ihn bezieht sich wohl auch die New Yorker Zeitungsmeldung über die Zerstörung des Dorfes Tiojo bei Galera de Zamba in Columbien am 22. März 1903[3]).]

Die vulkanische Tätigkeit in Columbien ist, wenn man von der dauernden Tätigkeit des Pasto bis 1717 — die nicht sehr sicher gestellt ist — absieht, als recht mäßig anzusehen; selbst im 19. Jahrhundert, für das man eine zufriedenstellende Berichterstattung annehmen darf, sind nach den vorliegenden Berichten nur 8 Jahre durch vulkanische Ausbrüche ausgezeichnet gewesen und nur wenige derselben erreichten eine größere Bedeutung. Lavaförderung wird vom Tolima (1827) und Pasto (1866) berichtet. Die Gesamtförderung an Locker- und Lavamaterial dürfte verhältnismäßig gering gewesen sein, obgleich die Ausbrüche des Ruiz 1845, des Tolima 1595 und 1826, des Puracé 1849 und der Doña Juana vom 13. Nov. 1899 recht bedeutend gewesen zu sein scheinen. Gletscherläufe haben zuweilen, wie bei so manchen andern Andenvulkanen, weithin Schaden verursacht.

2. Vulkane von Ecuador[4]).

Die große Mehrzahl der ecuatorianischen Vulkane hat in geschichtlicher Zeit keine Ausbrüche mehr gehabt.

[Für den Imbabura hat Theodor Wolf[5]) nachgewiesen, daß die von A. v. Humboldt[6]) berichtete 'Schlammeruption' im Jahre 1691 höchstwahrscheinlich nur eine Folge von Erdrutschungen (derrumbos) war.] —

Der Guagua-Pichincha, 4787 m, haucht in seinem 770 m tiefen Krater Wasserdämpfe und schweflige Gase aus. Die in geschichtlicher Zeit erfolgten Ausbrüche förderten nur Lockermaterial (Aschen, Sande, Lapilli, Bimssteine, Bomben und Blöcke), keine Lavaströme.

---

[1]) A. a. O. S. 254. Mercalli S. 358.

[2]) Acosta, Comptes rendus Ac. Sc. XXIX, S. 531—533. Perrey, Mém. Ac. Bruxelles 1858, S. 125 f. Scrope-Klöden S. 405.

[3]) Gerlands Beitr. XIV, S. 122.

[4]) Hauptsächlich nach Th. Wolfs 'Cronica' (abgekürzt 'Cr.'), seinen Berichten im Neuen Jahrbuch 1875, sowie dessen 'Geografia y Geologia del Ecuador'. Leipzig 1892.

[5]) Cr. S. 27 f. N. Jahrb. 1875, S. 466 ff. Ecuador S. 350 f.

[6]) Kosmos V, S. 32.

Als gut beglaubigt können folgende Ausbrüche gelten:

1566[1]), 17. und 18. Oktober, sowie 16. November beträchtliche Aschenauswürfe, Beschädigung der Viehweiden.

1575[2]), 8. September vorm., starker Aschenregen.

1582[3]), 5.—14. Juni und 11.—14. Juli, worauf eine sechszehnjährige energische Tätigkeit folgte.

1660[4]), 27. Oktober, starker Aschen- und Sandregen (mehr als 40 cm dicke Aschenlage in Quito); die Aschenregen gingen bis Popayan und mehr als 400 km zu beiden Seiten des Vulkans.

1830[3]) und 10. März 1881[3]) folgten noch leichte Ausbrüche nach.

[Die Nachricht von einem Ausbruch am 6. August 1869[5]), gleichzeitig mit dem Isluga, ist unglaubwürdig.] —

Der Antisana, 5756 m, hat nach A. v. Humboldt[6]) Ausbrüche gehabt: 1590 (von Th. Wolf[7]) als unsicher bezeichnet!) und am Anfang des 18. Jahrhunderts (wohl 1728)[8]). Humboldt erwähnt ferner, daß man im Frühjahr 1801[9]) viele Tage lang eine schwarze Rauchsäule von einem Steinhaufen unterhalb des Nordgipfels aufsteigen sah.

An der Westabdachung des Antisana-Massivs befinden sich drei junge, aber vorgeschichtliche große Lavaströme und in größerer Entfernung zwei im 18. Jahrhundert geflossene Ströme: die 'Reventazon von Pinantura' oder 'Antisanilla', die gegen 1760, und die von Papallacta oder 'Potrerillos', die nach Reiß 1773 entstand[10]). —

[Der südlich folgende Vulkanberg Sincholagua ist nach Wolf erloschen[11]).]

Der Cotopaxi (sprich: Cotopáksi), 5943 m, hat in geschichtlicher Zeit häufig Ausbrüche gehabt. Dieselben waren gewöhnlich nicht von Beben begleitet. Immer pflegten die Ausbrüche zuerst große Aschen- und Sand-

---

[1]) Cr. S. 15. N. Jahrb. 1875, S. 450, wo aber nach Herrera auch bemerkt ist, daß der Vulkan 'oft Rauch ausstößt, andere Male ein starkes donnerähnliches Getöse macht und Asche auszuwerfen pflegt'. Die für 1533, 1534, 1535, 1538 und 1539 angegebenen Ausbrüche sind durch alte Dokumente nicht belegt.

[2]) Cr. S. 16. N. Jahrb. 1875, S. 451 ff. (von vielen fälschlich ins Jahr 1577 oder auch 1580 verlegt, so auch von A. v. Humboldt, bzw. Mercalli).

[3]) Cr. S. 16. Ecuador S. 354.

[4]) Cr. S. 23 ff. N. Jahrb. 1875, S. 459 ff. Perrey, Mém. Ac. Bruxelles 1858, S. 19 f.

[5]) Perrey in Mém. Ac. Bruxelles XXIV, S. 26. (Beben 1870.)

[6]) Kosmos IV, S. 361 nach La Condamine. Vergl. Perrey, Mém. Ac. Bruxelles 1858, S. 10.

[7]) Cr. S. 19. N. Jb. 1875, S. 455. Doch gibt Wolf zu, daß der Antisana in geschichtlicher Zeit Ausbrüche gehabt habe.

[8]) Kosmos IV, S. 361. Wolf hat dafür (Cr. S. 22) keine Quelle finden können.

[9]) Kosmos a. a. O. Mercalli schreibt S. 359: März 1802.

[10]) Wolf, Ecuador S. 357.

[11]) L. v. Buch hat ihm (Ges. Schr. III, S. 615) mit Unrecht einen Ausbruch 1660 zugeschrieben.

regen zu fördern, dann Schlammströme durch Eis- und Schneeschmelze infolge von Lavaerguß zu erzeugen und zum Schluß Rauch und Asche auszustoßen.

1534[1]), wahrscheinlich Juni oder Juli, fiel ein Aschenregen auf das in das Land eindringende Heer des Pedro de Alvarado; derselbe stammte wahrscheinlich vom Cotopaxi (nicht vom Pichincha, wie manche meinen).

1742[2]), 15. Juni und in den folgenden Tagen, dann noch stärker am 9. Dezember desselben Jahres Ausbrüche, je mit nachfolgenden schweren Überschwemmungen, woraus Wolf, gewiß mit Recht, auf Entsendung von Lavaströmen schloß.

1743[3]) verschiedene Ausbrüche (die stärksten im April und vom 27. Sept. bis 4. Okt.). Die Überschwemmungen waren geringer als im Vorjahr, aber die Aschenregen stärker. Schädigung der Weiden.

1744[4]), am 30. November, abends, begann ohne das geringste Beben einer der furchtbarsten Ausbrüche des Vulkans; das Getöse wurde bis Guayaquil und Popayan, aber nicht in Quito und Latacunga vernommen. Der Aschenregen war stark, weshalb das Vieh in Masse wegstarb. Große Lavaströme scheinen geflossen zu sein; die Überschwemmungen waren sehr bedeutend; viele Menschen kamen dabei um.

[1750[5]), 3.—6. Sept., furchtbare Detonationen, aber kein Ausbruch, wie A. v. Humboldt u. a. annahmen.]

1766[6]), 10. Februar großer Ausbruch; außerdem Tätigkeit das ganze Jahr über. Starke Überschwemmungen. Die gefallenen Sand- und Bimssteinmassen richteten viele Haciendas zugrunde.

1768[7]), 4. April, größter aller Cotopaxi-Ausbrüche. Auswurf glühender Felsstücke, dann kleinerer Lapilli; nachher verbreitete dichter Sand- und Aschenregen weithin Finsternis; Asche flog bis Guayaquil und Pasto; das Getöse wurde noch in Guayaquil und Popayan vernommen. Die Aschendecke war in der Nähe des Vulkans 3 Fuß mächtig, bei Quito noch 1 Zoll. Starkes Viehsterben infolge Futtermangels. Große Überschwemmungen.

1803[8]), 4. Januar, heftiger Flammen- und Aschenausbruch. Starkes Getöse. (Nach Wolf, N. Jahrb. 1877, S. 126 nicht sehr intensive Tätigkeit.)

---

[1]) Wolf, Cr. S. 10 ff. N. Jb. 1875, S. 161 ff. und 170, sowie 1877, S. 125. Ecuador S. 359. Unrichtig ist die vielfach angegebene Zahl 1533.

[2]) Wolf, Cr. S. 34. N. Jb. 1875, S. 567 ff. 1877, S. 126. Humboldt schrieb unrichtig: 1738.

[3]) Cr. S. 36. N. Jb. 1875, S. 569 ff. Die Nachricht Perreys (Mém. Ac. Bruxelles 1858, S. 35) vom Verlust zahlreicher Menschen und Häuser paßt nicht zu dieser Darstellung.

[4]) Cr. S. 37. N. Jb. 1875, S. 570 ff. 1877, S. 126.

[5]) Cr. S. 40. N. Jb. 1875, S. 574.

[6]) Cr. S. 42. N. Jb. 1875, S. 576 f.

[7]) Cr. S. 42 ff. N. Jb. 1875, S. 577 ff.

[8]) Wolf, Ecuador S. 359. A. v. Humboldt, Nouv. Espagne II, S. 345, Anm.

Nach dieser Zeit läßt die einheimische Berichterstattung bis zum letzten Viertel des 19. Jahrhunderts im Stich. Nur Reisende berichteten noch gelegentlich von Ausbrüchen[1]), so: 1844[2]), Aschenauswürfe.

1845[1]), April,

1851[1])[3]), 1852[4]) Ausbrüche.

1853[1]), 13.—15. Sept., bedeutender Ausbruch, großer Lavastrom.

1854[5]), 14. September, starker Dampf-, Aschen- und Steinauswurf. Geringes Hochwasser.

1855[1])[4]), Feuerausbrüche.

1856[1])[6]), November leichte, Dezember starke Aschenauswürfe. In der Folge dauerte mäßige Tätigkeit bis 1867 an, Aschenauswürfe; 1863[1]) und 16.—21. September 1866[1]) auch etwas Lavaerguß.

[1868[7]), 16. August, soll während eines großen Bebens ein kleiner Seitenausbruch gewesen sein, Schlammerguß; auch 1869[8]), 5. August, soll ein heftiger Ausbruch stattgefunden haben.]

1877[9]), 26. Juni, großer Ausbruch; starker Lavaerguß, Schlammströme.

1878[10]), 23. August, kleiner Ausbruch. Riesige Rauchsäulen; zwei Lavaströme aus der Südostseite des Kraters.

1879[11]).

1880[11]), 3. Juli, starker Ausbruch.

1883[12]), August, kurzer starker Ausbruch.

1885[13]), Mitte Januar, kleiner Aschenausbruch, 23. Juli Lavaerguß, Aschen- und Schlackenauswurf; Getöse bis Guayaquil gehört. Überschwemmung.

1903, 26. Sept. bis Ende 1906[14]) war der Vulkan tätig: Rauchsäulen, Aschen, sehr wenig Lava gefördert, kleine Schlammströme. Die stärksten Ausbrüche waren 1904[15]), 14. Nov. und 1906[16]), 21.—25. Aug. und 17.—19. Sept. (Aschen- und Steinauswurf).

---

[1]) Wolf, Ecuador S. 360 (bis 1880) und N. Jb. 1877, S. 127.

[2]) Perrey in Mém. Ac. Bruxelles VIII, S. 76.

[3]) Perrey in Mém. Ac. Bruxelles XXI, S. 12.

[4]) Perrey in Mém. Ac. Bruxelles XXIV, S. 10f. (Beben 1871).

[5]) Perrey in Mém. Ac. Bruxelles 1858, VII, S. 128ff.

[6]) Perrey in Mém. Ac. Bruxelles VIII, S. 75f.

[7]) C. W. C. Fuchs, N. Jb. 1869, S. 695.

[8]) N. Jb. 1870, S. 435. Perrey erwähnt, daß bei dem Ausbruch vom Juli/August 1869 die Asche bis Guayaquil geflogen sei (Mém. Ac. Bruxelles XXII, S. 67, 88 und XXIV, S. 26).

[9]) Wolf a. a. O. und N. Jb. 1877, S. 127—142. C. W. C. Fuchs in Tschermaks Min. u. petr. Mitt. I, S. 112f. Nach ihm fielen im Tal von Chila 400 Menschen den Schlammströmen zum Opfer.

[10]) Wolf a. a. O., Fuchs ebenda II, S. 103. [11]) Wolf a. a. O.

[12]) Fuchs ebenda VI, S. 200.

[13]) Fuchs, ebenda VIII, S. 28. Nature XXXII, S. 375, 428.

[14]) A. N. Martinez in Pet. Mitt. 1907, S. 48.

[15]) Hans Meyer in Pet. Mitt. 1907, S. 213. [16]) Gerlands Beiträge XIV, S. 122.

[1911[1]) schmolz im Oktober infolge der Erwärmung des Bodens der Firnmantel des nordwestlichen Sektors ab; Spaltenbildungen und Abrutschungen.] —

[Der Quilatoa, 4010 m, enthält einen Kratersee in seinem tief eingesenkten Krater; nach W. Reiß steigen darin Blasen von CO_2 mit etwas H_2S-Geruch auf.

1725[2]) sind nach Velasco Flammen daraus aufgestiegen; auch sei das Wasser um 70 Varas (58 m) gestiegen (wohl infolge Hebung des Bodens) und hatte eine Insel bedeckt.

1740[3]), Dezember, stiegen nach Mitteilungen des Markgrafen von Maenza wiederum Flammen auf und Gerüchten zufolge soll das gleiche Phänomen sich mehrmals, z. B. 1859[4]) wiederholt haben. Diese Erscheinungen deuten auf massenhafte Förderung eines brennbaren Gases hin, während Mercalli — S. 359 — fälschlich von Ausbrüchen feuerflüssigen Materials spricht.] —

[Der Carihuairazo und der Chimborazo sind seit lange untätig. In vielen Vulkankatalogen, so auch bei Mercalli S. 359, wird aber der erstere noch immer als tätig aufgeführt, obgleich Th. Wolf[5]) gezeigt hat, daß die Schlammströme dieses Vulkans vom 20. Januar 1698 keinem vulkanischen Ereignisse ihre Entstehung verdanken, sondern den Erdrutschungen, welche das schwere Beben dieses Tages an dem Berge verursacht hatte, vielleicht auch zum Teil einigen Seen seiner Páramos, die etwa durch Bebenrisse abgezapft worden wären.] —

Der Tunguragua, 5087 m, auf der Ostkordillere hatte seinen ältesten geschichtlichen Ausbruch gegen das Jahr 1641[6]) hin (nach Aussagen eines alten Indianers La Condamine gegenüber).

1773[7]) trat wieder ein schwerer Ausbruch ein, bei dem der Lavastrom Juivi grande sich (aus dem Gipfelkrater) ergossen haben dürfte. Schaden für die Viehherden.

Weitere Tätigkeit war in den Jahren:

1776[8]) (Starke Rauch- und Aschensäule).

1777[8]) (Zweifelhaft). 1781[8]) (Starker Ausbruch).

---

[1]) Gerlands Beiträge XIV, S. 122. [2]) Wolf im N. Jb. 1875, S. 561 f.

[3]) Ebenda S. 565. [4]) Wolf, Ecuador S. 362.

[5]) Cr. S. 28. N. Jb. 1875, S. 468 ff. Ecuador S. 350.

[6]) Wolf, Cr. S. 22. N. Jb. 1875, S. 457 ff. Ecuador S. 363. Die Angaben von Ausbrüchen von 1644 oder 1645 sind nicht haltbar.

[7]) N. Jb. 1875, S. 579 f. Humboldts Angabe 1772 (in der Cr. noch so angegeben!) ist zu streichen; sehr zweifelhaft ist auch der von v. Hoff IV, S. 466 gemeldete Ausbruch von 1757 (vgl. Wolf, N. Jb. 1875, S. 576).

[8]) Cr. S. 44. N. Jb. 1875, S. 580 f. Ecuador S. 364. A. Stübel glaubt, daß der Juivi-Lavastrom aus der Tätigkeitsperiode 1776—81 stammte (Die Vulkanberge von Ecuador. Berlin 1897. S. 254).

Nach langer Ruhe soll der Vulkan dann im Januar 1885[1]) wieder tätig gewesen sein. Am 11. Jan. 1886[2]) aber begann ein neuer schwerer Ausbruch, in dessen Verlauf während mehrerer Monate große Massen von Lava aus dem Gipfelkrater niedergingen und die Flüsse Petate und Chambo aufstauten, bis die Erosion ein neues Bett schuf.

Seitdem fanden noch mehrere kleine Ausbrüche statt. —

[Der Altar oder Cerro de Collanes sollte, wie A. v. Humboldt[3]) berichtet, nach Indianertraditionen um 1460 n. Chr. infolge siebenjähriger Eruptionen eingebrochen sein. Wolf[4]) versichert aber, daß solche Traditionen nicht bestehen und daß der Vulkan überhaupt keine Spur junger Tätigkeit aufweist.] —

Der Sangay[5]), 5323 m, begann nach Le Condamine im Jahre 1728 eine bedeutende Tätigkeit, die seitdem, wie es scheint, mit wechselnder Intensität und veränderlichen Zwischenräumen zwischen den Einzeleruptionen andauert und zuweilen beträchtliche Höhepunkte erreicht. Frühere Ausbrüche fanden zweifellos statt, sind aber nicht berichtet.

Als Le Condamine 1739[6]) den Berg vom Páramo de Zula aus beobachtete, schien der ganze Berg und der Krater zu brennen und ein Lavastrom schuf sich vom Krater aus durch den Schnee eine Gasse.

1874[7]) berichtete Dr. W. Reiß, daß seit 4 Jahren sich ununterbrochen glühende Lava auf der Ostabdachung des Sangay ergieße.

Die Asche des Vulkans wird zuweilen bis auf den stillen Ozean hinausgetragen. 1903 sah Hans Meyer[8]) die Ausbruchswolken öfters in 10—14 km. Höhe aufsteigen und nach westlichen Richtungen ziehen.

Die Explosionen und Schlackenauswürfe erfolgten im Dezember 1849[9]) durchschnittlich alle 13—14 Sekunden. Anfang der siebziger Jahre[10]) je nach wenigen Sekunden, in den achtziger Jahren[11]) alle 20—30 Minuten, 1903[8]) alle 8—10 Minuten. —

Südlich vom Sangay beginnt ein weiter vulkanloser Raum. Aber im Osten der Ostkordillere, im Napogebiet sind vielleicht noch zwei tätige Vulkane: Guacamayo und Sumaco; es ist aber auch wohl möglich, daß nur einer vorhanden ist, dem bald dieser, bald jener Name beigelegt wird. Mit

---

[1]) C. W. C. Fuchs in Tschermaks Min. u. petr. Mitt. VIII, S. 28 f.

[2]) T. Wolf, Ecuador S. 363 ff.

[3]) Kosmos IV, S. 284.

[4]) Wolf, Ecuador S. 365.

[5]) Wolf, N. Jb. 1875, S. 563. Ecuador S. 365 f. Perrey in Mém. Ac. Bruxelles 1858, S. 28 f. Perrey nennt S. 34 Ausbruch 1742.

[6]) N. Jb. 1875, S. 564.

[7]) Ztschr. d. deutschen geol. Ges. XXVI, S. 923.

[8]) In den Hochanden von Ecuador. Berlin 1907. S. 372.

[9]) A. v. Humboldt, Kosmos IV, S. 230.

[10]) A. Stübel, Vulkanberge von Ecuador S. 246. Wisse, Comptes rendus Ac. Science XXXVI, S. 720.

[11]) E. Whymper, Travels amongst the great Andes of the Equator. London 1892. S. 74.

Sicherheit ist überhaupt noch kein Vulkan unmittelbar nachgewiesen; aber der Aschenregen, der am 7. Dezember 1843[1]) in der Provinz Quito fiel, dürfte von einem solchen herstammen; man schrieb den Aschenregen zwar damals dem Sara-urĉu zu[2]), aber mit Unrecht, denn er kam über diesen hinweg von Osten her. —

Im Gegensatz zu Columbien ist Ecuador ein Land reger vulkanischer Tätigkeit. Es ist nicht nur trotz der geringeren Größe des Landes die Zahl der in geschichtlicher Zeit tätig gewesenen Vulkane gleich groß, sondern es sind auch, was das Wichtigere ist, von diesen 6 Essen die meisten durch bedeutende Ausbrüche ausgezeichnet. Sieht man ab von dem immerhin etwas problematischen Guacamayo, so haben wir im Antisana einen zwar selten tätigen Vulkan, der aber besonders im 18. Jahrhundert eine bedeutende Förderung (Lava) aufwies; der Tunguragua hat zwar nur in sehr langen Zwischenräumen von mehr als einem Jahrhundert kurze Tätigkeitsperioden, aber dann jedesmal einen sehr bedeutenden Ausbruch mit starker Lavaförderung gehabt; der Sangay ist aber seit 1728 ständig tätig und zwar energisch tätig mit vorherrschender Locker-, aber offenbar oft auch bedeutender Lavaförderung; man darf seine Jahrhundertförderung an Lockerstoffen wohl auf mehrere Kubikkilometer schätzen; seine Lavaförderung zu schätzen, fehlt es aber leider völlig an Grundlagen.

Ein häufig tätiger Vulkan ist der Cotopaxi, der zahlreiche Lockerausbrüche und nicht wenige Lavaergüsse seit 1742 gehabt hat; einige der Lockerausbrüche waren sehr beträchtlich, vor allem der von 1768; seit 1742 darf man wohl seine erste Jahrhundertförderung an Lockerstoffen und Laven auf weit über 1 cbkm schätzen, während die zweite entschieden geringer war, da in diese Zeit nur ein großer Ausbruch fiel (1877). Vor 1742 hatte der Vulkan eine lange Ruheperiode, da 1534 sein letzter Ausbruch vor derselben gewesen zu sein scheint. Diese Lücke wird aber durch eine Reihe ansehnlicher Ausbrüche des in geschichtlicher Zeit nur explosiv tätigen Pichincha im 16. Jahrhundert und einen bedeutenden Ausbruch desselben Vulkans im 17. Jahrhundert gewissermaßen ausgefüllt, während die wenigen späteren Ausbrüche im 19. Jahrhundert ganz geringfügig waren.

Die Gesamtförderung der ecuatorianischen Vulkane darf so im Durchschnitt des 18. und 19. Jahrhunderts wohl auf mehrere Kubikkilometer Lockerstoffe und nahe an 1 cbkm Laven roh geschätzt werden, womit dieses Gebiet zu den leistungsfähigsten Vulkangebieten der Erde trotz seiner Kleinheit gezählt werden muß.

Die Reichweite der Ausbrüche war aber nur selten groß und der gewaltige Schaden, den viele Ausbrüche verursachten, war meist weniger auf die unmittelbaren Ausbruchswirkungen zurückzuführen, obgleich auch

[1]) Wolf, Ecuador S. 331—333. [2]) Perrey in Mém. Ac. Bruxelles XXI, S. 9.

diese, besonders beim Cotopaxi, recht groß sein konnten, als auf die durch Schnee- und Eisschmelze erzeugten Schlammströme und Überschwemmungen.

Die hohe Frequenz und Energie der vulkanischen Ausbrüche Ecuadors ist um so auffallender, als dies Gebiet durch keine natürliche Lücke oder Grenze von dem columbianischen geschieden ist, sondern vielmehr dessen unmittelbare Fortsetzung darstellt, sodaß man eigentlich beide zusammen als ein zusammengehöriges Ganze betrachten muß. Wenn man dies tut, und nur das Verhalten der letzten 2 Jahrhunderte berücksichtigt, so hat man die Tatsache festzustellen, daß die Hauptenergie auf ein Ende des Systems konzentriert ist, wie solches in noch auffälligerem Maße bei der Hawaiizone oder der Samoareihe der Fall ist. Geht man aber in die ältere geschichtliche Zeit zurück, so trägt die lange andauernde Tätigkeit des Pasto die Nordgrenze der lebhaften Betätigung bis in die geographische Mitte des Gesamtsystems und es ist bemerkenswert, daß kurz nach dem Aufhören der andauernden Pastotätigkeit (1717) der Sangay sein ruheloses Spiel begann (1728), also gewissermaßen einen Ersatz dafür bot. Freilich wissen wir nicht, ob die Pastotätigkeit auch nur entfernt der Förderleistung des Sangay nahekam, ob also beide Vulkane sich auch nur annähernd gleichwertig sind.

3. Die Vulkane von Perú und Bolivia.

Nach einer Lücke von etwa 1600 km beginnt das System der Vulkane des südlichen Südamerika, das nach Stübels Auffassung und Kenntnis durch mehrere große Lücken in verschiedene getrennte Abteilungen zerfallen sollte. R. Hauthal hat aber gezeigt, daß bei der genaueren Kenntnis der Gegenwart die Lücken sehr zusammengeschrumpft sind und wohl später ganz verschwinden werden, sodaß man die Vulkane des südlichen Südamerika als einheitliches System auffassen darf. Der leichteren Übersichtlichkeit wegen seien aber die peruanisch-bolivianischen Vulkane von den chilenisch-argentinischen getrennt betrachtet.

Über die Ausbruchstätigkeit der ersteren scheinen Nachrichten besonders spärlich vorzuliegen und eine kritische Untersuchung ganz zu fehlen, sodaß nur Perreys oben erwähnte Arbeit (in Mém. Ac. Bruxelles 1858) neben den neueren Vulkanbüchern und Reisebeschreibungen einige Hilfe gewährt.

Der Misti oder Vulkan von Arequipa, 6005 m [sollte nach der Liste chronologique[1]) 1600 tätig gewesen sein: Verwechslung mit Omate]. Mercalli erwähnt (S. 361) ohne Quellenangabe explosive Tätigkeit für 1784; doch dürfte sie nicht langdauernd und stark gewesen sein, da in diesem Jahre ein Kreuz auf dem Misti aufgestellt wurde[2]).

[1]) Collection académique VI, S. 552 f.

[2]) L. v. Buch, Ges. Schr. III, S. 612.

1826 stiegen nach Pentland [1]) Aschen und Dämpfe ständig aus dem Krater auf.

1830 August [2]) Schlackenauswurf. Asche bis Cangallo.

[1868 sollte nach E. G. Squier [3]) gelegentlich eines Bebens die 'einzige' historische Tätigkeitsäußerung gewesen sein; aber die gegebenen Schilderungen lassen eher nur an Bebenwirkungen denken.]

[1869 [4]) September Aschenauswurf.] Die Nachricht über einen Ausbruch des 'Missio' zwischen Cuzco und Arica im März 1870 [5]) bezieht sich wohl auf den Misti. Da die Ausbruchsnachricht von Pissis stammt, liegt ihr zweifellos ein wirklicher Ausbruch zugrunde; ebenso der Nachricht von Rauchentwicklung der Vulkane S. Bartolo, S. Pedro, Carcanale und Polape, über die ich freilich, abgesehen vom S. Pedro, s. u., nichts weiß.

Ende des 19. Jahrhunderts [6]) zeigte der Vulkan nur leichte Fumarolentätigkeit. —

Der Uvinas, Ubinas oder Uvillas hatte im 16. Jahrhundert [7]) starke Aschenausbrüche.

1867 [8]), 28. Mai, mächtige Rauchsäule; Aschen- und Lapilliregen; zugleich starke Beben. —

Der Omate oder Omato (fälschlich auch Onrate oder Ornate geschrieben) hat, wenn er wirklich mit dem Guayta oder Huayna Putina der alten Schriftsteller identisch ist, im Februar 1660 [9]) einen schweren Explosivausbruch gehabt, der für Arequipa 8tägige Finsternis, zwei Fuß Asche, den Einsturz vieler Häuser und für die Umgebung starkes Viehsterben brachte.

Perrey [10]) erwähnt noch frühere Tätigkeit am Anfang des 17. Jahrhunderts, indem er nach Fournier bei Besprechung des Bebens von 1604 sagt, daß der 'Omate' seit einigen Jahren Aschen ausgespieen habe.]

1667 [11]) fand abermals ein starker verheerender Aschenausbruch statt.

[Am 6. März 1913 soll der Andahua nach einer südamerikanischen Blättermeldung [12]) in Tätigkeit getreten sein, nach Tradition in Incazeit tätig.] —

---

[1]) Journ. geogr. Soc. London V, 1835, S. 74.

[2]) Meyen, Reise um die Erde II, S. 33. Landgrebe I, S. 438ff. Humboldt, Kosmos IV, S. 549: August 1831 Rauchsäulen.

[3]) Perú. London 1877. S. 225.

[4]) C. W. C. Fuchs im N. Jb. 1870, S. 435f. Unverständlich ist die Bemerkung: in Guayaquil 2—4 Zoll Asche: Verwechslung mit dem gleichzeitigen Cotopaxi-Ausbruch?

[5]) Perrey, Mém. Ac. Bruxelles XXIV, S. 82f. (Beben 1870).

[6]) Middendorf, Peru. Berlin 1894. II, S. 265.

[7]) Landgrebe I, S. 437. A. v. Humboldt, Kosmos IV, S. 549. Pentland spricht (a. a. O. S. 74) nur von einem Ausbruch.

[8]) Fuchs in N. Jb. 1868, S. 439.

[9]) Middendorf, Peru II, S. 254. Perrey in Mém. Ac. Bruxelles 1858, S. 12.

[10]) A. a. O. S. 15.

[11]) A. v. Humboldt, Kosmos IV, S. 549.

[12]) 'La Verdad', La Paz, vom 19. März 1913.

Der Gualatiri oder Huallatiri, 6693 m, stieß im ersten Drittel des 19. Jahrhunderts[1]) von Zeit zu Zeit Dämpfe und Aschenmassen aus.

Um 1913[2]) warf er ständig schwarzen, des Nachts von Feuerschein beleuchteten Rauch aus. —

Der Tutupaca, ca. 5000 m, über den ich leider bisher keine näheren Nachrichten besitze, hatte nach Soldan[3]) 1802 einen Ausbruch, dessen Aschen bis Arequipa und Tacna gelangten. Er sollte täglich viel Rauch ausstoßen.

Der Isluga soll einen Ausbruch im August 1863[4]) und im August 1869[5]) gehabt haben. (Vermutlich ist nur der letztere richtig!)

1878[6]), Februar, soll ein Ausbruch mehrere Dörfer durch Lava zerstört haben. Starke Beben.

Um 1913[7]) stieg ständig hellbläulicher Rauch auf, der nachts den Feuerschein widerspiegelte. —

Der Vulkan Ollagua wird von Betrand[8]) mehrmals als tätig erwähnt; auch Philippi sah ihn rauchen. 1888[9]) stiegen schweflige Dämpfe aus Spalten auf. —

Der Vulkan S. Pedro, 5700 m, war 1877, 1891 und Mai bis August 1901[10]) tätig.

1911[11]), September, ständig explosiv tätig mit kurzen Zwischenpausen von etwa 2 Minuten. —

[Der Lascar, Illascar oder Toconado, 5870 m, sollte nach Philippi 1848 einen heftigen Ausbruch gehabt haben, wogegen v. Tschudi hervorhebt, daß die Tradition überhaupt von keinem Ausbruch wisse, und der Vulkan nur selten rauche (zuletzt April 1858)[12]).

R. A. Philippi sah nach Fonck den Vulkan 1853[13]) tätig.]

---

[1]) J. B. Pentland im Journ. of the geogr. Soc. of London V, 1835, S. 72.

[2]) Briefliche Mitteilung des Herrn O. Buchtien in La Paz, Gerlands Beitr. XIV, S. 121.

[3]) Geografia del Perú, Paris 1862, S. 15, zitiert von K. Martin, Landeskunde von Chile, Hamburg 1909, S. 86. Perrey erwähnt (Mém. Ac. Bruxelles 1858, S. 38) schweren Ausbruch des 'Tutipaca' 1780.

[4]) Mercalli S. 361, leider ohne Angabe der Originalquelle.

[5]) Perrey erwähnt in Mém. Ac. Bruxelles XXII, S. 75, daß während des Bebens von Copiapó im August 1869 mehrere Vulkane, darunter der 'Islonga', tätig gewesen seien; bei Nacht sah man Flammen aufsteigen. Auch Fuchs nennt im N. Jb. 1870, S. 435 diesen Ausbruch von 1869 — freilich als unsicher.

[6]) Fuchs in Tschermaks Min. u. petr. Mitt. II, S. 100.

[7]) Briefliche Mitteilung von O. Buchtien. Gerlands Beitr. XIV, S. 121.

[8]) Viaje en Atacama, Anuario hidrografico X. Santiago 1885. zitiert von Martin, a. a. O. S. 87.

[9]) C. de Meyendorff, L'empire du Soleil, Paris 1909, S. 31.

[10]) Martin, Chile S. 87 und Revista Chilena V, S. 244.

[11]) Mitteilung von Dr. E. Bergeat. Gerlands Beitr. XIV, S. 119.

[12]) Perrey in Mém. Ac. Bruxelles XII, S. 8 nach Sitzber. Ak. Wiss. Math. nat. Cl. XXXVII, S. 585. Mém. Ac. Bruxelles XIII, S. 29.

[13]) Martin, Chile S. 87 und Revista Chilena V, S. 245.

[Der Licancaur oder Vulkan von Atacama war nach Ochsenius 1877[1]) tätig.]

[Nature LXVI, S. 553 spricht vom Ausbruch eines Mt. Chullapata in Peru 1902. — Der New York Herald berichtete am 4. Juni 1902 aus La Paz von einem starken Vulkanausbruch im Choicogebiet. — ?]

d) Die chilenisch-argentinischen Vulkane.

[Der Llullaillaco, 6620 m, rauchte nach Phillipi um 1854[2]).]

[Der Vulkan von Antofalla[3]), 6100 m, soll noch Rauchwolken ausstoßen.]

[Der Lastarria, oder Cerro de Azufre (V. von Copiapó), 5680 m, ist solfatarisch tätig[4]). Seit 1680 wird der Schwefel ausgebeutet[5]).]

[Der Vulkan von Coquimbo — auf Hauthals Liste, wenigstens unter diesem Namen, nicht erwähnt — soll nach Mercalli S. 362 das von ihm als vulkanisches Phänomen aufgefaßte 'Leuchten' häufig zeigen; Landgrebe, auf den er sich beruft, bezieht sich aber (I, S. 432 ff.) bei Besprechung dieses Phänomens nicht besonders auf diesen Berg, der nach Pissis[6]) kein Vulkan ist.]

[Der Aconcagua, 7000 m, ist zwar unzweifelhaft vulkanischer Entstehung und wird von Hauthal darum auch in seiner Vulkanliste aufgeführt, hat aber offenbar — trotz mancher Ausbruchsnachrichten aus der ersten Hälfte des 19. Jahrhunderts — in geschichtlicher Zeit keinen Ausbruch gehabt[7]).]

Der Aschenregen, der im März 1861[8]) auf dem Uspallata-Paß fiel, ist also fälschlich auf den Aconcagua bezogen worden. Woher er stammte, ist nicht bekannt. —

Der Tupungato, 6100 m, sollte im 1. Drittel des 19. Jahrhunderts[9]) und 1889/90[10]) ziemlich dichte Rauchsäulen gezeigt haben. Nachdem aber E. Fitzgerald bei seiner Besteigung des Vulkans (April 1897) keinen Krater und keine Spur von Tätigkeit feststellen konnte, bezweifelte er natürlich die früher berichtete Tätigkeit. Nachdem jedoch Vines während der Besteigung des Tupungato im Westen davon einen tätigen Vulkan[11]) gesehen hatte, den er später nicht wieder aufzufinden vermochte, schloß

---

[1]) Martin in Revista Chilena V, S. 294.

[2]) Mercalli S. 362.

[3]) K. Martin, Chile S. 88.

[4]) R. Hauthal in Rev. Museo de la Plata XI, S. 181.

[5]) Martin in Rev. Chilena V, 1901, S. 245.

[6]) Geografia física de Chile. Paris 1875. S. 118.

[7]) E. Fitzgerald, The highest Andes, London 1899, S. 121 f.

[8]) Scrope-Klöden S. 400.

[9]) E. Fitzgerald a. a. O. S. 209 ff. Charles Darwin sagt in seinem Narrative of the surveying voyages of his Maj. ships Adventure and Beagle. London 1839. III, S. 397: 'From one peak (des Tupungato) my arriero said he had once seen smoke proceeding'.

[10]) Möricke in Pet. Mitt. 1894, S. 142.

[11]) Fitzgerald S. 195 und 228 ff.

W. Sievers [1]), daß Möricke den Rauch desselben 1889/90 gesehen haben dürfte; ebenso beziehen sich wohl die älteren Nachrichten auf denselben.

Der 1897 tätig gewesene Vulkan ist nun 1897 und 1901 von Riso Patron bestiegen worden; derselbe beobachtete an ihm mehrfach Lichtreflexe und Geruch nach SO_2; es ist ihm der Name Tupungatito, 5640 m, gegeben worden [2]). Vielleicht bezieht sich auf ihn auch die Nachricht Meyens (I, S. 214) von einem Feuerausbruch beim Beben von 1829 zwischen Aconcagua und dem Vulkan Santiago. —

Der San José (nach Hauthal 5000 m) hat wahrscheinlich am 19. Nov. 1822 [3]) einen Aschenausbruch gehabt, war vor 1838 [3]) nach Fonck wieder stärker tätig und hatte 1881 [3]) nach Ochsenius einen Ausbruch; 1889/90 [4]) zeigte er Feuerschein, 1895 [3]) öfters eine schwache Rauchsäule. —

Der Maipú oder Maipó, 5300 m, war nach Meyen 1822 [5]) tätig (sofern dieser Ausbruch nicht dem S. José zukam; s. oben). Aber wir haben durch Darwin [6]) das unmittelbare Zeugnis des Dr. Gillies, der lange in Sicht des Vulkans lebte, daß derselbe in den vier folgenden Jahren sehr häufige Ausbrüche hatte.

Ob der am 1. März 1826 [7]) in der Gegend gefallene Aschenregen von Maipú stammte, ist unsicher, aber nach dem Gesagten wahrscheinlich.

[1905 [8]) soll er nach Zeitungsnachrichten anläßlich der Beben von Rancagua vom 28. und 30. Okt. wieder tätig gewesen sein.] —

Der Tinguiririca oder Rancagua, 4500 m, soll nach Ochsenius früher lebhaft tätig gewesen sein, ist es aber jetzt nur noch solfatarisch [9]).

[Meyen [10]) sah 1831 allnächtlich Aufleuchten aus dem Krater (vulkanisch? oder nur Andenleuchten?).]

[Die Zeitungsnachricht von einer Tätigkeit 1906 bezweifelt Steffen [11]).]

---

[1]) Lit. Ber. 253 in Pet. Mitt. 1900. [2]) Martin, Chile S. 88.

[3]) Martin, Chile S. 88, Revista Chilena V, S. 245.

[4]) Mörike in Pet. Mitt. 1894, S. 142.

[5]) Martin, Rev. Chilena V, S. 245. In F. J. F. Meyen, Reise um die Welt. Berlin 1834. habe ich die Angabe nicht gefunden; er erwähnt aber S. 357 ff. Tätigkeit zur Zeit seiner Besteigung Februar 1831.

[6]) On volcanic phenomena in South America. Trans. Geol. Soc. 2. Ser., Vol. V. London 1840. S. 605.

[7]) Landgrebe I, S. 430. Meyen I, S. 331 denkt an einen Vulkan nördlich des Portillopasses.

[8]) Gerlands Beitr. XIV, S. 120. Fuchs nannte (Volcans S. 257) den Maipú ständig tätig. Als aber Güssfeld ihn 1883 bestieg, war er ruhig (Rev. Chil. V, S. 245).

[9]) Martin, Chile S. 89. Hier etwa muß der von G. J. Molina erwähnte kleine Hügel gewesen sein, der gegen 1780 etwas rauchte (Saggio. Bologna 1782. S. 42).

[10]) A. a. O. L. v. Buch, Ges. Schr. III, S. 603. Er erwähnt dort auch Aschenauswürfe.

[11]) Pet. Mitt. 1907, S. 160. Fuchs hatte (Volcans S. 257) auch diesen Vulkan ständig tätig genannt.

Der Peteroa, 4060 m, den Fuchs (Volcans S. 257) ständig tätig nannte, hat in geschichtlicher Zeit einige Ausbrüche gehabt.

1762, 3. Dez.; nach G. J. Molina[1]) Seitenausbruch, Bildung einer langen Spalte und eines neuen Kraters; Aschen und Lava erfüllten weithin das Land; Hochwasser des Tinguiririca-Flusses; ein Bergsturz dämmte den Lontūe 10 Tage lang ab, worauf Durchbruch und große Überschwemmung folgten.

Nach Fonck[2]) fanden auch 1835, 1837, 1878, Sept. 1889 und Jan. 1890 Ausbrüche statt. Pissis erwähnt (S. 119) häufige Rauchentwicklung. —

Der Pomahuida oder Punmahuida (in Hauthals Liste oder der offiziellen Schulwandkarte von Chile 1911 nicht angegeben, nach Havestadt weit östlich der Hauptvulkanreihe gelegen) hatte etwa im 18. Jahrhundert vermutlich einen bedeutenden Aschen- und Schlackenausbruch[3]); weitere Ausbrüche sind für 1820, 1823 (stark), 1827 und 1828 berichtet[4]). —

Vom Descabezado[5]), 4200 m, sah man im Sommer 1913 aus der Ferne eine große Rauch- und Dampfsäule aufsteigen. —

Zwischen dem Cerro Azul und dem Descabezado, aber näher ersterem, bildete sich am 26. Nov. 1847 nachm. ein neuer Kegel (Cerro del Medio) aus Gesteinsstücken, ohne daß frische Lavaprodukte gefördert worden wären[6]). Nach 3 Tagen war wieder Ruhe.

Nach A. Pissis erfolgte 1847[7]) eine Lavaeruption; die Lava gelangte in einem Lauf von mehr als 10 km in enger Schlucht bis zur Laguna de la Invernada (die vielleicht durch einen ebenfalls jungen Lavastrom des Descabezado chico aufgestaut worden ist).

1849[8]) stieg Dampf und Rauch auf.

1907[9]), 28. Juli, soll der Vulkan in starke Tätigkeit geraten sein.

1912[10]), Februar, stieg aus der kraterartigen Vertiefung am Cerro del Medio dichter Rauch auf, der äußerst feine Asche fallen ließ.

---

[1]) Saggio sulla storia naturale del Chili. Bologna 1782. S. 42. K. Martin, Chile S. 89 und Rev. Chilena V, S. 246. Daubeny (2. Aufl., S. 495) verlegt den Peteroa-Ausbruch versehentlich ins Jahr 1660.

[2]) K. Martin, Chile S. 89 und Rev. Chilena V, S. 246.

[3]) B. Havestadt, Chilidugu, Münster 1777, II, S. 910: '... apud pedem duorum montium ignivomorum, qui Punmahuida vocantur, procul dubio, quod fumus, quem aliquando evomuit, fuerit tam spissus ater et copiosus ut vel meridiano tempore, noctis tenebras introduxerit, ac diem in noctem transformarit'. Havestadt erwähnt auch (II, S. 934 f., 940) den Longavi als Vulkan, weiß aber nichts von Ausbrüchen zu berichten.

[4]) Martin, Rev. Chilena V, S. 246 (leider ohne genaue Quellenangaben!). Landgrebe S. 427.

[5]) 'Diario Ilustrado' Santiago, vom 13. Aug. 1913.

[6]) M. Vogel, Reisebilder in Verh. d. deutschen Wiss. Vereins Santiago VI, 1913, S. 293.

[7]) Geografia física de la República de Chile. Paris 1875. S. 117.

[8]) Vogel a. a. O. S. 292.

[9]) Vogel a. a. O. S. 299.

[10]) Vogel a. a. O. S. 290.

[Am 12. Jan. 1873[1]) stieg nach heftigen Erderschütterungen eine gewaltige Rauch-, Aschen- und Schlackensäule aus dem Krater des 'Vulkans S. Vicente' auf, der mit dem Cerro Azul vielleicht zu identifizieren wäre, was aber Hauthal bestreitet.]

Der Tromen, 4000 m, hatte 1822[2]) einen Ausbruch. [Daß er 1906 tätig geworden wäre, ist nach Steffen nicht glaubhaft[3]).] —

Der Chillán, 2879 m, zeigte 1750[4]) eine starke Rauchsäule, 1860[5]) Feuer- und Rauchemanation.

1861[6]), Juni, starker Aschen- und Schlackenausbruch aus einer Öffnung am westlichen Fuß des Nevado de Chillan, Bildung eines neuen Kegels. Schlacken häuften sich auf dem Gletscher an und erzeugten durch Schmelzung einen Gletscherbruch im Tal von St. Gertrudis. Den Höhepunkt erreichte der Explosivausbruch im November und Dezember 1861; dann nahmen die Erscheinungen an Kraft ab. Im Februar 1862 erfolgten alle 15 bis 20 Minuten Explosionen aus nordsüdlichen Spalten; auch die Lavaförderung entsprach der Intermittenz der Explosionen; am Gletscher staute sich der Lavastrom zu einer hohen Mauer. (Auswurf nach Norden.)

1862[7]), 1.—3. März, besuchte Philippi den Chillan und traf ihn stromboliartig tätig; die Steine, die nachts rotglühend erschienen, wurden 150 m hoch ausgeschleudert. 1863[6]) hörte der Ausbruch auf.

1864[6]), November, setzte ein neuer mehrmonatlicher Aschen- und Schlackenausbruch ein, etwa 200 m unter dem Gipfel des großen Kegels. Bis Ende Januar 1865 hatte der neue Kegel schon 50 m Höhe. Lava floß aus 2 Spalten und erreichte schon den Gletscher. Asche lagerte auf der Schneedecke (Vulkangletscher zeigen oft Zwischenlagen von Schlacken).

1889/90[8]) Rauchsäulen aus Spalten.

Fast gleichzeitig mit dem großen chilenischen Beben vom 16. April 1906 entstand ein neuer Krater des Vulkans[9]). —

Der Antuco, 2700 m (einst Volcan de la Laxa genannt), war am 31. Jan. und 1. Febr. 1752, als Havestadt[10]) an ihm vorbeikam, in sehr

[1]) C. W. C. Fuchs in Tschermaks Min. Mitt. 1874, S. 68. Da Pissis nichts davon erwähnt, ist die Nachricht mit Mißtrauen anzusehen.

[2]) Hauthal in Rev. Museo de la Plata XI, S. 184. Pet. Mitt. 1903, S. 100.

[3]) Pet. Mitt. 1907, S. 160.

[4]) Martin in Rev. Chilena V, S. 246. Havestadts Karte zeichnet den Vulkan als tätig.

[5]) Pet. Mitt. 1863, S 255 ff. Perrey in Mém. Ac. Bruxelles 1865, S. 58 ff.

[6]) A. Pissis, Geografia física de Chile, Paris 1875, S. 120 ff. Die frühere Darstellung desselben Autors in den Comptes rendus Ac. Science 1862, I, S. 1186 f. und 1865, I, S. 1095, stimmt nicht genau mit dieser überein, bietet aber mehr Einzelheiten.

[7]) Pet. Mitt. 1863, S. 251 ff. [8]) Pet. Mitt. 1894, S. 142.

[9]) Steffen in Pet. Mitt. 1907, S. 160. Dagegen spricht D. A. Lira ('La Union' vom 29. Sept. 1906) nur von einer neuen Fumarole, die aber Aschen geliefert haben dürfte.

[10]) Chilidugu II, S. 905—908.

heftiger explosiver Tätigkeit mit Lapilliregen, hoher Flammensäule, Beben und Getöse.

1820[1][2]) Ausbruch, Wassererguß.

1828[3]) war noch ein Lavastrom im Fließen begriffen und alle 4–5 Minuten erfolgten leichte Explosionen aus dem Krater.

Nach Darwin[4]) muß man annehmen, daß der Vulkan 1833 seine Tätigkeit einstellte. 1835 verhielt er sich ruhig.

Für 1839[5]) wird wieder Tätigkeit berichtet.

1848[6]) hatte der um jene Zeit fast stets tätige Vulkan alle 8—10 Minuten Auswurf von Steinen und gewaltigen Rauchwolken. (Einmal in 5 Monaten war auch ein starker Ausbruch.) 1861, kurz vor dem Chillan-Ausbruch, fand ein Lavenerguß des Antuco statt; der Strom erreichte den Fuß des Kegels nicht[7]).

Nach dem schweren Beben vom 20. März 1861 erlosch der Berg plötzlich[8]). Aber schon für 1863 wird ein neuer Ausbruch gemeldet[9]). —

Südöstlich vom Antuco liegt der Unalavquen, von Pöppig als tätig aufgeführt[10]) (aber in Hauthals Liste fehlend!). —

Der Lonquimay hatte nach Martin[11]) 1853 einen starken Ausbruch und war auch am 24. Juni 1887 und im Dezember 1889 tätig. (Nach Havestadt[12]) rauchte der Callaqui [Collaqui] um die Mitte des 18. Jahrhunderts.) —

Der Llaymas (nicht Llaima oder Yaima), 3080 m, hatte nach Fonck[13]) Ausbrüche 1640, 1751[14]), 1852, 1862—66[15]), April 1869, 1872, 1876[16]), Januar 1877.

1893[17]), Dezember, stiegen häufig sehr leichte Dampfwolken und Rauchsäulen auf.

1896[18]), Ausbruch.

---

[1]) Martin, Rev. Chilena V, S. 247 nach Fonck. [2]) Mercalli S. 363.

[3]) E. Poeppig, Reise in Chile, Peru und auf dem Amazonenstrom I. Leipzig 1835. S. 365—422.

[4]) Voy. Beagle III, S. 374.

[5]) Martin, Rev. Chilena V, S. 247 nach Fonck.

[6]) J. Domeyko in An. des Mines 1848, S. 187 ff. Landgrebe S. 420 ff. Mercalli S. 363.

[7]) Pissis, Geografia S. 123. [8]) Martin, Chile S. 90.

[9]) Perrey in Mém. Ac. Bruxelles XXI, S. 24.

[10]) A. v. Humboldt, Kosmos IV, S. 553. Martin, Rev. Chilena V, S. 247.

[11]) Rev. Chilena V, S. 247. Chile S. 90. [12]) Chilidugu II, S. 904.

[13]) Martin in Rev. Chilena V, S. 247.

[14]) Havestadt spricht (a. a. O. S. 901) am 18. Dez. 1751 vom 'flammivomo Chaÿll, qui duplici ostio humum, flammam scopulosque ignitos evomit'.

[15]) A. Pissis, Geogr. fis. S. 124: 1864 großer Ausbruch; Rauchsäule 5—6 km hoch.

[16]) Die Asche fiel in 120 km Umkreis. Viele Hütten wurden zerstört (Martin).

[17]) Knüttel in Tschermaks Min. u. petr. Mitt. XIV, S. 239 nach Pöhlmann.

[18]) Hauthal in Rev. Museo La Plata XI, S. 185.

1903[1]), 12. Mai, ungeheure Dampfsäulen; Lavaerguß; Veränderung der Gipfelregion. Bildung riesigen Kraters, aus dem ein zweiter Kegel hervorragt.

Der Vulkan soll bis 1907 tätig geblieben sein (oft Feuersäulen von über 100 m Höhe)[2]).

1908[3]), März, war der Vulkan erregt.

1914[4]), Oktober, entstiegen dem südlichen Kraterteil enorme dicke Rauchsäulen. —

Der Villarica, 2900 m, der für gewöhnlich solfatarisch ist, hatte im Febr. 1640[5]) nach Molina einen Lavaausbruch, wobei die Wasser des Voipirebachs so erhitzt wurden, daß die Fische in seinem Wasser gekocht wurden.

Zu Molinas[6]) Zeiten (vor 1780) rauchte der Berg und brannte Tag und Nacht.

1822[7]) soll er und noch ein Nachbarvulkan im Moment des großen Bebens plötzlich mit großem Getöse ganz kurz ausgebrochen und sofort wieder in Ruhe verfallen sein.

1869[8]) sah man nachts hohe Feuergarben aufsteigen.

1875 und 1876[5]) war der Feuerschein weithin sichtbar. Fonck erwähnt auch für 1883 einen Ausbruch[5]).

1906—1908[9]) soll er ständig tätig gewesen sein. Steffen erwähnt Tätigkeit am 22. April 1907[10]).

Im Dezember 1907 stieg eine furchtbare Dampf- und Rauchsäule auf[11]).

Einen kurzen, aber starken Aschenausbruch hatte der Vulkan am 31. Oktober 1908, 8 Uhr nachm.; vom 21. Dezember 1908 ab fand einige Tage lang alle 10 Minuten eine Explosion mit Steinauswurf statt[12]).

K. Martin nennt als Synonym des Villarica Quitralpillán ('Feuergott'). Aber R. Hauthal führt in seiner Liste S. 185 den Quetrupillan ('nicht Quehupillan oder Logol') als besonderen Vulkan auf, desgl. G. Münnich, und die offizielle Schulwandkarte von Chile 1911; Mercalli aber führt Llogel oder Logol wieder als Synonym des 'Quehupillan' an. Unter solchen Umständen ist es nicht sicher, ob der Ausbruch des 'Llogel', der nach

[1]) K. Martin, Chile S. 90.

[2]) Köln. Volkszeitung vom 22. Sept. 1907.

[3]) 'Grenzbote' von Temuco vom 11. März 1908. (Nach Sieberg, Makroseism. Beobachtungen, hätte der Vulkan am 14. Februar und im März Ausbrüche gehabt.)

[4]) M. Vogel-Talca, Briefliche Mitteilung.

[5]) Martin in Rev. Chilena V, S. 247. In Molinas Werk habe ich die Stelle vergeblich gesucht.

[6]) Molina a. a. O. S. 42.

[7]) Darwin in Trans. Geol. Soc. V, S. 605.

[8]) Fuchs, Neues Jahrb. 1870, S. 436.

[9]) Deutsche Zeitung von Valdivia vom 17. Nov. 1908.

[10]) Pet. Mitt. 1907, S. 160.

[11]) Guill. H. Münnich, Excursion à la rejion volcanica de Valdivia, Valparaiso 1908, S. 7.

[12]) Ztschr. Ges. f. Erdk. Berlin 1909, S. 332 ff.

C. W. C. Fuchs[1]) am 6. Juni 1872 statthatte, nicht vielleicht auf den Villarica zu beziehen wäre. Die Aschen flogen bis Tacna (??, wohl Talca), im Juli selbst bis Santiago. —

[Der Lanin, 3800 m, soll nach argentinischen Zeitungsnachrichten nach dem großen chilenischen Beben von 1906 tätig geworden sein, was Steffen[2]) entschieden bestreitet.] —

Der Riñinahue[3]) ist ein nahe dem See Ranco am 4. April 1907 entstandener Explosionskrater, der starke Aschen- und Lapillimassen auswarf; im Krater entstand ein 50 m hoher glockenförmiger Aschenkegel. 12. und 24. April Aschenfall in Valdivia.

[Ein für dieselbe Zeit gemeldeter Ausbruch des Puyehue[4]) bzw. Puyfuye nahe dem See Nahuel Huapi, der am 27. April noch anhielt, ist offenbar mit obigem verwechselt.] —

Der Osorno oder Pisé, 2250 m (nach Martin auch Hueñauca, Purahilla, Puraraque, Pirepillan usw. genannt), beim See Llanquihue soll nach Fonck 1719—1790[5]) tätig gewesen sein.

1834 (26. Nov.) und 1835 (19./20. Jan.) sah Darwin[6]) den Vulkan in explosiver Tätigkeit.

Im Moment des Bebens von 1835 stieß nach Douglas der Osorno eine dicke Säule dunkelblauen Rauchs aus und sofort bildete sich ein großer Krater an der SSO-Seite des Bergs; Lava kochte auf, Steine flogen empor; dann verhüllte Rauch den Berg einige Tage. Nachher zeigten der neue wie der alte Krater bei Nacht ein stetiges Licht. Die Tätigkeit scheint das ganze Jahr angehalten zu haben[7]) Am 11. Nov. hatte er wieder starke Steinauswürfe (Beben von Talcahuano); am 5. Dez. vereinigten sich durch Einsturz der SSO-Seite die beiden Krater, sodaß sie wie ein großer Feuerstrom erschienen; riesige Mengen von Aschen und Rauch wurden in den nächsten 14 Tagen ausgeworfen.

Nach Martin[8]) waren bis ca. 1850 noch viele Ausbrüche beobachtet worden.

1855[9]) und 1869[9])[10]) fanden weitere Ausbrüche statt.

Findlay[11]) erwähnt, daß der ungewöhnlich spitze Berg nicht selten Rauchsäulen aufsteigen lasse. —

[1]) Les Volcans S. 257 f. [2]) Pet. Mitt. 1907, S. 160.
[3]) Münnich a. a. O. S. 53 ff. und Gerlands Beitr. XIV, S. 120. Geogr. Ztschr. IX, S. 162.
[4]) Le Cosmos LVI, 1907, S. 448 und Gerlands Beitr. XIV, S. 120 f.
[5]) Rev. Chilena V, S. 247 f.
[6]) Narrative Voy. Beagle III, S. 336 und 356.
[7]) Darwin in Trans. Geol. Soc. V, S. 604. [8]) Chile S. 90 f.
[9]) Mercalli S. 364.
[10]) Fuchs im N. Jb. 1870, S. 435.
[11]) Directory South Pacific Ocean, 4. ed. London 1877. S. 124.

1893 fand nach K. Martin[1]) (während des Calbuco-Ausbruchs) die Eruption eines Vulkänchens (Caulle) am NW-Fuße des Osorno statt. —

Der Calbuco, 1738 m, wurde am 26. Nov. 1834 von Darwin[2]) tätig gesehen und hatte nachher bis 1845 noch mehrere Ausbrüche[3]). Nachher füllte sich sein großer Krater mit Schnee.

1893[4]), 7. Januar, Aschenauswurf, 10. Januar plötzliche Schneeschmelze, hernach Ausbrüche von Aschen (zerriebenes andesitisches Gestein) April bis Ende November. In der Nacht vom 5. zum 6. Oktober fiel ein Regen heißer Steine. Mächtige Schlammströme, Überschwemmungen, Waldbrand, kein Lavaerguß. (Noguès berichtet allerdings CR. S. 867 Lavaergüsse.)

1894[5]), starke Fumarolentätigkeit.

1906[3]), Ausstoßen ziemlich bedeutender Dampfmassen.

1907[6]), 22. April soll der Vulkan wieder tätig gewesen sein. —

Der Huequi oder Huequen, ca. 1000 m, war 1893 gleichzeitig mit dem Calbuco tätig; seine Dampfsäule war höher als die jenes Vulkans; Rauchwolken bis Sept. 1906[7]). Im April 1907 soll er wieder tätig geworden sein[8]). —

Minchimadiva oder Minchinmadavi, 2419 m, war vor dem Beben vom 20. Febr. 1835 30 Jahre lang in gleichmäßig schwacher Tätigkeit geblieben (offenbar solfatarisch); vor dem Beben stiegen zwei weiße Rauchsäulen wirbelnd empor, während des Bebens rauchten zahlreiche kleine Öffnungen im großen Krater, und aus einem kleinen Krater gerade oberhalb der Schneelinie wurde Lava ausgeworfen. 8 Tage später war der kleine Krater erloschen, aber bei Nacht sah man fünf rote Flammen in gleichem Abstand von einander in einer Linie; am 1. März nahm die Tätigkeit stark ab, aber am 26. fand ein Erdbeben statt, worauf die fünf Feuer wieder sichtbar wurden; 14 Tage später konnte man innerhalb des Kraters die Gipfel von 15 Kegelchen sehen und bei Nacht 9 stetige Feuer, davon 7 in einer Linie[9]).

Jetzt liegt der Krater unter Eis und Schnee (Martin). (Vielleicht ist mit ihm der Kechucavi Molinas identisch, der nach Perrey[10]) 1742 einen Ausbruch hatte. —

---

[1]) Rev. Chilena V, S. 249. [2]) Narrative Voy. Beagle III, S. 333 und 356

[3]) Rev. Chilena V, S. 248 f. Martin, Landeskunde von Chile S. 91.

[4]) Comptes rendus Ac. Science CXVII, S. 866 f. Steffen in Verh. Ges. f. Erdk. Berlin XX, S. 393 und XXI, S. 85 ff. Knüttel in Tschermaks Min. u. petr. Mitt. XIV, S. 232 ff. und Rudolph ebenda XVI, S. 412 ff.

[5]) Rudolph ebenda S. 414 nach O. Heinrich.

[6]) Steffen in Pet. Mitt. 1907, S. 160.

[7]) Martin, Chile S. 92. [8]) Steffen in Pet. Mitt. 1907, S. 160.

[9]) Ch. Darwin, Trans. Geol. Soc, 2. Ser., Vol. V, S. 604 nach Mr. Douglas.

[10]) Mém. Ac. Bruxelles 1858, S. 35.

Der Corcovado, 2330 m, war vor 1835 offenbar mehrfach energisch tätig[1]). Für November 1834 erwähnt Darwin die Tätigkeit des Vulkans nicht besonders und auch beim Beben blieb er ruhig; aber als er nach 8 Tagen wieder sichtbar wurde, war der Schnee um den Nordwestkrater geschmolzen. Am 11. Nov. 1835 war er wieder stark explosiv tätig[2]). —

Der Yantéles, 2050 m, zeigte um die Zeit des Bebens von 1835 drei vorher nicht beobachtete schwarze Flecken von Kratergestalt oberhalb der Schneegrenze[2]). —

Unter 48° 56′ SBr. sah man gegenüber der Liberty-Bay am 18. Januar 1878[3]) einen Schneeberg Rauch ausstoßen.

K. Martin aber berichtet[4]) von einem Vulkanausbruch in Westpatagonien 1879 zwischen den Seen von S. Martin und Viedma (von Hauthal bestätigt, MS.).

R. Hauthal macht[5]) auf das Ungenügende unserer Kenntnis der Vulkane der äußersten Südspitze Amerikas aufmerksam. Die von Stübel in seiner Vulkanliste in Pet. Mitt. 1902 unterschiedenen Vulkane Fitz Roy und Chalten sind ein einziger Berg, der einen granitischen Lakkolithen darstellt, und der Vulkan Apaca Stübels existiert nicht; Hyades, der (Miss. scientif. du Cap Horn 1882/83, Paris 1887, IV, S. 4) die Frage behandelt, glaubt, daß es sich um eine falsche Interpretation eines von B. Hall am 25. Nov. 1820 beobachteten intermittierenden Leuchtens handelt, das Hall selbst nicht mit einem Vulkan in Beziehung setzte. Damit fällt wohl auch Landgrebes Angabe (I, 405) eines Clement-Vulkans, der 1712 gebrannt haben soll. Immerhin erkennt Hauthal zwei — untätige — Vulkane auf Feuerland an: Gap am Rio Oro im nördlichen Feuerland und Mt. Oreille auf der Insel Grévy. —

Vulkanausbrüche unsicherer Stelle:

Der Rio Nuble in Arauco führte am 20. Nov. 1861[6]) viel Asche (Chillan).

7. und 12. Sept. 1862 fiel schwarzer Regen und herrschte fast völlige Dunkelheit bei Tag in Paraná[7]) (Ferner Vulkanausbruch?). —

Über submarine Ausbrüche s. oben S. 107 f.

---

[1]) Darwin in Narr. Voy. Beagle III, S. 356: 'I was assured, that when the Corcovado is in eruption great masses projected upwards are seen to burst in the air, and to assume fantastical forms such as trees and other bodies'.

[2]) Ch. Darwin, Trans. Geol. Soc., 2. Ser., Vol. V, S. 604 nach Mr. Douglas.

[3]) C. W. C. Fuchs in Tschermaks Min. u. petr. Mitt. II, S. 97. Die ebendaselbst für 10. Januar 1878 gegebene Nachricht von einem vulkanischen Ausbruch auf dem Südende von Middle Island der English Narrows (nahe der Magelhäens-Straße) scheint mir sehr zweifelhaft.

[4]) Landeskunde von Chile S. 92.

[5]) Rev. Museo de La Plata IX, S. 186 f.

[6]) Perrey in Mém. Ac. Bruxelles 1865, S. 61 nach 'El Comercio' Lima vom 23. Dez. 1861.

[7]) Perrey ebenda S. 104 nach 'El Comercio de Parana' vom 27. Sept. 1862.

Wenn man versucht, sich ein Bild von der Ausbruchstätigkeit der Vulkane des südlichen Südamerika und von ihrer Bedeutung zu machen, so ist man in einer schwierigen Lage; denn die Berichterstattung ist offenbar sehr mangelhaft und setzte zudem in Chile erst verhältnismäßig spät etwas besser ein. Aber immerhin tritt so viel deutlich hervor, daß Tätigkeit in Anbetracht der riesigen Ausdehnung des Vulkangebiets verhältnismäßig selten ist und daß sie zudem nur selten zu größerer Bedeutung anschwillt. Es ist kein einziger Riesenausbruch bekannt, dem man nach den Schilderungen unbedingt eine nach Kubikkilometern zu bemessende Förderung zuschreiben möchte; doch mag vielleicht der Ausbruch des Omate von 1660 diese Größenordnung eben noch erreicht haben. Von den bolivianischen Vulkanen ist kein einziger großer Ausbruch in geschichtlicher Zeit berichtet worden, dagegen sind im chilenisch-argentinischen Gebiet seit Beginn des 19. Jahrhunderts (d. i. seit Beginn der besseren Berichterstattung) doch mehrere ansehnliche Ausbrüche bekannt geworden, so Osorno 1835, Cerro Azul 1847, Chillan und Antuco je 1861, Llaimas 1876, Calbuco 1893, Riñinahue 1907; dazu kommt, daß manche Vulkane doch seit dem 2. Drittel des 19. Jahrhunderts ziemlich oft tätig waren, wie Osorno, Llaymas, Villarica, oder aber längere Zeiträume hindurch ständig tätig waren, wie der Antuco in der ersten Hälfte des 19. Jahrhunderts. Gegenüber der geringfügigen Tätigkeit der peruanisch-bolivianischen Vulkane im 19. Jahrhundert hebt sich die der chilenischen doch als viel bedeutender heraus; aber die Berichterstattung ist zu lückenhaft, die Nachrichten, namentlich über die Tätigkeit der entlegenen Vulkane, so dürftig, daß man sich kein rechtes Bild von der Jahrhundertförderung machen kann. Sie dürfte aber, wenn ein Schluß nach den vorhandenen einigermaßen genaueren Nachrichten erlaubt ist, hinsichtlich der Lockermassen trotz der gewaltigen Ausdehnung des Gebiets unter 1 cbkm bleiben und die Lavaförderung, über die die Berichterstattung immer noch weniger genügende Auskunft gibt als über Lockerausbrüche, ist vermutlich noch wesentlich niedriger; aber immerhin sind einige bedeutende Lavaergüsse festgestellt, so am Antuco 1828 und 1861, Cerro Azul 1847, während andere sich in kleinerem Rahmen gehalten haben dürften.

Trotz des Vorwiegens der Lockerausbrüche sind nur selten solche von bedeutender Reichweite festgestellt worden.

Ein günstiger Zufall wollte es, daß der Beagle mit Darwin an Bord gerade 1834 und 1835 zur Zeit einer großen vulkanischen und seismischen Tätigkeit in südamerikanischen Gewässern weilte, denn ohne dies wäre die Tatsache des bedeutsamen Einflusses eines Bebens auf die Tätigkeit verhältnismäßig zahlreicher Vulkane des chilenischen Festlandes und selbst des fernen Juan Fernandez (vgl. oben S. 106) wohl kaum in solcher Klarheit bekannt geworden, als es geschehen ist, und nirgends ist im Licht der Überlieferung der vulkanischen Ereignisse je wieder eine solche zeitliche Häufung von Ausbrüchen hervorgetreten wie gerade hier.

4. Hohe südliche Breiten[1]).

Die Fortsetzung des andinen Vulkanzugs greift mit den Südsandwichinseln antillenartig weit nach Osten aus, um dann nach Westantarktica (Grahamsland) mit den Faltenzügen zurückzukehren.

Jungvulkanische Tätigkeit scheint ganz auf die Zawadowski-Insel (solfatarischen Vulkan im Norden der Südsandwichsgruppe) und Deception Island (gut erhaltenen Krater mit Thermen und Fumarolen) beschränkt zu sein, nachdem Bridgemans Island nach den Untersuchungen der französischen Südpolarexpedition als ein Gebilde von Tuffdecken mit einzelnen Gängen ausscheiden muß, trotz der früheren — auf optische Täuschung zurückzuführenden? — Beobachtungen von Rauchentwicklung (1821, 1838, 1839).

Eigentliche Ausbrüche sind nicht bekannt und Andersson[2]) macht darauf aufmerksam, daß die Wechsellagerung vulkanischer Aschen mit Gletschereis nicht als Beweis wiederholter Ausbrüche aufgefaßt werden darf.

[Sehr zweifelhaft ist die Nachricht von einem submarinen Ausbruch im Canal d'Orléans, zwischen Trinity-Insel und Palmerland 1910[3]). Dagegen ist der submarine Ausbruch vom 10. Dez. 1876 (s. S. 108) jedenfalls hierher zu rechen].

[1]) O. Nordenskjöld, Antarktis. Handb. Reg. Geol. VIII, S. 6, Heidelberg 1913; besonders S. 11 und 6.

[2]) J. Gunnar Andersson, On the Geology of Grahamland (Bull. Geol. Inst. of Upsala VII, 1906), S. 49.

[3]) La Géographie 1911, S. 385.

Zusätze, Berichtigungen, sinnstörende Druckfehler.

S. 14: Auch für 1695 und 1705 wird Tätigkeit berichtet.

S. 27, Zeile 4: Noak erwähnt auch submarine Tätigkeit bei Galita in 8,8° ÖL. und 37,5° NBr. 1877 und 1886 (unglaubhaft!).

S. 35, Zeile 7: Sartorius von Waltershausen gibt (II, S. 393) für den Lavaerguß von 1669 980 Mill. cbm an (Penck Morph. I, S. 436). Im genannten Jahre begann auch die Bildung des Gipfelkegels.

S. 40: Der Lavaerguß von 1852 wird von Penck (Morph. I, S. 436 nach v. Waltershausen) zu 420 Mill. cbm angegeben.

S. 38, Zeile 18: 1810 statt 1910

S. 44, Anm. 1: fasi statt faci.

S. 53, letzte Zeile: Eine Ausmessung der sichtbaren Lavamassen nach meiner Karte auf Tafel 12 in Petermanns Mitteilungen LII (1906) ergab nahezu 150 qkm. Eine genauere Berechnung der ausgeflossenen Lava ist aber deshalb nicht möglich, weil man die frühere Oberfläche der Insel nicht genügend kennt, und andererseits zudem die Lava in breiter Front und vermutlich bedeutenden Massen ins Meer geflossen ist. Nimmt man als mittlere Mächtigkeit der Lava 10 m an, so erhält man für die sichtbare Lava bereits 1 ½ cbkm; auf ebensoviel oder mehr darf man auch wohl die ins Meer geflossene Lava annehmen.

S. 59, Zeile 8: nach statt noch.

S. 60, Zeilen 28f.: 'fehlt es doch . . . fast völlig an liparitischen Ausbrüchen und ganz an Betätigung von Schildvulkanen'.

S. 62, Zeile 12: 1294 (und 1291?).

S. 62, Zeile 25: (1636) Dämmerungserscheinungen in Skandinavien.

S. 63, Zeile 3: Penck gibt (Morph. I, S. 436) 432 Mill. cbm an.

S. 63, Zeile 19f.: Einer gütigen brieflichen Mitteilung Professor Thoroddsens zufolge ist der Räuðukambar aus der Liste der Vulkane zu streichen. Die Nachricht von einem Ausbruch desselben 1343 beruht auf einer Verwechslung mit der Heklaeruption von 1341.

S. 69, Zeile 8: Diese Zahl Johnstrups bedeutet eine Minimalangabe bei Annahme von 150 Quadratmeilen Bimssteinfläche und 1 ½ Zoll Mächtigkeit derselben; doch gab Johnstrup zu, daß die Fördermenge weit größer gewesen sein müsse, da die Mächtigkeit gegen die Askja hin zunahm (Geogr. Tidskr. I, S. 59).

S. 69, Zeile 15: Die Schätzung 0,3 cbkm stammt schon von Johnstrup (Penck, Morph. I, S. 436).

S. 74, Zeile 2: Taf. VII statt VIII.

S. 74, Zeile 21: Nachträgliche Überlegung hat mich doch dazu geführt, Rudolphs Auffassung für die richtigere zu halten und das Ereignis als vulkanisch anzusehen.

S. 74, Zeile 26: submarin statt marin.

S. 74, Anm. 5: Der Satz 'Auf Karton II etc.' gehört zu Anm. 6.

S. 75, Zeile 5: [22. Dez. 1884 wurden in 36° 34' NBr. und 22° 26' WL. tote Fische beobachtet; milchweiße Farbe des Wassers. Vulkanisch? Ann. Hydr. 1885, S. 600, Rudolph in Gerlands Beitr. I, S. 166.]

S. 88, Zeile 18: Noak (MS.) erwähnt, daß im 10. Jahrh. eine Eruption auf einer Insel im jetzigen Hafen gewesen sei, und daß in 89,7° ÖL. bei 12° NBr. ein submariner Ausbruch stattgehabt habe (leider — wie immer — ohne Quellenangabe).

S. 90, zweitletzter Absatz: Entgegen den Darlegungen Blanckenhorns scheint mir Dieners Erklärung des Untergangs von Sodom und Gomorrha (a. a. O. S. 1—22) durchaus einleuchtend. Besonders die Deutung von 'gophrîth' (die neben Feuer vom Himmel nach Genesis 19, 24 fallende Masse) als Lapilli und Aschenregen spricht an; aber es ist zuzugestehen, daß bei der immerhin ansehnlichen Entfernung der vermutlichen Ausbruchsstelle Dieners Vermutung, dieselben wären glühend gewesen, Bedenken erregt. — Das Datum der Katastrophe glaubt Diener (S. 2, Anm. 1) etwa auf das Jahr 1750 (nach Mahlers Berechnung der in Gen. 15 erwähnten Sonnenfinsternis aufs Jahr 1763 v. Chr.) legen zu können.

S. 92, Anm. 7: In seinem großen Werke 'Die Gebirgsgruppe Bogdo-Ola im östlichen Tian-schan' (Abh. K. Bayer. Akad. Wiss. Math.-phys. Kl. XXVII, S. 11, Anm. 1) hat G. Merzbacher darauf aufmerksam gemacht, daß in den früher ausgebeuteten Kohlengruben im Nordwesten der Stadt Urumtschi seit vielen Jahrzehnten Feuer wüte. Die Flöze liegen in jurassischen Ablagerungen.

S. 98, zweitletzte Zeile: 1875 statt 1873.

S. 104, Anm. 12: Weekly Bull. statt Weekly, Bull.

S. 106, Zeile 24: Submariner Vulkan bei Revilla Gigedo in ca. 110,2° WL. und 19° NBr. aus schwimmenden Bimssteinsmassen erschlossen (Jahr?) Noak, MS.

S. 112, Anm. 3: Die Stelle stammt von Bogdanowitsch a. a. O. S. 170. Die vorausgegangene Eruption war stark.

S. 113, Zeile 19: Die Awatscha hatte 7.—21. Juli 1901 einen Ausbruch, deren Lavaergüsse (am 7., 9. und 13. Juli) Schneeschmelze erzeugten. Die Schmelzwasser vergifteten die Fische im Awatschafluß. Zuletzt traten nur noch Explosivausbrüche auf; der vulkanische Staub, der bis zum 21. Juli die Luft erfüllte, rief viele Erkrankungen der Atmungsorgane hervor (Referat im Geol. Zentralblatt 1902, S. 697; Gerl. Beitr. XIV, S. 102 f.).

S. 114, Zeile 3: A. Postels erwähnt (Neues Jahrbuch f. Min. etc. 1836, S. 408) bestimmt, daß die Assatscha Asche im Juni 1828 geliefert hätte. Von der Awatscha könnte der Südwestwind auch nur bei verschiedener Windrichtung in verschiedenen Regionen die Asche gebracht haben, da die Awatscha ja nordöstlich von Peterpaulshafen liegt. Die Assatscha ist also sicher tätig gewesen.

S. 118, Zeile 10: Suribachiyama statt Suribachijama.

S. 121, Zeile 17: Parry statt Perry.

S. 121, Zeile 26: über statt gegenüber.

S. 122, Zeile 26: Der Ausbruch ist jedenfalls äußerst unsicher, um so mehr, als die 'Outlines of the Geology of Japan' (Tokyo 1900, S. 120) den Vulkan nicht als tätig aufführten. Es liegt wohl eine Verwechslung mit dem Yakedake (Iwodake) der Hakusanzone vor (S. 128), der nach Milne vielleicht 1875 ebenfalls einen Ausbruch hatte. Die von Mercalli gegebene Höhenzahl des Berges 2379 m paßt auch eher auf den Yakedake-Iwodake, als den Yakeyama-Ugo; jedoch ist ersterer von Mercalli als Nr. 23 noch gesondert angeführt.

S. 128, Zeile 19: Simotomai (MS.) erwähnt 1585: Explosion und Schlammstrom, 1899 Explosion und Rauchsäule.

S. 137, Zeile 28: Suwanosejima oder Suwanosesima statt Suwanosezima.

S. 142, Zeile 18: Fatsisio statt Tatsisio.

S. 143, Zeile 22: Diese Position bezieht sich offenbar auf den Ausbruch von 1880 und 1889 (s. S. 144, Zeile 15 ff.).

S. 145, Zeile 8: Knott statt Knitt.

S. 147, Zeile 14: Nach der Aufschrift einer mir vorliegenden Photographie, die durch einen Schiffskapitän aufgenommen worden ist, war Assongsong im Anfang des 20. Jahrhunderts (vor 1909) wieder stark tätig. Leider keine genaueren Angaben!

S. 157, Anm. 7: Philos. Transactions XIX statt V, 19.

S. 159, Anm. 8 unten: Aschen auswerfen statt Aschenauswürfen.

S. 160, Zeile 20 muß es heißen: In der Sangi-Kette sind drei tätige Vulkane vorhanden: Awoe, Siauw und Roewang.

S. 162: Die Zeile 12 ('Vom Nordmolukkenbogen sind folgende Ausbrüche berichtet:') gehört nach Zeile 29 vor Tolo.

S. 168, Zeilen 4 und 9: Andamanen statt Nicobaren.

S. 171, Zeile 9: Der Merapi von Sumatra hatte nach gütiger Mitteilung von Herrn A. Wichmann 1878 schwache Aschenauswürfe.

S. 172, zur letzten Zeile: Nach brieflicher Mitteilung von Herrn A. Wichmann ist die Angabe in dieser Form sicher unrichtig: der 'Loeboek Radja' in den Bataklanden ist erloschen; vielleicht bezog sich die Notiz aber auf die Tätigkeit des Merapi im genannten Jahre.

S. 189, Zeile 23: Lemongan statt Bromo.

S. 190, Zeile 31: Angesichts der Wahrscheinlichkeit, daß der Lemongan 1806—1844 mit kurzen Rnhepausen tätig war, darf man doch wohl eine Jahrhundertförderung 2. Größe annehmen.

S. 193, Zeile 11: 1641 statt 1614, Adiksa statt Adipsa.

S. 193, fünftletzte Zeile: 1752 zu streichen, weil auf einen Vulkan außerhalb Javas bezüglich. (Vgl. S. 203.)

S. 195, Zeile 4: Vielleicht war der Rindjani am Ende des 18. Jahrhunderts tätig? Vgl. S. 199, Anm. 1.

S. 198, Zeile 22: Molengraaff statt Molengroff.

S. 199, Zeile 23: Nach einer gütigen schriftlichen Mitteilung von Herrn A. Wichmann dürfte der Batoe Tara sich auch jetzt noch in Tätigkeit befinden; die letzte Nachricht stammte etwa aus der Zeit um 1911; die Tätigkeit bestand im Ausstoßen von Rauchwolken; der tätige Krater war auseinander gerissen und nur eine westliche Hälfte noch vorhanden. (Zeemansgids voor den Oost-Indischen Archipel IV, Ergänzungsbl. 3, s'Gravenhage 1911, S. 63).

S. 200, Zeile 4: 1638 richtiger als 1637.

S. 208, Zeile 6: Finschhafen statt Fireschhafen.

S. 211, Zeile 10: Die Nachrichten über Bimssteinfelder in der Nähe von Bougainville im Frühjahr 1878 sind höchst wahrscheinlich auf den Ghaie-Ausbruch (S. 210) zu beziehen.

S. 212, Zeile 22: D. Dawson nennt den Ureparapara erloschen (Proc. Linnean Soc. New South Wales, XXX, 1905, S. 431).

S. 212, letzte Zeile: D. Dawson nennt (a. a. O. S. 431, Anm. 1) die Ausbruchsnachrichten Atkins über Vanua Lava einen offenbaren Irrtum; dieselben treten aber so bestimmt auf, daß man doch wohl an einen — vielleicht oberflächlichen — Ausbruch 1856 denken muß, während die Angaben für 1861 nicht als Eruption bewertet werden müssen. Atkin schreibt (Quart. Journ. XXIV, 1868, S. 307: 'Three years since, flames were seen apparently rising from the place; and eight years since, the mountain was very active: large quantities of ashes fell at Mota, ten miles to windward, withering the leaves of some of the trees there'.

S. 213, Zeile 5: Der Vulkan hatte 1884 einen leichteren Ausbruch (Dawson a. a. O. S. 430).

S. 213, Zeile 19: Dawson berichtet (a. a. O. S. 430) von Tätigkeit 1888 und gibt nach Perrey-Cust genauere Schilderungen des Ausbruchs von 1894 (S. 428f.).

S. 213, Zeile 22: Yosua = Yasowa.

S. 214, Zeile 12: Nach Dawson (a. a. O. S. 430) erfolgten 1878 und 1888 plötzlich ansehnliche Landhebungen.

S. 214, Zeile 23: Dawson beschreibt (S. 430) kurz die vorübergehende Inselbildung von 1897.

S. 215, Zeile 3: Nach Dawson (S. 428) war Hunter Island auch im Winter 1903 tätig.

S. 215, Zeile 5: Loyalty- statt Fidji-Archipel.

S. 219, Zeile 20: Nach der englischen Admiralitätskarte 2421 hat im August 1911 in ca. 175° 33' WL. und 20° 50' SBr. ein submariner Ausbruch stattgehabt.

S. 229, Zeile 15: Ende der Ausbrüche 1830 (Grewingk S. 279).

S. 229, fünftletzte Zeile: 1814 erreichte die Insel ihre höchste Höhe (Grewingk S. 213).

S. 230, letzte Zeile: Grewingk hebt S. 195 Anm. hervor, daß die Angaben über Feuerspeien des Makushin auf Irrtum beruhen; es sollte wohl heißen: Rauchen.

S. 233, Zeile 11: Man kann aber auch sehr wohl annehmen, daß die Spaltenbildungen sowohl den Isanotzki wie den Shishaldin betrafen, die vorher alterniert hatten: Tätigkeit des Shishaldin 1824 bis 10. März 1825, worauf der Isanotzkiausbruch begann. Ende 1830 bis Mai 1831 Feuer und Funkensprühen aus 3 Spalten am Shishaldin. (Grewingk S. 184.)

S. 233, letzte Zeile: Nordosten statt Norden.

S. 234, Anm. 4: 126 statt 116.

S. 236, Zeile 22: In meinem Bericht über die vulkanischen Ereignisse der Jahre 1895—1913 (Gerl. Beitr. XIV, S. 127) habe ich die 'Tätigkeit' des Redoubt 1902 als Ausbruch aufgefaßt, während ich hier davon absah, da ich den Eindruck bekommen habe, der farblose Ausdruck 'tätig' beziehe sich nur auf solfatarische Betätigung; ich bin deshalb in dieser Arbeit überall in diesem Sinne verfahren, so z. B. auch beim Kokon auf Nila 1903 (vgl. S. 200, Zeile 20).

S. 237, Anm. 1: Nach Grewingk S. 229f. und 388 ist aber offenbar eine Aleuteninsel gemeint, und zwar wohl Adach (vgl. S. 227). Die Zeile wäre also an dieser Stelle zu streichen. Beckers Vermutung ist zweifellos durch den gleichnamigen Zufluß des Atna (Copper R.) verursacht worden.

S. 237, Zeile 11: Die Übersetzung der betreffenden Tagebuchstelle lautet: 'Wir fanden aber nun die Temperatur der Luft sehr angenehm, welches vermutlich von einigen mächtigen Feuerbergen herrührte, deren Feuer wir übernachts, obwohl in großer Entfernung, sehen konnten' (Neue Nordische Beyträge, III, St. Petersburg und Leipzig 1782, S. 247). Vgl. Grewingk S. 393, wo auch auf die Stelle vom Anblick vieler mächtiger Vulkane vom Hafen Bucarelly aus hingewiesen wird.

S. 237, Anm. 5: 86 statt 94.

S. 279, Zeile 10: Hunderte von Menschen und Tieren kamen um (Th. Wolf).

S. 285, Zeile 19ff.: M. Paz Soldan (Geografia del Perú, Paris 1862, S. 17) bestätigt die Identität des Omate und Huayna Putina. Der Ausbruch dauerte vom 15. Februar 1660 bis 2. April. Viele Menschen kamen um, die benachbarten Dörfer wurden zerstört. Die Asche flog über 800 km weit.

Schlußbemerkungen.

Obgleich der Zweck der vorliegenden Arbeit in der Hauptsache darin besteht, dem Interessenten eine bequeme Übersicht über das vorliegende Tatsachenmaterial zu geben und ihm durch den einen oder anderen Literaturnachweis den Weg zur weiteren Information zu ebnen, so möchte ich doch nicht versäumen, einige Schlußbemerkungen anzufügen, die sich beim Überblick über das gesammelte Material ergaben. Ich werde freilich auf gar manche wichtige Fragen erst an anderer Stelle eingehen (so z. B. auf die von E. Kluge eingehend behandelte Frage des Synchronismus und Antagonismus der Vulkanausbrüche verschiedener Gebiete, oder auf die mehrfach geäußerten Ansichten über den Zusammenhang zwischen Vulkanausbrüchen einerseits und tellurischen oder kosmischen Vorgängen andererseits, über Ursachen und Mechanismus der Ausbrüche selbst u. a.), aber einige wenige, besonders nahe liegende Fragen sollen doch kurz besprochen werden unter Ausscheidung der Erörterung tektonischer, petrographischer, morphologischer und sonstiger naturwissenschaftlicher Momente, auf die ich an anderer Stelle einzugehen gedenke.

1. Begriff des Vulkans.

Eine der ersten Fragen, die sich bei der Durchsicht eines Ausbruchskatalogs aufdrängt, ist die, wie viele tätige Vulkane es nun eigentlich auf der Erde gibt, und diese Frage löst sofort die Gegenfrage aus, was man unter dem Begriff eines Vulkans zu verstehen habe.

Die Frage ist verschieden beantwortet worden. Ohne auf ältere Beantwortungsversuche eingehen, oder A. Bruns geistreiche, aber nur die thermische Seite betonende Definition heranziehen zu wollen, sei erwähnt, daß F. v. Wolff[1]) unter Vulkan eine Erdstelle versteht, 'wo Magma und seine Produkte ausgetreten sind oder noch austreten'. Diese Definition weicht nur wenig ab von der anderer moderner Forscher, wie A. Supan[2]),

[1]) Der Vulkanismus. Stuttgart 1913. I., S. 3.

[2]) Grundzüge der physischen Erdkunde, 6. Aufl. Leipzig 1916. S. 382.

E. Kayser[1]), K. Schneider[2]) u. a. Mit Recht heben Supan und Kayser hervor, daß der Verbindungskanal zwischen Lavaherd und Erdoberfläche das wesentlichste Element eines Vulkans darstelle, und es versteht sich, daß schon nach der Form dieses Verbindungskanals (Schlot oder Spalte) verschiedene Arten von Vulkanen entstehen, wie anderseits die Verschiedenheit der Förderweise und der Fördermaterialien weitere Differenzen schaffen.

Soweit die vulkanische Kraft bei neuen Äußerungen sich immer wieder derselben Spalte oder desselben Schlots bedient, oder, wie sehr häufig bei größeren Vulkangebilden, die innern Ausbruchsorte sich noch auf dem Vulkanbau selbst (z. B. die Parasiten des Ätna, Fogo u. a.) oder in dessen nächster Umgebung (wie die Begleitvulkänchen mancher Feuerberge Mittelamerikas oder Mexikos, oder die Nebenspalten isländischer Spaltenvulkane) befinden, erhebt sich keine Schwierigkeit. Wenn aber Ausbrüche schon in größerer Entfernung von einem bestimmten Vulkan auftreten, wie z. B. mehrfach bei der Hekla, oder wenn gar die neuen Ausbrüche eines Gebiets sich immer neue Wege suchen, wie vielfach auf den Kanaren oder Azoren, so ist die Frage schwieriger zu entscheiden. Man kann in solchen Fällen doch nicht jeden einzelnen Ausbruchsort als 'Vulkan' ansehen, denn dann würde die Zahl derselben außerordentlich anschwellen und es würde zudem gegenüber den seitlichen Ausbruchsorten großer Vulkane eine ungerechtfertigte Begünstigung Platz greifen; man wird also in derartigen Fällen das 'vulkanische System', oder wie W. Reiß sich ausgedrückt hat, das ganze 'vulkanische Gebirge' als eine geographische Ausbruchseinheit ansehen müssen, die man auch einen 'polyzentrischen Vulkan' nennen könnte. Es ist ja richtig, daß auf diese Weise recht verschiedenartige 'Vulkane' entstehen: mit punktförmiger, linienhafter und vielfach sich verschiebender, also gewissermaßen flächenhafter Fördereinrichtung; aber es wird sich schwer ein anderer Ausweg finden lassen.

Eine weitere Frage ist die, ob Parasiten, die nicht, wie die Mehrzahl ihresgleichen, bald nach dem Entstehen ihre Tätigkeit einstellen, sondern eine langdauernde und wirkungsvolle Förderleistung entwickeln, als selbständige Vulkane betrachtet werden können oder nicht. In dem einzigen mir bekannten Fall dieser Art (Izalco am S. Ana in Salvador) ist die Frequenz und Förderleistung der Neubildung der des Muttervulkans so sehr überlegen und das geschaffene topographische Gebilde so bedeutend, daß man die Frage nur bejahen kann (wie man es im Fall des Mauna Loa und Kilauea auch allgemein tut), während z. B. die in der Mitte des 19. Jahrhunderts entstandenen und einst viel besprochenen 'Neubildungen'

[1]) Lehrbuch der allgemeinen Geologie, 3. Aufl. Stuttgart 1909. S. 568.
[2]) Die vulkanischen Erscheinungen der Erde. Berlin 1911. S. 3.

am Vulkan Pilas in Nicaragua nach einmaliger kurzer Tätigkeit ruhig blieben und also offenbar nur als Parasiten gelten können. In manchen Fällen sind auch große Vulkanberge zu Schwestervulkanen mit einander verwachsen und man kann sich dann fragen, ob sie wirklich als verschiedene Vulkane oder aber als verschiedene Öffnungen eines Vulkans gelten sollen? In vielen Fällen erübrigt sich die Frage dadurch, daß die älteren Geschwister erloschen sind und nur das jüngste Gebilde noch tätig ist, wie vielfach bei den mittelamerikanischen Geschwistervulkanen, oder daß sie räumlich und der Tätigkeitsäußerung nach sich so nahe stehen, daß die Einheitlichkeit des Systems klar am Tage liegt, wie bei den beiden Masayakraterbergen; aber in anderen Fällen ist doch die Selbständigkeit des Handelns der Nachbargebilde groß genug, um sie als besondere Ausbruchstellen anzusprechen (z. B. Cerro Quemado und Santa Maria in Guatemala).

2. Begriff des Ausbruchs.

Eine weitere Frage ist nun, was man unter einem vulkanischen Ausbruch verstehen soll; erst die Entscheidung dieser Frage kann die Grundlagen schaffen für die Berechnung der Zahl der in geschichtlicher Zeit oder der sicheren Vorgeschichte im Beisein des Menschen tätig gewesenen Vulkane. Man darf wohl von den einmal in jungvergangener Zeit tätig gewesenen Vulkanen annehmen, daß sie großenteils auch in Zukunft gelegentlich wieder neue Lebensäußerungen von sich geben dürften; aber man weiß nicht, welche von den solfatarischen und ruhenden Vulkanen einmal plötzlich wieder erwachen werden; manche gewaltigen Ausbrüche der geschichtlichen Zeit sind ganz unerwartet an Stellen erfolgt, wo seit Menschengedenken keine vulkanische Tätigkeit mehr bekannt war. Es ist uns kein Mittel gegeben, die Ausbruchsfähigkeit scheinbar toter Vulkane zu erkennen; man wird also etwaige Fragen nach Ausbruchsmöglichkeiten nur mit Vorsicht beantworten, damit es einem nicht ergehe, wie dem gewissenhaften Ed. Rockstroh in Quezaltenango 1902, der, von der Regierung mit der Untersuchung der alarmierenden Beben dieses Jahres beauftragt, kurz vor dem großen Santa Maria-Ausbruch die Frage nach der Möglichkeit eines Ausbruchs eben dieses Vulkans laut lachend verneint hatte, mit dem Bemerken, daß derselbe ja gar keinen Krater besitze!

Unter einem Ausbruch wird man diejenige Betätigung eines Vulkans bezeichnen können, die magmatische Stoffe (Lava, Lockermassen, Gase) plötzlich und in größerer Menge an die Erdoberfläche fördert. Die zeitliche und quantitative Einschränkung anzugeben ist nötig, um die stetige Solfataren- und Fumarolentätigkeit auszuschließen. Da aber auch diese zeitweilig auffrischt und dann größere Mengen Gase fördert als zuvor, auch wohl Schwefelstaub oder sonstige feinverteilte feste Stoffe liefert, da ferner der geförderte Schwefel zuweilen selbst bei bloßer Solfatarentätigkeit in Brand gerät (z. B. Whakari, Cumbal), so ist die Grenze gegen einen leichten Ausbruch manchmal schwer zu finden, insbesondere dann, wenn die Berichte über die Tätigkeit ungenügend oder ungenau sind, wie das so häufig der Fall ist.

Kryptovulkanische Ausbrüche (Tiefeneruptionen) und mißglückte vulkanische Ausbruchsversuche, die sich häufig in schweren Beben äußern, werden an dieser Stelle nicht berücksichtigt.

3. Vulkanische Tätigkeit zu Wasser und zu Lande.

Wenn wir den Versuch machen wollen, die Zahl der in geschichtlicher Zeit tätig gewesenen Vulkane und vulkanischen Gebirge der festen Erdoberfläche festzustellen, so muß gleich hervorgehoben werden, daß die Zahlen der Einzelgebiete unter sich sehr ungleichwertig sind, insofern sie sich für einige wenige Gebiete auf eine mehrtausendjährige geschichtliche Erfahrung stützen, während die Beobachtung sich bei vielen andern nur auf einige Jahrhunderte oder selbst Jahrzehnte erstreckt. Es versteht sich, daß in den Gebieten kurzer geschichtlicher Vergangenheit weit mehr Vulkane sich in Zukunft für uns neu betätigen werden, als in letzteren, daß also die Zahl der tätigen Vulkane im Lauf der Zeit wachsen wird.

Wenn fürs feste Land unsere Kenntnis der tätigen Vulkane im Lauf der Zeit zufriedenstellend werden dürfte, so ist dagegen für die submarinen Vulkane diese Aussicht nicht vorhanden, denn wenn auch mit wachsender Befahrung der Ozeane mehr und mehr unterseeische Ausbrüche uns bekannt werden, so wird doch vermutlich auch künftig die große Mehrzahl derselben von uns unbemerkt vorübergehen. Wir werden für weite Meeresflächen also voraussichtlich für alle Zukunft ebenso eine ungenügende Kenntnis des vulkanischen Phänomens haben wie für subglaciale Vulkangebiete.

Geologische Beobachtungen aus der Vergangenheit und die Größe der vulkanischen Bauten in den Meeren der Gegenwart, wie auch die größere Ausdehnung der Meeresflächen an sich zeigen, daß die vulkanische Tätigkeit der Meeresgebiete absolut noch bedeutendere Förderung leisten dürfte, als die der Festländer. Wenn ich aber die vorhandenen Nachrichten über Beobachtung submariner Ausbrüche mustere, wie sie von E. Rudolph[1]) gesammelt worden sind, und die wenigen Zusätze hinzufüge, die mir sonst bekannt geworden sind, so fällt mir auf, daß die stark überwiegende Zahl derselben

[1]) Gerlands Beitr. z. Geophysik I, S. 133 ff. u. II, S. 537 ff.

in der Nähe von Inselvulkangebieten oder in ihnen selbst stattfand, also offenbar zu diesen gehört; nur ganz vereinzelt sind submarine Vulkane im offenen Ozean, ferne von solchen, nachgewiesen, ganz besonders im Stillen und Indischen Ozean, indes sie im Atlantischen Ozean sowie im Mittelmeer häufiger auftreten. Es geht aus dieser Beobachtung die Wahrscheinlichkeit hervor, daß große Ozeanflächen ebenso frei von tätigen Vulkanen sind, wie weite Festlandsflächen und daß die unterseeische Vulkantätigkeit relativ doch nicht die subaërische übertrifft, wie Rudolph angenommen hatte. Seitdem man weiß, daß Flutwellen keineswegs bloß durch submarine Eruptionen, sondern auch durch schwere Beben und Massenbewegungen hervorgerufen werden können, sind manche seiner Schlußfolgerungen erschüttert und hinfällig geworden. Aber was wir über unterseeische Vulkane und ihre Ausbrüche wissen, ist so außerordentlich wenig, daß ich darauf verzichten möchte, hier Vermutungen zu äußern. Die Zahl der Positionen sicher festgestellter unterseeischer Ausbruchsorte ist sehr gering und die Flächen der Meeresgebiete, über deren Vulkanizität wir noch gar nichts wissen, ist außerordentlich viel größer, als die der entsprechenden Festlandsflächen.

4. Wert der Ausbruchsstatistik.

Wenn wir uns diese Tatsachen und zugleich die große Lückenhaftigkeit und Mangelhaftigkeit der Ausbruchsstatistik vor Augen halten, so müssen wir K. Schneider zustimmen, wenn er sagt,[1]) daß statistische Arbeiten zu keinen weittragenden Schlüssen führen können — wenigstens im Hinblick auf die Hauptprobleme der vulkanologischen Disziplin, wie Gründe und Ursachen der vulkanischen Tätigkeit überhaupt u. dgl. mehr. Wer kühl die Sachlage überschaut, wird nicht allzu viel von der Auswertung des vorliegenden Ausbruchskatalogs erwarten können. Aber manche nützliche Aufklärung wird er doch wohl bringen können.

Wohl werden die tiefgreifendsten Fragen des Vulkanismus nur durch geologische Untersuchung der alten und neuen vulkanischen Gebilde der Erde, durch petrographische und physikalische wie chemische Untersuchungen, oder unmittelbare sorgfältige Beobachtung der vulkanischen Tätigkeitsäußerungen einmal ihrer Lösung endgültig nahe gebracht werden können, aber die Geschichte der früheren Ausbrüche vermag doch unsere Kenntnis der möglichen Vorgänge in mancher Hinsicht zu ergänzen und gibt erst die Möglichkeit, sich ein einigermaßen klares Bild von der Verteilung der tätig gewesenen Vulkane über die Erde zu machen — was wiederum von Wichtigkeit für die Gesamtauffassung vom Wesen des Vulkanismus ist.

[1]) Vulk. Erscheinungen S. 31.

Hauptsächlich aber hat die Kenntnis der Ausbrüche vergangener Zeiten für den Geographen ein höheres Interesse; denn der Geograph betrachtet die einzelnen Erdgebiete unter dem Gesichtspunkt ihrer besonderen Eigentümlichkeiten und stellt damit die regionalen Verschiedenheiten fest. Wenn aber schon der Besitz von Vulkanen und vulkanischen Gesteins- und Bodenarten gewisse Gebiete gegenüber benachbarten in vielfacher Hinsicht heraushebt, so geben die Tätigkeitsäußerungen noch nicht erstorbener Feuerberge den Gebieten, in denen sie vorkommen, einen ganz besonderen Charakter: Wenn der Besitz vulkanischer Böden die entsprechenden Gebiete als wirtschaftlich besonders begünstigte kennzeichnet, so schaffen dagegen energischere vulkanische Tätigkeitsäußerungen oft beträchtlichen Schaden und heben damit die betreffenden Gebiete als solche einer mehr oder weniger hohen wirtschaftlichen Instabilität heraus. Bei aller Anerkennung der Unberechenbarkeit der vulkanischen Ereignisse gibt aber doch eine weit zurückgehende Geschichte der Tätigkeit der betreffenden Feuerberge ein Mittel an die Hand, bis zu einem gewissen Grade das Maß dieser wirtschaftlichen Unsicherheit festzustellen.

5. Verhalten der Einzel-Vulkane im Lauf der Zeit.

Unter diesem Gesichtspunkt sind natürlich vor allem diejenigen Vulkane wichtig, deren Geschichte sich weithin zurückverfolgen läßt. Das ist aber leider nur bei ganz wenigen Vulkanen des Mittelmeergebiets und Japans für einige Jahrtausende der Fall — mit einiger Vollständigkeit sogar nur für das Mittelmeergebiet: Die Geschichte des Vesuv gibt uns ein gutes Beispiel von mehrmaligem Wechsel des Verhaltens, wenn er auch jeweils für lange Zeit ziemlich gleichartig tätig blieb; der Ätna dagegen hat in der ganzen geschichtlichen Zeit seinen Tätigkeitscharakter nicht geändert, wenn auch die Frequenz und Intensität der Ausbrüche manchen Schwankungen unterlag. Aber auch Vulkane von kürzerer geschichtlicher Vergangenheit lassen manche Änderung ihres Verhaltens erkennen: So hat sich z. B. die Hekla, für deren Verhalten während eines Jahrtausends die Belege vorliegen, im Anfang ihrer geschichtlichen Zeit lange ruhig verhalten, hat aber seit einer Reihe von Jahrhunderten zahlreiche explosive und gemischte Ausbrüche gehabt, teils am Hauptvulkan selbst, teils in der Umgebung. Ein anderes Beispiel! Fuego und Pacaya in Guatemala, die man seit 4 Jahrhunderten kennt, haben in den ersten 2½ Jahrhunderten zahlreiche und bedeutende Ausbrüche gehabt, deren Charakter jeweils ziemlich ähnlich blieb; nachher aber — und zwar etwa seit dem Beginn der andauernden Tätigkeit des nahen Izalco — haben sie zumeist schwächere Tätigkeit entwickelt und sich nur vereinzelt noch zur alten Kraftentfaltung aufgerafft (Fuego 1799). Der Izalco aber hat seit seiner Entstehung, am Ende des 18. Jahrhunderts, abgesehen von kürzeren Ruhepausen, ähnlich wie der Stromboli eine andauernde Explosivtatigkeit mit sehr kurzer Intermittenz entfaltet und dabei wohl zuweilen beträchtliche Intensität der Ausbrüche erreicht, auch bedeutende Lavaergüsse von sich gegeben; aber zu Ausbrüchen von katastrophalem Charakter und zu plötzlicher Förderung von Riesenmassen hat er es ebensowenig jemals gebracht, wie irgend ein anderer der häufig oder andauernd tätigen Vulkane. Andererseits aber zeichnen sich manche Vulkane längerer bis sehr großer Intermittenz durch die Gewaltsamkeit ihrer Ausbrüche, oft auch durch ungewöhnliche Größe ihrer Förderleistung aus; doch zeigt die Geschichte, daß nur gewisse Vulkane langer Ausbruchsunterbrechung solche Kraftleistungen zu vollbringen vermögen, andere aber trotz verausgegangener langer Ruhezeit nur schwächliche Tätigkeit entfalten, oder, wie der Mont Pelé, erst nach vorausgegangenen schwächlichen Versuchen plötzlich einmal einen schweren Ausbruch haben. Es gehört diese Verschiedenartigkeit des Verhaltens eben auch zu den Unberechenbarkeiten der vulkanischen Erscheinungen, welche für den Menschen die Nachbarschaft eines Vulkans immer bis zu einem gewissen Grade zu einem Gegenstand der Sorge machen.

Aber die Sorge und die Gefahr werden dadurch gemildert, daß ein und derselbe Vulkan erfahrungsgemäß meist für lange Zeit trotz aller Mannigfaltigkeit in den einzelnen Tätigkeitsäußerungen seinen Tätigkeitscharakter beibehält, ja sogar vielfach die Größenordnung der Ruhepausen wie der Förderleistungen bis zu einem gewissen Grade einzuhalten pflegt, sodaß der anwohnende Siedler damit rechnen und der Gefahr ihre Spitze nehmen kann. Wenn manche Vulkane nicht bloß einmal, sondern in mehrfacher Wiederholung neben schweren wirtschaftlichen Verlusten, die freilich oft unvermeidlich sind, noch zahlreiche Menschenopfer erfordern, wie z. B. der Awoe, so liegt eine Hauptschuld an den anwohnenden Menschen, die die Erfahrungen früherer Ausbrüche und ihrer besonderen Erscheinungen nicht gehörig berücksichtigt haben, und wenn z. B. beim letzten großen Vesuvausbruch eine Reihe von Menschenleben vernichtet wurde, so darf dieser Verlust weniger aufs Schuldkonto des Vulkans geschrieben werden, als auf das der Nachlässigkeit der Menschen, die trotz tausendjähriger Erfahrungen noch nicht Sorge für Herstellung steiler Dächer, oder aber wenigstens für rechtzeitige Abräumung der auf den flachen Dächern bedrohlich sich ansammelnden Lapillimassen trugen. Und wenn andererseits die letzten großen Ausbrüche in Japan teils ohne (Usu) teils mit nur ganz geringen Menschenverlusten (Sakurajima 1914) abliefen, so war das in erster Linie dem guten behördlichen Warnungsdienst und dem angemessenen Verhalten der Bevölkerung zu verdanken.

Es ergibt sich aber auch aus dem Gesagten, wie wichtig für den Anwohner vulkanischer Gebiete die Kenntnis der gewohnheitsmäßig an den Nachbarvulkanen auftretenden Tätigkeitsäußerungen und ihrer Wirkungen ist, andererseits aber — angesichts der Unberechenbarkeit der vulkanischen Ereignisse — auch die Kenntnis der möglichen Tätigkeitsäußerungen der Vulkane überhaupt. Wenngleich zuzugeben ist, daß bei der Lückenhaftigkeit und der vielfach nur sehr kurzen Dauer der Berichterstattung über vulkanische Betätigung uns noch nicht alle Möglichkeiten vulkanischer Wirksamkeit bekannt sein mögen, wie denn erst die letzten Jahrzehnte uns neue Äußerungen kennen gelehrt haben, so sind doch sicherlich die häufiger auftretenden Äußerungen vulkanischer Tätigkeit und die aus örtlichen Besonderheiten hervorgehenden Sonder-Wirkungen der Ausbrüche bestimmter Vulkane hinreichend bekannt, um nutzbringend in Rechnung gesetzt werden zu können, und wenn auch über zahlreiche frühere Ausbrüche nichts oder nur wenig berichtet ist, so ist doch die Zahl der Ausbrüche mit ausreichenden Nachrichten groß genug, um einen guten Einblick in diese Fragen zu gewähren.

Es liegt mir an dieser Stelle nicht ob, die vulkanischen Tätigkeitsäußerungen und ihre Wirkungen eingehend zu besprechen. Aber eine knappe Andeutung der wichtigsten Erscheinungen mag hier angebracht sein.

6. Akustische, thermische, seismische Tätigkeitsäußerungen.

Außer den eigentlichen Ausbrüchen seien als Tätigkeitsäußerungen kurz die akustistischen, thermischen und seismischen Phänomene erwähnt, die nicht selten auch als Vorboten von Ausbrüchen auftreten.

Getöse aus dem Innern tätiger, wie erloschener oder scheinbar erloschener Vulkane tritt häufig auf und kann zuweilen eine solche Stärke erreichen, daß es die Bevölkerung der ganzen Umgebung alarmiert. In der Tat gehen zuweilen Vulkanausbrüchen solche Klangerscheinungen voraus, zuweilen sogar solche aus der Umgebung des Vulkans (z. B. Totonicapan[1]) vor dem St. Maria-Ausbruch); aber in sehr vielen Fällen blieben solche Klangäußerungen ohne jegliche Folgen, selbst wenn sie große Intensität erreicht hatten, wie z. B. Vesuv 556 n. Chr., Ganjusan (Japan) 1824 oder Agua[2]) (Guatemala) am 28. Okt. 1880.

Ähnlich steht es mit den thermischen Tätigkeitsäußerungen geringeren Grades; es sei hier nicht der ständigen Thermen, Geyser, Schlammvulkane, Fumarolen und Solfataren an sich gedacht, sondern nur der Veränderung derselben an noch ruhigen Vulkanen nach Ausdehnung und Wirksamkeit. Nicht selten gehen solche Veränderungen Vulkanausbrüchen

[1]) Sapper, In den Vulkangebieten Mittelamerikas und Westindiens. Stuttgart 1905. S. 122, Anm. 4.
[2]) Ergh. 178 zu Pet. Mitt. S. 148.

voraus; aber häufig bleiben sie auch ohne jegliche Folgen — abgesehen vielleicht von (oft nur zeitweiliger) Vernichtung kleinerer Feld- oder Weidestrecken — und es tritt nach einiger Zeit eine Rückkehr zum früheren Zustand oder ein Erlöschen überhaupt ein. Angesichts solcher Tatsachen muß auch Königsbergers Anregung einer thermischen Überwachung der Vulkane zum Zweck früher Warnung vor zu erwartenden Ausbrüchen als wenig Erfolg versprechend bezeichnet werden, da zu oft eine unbegründete Warnung erfolgen dürfte. Auch dem merkwürdigen — glücklicherweise allmählich erfolgten — Abschmelzen der Schneedecke eines Sektors des Cotopaxi 1911 ist kein Ausbruch gefolgt.

Das Auftreten von Gasaushauchungen (z. B. CO_2 beim Vesuv) oder die Verstärkung schon vorher vorhandener Emanationen gilt vielfach auch als Vorbote eines Ausbruches und ist es tatsächlich häufig; doch kann die Erscheinung auch ohne sichtbare Folgen wieder aufhören und das Versiegen oder Neu-Erscheinen von Quellen, das Trockenwerden von Brunnen (z. B. oft am Vesuv) ist ebenfalls nicht als zuverlässige Ankündigung eines kommenden Ausbruchs zu betrachten. Dasselbe gilt von allgemeinem Erzittern des Bodens.

Sehr bedeutungsvoll sind oft die seismischen Tätigkeitsäußerungen der Vulkane; ihre Wirkungen übertreffen vielfach an Bedeutung die zahlreicher, selbst größerer Ausbrüche. Wohl werden in neueren Lehrbüchern die vulkanischen Beben nach räumlichem Wirkungsbereich und Intensität oft stark unterschätzt; wer aber vulkanische Gebiete, die durch häufigere und stärkere vulkanische Beben heimgesucht werden, aus eigener Anschauung kennt, der weiß, daß nicht nur einzelne dieser Beben schweren Schaden schaffen und ganze Städte mit zahlreichen Einwohnern vernichten können, sondern daß vielfach sogar der Baustil dem häufigen Auftreten dieser Geißel angepaßt ist (niedrige Bauten und massige Mauern, oder aber Holz- oder Wellblechkonstruktionen: Mittel- und Südamerika, Japan).

Beben sind in manchen vulkanischen Gegenden sehr häufig. Manchmal steigert sich ihre Frequenz oder ihre Stärke zeitweise in besorgniserregender Weise (z. B. die Bebenserien von der kleinen Antilleninsel Montserrat 1897—99, die von Ustica 1906, oder die katastrophalen Beben von Ischia 1883, von Antigua Guatemala 1773, von S. Salvador 1854, 1873 u. a.), ohne daß ein Ausbruch folgte, während sie freilich in andern Fällen tatsächlich vulkanische Tätigkeit einleiten. Nicht selten beginnen aber auch vulkanische Ausbrüche ohne die geringsten fühlbaren Erderschütterungen (z. B. Cotopaxi 1744, Kilauea 1840, Awoe 1856, Keloet 1848 und 1901, Oshima 1876), sodaß Beben keineswegs als sichere Vorboten von Ausbrüchen angesehen werden können; in andern Fällen treten Beben im Lauf eines Ausbruchs auf und folgen dann auch wohl demselben nach. Sehr auffällig ist z. B. das verschiedene Verhalten der beiden mittelamerikanischen

Vulkane, die in geschichtlicher Zeit Riesenausbrüche hatten: Cosegüina und St. Maria: ersterer begann seinen Ausbruch ohne irgendwelche Vorzeichen und erst während desselben traten — z. T. sehr heftige — Beben auf; dem St. Maria-Ausbruch aber gingen zahlreiche Beben voraus und ebenso zahlreiche folgten ihm nach; aber nur die Vorbeben erreichten z. T. wirklich bedeutende Intensität. Am schwersten hat Mittelamerika von vulkanischen Beben gelitten, die nicht mit Ausbrüchen verknüpft waren, vielmehr eher als Ausbruchsversuche anzusehen sind und die Verluste an Menschen und Eigentum, die durch Ausbrüche verursacht wurden, waren im genannten Gebiet in geschichtlicher Zeit sehr viel geringer, als die durch Beben bewirkten — wobei es freilich in manchen Fällen nicht möglich ist, sicher zu entscheiden, ob es sich um tektonische oder vulkanische Beben handelt.

Wenn im allgemeinen explosive Ausbrüche häufiger mit Beben verbunden sind, als effusive, so ist doch durch die Berichte zweifellos festgestellt, daß auch letztere mit sehr schweren Beben vergesellschaftet auftreten können (z. B. Mauna Loa 1869).

7. Ausbruchserscheinungen und -Wirkungen.

Mancher nicht zur Entwicklung gekommene Ausbruchsversuch beschränkt sich auf rhythmische Förderung geringer Rauchmengen (Conchagüita 1892) oder Spaltenbildung (Fujiyama 1854 oder El Viejo in Nicaragua 1898[1])). In anderen Fällen aber fördert das entstehende Netzwerk von Spalten erst kochendes Wasser oder Wasserdampf, dann Lava und Lockerstoffe (Lamongan 1898), so daß ein richtiger Ausbruch entsteht.

Austritt kochenden Wassers (d. h. des durch die vulkanischen Stoffe erhitzten Grundwassers oder auch — Lanzarote 1824[2]) — Meerwassers) wird nur selten berichtet; häufiger werden zersetzte oberflächliche Erd- und Gesteinsmassen in Form von Schlammströmen (z. B. Soufrière von Guadeloupe 1837) oder lockeren Auswürfen (Soufrière von Guadeloupe 1838, Mt. Pelé 1851, Dominica 1880 u. a.) gefördert. Das höchste Maß der Wirkung erreichte ein oberflächlicher Ausbruch in der Bandaisaneruption von 1888, als mehr als ein Kubikkilometer Gestein aus dem Berggipfel ausgeschleudert wurde und in Form eines verheerenden Bergsturzes ins Tal niederging, viel Eigentum und Menschenleben vernichtend. Während bei diesem Ausbruch frische magmatische Materialien ganz gefehlt zu haben scheinen, haben viele große Explosivausbrüche neben Tiefenauswürflingen sowohl große Massen oberflächlicher Gesteinsmaterialien als auch zerspratzten Magmas gefördert und hoch in die Lüfte geschleudert, so daß sie in mehr oder weniger großem Umkreis niederfielen, bald mit ziemlich

[1]) Ergh. Pet. Mitt. Nr. 178, S. 83. Auch am Tacaná soll 1855 nur Spaltenbildung und Förderung weißen Rauchs eingetreten sein.

[2]) Ztschr. f. Vulkanol. II., S. 85 ff.

gleichmäßiger Ausbreitung nach allen Seiten, bald in der Hauptsache einseitig, sei es infolge schräger Richtung des Auswurfskanals (Vesuv 1822 und 1906) oder — meistens — infolge eines vorherrschenden Windes. Ortschaften, die in einer solchen Richtung liegen, sind also mehr gefährdet, als andere gleich nahe und in Monsungebieten sind 2 Richtungen erhöhter Gefahr vorhanden. Die Hauptmasse der Lockerstoffe und die großen Blöcke fallen in der Nähe des Ausbruchsorts nieder und können dort alles Leben und jegliches Bauwerk gründlichst zerstören; die Berggestalten der Locker- und Stratovulkane zeigen durch sich selbst schon die Reichweite der hauptsächlichsten Auswurfmassen an. Leichtere Stoffe werden fernerhin verfrachtet, sind aber auch dann noch oft in genügender Menge vorhanden, um für sich allein oder nach ihrer Durchtränkung mit Regenwasser Dächer zum Einsturz bringen zu können, sofern diese nicht steil genug sind, daß die fallenden Aschen- und Lapillimassen selbsttätig daran abrutschen. Heftige Regengüsse, die häufig, wohl infolge Herabsetzung der Lufttemperatur durch Abschirmung der Sonnenstrahlen (Brun), schwere Explosivausbrüche begleiten, erzeugen oft auch (secundäre) Schlammströme, die schwere Schäden verursachen können. Wo wenig Asche fällt, ist die mechanische Wirkung zwar belanglos, der Schaden aber doch oft sehr groß, indem die Viehweiden verdorben werden und ev. nur durch sorgfältiges Waschen des Futters ein Viehsterben verhindert werden kann. Es werden auch wohl noch besondere wirtschaftliche Zweige geschädigt, z. B. wurden 1857 durch den Mayonausbruch weithin die Bienen getötet, durch den Iwodake 1907—11 die Seidenwürmerzucht durch Verschlechterung der Maulbeerbaumblätternahrung benachteiligt etc. Immerhin ist aber bei leichtem Aschenfall für Weiden, Felder und Baumpflanzungen der Schaden, wenn er überhaupt eintritt, nur kurz vorübergehend — am empfindlichsten für Viehzüchter und Jäger, da für einige Zeit der Aufenthalt der Tiere in der beschädigten Gegend nicht möglich ist. Bei schwerem Aschenfall ist aber für eine Reihe von Jahren Weide und Ackerboden verschüttet, während Baumpflanzungen oft trotz metertiefer Aschendecke weiter gedeihen können. Nicht allzu mächtige Aschendecke beseitigt der Mensch vielfach mechanisch ganz oder er schafft für die einzelnen Pflanzlöcher, etwa des Mais, Raum, so daß der Anbau im alten Boden möglich wird (z. B. Sta. Mariaausbruch 1902 ff.). Feinste Staub- und Aschenteilchen großer Ausbrüche gelangen bei schweren Ausbrüchen auch vielfach in hohe Luftschichten und werden in diesen über den ganzen Erdball verfrachtet, wobei sie eine Herabsetzung der Temperaturen in der Atmosphäre erzeugen können.

Die weite Ausbreitung der Lockermassen größerer Explosivausbrüche macht die Wirkungen auf weite Strecken hin fühlbar; vielfach ist längere Zeit hindurch das Wasser der Bäche und Flüsse so sehr mit Auswurfstoffen versetzt, daß es nur durch Filtrieren trinkbar wird; wo vorwiegend Bimssteine gefallen sind, versinkt vielfach der Regen spurlos, viele Quellen versiegen, während da, wo vorwiegend Aschen gefallen waren, diese bei Regenfall häufig eine wasserundurchlässige Schicht bilden: damit gelangt dann der fallende Regen sofort zum Abfluß, wodurch oft in der Nähe gewaltige Schlammströme (zuweilen selbst noch nach Jahren) erzeugt werden und manchmal noch weit außerhalb der unmittelbar betroffenen Gebiete starke Überschwemmungen entstehen u. a. mehr. Flüsse und Bäche werden zuweilen ganz ausgefüllt oder verlegt, Fischzüge in ihnen oder im Meere vertrieben, Fische vergiftet usw.

Zuweilen kommt es aber auch vor, daß die Auswurfsmassen durch ihr übergroßes Gewicht, oder aber infolge einer horizontalen oder selbst abwärts gerichteten Anfangsbewegung gleich nach Verlassen des Vulkans abwärts fließen oder schießen und durch ihre mechanische Wucht und hohe Wärme alles Leben und alle Bauwerke auf ihrem Wege vernichten: Glutwolken (absteigende Wolken) des Mont Pelé 1902/03, des Colima 1818 und 1911, des Jorullo 1759, des Gedé auf Java 1840, von Saõ Jorge 1580 und 1808, des Kilauea 1789, Lópevi 1864, Sakurashima 1914 u. a.

Die Absätze und Auswürflinge dieser (aber auch mancher aufsteigenden) Ausbruchswolken kommen auf der Erdoberfläche oft noch so heiß an, daß sie alles Brennbare in Brand stecken (Wälder, Gebäude) und noch lange die Hitze bewahren, sodaß noch nach Monaten durch plötzlichen Wasserzutritt große Sekundärausbrüche erfolgen können (z. B. St. Vincent 1902/03). Heiße Asche oder heißer Schlamm tötet oder schädigt nicht selten auch Menschen unmittelbar oder durch Waldbrände (wie z. B. 1630 auf Saõ Miguel 191 Menschen dadurch umkamen). Die übermäßige Erhitzung über manchen tätigen Kratern erzeugt nicht selten auch weitherwehende radiale Winde gegen den Störungsort hin (z. B. Taal 1911, Galoenggoleng 1822, Raoul 1870, Tarawera 1886) und es ist schon vorgekommen, daß ihr Auftreten einzelnen das Leben rettete (Mont Pelé 1902).

Wo schwerere Explosivausbrüche in Kratern erfolgen, deren Grund von einem See erfüllt ist, da werden die Wasser desselben erhitzt ausgeschleudert und strömen verheerend an den Hängen des Vulkans nieder (Mont Pelé 5. Mai 1902, St. Vincent 7. Mai 1902, Awoe, Kelut, Raoen usw.).

Explosionen am und unterm Meeresspiegel können gewaltige Flutwellen erzeugen, die weithin die Küsten verheeren (Krakatao 1883, Ritter-Insel 1888, Awatscha 1737 u. a.) und manchmal viel mehr schaden, als die Ausbrüche selbst.

Wo Explosivausbrüche in eisüberdeckten Kratern (z. B. bei der Katla und anderen Vulkanen hoher Breiten, aber auch tropischen Schneebergen) erfolgen, da wird das Eis in Stücke zersprengt und zum Teil geschmolzen, so daß verheerende Gletscherläufe niedergehen.

Leichte Explosivausbrüche aber wirken durch Verbesserung der Böden mit Hilfe der Aschen, schwerere durch die mit den Auswürflingen herausbeförderten Ammoniaksalze oft wie Düngemittel und werden dann von den Landwirten mit Freuden begrüßt. Aber sehr selten kommt es vor, daß wirtschaftlich verwertbare Substanzen so rein gefördert werden, so daß sie bei genügender Menge unmittelbar zum Verkauf gebracht werden könnten; berichtet wird z. B. Regen von Schwefel (Reykjavik 1867, Nordpik Shashikotan 1855) oder reiner Alaunerde (Keloet 1811).

Dagegen erschweren lockere Auswürflinge vielfach sehr den Landverkehr, in nordischen Ländern (z. B. Kamtschatka) ganz besonders im Winter, weil sie dann die Schlittenfahrt durch Zerreiben der Kufen unmöglich machen[1]).

Explosivausbrüche am Grunde des Meeres machen sich an der Oberfläche vielfach nur durch mehr oder minder heftiges Aufwallen und Blasenbildung des Wassers geltend, die sich bis zu gewaltigen Geysererscheinungen steigern können; Gasexhalationen, Getöse, unter Umständen auch starke Hitze begleiten diese Ausbrüche häufig; Rauchbildung, Auswurf oder auch ruhiges Aufsteigen von Schlacken oder Bimssteinen kann hinzutreten und die unterm Meer anhebende Anhäufung festen Materials kann — unter Umständen unterstützt durch Hebung — bis zur Insel- bezw. Halbinselbildung führen. Schaden schaffen derartige Ausbrüche nicht, sofern nicht zufällig Schiffe in nächster Nähe des Ausbruchspunkts passieren oder etwa heftige Explosionen Flutwellen erzeugen, die nahe Küsten verheeren.

Obgleich die vulkanischen Kräfte überall auf der Erde gleichartig arbeiten, so sehen wir doch nach den gegebenen Andeutungen, daß die Wirkungen der explosiven Ausbrüche je nach dem Ort des Ausbruchspunkts über oder unter dem Wasser und bei subaërischen Ausbruchsstellen nach dem Klima und nach den atmosphärischen Bedingungen der betreffenden Gebiete verschieden sind: Gletscherläufe sind an Vulkane des Hochgebirgs oder der kalten Zone geknüpft, primäre Schlammströme in der Hauptsache an Vulkane regenreicher Erdgebiete, während nachträgliche Verwehungen vulkanischer Aschen mit ihren Folgeerscheinungen auf ständig oder periodisch trockene Gebiete beschränkt bleiben; wichtig sind ferner für die Verteilung der Lockerprodukte neben Menge und Auftriebskraft die herrschenden Winde, bei submarinen Ausbrüchen die Meeresströmungen; für den Menschen sind aber von unmittelbarer Bedeutung nur die ersteren, die in reinen Passatgebieten eine, in Monsungebieten zwei Richtungen besonders bedrohen, während in mittleren und höheren Breiten die Winde minder aus-

[1]) Vgl. Erman, III, S. 352.

schließlich einer Richtung folgen; bei Glutwolken sind freilich infolge der ungeheuren mechanischen Gewalt derselben die Winde völlig bedeutungslos.

Daß die Art des Schadens mit der regionalen Verschiedenheit der vorwiegenden menschlichen Beschäftigung regional wechselt, braucht hier nicht näher ausgeführt zu werden.

Die topographische Gestaltung des Ausbruchsortes und seiner Umgebung ist in vielen Fällen bei Explosivausbrüchen von erheblicher Bedeutung; von ausschlaggebender Wichtigkeit ist sie aber für die effusive Tätigkeit, denn sie bedingt im wesentlichen (neben Konsistenz und Menge) ganz die Ausbreitung der ausfließenden Laven, gleichviel ob der Ausbruch unter oder über dem Wasser erfolgt.

Wo die Lava die Kratervertiefung nicht verläßt, ist die effusive Tätigkeit ohne jegliche wirtschaftliche Bedeutung für die Umgebung, sei es, daß die Lava mit ruhiger oder leise schwankender Oberfläche im Kraterbecken ruht (wie öfters im Vesuv- und Ätnakrater), oder daß sie darin kocht und wallt (wie im Oshimakrater 1876 und 1912, am Lemongan 1898, im Osornokrater 1835, vermutlich auch auf Seroea 1693 und sicher bei manchen Lavaseen des Lakiausbruchs 1783, wie die wilden Erstarrungsformen der Oberfläche zeigen), oder aber daß Lavafontänen in ihnen ihr Spiel treiben (Masaya, Sawaii, Hawaii), teils infolge von Gasauftrieb aus der Tiefe, teils infolge Gasentwicklung oberflächlicher Lavamassen, wie die wandernden Fontänen des Kilauea oder die Lava-Springquellen eines temporären Lavastausees am Mauna Loa 1907 beweisen.

Wo die Lava den Krater oder ihren sonstigen Austrittsort verlassen kann, da reicht sie zumeist nicht sehr weit über die Vulkanberge hinaus und auch Spaltenergüsse überdecken seit geschichtlicher Zeit selten größere Flächen; der geschädigte Raum ist also sehr viel kleiner als bei den meisten Explosionsausbrüchen. Nur bei großen Lavaergüssen erreicht die bedeckte Fläche eine Ausdehnung von mehreren, zuweilen selbst Hunderten von Quadratkilometern, während schwere Explosivsausbrüche oft Hunderttausende mit ihren Auswürflingen überschütten; aber die Lava vernichtet meist absolut alles, was sich ihr an zerstörbarem Material entgegenstellt, und erstarrend ergreift sie sehr langdauernden Besitz von dem bedeckten Boden; sehr langsam nur zersetzt sich ihre Oberfläche, so daß ihr Rücken oft selbst in den feuchten Tropen Jahrzehnte lang gar keine und Jahrhunderte lang nur spärliche wirtschaftliche Nutzung gewährt. Aber sie schafft sehr widerstandsfähige Gebilde, die den Angriffen der Brandung oder fließenden Wassers nicht so rasch erliegen, wie vulkanische Lockergebilde, sondern vielfach für Jahrtausende erhalten bleiben, wie manche Insel und andererseits auch mancher Stausee beweisen, und selten sind Lavaströme so dünn, daß sie an den Rändern durchlöchert werden können, um auf dem alten

Boden Anpflanzungen vorzunehmen (wie es zur Zeit der Cochenille-Hochkonjunktur auf den Kanarischen Inseln geschah). Noch seltener aber schaffen Lavaströme durch ihre Ausblühungen noch wirtschaftlichen Nutzen, wie am Ätna 1669 und 1763, als sehr viel Salmiak abgesetzt wurde.

Wo Lavaströme über Schnee oder Eis fließen, schmelzen sie sie ab und erzeugen dadurch oft gewaltige Schlammströme, die durch Überschwemmungen und mechanische Wirkung auf weite Entfernungen schweren Schaden an Gut und Leben verursachen können (z. B. beim Cotopaxi und anderen Hochgebirgsvulkanen). So sehen wir, daß das Klima des Ausbruchgebiets sich unter Umständen auch bei Effusivausbrüchen zu bedeutsamem Ausdrucke bringen kann. Kleinere Schneeflecken werden entweder geschmolzen oder plötzlich in Dampf verwandelt. Beim Passieren kleinerer Wasseransammlungen (z. B. Ätna 1843) oder beim Eintritt von Lava in Meer und Seen entstehen Explosionen (z. B. Kilauea 1840, mit Aufwerfen von Schlackenkegeln, Ambrym 1894, Sawaii 1906). Wo aber die Lava ins Meer fällt, da entstehen nicht nur geyserartige Explosionen, oft begleitet von Lavazerspratzung und Schlackenauswurf, sondern es bilden sich auch salzige Dämpfe (z. B. Réunion 1800, Sawaii 1905—07), die auf viele Kilometer Entfernung die Kulturen schwer schädigen können.

In kalten Gegenden kann es auch vorkommen, daß Lavaströme durch ihr Gewicht den aufgeweichten, aber durch die Vegetationsdecke zusammengehaltenen Boden zur Seite quetschen, so daß eine flache Aufwölbung den Rand des Stromes bezeichnet[1]).

Bei manchen Kratern, in denen sich Lava angehäuft hatte — über oder unter dem ursprünglichen Kraterboden — sind auch die Wände nicht imstande gewesen, den enormen Druck auszuhalten, so daß ein Teil derselben nachgab und — nebst der Lava — in Form eines verheerenden Bergsturzes niederging (z. B. Smeroe 1885, Asamayama 1783, Papandajan 1772, Lemongan 1885 u. a.).

Da Lava bald flüssig wie Wasser sehr rasch die Berghänge niederströmt, bald aber auch zähflüssig langsam dahinkriecht, so ist der Grad der Gefahr für Anwohner bei verschiedenen Effusivausbrüchen und verschiedener Geländebeschaffenheit sehr verschieden; auch der Gasgehalt der Lava, der selbst zu horizontalen Aushauchungen führen (Sakurajima 1914) oder kleinere explosive Gebilde schaffen kann, erzeugt durch die verschiedene Art des Festwerdens mancherlei Verschiedenheiten. Zuweilen zerfällt die fließende, dem Erstarrungspunkt nahe Lava auch von selbst in Trümmer oder Splitter (z. B. Ätna 1838, Lamongan 1844, Agoeng 1843, S. Miguel 1844, Soputan 1908—13). In manchen Fällen schafft zähflüssige

---

[1]) Erman, Reise um die Welt (hist.) III, S. 224.

Lava steile Staukuppen und am Merapi wird ein in lose Blöcke zerfallender Lavapfropf im Krater langsam gehoben, wobei sich loslösende Blöcke mit großer Wucht nach außen abrollen und vielfach Häuser und Menschen unterwegs vernichten.

Aus dem Staukegel des Mt. Pélé aber wurde 1902/03 ein Felszahn emporgehoben, dessen oberes Ende immer wieder dem Absturz unterlag und dessen Natur ebenso wie der Mechanismus des Emporhebens noch nicht ganz geklärt ist.

Viel weiter reichte aber die Emporhebung einer vulkanischen Scholle am Usu 1910, die freilich durch eine gegenteilige Bewegung nachher teilweise aufgehoben wurde. Beide letztgenannten vulkanischen Betätigungen waren ohne bedeutsamere Folgen; sie zeigten uns aber neue, unerwartete Möglichkeiten vulkanischer Wirksamkeit. Das Aufsteigen und Verschwinden vulkanischer Inseln ist offenbar oft ebenfalls auf derartige Hebungen und Senkungen zurückzuführen, während die häufiger zu beobabachtenden leichten Hebungen und Senkungen des Bodens am Fuß der Vulkane meist nur örtlich einige Bedeutung erlangen, selten aber schweren Gebäudeschaden verursachen (Einsturz von Häusern beim Vesuvausbruch 1861); die verheerende Überschwemmung des Abflusses des Ilopango-Sees 1880 dürfte ebenfalls auf eine Hebung des Seebodens zurückgeführt werden müssen. Höchst nachteilig kann vulkanische Landhebung, die nicht vorübergehend ist, an Küsten werden, wie denn z. B. der Port Resolution auf Tanna, wo Cook 1774 ankerte, seitdem fast unbrauchbar geworden ist; ruckweise jähe Landhebungen fanden am Tannavulkan 1878 und 1888 statt.

Zu den gefährlichsten vulkanischen Vorgängen gehören auch die Exhalationen giftiger Gase, die manche vulkanische Betätigung begleiten und nicht selten weithin die Vegetation und Pflanzungen vernichten (z. B. Sawaii 1906), Menschen töten (z. B. Komoren 1903, Bromo 1842, Boiling Lake u. a. Oft treten sie auch am Ende von Ausbrüchen auf (CO_2-Emanationen am Schluß von vielen Vesuvausbrüchen). Gefährlich sind aber auch die Gewitter und Blitzschläge, die oft im Gefolge von schwereren Explosivausbrüchen sich einstellen.

Ganz besonders gefährlich sind ferner hohe Hitzegrade, wie sie Glutwolken eigen sind; neben der zerstörenden mechanischen Wucht sind sie deren Hauptgefahr. Doch wird auch sonst Hitze erwähnt (z. B. Awoe 1711 oder bei manchen submarinen Ausbrüchen).

Nicht minder verhängnisvoll als die vulkanischen Ausbrüche selbst und ihre unmittelbaren Folgen sind die mittelbaren Nachwehen derselben, so vor allem Hungersnöte (infolge der Verwüstung der Felder, stellenweise — Island — auch infolge trockener Nebel, die das Fischen und die Schiffahrt erschwerten u. a. mehr), Krankheiten der Menschen und Tiere (infolge verdorbenen Trinkwassers oder Futters usw., oder infolge Überhandnehmens von Mücken und anderen Krankheitsübertragern in den Tropen, Entzündungen der Atmungsorgane durch glasigen Staub u. a.).

Mancher schwere Ausbruch hat unmittelbar keine bedeutenden Opfer gefordert, sich aber durch seine mittelbaren Nachwehen doch noch zu einem Unglück für die Umgebung, ja manchmal für das ganze Land entwickelt, wie man das namentlich von dem größten aller geschichtlichen Ausbrüche Islands, dem Laki 1783, sagen muß.

8. Menschenverluste infolge vulkanischer Ausbrüche.

Es würde zu weit führen, an dieser Stelle die geographischen und wirtschaftlichen Wirkungen der vulkanischen Tätigkeit, insbesondere Landgewinn und -Verlust, Bodenveränderung u. dgl. genauer auszuführen; nur ein Moment, das bisher nur beiläufig gestreift worden ist, sei hier herausgegriffen: die Verluste von Menschenleben, die direkt oder indirekt auf Vulkanausbrüche zurückgeführt werden müssen.

Leider ist die Ausbruchsstatistik auch nach dieser Richtung hin sehr unvollkommen und oft auch unbestimmt. Angaben, wie 'mehrere' oder 'viele' Tote lassen sich in einer zahlenmäßigen Übersicht schwer verwerten. In vielen Fällen sind die menschlichen Verluste auch gar nicht überliefert worden oder in den mir zugänglichen Berichten zweiter Hand übergangen, oder aber es sind nur die unmittelbar durch den Ausbruch Getöteten erwähnt (z. B. Bandaisan 1888). Die Gesamtzahl der Verluste ist also sicherlich viel zu niedrig angegeben, wenn nur die gezählten Verluste (nicht aber die wahrscheinlich zu hochgegriffenen Zahlen älterer Schätzungen) in Betracht gezogen werden. Die genauere Durchforschung der verschiedenen Quellen wird für gar manche Ausbrüche noch Verluste aufbringen, die hier nicht erwähnt sind. Aber eine gewisse Annäherung an die wirklichen Verluste dürften die nachfolgenden Zahlen doch ergeben. Jedenfalls lassen sie deutlich erkennen, daß die Vulkanausbrüche unmittelbar und mittelbar nicht entfernt so viele Opfer gekostet haben wie die Erdbeben — unter denen freilich auch viele vulkanische einbegriffen sind —. Geradezu überraschend niedrig ist die Zahl der Ausbrüche, die überhaupt Menschenleben vernichtet haben und wenn auch, wie schon erwähnt, ihre Zahl sich bei genauerer Nachforschung erhöhen wird, so darf doch die Größenordnung der Zahl als gesichert gelten.

Naturgemäß sind die Riesenausbrüche am häufigsten mit schweren Menschenverlusten verknüpft gewesen, teils unmittelbar, teils mittelbar; aber es besteht an sich keine Beziehung zwischen der Größe des Ausbruchs und der Zahl der Menschenverluste und manche Riesenausbrüche sind, soweit bekannt, wenigstens ohne unmittelbare Opfer geblieben: so z. B.

Lanzarote 1730—36, Laki 1783, Cosegüina 1835. Außerordentlich großen Einfluß auf die Zahl der Opfer hat neben der Art der Ausbrüche natürlich auch die Volksdichte des betroffenen Gebiets, sowie auch die besondere Art der Siedelungen. Wäre die einzige Scharte der Kraterumwallung des Mont Pélé nicht unmittelbar oberhalb der volkreichen Stadt St. Pierre gelegen gewesen, so wäre dieser Ausbruch nicht so opferreich geworden, und hätte man die besondere Ausbruchsart des Vulkans gleich in ihrer richtigen Tragweite erkannt und die Konsequenzen daraus gezogen, so hätten die 1000 Opfer von Morne Rouge (August 1902) erspart bleiben können. Zum Glück haben in vielen Gebieten die Anwohner tätiger Vulkane ihre Siedelungen dem eigentlichen Bergkegel zum größten Teil ferngehalten und sie in einiger Entfernung davon angelegt, wodurch die Gefahren wesentlich herabgemindert sind, besonders gegen Schlammfluten und Lavaströme — letzteres aber auch nur dann, wenn es sich nicht um Schneeberge handelt, denn in diesem Fall können die entstehenden, mit Eisblöcken vermischten Schmelzwasserströme weithin Verheerung tragen und haben z. B. auf Island zur Verlegung vieler Siedelungen nach den Höhen über den gefährdeten Niederungen geführt. Am wenigsten ist ein Ausweichen vor den möglichen Gefahren erreichbar auf kleineren Inseln mit ihrem Raummangel und ihrer oft daraus folgenden Volksdichte, weshalb auch solche, soweit sie überhaupt besiedelt waren, verhältnismäßig häufig ungewöhnlich starke Menschenverluste haben, ja manchmal die Vernichtung der gesamten oder fast der gesamten Einwohnerschaft erfahren (Torishima 1902, Tijau 1660).

In vielen Gegenden genießen oder genossen die in den tätigen Vulkanen wohnend gedachten Gottheiten am Krater selbst besondere Verehrung; so sind in Japan zu diesem Behufe Tempel oben errichtet, die von zahlreichen Pilgern besucht werden. Daß da stärkere Ausbrüche häufig den Tod von Pilgern und die Zerstörung des Tempels bewirken, versteht sich. Zuweilen werden den vulkanischen Gottheiten auch Menschenopfer dargebracht, so seiner Zeit vor der spanischen Eroberung am Masaya in Nicaragua, oder auf Java bis ins 19. Jahrhundert hinein am Bromo. Andererseits setzt auch der Bergbau auf wertvolle Produkte einzelner Vulkane (Borsäure am Vulcano, Schwefel an vielen Vulkanen) die darin Beschäftigten einer besonderen Gefahr aus, der sie manchmal auch erliegen.

Wenn wir den Versuch machen wollen, uns eine Vorstellung von den Zahlen der durch Vulkanausbrüche bewirkten Verluste an Menschenleben zu machen, so empfiehlt es sich, sich dabei auf die neue Zeit (von 1500 an) zu beschränken, in der die Berichterstattung bereits besser ist und unsere Kenntnis schon den größeren Teil der tätigen Vulkane umfaßt.

Auszuschließen wären natürlich Menschenverluste, die durch Selbstmord entstanden sind. Doch ist, soweit ich sehe, nur von einem Manne berichtet, daß er sich das legendenhafte Los des Empedocles bereitet habe: es war Louis Coutrel, der sich am 16. Januar 1821 in eine tätige Bocca der Nordwestseite des Vesuv stürzte.

Eine gewisse Ausnahmestellung kommt auch den Todesfällen zu, die allzu kühne Schaulustige bei manchen Ausbrüchen getroffen haben; so wurden bei den Ätnaausbrüchen von 1535 und 1689 je etliche Neugierige getötet (teils durch fallende Steine, teils durch Lava) und ebenso verlor am Vesuv am 26. April 1872 eine Anzahl Zuschauer das Leben. Das gleiche Schicksal traf am Asamayama 1912 mehrere Touristen und von gar manchen anderen Fällen dieser Art ist nur nicht berichtet worden.

Im allgemeinen sind offenbar effusive Ausbruche minder gefährlich, als explosive, weil in den meisten Fällen noch ein rechtzeitiges Entfliehen möglich ist und die Verheerungen sich deshalb gewöhnlich auf Vernichtung lebloser Güter beschränken. Immerhin sind die 3000 (nach anderen 4000, ja — sicher stark übertrieben! — 18000 Opfer) des Vesuvausbruchs von 1631 in der Hauptsache auf Lava zurückzuführen, die in mehreren Armen mit furchtbarer Geschwindigkeit niederging. (Aber abgesehen von diesem schweren Menschenverlust hat der Vesuv in neuerer Zeit — freilich z. T. dank behördlicher Warnung — verhältnismäßig nur wenig Opfer gekostet. Noch geringer waren die Menschenverluste durch den Ätna (denn die in einem neuen Lehrbuch der Geologie angegebene Zahl von 20000 Toten beim Ausbruch von 1669 und von 60000 im Jahre 1693 sind apokryph).

Bedeutende Menschenverluste bewirkte aber in mehreren Fällen weniger die Lava selbst, als der durch ihren Druck verursachte Bergsturz oder Steinlawine, so am Papandajan (1772: 2957 Tote), Asamayama (1783: 1162), Smeroe (1885: 70).

Zuweilen verursacht die Lava auch indirekt durch Kontaktexplosionen Todesfälle, wie denn bei dem Ätnaausbruch 1843 viele getötet wurden oder nachträglich ihren Verletzungen erlagen, als die Lava eine Wasseransammlung erreicht hatte.

Sehr viel zahlreicher sind die Opfer der Schlammüberströmungen, welche Laven durch Schmelzen von Eis und Schnee in großem Maßstab verursachen und die oft gewaltige Dimensionen annehmen. Wie viele Menschen allein während der Tätigkeitsepoche des Cotopaxi seit der Mitte des 17. Jahrhunderts getötet wurden, ist nicht berichtet[1]); ihre Zahl ist jedenfalls beträchtlich und es ist kein Zweifel, daß auch anderwärts nicht

[1]) C. W. C. Fuchs spricht von 400 Toten im Tal von Chila beim Ausbruch von 1877 (Tschermak Min. u. petr. Mitt. I, S. 113). Th. Wolf schrieb mir auf briefliche Anfrage hin am 19. September 1916, daß nach seiner Überzeugung jeder große Ausbruch des Cotopaxi Menschenleben vernichtet hat, doch sind genauere Zahlen darüber nicht überliefert (eher noch Zahlen über Viehverluste!). Wenn Schätzungen vorliegen, so müsse man ihnen skeptisch gegenüberstehen, da sie wohl immer übertrieben sind.

wenige derartigen Ereignissen erliegen. Auf Island, wo Gletscherläufe häufig auftreten, weiß sich die Bevölkerung offenbar sehr gut vor ihnen zu hüten, weshalb nur wenige Todesfälle berichtet sind (Katla 1755: einige).

Die Opfer des Merapi auf Java (1822: 20, 1832: 32) sind wenigstens z. T. auf Blöcke zurückzuführen, die von dem Lavapfropf des Kraters sich loslösten und die Hänge niederrollten.

Die Plötzlichkeit, Gewaltsamkeit und größere Reichweite der explosiven Ausbrüche fordert weit häufiger Opfer, als die effusiven Ausbrüche. Schon im Moment des Ausbruchs fallen an der Ausbruchsstelle selbst oder in dessen Nachbarschaft nicht selten ganze Gruppen von Menschen (Schwefelarbeitern, Pilgern), auf kleinen Inseln auch wohl die ganze oder fast die ganze Einwohnerschaft den Explosionen zum Opfer.

Die große Mehrzahl der Opfer schwerer Explosivausbrüche ist auf Hauseinsturz zu rechnen, da die auf ungenügend steilen Dächern sich allmählich ansammelnde Asche schließlich den Bau zerdrückt und dieser die darin Befindlichen erschlägt; nicht selten ist der Einsturz aber auch auf Wirkung von Beben zurückzuführen. Nur selten sind Steinwürfe oder Ersticken durch Aschenregen, Blitzschlag, oder auch Brand infolge Brandstiftung durch glühende Blöcke u. dgl. als Todesursache angegeben. Zuweilen fehlen auch nähere Angaben.

Absteigende Ausbruchswolken vernichteten zuweilen durch ihre mechanische Wucht und ihre Hitzewirkung größere Menschenmassen (Mont Pélé und St. Vincent 1902); in anderen Fällen sind primäre Schlammströme (Auswurf von Kraterseen) oder heißer Schlammregen schuld an starken Menschenverlusten (so bei Awoe, Raoen, Taal), auch wohl sekundäre Schlammströme und Überschwemmungen als nachträgliche Folgeerscheinungen explosiver Ausbrüche.

Sehr schwer können auch die Wirkungen von Flutwellen werden, die bei schweren Explosionen im oder unterm Meeresspiegel entstehen, sofern die betroffenen Küsten dicht bevölkert sind (z. B. Krakatao 1883), während an dünnbevölkerten Küsten natürlich die Verluste nicht groß sind (z. B. Ritter-Insel 1888 und vermutlich Awatscha 1737).

Vergiftung durch ausströmende Gase (Fuencaliente 1677, Bromo 1842, Boiling Lake 1901, Groß-Comoro 1903) oder Tötung durch Hitze (Awoe 1711) wird nur selten als Todesursache erwähnt, desgl. Hauseinsturz infolge Erdsenkung (Diëng 1786).

Wie viele Opfer den begleitenden Erdbeben zuzuschreiben sind, ist unmöglich festzustellen.

Von der Verteilung der gemeldeten Todesfälle auf die einzelnen Vulkane und Vulkangebiete seit 1500 kann folgende Liste trotz ihrer Unvollständigkeit eine annähernde Vorstellung geben.

Menschenverluste durch Vulkanausbrüche seit 1500.

	Zahl der Opfer	Todesursache
I. Atlantisch-indische Erdhälfte.		
Mittelmeer.		
Vesuv 1631	ca. 3000	hauptsächlich Lava.
— 1794	26	Ursache?
— 1805	4	Ursache?
— 1821	1	Selbstmord.
— 1872	eine größere Zahl Neugieriger	Lava und Auswürflinge.
— 1906	eine größere Zahl von Menschen	Dacheinsturz.
Ätna 1536	einige Neugierige	durch Auswürflinge erschlagen.
— 1689	„ „	durch Auswürflinge und Lava getötet.
— 1843	viele	durch eine Kontaktexplosion getötet oder tödlich verletzt.
Atlantischer Ozean.		
Kapverden:		
Fogo 1757	2 Hirten (mit ihren Heerden)	durch Lava getötet?
— 1847	1 Kind	durch Lava getötet.
Kanaren:		
Fuencaliente (Palma) 1677	1 Mensch und viele Tiere	durch giftige Gase getötet.
Azoren:		
Furnas (São Miguel) 1630	191 Menschen	durch Waldbrand getötet.
São Jorge 1580	mehrere	durch eine Glutwolke getötet.
— 1808	über 30	„ „ „ „ .
Island:		
Hekla 1510	1 Mann	erschlagen (durch Auswürflinge?).
Katla 1755	einige	getötet (durch Gletscherlauf?).
Laki 1783	über 10000	an den Folgen des Ausbruchs (Hungersnot, Krankheiten) gestorben.
Skeiðararjökull 1861 . .	1 Mann	getötet durch Gletscherlauf.
Indischer Ozean:		
Komoren:		
Kartala 1883	ein Dorf mit seinen Bewohnern vernichtet	(Lava?)
— 1903	17 Mann	durch giftige Gase getötet (ohne eigentlichen Ausbruch).
— 1904	einige	(Lava?)

(Fortsetzung).

	Zahl der Opfer	Todesursache
II. Pazifische Erdhälfte.		
1. Mitte.		
Hawaii:		
Hualalai 1801	2 Personen	durch Lava getötet.
Kilauea 1789	ca. 80 Mann	vermutlich durch Glutwolke getötet.
2. Umrandung.		
a) NW-Rand.		
Japan:		
Usu 1822	Ein Dorf (mit seinen Bewohnern?)	durch Schlamm- und Steinlawinen vernichtet.
Komagatake 1640 . . .	700	durch Flutwelle oder Aschenfall getötet?
Adatarasan 1900	70 Schwefelarbeiter	durch Explosion getötet.
Bandaisan 1888	461	unmittelbar durch die Stein- und Erdlawine getötet (ohne die nachträglich an den Verletzungen Gestorbenen!).
Asamayama 1596 . . .	viele	(Explosivausbruch).
— 1783 . . .	1162	getötet durch Steinlawine infolge Lavadurchbruchs.
— 1912 . . .	einige	durch Explosivausbruch getötet.
Aso 1827	viele	nahe dem Gipfel durch Asche erstickt.
— 1854	3	getötet durch Ausbruch schlammigen Wassers.
— 1872	4 Schwefelarbeiter	durch Explosion getötet.
Unzendake 1792	9745	durch Schlammstrom und
	707	durch Flutwelle getötet (nach älteren Quellen: 53000!).
Kirishimayama 1566 . .	Verluste	Explosivausbruch?
Sakurashima 1779 . . .	140	Explosivausbruch? (nach anderen Quellen 16—17000!)
— 1780 . . .	viele	nachträgliche Schlammströme.
— 1914 . . .	72 (m. d. Vermißten)	Explosiv- und Effusivausbruch.
Fuji 1792	über 20	Explosivausbruch.
Torishima-Izu 1902 . . .	über 125 (alle Einwohner der Insel)	Explosion.
Philippinen:		
Taal 1911	1335	Explosion: Schlamm, Gase, Hitze.
Mayon 1800	einige	Explosion.
— 1814	1200	Lava, Steine, Asche.
— 1853	33	niederrollende Steine.
— 1897	350	Lava und Asche.

(Fortsetzung).

	Zahl der Opfer	Todesursache
Sangi-Gruppe:		
Awoe 1711	2030	heiße Luft und Sturm.
— 1812	953	Explosion.
— 1856	2806	Explosivausbruch.
— 1892	1000 bis 1500	Explosivausbruch u. kochender Schlamm.
[Roewang? 1874? . . .	300?	Explosion.]
Nördliche Molukken:		
Tolo 1550	zahlreiche	Flutwelle, Beben, Explosivausbruch.
Makjan 1646	„	Explosivausbruch.
— 1760	etwa 2000	„
— 1861	ca. 300	Explosivausbruch (und Lava??).
Ternate 1838	4 Schwefelsammler	Explosion.
b) WSW-Rand.		
1. Indonesien.		
Krakatao 1883	36 417	hauptsächlich durch Flutwelle.
Java:		
Goenoeng Goentoer 1829	viele	Explosivausbruch?
„ Galoenggoeng 1822	4011	Schlammstrom und Steintrümmer.
„ Papandajan 1772 .	2957	Steinlawine.
„ Batoek (Diëng) 1786	38	Hauseinsturz durch Erdsenkung.
„ Merapi 1822 . . .	20	glühende Steintrümmer.
— 1832 . . .	32	„ „
— 1904 . . .	12	„ „
„ Keloet 1586 . . .	ca. 10 000	Explosivausbruch.
„ Smeroe 1885 . . .	70	Steinlawine (infolge Lavadurchbruch).
„ Bromo 1842 . . .	mehrere	Schwefelwasserstoff.
„ Lemongan 1869 . .	8	heiße Asche.
„ Raoen 1638	Tausende	besonders Schlammströme.
— 1730	viele	Überschwemmung.
Kleine Sunda-Inseln:		
Tambora 1815	über 56 000	Auswürflinge, Hungersnot, Seuchen: auf Soembawa und Lombok allein, ohne die gleichfalls schwer heimgesuchten Nachbarinseln.
Lobetobi-Lakilaki 1869 .	2	Explosivausbruch.
— 1907 .	1	„
Südliche Molukken:		
Tijau (Teon) 1660	alle Einwohner bis auf 2 oder 3	Erstickung.

(Fortsetzung).

	Zahl der Opfer	Todesursache
Seroea 1693	viele	? (Explosivausbruch, Lavasee).
Goenoeng Api von Banda	2 Neugierige	Explosion.
Der Explosivausbruch, unbekannten Ortes, von 1752 hatte auf Java Hungersnot und Seuchen im Gefolge.		
2. Melanesien:		
Ritter-Insel 1888	mehrere	Flutwelle.
Bagana 1884	„	Explosivausbruch.
Savo 1850	„	„
c) SSW-Rand.		
Tonga-Inseln:		
Niuafu 1853	viele	Effusiv- (und Explosiv-?) ausbruch.
Neuseeland:		
Tarawera 1886	ca. 100	Explosivausbruch.
d) NO-Rand.		
Aleuten:		
Pogrumnoj 1795	einige	Explosivausbruch.
Alaska:		
[Sannach und Halbinsel Alaska 1788	viele	Überschwemmung. — Flutwelle vulkanischen Ursprungs?].
Kleine Antillen:		
[Boiling Lake ohne Ausbruchserscheinung im Jahr 1901	2	Giftige Gase].
Mont Pelé 1902	29 000	Glutwolken; einige durch Schlammströme u. a.
Soufrière von St. Vincent	1600	Glutwolke.
Mittelamerika:		
Sta. Maria 1902	einige Hunderte	Explosivausbruch (die Zahl würde sich sehr erhöhen, wenn man über die Opfer der nachfolgenden Seuchen zahlenmäßige Nachweise hätte).
e) SO-Rand.		
Südamerika:		
Ecuador: Cotopaxi 1742 .	Hunderte	Überschwemmungen.
— 1744 .	viele	„
— 1877 .	400	„
Peru: Omate 1600 . . .	viele	Explosivausbruch.

Wenn man die obenstehende Statistik Schlüssen zugrunde legen will, so muß man sich freilich immer vergegenwärtigen, daß sie sehr unvollständig ist und so selbst bis in die neueste Zeit blieb. So möchte ich z. B. erwähnen, daß durch den Santa Maria-Ausbruch in Guatemala 1902 offiziell überhaupt niemand unmittelbar getötet worden ist; als ich aber 14 Tage nach dem Hauptausbruch in das durch $1^1/_2$ m Asche verschüttete kleine Indianerdorf San Martin Chile Verde kam, da waren nach Aussagen des dortigen Ortsvorstehers 56 Leichen bereits begraben, und wie viele sich noch in den verschütteten Ranchos befanden, war völlig unbekannt.[1]) Wenn ich nach dieser Erfahrung und nach dem, was ich im Ausbruchsgebiet sonst noch hörte, den Gesamtverlust an Menschen auf einige Hundert annehme, so glaube ich jedenfalls nicht überschätzt zu haben; aber man wird unter solchen Umständen selbst gegen moderne Angaben über die Zahl von Opfern in bestimmten Ländern mißtrauisch. In gar manchen Fällen sind solche gewiß auch nur nicht bekannt geworden, so namentlich aus dünnbesiedelten Gebieten, die noch nicht eng an den Weltverkehr angeschlossen sind; in andern Fällen sind mir aber die betreffenden Daten nicht zugänglich gewesen oder aber mögen sie von mir übersehen worden sein, als ich meine Auszüge machte, und das ist um so eher möglich, als ich damals noch nicht die Absicht hatte, eine solche Verluststatistik aufzustellen. Es ist also zu erwarten, daß die Zahl der Opfer und der opferfordernden Ausbrüche größer ist, als hier angenommen ist. Andererseits ist aber auch wohl möglich, daß die älteren Schätzungen über die Verluste beim javanischen Ausbruch von 1586, den man jetzt mit großer Wahrscheinlichkeit dem Keloet zuschreibt, übertrieben sind. Andererseits sind aber die nachträglichen Opfer der Ausbrüche nur in wenigen Fällen (Laki, und z. T. Tambora) mitgezählt, während man aus den häufigen Angaben über nachfolgende Seuchen und Pestilenz eine beträchtliche Sterblichkeit in den beschädigten Gebieten als Ausbruchsfolgen annehmen dürfte.

Trotz der erwähnten Mängel dürften die obige Statistik und die nachfolgende zusammenfassende Liste aber doch Zahlen geben, die von der Wirklichkeit nicht allzuweit entfernt und daher geeignet sind, den Grad der Gefährlichkeit der einzelnen Vulkane und Vulkangebiete, wie auch der Hauptausbruchsarten zu kennzeichnen. (Die Zahlen der zusammenfassenden Liste sind abgerundet angegeben, wo bestimmte Angaben nicht möglich sind.)

---

[1]) Sapper, Vulkangebiete S. 15.

Menschenverluste durch Vulkanausbrüche seit 1500:

	Zahl der Opfer fordernden Vulkane	Zahl der Opfer fordernden Ausbrüche	Zahl der Opfer seit 1500:
Mittelmeer: Italisch-Sizilisches Gebiet	2	21 (22)	ca. 3 200
Atlantischer Ozean:			
Kapverden	1	2	3
Kanaren	1	1	1
Azoren	2	3	gegen 240
Island	4	4	über 10 000
Atlantischer Ozean	8	10	über 10 000
Indischer Ozean: Komoren	1	2 (3)	50?
Atlantisch-Indische Erdhälfte	11	33 (35)	ca. 13 500
Pazifischer Ozean:			
Mitte: Hawaii	2	2	ca. 82
NW-Rand: Japan	11	17	rund 13 000
Philippinen	2	5	gegen 3 000
Sangi	1	4	7 300
Nordmolukken	3	5	rund 3 000
NW-Rand	17	31	rund 26 300
WSW-Rand:			
I. Indonesische Hälfte: Sumatra mit Krakatao	1	1	36 417
Java	10	13	gegen 25 000
Kleine Sunda-Inseln .	2	3	über 56 000
Südmolukken	3	3	viele
II. Melanesische Hälfte	3	3	vielleicht 30
WSW-Rand	19	23	über 118 000
SSW-Rand	2	2	vielleicht 200
NO-Rand: Aleuten	1	1	einige
Kleine Antillen	2	2	ca. 30 600
Mittelamerika	1	1	einige Hunderte
NO-Rand	4	4	über 31 000
SO-Rand: Ecuador	1	2	Hunderte
Peru	1	1	viele
SO-Rand	2	3	?
Pazifische Erdhälfte	46	65	über 176 000
Gesamterde	57	98 (100)	über 190 000

Ein Blick auf die Tabelle zeigt, daß die Vulkane der pazifischen Erdhälfte seit 1500 weit mehr Opfer gefordert haben, als die der atlantisch-indischen, ja, daß letztere nur 7% der Gesamtverluste trug. Dabei ist zu bemerken, daß die Verluste der pazifischen Erdhälfte sich ganz auf die Randgebiete konzentrieren, zu denen wir geotektonisch nicht nur Indonesien, sondern auch die kleinen Antillen rechnen müssen, während die mittleren Regionen nur ganz spärliche Verluste haben. Die Ursache dieser Erscheinung beruht ganz offenbar darin, daß die Randgebiete des Stillen Ozeans die Hauptstellen explosiver Betätigung sind, während die Binnengebiete dieses Riesenbeckens wie auch die atlantisch-indische Erdhälfte in mehr oder minder stark ausgesprochenem Maße durch überwiegende Lavaförderung ausgezeichnet sind. Diese ist aber, wie schon oben erwähnt, im allgemeinen weniger gefährlich als die explosive Tätigkeit. Wir finden das bei genauerer Durchmusterung unserer Statistik zahlenmäßig bestätigt, denn, soweit ersichtlich, dürften nur rund 3000 Personen seit 1500 durch Lava unmittelbar getötet worden sein (das ist etwa 1,6% des Gesamtverlusts) oder, wenn man die indirekten Opfer (Schlammströme infolge von Schneeschmelze durch Lava) hinzurechnet, vielleicht gegen 4000 (d. i. rund 2% des Gesamtverlusts). Und wir finden weiter, daß selbst in den beiden Hauptregionen vorwiegender Lavaförderung die Hauptmenge der Opfer auf explosive Ausbrüche kommt, die ja auch dort häufig sind: die ca. 80 Opfer des Kilauea 1789 wurden durch Explosivtätigkeit (wohl Glutwolke) gefordert und der große Lakiausbruch von 1783 hat durch seine ungeheuren Lavaergüsse, soweit bekannt, keinen Menschen getötet, sondern nur durch die Folgewirkung seiner gleichzeitig sehr bedeutenden Lockerförderung die Bevölkerung der ganzen Insel Island um 1/5 verringert.

Die Menschenverluste durch Lava wären noch außerordentlich viel geringer, wenn nicht der nach langer Ruhepause einsetzende, freilich sehr heftige und durch überaus starke Effusivförderung ausgezeichnete Vesuvausbruch von 1631 eine mit den betreffenden Erscheinungen gar nicht vertraute Einwohnerschaft getroffen und daher so besonders zahlreiche Opfer gefordert hätte.

Wenn man den Versuch der Mittelbildung macht, so findet man, daß seit 1500 im Durchschnitt von den Menschenopfer fordernden Vulkanen einer der atlantisch-indischen Erdhälfte nur etwa rund 1200 Opfer kostete gegen mehr als die dreifache Zahl, die im Durchschnitt auf einen betreffenden Vulkan der pazifischen Erdhälfte fällt; und auf die Einzelausbrüche berechnet ist das Verhältnis der pazifischen Erdhälfte noch ungünstiger (rund 410 zu 2750 Opfern für einen Ausbruch im Durchschnitt).

Wenn nicht wenige Vulkangebiete in der Verlustliste keine Erwähnung gefunden haben, so mag das zum Teil an ungenügender Berichterstattung liegen; zum Teil ist es auch als Folgeerscheinung der dünnen oder selbst mangelnden Besiedelung des Ausbruchsgebiets anzusehen; in vielen Fällen ist aber auch der vergleichsweise ruhige Charakter der Ausbrüche, oder die Gunst der topographischen Verhältnisse, oder aber auch die aus langer Erfahrung geschöpfte Vorsicht der Bevölkerung daran schuld, die sich in guter Wahl der Siedelungsplätze, geeigneter Bauweise und zweckentsprechenden Maßnahmen äußert.

Daß heftige Ausbrüche nach langer Ruhepause die meisten Opfer fordern, folgt nicht bloß aus der Intensität der Erscheinungen, sondern vielfach aus der Unerfahrenheit der Bewohner. Deshalb war am Vesuv nicht bloß der erste große Effusivausbruch (1631), sondern auch der erste geschichtliche Explosivausbruch (79 n. Chr.) durch zahlreiche Opfer ausgezeichnet, ferner ebenso die Cotopaxiausbrüche 1742, 1744 und 1877, die Eruptionen der Antillenvulkane 1902 u. dgl. mehr, während die schweren Ausbrüche des häufig tätigen Ätna oder mancher anderer Vulkane nur selten und wenige Menschenverluste nach sich zogen. Die späteren Ausbrüche der erstgenannten Vulkane haben ebenfalls nur noch wenig oder gar keine Opfer trotz zum Teil sehr bedeutender Intensität der Erscheinungen gefordert und die Opfer des Vesuv im 19. und 20. Jahrhundert hätten bei genügender Vorsicht sehr gut vermieden werden können. Größere Rücksicht auf das mögliche Auftreten von Flutwellen bei Anlage von Siedelungen hätte ebenfalls viele Opfer vermeiden lassen. In anderen Fällen freilich kamen die Erscheinungen so überraschend und unvermutet, daß auch der beste Kenner der vulkanischen Erscheinungen keine wesentliche Verringerung der Opfer hätte bewirken können.

Wenn wir die einzelnen Vulkangebiete auf ihre Gefährlichkeit betrachten, so fällt auf, daß die beiden über das eigentliche pazifische Becken hinausgreifenden Randgebiete derselben, Indonesien und Kleine Antillen, allein über $^3/_4$ (ersteres allein fast $^2/_3$) der Gesamtopfer gefordert haben. Neben ihnen spielten nur Japan (fast 15%) und Island (über 5%) eine wirklich bedeutende Rolle.

Die Hauptzahl der Opfer entfällt auf 6 katastrophale Ausbrüche, deren jeder 10000 Opfer oder darüber gefordert hat: 3 davon fanden in Indonesien statt, 1 in den kleinen Antillen, 1 in Japan, 1 auf Island. Von diesen Gebieten sind alle dicht bevölkert mit Ausnahme von Island, das unter dem Lakiausbruch von 1783 verhältnismäßig auch ganz besonders stark gelitten hat.

Sehr schwer, ja im Verhältnis noch weit schwerer, waren aber die Menschenverluste auf manchen kleinen Inseln; doch fallen sie in der Gesamtstatistik eben wegen deren Kleinheit nicht so sehr ins Gewicht.

Die meisten der opferfordernden Vulkane haben nur einmal seit ihrem geschichtlichen Bekanntwerden schwere Menschenverluste nach sich gezogen; und von denen, die mehrmals schwere Opfer forderten, sind Awoe, Mayon und Raoen als die gefährlichsten zu betrachten, da sie in vergleichsweise kurzen Zeiträumen zu schweren Schlägen ausholten. Es wäre sehr im Interesse der Anwohner, wenn seitens der beteiligten Regierungen in diesen — wie auch in manchen anderen Fällen — durch wissenschaftliche Untersuchung der Wirkungsweise der Vulkane, der topographischen Verhältnisse und der Lage der Siedelungen festgestellt würde, durch welche Maßnahmen in Zukunft Wiederholungen solcher Katastrophen vermieden werden könnten.

9. Die Zahl der in geschichtlicher Zeit als tätig nachgewiesenen Vulkane.

Wenn man die oben angegebenen Definitionen von 'Vulkan' und 'Ausbruch' annimmt, so ist es wohl möglich, die Zahl der in geschichtlicher Zeit tätig gewesenen Vulkane bis zu einem gewissen Grade festzustellen; aber eben nur bis zu einem gewissen Grade, weil über die Tatsache mancher berichteter Ausbrüche ebenso Zweifel bestehen, wie über die Selbständigkeit oder Abhängigkeit gewisser Ausbruchsstellen.

Nur wenige vulkanische Ausbruchstellen liegen scheinbar isoliert da; die meisten gruppieren sich größeren Systemen erloschener oder tätiger Vulkane ein.

Die Vulkane eines Systems sind zuweilen in ausgesprochenen Reihen angeordnet (z. B. Mittelamerika, Teile Südamerikas), weit häufiger aber ziemlich regellos über längliche Geländestreifen oder Zonen zerstreut, selten über Gebiete, in denen Länge und Breite sich nahezu decken. Daß innerhalb der einzelnen Vulkanzonen wieder die Essen bald unregelmäßig zerstreut, bald gesetzmäßig auf individualisierte Längs-, Neben- und Querzonen angeordnet sind, sei eben nur erwähnt.

Da ich an anderer Stelle etwas näher auf diese und die nachfolgenden Fragen einzugehen gedenke, möge es hier genügen, die Ergebnisse meiner Auffassung in Form einer Tabelle wiederzugeben. Die Zahl der als tätig erkannten Vulkane wäre demnach zu etwa 430 anzunehmen; doch ist diese Zahl sicher zu niedrig, da uns gewiß von den submarinen und subglacialen Vulkanen noch viele unbekannt sind, und zudem ist die Zahl der unsicher bekannten Ausbrüche ziemlich groß; es hätte vielleicht manche der von mir als zu zweifelhaft ausgeschalteten Ausbruchsstellen noch in die Liste aufgenommen werden sollen, während vielleicht doch die eine oder andere Ausbruchsstelle von mir mit Unrecht in die Liste eingesetzt ist; wenn das aber der Fall sein sollte, so kann es sich nur um ganz wenige handeln und man darf wohl annehmen, daß die Zahlen in den Einzelgebieten sich auch bei einer strengen Revision nur noch um wenige ändern dürften — vermutlich so wenig, daß das Zahlenverhältnis der einzelnen Zonen und Gebiete nicht wesentlich verschoben würde.

In der nachfolgenden Liste (S. 332) sind die submarinen Ausbruchsstellen in Klammern noch besonders herausgehoben. Die Zahlen habe ich ferner so gruppiert, daß nicht bloß die Zugörigkeit zu den großen natürlichen Hauptgebieten, sondern auch zu den einzelnen 10°-Breitenzonen zutage tritt. Eine solche Anordnung war um so mehr angezeigt, als Karl Schneider[1]) nach dem Vorgang von C. F. Naumann darauf aufmerksam gemacht hat, daß die niedrigen Breiten verhältnismäßig die meisten Vulkane aufweisen, daß also die äquatorialen Gebiete der Hauptsitz der vulkanischen Tätigkeit seien.

Ein Blick auf die Tabelle (S. 332) zeigt nicht nur, daß die nördliche Halbkugel der südlichen an Vulkanreichtum weit voraus ist, sondern auch, daß in der Tat die Hauptzahl der Vulkane sich auf die niedrigen Breiten zusammendrängt. Eine regelmäßige Abnahme der Vulkanzahl nach den höheren Breiten ist aber nicht daraus zu erkennen, vielmehr bemerkt man einen mehrmaligen Wechsel vulkanärmerer und vulkanreicherer 10°-Breitengürtel, wenn man vom Äquator polwärts vorschreitet, und eine genauere Überlegung zeigt, daß die zahlenmäßige Anordnung durch die tektonischen Verhältnisse der Erdkruste in der Hauptsache erklärt wird. Die Unregelmäßigkeit der Abnahme der Vulkandichte nach den Polen hin verschwindet aber wenigstens teilweise, wenn man die Vulkandichte von Breitenbändern berechnet, die beim Vorschreiten nach den Polen hin jeweils die dazwischen liegenden Gürtel mit einbegreifen und so das Gewicht der vulkanreichen Innenzonen immer wieder in die Wagschale wirft. Man findet dann, daß auf je 10 Millionen Quadratkilometer

im	Bande	zwischen	10°	nördlicher	und	10°	südlicher	Breite	12,7	tätige	Vulkane
„	„	„	20°	„	„	20°	„	„	11,5	„	„
„	„	„	30°	„	„	30°	„	„	9,1	„	„
„	„	„	40°	„	„	40°	„	„	9,6	„	„
„	„	„	50°	„	„	50°	„	„	9,0	„	„
„	„	„	60°	„	„	60°	„	„	9,0	„	„
„	„	„	70°	„	„	70°	„	„	8,9	„	„
„	„	„	80°	„	„	80°	„	„	8,5	„	„
„	„	„	90°	„	„	90°	„	„	8,4	„	„

durchschnittlich kommen.

---

[1]) Zur Geschichte und Theorie des Vulkanismus, Prag 1908. — Über neue geotektonische Untersuchungen, Gaea 1909, Heft 10. — Die vulkanischen Erscheinungen der Erde, Berlin 1911, S. 229 ff.

Geographische Verbreitung der in geschichtlicher Zeit als tätig berichteten Vulkane.

	Mittel-meer	Atlant. Ozean	Afrika	Indi-scher Ozean	Asien (ohne Kam-tschat-ka)	Atlant.-indische Erdhälfte	Pazi-fische Mitte	Pazifische Umrandung NW	WSW I	WSW II	SSW	NO	SO	Pazi-fische Erd-hälfte	Vulkane Ge-samt-zahl	Vulkane % der Ge-samt-zahl	Vulkandichte d. i. auf 10 Mill. Quadratkilometer kommen Vulkane:
70–80°	—	1	—	—	—	1	—	—	—	—	—	—	—	—	1	0,2	0,9
60–70°	—	26 (5)	—	—	—	26 (5)	—	—	—	—	—	5	—	5	31 (5)	7,2	16,4
50–60°	—	—	—	—	—	—	—	12 (1)	—	—	—	33 (3)	—	45 (4)	45 (4)	10,5	15,5
40–50°	5	1 (1)	—	—	1	7 (1)	—	17 (1)	—	—	—	3	—	20 (1)	27 (2)	6,3	8,6
30–40°	13 (7)	9 (4)	—	—	3	25 (11)	—	31 (6)	—	—	—	1	—	32 (6)	57 (17)	13,3	15,7
20–30°	—	3	—	—	3	6	3 (2)	10 (7)	—	—	—	3	—	16 (9)	22 (9)	5,1	5,5
10–20°	—	2 (1)	2	1 (1)	1 (1)	6 (3)	3	9	1	—	—	41 (3)	—	54 (3)	60 (6)	14,0	14,0
0–10°	—	4 (4)	2	—	—	6 (4)	—	17	3	—	—	—	5	25	31 (4)	7,2	7,0
Nördliche Halbkugel	18 (7)	46 (15)	4	1 (1)	8 (1)	77 (24)	6 (2)	96 (15)	4	—	—	86 (6)	5	197 (23)	274 (47)	63,8	10,7
0–10°	—	5 (5)	5	1 (1)	—	11 (6)	3 (1)	1	46 (1)	14 (2)	—	—	6	70 (4)	81 (10)	18,8	18,4
10–20°	—	2 (2)	—	1	—	3 (2)	2 (1)	—	—	8 (2)	6 (1)	—	8 (2)	24 (6)	27 (8)	6,3	6,3
20–30°	—	—	—	1	—	1	—	—	—	—	6 (4)	—	3 (1)	9 (5)	10 (5)	2,3	2,5
30–40°	—	1 (1)	—	—	—	1 (1)	4 (4)	—	—	—	6 (2)	—	14	24 (6)	25 (7)	5,8	6,9
40–50°	—	—	—	—	—	—	—	—	—	—	—	—	10 (1)	10 (1)	10 (1)	2,3	3,2
50–60°	—	—	—	1	—	1	—	—	—	—	—	—	—	—	1	0,2	0,4
60–70°	—	—	—	—	—	—	—	—	—	—	—	—	1 (1)	1 (1)	1 (1)	0,2	0,5
70–80°	—	—	—	—	—	—	—	—	—	—	1	—	—	1	1	0,3	0,9
Südliche Halbkugel	—	8 (8)	5	4 (1)	8 (1)	17 (9)	9 (6)	1	46 (1)	22 (4)	19 (7)	—	42 (5)	139 (23)	156 (32)	36,2	6,1
Zahl der tätig. Vulkane	18 (7)	54 (23)	9	5 (2)	8 (1)	94 (33)	15 (8)	97 (15)	50 (1)	22 (4)	19 (7)	86 (6)	47 (5)	336 (46)	430 (79)	100,0	8,4

10. Anordnungsdichte der Vulkane.

Wenn man im Einzelnen die geographische Verteilung der tätigen Vulkane betrachtet, so fällt auf, daß manche vereinzelt in sonst erloschenen Vulkangebieten oder isoliert im Weltmeer auftreten; die große Mehrzahl derselben findet sich aber in größerer oder geringerer Zahl in mehr oder weniger langgestreckten natürlichen Vulkangebieten oder -Streifen. Die meisten Vulkane eines derartigen Gebiets haben in geschichtlicher Zeit keine Tätigkeit mehr entfaltet, sie ruhen oder sind wohl ganz erloschen; im Verhältnis zur Längserstreckung sind aber in einzelnen Vulkangebieten oft noch recht viele, in andern nur noch ganz wenige tätige Vulkane vorhanden. In dieser Tatsache spricht sich vielfach eine Art geschichtlichen Verhältnisses aus: Vulkangebiete, in denen die mittlere Entfernung der tätigen Vulkane voneinander, d. i. ihre Anordnungs- oder Reihungsdichte gering ist, zeugen von jugendlichem Verhalten derselben; wo aber die mittlere Entfernung groß wird, da hat man es in den meisten Fällen mit alternden, dem Erlöschen entgegengehenden Vulkangebieten zu tun.

Zu den jugendlichen Vulkangebieten mit hoher Anordnungsdichte gehören z. B. das süd- und das ostisländische Vulkangebiet, oder auch das der Gazellehalbinsel, in denen durchschnittlich auf 25 km Längserstreckung des Gesamtsystems ein tätiger Vulkan kommt; hohe Vulkanreihungsdichte beobachtet man auch in der mittelafrikanischen Vulkanzone (1 : ca. 40), in den Aleuten, Mittelamerika, Neuseeland und den nördlichen Molukken (je 1 : 50), auf Java (1 : 55), Ecuador (1 : 60), in der Sangi-Reihe (1 : 65), Minahassa (1 : 75), auf Kamtschatka, in der Fujizone, der Tongazone und den kleinen Antillen (1 : 80), während die japanischen Längszonen zusammengenommen noch 1 : 100 aufweisen, viele Vulkanbänder aber weit darüber hinausgreifen. Als mittlere Reihungsdichte der Vulkanzonen (mit Ausnahme der isolierten submarinen Ausbruchstellen, sowie Ujun Choldongi und Südshetlandsbogen) ist etwa 1 : 135 anzunehmen.

Ein näheres Eingehen auf diese Frage würde uns aber zu weit auf rein geographisches Gebiet führen.

11. Tätigkeitsfrequenz.

Wie die Vulkangebiete sich nach der Zahl selbständiger Ausbruchsstellen stark voneinander unterscheiden, so auch hinsichtlich der Häufigkeit ihrer Ausbrüche. Da es nicht möglich ist, die Tätigkeit der Vulkane nach der Zahl ihrer Einzelausbrüche und Explosionen zu vergleichen, deren oft viele, ja Tausende auf ein Jahr fallen, so mag als Ausbruchseinheit je das Kalenderjahr gerechnet sein, in dem ausgesprochene Ausbruchstätigkeit stattfand. Bei solcher Auffassung würde also auf ständig tätige Vulkane, wie den Stromboli, bis zu 100 Ausbruchseinheiten im Jahrhundert fallen, auf häufig tätige Vulkane wie Ätna oder Vesuv noch Dutzende von Einheiten, während selten tätige Feuerberge oft in Jahrhunderten, ja Jahrtausenden nur noch eine oder wenige Tätigkeitseinheiten aufweisen. Man erkennt aus dieser Überlegung die hohe Bedeutung der ständig oder häufig tätigen Vulkane in der Frequenzstatistik und wenn man aus der nachfolgenden Tabelle (S. 335) erkennt, daß die südliche Halbkugel trotz ihrer weit geringeren Zahl von tätigen Ausbruchsstellen ein starkes Übergewicht über die nördliche Halbkugel behauptet, so ist diese Feststellung dadurch zu erklären, daß ich für die südliche Hemisphäre eine weit größere Zahl ständig tätiger Vulkane annehmen zu dürfen glaube, als für die nördliche.

Da die Berichterstattung erst seit neuester Zeit einigermaßen zufriedenstellend genannt werden kann, so muß man sich in einer Frequenzstatistik auf diese beschränken; ich habe mich in der nachfolgenden Tabelle auf die Zeit 1801—1914 bezogen und für diejenigen Einzelgebiete, die erst nach jenem Anfangszeitpunkt bekannt geworden sind, die Zahlen für den Gesamtzeitraum im Verhältnis zu den bekannten Ausbrüchen ergänzt, während für Vulkane mit ungenauer Berichterstattung (Piton de la Fournaise) schätzungsweise feste Zahlen eingesetzt wurden. Sind auf diese Weise und in Anbetracht der ungenügenden Berichterstattung die angegebenen Zahlen bis zu einem gewissen Maße unsicher, so sind sie doch geeignet, einen ungefähren Begriff von der Frequenz der einzelnen Vulkangebiete und 10°-Breitengürtel zu geben. Die teilweise ergänzten oder geschätzten Zahlen habe ich, um sie zu kennzeichnen, in [] gesetzt.

Bei der Frequenzstatistik tritt das Übergewicht der äquatornahen Breitezonen über die übrigen weit deutlicher hervor, als bei der Statistik der tätigen Ausbruchsstellen, und wenn man wieder zusammenstellt, wieviel Ausbruchseinheiten (absolut und auf die Flächeneinheit von 10 Millionen Quadratkilometer berechnet) auf die zusammenhängenden Breitenzonen von 10° nördl. zu 10° südl. Breite, 20—20°, 30—30° usw. kommen, so erkennt man, daß sich dann eine stetige, wenn auch nicht gerade gleichmäßige Abnahme vom Äquator nach den Polen einstellt — ein offenbarer Beleg für den Schneiderschen Satz von der Bevorzugung der äquatorialen Gegenden durch die vulkanische Wirksamkeit.

Im Zeitraume 1801—1914 kamen auf die Breitengürtel	Ausbruchseinheiten an sich	auf je 10 Mill. Quadratkilometer
zwischen 10° nördl. und 10° südl. Breite	937	106,2
20° „ „ 20° „ „	1767	101,1
30° „ „ 30° „ „	2005	78,9
40° „ „ 40° „ „	2442	74,7
50° „ „ 50° „ „	2599	66,6
60° „ „ 60° „ „	2699	61,2
70° „ „ 70° „ „	2746	57,3
80° „ „ 80° „ „	2861	56,9
90° „ „ 90° „ „	2861	56,1.

Frequenz der Vulkantätigkeit 1801—1914:

	Mittelmeer	Atlant. Ozean	Afrika	Indischer Ozean	Asien	Atlant.-indische Erdhälfte	Pazifische Mitte	Pazifische Umrandung						Pazifische Erdhälfte	Erde		Auf 10 Mill. qkm kommen Ausbruchseinheiten
								NW	WSW I	WSW II	SSW	NO	SO		Gesamtzahl	% der Gesamtzahl	
70—80° NBr.	—	1	—	—	—	1	—	—	—	—	—	—	—	—	1	0,04	0,8
60—70° „	—	41	—	—	—	41	—	—	—	—	—	5	—	5	46	1,6	24,3
50—60° „	—	—	—	—	—	—	—	38	—	—	—	61	—	99	99	3,5	38,7
40—50° „	93	—	—	—	—	93	—	42	—	—	—	—	—	42	135	4,7	42,9
30—40° „	178	7	—	—	1	186	—	117	—	—	—	3	—	120	306	10,7	84,1
20—30° „	—	3	—	—	—	3	1	126	—	—	—	7	—	134	137	4,7	33,8
10—20° „	—	5	4	—	—	9	[136]	44	2	—	—	239	—	421	430	15,0	100,5
0—10° „	—	4	[23]	—	—	27	—	77	6	—	—	—	13	96	123	4,3	27,9
Nördliche Halbkugel	271	61	[27]	—	1	360	[137]	444	8	—	—	315	13	917	1277	44,5	50,0
0—10° SBr.	—	4	[76]	2	—	82	4	1	478	97	—	—	152	732	814	28,5	184,6
10—20° „	—	2	—	[12]	—	14	9	—	—	351	15	—	10	385	399	14,0	93,2
20—30° „	—	—	—	[85]	—	85	—	—	—	—	11	—	6	17	102	3,5	25,4
30—40° „	—	1	—	—	—	1	6	—	—	—	53	—	71	130	131	4,6	36,0
40—50° „	—	—	—	—	—	—	—	—	—	—	—	—	22	22	22	0,8	7,0
50—60° „	—	—	—	1	—	1	—	—	—	—	—	—	—	—	1	0,04	0,4
60—70° „	—	—	—	—	—	—	—	—	—	—	—	—	1	1	1	0,04	0,5
70—80° „	—	—	—	—	—	—	—	—	—	—	114	—	—	114	114	4,0	98,2
Südliche Halbkugel	—	7	[76]	[100]	—	183	19	1	478	448	193	—	262	1401	1584	55,5	62,1
Erde:	271	68	103	100	1	543	156	445	486	448	193	315	275	2318	2861	100,0	55,1
„ % der Gesamtzahl	9,5	2,4	3,5	3,4	0,04	18,9	5,4	15 6	17,1	15,7	6,7	11,0	9,6	81,1	100		

12. Schwankungen der Tätigkeit.

Das Verhältnis der einzelnen Vulkanzonen und -Gebiete hinsichtlich ihrer Tätigkeit zur Gesamtheit der Vulkane ist beträchtlichen Schwankungen unterworfen, insofern bald einzelne Feuerberge ihre Feuer auslöschen, andere unruhig werden, ihre Tätigkeitsfrequenz steigern oder herabsetzen; selbst 'ständig tätige' Vulkane hat man in geschichtlicher Zeit entstehen (Izalco 1770) oder wenigstens ihre Tätigkeit neu beginnen sehen (Sangay 1728, Komba um 1847), während andere sie aufgegeben haben (z. B. Pasto 1717), so daß man also von ständiger kurzrhythmischer Tätigkeit nur für gewisse Zeiträume sprechen kann. In wieder anderen Fällen ändern einzelne Feuerberge ihr Verhalten: das bekannteste Beispiel dieser Art ist der Vesuv, der 1631 seine im Jahre 79 begonnene vorwiegende Explosivtätigkeit mit langer Intermittenz aufgab und ein häufig tätiger Vulkan mit Lavaerguß und Explosiväußerungen in kurzen Zwischenräumen wurde. Daß damit nicht nur zeitliche Änderungen der Frequenz, sondern auch räumliche Verschiebungen derselben erfolgen, liegt auf der Hand, jedoch ist die Frage bisher noch nicht ins einzelne untersucht. So viel aber ist bereits erkennbar, daß bei manchen Feuerbergen häufigere Tätigkeit in großen Wellen wiederkehrt und daß außerdem ein kürzerer, freilich meist recht unregelmäßiger Rhythmus häufigerer Betätigung sich darüber legt.

Versucht man aus der verfügbaren Statistik der Gesamterde sich ein Bild der Häufigkeitsschwankungen zu machen, so findet man, daß die Frequenz in kurzfristigen, aber ziemlich ungleichmäßig langen Wellen zu- und abnimmt, wobei die Entfernung von Wellental zu Wellental in extremen Fällen zwischen 6 und 12 Jahren schwankt. Die so oft behauptete Beziehung der vulkanischen Tätigkeit zu Sonnenfleckenperioden tritt dabei nicht zutage, wenn auch zuweilen Übereinstimmung mit deren Kurven sich einstellt.

13. Die Art der Förderung.

Die Art der Förderung (ob Lavaerguß oder Lockermassenauswurf) unterliegt ebenso wie die Häufigkeit beträchtlichen Schwankungen nach Raum und Zeit, doch fehlt es namentlich für die ältere Zeit an genügenden Nachrichten, vor allem hinsichtlich der Lavaergüsse; diese dürften in unbewohnten oder wirtschaftlich unbenutzten Gebieten sogar jetzt noch häufig unserer Kenntnis entgehen. Immerhin dürfte die Statistik der jüngsten Zeit ausreichen, um die großen Züge des Förderungsbildes erkennen zu lassen. In einer besonderen Arbeit über die Ausbrüche der Jahre 1895 bis 1913[1]) kam ich zum Ergebnis, daß in der Gegenwart die Hauptmasse der Ausbrüche explosiv ist (im genannten Zeitraum 284 Einheiten) und daß daneben die gemischten (d. i. sowohl explosiven wie effusiven) und die rein effusiven Ausbrüche stark zurücktreten (83 und 29). Zudem zeigte es

[1]) Gerlands Beiträge zur Geophysik XIV, S. 135 ff.

sich, daß die Randgebiete des Stillen Ozeans die weitaus überwiegende Mehrzahl der rein explosiven Ausbrüche aufweisen (255 von 284 auf der Erde), während sie in der atlantisch-indischen Erdhälfte stark zurücktreten, in den mittleren Gebieten des Stillen Weltmeers sogar — wenigstens während dieses kurzen Zeitraums — ganz fehlten.

14. Die Förderleistung der Vulkane.

Wie die einzelnen Vulkane, Vulkanzonen und -Gebiete hinsichtlich ihrer Ausbruchsfrequenz sehr große Unterschiede aufweisen, so auch hinsichtlich ihrer Förderleistung. Beides stimmt aber keineswegs zusammen; denn die gewaltigsten Förderleistungen, die man kennt, stammen von Vulkanen, die nur in ganz langen Zwischenräumen tätig sind, z. T. sogar in geschichtlicher Zeit vor dem betreffenden Ausbruch keinerlei Tätigkeit gezeigt hatten (Tambora, Cosegüina, Santa Maria u. a.); anderseits muß man aber annehmen, daß manche 'ständig tätige' Vulkane auch in langen Zeiträumen nur sehr mäßige Förderleistungen vollbringen, die in gar keinem Verhältnis mehr stehen zu der Frequenzleistung, die jedem der bekannten ständig tätigen Vulkane 4 % der Gesamtfrequenz zubilligt. Nur ein Vulkan dieses Typus dürfte im Jahrhundert erstklassige Förderung erreichen (Sangay, der wohl 2 cbkm fördern dürfte), während Izalco und Stromboli es wenigstens zu einer Leistung zweiter Größe bringen. Öfters werden von häufig tätigen Vulkanen bedeutende Förderleistungen bewirkt (z. B. Vesuv) und eine ganze Anzahl solcher Feuerberge bringt sogar mehr als 1 cbkm Lava im Jahrhundert hervor, so Ätna und Mauna Loa, höchst wahrscheinlich auch Namlagira, Kartala und Piton de la Fournaise. Die große Mehrzahl der Vulkane hat aber nur seltene und zudem geringfügige Förderleistungen aufzuweisen und spielt daher in der Förderungsstatistik keine nennenswerte Rolle. Die Hauptförderleistung wird von den spärlichen, über die verschiedenen Ausbruchsgebiete und Zeiträume recht ungleichmäßig verteilten Riesenausbrüchen erster und zweiter Größe bewirkt. Die Lockerförderung aller übrigen Ausbrüche dagegen dürfte (nach den Erfahrungen des Zeitraums von 1895—1913) im Jahre unter $^1/_{10}$ cbkm für die ganze Erde bleiben, während die sichtbare Lavaförderung noch weit geringer ist.

15. Die bekannten Riesenausbrüche.

Obgleich es sehr schwer ist, nach den oft dürftigen Berichten mit einiger Sicherheit die Ausbrüche erster und zweiter Größe (also mit Förderung von mehr als 1 bzw. $^1/_{10}$ cbkm) herauszufinden, so möchte ich doch den Versuch nicht unterlassen, die räumliche und zeitliche Verteilung großer Ausbrüche, die ich für erst- bzw. zweitklassig halte, in einer Tabelle für die Zeit seit 1500 darzustellen (S. 338f.). a_1 a_2 bedeutet darin wieder Förderung von über 1 bzw. $^1/_{10}$ cbkm Lava, b_1 b_2 von ebensoviel Lockermassen.

Tabelle der bekannten

I. Atlantisch-indische Erdhälfte		II. Pazifische	
Mittelmeer	Atlantischer Ozean	Mitte	Um- NW
16. Jahrhundert			
1536 Ätna a_2 b_2			
			1550 Tolo b_{2-3}?
	1592 Hekla b_2		
	1598 Öraefajökull b_{2-3}		
	1598 Grimsvötn b_{2-3}?		
17. Jahrhundert			
1631 Vesuv a_2 b_2	1636 Hekla b_2		
			1640 Komagatake b_{1-2}
			1641 Awoe b_1
			1646 Makjan b_2
1650 Santorin b_2 (–1?)	1660 Katla b_2		
			1673 Gamma Kunorra b_1?
			1680 Celebes b_1 (und Krakatao b_{2-3})
	1693 Hekla b_{2-3}		
18. Jahrhundert			
			1707 Fuji b_{1-2}
			1712 Miyakeshima b_2
			1717 Kirishima b_2
	1725—29 Leirhnúkur a_1		
	1727 Öraefajökull b_{2-3}		
	1730—36 Lanzarote a_1 b_{1-2}		1749 Taal b_{2-3}
	1755 Katla b_2		1754 Taal b_2
	1766 Hekla a_4 b_2		1760 Makjan b_2
			1779 Sakurashima b_1
	1783 Laki a_1 b_1		1783 Asamayama a_2 b_2
	1783 Eldeyar b_1 (–2?)		
			1792 Unzendake b_1

Riesenausbrüche.

Erdhälfte

randung

WSW I	WSW II	SSW	NO	SO
1500 Java b_1				
1586 Keloet b_1				
1593 Ringgit b_1				
1614 Kl. Sunda-Ins. b_1				
1638 Raoen b_{1-2}				
1641 G. Adiksa b_{1-2}?				
1660 Teon b_2?				1660 Omate b_1 1660 Pichincha b_2
1693 Seroea b_{1-2}? 1696 G. Api Banda b_2				
			1717 Fuego b_{2-3}	
1730 Raoen b_2				1742—44 Cotopaxi a_3 b_{2-3}
1752 Kl. Sunda-Ins. b_1				
			1759 Jorullo a_2 b_2	
1772 Papandajan b_1				1768 Cotopaxi a_3 b_2
			1786 Paulow b_2 1786 Amukhta b_{2-3}?	
			1793 Tuxtla b_{2-3} 1795 Pogrumnoj b_1 1796 Bogosloff a_2 b_2? [1799 Fuego b_3 (-2?)]	

Tabelle

I. Atlantisch-indische Erdhälfte		II. Pazifische	Um-
Mittelmeer	Atlantischer Ozean	Mitte	NW
19. Jahrhundert			
	1811 Sabrina b_2		
			1812 Awoe b_2
			1814 Mayon a_2 b_2
	1821 Eyafjalla b_2		
1822 Vesuv b_2			
			1829 Kljutschew a_1 b_2
1831 Giulia b_2			1831 Babuyan Claro b_2
		1840 Kilauea a_2	
	1845 Hekla a_2 b_2		
1852 Ätna a_2 b_3		1852 Mauna Loa a_2	
		1855 „ „ a_2	
			1856 Awoe b_{2-3}
		1859 „ „ a_2	
			1861 Makjan b_2
		1868 „ „ a_2	
1872 Vesuv b_{2-3}			
	1875 Askja b_1		
	1875 Sveinagjá a_2		
		1881/82 „ „ a_2	
			1888 Bandaisan b_1
			1892 Awoe b_{2-3}?
			1898 Oena Oena b_{3-2}?
1891–99 Vesuv a_2 b_{2-3}		1899 „ „ a_2	
20. Jahrhundert			
			(1904 Minami Iwôshima a_2 b ?)
		1905/06 Sawaii a_1 b_4	
		1907 Mauna Loa a_2	
			1911 Taal b_2
			1914 Sakurashima a_1 b_2
			1914 Minami Iwôshima b_2

(Fortsetzung).

Erdhälfte

randung

WSW I	WSW II	SSW	NO	SO
			1812 St. Vincent b_2	
1815 Tambora b_1				
1817 Raoen b_2				
1822 Galoeng-goeng b_1			1825—31 Isanotzki b_2 a	
1826 Keloet b_2				
			1835 Cosegüina b_1	
		1846/47 Amargura a_3 b_2?		
			1870 Ceboruco a_3 b_{2-3}	
				1877 Cotopaxi a_3 b_{2-3}?
	1878 Ghaie b_2			
1883 Krakatao b_1			1883 St. Augustine b_{2-3}	
			1883 Bogosloff a b_{2-3}?	
		1885 Falcon-Insel b_{2-3}		
		1886 Tarawera b_1		
	1888 Ritter-Insel b_1	1886 Niuafu b_{2-3}		

WSW I	WSW II	SSW	NO	SO
			1902 St. Vincent b_1	
			1902 Mont Pelé a_2 b_2	
			1902 Sta. Maria b_1	
			1906/07 Bogosloff a_2 b_{2-3}	
			1912 Katmai b_1	
			1913 Colima b_2	

Die weitaus überwiegende Zahl der explosiven Riesenausbrüche gehört der Umrandung des pazifischen Ozeans an; den Hauptteil derselben hat seit 1500 die westsüdwestliche Umrandung (mit 1/3 der Ausbrüche erster Größe) geliefert. Die überwiegende Zahl der großen Lavaeruptionen erfolgte im Gebiet des atlantischen Ozeans und des mittleren pazifischen Weltmeers. Auf das Jahrhundert kam seit 1600 jeweils eine ziemlich gleichgroße Zahl von Ausbrüchen 1. Größe; aber wenn man der genaueren Zeit des Eintritts nachforscht, so findet man, daß die Riesenausbrüche sich sehr ungleichmäßig über die Zeit verteilen, bald sich in größerer Zahl auf kurze Zeiträume zusammendrängen (so 4 auf 1638—41, 3 auf 1779—83, 4 auf 1883—88 und 2 auf das Jahr 1902), bald aber auch in größeren, ungleichmäßigen Zeiträumen aufeinander folgen, ohne daß sich deutliche gesetzmäßige Beziehungen zu bestimmten anderen Naturvorgängen bisher hätten nachweisen lassen. Von den ungleichmäßigen Frequenzperioden vulkanischer Ausbrüche oder den Sonnenfleckenperioden scheinen sie ganz unabhängig zu sein.

16. Die Förderleistung der tätigen Vulkane.

Die Höhe der Förderleistung wird nach Raum und Zeit in erster Linie durch die Riesenausbrüche bedingt, in zweiter Linie auch durch die Eruptionen der häufig oder ständig tätigen Vulkane, während die große Mehrzahl der übrigen Vulkanausbrüche meist über eine mäßige Förderleistung im Jahre nicht hinauskommen dürften.

Wenn man daher versucht, sich ein Bild der Förderleistung der Vulkane überhaupt zu machen, so muß man das Hauptgewicht auf die beiden erstgenannten Gruppen von Ausbrüchen legen und sich in der Zeit auf die letzten Jahrhunderte beschränken, da für das 16. und 17. Jahrhundert die Nachrichten schon allzu dürftig und unvollkommen sind. Eine Ergänzung der Förderleistung für die nach 1700 bekannt gewordenen Vulkane habe ich als allzu unsicher unterlassen.

Die Verteilung der Riesenausbrüche und der durch starke Förderung ausgezeichneten häufiger tätigen Vulkane (wie Ätna, Hekla, Katla, Mauna Loa, Namlagira, Kartala, Réunion, Sangay, Cotopaxi) zeigt uns die Vulkangebiete an, die eine hohe Förderleistung aufweisen. Unter diesen spielt die indonesische Hälfte der pazifischen Westsüdwestumrandung weitaus die überwiegende Rolle, hat ja doch der Tamboraausbruch von 1815 mit etwa 150 cbkm Lockermassen allein ungefähr die Hälfte der gesamten sonstigen Lockerförderung der Erde seit 1700 geliefert. Eine derartige Konzentration der Lavaförderung fehlt, wenngleich — neben den häufig tätigen oben genannten Lavaförderern — Lanzarote, Laki und Sawaii jeweils bedeutende Höhepunkte der Lavaförderung für ihre Gebiete erreichten.

Vulkanische Förderleistung seit 1701.

	18. Jahrhundert	19. Jahrhundert	20. Jahrhundert	Gesamtförderung seit 1701 überhaupt		Gesamtförderung seit 1701 in Prozenten	
				a) Lava	b) Lockermassen	a) Lava	b) Lockermassen
70—80° NBr.	—	b	—	—	b	—	unbedeutend
60—70° „	13½ a_1 4 b_1	> 1 a_1 4 b_1	a_3 b_2	14½—15 a_1	8 b_1	37½ %	ca. 3 %
50—60° „	> 1 a_1 2 b_1	4 a_1 1½ b_1	a_3 b_2	ca. 5 a_1	4 b_1 [1]	12½ %	1½ %
40—50° „	a_2 b_1	a_2 b_1	a_3 b_2	ca. 1 a_1	ca. 2 b_1	> 2½ %	ca. ⅔ %
30—40° „	> a_1 b_1	> a_1 b_1	> a_1 b_1	3—4 a_1	ca. 5—6 b_1	ca. 10 %	> 2 %
20—30° „	a_1 b_1	a_2 b_2	a_2 b_2	mehrere a_1	> 2 b_1	gegen 10 %	⅔ %
10—20° „	a_1 b_1	a_1 51 b_1	a_2 > 7 b_1	ca. 2 a_1	gegen 60 b_1	ca. 5 %	ca. 20 %
0—10° „	b_1	a_2 b_1	a_3 b_3	½ a_1	über 7 b_1	> 1 %	> 2½ %
Nördliche Halbkugel	> 18 a_1 11 b_1	> 7 a_1 ca. 60 b_1	2—3 a_1 10 b_1?	über 30 a_1	gegen 88—90 b_1	ca. 78 %	ca. 31 %
0—10° SBr.	a_2? 6 b_1	2 a_1 176 b_1	a_2 b_1	2½ a_1?	192 b_1	> 6 %	ca. 66 %
10—20° „	a_2 b_1	1½ a_1 b_1	2 a_1 b_3	> 3½ a_1	> 2 b_1	gegen 9 %	ca. ⅔ %
20—30° „	a_1 b_2	a_1 b_1	a_3 b_3	2 a_1	2 b_1	5 %	⅔ %
30—40° „	—	b_1	a b	wenig	ca. 2 b_1	—	⅔ %
40—50° „	b?	a_3 b_2?	a_4 b_3	a_2?	2 b_1	2 %	⅓ %
50—60° „	—	—	b	—	b	—	wenig
60—70° „	—	b	—	—	b	—	wenig
70—80° „	b?	b_3?	b_4	[a?]	b_{2-3}	?	⅓ %?
Südliche Halbkugel	a_1 7 b_1	4-5 a_1 ca. 180 b_1	> 2½ a_1 2 b_1	8—9 a_1	> 200 b_1	ca. 22 %	ca. 69 %
Erde	19 a_1 18 b_1	12 a_1 ca. 240 b_1	5 a_1 12 b_1	rund 40 a_1	290 (bis 300?) b_1	100 %	100 %

[1]) Sollte für den Katmai-Ausbruch 1912 eine sehr hohe Förderung berechnet werden, so würde sich diese Zahl wesentlich erhöhen.

Wenn man versucht, die Förderung nach 10°-Breitenzonen mit — natürlich nur ganz roh angenäherten, z. T. nur allgemeinen — Zahlen zu charakterisieren, so erhält man etwa das Bild der vorstehenden Tabelle.

Betrachtet man die Förderung der Breitenbänder von 10—10°, 20—20°, 30—30° usw. nördlicher und südlicher Breite, auf die Flächeneinheit von 10 Millionen Quadratkilometer berechnet, so ergibt sich seit 1701 in dem Bande

10° ndl.	bis	10° sdl. Br.	eine Fördg. v.	0,3	cbkm Lava	u.	22,6	cbkm Lockermassen
20°	„ „	20°	„ „ „ „ „	0,5	„	„ „	15,0	„ „
30°	„ „	30°	„ „ „ „ „	0,6	„	„ „	10,4	„ „
40°	„ „	40°	„ „ „ „ „	0,6	„	„ „	8,3	„ „
50°	„ „	50°	„ „ „ „ „	0,5	„	„ „	7,1	„ „
60°	„ „	60°	„ „ „ „ „	0,6	„	„ „	6,3	„ „
70°	„ „	70°	„ „ „ „ „	0,83	„	„ „	6,0	„ „
80°	„ „	80°	„ „ „ „ „	0,79	„	„ „	5,8	„ „
90°	„ „	90°	„ „ „ „ „	0,78	„	„ „	5,7	„ „

Die Lockerförderung nimmt also von niedrigen nach hohen Breiten hin stetig ab, während die Lavaförderung wegen der ungewöhnlich hohen Förderung in der Zone von 60—70° nördl. Breite ihr Maximum erst in dem Gürtel 70—70° erreicht hat. Aber während die Art der Lockerförderung als typisch für die ganze Erde in der Gegenwart angesehen werden kann, ist die Art der Lavaförderung bis zu einem gewissen Grade als Ausnahmezustand zu betrachten, verursacht durch den gewaltigen Lakiausbruch 1783, sowie die ungewöhnliche Lavaförderung des Kljutschew 1829; soweit man die Lavaförderung des 16. und 17. Jahrhunderts zu beurteilen vermag, würde das subpolare Maximum derselben verschwinden, aber im 10. Jahrhundert käme es wegen des Eldgjáausbruchs allerdings wieder zum Vorschein und wer die gewaltigen Lavafelder Islands einmal gesehen hat, wird wohl kaum anstehen, der nordischen Insel noch für eine längere Vergangenheit einen ungewöhnlich hohen Anteil an der Lavaförderung der Erde zuzugestehen.

Ich bin am Ende der Ausführungen über die unmittelbaren Ergebnisse, die sich aus der Übersicht über das im Ausbruchskatalog niedergelegte Material ergaben. Es ist leicht zu erkennen, daß Karl Schneider, wie schon oben bemerkt, recht hatte mit seiner Behauptung, daß statistische Arbeiten zu keinen weittragenden Schlüssen über die Hauptprobleme der Vulkanologie führen können; aber man wird doch zugeben müssen, daß sie immerhin imstande sind, wertvolle Tatsachen ans Licht zu bringen, Tatsachen, von denen einige — trotz der gegenteiligen Ergebnisse der Lavaförderstatistik — dazu dienen können, die Richtigkeit eines Satzes zu erweisen, den ich für sehr wichtig halten möchte: des Schneiderschen Satzes von der Konzentration der vulkanischen Tätigkeit auf die äquatorialen Gebiete.

Register[1].

[1]) Das holländische oe entspricht unserem u-Laut und wird daher hier als gleichbedeutend behandelt.

[1]) Die hier nicht angegebenen, mit Goenoeng oder Gunung (= Berg) bezeichneten Vulkane sind unter ihrem Hauptnamen aufgeführt.

Schriften der Wissenschaftlichen Gesellschaft in Straßburg:

Heft 1: Der Papyrus Libbey. Ein ägyptischer Heiratsvertrag. Von *W. Spiegelberg*. Mit drei Tafeln in Lichtdruck. 4°. IV, 12 S. 1907. ℳ 4.—

Heft 2: Arabische Beduinenerzählungen: Arabischer Text. Von *Enno Littmann*. 4°. VII, 58 S. 1908. ℳ 8.—

Heft 3: Arabische Beduinenerzählungen: Übersetzung. Von *Enno Littmann*. Mit 16 Abbildungen im Text. 4°. XI, 57 S. 1908. ℳ 6.—

Heft 4: Die griechischen Martyrien. Rede, gehalten bei der ersten Jahresversammlung der Wissenschaftlichen Gesellschaft in Straßburg am 6. Juli 1907. Von *Albert Ehrhard*.

Mit Anhang: 1. Jahresbericht der Wissenschaftlichen Gesellschaft in Straßburg, erstattet bei der ersten Jahresversammlung am 6. Juli 1907 von Adolf Michaelis. Mit dem Verzeichnis der Mitglieder der Gesellschaft. 4°. 30 und 8 S. 1907. ℳ 3.—

Heft 5: Studien zu Quintilians größeren Deklamationen. Von *R. Reitzenstein*. 4°. IV, 90 S. 1909. ℳ 9.—

Heft 6: Über die pseudoapostolischen Kirchenordnungen. Von *E. Schwartz*.

Mit Anhang: 2. Jahresbericht der Wissenschaftlichen Gesellschaft in Straßburg, erstattet am 4. Juli 1908 von Adolf Michaelis. 3. Jahresbericht der Wissenschaftlichen Gesellschaft in Straßburg, erstattet am 3. Juli 1909 von Theobald Ziegler. Mit dem Verzeichnis der Mitglieder der Gesellschaft. 4°. IV, 40 und 15 S. 1910. ℳ 4.—

Heft 7: Bußstufen und Katechumenatsklassen. Von *E. Schwartz*. Lex. 8°. IV, 61 S. 1911. ℳ 3.50

Heft 8: Griechische Urkunden des Ägyptischen Museums zu Kairo. Von *Friedrich Preisigke*. Lex. 8°. VIII, 58 S. 1911. ℳ 3.20

Heft 9: Venezianisch-Istrische Studien. Von *Walter Lenel*. Mit 3 Tafeln in Lichtdruck. Lex. 8°. XV, 197 S. 1911. ℳ 10.50

Heft 10: Zur nordarischen Sprache und Literatur. Vorbemerkungen und vier Aufsätze mit Glossar. Von *Ernst Leumann*. Lex. 8°. VIII, 147 S. 1912. ℳ 9.60

Heft 11: Die juristische Persönlichkeit der standesherrlichen Familie. Von *Hermann Rehm*. Lex. 8°. VI, 76 S. 1911. ℳ 3.—

Heft 12: Burzōes Einleitung zu dem Buche Kalīla waDimna. Von *Theodor Nöldeke*. Lex. 8°. V, 27 S. 1912. ℳ 1.50

Heft 13: Ein Erbstreit aus dem ptolemäischen Ägypten. Von *Otto Gradenwitz, Friedrich Preisigke, Wilhelm Spiegelberg*. Mit vier Tafeln in Lichtdruck. Lex. 8°. VII, 62 S. 1912. ℳ 6.—

Heft 14: Das tausendjährige Jubiläum der deutschen Selbständigkeit. Rede, gehalten in der Wissenschaftlichen Gesellschaft zu Straßburg, am 1. Juli 1911. Von *Harry Bresslau*.

Mit Anhang: 4. und 5. Jahresbericht der Wissenschaftlichen Gesellschaft in Straßburg, erstattet von Theobald Ziegler. Mit dem Verzeichnis der Mitglieder der Gesellschaft. Lex. 8°. III, 16 und 17 S. 1912. ℳ 1.20

Heft 15: Der Alexandersarkophag aus Sidon. Von *Franz Winter*. Format 57 × 50 cm. 18 Seiten Text und 18 Tafeln in Faksimile-Farben-Lichtdruck. 1912. In Mappe ℳ 120.—

Heft 16: Die standesherrliche Schiedsgerichtsbarkeit. Ihre Zulässigkeit und ihre Grenzen im heutigen Rechte. Denkschrift im Auftrage des Vereins der deutschen Standesherren verfaßt von *Hermann Rehm*. Lex. 8°. V, 57 S. 1912. ℳ 2.40

Schriften der Wissenschaftlichen Gesellschaft in Straßburg:

(Fortsetzung von Seite 3 des Umschlags.)

Heft 17: Chemische Steuerungsvorgänge im Tierkörper. Rede, gehalten in der Wissenschaftlichen Gesellschaft zu Straßburg am 6. Juli 1912, von *Franz Hofmeister.*

Mit Anhang: 6. Jahresbericht, erstattet von HARRY BRESSLAU. Mit den Berichten der Herren E. Schwartz, F. Preisigke und O. Gradenwitz über die wissenschaftlichen Unternehmungen der Gesellschaft. Lex. 8°. III, 15 u. 20 S. 1912. ℳ 1.20

Heft 18: Der Papyruscodex saec. VI—VII der Phillippsbibliothek in Cheltenham. Koptische theologische Schriften. Herausgegeben und übersetzt von *W. E. Crum.* Mit einem Beitrag: Zur literarhistorischen und theologischen Würdigung der Texte von *A. Ehrhard.* Lex. 8°. XVIII, 171 S. und 2 Lichtdrucktafeln. 1915. ℳ 15.—

Heft 19: Prinz-Joachim-Ostraka. Griechische und demotische Beisetzungsurkunden für Ibis- und Falkenmumien aus Ombos. Herausgegeben von *Friedrich Preisigke* und *Wilhelm Spiegelberg.* Lex. 8°. VIII, 69 S. 1914. Mit 4 Tafeln in Lichtdruck. ℳ 6.40

Heft 20: Konzilstudien. I. Cassian und Nestorius. II. Über echte und unechte Schriften des Bischofs Proklos von Konstantinopel. Von *Eduard Schwartz.* Lex. 8°. V, 70 S. 1914. ℳ 3.60

Heft 21: Das Deutsche Observatorium in Spitzbergen. Beobachtungen und Ergebnisse. I. Herausgegeben von *H. Hergesell.* Lex. 8°. V, 65 S. 1914. Mit 10 Abbildungen im Text, 8 Tafeln und 1 Karte. ℳ 6.—

Heft 22: Die Bevölkerung Mittelamerikas. Vortrag gehalten in der Wissenschaftlichen Gesellschaft zu Straßburg am 22. Nov. 1913, nachträglich erweitert und mit Anmerkungen versehen. Von *Karl Sapper.*

Mit Anhang: 7. Jahresbericht der Wissenschaftlichen Gesellschaft in Straßburg, erstattet von HARRY BRESSLAU. Mit dem Verzeichnis der Mitglieder der Gesellschaft. Lex. 8°. III, 32 und 10 S. 1914. ℳ 1.60

Heft 23: Elsässische Urkunden vornehmlich des 13. Jahrhunderts herausgegeben von *Alfred Hessel.* Mit einer Tafel in Lichtdruck. Lex. 8°. IV, 73 S. 1915. ℳ 4.50

Heft 24: Die Arthritis deformans als Allgemeinerkrankung. Von *G. Ledderhose* aus Straßburg. Lex. 8°. 40 S. 1915. ℳ 2.—

Heft 25: Von Zahlen und Zahlworten bei den alten Ägyptern und was für andere Völker und Sprachen daraus zu lernen ist. Ein Beitrag zur Geschichte von Rechenkunst und Sprache von *Kurt Sethe.* Mit drei Tafeln. Lex. 8°. VIII, 147 S. 1916. ℳ 14.—

Heft 26: Späte Vergeltung. Aus der Geschichte der Theodicee. Vortrag gehalten in der Wissenschaftlichen Gesellschaft in Straßburg am 20. November 1915. Von *Erich Klostermann.*

Mit Anhang: 8. und 9. Jahresbericht der Wissenschaftlichen Gesellschaft in Straßburg, erstattet von HARRY BRESSLAU. Mit dem Verzeichnis der Mitglieder der Gesellschaft. Lex. 8°. V, 62 S. 1916. ℳ 2.40

Heft 27: Katalog der geschichtlichen Vulkanausbrüche. Von *Karl Sapper.* Lex. 8°. X, 353 S. 1917. ℳ 24.—

Heft 28: Die Ergebnisse der geologischen Forschungen in Elsaß-Lothringen und ihre Verwendung zu Kriegszwecken. Vortrag in der Mitgliederversammlung der Wissenschaftlichen Gesellschaft in Straßburg am 19. Februar 1916. Von *Leopold van Werveke.* Lex. 8°. V, 73 S. 1916. Mit 16 Zeichnungen und 1 Tafel. ℳ 4.—

Heft 29: Die Ebenbürtigkeitsfrage im Hause Croy. Von *Hermann Rehm.* Lex. 8°. 30 S. 1916. ℳ 1.50

FSC
www.fsc.org
MIX
Papier | Fördert gute Waldnutzung
FSC® C083411

Kolibri 360 GmbH
Ferdinand-Jühlke-Straße 7
99095 Erfurt, Deutschland
produktsicherheit@kolibri360.de